长江流域地质灾害及防治

CHANGJIANG LIUYU DIZHI ZAIHAI JI FANGZHI

长江岩土工程总公司（武汉）编
主编 陈飞
副主编 石伯勋 李平治

长江出版社

长江流域地质灾害及防治

主　编　陈　飞

副主编　石伯勋　李平治

编　委　（按姓氏笔画为序）

石伯勋　陈　飞　陈德基　李平治　吴永锋

杜忠信　苏爱军　赵成生　郭麒麟

撰　稿　（按姓氏笔画为序）

吴玉华　李平治　袁登维

主　审　陈德基　徐福兴

审　稿　（按姓氏笔画为序）

陈德基　杜忠信　苏爱军　徐福兴　梅应堂

注：本图据《长江流域地图集》和《中国分省地质灾害图集》有关图件改编绘制

序

长江干流横贯我国中部，全长6300km，流域面积达180万km^2，是我国的第一大河。长江水量丰富，多年平均入海径流量约9600亿m^3，约占全国河流径流总量的37%。长江流域面积约占全国国土面积的18.8%，居住着4亿多人口。长江流域的工农业产值占全国的40%，以约占全国1/5的土地面积养育着全国1/3的人口，提供了全国50%的粮食、淡水鱼，40%的棉花、油料和70%的商品粮。长江无愧是我国的一条宝河。

长江流域地跨我国的三大地势阶梯，地貌类型众多，地形变化大，自西向东高差达5400余m；地处5个大地构造单元、三大地层区，岩石种类繁多，地质构造复杂；在两大现代板块联合作用的影响下，新构造运动强烈；东西部气候差异大，且多暴雨中心。这样的自然条件，使长江流域成为我国地质灾害多发的地区，尤其是金沙江流域和嘉陵江、岷江上游地区，地质灾害的类型多、强度大、分布广、频度高，在世界上都是地质灾害强烈发育的典型地区。

为了维护一条健康的长江，建立流域地质环境与人类和谐相处的友好界面，使之长远有效地服务于中华民族，就必须深入研究长江地质灾害的发育现状，探索地质灾害的发生规律，寻求治理地质灾害的有效途径和方法，从而达到减轻或避免地质灾害的危害的目的。

历史是一面镜子，从地质灾害已发生的过去（历史），探索其现在的分布规律，寻求其可能发展的未来，这是认识和研究地质灾害的正确途径和方法，因此地质灾害的时空历史记录，就是不可或缺的宝贵资料。《长江流域地质灾害及防治》一书的突出特点就是，在流域内悠久广阔的时空范围内，收集了大量历史和现实的资料，在很大程度上将为地质灾害的研究和防治提供帮助。本书大量资料表明，地质灾害的发育有其一定的环境因素和规律性，有的还有一定的周期性。人类目前虽然还无法完全制止和控制地质灾害的发生，但是通过努力，是可以避免或减轻灾害损失的。

防治地质灾害最经济而有效的措施是对地质灾害点采取绕避，而其前提是要做好勘察工作，并根据勘察成果进行论证和方案比较。因此，收集翔实的勘察资料，研究其发生发展过程，就成为防治地质灾害的必要环节。愿本书的出版能为长江流域地质灾害的研究、防治和减轻地质灾害的危害，为建设和谐长江作出一点贡献。

中国工程勘察大师
教授级高级工程师 陈德基

2007年4月

前　言

长江流域地域广阔，自然环境复杂多变，在其不利条件组合下，可引发多类型、多灾种的地质灾害。有的地区地质灾害强度高且频度大，有的地段因其灾害严重而著称于国内，甚至闻名于世界，如云南小江流域和白龙江中游的泥石流、金沙江中下游的滑坡和泥石流即是。

长江是中华民族的母亲河，有悠久的历史和灿烂的文化。在历史进程中，人类对地质灾害有个认识过程。有不少记载把某些地质灾害看成是“天人感应”、“示警”于人的先兆，因而把它们当作“祥异”、“灾异”、“灾变”记录下来，见诸地方志及各类典籍中。我们在以往有关单位和专业人士工作的基础上，对长江流域内已发生过的地质灾害的一些资料，进行了广泛收集整理。此外还对于一些具潜在威胁、可能再次发生灾害的地质现象和防治方面的内容及一些典型实例也进行了收集整理。因此在编撰《长江志·自然灾害》篇的地质灾害有关章节之后，据有关领导和专家的建议，利用已有丰富和翔实的材料编纂成《长江流域地质灾害及防治》一书。

本书部分章节内容，曾经中国工程院院士文伏波教授、中国工程设计大师洪庆余教授等专家审阅，并提出了许多宝贵的意见。本书由中国工程勘察大师、长江勘测规划设计研究院专家组成员陈德基教授，长江水利委员会原综合勘测局副总工程师、长江勘测规划设计研究院专家组成员徐福兴教授主审。参加审稿的还有长江勘测技术研究所所长苏爱军教授和原综合勘测局地勘处处长杜忠信高级工程师，长江水利委员会三峡勘测研究院原院长梅应堂高级工程师。编撰者对他们表示诚挚的谢意。

本书在收集资料过程中，得到了很多单位的专家们的支持，他们无私地提供了许多宝贵的资料，如中国科学院成都山地灾害与环境研究所的谢洪研究员、陈自生研究员，云南地质勘察院的徐世光总工程师，中国水利水电科学研究院汪雍熙研究员，云南省灾害防御协会，四川省地质环境监测总站，长江水利委员会水土保持局……编撰者向他们深表谢意。本书引用的资料很多，文献名目已列入参考文献目录，但难免挂万漏一，对此，编撰者向各文献作者表示歉意。

本书编撰分工如下：第二章地震灾害由袁登维负责编撰，第四章滑坡灾害第一、二节和灾害年表由吴玉华负责编撰，其余各章由李平治负责编撰。全书由李平治统稿。编撰工作中得到了长江水利委员会原综合勘测局、长江岩土工程（武汉）总公司和水利部长江勘测技术研究所等单位热情的鼓励和无私的支持，编撰者向他们表示由衷的感谢。

中国只有一条长江，治理、开发长江，保护好母亲河，让长江永远造福于人类是大家共同的愿望，编撰这本书想为此尽微薄之力。由于流域内地质灾害类型多，本书只叙述了八个主要灾种。对于已发生的灾情，肯定有不少遗漏，有的论述受限于编者水平，可能存在一定缺陷，热切希望得到读者的指正，在此预致谢忱。

编撰者谨识

2007 年 4 月

目　录

第一章 概论

人类生活在地球岩石圈的表层，受大气圈、水圈、生物圈各种内、外营力的作用，它们之间相互制约与促进，构成一个统一的生态系统。当系统各部分在各自的自然营力作用下失去平衡而产生变异时，促使岩石圈发生地震、崩塌、滑坡、泥石流等地质自然现象，给人类生存和文明建设造成威胁和破坏，以致危及人类生命财产的安全，就形成了灾害。换言之，在自然和人为因素的作用或影响下形成的，对人类生命财产、生存环境造成损失和破坏的地质作用(现象)，就是通常所说的地质灾害。国务院颁布的《地质灾害防治条例》称地质灾害为：包括自然因素或者人为活动引发的危害人民生命和财产安全的山体崩塌、滑坡、泥石流、地面塌陷、地裂缝、地面沉降等与地质作用有关的灾害。

在人类生存发展的历史进程中，一方面由于人类自身活动超出环境承载限度时，可诱发或加重灾害的发生与发展；另一方面由于人类高强度的经济开发活动，增加了人与环境的互动，不但诱发灾害的机遇增加，而且受灾的量级亦成倍增加。人类在顺应自然环境、逐水草而居的时期，就无崩岸溃堤之灾。随着山区的大量开发，深挖高填建房、修路，砍伐植被，造地种粮，在水源地建造密集的工厂、矿山，就使山区地质灾害频频发生。

人与自然是一对矛盾，但又是统一体中的矛盾。只要处理得当，人与自然统一协调是主要的，人类可靠自己的活动减轻或防止地质灾害；但若处理不当，就可造成难以恢复的严重后果。大自然已通过不同的地质灾害向人类发出了警告。例如小江众多泥石流沟，使其下游成为世界上最大的泥石流堆积区，寸草不生，石漠漫漫。

第一节 地质灾害分类及危害程度分级

一、地质灾害分类

地质灾害是自然灾害的一种主要类型，它具有突发性、多发性、群发性、地域性、潜在性和种类转换性、影响持久性等特点，因而在自然灾害中占有突出的地位。

长江流域是我国地质灾害严重的地区之一，其地质灾害发育类型除现代火山外，其他均可见到。现按《中国地质灾害》中的分类并结合长江流域的实际情况，概略分为如下七大类 22 种。

(1)地震：构造(天然)地震、水库诱发地震、采矿(人工)地震、塌滑(诱发)地震。

(2)岩土变形：崩塌(及危岩)、滑坡、泥石流。

(3)地面变形：地面沉降、地面塌陷(岩溶、采空)。

(4)土地退化：水土流失、土地石漠化。

(5)矿山与地下工程灾害：矿坑突水、瓦斯爆炸、岩爆。

(6)特殊岩土灾害：膨胀土、淤泥质软土、冻土、风成黄土。

(7)河湖(水库)次生灾害：淤积、崩岸、渗漏、溃决。

在所有地质灾害中，除构造地震由内动力产生外，其余均由外动力(含人类活动)产生。在长江流域，这些灾害的危害与成灾状况是不相同的，以地震和崩塌、滑坡、泥石流(简称崩、滑、流)灾害较为突出；此外，其他一些地质灾害如地面沉降、塌陷、崩岸、水土流失等，也多有发生。特殊岩土灾害类中的膨胀土所带来的灾害，在其分布区是很严重的，如丹江口水库库区的郧县新县城的新建筑物90%以上因裂缝而毁坏；南水北调中线引丹干渠初期工程渠坡很多地段不稳，产生崩塌滑坡亦因膨胀土所致。膨胀土有人称为“工程建筑的癌症”，因篇幅所限，本书对此不述及。

二、地质灾害规模及危害程度分级

地质灾害的每次暴发，有其本身规模大小和对人类生命财产及生存环境所造成的损失轻重之分，需分级加以评价、论述和统计。地质灾害本身的基本情况(规模)表示其变异的剧烈程度，可称为灾变，可按体积、频次、范围、活动强度来划分，详见表1-1-1。

表1-1-1　地质灾害灾变等级划分

灾种	规模指标 \ 灾变等级	特大型	大型	中型	小型
崩塌	体积(万 m^3)	>100	100～10	10～1	<1
滑坡	体积(万 m^3)	>1000	1000～100	100～10	<10
泥石流	堆积物体积(万 m^3)	>50	50～20	20～1	<1
岩溶塌陷	影响范围(km^2)	>10	10～5	5～1	<1
地面沉降	沉降面积(km^2)	>500	500～100	100～10	<10
	累计沉降量(m)	>2	2～1	1～0.5	<0.5

注：①岩溶塌陷是指一个地方有水力联系的塌陷坑(孔)的全部范围；②崩塌、滑坡、泥石流的巨型、超巨型另外划分；③本表据《地质灾害风险评估方法》(罗元华等，地质出版社，1998年)。

地质灾害造成的人类生命财产破坏和损失的程度，随着灾害发生的位置及经济发展水平、人类活动形式、强度等的不同而异，可称为灾度。按国家自2004年3月1日起施行的《地质灾害防治条例》以伤亡人数和经济损失的大小，可将灾度划分为4个等级，详见表1-1-2。

表1-1-2　地质灾害灾度等级划分

灾度等级	死亡人数(人)	直接经济损失(万元)
特大型	>30以上	>1000
大型	30～10	1000～500
中型	10～3	500～100
小型	<3	<100

由于地质灾害具有两种属性，因此从灾变和灾度两个方面对其进行评价是合理的，在不同地区，灾变等级相同，但其灾度可不同甚至差别很大；在同一地区，灾变大，

灾度也大。

地震本身强度大小的等级划分称为震级，以地震震源释放出来的能量大小作为划分依据。震级以 M 为代表符号，阿拉伯数字 0～9 表示其大小，详见表1-1-3。一次地震只有一个震级。我国发生过的地震的最大震级为 8.5 级，长江流域最大震级为 8.0 级。据媒体报道全世界发生过的 9 级及以上的地震有：1952 年苏联堪察加半岛地震(9.0 级)，1957 年美国阿拉斯加安德烈亚诺夫群岛地震(9.1 级)，1960 年智利地震(9.5 级)，1964 年美国阿拉斯加威廉王子湾地震(9.2 级)。

表 1-1-3　不同震级地震所释放的能量

震　级	能　量(J)	震　级	能　量(J)
0	6.3×10^{4}	5	2×10^{12}
1	2×10^{6}	6	6.3×10^{13}
2	6.3×10^{7}	7	2×10^{15}
2.5	3.55×10^{8}	8	6.3×10^{16}
3	2×10^{9}	8.5	3.55×10^{17}
4	6.3×10^{10}	8.9	1.4×10^{18}

地震按震级大小可划分为极微震(M＜1)、微震(1≤M＜3)、弱震(3≤M＜4.5)、中等强震(4.5≤M＜6)和强烈地震(M≥6)。

地震造成的损失大小以烈度不同来划分，以 I 为代表符号，罗马数字Ⅰ，Ⅱ，…，Ⅻ表示其大小。中国先后制定了《新的中国烈度表》(谢毓寿，1957)、《中国地震烈度表(1980)》和 GB/T17742—1999《中国地震烈度表》，将烈度分成Ⅻ度、Ⅲ～Ⅴ度有感、Ⅴ度开始有轻微破坏，烈度越大破坏越严重。一次地震随着距震中距离的近远而有递减的烈度，并可画出不同的等震线，表示出不同的烈度值。但最重要的是震中烈度，除表示出震级外，它还反映了震源深度，同一震级，震源深，震中烈度就轻。详见表 1-1-4。

表 1-1-4　震中烈度与震级和震源深度关系表

震级 M	震　源　深　度　(km)				
	5	10	15	20	25
	震　中　烈　度(I_0)				
2	3.5	2.5	2	1.5	1
3	5	4	3.5	3	2.5
4	6.5	5.5	5	4.5	4
5	8	7	6.5	6	5.5
6	9.5	8.5	8	7.5	7
7	11	10	9.5	9	8.5
8	12	11.5	11	10.5	10

注：据《水利水电工程地质手册》。

长江流域的地震多属震源深度小于 70km 的浅源地震，其震中烈度与震级的对应关系见表 1-1-5。

表 1-1-5　　浅源地震震中烈度与震级的一般对应关系

震级(M)	2	3	4	5	6	7	8	8～8.9 以上
震中烈度(I_0)	Ⅰ～Ⅱ	Ⅲ	Ⅳ～Ⅴ	Ⅵ～Ⅶ	Ⅶ～Ⅷ	Ⅸ～Ⅹ	Ⅺ	Ⅻ

注：①震级可分为：近震震级表示为 M_L，适用于震中距小于 1000km；面波震级表示为 Ms，适用震中距远的，用面波测定的远震；体波震级表示为 M_b，适用于几乎没有面波，只能用体波测定的深源地震。其经验关系式为 $Ms=1.59\ M_b-4.0=1.27(M_L-1)-0.016M_L^2$。我国所用地震仪不同，故常用 $Ms=1.13M_L-1.08$。②震级与震中烈度大致的对应关系，浅源地震的经验公式为 $M=0.58\ I_0+1.5$。

第二节　地质灾害形成条件及灾害链

一、地质灾害形成条件

地质灾害是在岩石圈发生的，因此其形成条件与发育程度受区域地质背景(地层岩性、地质构造、新构造运动)、自然地理条件(地形地貌、气象水文)和人类经济活动方式与强度(森林植被的破坏、岩层连续性的破坏、采矿和水库的兴建、人工临空面的形成)等有着极为密切的关系。

1. 地层岩性

长江流域各地质年代的各岩类均有出露，岩性的复杂带来地质灾害的多区域性和多样性，因为一个地区的岩石性质与地质灾害形成有密切关系，软弱岩层和软硬相间的岩层比岩性均一(或坚硬)岩层易遭受破坏，因而较易于形成地质灾害。如滇东北、陇南地区以沉积岩和副变质岩为主，且多为软弱相间的页岩、泥质灰岩、粉砂岩、黏土岩以及片岩、千枚岩，因此易发生滑坡、泥石流，且多以黏性泥石流为多；又如三峡地区，页岩形成低矮缓坡，而灰岩形成高耸陡崖，因而滑坡、崩塌较发育。岩体破碎也可促进地质灾害的发育，如四川甘洛县利子依达沟内为花岗岩体，但由 3 种裂隙组成稠密裂隙网，加速了岩体破碎，从而使该沟储备了 1 亿 m^3 以上的固体物质，为其频频暴发泥石流准备了条件。

2. 地质构造

长江流域内地质构造比较复杂，各大地质构造学派划分出不同时期的构造单元和构造带，但老的构造对地质灾害形成没有显著影响，起作用的主要是新构造和现代构造。以板块学说而论，渐新世印度板块向北俯冲并与欧亚板块碰撞，以及太平洋板块向欧亚板块俯冲，巨大动力使两侧盖层深度变质，遭受强烈挤压和破坏，并产生一系列大的断裂带。断裂活动强烈地带是地质灾害发生的高强度地带，诸如鲜水河断裂带、安宁河断裂带、小江断裂带、白龙江断裂带，它们既是内动力地震灾害的地震带，又是崩塌、滑坡、泥石流灾害强烈发育带，它们之间还形成了灾害链。

3. 新构造运动

长江流域由西向东，新生代以来的构造活动不均衡发展，青藏高原多次发生强烈的块断隆升，形成了地势西升东降三大阶梯的格局，在第一级地势阶梯和第二级地势阶梯间的过渡带，以及第二阶梯和第三阶梯间的过渡带为高山峡谷地形，坡面陡峻，过渡带两侧地形反差强烈，因此为地质灾害的发育提供了广阔的场所和巨大的临空条件。但是在河源地区的高原腹地，新构造运动表现为整体上升，地形起伏不大，切割不强烈，故地质灾害较轻微，而第三地势阶梯的平原和丘陵地区，地质灾害亦较零星分布。

4. 地形及地貌

长江流域地形及地貌复杂，特别是第一、二级地势阶梯过渡带，岭谷高差达2000m以上，山坡坡度30°～50°。河床纵比降大，多跌水和瀑布，为青壮年期高山峡谷地貌，无疑十分易于地质灾害的形成。其实就单一个灾害点来说，其与纵坡坡度、相对高差等有着密切关系。

5. 气象与水文

地质灾害与降雨强度以及产生的径流有着相应的协同关系。降雨有时也成为灾害的一部分，但更多的是需要水的参与才能引发地质灾害。一般来说，大雨、暴雨、大暴雨、特大暴雨(它们分级详见表1-2-1)均可引发地质灾害。据研究，泥石流发生与前期降雨量，特别是与10分钟和1小时的短历时的强降雨有十分密切的关系。而较大规模的滑坡、崩塌也往往发生在灾害性天气时段内，因为水既是润滑剂，又是推动力之一。长江流域季风气候十分典型，年降雨量和暴雨的时空分布很不均匀。除江源地区属于干旱带外，中、下游为特别湿润带，其余为湿润或半湿润带。而暴雨对引发地质灾害发生起着十分重要的作用，但其分布总的趋势是山区多于河谷及平原，这也是山区多地质灾害的原因之一。1982年川东暴雨，仅忠县、万县、云阳、奉节4县就共发生崩塌、滑坡6.4万处，1989年7月8—10日，川东又普降大暴雨、特大暴雨，引发崩滑3.5万处。

表1-2-1　　降雨量分级表　　单位：mm

级别	中雨	大雨	暴雨	大暴雨	特大暴雨
24小时	10.1～25.0	25.1～50	50.1～100	100.1～200	＞200.0
1小时	2.1～5.0	5.1～10	10.1～20.0	20.1～40	＞40.0

6. 人类活动

随着人口增长和人们生活和活动水平的提高，必将加速对自然环境的改造，促使开发新的地区和发达地区的继续开发。近代人类经济、工程活动规模越来越大，范围越来越广，人为作用的影响也日益增强。超量地开发土地、草原、森林和地表水资源以及不科学地进行工程活动，加速了岩体风化破坏、水土流失、石漠化、河湖变迁等。总之，由人为作用造成或诱发的地质灾害，实例不少，并有增多的趋势，可以说人为作用已成为不亚于任何自然动力地质作用的强大的外部营力。据调查，成昆铁路沙湾至黑井段人为活动诱发的滑坡(工程滑坡)占该地发生滑坡总数的48%。又如攀钢石灰石矿开采而引起的滑坡、湖南恩斗山煤矿的大面积塌陷以及由抽取地下水和修建水库而诱发地震等均产生较大的灾害。

二、地质灾害链

长江流域的地质灾害有时与其他自然灾害相伴发生形成灾害链，从而扩大灾害的范围与影响程度。地质灾害链常见的有以下几种。

(1)Ⅰ型(自然灾害引发地质灾害)：洪水—崩塌—滑坡、暴雨—滑坡—泥石流。

(2)Ⅱ型(地质灾害各灾种之间形成灾害链)：地震—崩塌—泥石流、地震—滑坡—

泥石流、崩塌—滑坡、泥石流—崩岸—滑坡、崩塌—滑坡—泥石流。

(3)Ⅲ型(自然灾害诱发地质灾害再转化为自然灾害)：暴雨—滑坡—堵江—溃决洪水、暴雨—泥石流—堵江—溃决洪水、地震—滑坡—堵江—溃决洪水。

(4)Ⅳ型(人类不适当活动引发地质灾害)：任意开掘矿井—塌陷—滑坡、开挖不当—崩塌—滑坡、渣石乱堆放—滑坡—泥石流、过度抽取地下水—地面沉降(含地面塌陷)、过量采挖或深层抽(注)水—诱发地震。

第三节 地质灾害发育的区域分布及主要危害

一、地质灾害分布

长江流域自然环境复杂多变，地质灾害的区域空间分布具有自西向东、自上游向中下游主要灾种不同、密度分异的特点。整个流域大体上以龙门山—乌蒙山、荆山—武陵山为界而分为三大区(参见长江流域地质灾害简图)：西区为长江上游金沙江及以上地段的高原山地，海拔高，切割深度大，新构造活动强烈，地层复杂，气候多变，风化强烈，岩石破碎，因而主要发育地震、滑坡、崩塌、泥石流等地质灾害，均成带分布，且其数量、规模、强度均居首位；中区为长江上游川江段，为高原、平原过渡地带，地形陡峻，切割剧烈，活动断裂较发育，因而主要发育滑坡、崩塌，且规模较大，而地震、泥石流均不如西区发育且强度多属中等，带状不明显；东区为长江中下游河段的平原和丘陵，地形起伏不大，气候潮湿且降雨丰富，因而主要有地面沉降、河湖塌岸、地面塌陷等地质灾害，而地震、崩塌、滑坡一般分布零散，且规模不大。东区因受环太平洋地震带影响，地震比中区稍强，但也仅局限在几条活动性较大的断裂带上；东区人口密度大，人与自然的矛盾有时表现比较尖锐，因此在人为因素影响下，有的成灾损失还是很严重的。

二、地质灾害主要危害

地质灾害主要危害是摧毁城乡建筑物、交通道路、工厂矿山、水利工程、农田土地，造成人员伤亡，给人们生命财产造成巨大的损失。

1. 造成人员伤亡

地震造成人员伤亡为地质灾害中最严重的，如1654年7月21日甘肃天水南地震死亡3.1万余人，1833年嵩明地震死亡6700人，可见一斑。在崩塌、滑坡、泥石流3种地质灾害中，泥石流造成的死亡人数占50%，其次是滑坡。1891年西昌东西河泥石流造成1000多人伤亡，1981年利子依达沟泥石流死亡360余人。1991年昭通头寨沟滑坡死亡216人，1989年华蓥县溪口镇滑坡转化成泥石流死亡221人，可见单个大型滑坡造成死亡的人数还是很可怕的。由于崩塌一般规模较小，破坏面积不大，所以造成的人员伤亡较小，但是按单位体积来说其损失仍较大，如重庆至合川公路一块0.5m^3坠石，砸毁路过小汽车1部，重伤1人；2006年6月18日康定时济乡危岩崩塌20m^3，致使11人死亡，6人受伤。

2. 危害城镇

西部山区城市建设受地形地貌影响，择小块“坪”地靠山或半山半“坪”而建。

可有的“坪”就是老泥石流堆积区或滑坡前缘，以致留下隐患。现据初步资料，将长江流域内受地质灾害危害的县级以上城市列入表 1-3-1。上海市为地面沉降最大地区。

表 1-3-1　　受地质灾害危害的县级以上城市

省份	崩塌、滑坡危害	泥石流危害	崩塌、滑坡、泥石流危害	地震危害	地面塌陷、地面沉降危害
云南	永善、绥江、水富、大关	东川、巧家、彝良、寻甸、德钦、元谋	盐津、巧家	东川、丽江、昆明、永胜、中甸、昭通	昆明
四川	宜宾、万源、马边、木里、金阳、雅江、泸州	南坪、德荣、金川、黑水、马尔康、茂县、松潘、汶川、小金、理县、壤塘、乡城、泸定、康定、德格、西昌、喜德、普格、宁南、会理、雅安、宝兴、攀枝花、高县、炉霍、道孚、宝兴、德昌	甘洛、昭觉、美姑、布拖、汉源、华蓥	松潘、平武、康定、甘孜、理塘、西昌、巴塘、大邑、自贡、炉霍、道孚	
重庆	巫溪、重庆市区、云阳、万州、巫山、涪陵、奉节、黔江	武隆	武隆	黔江	
甘肃		武都、文县、舟曲、礼县、宕昌		武都、天水、文县	
陕西		镇巴、商县、岚皋、柞水、略阳		安康	
湖北	宜昌、恩施、兴山、十堰	巴东、神农架	巴东	竹山、兴山、房县	武汉、咸宁、黄石
贵州	大方	毕节	六盘水		遵义、水城、贵阳、安顺
江苏	镇江、南京				苏州、无锡、常州、扬州

3. 危害铁路公路

在宝成、成昆、贵昆等铁路，地质灾害对交通运输造成了较严重的危害，冲毁桥涵，掩埋路轨，淹淤车站，迫使交通中断，造成了巨大的经济损失，详见表 1-3-2。

表 1-3-2　　铁路车站受地质灾害危害统计表

铁路线	已遭受严重危害，并继续受严重威胁的车站	受严重威胁的车站	已遭中等危害并继续受中等威胁的车站
成昆	沙湾、代湾、峨边、埃岱、联合乡、新铁村、湾丘、金口河、共和、铁口	关村坝、乌斯河、苏雄、凉红、花棚子	乐跃、桐子林、新江
宝成	秦岭、凤州、红花铺、黄牛铺	白水江	

宝成铁路已在 20 世纪 50 年代末、80 年代初（1981 年）暴发过两次大规模的崩塌、滑坡、泥石流地质灾害，不仅由于摧毁铁路、列车和运输中断给铁路部门造成严重的经济损失（1981 年 8 月宝成铁路中断 61 天，直接经济损失近亿元，仅 1981 年用于宝成线修复铁路的资金就达 3 亿元以上），而且由于停运给川陕两省乃至全国所造成的经济损失更是无法统计。宝成铁路地质灾害工程治理费平均高达 119 万元/km，为避灾还多处改建。成昆铁路云南境内总长 293km，沿线有泥石流沟 96 条、滑坡 31 个，其中滑

坡、泥石流较发育地段达171km。东川铁路全长98km，沿线有86条泥石流沟分布在响水河至浪田坝53km范围内，1971—1991年共发生泥石流589次，中断行车886天，淤埋桥梁31座，每年耗资百万元，也仅能维持干季通车，该铁路面临报废的窘境。

地质灾害对公路的危害更是多见，四川公路网中的川藏、川云西路、川陕、川甘等线路，泥石流灾害严重，仅川藏公路沿线就有泥石流沟1000余条，先后发生灾害400余起，每年因泥石流阻车时间长达1～6个月。成阿(成都至阿坝)公路、汶茂(汶川至茂县)公路、茂松(茂县至松潘)公路和金丹(金川至丹巴)公路等，无一未遭受过泥石流断道之灾。迭溪海子坝溃决冲毁茂松公路路基27km，使交通中断达3年。据统计，川藏公路泸定至康定段和道孚至炉霍段崩塌滑坡达0.5～1.0个/km。成阿公路理县杂谷脑至山脚坝段崩塌滑坡多达150余处，平均达1.7个/km。宜宾县北斗村公路滑坡，每年雨季活动，每年阻车断道7天以上，耗资100余万元，仍未完全稳定。暴雨滑坡阻断公路更多，一旦出现特大暴雨，90%的县、乡级公路，40%的省道，10%的国道都因崩滑和路基沉陷而不能通车。1984年，凉山州暴雨引发崩滑510处，毁坏路基1731处、挡墙516处，造成全州21个县交通中断，物资供应空前紧张。1982年川东暴雨，仅奉节县就出现公路滑坡896处，涵洞堵塞(垮塌)554个，造成经济损失323.9万元；暴雨使丰都至石柱间的南汇至鱼箭口公路约20km基本没有路面，道角至汪沱段见不到路影，共垮塌路基140余处，长近100km。云南公路干线中，滑坡、泥石流危害地段占14.9%，严重影响雨季交通畅通。甘肃武都县公路自1973年到1984年因泥石流灾害而毁坏路基12.5km、涵洞335个，断道487天以上。

4. 堵江断河危害航运

地震、滑坡、崩塌、泥石流等地质灾害造成水土流失，以致淤高河床，缩短航运里程，如嘉陵江缩短航程500km，沱江缩短近400km，在江西、湖北、湖南中小河流航程减少也比比皆是。此外，还因堵江而造成次生灾害，其损失有时比地质灾害本身造成的损失更大。危害航运的地质灾害如会东老君滩，宁南白鹤滩、雷波肖滩，屏山芭蕉滩、新滩，云阳兴隆滩，秭归新滩等，均为历史上滑坡堆积或滑坡转化成泥石流拥入江中而成滩的。一些较大的因崩塌滑坡造成的堵江断河事件见表1-3-3。

表1-3-3 地质灾害堵江简表

地质灾害名称	被堵河流	灾害发生时间及危害
犍为柏山捐江山崩	岷江	公元前26年(西汉河平三年)山崩皆拥江水，江水逆流环城，杀13人(《汉书·五行志》)
四川		公元前10年(西汉元延三年)正月丙寅，蜀郡岷山崩壅江，江水逆流3日乃通(《汉书·五行志》)
秭归新滩滑坡	长江	曾两次以上堵断长江，1021年一次堵江长达25年不能通航，1542年一次堵江致使82年不能通航
康定木杠岭滑坡	大渡河	1786年6月1日因磨西地震引起滑坡，堵断大渡河，断流10天后溃决，沿江两岸一扫而尽，下游150km的汉源县城，水位陡涨25m
巴塘境内崩塌	金沙江	1870年4月11日地震，沿河陡山崩塌阻河，死400余人
云阳兴隆滩滑坡	长江	1896年7月久雨诱发滑坡堵江，死1000余人
石渠邓柯崩塌	金沙江上游	1896年地震崩塌堵金沙江，毁庙宇、民房
东川蒋家沟泥石流	金沙江支流小江	1919年、1937年、1949年、1954年、1961年、1964年和1968年均堵断小江

续表

地质灾害名称	被堵河流	灾害发生时间及危害
茂县迭溪崩塌	岷江	1933年8月25日地震山崩堵岷江3处（沙湾、大桥、小桥），蓄水5.2亿m^3，同年10月9日最下游小桥坝溃决，水头高达60余m，至灌县城水头还高13m，死亡2428人
会理沙坝沟滑坡	金沙江下游	1935年11月22日堵金沙江形成高50m堆石坝，断流3天，3天3夜后溃决，死亡280余人，毁灭2个村庄（该滑坡又名白泥洞滑坡）
雅江唐古栋滑坡	雅砻江	1967年6月8日堵雅砻江形成6亿m^3的天然水库，回水53km，天然堆石坝高175～335m，9天后溃决，沿途道路、桥梁、耕地一扫而光
汶川周仓坪滑坡	岷江	1982年5月滑坡体积1000万m^3，岷江被堵断，使下游人心不稳
万源钟亭滑坡	汉江支流任河	1983年8月1日滑坡体积2000多万m^3，堵断任河产生次生灾害，被迫搬迁1个乡

5. 危害水利水电工程

地质灾害可直接冲击摧毁所遭遇的工程建筑物（部分统计资料见表1-3-4），如四川甘洛县就有普昌水电站、则洛依达水电站、骡马带水电站、沙岱水电站和胜利水电站等遭泥石流危害或毁坏，1990年5月31日四川会理县法科沟泥石流暴发，使1座75kW的水电站及引水设施荡然无存。此外还有淤积、冲埋等灾害发生（见表1-3-5）。

表1-3-4　攀枝花、宜宾等7县水利水电工程滑坡灾害统计表

时　间（年.月.日）	地　点	类型	规模（万m^3）	灾　情	经济损失（万元）
1972	金阳大湾子	堆积层	490	毁28kW水电站1座，死亡2人、伤1人	49
1972.6	金阳芦茅村	堆积层	219	毁水电站1座，渠7条计7.5km	24
1974	屏山烂村	基岩	1125	渠道滑坡，影响6.7hm^2农田灌溉	不详
1979	金阳县城关	堆积层	208	毁250kW水电站进水口	24
1981.8.23	雷波前进坡村	基岩	603	毁渠800m	8
1982	金阳县城关	堆积层	233	毁渠1km及水电站厂房	18
1982.6.18	金阳松沙坪村	堆积层	787	毁渠1300m，水电站停产	47
1983.6	屏山前峰村	基岩	84	渠道滑坡，影响6.7hm^2农田灌溉	60
1983.9	金阳火地村	堆积层	277	毁55kW水电站	41
1984.7	宜宾团结水库	堆积层	60	水库滑坡治理效果较好	60
1985	金阳下海外沟	堆积层	208	毁250kW水电站进水口	24
1985.3	屏山宝山村	堆积层	34	渠道滑坡，影响333.3hm^2农田灌溉	20
1985.9	金阳木腊沟	堆积层	418	毁水电站2座，死亡2人	31
1986.7	屏山宝山村	堆积层	10	渠道滑坡，影响333.3hm^2余亩农田灌溉	60
1986.7	宜宾红椿水库	堆积层	45	溢洪道拉裂滑动，影响灌溉	50
1987.7	屏山易子村	基岩	1000	渠道滑坡，影响93.3hm^2农田灌溉	30
1986.7	宜宾石板滩	堆积层	135	引水渠滑坡，停止发电30天	100
1987.7	屏山易子村	基岩	1000	渠道滑坡，影响93.3hm^2农田灌溉	30
1988.8	宜宾冲天堰	堆积层	60	渠道滑坡，迫使825kW水电站搬迁	100
1988.8	屏山欧家村电站	堆积层	372	前池开关站、办公楼受损（电站投资5000万元）	150
1988.12	宜宾丰收堰	堆积层	180	渠道滑坡，影响66.7hm^2农田灌溉	100
1990.5.3	屏山金鸭村	基岩	60	万福水电站厂房被毁	50

注：据《四川省自然灾害及减灾对策》（唐邦兴等编著，成都电子科技大学出版社，1995）。

表 1-3-5　典型水库淤积情况表

建库时间(年)	地点	设计库容(万 m^3)	测量时间(年)	淤积情况
1955	万县石马乡卫星水库	25	1958	运行不到3年淤平报废
	奉节三道桥水库	(小2型)	1958	未建成就淤满报废
1958	巫溪坝寨沟水库	65	1972	运行18年后淤平报废
1958	屏山县中都毛池水库	28	1985	运行27年淤积占库容的28%
1959	巴东溪坵紫阳沟水库	80		几场暴雨滑塌砂石淤满库内而报废
20世纪60年代	万县火箭水库	20	1972	运行不到9年淤平报废
1964	简阳沱江电站水库		1982	大坝前已淤高2/3，发电受限制
1971	大渡河龚嘴水库	34500	1981	运行11年(1971—1981年)淤积量占总库容的52.0%，年淤损库容达4.4%
1973	万源红星水库	220	1928	运行5年坝前淤高2/3
1976	白龙江碧口水库	45000	1982	运行10年淤积占库容的50%
1979	彝良奎香柏杨水库	20	1979	已淤积14万 m^3，成为砂库
1992	湖北白莲河水库	110000		13年间泥沙淤积占库容的16%
1981	贵州乌江渡水库	230000	1984	仅4年就达相对原50年设计淤积量

注：据《四川省自然灾害及减灾对策》(唐邦兴等编著，成都电子科技大学出版社，1995)并有补充。

6. 危害农业生产

地质灾害造成农田被冲毁和淤埋，使农田减产甚至无法耕作或无法复垦，有的则毁坏水渠、提灌站、塘坝等，给农业生产造成损失。由于我国农村人口众多，农民对土地的集约化耕作较普遍，因此地质灾害一旦发生，不可避免地给农业生产带来多方面的损失。例如1983年四川喜德后山一场暴雨激发泥石流沟达27条，淤埋上千亩农田。1933年8月25日岷江迭溪地震，堵江后溃决，仅茂县及汶川两县就冲毁田地202.6hm^2，淹死牲畜4485头。1982年川东暴雨，仅忠县、万县、云阳、奉节4县就共发生崩塌滑坡6.4万处，受灾100余万人，毁地6667hm^2，总经济损失1.2亿元。1981年8月14日至22日陕西凤县因洪灾、泥石流、滑坡等400处致使99人死亡，倒损房屋3.791万间，损坏农田1.7万hm^2。1961年8月3日至10月23日，云南东川市蒋家沟暴发泥石流10次，损坏农田533hm^2，堵小江258小时，粮食损失750t。小江流域因泥石流发育致使大片农田被淹埋，下游形成广阔的砂砾滩而难以耕种。据四川省1981—1983年重灾县统计，由崩塌、滑坡毁坏的耕地333hm^2以上的有10余县，万亩以上的也有数县。1954年7月17日河南西峡县山区发生多处泥石流，因灾死亡131人，损坏农田730hm^2。1989年6月13日至27日四川凉山州12县市因泥石流损坏农田1.38万hm^2。有的地区因泥石流及水土流失，致使河床抬高造成两岸低洼，使农田排水不畅成为冷浸田而大大减产。重庆市水荣煤田采空区地面塌陷，造成地表溪沟断流，人畜饮水困难。

第四节　地质灾害防治措施及防灾减灾

一、地质灾害的防治措施

人类为了自身生命财产的安全，除了通过各种有效手段认识地质环境的动态变化外，经过长期的科学发展与实践，不断深化认识，也取得了不少防治地质灾害的有效方法和手段。早在北宋大中祥符年间在阶州武都古城凿挖了卧龙岗导流工程，以抗御泥石流的危害。1949 年以来，随着工程建设的开展，在不断探索和总结经验教训的基础上，取得了许多防治地质灾害成功的实例。如截水排水治理鸡扒子滑坡，地表地下排水治理黄腊石滑坡，填塞煤洞、预应力锚索锚固治理链子崖危岩体，成昆铁路开掘隧洞通过利子依达泥石流沟，宝成铁路用隧洞从对岸绕避两当灵官峡滑坡，等等，极大地丰富了灾害治理学科的发展。对地质灾害的一般治理措施见图 1-4-1。应予强调的是，先期做好勘察规划，避让不利地质作用，是防止地质灾害最为有利的方法。

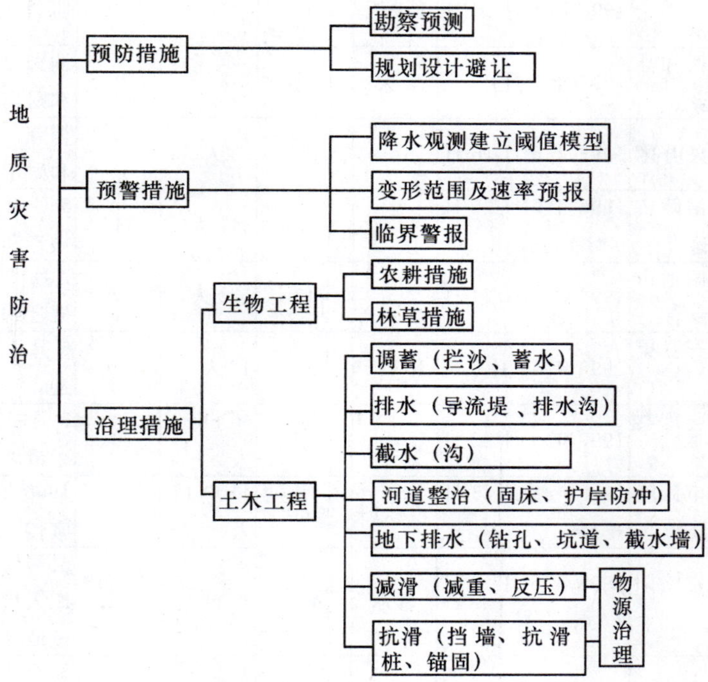

图 1-4-1 地质灾害防治方法框图

二、地质灾害的防灾减灾

长江流域尤以长江上游为我国地质灾害的多发地区，灾多面广，灾害严重，每年暴发的重大灾害达数十次，造成众多人员伤亡和巨额财产损失，对此有必要实施以预防为主的减灾策略。针对长江上游地质灾害多发地段(点)，1990 年长江上游水土保持委员会初步建立了长江上游水土保持重点防治区滑坡、泥石流预警系统。该系统有 1 个中心站、3 个一级站，9 个二级站，59 个监测预警点、5 个群测群防试点。通过群防群治，据不完全统计共避免了 1.109 万人伤亡和 1695 万元财产损失，防灾减灾成效显著(见表 1-4-1)。甘肃武都、舟曲、文县和云南昭通、绥江 5 县市作为长江上游首批群防试点县，已成功预报和及时处理 241 处滑坡、泥石流灾害险情，有效保护了 12.09 万人、14179 万元财产的安全，其建设项目通过了长江上游水土保持委员会办公室于 2000 年 4—5 月组织的验收。

表 1-4-1　　长江上游水土保持崩、滑、流预警系统群防预报成功部分实例

序号	名称	地点	时间	提前时间	体积（万 m^3）	避灾人数	避免财产损失（万元）	备注
1	熊家湾	云南昭通市	1992 年 7 月 20 日	7 小时	1200	58 人		提前 7 小时观测
2	老房社	云南彝良县角奎镇	1992 年 7 月 13 日	4 小时	135	7 户 32 人		1991 年地表裂缝开裂
3	红春岩	云南绥江县	1992 年 8 月 13 日	20 天	250	12 户 56 人		监测，9 月 11 日局部活动，采取爆破措施
4	陈家坝	重庆石柱县临溪镇	1993 年 8 月 13 日	1.5 天	380	41 户 48 人	64.68	监测、搬迁部分住户
5	落风村	甘肃西和县落风乡	1993 年 7 月 22 日	2 天	3.5	148 人	10	调查、监控、撤离人员和财产
6	东庄	湖北兴山县	1993 年 6 月 16 日		150	90 人		调查、监控、撤离人员和财产
7	马鼻梁	重庆涪陵市枳城区	1996 年 5 月 25 日 0 时 15 分	23 天	1.5	347 人	440	5 月 2 日发现并监测、搬迁和撤离
8	窝凼村	云南昭通市大寨乡	1996 年 7 月 24 日	4 天	15	181 人	9	7 月 20 日发现并监测、搬迁和撤离
9	巨坪	重庆开县渠口镇	1996 年 11 月 5 日	153 天	5	43 人	10	6 月 5 日发现监测搬迁，11 月 5 日下滑
10	新村	四川会理县木古乡	1997 年 9 月 22 日		100	60 户 201 人	100	7 月 23 日监测，研制了滑坡自动报警仪
11	里程二社	重庆市武隆县鸭江镇	1998 年 8 月 23 日凌晨	63 小时	140	44 户 134 人	30	1996 年列为县群防点，宣传、监测、巡视
12	阁老岭	陕西省略阳县	1998 年 8 月 19 日 17 点	3 天	4.3	1000 人		县群防点 8 月 16 日组织人员财产搬迁，建挡土墙 80m
13	白洋沟	陕西省略阳县	1998 年 8 月 19 日 15 时	5 天	0.6	820 人	186	泥石流警点 8 月 14 日向镇政府反映并组织人员转移
14	石状沟	陕西省略阳县	1998 年 8 月 19 日 19 时	3 天	1.5	768 人	153	8 月 16 日监测并组织群众安全撤离
15	马家山	陕西省略阳县	1998 年 8 月 20 日 19 时	8 天	9.37	174 人	51	8 月 12 日监测，并组织人员财产撤离

注：据长江水利委员会水土保持局《长江上游水土流失重点防治区滑坡、泥石流预警系统防灾减灾策略及减灾效益研究》。

第二章 地震灾害

地震就是大地发生的突然震动，即通常说的地动。地震是地面振动的内动力地质现象。地球的运动和变化能够产生巨大的力，这种力可以使地壳岩层发生变形，当变形超过岩石强度时，就会使岩层突然发生破裂或断裂错动。地应力集中作用于岩层，积累起来的能量急剧释放出来，引起周围物质振动，并以弹性波的形式向四周传播，这种弹性波就叫地震波。当地震波传到地面时，地面随之振动，即通常所说的地震。广义的地震包括三大类：天然地震、人工地震和诱发地震。绝大多数天然地震是由于地壳的结构构造发生剧烈的变化引起的，所以也称构造地震。人工地震是由人类工程活动而引发的，如核爆炸、采矿、大型爆破等。诱发地震是由人类的工程行为为诱因而发生的地震，如深井注水和抽水、水库蓄水等。人工地震和诱发地震的不同之处在于诱发地震无法控制其发生位置、时间和大小。

长江流域地震较多，但主要集中在西部地区。自公元前 23 世纪至 1999 年底，全流域共发生 4.75 级以上地震 677 次。其中 8 级地震 3 次(1654 年天水南、1833 年嵩明、1879 年武都)，7～7.9级地震 25 次，6～6.9 级地震 99 次，4.75～5.9 级地震 550 次(详见本章附录)。长江流域的强震占全国强震比例较大，全国 8 级以上地震共有 9 次，发生在长江流域的就有 3 次(占 1/3)，全国 7 级以上地震有 52 次，发生在长江流域的有 28 次(占1/2 强)。

第一节 地震构造环境

在大地构造上，长江流域地跨扬子准地台、三江褶皱系、松潘—甘孜褶皱系、秦岭褶皱系、华南褶皱系等一级大地构造单元。它们是漫长地史过程中相对稳定的地台区和相对活动的地槽褶皱带，是形成现代大地构造的背景，但与地震构造环境联系并不十分紧密。地震与现代大地构造、地壳厚度、地球物理场、地球应力场、变形场以及活动构造等有关，尤其与他们的变异边界有极大的关联。

一、现代大地构造

现代大地构造板块是在中三叠纪后新迥返固结成“联合古陆”，又解体后发展起来的。长江流域自喜马拉雅运动以来，原先的地台、地槽受到了强烈改造，形成了新的现代大地构造单元，具明显的分区和分块性。长江流域可划分成西部和东部 2 个大构造区和 3 个断块区(西部 1 个、东部 2 个)。

1. 青藏强隆起断块

青藏强隆起断块是在强烈改造西部加里东、海西、印支褶皱带(秦祁昆仑、松潘—甘孜、三江等褶皱带)及部分扬子准地台的基础上形成的。据资料，始新世以来，喜马拉雅山和昆仑山之间地壳缩短了2000～3000km，地壳厚度增加了一倍。在其构造演化过程中，以大规模逆冲走滑运动为特征，伴有张扭性断裂和年轻火山活动，大部分地区上升幅度达1000m以上，该地区是现今全球地壳运动最强烈的地区之一，是印度洋板块楔入欧亚板块碰撞所引起大面积构造变形区。据历史地震统计，青藏强隆起断块的边缘(界)，为大地震多发地区。

2. 华南中隆起断块

华南中隆起断块是东部大构造区的一个断块区，是联合扬子准地台和华南地槽褶皱带而成，是一个整体抬升的地区，隆起幅度不大，新生代以来活动性不大，相对稳定。它受太平洋板块向欧亚板块俯冲及印度洋板块与欧亚板块碰撞的联合作用影响，但均不处于边缘地带，因此其现代构造变形大大逊色于青藏强隆起断块。

3. 华北中强隆陷断块

华北中强隆陷断块是东部大构造区内差异活动较强的一个断块区，北部是一系列北东向隆起和断陷相同排列，活动强烈，南界从秦岭、武当山、桐柏山、大别山经皖南的九华山、黄山止于杭州湾。其内部结构十分复杂，在长江流域内以隆起区为主，东部有断陷盆地，下降幅度一般为几百米。断裂构造十分发育，断裂活动明显，主要活动断裂为北北东向，郯庐断裂就是一例，秦岭、大别山内部东西向断裂发育但活动很弱，地震活动也相对较弱。

二、地壳厚度分布和地球物理场

长江流域地壳厚度由东向西不均匀增厚，由东部的34km增加到西部的60km。不均匀性的另一表现为，存在着几条地壳厚度陡变带，这些陡变带也是布格重力异常梯级带，它们对现代地貌地势也产生了影响。

1. 龙门山—乌蒙山陡变带

龙门山—乌蒙山陡变带的地壳等厚线、重力异常线、区域磁异常线方向，都以北北东为主。地壳厚度为38～56km，变化范围为16～18km；布格重力异常值东高西低，变化在－150～－400毫伽之间，等值线在成都以西最密集，往南北均有扩散，平均宽约150km。该陡变带与我国著名的南北地震带相吻合，武都、松潘、昭通、嵩明等强震区均在该带上。

2. 太行山—武陵山陡变带

太行山—武陵山陡变带由外兴安岭而来，穿过秦岭沿武陵山往南。地壳等厚线与布格重力异常线相一致。地壳厚度变化幅度为7～8km，重力异常为－40～－120毫伽，但大部分地区在磁异常图上没有反映。该带没有强地震带与之吻合，尤其是在长江流域内更是如此。

由此可以看出，大地震多发生在地壳陡变带的斜坡区、等值线变缓和拐弯区；大地震常发生在重磁异常梯级带的变缓带、异常的转折区和交会地带。

三、活动构造

活动构造是指第四纪以来活动的地质构造，与地震活动关系密切的为晚更新世到全新世的现代活动构造。活动构造类型有火山活动、断裂活动、褶皱、盆地沉降、夷平面变形等，影响较大的有以下一些类型。

1. 活断层

活断层指晚更新世以来有确凿活动证据的断层。地震学家认为它有以下判别标志：①约10万年以来的年代学地层学依据；②古地震遗迹，有历史地震7级以上强震发生和地震断层、地震形变带的存在；③全新世断层及与其相关的明显的地貌标志；④现代观测资料表明仍在活动的断层等。

长江流域四川盆地以西为特提斯喜马拉雅断裂体系，活动断层较发育，以北西西、北西、北北西以及近南北方向弧形断裂为特征，断裂带长度在1000km以上。如唐古拉山断裂带、金沙江断裂带、鲜水河断裂带、小江断裂带、天水—武都断裂带、龙门山断裂带等，其活动速度有的很大，如鲜水河断裂的炉霍段，水平活动速度为10～15mm/a，小江断裂活动速度为6.4～7.0mm/a。四川盆地及以东主要为滨太平洋断裂体系，无论规模、长度或活动速度均比四川盆地以西要小得多。断裂带以北北东—北东向为主，仅在秦巴山地有少量继承性北西西和东西向活动断裂带。较大的活动断裂带有石泉—安康、黔江—金沙、龙泉山、远安、仙女山、太阳山、麻城—团风、茅山和河源—邵武断裂带，其活动速度较小，为0.1～1mm/a，麻城—团风断裂为0.5～0.8mm/a。

2. 盆地构造

与地震活动关系密切的为新生代各时期形成的以及第四纪以来都显示了不同程度的活动性的盆地。在盆地周缘常常有活动断裂成为孕震或发震构造。在长江流域范围内有以下几种类型盆地。

(1)地堑盆地。地堑盆地是在拉张的应力条件下形成的，也称为裂合盆地、伸展盆地。全国典型的地堑盆地以华北平原为代表，还有银川、汾渭等盆地。长江流域大型的地堑盆地如洞庭—江汉盆地，是中生代晚期生成的断陷盆地，晚白垩世和老第三纪沉积是一套含石膏的红色粗碎屑岩建造，自晚第三纪起，沉积幅度逐渐减小，第四纪期间继续凹陷，接受了几十米以至300m(江汉凹陷)的堆积。洞庭湖东面的湘阴—沙湖断裂和西面的太阳山断裂，近期都出现相当的活动。其他如鄱阳湖盆地也属这种类型。

(2)断块盆地。断块盆地范围大，边缘为活动性断裂而盆内相对较稳定，具整体活动特点。全国著名的断块盆地如塔里木、柴达木、松辽等盆地。长江流域的四川盆地亦属此类型。该盆地是巨厚的中生代含煤建造、陆相碎屑岩建造、磨拉石建造充填的巨型凹陷。白垩纪后，继侏罗纪龙门山再次褶皱隆升又形成第三纪的山前凹陷，直至全新世龙门山仍在上升。据研究，这种上升至少有5次并相应形成凹陷。龙门山断裂是一长期发育的深断裂，多期活动造成了一个宽度在15km左右的鳞片状逆掩断层带(推覆带)，因此盆缘地震地质条件复杂。

(3)断裂盆地。断裂盆地为沿断裂发育的小型盆地，常呈条带状或串珠状，盆地长轴平行断裂走向。该类盆地分布相对最广泛，如河西走廊的酒东、民东、武威等盆地即是这种类型。长江流域这类盆地分布较多，尤以金沙江、岷江上游为最，如乾宁、道孚、炉霍等盆地以及沿安宁河谷的西昌盆地等均是这种类型。

活动断层、活动盆地等均系活动构造，与强震发生关系最为密切，而强震就是活动构造的注解。长江流域第一、二级地势阶梯的梯级带是地震发生带；板块边界活断裂和断块内边界活断裂以及它们的交会点、拐点、转折段、闭锁段(障碍构造)是强震发生地区；活动盆地的边界活断裂、盆内横向断裂以及断裂盆地，常常是发生强震的地区。此外，现代地壳形变场、现代构造应力场也都可以为观测分析地震发育、分布和地震区划提供有价值的资料。长江流域东西两区域地震地质环境特征详见表 2-1-1。

表 2-1-1　　长江流域地震地质环境特征

特征项目	西部(金沙江、岷江)	东部(川江及中、下游)
断层	北西西和北东东共轭 X 形断裂发育，前者占优势；主要活动断层为北西西弯转至近南北向的弧形断层系，全新世断层发育	北东—北北东与北西—北北西的共轭 X 形断层系统，前者占优势；正断层多，断陷盆地多为正断层；第四纪断层发育未见全新世活断层，北北东向是主要活断层方向
新构造	上新世以来，强烈隆升达 4000m 以上，形成弧形褶皱山系，第四纪以来发育的断层、褶皱较常见到	上新世以来，形成整体抬升的条块状隆起
活动时代	上新世以来形成高原山脉及断层活动，并延续至今	上新世以来形成间歇性、继承性活动；北及东北部地域(含长江口)晚更新世和全新世活动普遍存在，其他地域晚更新世以来活动微弱
古地震	古地震遗迹多，地震断层规模巨大，复发期小于 1000～2000 年或更小	古地震遗迹少或未发现
地壳厚度	厚地壳区厚度大于 40km，最大 60km 以上	中等地壳厚度 35～40km 以下
动力源	印度板块与欧亚板块的碰撞是形成构造活动的主要动力源	太平洋板块相对欧亚板块俯冲的北西运动是主要动力源；同时也有印度板块与欧亚板块碰撞的影响
现代应力场	北北东向及近南北向主压应力为主	北西西—南东东向主压应力为主
历史地震	高频强震带区，边缘的频度、强度大于内部，强震复发间隔时间短，最大震级 8.0 级以上	低频中强地震区，强震复发间隔时间长，最大震级 6.5 级
盆地	边缘形成压性凹陷盆地。推覆构造区后缘，有“脱断”盆地，局部有小型拉分喷发和断陷盆地，沿断裂小型断裂盆地较发育，如道孚、炉霍	中新世张性盆地结束发育，被抬升为丘陵；局部有张性断陷(如江汉盆地)；一般很少有较厚的晚第三纪和第四纪沉积
差异运动	晚更新世、全新世至今已强烈整体隆起	由于断陷盆地的形成，断块相对升降运动明显
水平活动速度	10～20mm/a	0.1～1mm/a

注：资料据《中国地震烈度区划图(1990)概论》。

第二节　地震分布及地震区带划分

一、地震分布

长江流域内地震活动主要受区域性活动断裂带的控制，中强以上地震展布的方向性、成带性非常明显，主要以北西西—北西、南北向、北北东—北东 3 个方向成带分布。由于这些断层的规模及活动性，在不同的地域有很大差异，地震分布也极为不同，长江流域在四川盆地以西和以东就是如此，现将截至 1999 年底长江流域 4.75 级及以上的 677 次地震震中分区统计于表 2-2-1。

表 2-2-1　　长江流域 4.75 级及以上地震分区统计表

分区	震级	8 级 次数	8 级 占全流域比例	7.0～7.9 级 次数	7.0～7.9 级 占全流域比例	6.0～6.9 级 次数	6.0～6.9 级 占全流域比例	4.75～5.9 级 次数	4.75～5.9 级 占全流域比例
西区	青南川西高原			11	44%	33	33%	120	21.8%
	横断山地	1	33%	10	40%	42	43%	187	34.1%
	陇南川西山地	2	67%	4	16%	14	14%	57	10.4%
	小计	3	100%	25	100%	89	90%	364	66.3%
东区	秦巴山地					1	1%	15	2.7%
	四川盆地					1	1%	73	13.3%
	鄂黔山地					1	1%	6	1.1%
	江汉、洞庭湖、鄱阳湖地区					3	3%	26	4.7%
	长江中下游平原					3	3%	41	7.4%
	江南丘陵					1	1%	25	4.5%
	小计	0	0	0	0	10	10%	186	33.7%
合计		3	100%	25	100%	99	100%	550	100%

从表 2-2-1 可以看出长江流域地震分布的差异：

(1)西区地震强度大，频度高。流域内 3 次 8 级地震和 25 次 7～7.9 级地震全部发生在西区，6～6.9 级地震 89 次，占全流域的 89%；4.75～5.9 级地震所占比例较低，但仍大于 60%。

西部区整体地震基本烈度均大于Ⅶ度，并形成曲麻莱—清水河、治多—玉树、雁石坪—巴灰、甘孜—康定、理塘、巴塘、中甸—丽江、永胜—宾川、木里、西昌—冕宁、东川—寻甸、马边—大关、武都—文县、松潘—茂汶、宕昌—舟曲、成县—礼县 16 个Ⅷ度以上高烈度区。其中宕昌、侏倭、磨西—折多塘、理塘—德巫、巴塘等地还分布有Ⅹ度及以上区。

(2)东区地震活动较弱，频度低。在广大地区内仅分布有汉中—安康、黔江—金沙、远安—钟祥、麻城、常德、扬州—溧阳、河源—邵武 7 个中强地震带。没有 7 级以上地震发生；6～6.9 级地震仅为 10 次，占全流域的 10%，其中最大为常德的 6.75 级地震；4.75～5.9 级地震 186 次，占全流域的 33.7%。

东部区整体地震基本烈度以小于Ⅵ度为主，仅汉中、安康、丹江口、宜宾—富顺、黔江、岳阳—湘阴、瑞金—会川、九江、扬州—南京、常德、钟祥、黄冈等地有小范围的Ⅶ度区。

二、地震区带划分

地震区是指区域地震活动性、地震孕育的地质环境和发生地震的构造条件相类似的地区，同一区内区域地震活动性、构造活动性、地球物理场乃至地球动力学环境相类似。地震带是指地震集中成带分布并受活动构造带或地壳结构变异带控制的地带。同一地震带的地震活动、地震构造等关系密切。同时，在研究程度深入详细的基础上，在地震带内又划分出若干个潜在震源区。潜在震源区是指未来具有发生破坏性地震潜在可能的地区，是要预测破坏性地震可能在那些地点或地段发生，它是依据地震重复性原则和构造类比原则进行划分的，一般分为5.0、5.5、6.0、6.5、7.0、7.5、8.0、8.5几个等级。这样对应用单位就提供了比较明确的信息，这种用地震危险性概率分析法进行的区划，也符合当前工程抗震设计的需要。

据国家地震局《中国地震烈度区划图(1990)》地震区、带划分，长江流域地跨3个地震区，即青藏高原地震区、华中地震区、华南地震区，3个地震区中又划分为9个地震带(详见图2-2-1)。各区、带简述如下。

1. 青藏高原地震区

青藏高原地震区是长江流域最大的一个地震区，也是我国最大的地震区，其范围包括江源、金沙江流域、岷江、沱江、嘉陵江上游的广大地区。青藏高原是由几个时期的褶皱带多次拼合而成的构造复合体。长江流域内主要有昆仑山褶皱带、巴颜喀拉山印支褶皱带、唐古拉山燕山褶皱带。唐古拉构造带地壳厚度最大，为85km，向北至昆仑山为70km，高原周边为巨大的重力异常梯度带。该区的地壳活动特点为：首先，新构造运动强烈，活动断裂密集，是更新世以来的强烈隆起区，隆起速度约为1.6～1.9mm/a；其次，起始于始新世的两大板块碰撞引起的大规模的逆冲和推覆作用，导致地壳缩短而增厚，主要在周边如龙门山和有名的喜马拉雅山；再次，块体间的大规模的水平滑移在周边和内部也是十分强烈的，这些水平滑移带也是强地震活动带，其中规模较大的有通天河—鲜水河—安宁河—则木河—小江左旋走滑断裂带和金沙江—红河右旋走滑断裂带。

青藏高原地震区是一个强震区，但分布很不均一，周边和大规模水平滑移带分布集中，因此是地震活动频度和强度最高的区域。5～5.9级地震几乎遍布整个区域，6～6.5级地震空间分布的随机性也较大。

该地震区在长江流域内可划分为3个地震带。

(1)唐古拉山地震带(I_1)。唐古拉山地震带范围在江源一带，是青藏高原地势最高的部分，一般高程在6000m以上，以晋宁期、加里东期褶皱带为主，地壳厚度为80～85km，是地壳厚度最大的地带。

该地震带构造活动相对于青藏高原地震区其他地区相对较弱，本底地震可达6级，发震构造处在北西西与北东、北东东断裂的交接部位。

(2)金沙江(至可可西里)地震带(I_2)。金沙江(至可可西里)地震带范围在青海南部、川西、滇东、滇中等地区，基底由一套浅变质岩系组成，在大地构造上属甘孜印支褶皱带、三江褶皱带和扬子地台的部分地区，地壳厚度为50～70km，具由东向西增厚而成一斜坡的特点。

该地震带新构造运动以水平挤压为主，大规模水平滑移兼有垂直差异运动，主要断裂在第四纪以来活动明显，具挤压走滑性质。最著名的断裂有金沙江断裂、鲜水河—安宁河—则木河—小江断裂、通天河断裂和布布达山—阿尼马卿山断裂等，地震大多发生在这些断裂上。该地震带地震活动强烈，表现为频度高、强度大，8级和7.75级地震多有发生。

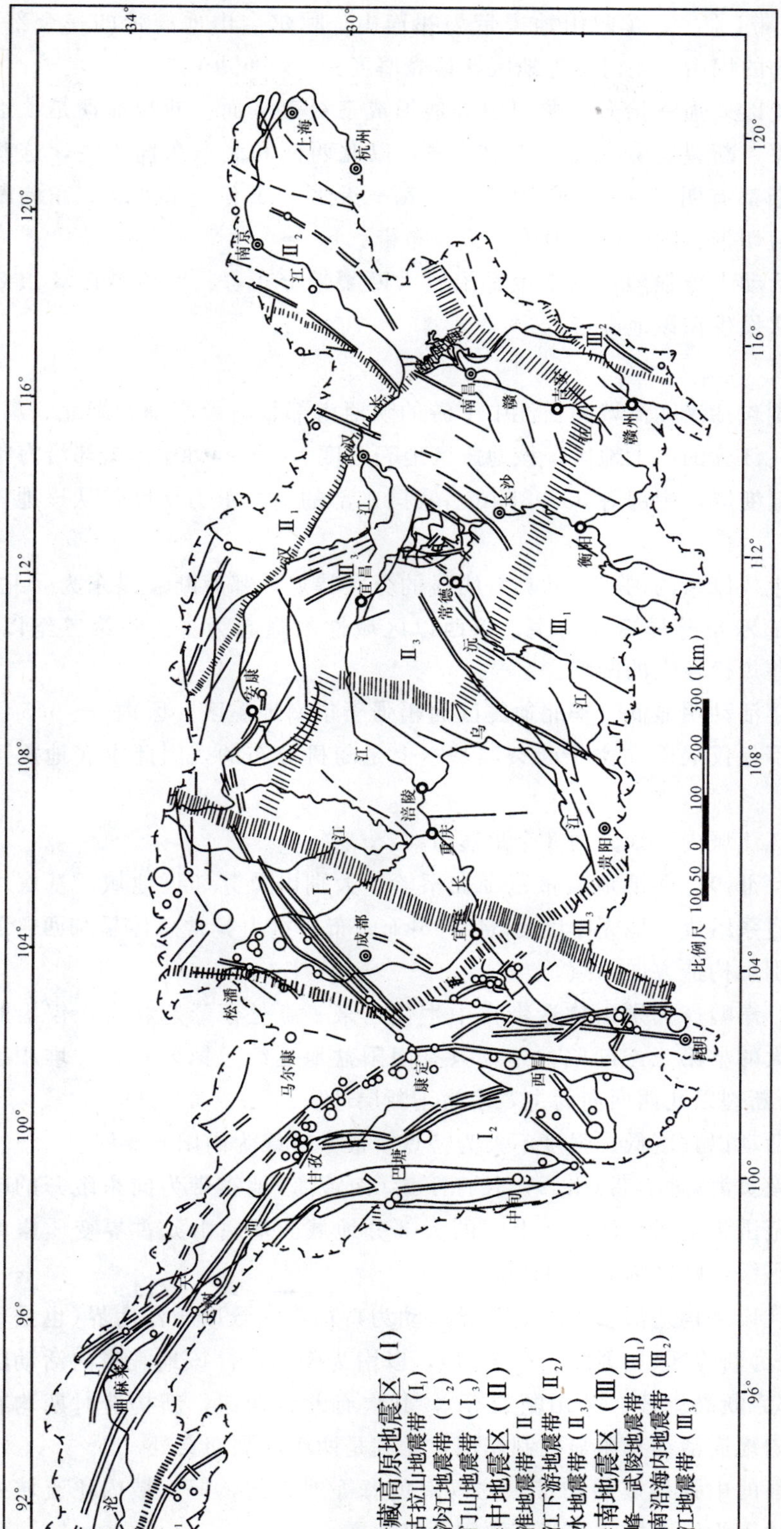

图2-2-1 长江流域主要地震区地震带划分示意图

活动断裂（虚线示隐伏） 主要断裂（虚线示隐伏） 地震震中（M>8） 地震震中（7<M<8）

地震震中（6<M<7） 地震区 地震带

(3)龙门山地震带(I_3)。龙门山地震带为祁连山—阿尔金山地震带的一个部分，其范围在长江流域内的岷山、龙门山等地区，地壳厚度为48～60km。

该地震带新生代以来强烈抬升，龙门山等地形成三级夷平面。断裂活动是该地震带最突出的构造现象，断裂规模巨大，活动性强，以北西西和北东东向为主，这些断裂在第四纪甚至晚期都有明显活动。沿平武—武都—天水一线有一系列北北东向断裂组成的右行排列的剪切带，同时也是地震密集分布带。

该地震带地震活动十分强烈，基本上都沿巨大断裂带分布，长江流域内3次8级及以上地震，有2次发生在该地震带。

2. 华中地震区

华中地震区范围包括汉江流域和长江中下游的陕西南部、河南南部、湖北、湖南、江西、安徽、上海、江苏的广大地区。该地震区地壳厚度为30～40km，东部沿海地带地壳较薄，向西逐渐变厚，中部为33～36km。我国东部的巨大重力梯度带从该地震区西部通过。

华中地震区新生代以来的构造活动具有明显的分区特点，郯庐断裂以东为受北东、北西两组断裂控制的断块差异运动为主；以西以区域性的隆起为主。晚第三纪以来，在局部地区形成一些规模较大的凹陷。

华中地震区地震活动明显低于华北地震区而稍强于华南地震区。区内5～5.5级地震分布较为广泛，不仅仅局限在主干断裂，基本上是随机分布的，因此本底地震可定为5.5级。

该地震区在长江流域内可划分为3个地震带。

(1)河淮地震带(II_1)。河淮地震带范围在秦岭、大别山及其邻近地域。基底由太古界和元古界变质岩系组成，地壳厚度为34～36km。布格重力异常总体呈东西—北西西向，和秦岭、大别山构造方向一致。

河淮地震带中，秦岭—大别山构造带自中生代以来一直处于隆起状态，仅沿断裂带发育一些规模不大的早第三纪断陷盆地，只有南阳盆地延续至第四纪，并堆积了约200m厚的第四系。断裂以北西西向为主，多为正断层性质。

该地震带地震活动以频度低、强度不大为特点，最大震级为南阳6.5级。

(2)长江下游(南黄海)地震带(II_2)。长江下游(南黄海)地震带为向东敞开的喇叭形，长江流域内的范围为安徽、江苏、上海的大部分地域。基底由元古界变质岩系组成，地壳厚度变化平缓，陆区为30～34km。

该地震带新生代以来构造活动以断块差异运动为特征，大致以长江为界(也是重磁场分区界线)，以北为断陷区(如苏北、南黄海)，以南为隆起区。该地震带内活动断裂以北东组为主(如郯庐断裂南段、茅山断裂等)，其次有北西西组，新构造时期均有不同程度活动，对带内地震活动有明显控制作用，尤其是两组断裂交会处。

该地震带为明显的中强地震活动带，尤以南黄海等地为甚，但流域内比流域外要弱些。已发生最大地震为江苏扬州和江苏溧阳6级地震。

(3)汉水地震带(II_3)。汉水地震带范围包括汉水流域和长江中游大部分地区，北西西向展布，呈西部窄东部宽的“菜刀”状。该地震带位于扬子地台内，基底以元古代变质岩系为主，地壳厚度为33～40km。重力场总的趋势为从东向西重力值由高变低，太行山—武陵山重力梯度带大致成为西低东高的分界线。新构造运动为在大面积抬升的基础上沿断裂带产生规模大小不等的断陷，其中以江汉—洞庭湖断陷规模最大，堆积了厚达500～800m的下第三系，大部分盆地缺失上第三系，只有江汉盆地继续下沉，堆积了厚度不大的上第三系。第四纪时，江汉—洞庭盆地同时下沉连成一体，堆积了100～300m的第四系。汉水地震带断裂构造发育，西部大巴山、武当山等地域主要为北西西向，东部和南部主要发育北东—北北东向。断裂规模较大，且第四纪均有不同程度活动。

该地震带为中强地震活动带，地震在空间上主要沿北东、北西方向展布。带内已发生最大地震为常德6.75级地震。

3. 华南地震区

华南地震区范围包括江西、湖南、四川大部分地区，贵州全省以及湖北、云南部分地区。地壳厚度为28～40km，越过武陵山重力梯度带，地壳厚度很快增加到40km。

新构造运动结束了华南地震区中生代末和新生代初期的裂陷过程，白垩纪和早第三纪发育的红色盆地已因抬升而退缩。

该地震区在长江流域内地震活动很弱，可划分3个地震带。

(1)雪峰—武陵山地震带($Ⅲ_1$)。雪峰—武陵山地震带包括四川、湖南、贵州、江西和浙江的大部分或部分地区，位于华南加里东褶皱带和扬子地台西部。地壳厚度为34～40km，由东向西增厚，过武陵山梯度带后到四川盆地又开始减薄。新构造时期地壳运动以整体缓慢抬升为基本特点，新生代早期沿断裂发育的红色盆地在早第三纪末期结束沉积。断裂以北北东和北东向最发育，并控制盆地发育，晚第三纪这些断裂仍有不同程度的活动，但差异活动不明显。

该地震带地震活动较弱，只有少量5～5.5级的历史地震零散分布在各地，仅有一次咸丰6.25级地震为最大。

(2)东南沿海内地震带($Ⅲ_2$)。东南沿海内地震带包括江西、福建部分地区，长江流域内面积狭小，属华南加里东褶皱带，中生代构造运动强烈，并有广泛酸性岩浆侵入。地壳厚度为30～34km。新构造时期，该地震带以抬升为主，一些早第三纪红色盆地结束沉积并遭受剥蚀。断裂以北东组发育，第四纪有不同程度活动，不仅控制了地貌和水系分布，而且与地震活动密切相关。

该地震带为中强地震活动带，沿邵武—河源新裂在江西会昌附近发生过6级地震，在瑞金石城等地发生过有感地震。

(3)右江地震带($Ⅲ_3$)。右江地震带包括贵州、云南部分地区，长江流域内面积狭小。该地震带位于华南加里东褶皱带和扬子地台交接地带，地壳厚度为32～40km，从东南向西北增厚。新构造时期表现为整体抬升，沿着北西向断裂或北西、北东向断裂交会处发育有继承性第四纪盆地。北西向断层活动最明显，第四纪盆地和地震主要沿其分布发育。

该地震带地震活动较弱。

第三节 地震灾害的危害

一、地震灾害特点

地震灾害是由地震产生强烈的地面运动造成的，它以突然、隐蔽、成片及多种灾害成链为特点。地震灾害主要表现为地震对一个地区所造成的社会财产的损失和人员的伤亡。这种社会属性，因受灾地区的经济结构、人口构成、经济发展水平等不同而有很大的差别。农村地震灾害就与城市地震灾害有着不同的特点；不同经济发展水平和经济结构的城市，同样强度的地震，其灾害的表现形式和影响程度是不同的。因此，地震既是一项自然灾害，又是一项极为复杂的社会事件。此外，地震灾害还有以下一些特点。

1. 有一定的前兆，但又非常突然

通过对以往地震灾害认识的积淀，可以发现地震发生前有一定的前兆，如震前有一段时间(以月计)气候异常，临震动物行为异常(牛、马、老鼠、蛇、鱼……)以及有一些小微震等。近数十年还有一些地电、地磁、水氡等的观测数据异常作为前兆，也对海城地震作出了预报，减少了损失。但这些都还极不规律，而发生破坏性地震仍是很突然，只几秒钟，最长数分钟就大地改观，灾难降临，人们来不及作出反应就已伤亡。

2. 破坏大、伤亡惨重

每一次大震都伤亡上百、上千甚至上万人口。1556 年陕西华县大地震伤亡“83 万有奇”；1920 年宁夏海原 8.5 级地震，死亡 23 万人，其中海原县死亡人数占全县总人数的一半；1976 年河北唐山大地震，城市及工业毁于一旦，死亡 24 万人，16 万多人受伤致残。长江流域的 3 次 8 级大地震，也造成数万人死亡。

3. 发生在一些特定的地点

经过长期实践，发现强烈地震往往发生在一些特殊的地质构造(活断裂的拐点、交会点)地貌(断裂盆地边缘、横向构造等)的部位，据此作出了中、长期预报。但由于一些深部构造(潜伏构造)较难以查清，很多时候出现意外，而且临震地点、时间和强度的预报更难作出，也就显得力不从心。

4. 有一定的重复性

如四川叠溪城就于 1713 年和 1833 年两次被地震摧毁。又如 1974 年云南大关北地震，现场考察山区的一些地震崩塌、滑坡点，往往是老地震崩塌、滑坡点的重复，甚至新的崩塌堆积就覆盖在老崩塌堆积之上，老地震滑坡堵塞河流，形成堰塞湖，新地震崩塌仍在此发育。再如云南昆明，经过对历史地震资料的整理得出该城市周围历史地震虽距昆明的方位、距离以及震级不同，但造成的破坏与震感程度却有惊人的重复。

5. 地震虽是点状，但波及面大，成灾面大，因而灾害各异，具有社会性

长江流域东部地区的国民经济相对西部地区较为发达，且人口密度较大，因此若发生同一能量级地震，造成的损失比西部地区更为严重。1962 年 2 月 27 日四川米易发生 5.5 级地震，仅倒塌房屋 1 幢，损坏多幢；而 1974 年 4 月 21 日江苏溧阳地震亦为 5.5 级，却倒塌房屋 1.1 万余间，局部倒塌的房屋达 2.1 万余间，墙裂及倾斜的更达 5.6 万余间。

这除与震源深度和当地地层结构有关外，还与人口密度、经济发展程度有关，其社会性十分鲜明。

6. 极易形成灾害链

地震造成地面破坏，形成地质灾害(见表 2-3-1)，从而使灾害链发生，造成更大的损失。如1933年8月25日四川叠溪地震，有6800人死于地震灾害，而地震造成滑坡、崩塌堵岷江45天后溃决，被冲没者达2500余人，伤者不计其数，叠溪至灌县两岸乡镇均被冲毁。又如1870年4月11日四川巴塘地震，“中巴村房屋大部分倒塌成废墟，融融大火烧遍全城”，更加重了灾害损失。

表 2-3-1 地震形成地面破坏类型与地质灾害

地面破坏类型	地质灾害
构造内力直接破坏	地震断层及裂缝系统
	地面大范围隆起与凹陷
	褶皱、挠曲等构造变形
岩、土体破坏	塌陷(碳酸盐岩分布区溶洞、矿区)
	开裂(含地裂缝)
	滑坡，与水体破坏形成地震泥石流
	崩塌，与水体破坏形成地震泥石流
	土体沉陷
	土体结构破坏(砂土液化、大孔隙土变形)
水体破坏	土壤水破坏
	地面水与地下水(含潜水)破坏，形成地震洪水
	涌水(地下水涌出地面与矿坑涌水)，形成地震洪水
	河、湖、海水面振动(海啸)

注：据《中国重大自然灾害及减灾对策》(马宗晋等编著，科学出版社，1993年)。

7. 具有潜伏延续性

经过一次主震后，在震区内有些还持续一段时间发生余震，在原有破坏基础上又发生新的破坏，加重灾害。如云南大关北地震，主震过后不到2个月，震区又发生2.6级余震，震后3～5分钟，在震区老寨堡附近的大槽村即发现附近山体上石块崩落，随即开始大规模崩塌，转瞬间巨大石块从山坡向下倾泻，形成一条宽150～200m、长约1.5km、平均厚3m的崩塌、滑坡碎屑流，淹没了山下居民和抗震救灾人员70余人。这些惨痛教训提醒人们在震后的山区危岩(崩、滑)地段，应注意加强观测。

二、7级以上地震灾害

公元前186年至1999年底，长江流域共发生6级及以上地震126次，其中8级及以上地震3次，7～7.9级地震25次，6～6.9级地震99次，均造成了不同程度的灾害，有的甚至是毁灭性的。由于7级以上地震均发生在西部震区，东部震区只有几个6～6.9级地震，因此本章除将长江流域内全部7级以上地震予以详述外，还将东部震区的公元46年南阳6.5级地震、1624年扬州6级地震、1631年常德6.75级地震、1856年咸丰6.25级地震、1979年溧阳6级地震也作一些叙述。

1. 甘肃武都地震

公元前186年2月22日(汉高后二年正月二十七日)甘肃武都发生6～7级地震，烈度大于Ⅷ度。震中位置为北纬 33.8°、东经 105.6°。

震情：武都山崩死 700 人，地震 8 月乃止。羌道(今舟曲北)亦震。

2. 河南南阳地震

公元 46 年 10 月 21 日(东汉建武二十二年九月初五)河南南阳发生 6.5 级地震。震中位置为北纬 33.0°、东经 112.5°，震中烈度为Ⅷ度。

震情：郡国四十二地震，南阳尤甚，地震，坏屋毁垣压死官民。洛阳亦震。湖北枣阳亦震且地裂。

3. 四川西昌地震

公元 814 年 4 月 6 日(唐元和九年三月初八)四川西昌发生 7 级强震。震中位置为北纬 27.9°、东经 102.2°，震中烈度为Ⅸ度。

震情：巂州(治今西昌，辖今西昌、越西、德昌、冕宁、盐源等地)地震，地陷三十里，压死百余人。昼夜 80 震。

4. 四川雷波地震

1216 年 3 月 24 日(南宋嘉定九年二月二十八日)四川雷波县马湖发生 7 级地震。震中位置为北纬 28.4°、东经 103.8°，震中烈度为Ⅸ度。

震情：东、西两川地大震，马湖夷界山崩八十里，江水不通。震后，3 月 28 日(三月初二)、4 月 6 日(三月十一日)、9 日(十四日)、14 日(十九日)连震不已。

注：西川治成都，东川治三台，两川辖境在今四川盆地西南、西北部；马湖夷界指雷波马湖地区一带；江即今金沙江。

5. 云南永胜地震

1515 年 6 月 27 日(明正德十年五月初六)云南永胜、大姚发生 7.75 级地震。震中位置为北纬 26.7°、东经 100.7°，震中烈度为Ⅹ度(见图 2-3-1)。

震情：云南地震，逾月不止，或日至二三十震，黑气如雾，地裂水涌，坏城垣、官廨、民居不可胜计。死者数千人，伤者倍之。地道之变，未有若是之烈者也。

永胜：城倾西北，民居圮者千五百余家。近屯西山下田陷成湖者百余顷。城西北石门关相传灵源箐水前由谭家坪向南而西过真庆观顺流而下，因正德六年(疑误)地震，自箐口崩裂至此，遂成大河，不由故道。大理府赵州永宁卫(明代云南无永宁卫，可能是指永宁府治澜沧卫，在今永胜)地震，或连二十余日，或日二三十发，所在城屋倾圮，人死者千计。

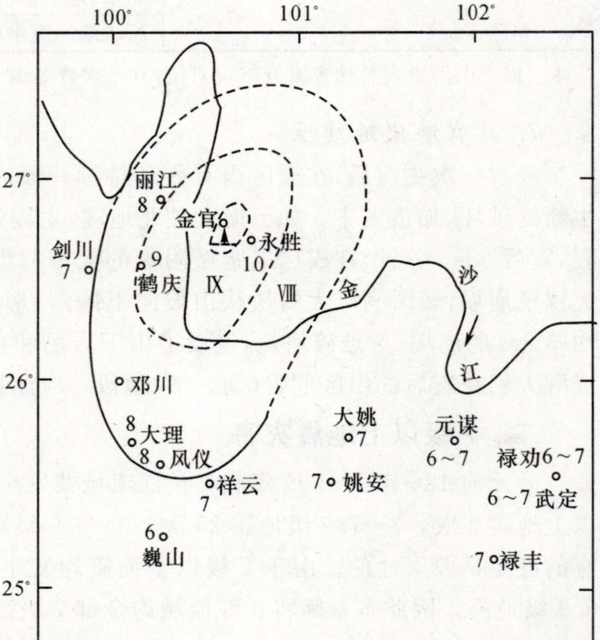

图 2-3-1 1515 年永胜地震

鹤庆：官民庐舍倾圮殆尽。府治之正堂、经历司、照磨所，申明、旌善二亭，知府同知等诸厅尽坏。儒学、庙学地震倾圮。玄化寺殿宇倾圮。

大理：庙宇殿庑倾圮（正德十年五月、八月、九月大理均有地震，庙学倾圮为何月，志载不详）。城郭室庐仆缺无算，独浮屠无恙，崇圣寺（三塔寺）中塔裂二尺许，人谓塔将仆，旬日复合如故（记为正德九年五月初六）。洱水神祠（大理东五里洱河西岸）庙颓（记正德九年）。

凤仪：毁民居，压死人口。

姚安、大姚、禄丰、祥云等处：官民庐舍倾圮殆尽。

丽江、武定、禄劝、元谋等处：民居半圮。

现金沙江规划水电梯级鲁地拉（皮厂）、龙开口、金安桥（梓里）、阿海（洪门口）、梨园、虎跳峡均位于其破坏区。

震前，3 月 18 日（二月二十三日）大理地震。

6. 四川西昌地震

1536 年 3 月 29 日（明嘉靖十五年二月二十八日）四川西昌发生 7.5 级地震。震中位置为北纬 28.1°、东经 102.2°，震中烈度为Ⅹ度（见图 2-3-2）。

震情：四川行都司建昌卫、建昌前卫（司、卫同治西昌）大小衙门、官厅、宅舍、监房、仓库、内外军民房舍、寺观，墙垣、门壁、城楼、垛口、城门俱行倒塌填塞，压死掌印都指挥佥事及指挥、千户、百户、所镇抚、吏、土官、乡官及监生等，并各家及内外屯、镇、乡、村军民客商等死亡近万人，伤者不计其数。间有地裂水涌，陷下三、四、五尺者。卫城内外，似若浮块，山崩石裂，城室尽塌。东岳庙祠倾圮。白塔寺铜香炉损其右耳。泸山光福寺“地震坍塌，段氏所施之田，尽皆化为沧海”。

宁番卫（冕宁）：房屋、城垣倒塌无存，压死指挥、千户及军民等。越西卫（越西）：遍卫城屋倾倒者十分之七，城乡内外压死者不知其数。镇西所（甘洛县正西）、邛州（邛崃）、雅州（雅安）、崇庆州（崇庆）、嘉定州（乐山）、眉州（眉山）、资阳、大邑、峨眉等所、州、县城垣倒塌不等。

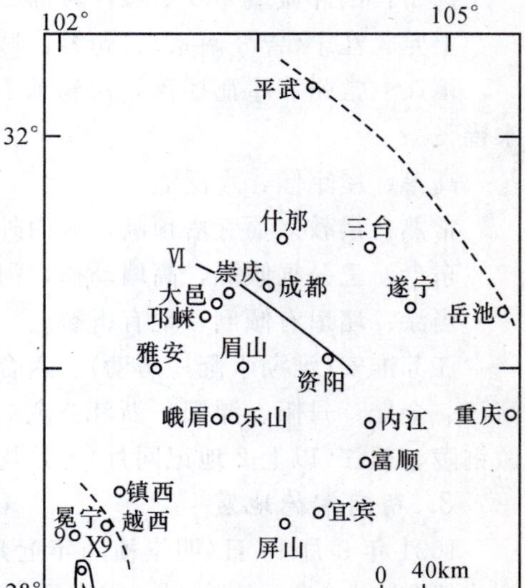

图 2-3-2 1536 年西昌地震

平武、宜宾、成都、岳池等均震。

震时山崩地裂，火烧焚压，五昼夜雷声不绝，烈风可畏。震后山泉河水尽皆黄浊。

震后，一月之内或数见，一日之内或再作，至 7 月 7 日（六月二十日）尚犹未止。出现“古泸州沉海之言”，“转相煽惑，几酿大变”。巡抚都御史等禁止讹言，暂补栅栏，护守城池。

7. 江苏扬州地震

1624 年 2 月 10 日（明天启三年十二月二十二日）江苏扬州发生 6 级地震。震中位置为北纬 32.3°，东经 119.4°，震中烈度为Ⅷ度。地震对扬州、镇江、南京等地造成较严重破坏，江、浙、沪、皖均有影响(见图 2-3-3)。

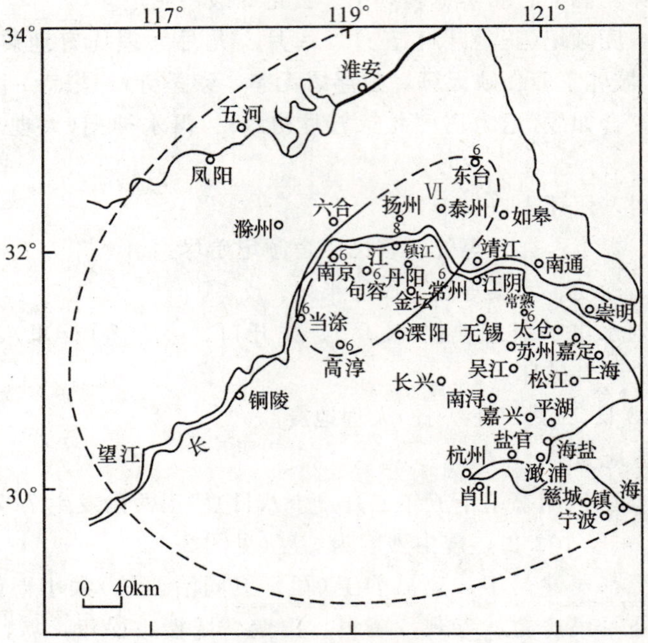

图 2-3-3 1624 年扬州地震

震情：南直隶(今江苏、安徽、上海等 3 省市)应天(治今南京)、苏州、松江、凤阳、淮安、扬州等府及滁州、泗州(治今江苏盱眙西北)等处同日地震。

扬州：倒卸城垣 380 余垛，城铺 20 余处；倒民间房舍。

上元、江宁(皆今南京)、句容：城垣墙垛倒塌。

镇江、常州：屋瓦摇落，房窗倾斜，多倒塌。镇江平地开裂，缝宽容拇；常州湖水皆飞。

高淳：屋宇倾，水泛溢。

常熟：崇教兴福寺塔顶欹，城内外地面尽裂。

东台：王公祠倾颓，高墙动摇，河水皆啸。

当涂：墙垣有倾倒，地有折裂。

江苏淮安(淮湖水翻，房动)、六合、无锡、南通、江阴、徐州(以上 3 地记同年)、靖江、金坛、丹阳、溧阳，浙江嘉善、嘉兴(治盐官)、宁波(以上 3 地记作二日)，安徽铜陵、望江(以上 2 地记同月)等处均震。

8. 湖南常德地震

1631 年 8 月 14 日(明崇祯四年七月十七日)湖南常德发生 6.75 级地震。震中位置为北纬 29.2°、东经 111.7°，震中烈度为Ⅷ$^+$度(见图 2-3-4)。

震情：常德倒塌荣府宫殿及城垣、房屋无数，压死男妇 60 人。井泉溢，地裂孔穴，浆水涌出，高二三丈，带有黄沙者六处。田池之中忽陷，水涸。

澧县：城墙、房屋崩坏，压死居民 10 余人；城内地裂；三家井喷出黄水；铁尺堰喷出黑水；彭山崩倒，河为之淤。

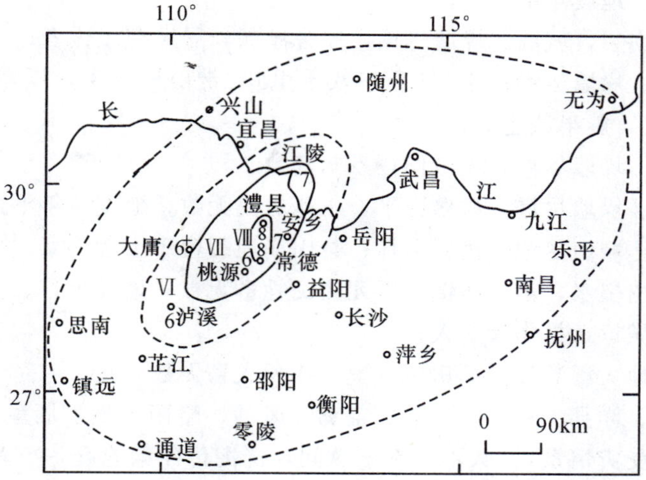

图 2-3-4 1631 年常德地震等震线图

安乡：地裂，红水溢出，树倒屋倾，打死人民无数。

江陵：坏城垣十之四，居民十之三，压死军民 10 余人。

桃源：坏墙屋。

大庸：城内房屋崩倒，压死多人，乡村遍地裂陷、沙涌(记七月)。

泸溪：墙多倾塌(记八月初六)。

波及湖南汉寿、沅陵、长沙(记六月十七日)、湘阴、醴陵、衡阳、茶陵、慈利(皆记七月)、邵阳(皆记十一日)、岳阳、零陵(皆记四年)，湖北武昌、沔阳州(治沔城镇)、蒲圻、随州、长阳、宜都(以上三处记七月)、宜昌、兴山(皆记四年)，贵州思南玉屏、镇远，江西武宁、修水、南昌、九江、抚州、宜春、萍乡，安徽无为。

震前，五六月以来湖北江陵淫雨不已；8 月 8 日(七月十一日)长沙西北地大震；8 月 14 日(七月十七日)湖北江陵夜半前，天忽通红，地震有声，其响如雷，须臾黑气障天。

震后，11 月 1 日(十月初八)长沙等 9 县又震，11 月 8 日(十月十五日)常德等县又大震。余震三年不止。

9. 甘肃天水地震

1654 年 7 月 21 日(清顺治十一年六月初八夜)甘肃天水南发生 8 级极强地震。震中位置为北纬 34.3°、东经 105.5°，震中烈度为Ⅺ度(见图 2-3-5)。

震情：西安、延安、汉中、平凉、庆阳、陇西府属地震，天水为甚。倾倒城垣，楼垛、堤坝、庐舍，压死兵民 3.1 万余人，牛马牲畜无算。岸夷为谷，丘陵易位。自是或数月震，经年震，大小震凡三年乃止。破坏达 47 个县市，波及陕西、山东等 9 个省(区)158 个县市。

天水罗家堡七十峪及礼县木门里一带，山崩水壅，水聚为海、压漂居民村落，或两山拽成一处，壅河成潭，压埋村落近十里。塌死木门里一带 1000 余人。

天水：城崩楼倾，城无遗堞，官舍崩圮殆尽，摇倒房屋 3672 间，震塌窑砦不可胜计。压死男妇 7464 口(一说城垣、官署、民房崩圮十之九，压毙男女 1 万余口)；山皆倒置，水上高原，地震年余不止。

西和：地震崩裂，城墙、垛墙尽塌，屋舍倾颓，居民有压毙者；文庙各坛倾圮。

礼县：城墙、垛墙尽塌；木门(县东八十里)一带山崩水壅，压埋村落近十里；塌死人民1000余口，震半载止。

秦安：城墙、垛墙尽塌，人口伤亡不知其数。

武山：城墙、垛墙尽塌，村堡皆平，压死居民无数；地震一年不止。

成县、武都：城垣尽圮，民屋多坏；县山崩地裂覆于土者千家。

两当：地裂出黑水，窑崩房倒，压死人民牲畜无数；地震半月。

文县：摇颓城垣，挞伤者3人。

徽县：六月地大震数日，坏房屋城垣，压死人畜无数。

商县、汉中、洋县、镇巴、宁强、宝鸡、凤县、略阳等地，墙垣倾塌，坏屋压人。有首地震歌描述受灾情景："久不归秦不欲问，恍惚传闻秦地震，小者地裂大崩城，死者无算十三生，去年冰雹打禾稼，雹大如磨人已惊。今又千里郡邑土不宁，将无夷峰堙谷平不平。地震莫测天更远，我欲叩天泪沾缨。"

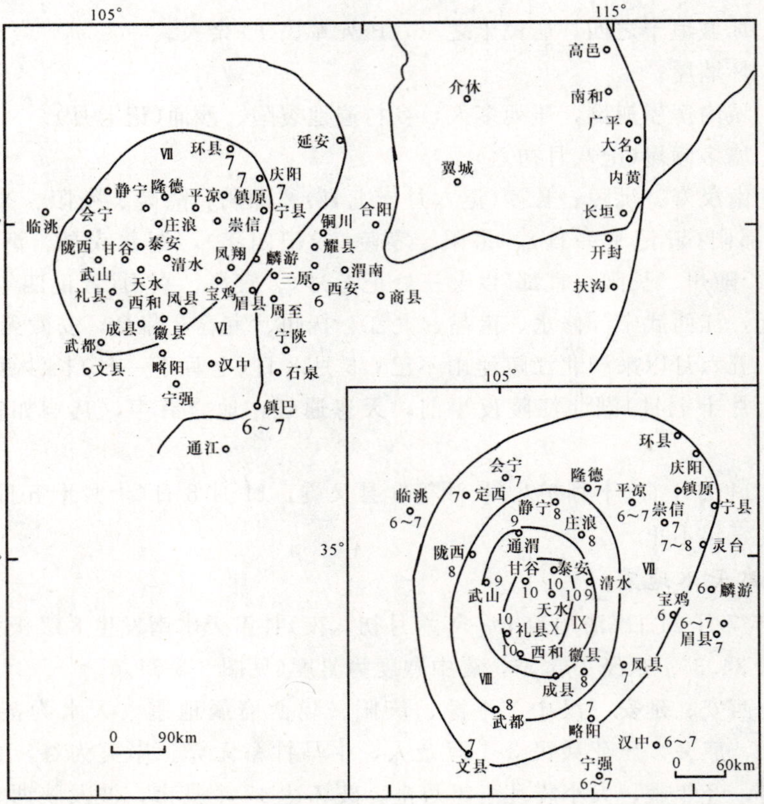

图 2-3-5 1654年天水地震等震线图，右下为极震区等震线图

10. 四川叠溪地震

1713年9月4日(清康熙五十二年七月十五日子时)四川叠溪发生7级强烈地震。震中位置为北纬32.0°、东经103.7°，震中烈度为Ⅸ度(见图2-3-6)。

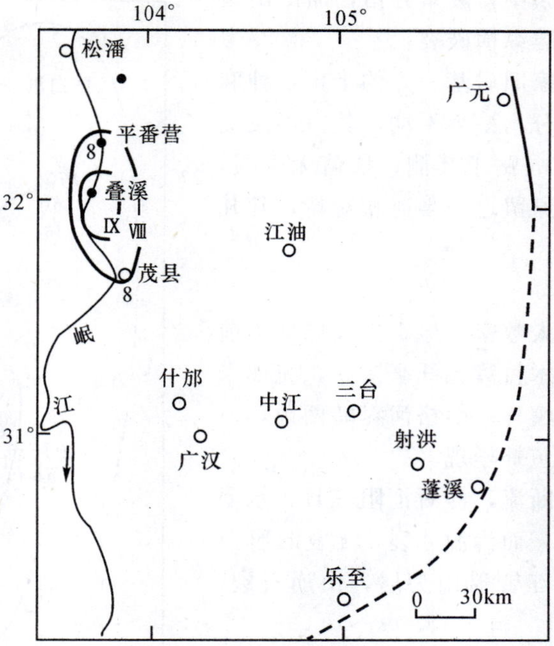

图 2-3-6 1713 年叠溪地震

震情：全蜀地震，茂县震甚，倾塌城屋，压杀人民甚多。县文庙两庑倾圮，黉宫欹侧，圣像碑亦露出一隅。城北岷江左岸山崩，江水断流。叠溪城圮。

松潘：平番营(镇江关五里堡)城圮。

江油(今江油北武都)：疾似雷声，翻墙壁动，环佩作响。

广元、中江、射洪同日俱震。什邡、广汉、三台、蓬溪、乐至(以上五县记七月)亦震。

11. 四川康定地震

1725 年 8 月 1 日(清雍正三年六月二十三日申时)四川康定发生 7 级强烈地震。震中位置为北纬 30.0°、东经 101.9°，震中烈度为Ⅸ度(见图 2-3-7)。

震情：打箭炉(康定)喇嘛及官员住居、税务衙门、买卖人等并藏民住居房屋、楼房、碉楼俱行摇塌，一间无存。河西碉楼倒塌甚多，河东平房所伤轻微。压死土司、驿丞、粮务典史；被房楼压死买卖人和藏民，十分压死七八分。

泸定：猴子坡碉楼倒塌，沈村、烹坝亦震。是月，雅安、天全、汉源、清溪和理塘等处均震。

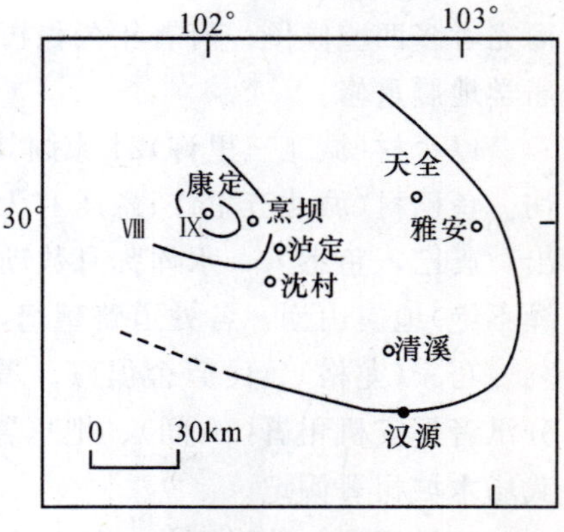

图 2-3-7 1725 年康定地震

12. 云南东川地震

1733 年 8 月 2 日(清雍正十一年六月二十三日申时)云南东川紫牛坡发生 7.75 级地震。震中位置为北纬 26.3°、东经 103.1°，震中烈度为Ⅹ度(见图 2-3-8)。

极震区：小江一区，居治西偶，南通碧谷坝，西南通汤丹厂，(震)尤甚，山谷纷扬，土石翻飞，崖岸隳堕，陵阜分错，而沿山道途，多阻绝不通。畦塍纵横破裂。

莲花池(苗寨)民家旧房基一方约半亩，种麻甚茂，地震时麻地中分，一半不动，其一半飞旋而去，越其连陌之稻畦贴于其侧，秧苗无少损，麻亦无一茎偃者，与原留之一半遥相对峙，芃芃然如故也。

巴河地裂复合。

阿旺小营土阜居人数家，地震推其居址于前一里许，房舍瓜蔬果木竹篱无纤毫参差，宛如未动，回视旧址仅一土壤耳。引格河对峙两山，一时同卸，土石阻流，鱼虾毕现。

木树郎两岸山颓断流，沙石汇阻三日，水溢溃决田亩，冲蚀禾稼，而沟洫寸裂，无复旧形。

碧谷、阿旺、小江皆倚山为居，山崩石裂，故致毙者40余人。

汤丹与碧谷相连，震动略相等。

自东川紫牛坡地裂，有罅由北而南，宽者四五尺，田苗陷于内，狭者尺许，测之以长竿，竟莫知浅深，相延几二百里，至寻甸之柳树河止，田中裂纹，直横不一，断续不绝，引水辄不闻声，盖浸入甚深，其内必多空缺。

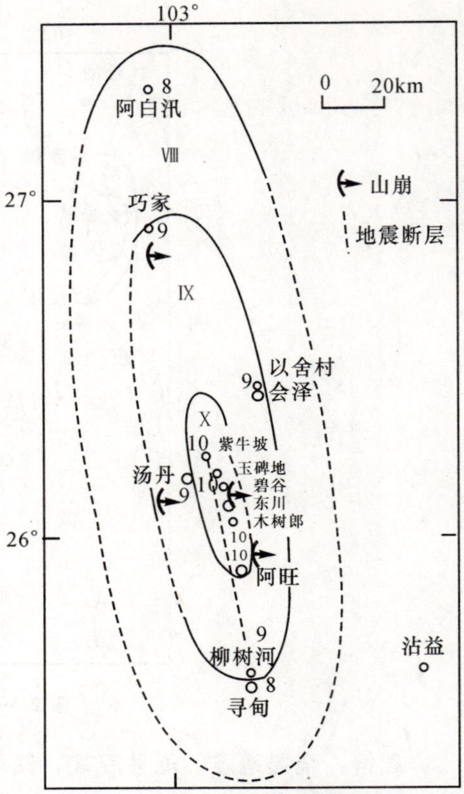

图 2-3-8　1733 年东川地震等震线图

据调查，在玉碑地附近地堑地垒式地震遗迹至今可见。

破坏区：会泽全城中庙祠、民舍倾仆摧残。城隍祠列庑墙圮。衢巷瓦屋多有圮者。睥睨(城墙上的小墙)南北则十损其九，东西十存其六。民间板屋茅屋旧颓败者反全，而完者多四壁倾倒。府署年久积朽及参将署多五十年物，不胜摇动，故多倒塌。文庙、庙学地震重修。

以舍村(城北三里许)24家倾其21家，无一椽存者，而土城(与以舍村相邻)毫无损伤。鱼硐村(城北五里许)悬崖有大石崩落，滚石飞下。龙潭(城西三里许)地震众鱼倒出，震已，鱼悉入，水浑弥月数动不息也。以里一路(为汤丹各厂孔道、贩负驼运者络绎不绝)地震山崩，各处道路壅圮，拨得五百余金修复道路。

巧家(龙格)兵民庐舍俱倾。署汛悉坏。经历公署26间，右军守备署32间，千总分汛者那安机租署(16间)、把总署16间、兵房150间，万寿宫、关帝庙、土地祠、演武场木城司署倾圮。

一民屋地如湍激而旋，屋与人俱陷，及震已竟如故。

阿白汛(巧家北一百三十里)地震崖倾。巧家一路夷寨、山岩峡径被压者共16人。扯勒田开裂，水尽漏竭，次日悉合无痕，苗蕃如故，引水溉之如初。

寻甸(距柳树河约11km)州城四门倾颓。

其震之前一日(8月1日)天气山光昏暗如暮，疑其将雨，不知地震也；是日亭午，怪风迅烈，飒然一过，屋瓦欲飞，为惊民者久之，及申刻地忽动。震后，不时地鸣有声，如涛如雷，昼夜无常，几匝月乃止。自八月二日以来，日有昏沉之气，非雾非烟，非沙非土，微雨则息，8 月 27 日始清。

13. 四川康定地震

1786 年 6 月 1 日(清乾隆五十一年五月初六午时)四川康定发生 7.75 级地震。震中位置为北纬 29.9°、东经 102.0°，震中烈度为Ⅹ度(见图 2-3-9、图 2-3-10)。

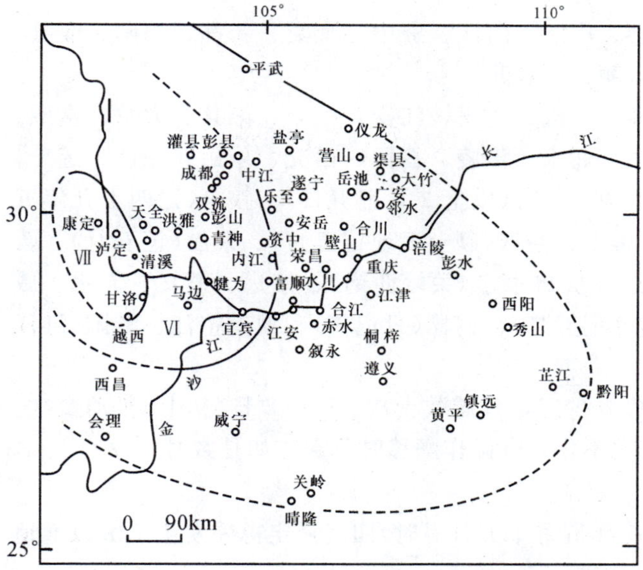

图 2-3-9 1786 年康定地震等震线图

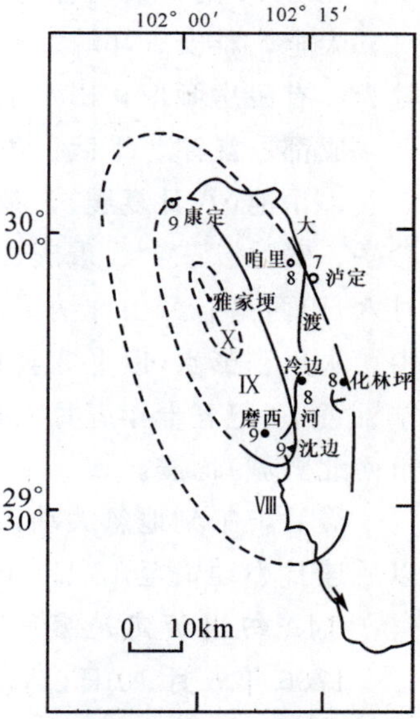

图 2-3-10 1786 年康定地震极震区图

震情：康定城垣全行倒塌，不存一雉，文武衙署、仓库、兵房等项全塌者 169 间，歪斜、脱落、墙壁倾颓者 384 间，其完善者十止一二，压毙官兵 3 人。白土坎仓廒 40 间和监狱俱重修。城内店铺房屋倒塌 727 间，压毙商民 35 人。无业食力贫民 51 户，计倒塌土房 54 间，压毙 5 人。明正司(驻康定)除土司官寨、大小头人锅庄外，计倒塌藏民碉房 177 座，压毙 193 人。倒塌喇嘛寺压毙喇嘛 21 人。碉房倒塌并起火延烧。雅家埂等一带出现规模不等地裂缝。打箭炉(康定)至泰宁营(泸定化林坪)一带山石坍坠，经途阻塞，遍桥打断之处甚多，文报不能驰递。康定以西通藏大路，山势陂陀，道路塘汛损坏无几。

泸定：化林坪原有兵房 389 间，震塌 192 间，空闲衙署、兵房 109 间亦并倒塌。药(弹)局倒塌 6 间，其余衙署、仓库、库房、兵房均有墙壁坍卸，间架欹斜之处。泰宁营城东西城门楼二座(年旧槽朽)兹更欹侧可危。泸定桥御碑亭墙裂缝，脊瓦脱落，护崖羊圈坍卸十二丈，桥东巡检汛弁廨署、兵房俱在平地，微有坍损。沈边、冷边、咱里三土司管辖二百里内，共倒塌贫民瓦、土房 127 间，碉房、平房倒塌 671 间，压毙藏、汉民 185 人。沈边土司所属的老虎崖地方，摩岗岭大山裂坠，壅塞大渡河，积水高二十余丈，致水停蓄泛溢，沿河田地多被淹没。

汉源：清溪城垣间段倒塌三十四丈，垛口连墙倒二百二十六丈。县署皆倾斜，民房墙垣倒塌，伤毙人口甚多。平地官民房屋，亦有墙壁倾圮、屋宇歪斜之处。富林白岩岗、炒米岗二哨楼倾圮。“境内栏枷锁山崩堵大渡河”(《四川通志》)。

越西：城垣震塌一百一十六丈(原已倒塌一百二十七丈)，北门城台、城楼震塌，余俱膨裂歪斜。通判、照磨、儒学、廨宇、仓监(年久糟朽)倒塌46间，军粮府衙署(萧朝庙)坍塌。兵房倒塌26间，坍损19间。居民草、瓦房倒塌39间，压毙4人。城治北十里天王杠鲸鲵封处碑折。

甘洛：宁肯越营(海棠)震塌都司衙署9间，营汛兵房共62间坍损25间，倒塌居民草、瓦房71间，其余各塘汛卡房并多坍损。

天全、雅安、邛崃、双流、彭县、广汉、内江、资中、宜宾、新都、德阳、灌县、犍为，有民房倾圮，田水上岸，行者颠、坐者起。

成都、江津、平武、洪雅、青神、马边、泸州、江安、乐至、渠县、大竹、富顺、广安、岳池(八日复震)、綦江、璧山、邻水、涪陵、酉阳、西充、乐山、中江、遂宁、盐亭、安岳、三台、重庆、合川、峨边、仪陇(以上2县记五日)、叙永(记四十九年五月六日)西昌、彭山、纳溪、合江、秀山、会理(以上5地记五月)、荣昌(记五月)、营山、永川、彭水(以上3县只记年)以及贵州永宁(关岭西南)、镇远、遵义、赤水、威宁、黄平(记五十年五月六日)、晴隆(记五月)、桐梓(只记年)和湖南芷江、黔阳(洪江市西北黔城)均震。

震后，午刻地忽大动，至酉刻势方少定，日震数十次。6月2日(初七)复动数次。以后连日小动，至13日(十八日)震尤不止，微微作颤移时复震，如是数月。

14. 四川泸定地震

1786年6月10日(清乾隆五十一年五月十五日丑时)四川泸定得妥发生7级以上地震。震中位置为北纬29.4°、东经102.2°。

震情：地复大震，磨西面(烂田湾)、摩岗岭壅塞大渡河处溃决，水头高十丈奔腾涌下，势如山倒。汉源县境沿河两岸的娃娃营、杨泗营、万工汛等处官署、民房尽行冲没，田地尽被冲刷。峨边县境沿河的归化、罗回、沙坪。万漩等分溪、场市一洗尽净。激流至嘉定(乐山)，冲塌城垣数百丈，丽政门崩二百余丈，落水者不知其数，江中堵水铁牛亦随流而没。水至嘉定城下壅遏，沿河沟巷皆倒射，岷江亦逆流十里，居民亦多淹没。叙州(宜宾)、泸州以下山村房料壅蔽江面，同行筏排舟船遇之，无不立覆。至湖北宜昌水势始渐平缓。大渡河、岷江下游沿岸漂溺者以万家计。

15. 四川炉霍地震

1816年12月8日(清嘉庆二十一年十月二十日丑时)四川炉霍发生7.5级强烈地震。震中位置为北纬31.4°、东经100.7°，震中烈度为Ⅹ度。

震情：章谷土司官寨、寿宁寺猝遭倒塌，虾拉沱等村落覆没。计楼房倒塌118间，平房倒塌986间。城治、寺庙、村落、市镇咸因之迁徙。压毙2854人。

16. 云南嵩明地震

1833年9月6日(清道光十三年七月二十三日巳刻)云南嵩明杨林发生8级极强地震。震中位置为北纬25.0°、东经103.0°，震中烈度超过Ⅹ度，震源深度为28km(见图2-3-11、图2-3-12)。

嵩明、河阳(今澄江)、宜良、寻甸、蒙自、昆明、呈贡、晋宁(今晋宁县东北晋城)、江川(今江川东北江城)、阿迷(今开远)等十州县严重受灾，城垣衙署倾圮，庙宇仓监坍塌，桥崩屋毁。山崩地裂，黑泉涌流，河流改道，或高者谷，或渊者陵。计倒塌瓦房 48888 间，草房 38733 间，压毙 6707 人，伤 1754 人，受灾达 153385 人。

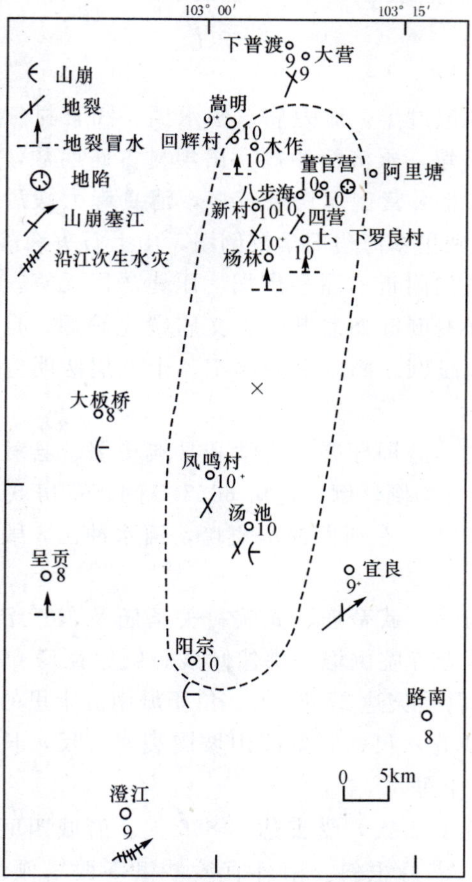

图 2-3-11 1833 年嵩明地震极震区图

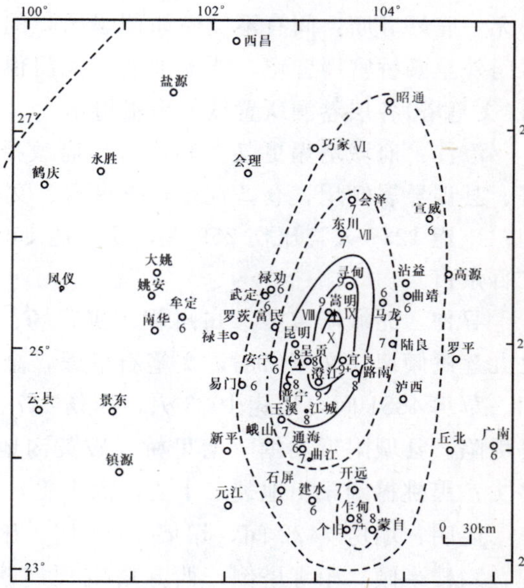

图 2-3-12 1833 年嵩明地震等震线图

极震区：

嵩明杨林一带：房屋倒塌甚多，市廛旅馆尽反而覆诸土中，瞬成平地，人多伤亡。地面裂而复合，夹死牛畜，黑泉涌出，震时河水、塘水泼上岸。关圣宫、老城村城皇庙坍塌，土主庙望海楼倾复殆尽，童保乡金轮寺残毁破坏，东岳街、灵光街房屋皆倒，北街房屋仅剩一所，东岳庙 72 间房惟存三间正殿。杨林附近数公里之内，八步村房屋倒塌甚多，地陷积水成海；八步海地开大裂，宽五六尺；李官营倒房甚多，山坡开裂；新村地开大裂，人畜掉下。

嵩明四营：白龙桥(四营南 2.5km)之大阁楼及上、下罗良村土主山大阁楼震倒，庄子山震裂，村北石羊山地裂涌黑水；罗帮村场地开裂地陷积水成潭，村后山崩；中卫村山坡裂缝，青龙庙貌隳颓；董官营房屋倒塌，田地陷落出水成“地动塘”，观音寺倾房倒碑；小屯村观音寺坍塌；丁官屯房屋倒塌，地裂出黑水。

嵩明县城东南：河边村震倒房屋甚多，地面开裂，有的人畜俱能掉下；回辉村除一所草房外，其余房屋皆倒；木作村除一户房屋外，其余房屋皆倒；龙街寺庙、房屋被震倒，地面错裂，山坡震裂，龙井桥塌，回族坟裂开尺许。

宜良汤池：涌金山火龙寺圮，汤池之源涌金山水流震后忽竭；凤鸣村民房屋倒塌，义学堂震倒，三元宫片瓦不存，一木不立，死人甚多，地面裂而复合，石碾撞坏；岗村马头山崖崩，堵塞河水，致使河流改道；震后热水塘干涸。死者数难计。

澄江阳宗：近阳宗之凤山崩裂，夹死人畜。

破坏区：

嵩明：房屋倾圮，人民压毙。砖筑城垣倾圮过半。城隍庙、锁水阁、汪官村三官寺及河口公馆(城东三十五里)倾圮，振远亭坍塌，永济桥倾颓，田坝村古庙崩颓，土主庙尽圮。地面裂而复合，黑泉涌流。县城东北大营倒塌房屋甚多，清真寺大殿后墙震倒；下普渡地面开裂，聚川桥崩。四营东北阿里塘海边旧学校倒塌，山上石头滚落。

宜良：城内房屋倒塌十之七八，街北及城门附近房屋多倒塌，压毙居民无算。城郊无一完好寺庙，间有不倒屋如渊恐坠，间有不倒壁如翁既醉。文庙殿庑倾颓，自大城门外至圜桥宫墙皆圮，泮池围墙、大门俱被震倒。鹅堂书院倾圮。十三层法明寺砖塔(文笔塔)各层卷洞所置铁佛像被甩出。

澄江：府城坍塌更甚。知府署、府教授署、府训导署、府学和县典史署、县教谕署、县训导署倾圮，仓圣祠圮，玉虚宫、文昌宫均倒。倒塌瓦房 6657.5 间、草房 5100 间；压毙 1237 人，压伤 259 人，受灾达 15942 人。东西两河堤震垮，河水冲出，毁田二百余亩。

寻甸：北城墙震裂，知州署、演武场、庙学、武帝庙、龙院村关圣庙及东三十里之九莲庵倾圮，文笔山崩，文笔石塔毁，金锁寺寺院倒塌、佛像倾残。倒塌瓦房 6086 间、草房 4881 间，压毙 1023 人，压伤 447 人，受灾达 27588 人。位于城南五十里的果马堤陷。县城附近勒塘、七里桥、破黄沟地裂五六尺；麻栗园山坡震裂宽五尺，长十多丈；黑桃村刘家山地裂二十丈，深十丈，长半里。

昆明：塌房 7422 间，塌墙 1388 堵，压毙 611 人，受灾达 24856 人。府城四垣多圮，六楼半倾。东寺塔倒，西寺塔宝顶震落、塔身歪斜。南郊官渡妙湛寺西塔倾圮，东塔震裂，万里坊、土主庙、文明阁、玉皇阁、斗母阁倾圮，淮堤庵、西山三清阁坍塌，昙华寺梵宇倾塌，金殿新修殿宇、牌坊、客座茶房摧坏。城东南太和街一带尤甚，死伤 200 余人。凉亭村房屋倒塌近半。盘龙江岸及巡律街、土桥、大板桥地裂复合。大板桥房屋有震倒者，土山坡有崩塌。西山岩崩，滇池水沸。

呈贡：倒塌瓦房 1402 间、草房 2370 间，压毙 108 人，压伤 127 人，受灾达 8049 人。城南林唐、高登、石城等村朽旧房屋震倒，地裂冒水；江尾村房屋震倒较多。

晋宁：砖筑城垣倾圮三百余丈，州署、张仙祠倾圮，盘龙山华严阁阁宇倾圮几成平壤。倒塌瓦房 576 间、草房 1035 间，压死 76 人，压伤 117 人，受灾达 1777 人。城东约三里之象山西北地裂二百余丈。昆阳砖筑城垣倾圮，民房间有损伤。

江城：知县署、教谕署、训导署、典史署、汛防千总署倾圮。倒塌瓦房 255 间、草房 332 间，压毙 4 人，压伤 9 人，受灾达 958 人。

路南：土筑城垣城楼、庙宇、衙署倾圮，训导署、学正署震倒，民房倒塌甚多，损伤人口。

蒙自：衙署民舍大半倾圮。倒塌瓦房 2237 间、草房 6560 间，压毙 285 人，压伤 100 人，受灾达 10321 人。西门一石牌坊基石震裂，铜锡各厂礌炉房亦多坍塌。

个旧：民房庙宇损坏者多。城北乍甸民房坍塌，寺庙瓦解，120多户中倒毁者约50多户。三元宫倒塌、神像毁坏，万寿宫崩颓，傅宗寺毁，观音桥、骑龙桥、锁龙桥震垮。

开远：受灾瓦房1884间、草房1188间，压毙36人，压伤51人，受灾达3153人。城东北隅关圣宫雉堞圮毁，环堵剥落。

东川、玉溪、通海、曲溪、陆良、会泽、曲靖、安宁、马龙、石屏、建水、易门、武定、禄劝、宣威、昭通、广南，房庐倾圮甚多，城垣有塌圮。

嵩明地震的前兆现象：嵩明地震前，气象变化出现异常，“先期黄沙日塞，昏晓不能辨，凡三昼夜。期先降淫雨九日，雨色黑，沾白夹衣玄若涅”。临震前，气象变化尤为反常，“将震昼晦，屋尽炬柱以烛，历十有二刻乃复明，明已震，震之时声自北来，状若数十巨炮轰……”蒙自陆应谷的地震诗也有同样记述：“凉秋八月西风吹，卷地黄埃来闪倏，须臾白日晦光明，平地无端竟翻覆。滇海簸扬华山摧，城郭崩颓屋宇仆，雨师一时同作虐，迅雷轰轰相迫逐……”

嵩明地震破裂带：据目前考察，地震破裂带南起澄江北部的阳宗附近，向北经宜良的前所、石头村、大木希、新村河进入嵩明盆地南端的南冲、龙街、蛇山，延伸至桑甸清水海(即车湖)的海尾村，全长约90km，总体走向北10°东。地震破裂带主要发育于中生代以前的基岩以及上第三纪湖相沉积和第四纪的松散层中。①地震破裂带以北北东向为主，某些地段还发育有北东向或北西西向。②地震破裂带的位置与小江西支断裂一致，在很多地段形成地堑或断崖，最大垂直错距达8.5m，伴随滑坡、崩塌等现象。③地震破裂带主要表现为张扭性，为左旋水平错动，最大错距达10m。有些地段在原有的水平位错上继续发展，如冬瓜营洪积扇的双层位错。在北西西向的构造上，显示左旋错动，位错达1m。④在地震破裂带的某些地段，于石灰岩内形成地震楔。一般在烈度等于或大于Ⅹ度的地区才出现，可作为地震烈度≥Ⅹ度的标志。⑤地震破裂带北端终止于小江西支断裂东侧北东向的清水海—马厂坪断裂，南端则为北东向的阳宗—宜良断裂和横向隆起控制。

17. 四川西昌地震

1850年9月12日(清道光三十年八月初七亥时)四川西昌发生7.5级地震。震中位置为北纬27.7°、东经102.4°，震中烈度为Ⅹ度(见图2-3-13)。

西昌：县属各所及东南各乡欻然地震，地下雷鸣，阖城号呼鼎沸。附城一带及县属之上所、中所、下所、礼州、太和场、高草坝、德昌所(德昌)、鱼水场(普格鱼水)等处各乡场均被震受灾。西昌县城垣倒塌二百余丈，西、南、北门城楼及文武衙署、仓廒、库局、庙宇、监狱概行倒塌。白塔寺、青龙千佛寺、东狱庙前殿山门等扫地无存，龙神寺、禹帝宫、文华寺、关帝庙、药师寺、字库等概行倾倒，静宁寺、西盛寺、永胜寺、清真寺、川主庙、四百户清真寺、泸山祖师殿、娘娘庙前后殿等倒塌，灵鹰寺垣墉尽覆，发文寺榱折榱崩，青龙寺大半摧颓。遍城屋宇倒塌，木石填塞，不辨街巷。城内城外及各乡场受灾户27880余家，灾民135382人，倒塌瓦屋、草房26106间，压毙20652人(钟琦引邸抄作13220人)。县城及东海镇一带大地哗然并裂，海水涌现，须臾地合如故。邛海水溢，山陵崩溃，海河壅塞，湮没沿岸农田及寺庙。西昌至普格、宁南一带出现山崩、滑坡和地裂，大箐梁子南的五道箐、普子里底到扯扯街沿线有

30km 长的地裂缝带。

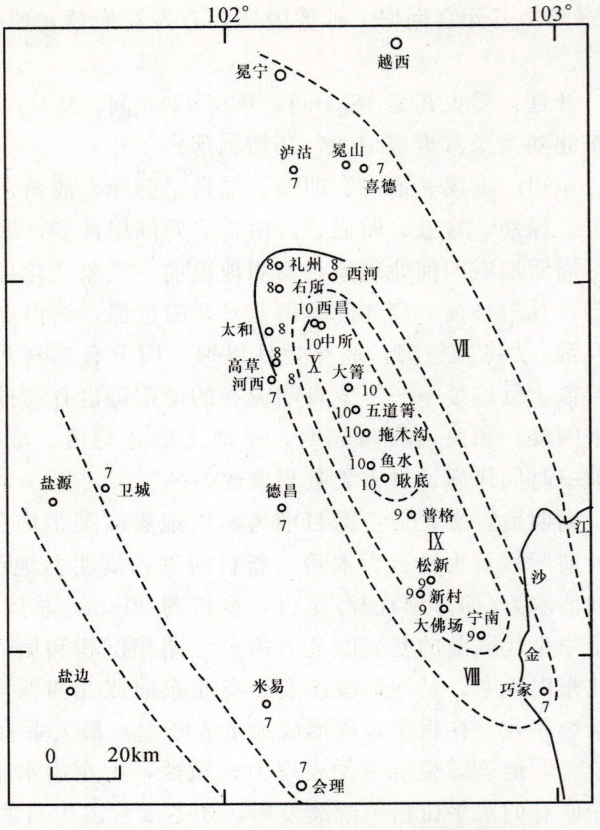

图 2-3-13　1850 年西昌地震极震区等震线图

普格：耿底武圣宫庙宇倾颓，香烟断绝，夯土墙房屋倒塌，出现有山崩、地裂。拖木沟马厂坪滑坡把干海子填塞，县城南底古(沙坝)滑坡造成河道堵塞。

宁南：披砂汛及附近之大佛场、松林坪、新村、八家村等 14 处山崩地裂，庙宇、居民倒塌，共震倒民房计 1838 户，压毙 2878 人。县城南东白水沟附近出现滑坡、裂缝冒出清泉。

盐源：卫城倒房数十间，压死数十人。

喜德：西河乡阿支等地滑坡，埋压山寨、人畜。

冕宁：泸沽玉皇庙倒塌。

巧家：倾圮民房数百间，压毙数百人。

米易、会理、河西（西昌西南）、冕山(喜德县境)、德昌、冕宁等受灾。越西、南充、仁寿、德阳、庆符、南溪、筠连、乐山及云南宣威、永胜、普洱、盐丰均震。

震前积雨连月，震时一夜淋漓，震后犹霪不止。二十余日，随时震动，昼夜不分，日月不明，烟雾沉沉，云雨纷纷，官民俱在露天搭敞棚栖身。地震是夜，有造饼之家炭火未灭，房倒引燃，并发火灾。

18. 湖北咸丰地震

1856 年 6 月 10 日(清咸丰六年五月初八)湖北咸丰大路坝发生 6.25 级地震，震中位置为北纬 29.7°、东经 108.8°，震中烈度为Ⅷ度(见图 2-3-14)。

咸丰、黔江交界之大路坝、后坝一带，地震山崩十余里，十五里内民户皆为齑粉，压民居 300 余家。大山中断如截，下陷上跃，连山推出数里外，平地涌出小阜十余。河为山石所壅，水乃逆行，淹没二十余里，由许家湾、板桥溪抵蛇盘溪一带多处皆成湖(即小南海)。压死居民千余人。毁田十二顷五十六亩。崩塌滑坡点之多，且滑塌方量巨大，为地震所罕见。

极震区：

大路坝：轿顶山，箭子岭滑崩十余里，压毙居民数百计，残存的断壁高出崩滑体 60～80m。滑崩体堆积成天然拦河石坝长 1170m，体积约 4500 万 m^3，形成地震堰塞湖小南海，面积近 $3km^3$，库容 7600 万 m^3。小南海周围亦有数十厢房子倒塌，另有一些倾斜；禹王宫的瓦片全部震落。双崖墓碑上部构件垮落。古庙宇石柱产生 10～15cm 裂口。

汪大海、蛇盘溪：地震崩滑，断壁高 70m，堆积物高达 100m，体积约 40 万 m^3，形成地震堰塞湖，水域面积约 10 万 m^2。

小叉塘：崩滑体高 60m，宽 1000m，传闻压死“黄十桌”一家 80 多人，仅 1 人幸免。形成地震湖，水域面积最大时达数万平方米。

破坏区：

清水塘：大规模滑坡，滑体后缘局部地段尚残留有积水池。

活龙坪：沙子岭崩塌宽达 200m，残存陡壁高 60m。老鹰嘴、石河坪等处山崩。

苏家岩口：山崩、摧毁农田十五亩，压毙居民 5 家。

大园子：秦家一套四合院式住宅约 20 间，震倒 1 间，剩下的均呈倾斜状，不能居住。锅台被震跨。

黔江：室宇晃摇，势欲倾倒，屋瓦皆飞，池波涌立，民惊号走出，仆地不能起立。

燕朝：古墓碑各部件错动最大者达 10cm。

尖山：土司皇城明末修建的石碑坊、立柱和装饰支护物间位错最大近 5cm。

甲马池：瓦片掉落，个别结构不良的木屋歪斜，不能住人。

两会坝：悬挂物震落，檐瓦大都滑落。

台子上、新场、罗卜凼：有滑坡、垮崖。

咸丰（地大震）、恩施、来凤，四川奉节、巫山、垫江、彭水（记六年）、酉阳、陈家场（今南川，微震）、巴邑太和场（今重庆市郊太和场，微震），湖南保靖、花垣、吉首（记五月十一日辰刻）、龙山（记五月）均震。

震前：斯地连日隐隐雷震，砰訇欲裂，居民逃避无所。忽霹雳一声，天翻地复……黔江先数日，日光暗淡，地气蒸郁异常，是日弥甚，辰、巳间忽大声如雷震……花垣地震前数日各处水井咸涌出红水。

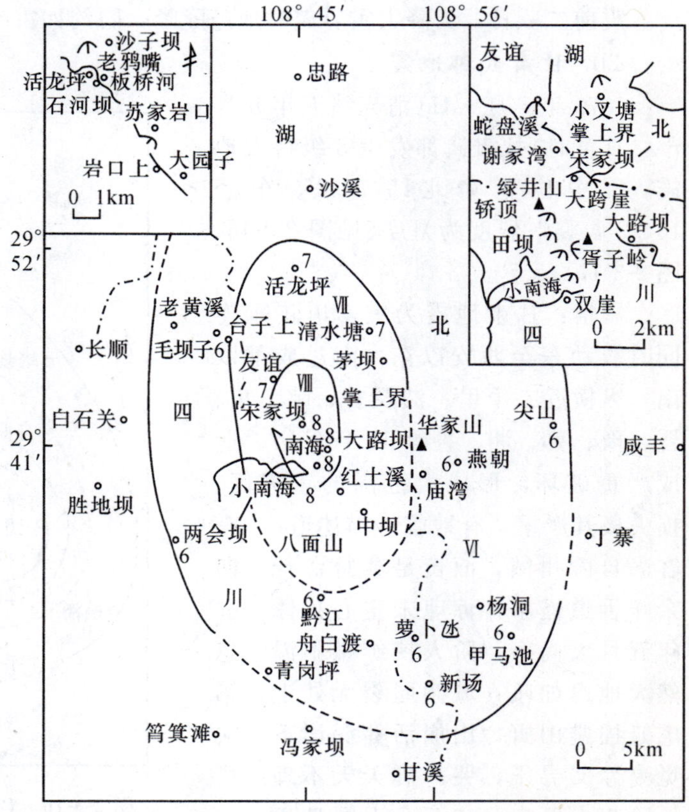

图 2-3-14 1856 年咸丰地震等震线及极震区图

19. 四川巴塘地震

1870 年 4 月 11 日（清同治九年三月十一日巳、未时）四川巴塘发生 7.25 级地震。震中位置为北纬 30.0°、东经 99.1°，烈度为Ⅹ度（见图 2-3-15）。

震情：衙署、官寨、喇嘛寺庙、粮仓、库房、碉寨、堡垒和民居尽行倒塌，关帝庙、城隍庙、法国教堂倒塌毁坏，数百人烟为乱石压平。大道崩塌四百余里，文报阻塞。人民沦亡计2298人，伤者甚众。地面龟裂，喷冒黑色臭水。有几处陡峻的山成为深的裂罅，平原的丘陵成为险峻的悬崖。巴塘上下大山崩坠，巴塘底谷北面其召地区河道堵塞，河水暴竭，积水溢出堤坝，周围民房被洪水冲没。东自崩察木塘(江巴顶)，下至西藏交界，沿线出现山崩、地裂一二里、二三里不等，或成深潭，或成峭壁。巴塘以西乡下房屋大部分毁坏，竹巴笼汛一带碉房倒塌无存，中巴村房屋大部分倒塌成废墟，融融大火烧遍全城，更加重了灾害。巴底塘、大塞崩、竹巴笼、空子顶(空子卡)等压毙人畜。从包木拉到巴茶噶山(茶树山)以上和噶节茶马山(茶马贡)以下至考考山谷一带灾情最重，东面震及四十余里，南、西、北三面皆震二百里甚至二三百里不等。

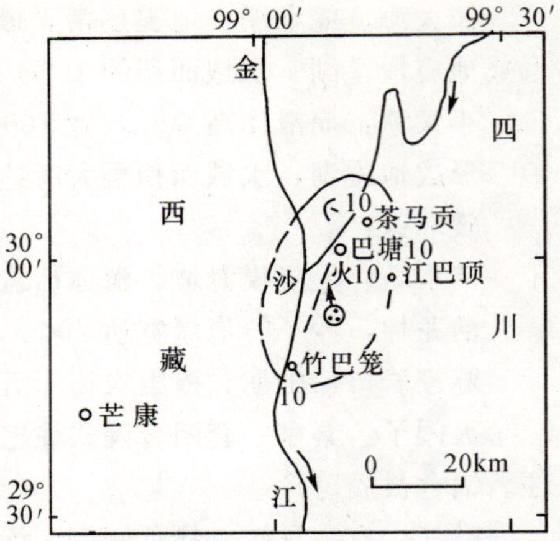

图 2-3-15　1870 年巴塘地震极震区图

西藏芒康：沿河上下地段均受震灾。昌都亦震。

震前二三日，天降大雪，震时地声隆隆，隐约如雷鸣。

20. 甘肃武都地震

1879年7月1日(清光绪五年五月十二日寅时)甘肃武都发生8级特大地震。震中位置为北纬33.2°、东经104.7°，震中烈度为Ⅺ度(见图2-3-16、图2-3-17)。

震情：甘肃地震为灾，川陕毗连同时震动东至西安以东，南过成都以南，纵横近二千里。波及甘、陕、川、晋、豫、冀、湘、鲁等15省(区)。造成严重破坏，形成大范围的重灾区，损失极其严重。有地震诗描述道："有客来自阶州城，面黄足蹇蹩躃行，向余咋舌道怪事，惊魂未定心犹悸，去年五月天尚寒，阶人挟纩嫌不温。忽然大地声如吼，城倾屋裂无处走，第宅簸摇避山野，山崩活葬深崖下。夫觅妻兮父寻子，哭声震天天不理。可怜阶州十万齿，三万余人同日死……阶州城西河水长，河西立山莽苍苍。亡何山扑过河来，城中突峙山崔嵬。崔嵬下是黄泉窟，埋没何时觅残骨……河被山堙流入城，汪洋忽讶洪涛声。劫数未满何可匿，不死震压死漂溺。阳候作威势更猛，其不死者也侥幸。"

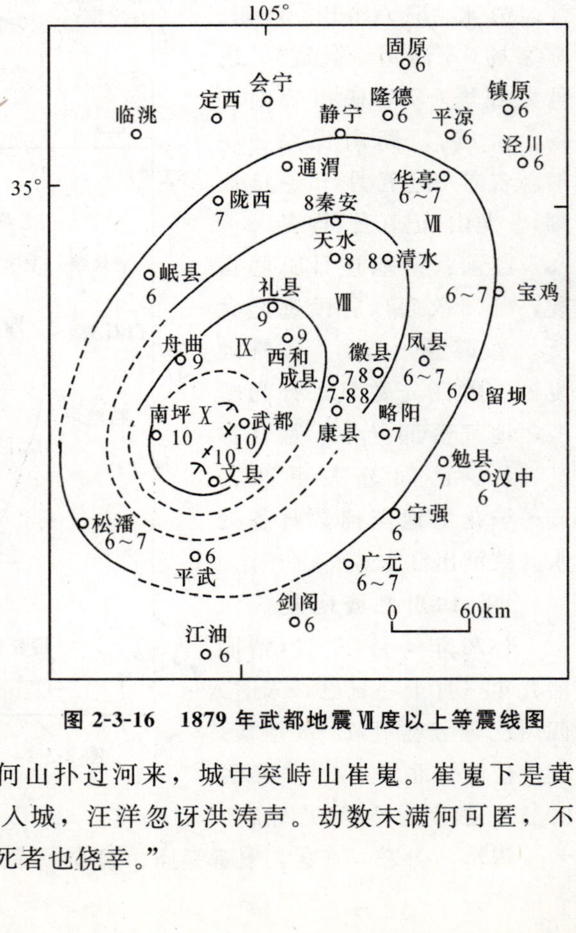

图 2-3-16　1879 年武都地震Ⅶ度以上等震线图

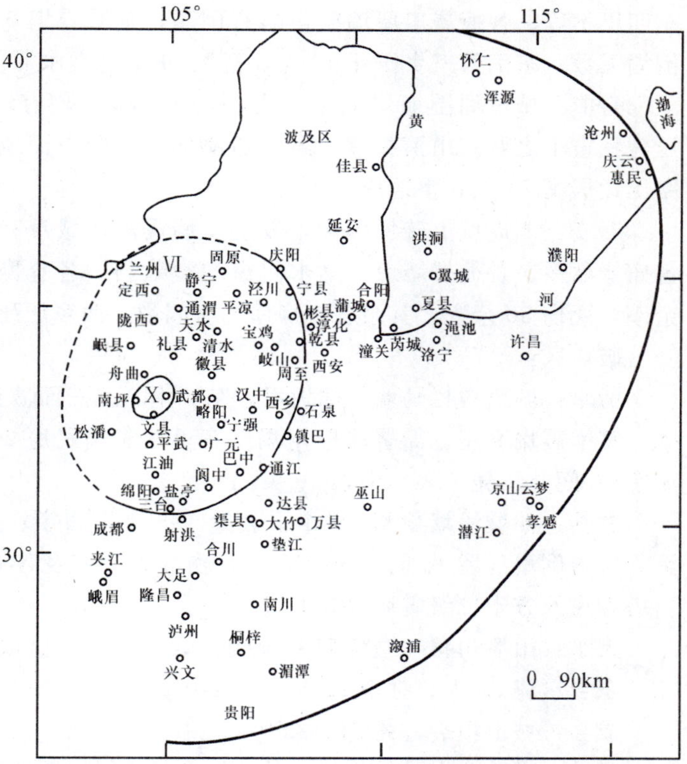

图 2-3-17 1879 年武都地震影响范围

极震区：

武都：东乡压毙 650 余人，牲畜房屋压坏十分之二；南乡压毙 4100 余人，牲畜房屋毙坏十分之六；西乡压毙 1800 余人，牲畜房屋毙坏十分之四。北乡压毙 1320 余人牲畜毙坏十之六。城外万寿山玉皇宫、龙兴寺，至凤山太山庙、岳王庙坍塌佛殿共 60 余间，木石无存。至陷学宫、官舍；州署、厅署、大堂及二堂，官衙科房及仪门头门梁柱多半欹斜，墙壁倒塌过半，各处小房均塌。城身多有坼裂，城墙垛口全行摇落。山裂水涌。滨城河渠失其故道，上下游各处，节节土石堆塞积潦纵横。南山崩塌，冲压西南城垣数十丈，居民 200 家。城中突起土阜，周二里许。各处山飞石走，地裂水出。死 9881 人。

文县：山崩水壅。城垣倾圮，衙署、仓廒、监狱、学宫、寺庙均倒塌。县城内塌损民房 750 余间，倒塌者 80 余间，城内压死 26 人。城内外倒塌民房 2800 余间，全行倒塌者 350 余间，压毙 46 人。西路鹄飞东峪、马莲河等 19 处压毙 5868 人。牲畜 1590 余头，倒塌、山压、水冲房屋十分之六七八不等。北路盘道尖山、临江河、水坡等 17 处压毙 4849 人，倒塌、山压房屋牲畜十分之三四六七不等。城乡共计伤亡 10792 余人。临江桥(县东北 50km 临江关)陷没。县城东金山寺、县西慈恩寺 20 余处庙宇有全行倒塌、有半存木架者。

重破坏区：

南坪：城署房屋倒塌甚多，坍塌营城一百一十丈，道路多有壅塞。自月连山塘十五里起，至汤珠河以下至甘肃文县交界之柴门关等处止，坍毁杉板房 2699 间，伤毙居民 228 人。城厢附近及东南北三路共坍塌杉板房 4053 间，伤毙居民 258 人。重伤者 49 人，压没粮种一百一十三石二斗。珠河场沟因山岩坠塌，河身壅塞后复冲开，水势汹涌，至河北街民房尽行淹坏，伤人甚多。

西和：四城共摇倒垛墙九十七丈，四面城墙震裂开缝 10 余道。衙署倒损。城内关厢共损民房 230 余间；东乡摇坏民房 1600 间，伤毙 20 人；南乡摇坏房 2200 余间，伤毙 38 人；西乡摇坏房 490 余间，伤毙 3 人；北乡摇坏房 1990 余间，伤毙 9 人。城乡共摇损民房 6600 余间，共伤毙 70 人。

礼县：四面城头砖垛震塌 99 个，震裂 224 个，城垣震裂数处，各长二丈余，宽二至四尺不等。各衙署房屋墙壁俱略有倒塌，仓廒震塌6间，文庙缭垣震塌二丈，墙房倒塌无数。东南西三乡压死42人，畜11头。地裂水涌。

舟曲：城垣周围崩塌七十五丈，庙宇、学宫均有坍塌。各庄房屋坍塌十分之八，压毙牲畜十之八。山溜损荡，各乡道路皆有崩断。民地四路压毙居民299人，屯地四路压毙居民73人，番地压毙居民65人。

秦安：四周城上砖垛闪裂，复土女墙震落，城身有裂缝。马王庙全行倒塌，其余各庙皆欹斜。各衙署墙垣、梁木门窗均裂欹斜。各仓廒存者寥寥。东乡坍塌房屋300余座，死伤30余人，其余各乡房屋均有闪裂。西乡压死幼孩1人。

破坏区：

清水：城垣内栏马墙一律坍塌，东、南、北三面城身裂缝并塌落数处，炮台震塌6处，窝铺震塌9座。衙署墙壁坍塌。三里共震塌民房22间。四乡震塌民房500余间，庙宇69间，压毙7人、牛羊56头。

徽县：四城垛墙倒塌44个，裂缝198个。庙宇、书院、衙署凡朽蔽之房率多倾倒。城内倒塌房屋15间，压毙2人，伤3人。四乡各有震塌之民房庙宇。县西20km白塔寺塔八方十二级震后只存九级。

天水：山溃川移，城堞庐室倾倒无数。仓廒、监狱、衙署、贡院等处房屋多有损坏。东乡压毙30人、牲畜22头。北乡压毙2人。

成县：城垣损裂，死21人。

康县：唯县北白马关无损，其他城乡多倾毁。距县百里之明月山寺，坦栋荡然。

岷县：有坏屋压毙者。地震半月乃止。

泾川：地大震有声，山谷响应，土雾亘天，麦场内碌碡相抵触，瓮中水倾出。主房屋摇落，人畜压死者不少。

宝鸡：坏屋压人。渐就剥落之火神庙，光绪初经地震，摧颓益甚，栋宇倾倒，墙垣圮毁。死4人。

凤县：城南垛墙震倒100余座(一说倾塌164座，城身无损)。

宁强：境内虽未压毙人畜，而坍塌之墙，飞落之瓦，歪斜之屋不一而足。

老城(旧勉县)：坏屋壁，压死人。平地忽裂，或长或短多少不等。河边裂处涌出白沙黑水。县东一里万寿塔塔顶摇落。

略阳：山崩地裂，屋瓦全飞。居民夜多露宿。

褒城、留坝、汉中、镇巴、阆中、平武、广元、昭化、罗江、潼腊、松潘、巴中、绵阳、中江、通江，有民房坍塌、城垛塌损、山崖崩落，人有压伤等记载。

21. 四川道孚地震

1893年8月29日(清光绪十九年七月十八日卯、辰时)四川道孚发生7级强震。震中位置为北纬30.6°、东经101.5°，震中烈度为Ⅸ度(见图2-3-18)。

震情：噶达汛衙署倒塌，惠远庙楼上楼下房屋共约1400间倒毁，中谷、八美、恰坝石、角洛汛倒塌喇嘛寺7座，距惠远庙十至一百里地面的寺庙已被震裂或破败。噶达汛一带并明正土司所属乡间和中谷、上下八美、赵市、恰坝石、漆雅、卡耶洼、隆则石(蒙子石)、卡考恰、考洛、西俄洛、乔瓦及道孚、革什扎下沙瓦(丹巴境)等东西三百里，计倒塌汉、藏民房屋804户。压毙喇嘛74人，汉藏兵民137人，重伤114人，轻伤50余人。压毙各类牲畜无数。惠远庙附近及阿依勒波梁子至松林口等地有大小不等的地裂。

康定：城堡、兵营及官民住宅部分墙壁、院墙倒塌。

余震：29日(十八日)辰时、30日(十九日)未时，31日(二十日)未、亥时和9月1日(二十一日)寅、酉时均有地震发生。

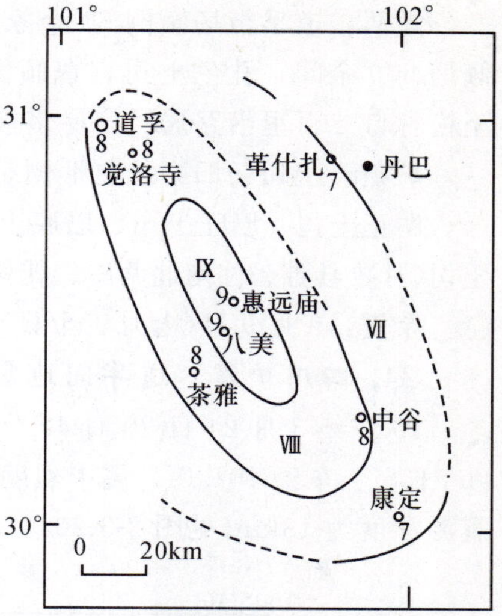

图 2-3-18 1893年道孚地震

22. 四川石渠地震

1896年3月(清光绪二十二年二月)四川石渠洛须发生7级地震。震中位置为北纬32.5°、东经98.0°，震中烈度为Ⅸ度。

震情：全境碉楼、寺庙倾圮殆尽，春科土司衙门倒塌，土司全家压毙。曲科寺庙、经堂、住房倒塌，佛像及僧俗人等尽陷地下。鲁玛塘白度母殿毁坏。

注：据1985年访问调查，川、青、藏三省区交界的金沙江西岸出现大规模山崩和滑坡，西岸山体崩掷于东岸的残迹及今犹存。金沙江一时堵塞。地表有地裂缝。

23. 四川道孚地震

1904年8月30日(清光绪三十年七月二十日酉时)四川道孚发生7级强震。震中位置为北纬31.0°、东经101.1°，震中烈度为Ⅸ度(见图2-3-19)。

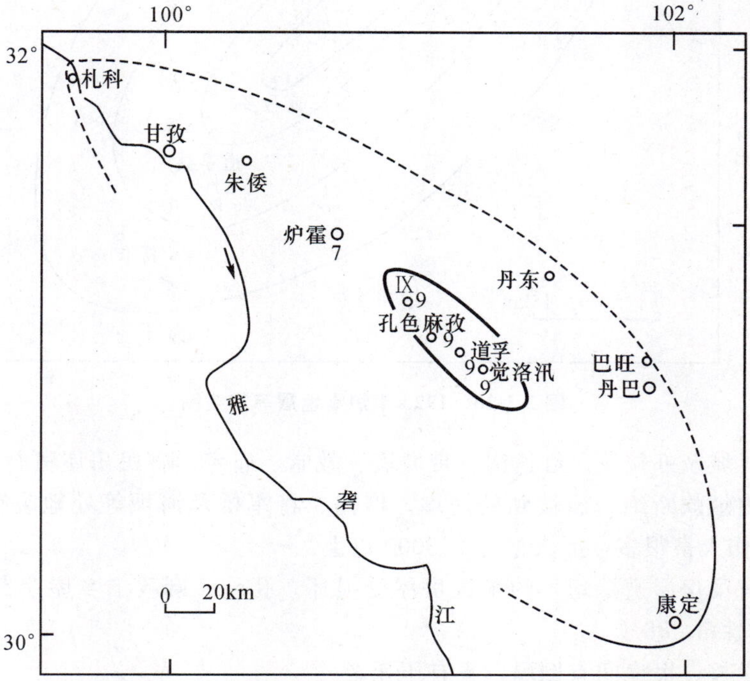

图 2-3-19 1904年道孚地震

震情：道孚街场倾倒 80 余家，灵雀寺三大殿倒塌，中殿偏斜，只存僧房百余间，倾坍 500 余间，孔色土司官寨倾倒，麻孜土司居寨倒焚，觉洛汛署倒塌。从将军梁子至松林口二百里沿路居民房屋多被震倒。压毙喇嘛、居民 400 余人。

炉霍：土司朽旧寨址更形侧裂。

明正土司、巴旺土司、巴底土司、丹东土司(以上三土司在今丹巴县境)、霍尔五家土司(甘孜县雅砻江南北两岸、札科一带和炉霍、朱倭等地均属其五家土司)亦同时地震。

余震：9 月 9 日(七月三十日)夜丑时、9 月 11 日(八月初二)未时各地震一次。

24. 四川炉霍、道孚间地震

1923 年 3 月 24 日 20 时 40 分 6 秒四川炉霍、道孚发生 7.3 级震级。震中位置为北纬 31.5°、东经 101.0°，震中烈度为Ⅹ度。宏观震中为北纬 31.3°、东经 100.8°，宏观震源深度为 13km(见图 2-3-20)。

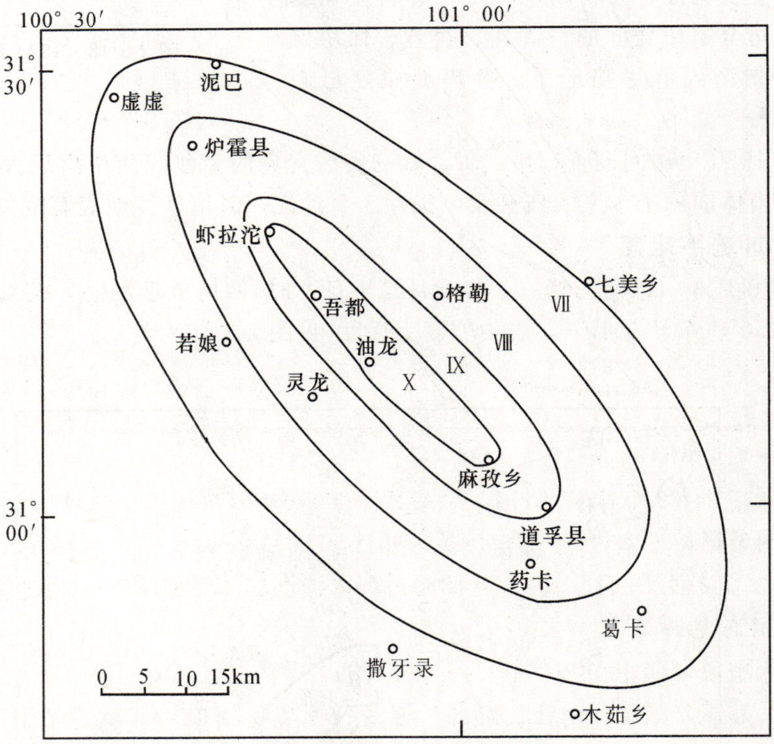

图 2-3-20 1923 年炉霍地震等震线图

炉霍：县城及虾拉沱、红达沟一带城墙、教堂、庙宇、官民房屋概行倒塌成废墟，城乡二百里内烟炊断绝。山坡到处崩塌。城内、将军桥及河坝等处地裂很多，宽 1～2m。全县死伤人畜很多，死人估计在 3000 以上。

道孚：官民房屋遭摧圮，约半数房屋受损坏。孔邑、麻孜二乡屋宇荡然无存，压死 1687 人，牲畜 288 头。

乾宁：学校、民房间有倒塌，人有压死者。

甘孜：房屋震裂，倾斜。

康定：庙宇部分垮塌，间有朽房倒塌，墙壁倒塌 10%，山石坠落。

新龙：个别房屋倒塌破坏。

理塘：尘土震落。6 月 14 日川边复发生猛烈地震，据闻死亡约 1300 余人，康定山石坠落。

本次地震有现场调查，详见有关资料。

25. 四川茂汶北迭溪地震

1933 年 8 月 25 日 15 时 50 分 30 秒四川茂汶北迭溪发生 7.5 级地震。震中位置为北纬 31.9°、东经 103.4°，震中烈度为Ⅹ度。宏观震中为北纬 32.0°、东经 103.7°。

震情：迭溪全城及周围 60 余城镇、村寨全部覆灭。四山普遍崩溃，观音岩、银屏岩崩颓，迭溪台地大规模崩塌，校场坝亦崩塌，3 处堵塞岷江(最大坝高百余公尺，形成上、中、下 3 坝)，形成多个地震湖，今尚保留大小海子。震时陡闻霹雳声，天翻地覆，暗无天日，地下吼声，地上隆隆。不断崩塌滚石声，震耳欲聋。飞沙走石，人若抛掷，呼吸困难。大震后 45 天，最下坝溃决，造成下游水灾。遍地崩裂作阶梯状，涌出黑色泥流，由于山崩地陷，地貌改观(见图 2-3-21)。人畜伤亡，极震区内无一幸免者，计死于地震者约 6800 余人，被水冲没者 2500 余人，伤者不计其数。

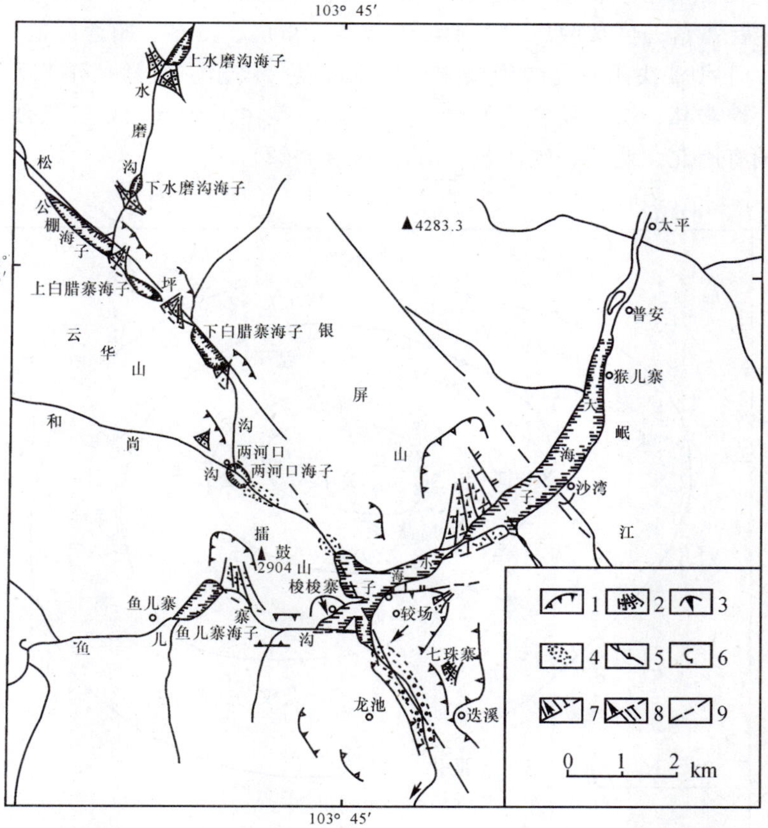

图 2-3-21 迭溪地区震后自然破坏情况及主要断裂构造位置分布图

1. 震后垮方陡壁；2. 倒石堆；3. 滑坡和滑动方向；4. 堰塞湖残坝
5. 堰塞湖；6. 溶洞；7. 正断层；8. 逆断层；9. 性质不明断层

茂县：山石崩垮，石塔倒塌，砖石牌坊震裂，城墙倒塌十余丈；砖砌房屋和烟囱有部分倒塌，老朽房倒20余间，墙壁倒塌50%～60%；城关压死2人，伤10余人。石太关、飞虹桥一带城墙倒塌，房屋崩坏，倒塌三分之一，多山崩地裂，死伤人口十之六七。沙坝、赤不苏一带，房屋、寺庙全部倒塌，山岩崩垮，土坎翻倒。

汶川：房屋少数倒塌，屋架脱榫，屋脊震落，石柱折断，石墙崩裂，倒塌十分之三。土山崩垮数十丈，大量滑坡，地裂。

松潘：城墙垮二三十丈，城楼震垮，房屋倾倒十分之三，震歪五分之一。山石大量崩塌，打毁桥梁、山路、沟水俱阻塞；山坡、山梁地裂，长达数十丈；人畜死伤甚多。漳腊附近间有墙壁倒塌，土坎震垮，塌方及地裂。

理县：全县倒塌房屋十分之二三，石墙震裂50%，喇嘛寺石墙震垮；高塔三十余层震垮一半。山崩地裂，树木摇倒，人畜伤亡。

黑水：山崩地裂，房屋、土碉震塌，人畜有死伤。县属色尔古至黑尔瓜子一带，房屋、碉楼全部倒塌破坏，山崩，地裂，宽一至三尺，死伤甚众。

成都：教堂钟楼宝顶震落，城垣多有震倒，少数民房架脱榫。死伤百余人。

绵竹、德阳、郫县、灌县、双流、邛崃、绵阳、新津、广汉、刷经寺、江油，老朽房震倾，屋瓦震落，屋架脱榫，个别山石崩落。重庆、万县、昭通等地有感。

45天后，下坝溃决水头高二十余丈，沿途茂县、汶川、灌县，死2万余人。该地震经常隆庆、李善邦、李玶及有关单位多次考察，存在不同看法，等震线图画法各不相同，其长轴有南北、北西、东西各方向(见图2-3-22)。

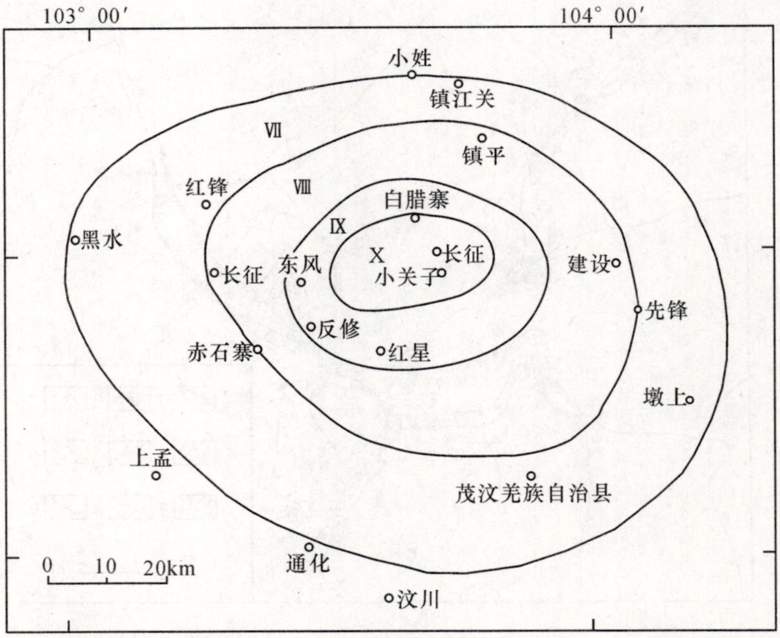

图2-3-22 1933年迭溪地震等震线图

26. 四川理塘地震

1948年5月25日15时11分21秒四川理塘发生7.3级地震。震中位置为北纬

29.5°、东经100.5°，震中烈度为Ⅹ度，宏观震中为北纬29.5°、东经100.5°，宏观震源深度为18km(见图2-3-23)。

震情：雄坝、藏坝（濯桑）、磨拉（木拉）、得巫拉波一带，呷多寺、西摄寺、答依寺全部倒平，西多寺部分倒塌，民居倒毁92%～93%，村寨多全部覆灭，共坍塌陷落房屋600余幢，损坏1000余幢。雁行排列之地裂，北起理塘西北热水塘向东南继续伸延至德巫南，长约70km，理塘、藏坝、雄坝及德巫盆地中沿地裂大量冒水涌沙。德巫东南斜巫附近无量河岸崩塌，阻河5日。温泉干涸普遍。压死埋没800余人，伤数百人。死牲畜800余头。

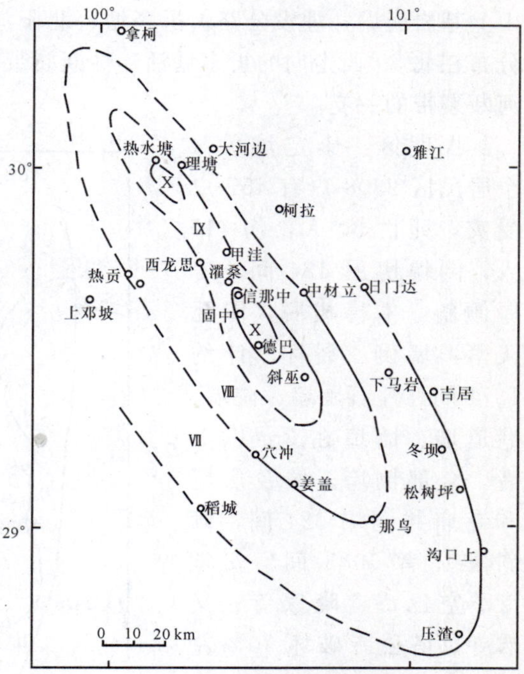

图2-3-23 1948年理塘地震等震线图

理塘：民房倒塌甚重，寺庙局部倒塌。城附近有山崩地裂。

稻城：房屋坍塌31户，破坏46户，山崩十三丈，地裂涌出泉水，人畜少数伤亡。

雅江：个别老墙倒塌或裂缝，西俄罗房屋局部倒塌，山上悬岩崩塌。

冕宁：县府头门砖牌坊拱门裂开，上部发生裂痕，砖墙裂缝。石龙屋瓦掉落。

巴塘、新龙、康定、道孚、西昌、越西亦有感。

自5月25日至8月20日计震180余次，其中7月19日、21日及8月11日震动强烈，乡下房屋续有坍塌。

27. 四川康定折多塘地震

1955年4月14日9时29分2秒四川康定折多塘发生7.5级地震。震中位置为北纬30.0°、东经101.8°，震中烈度为Ⅹ度，宏观震中为北纬30°00′、东经101°54′(见图2-3-24)。

震情：木结构土石房屋倒塌90%左右，其中全部倒平者50%左右，城乡共倒塌房屋600余间，裂坏500余间，围墙、院墙大都倒塌裂坏，城区机关、公私房屋裂缝或局部倒塌。安定寺、空巴寺、义君寺、塔公寺等破坏70%左右，石阶石条震断，高压电杆倾倒。山崩地裂，砂石纷飞，水涌泉涸，折多塘、瓦斯沟至康定一段山崩，阻塞交通数日，总计大小崩塌滑坡30余处，折多塘、北阳弯、二台子地裂普遍，海子山顶崩塌，巨石滚落。

极震区(烈度为Ⅹ度)：藏式木结构土石墙房屋倒塌90%左右，其中全部倒平者50%。榆林乡(包括折多塘)总计215户，有179户受灾，房屋绝大部分倾斜，周围石墙全部震倒。毛家沟5家房屋全部倒平。北阳湾9家房屋有4家全震垮，其余部分震垮。山上滚石、裂缝，并打死4人。总计死亡10人，伤36人，牲畜伤亡很多。粮食、家具、器皿均有严重损失。山崩地裂，飞沙走石，河水上涨，泉水增大或干涸，水的颜色发生变化，有的泉水位置也发生变化，折多塘温泉下降。毛家沟、北阳湾、瓦斯沟至康定山崩，大小崩塌、滑坡 30 余处，阻塞交通数日，并有山坡树木震倒者。折多山上基岩崩塌，埋没公路。折多塘、北阳湾、二台子地裂普遍，地裂带总长约 30km，分布在北 50°西走向的折多塘活动性断裂带地表露头部位。该活动性断裂是著名的鲜水河断裂带的一支。

Ⅸ度区：康定城关 4 个居民区 2308 户有 457 户受灾，死亡 30 人，伤 117 人，倒塌房屋 184 间。房屋倾斜，木榫拔脱，屋瓦飞落，墙倒、裂坏，计约 1371 间。片石围墙、院墙、巷道墙、墙垣在 3m 以上者，全部倒垮。城乡房屋和寺庙共倒塌 624 间，倾斜震坏者 1083 间。安觉寺、空巴寺、隆家寺、义君寺、塔公寺破坏 70%左右。天主教堂、拿摩寺、金刚寺、俄巴寺破坏稍轻。关帝庙门前数千斤之石狮被震倒，石阶石条震断。高压电杆受震倾倒。全县死亡 70 人，伤 217 人。地裂数处，最宽 3～5cm，长几米到十几米不等。跑马山汽车站对面山垮滚石。塔公至康定间海拔 5100m 的海子山峰顶崩塌削平(可能是积雪崩塌)。

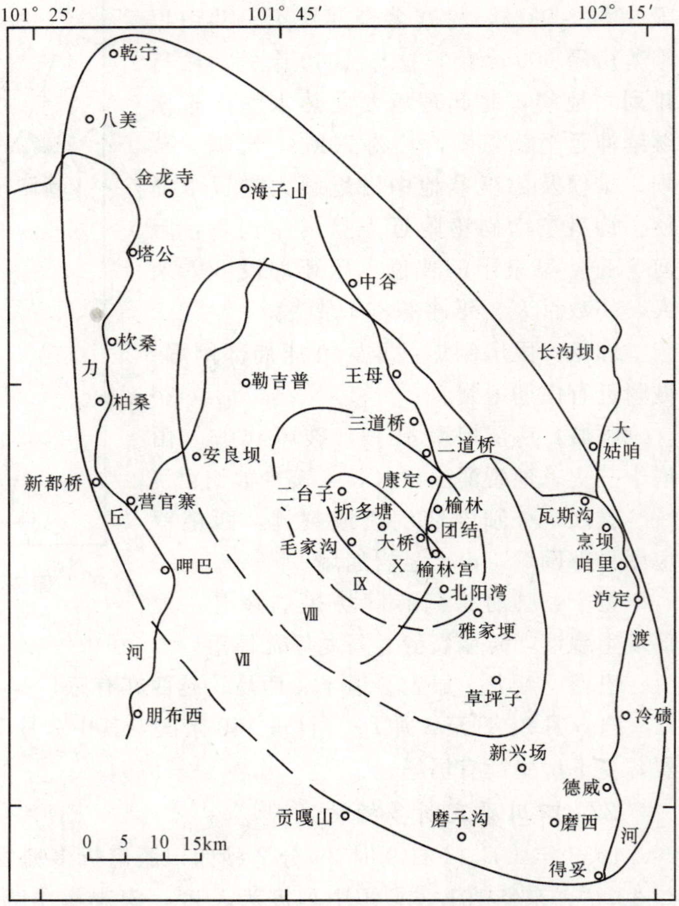

图 2-3-24 1955 年四川康定折多塘地震等震线图

Ⅷ度区：康定城郊二道桥木结构石墙房部分倒塌，其余有不同程度的裂缝，木架倾斜，个别木架拔榫倾倒，所有院墙都局部垮塌或变形。三道桥山坡滚石，田堤裂塌。安良坝垮房 80%。

Ⅶ度区：新都桥藏式房屋 80%损坏或部分倒塌。营官寨、中谷、瓦斯沟、渴坝、河坝、麦本、秋桑及柏桑等地，墙壁开裂，间有倒塌，木榫拔脱、屋瓦掉落。上述地方有的山崩岩垮，山石滚落。贡嘎山雪崩，冰块融化，使燕子沟涨水 20 多天。塔公有一家墙角垮塌，墙扯开 10cm 多，有 3 户房墙迸裂 9～12cm。

泸定县山岩崩垮、山石滚落，堰沟垮塌，尘土飞扬。房屋木架拔榫，墙壁迸裂，间有局部倒塌和桥梁损裂。房屋倒平者 9 间，全县死亡 14 人，伤 7 人。一区的烹坝和咱里两乡灾情较重，垮房 7 间，损坏房屋 20%～30%，其余墙倒或迸裂等，垮堰沟一段。全区死 13 人，伤 6 人，死牛 6 头。草坪子有一正规木架木板顶房，压板石掉落一半，木板滑动，木架倾斜约 10°，榫头扯开，石墙摇垮。山沟中道路裂缝，缝宽约 20cm，长约 20m。冷碛、得妥、新兴、磨西房墙迸裂，局部垮塌，木架拔榫掉瓦。年久失修房屋间有倒塌。山岩崩垮，山石滚落。

乾宁县塌房 3 家，部分墙与柱裂开，墙壁裂缝。井泉干涸。

Ⅵ度区：雅江、丹巴、小金、石棉、自贡、荥县、威远个别房屋裂缝，朽旧房倒塌，山石滚落。

有感区：九龙、宜宾、内江、富顺、道孚、炉霍、理塘、甘孜及云南永胜、盐丰均有感。有感距离最远 400km。

28. 四川炉霍地震

1973 年 2 月 6 日 18 时 37 分 7.3 秒四川炉霍发生 7.6 级地震(《中国震例》等正式出版资料标明震级为 7.9 级)。震中位置为北纬 31.3°、东经 100.7°，震中烈度为Ⅹ度，宏观震中为北纬 31°29′、东经 100°32′，宏观深度为 8km(见图 2-3-25)。

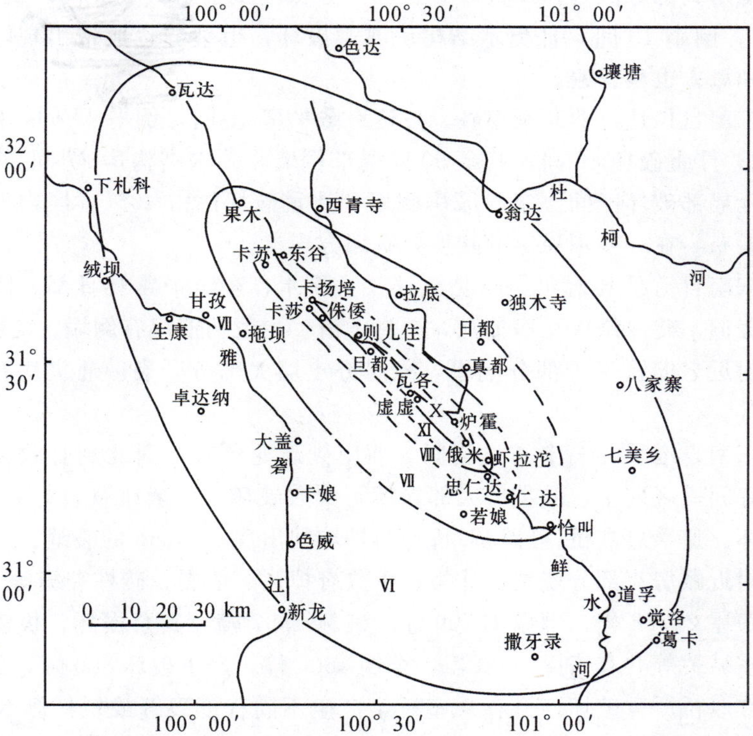

图 2-3-25 1973 年 2 月 6 日四川炉霍地震

极震区(Ⅹ度)：在炉霍县雅德(瓦各)乡，震区房屋以木结构、砖木结构和土(石)木结构为主，多为单层或二层，极少数为三层，结构形式可分 5 类，即穿斗架、灯笼架、彬文架、“藏房”(康房)和“笨壳房”。穿斗架和“笨壳房”抗震性能最好，灯笼架次之，彬文架又次之，“藏房”最差。从炉霍县的俄米到则儿住，长 41km，宽 4.5km，“藏房”全部倒平，“笨壳房”及全木结构房屋也遭受严重破坏或倾斜。例如瓦各大队藏平房 137 间，倒平 134 间，占 98%，藏楼房 34 间全部倒平。炉霍县城藏房

849 间，倒平 719 间，占 85%，砖木结构房屋共 330 间，倒平 246 间，占 75%。烈士纪念亭(全木结构)严重旋扭和倾斜，3 个月后倒塌。砖墓碑震垮。

川藏公路有 17 处遭严重破坏。据仁达至侏倭间统计，公路塌方 40～50 处，坍塌宽度一般为几米至几十米。滑坡、地裂、山石滚落普遍。大小滑坡有 137 处，一般长几米至几十米。公路路面地裂数百条，走向与公路平行，绵延长达 2～3km。主体地裂缝带沿鲜水河断裂密集，呈线形展布，不受地形、地貌和土质条件限制。东南起自吾都，西北到卡苏，宽达百余米，总长达 90km，总体走向为北 55°西，裂缝带宽 5～100m。单条裂缝宽数厘米至数十厘米，最宽约 1.5m，可见深度 1.5m，最大水平错距 3.6m，垂直错距 0.2～0.3m，最大 2m。部分地裂缝有鼓包、地陷、喷沙冒水现象，孔径达 5m 左右。位于裂缝带上的公路桥梁严重破坏(如红旗桥)。地裂缝结构形态主要为反“多”字形、斜列式、锯齿状和“X”形 4 种。有逆掩状巨型“鼓包”(高达 1.6m)，有张扭、压扭或追踪式裂缝。滑坡和塌方现象普遍。

Ⅸ度区：东南自忠仁达，西北至侏倭、卡扬培一带。区内Ⅰ类房绝大部分倒塌，较好的砖木结构房大部分倒塌，少数严重破坏。如侏倭藏平房共 225 间，倒平 200 间，砖木房屋 76 间，倒塌 45 间，Ⅲ类木结构房亦遭破坏，地裂缝也成带出现，规模次于极震区。滑坡和塌方也很普遍。

Ⅷ度区：东南自仁达，西北至东谷。仁达有藏平房 68 间，倒平 44 间，藏楼房 146 间，倒塌 10 间，严重破坏 86 间，其余 50 间局部倒墙。砖木结构房 27 间，倒塌 3 间，严重破坏 9 间，局部破坏 5 间。东谷藏房倒塌和严重破坏的占 40%。区内地裂缝带多呈斜列、羽状展布，在一些不稳定的陡坡处有塌方现象。

Ⅶ度区：东南自道孚县恰叫，西北至甘孜县果木，东至炉霍县日都。区内藏式民房墙体裂缝较普遍。砖木结构瓦房掉瓦，屋脊下滑。少数朽旧房有倒塌。陡坡有滚石。

甘孜县城附近老旧藏房少部分倒塌，藏房夯土墙大部分开裂。Ⅱ类房有掉瓦、局部墙倒、裂缝等。

Ⅵ度区：东南自道孚、葛卡与觉洛间，西南到新龙色威，西北到甘孜瓦达，东北到翁达、独木寺间。区内Ⅰ、Ⅱ类房大部损坏，少数破坏。一般质量较好的房屋完好，或仅有轻微损坏。道孚忠烈桥(公路桥)桥身与护坡间出现 3～5cm 的裂缝。

壤塘县城附近藏房有部分墙裂，Ⅱ类房少数有掉瓦、墙裂、砖柱裂缝等。

灾区共有房屋 22008 幢，倒塌 15700 幢，破坏 2867 幢，其余损坏。极震区的虾拉沱、侏倭、炉霍城关等共有房屋 5600 幢，全倒 4600 幢，严重破坏 880 幢，裂缝 90 幢。雄鸡岭附近的红旗桥严重破坏，另有 9 座桥梁产生不同程度裂缝或栏杆倾倒，25 孔涵洞受到损坏。康定至甘孜、炉霍，以西到色达、新龙、邓柯、石渠、白玉、德格等县电信线路遭到破坏，通信中断。灾区共死亡 2175 人，伤 2756 人，损失各类牲畜 40427 头、粮食 2011801kg。

29. 云南大关北地震(昭通地震)

1974 年 5 月 11 日 3 时 25 分 18.3 秒云南大关北发生 7.1 级地震。震中位置为北纬 28.2°、东经 104.1°，震中烈度为Ⅸ度。宏观震中为北纬 28.2°、东经 103.9°，宏观深度为 8km(见图 2-3-26)。

极震区：南起大关县的木杆乡北，北至永善县团结乡的苏田坝南，西起团结乡鄱家山、向阳坪、田坝，东至木杆乡兴火地、向家崖口一带。土搁梁房倒塌约一半，石墙房多数倒塌。木杆海口子村30户毛石墙草顶房部分倒平，大多数毛石墙全倒。团结乡田坝村，夯土墙房60%土墙倒塌，其余严重破坏。区内山高、坡陡，由地表坡面失效造成地震—重力破坏，崩塌、滑坡和地裂缝普遍，几乎所有山头均遭到不同程度破坏，具有面状破坏的特点，形成“遍体鳞伤”的特殊景观。地质灾害十分惊人。道路、农田和水渠严重毁坏。大关至绥江公路有186km的地段遭到破坏，近2700hm² 耕地受到破坏。海口至马颈子一段大规模滑坡，长300m、宽200m、厚50m，滑坡体逆冲到对岸，高出河床约30m，阻塞河流，形成湖泊。手扒崖大规模滑坡，将团结乡顺河二队掩埋大半，建筑物毁坏，农田被掩埋，木杆河阻塞成湖泊。团结乡文家湾和大水船有溶洞塌陷。

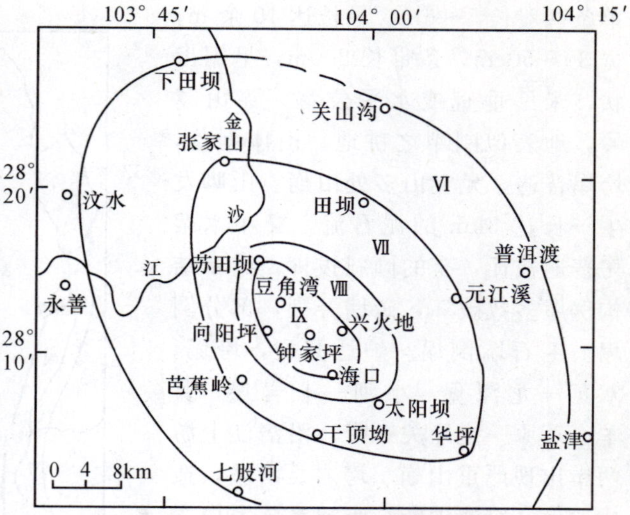

图 2-3-26 1974年大关北地震(昭通地震)等震线图

大关：房屋遭受破坏，土搁梁房约半数倒塌，因大规模崩滑和塌方，使木杆到丁木的公路交通中断。县北部受灾较重，往南渐轻。县城强烈有感。

永善：团结乡所在地长坪共17户，土墙裂缝，局部倒塌；桧溪乡木利共30多间房屋，其中3间土搁梁房山墙、屋顶塌落，其他开裂。三江口至砂石公路滑坡，崩塌几十处，破坏农田。城关有感。

盐津：西部一些乡个别老朽房倒塌，少数夯土墙裂缝、落瓦。公路个别地段损坏。

绥江：西南部个别老房倒塌，少数夯土墙裂缝、落瓦。公路、水渠个别损坏。

雷波：璜琅乡回龙至下坪一带及渡马湖等乡部分地区受灾较重。土搁梁房屋倒塌50%以上，未倒者亦严重破坏。其余地区仅个别老房倒塌。

应特别提到的是，距这次主震后不到2个月的当年7月8日，震区西南老寨堡附近的大槽村发生了一次2.6级余震，震后5分钟左右，即发现附近山体上石块崩落，随即开始大规模崩塌，瞬间巨大的石块从山坡向下倾泻，形成一条宽150～200m、长约1.5km、平均厚3m左右的崩滑流，掩没了山下居民和抗震救灾人员70余人。这一事件表明山区发生大地震后，潜伏着多发性的地质灾害。昭通、重庆、万州、贵阳等地有感。

5月1—11日小震3次。

30. 四川松潘、平武地震

1976年8月16日22时6分45.1秒四川松潘、平武发生7.2级地震。震中位置为北纬32.6°、东经104.1°，震中烈度为Ⅸ度，宏观震中为北纬32°37′、东经104°08′，震源深度15km(见图2-3-27)。

Ⅷ度及Ⅷ度以上地区：海拔3667m的元宝山出现严重崩塌剥落。地震重力裂缝，单条一般长5～6m，最长达10余m，宽30～50cm，条带长200m，呈锯齿状，未见垂直或水平位移。穿山越岭，地表似刚犁之耕地。山体剥落，垮塌普遍。元宝山多处山崩。山脚发生一长达3km的泥石流。穿斗木架房普遍梭瓦，有的倾斜拔榫。砖木结构房屋多数破坏，砖墙开裂，部分倒塌。毛石墙倒塌。炉灶开裂，垮塌。双河—龙潭堡—小河—丰岩堡—黄羊—草原—虎牙关一带，沿涪江上游两岸出现严重山崩、垮岩、滑坡，造成通信、交通中断。小河乡陈家白岩山崩，堵塞河道形成长2000m、宽20m、深30m的地震湖，淹没几十户人家。小河城南发生泥石流。白崖、黄水沟一带泥石流淹没村庄、农田，道路被毁，河道堵塞，积水成湖。

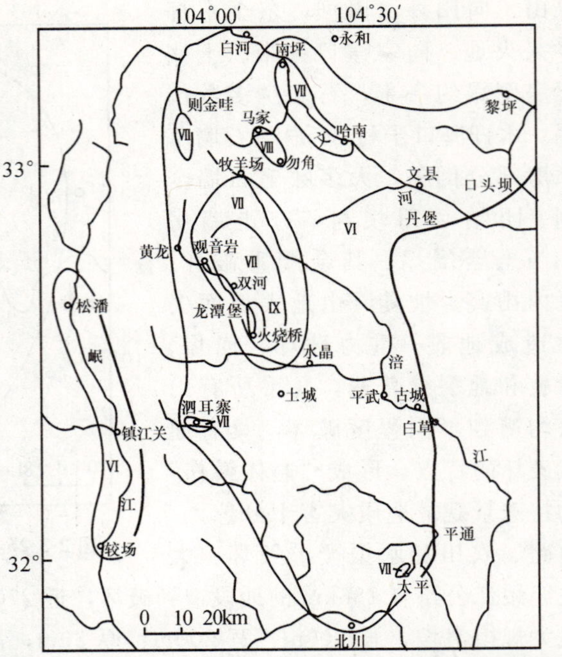

图 2-3-27　1976年8月16日松潘、平武地震等震线图

Ⅶ度区：北起牧羊场，南到水晶。一般房屋建筑轻度破坏，老旧穿斗架房破坏。水晶、叶塘等地山崩、滚石、泥石流、地裂缝发育。

陕西省汉中地区宁强县广坪区的一些个别地段，Ⅱ类房有倒、斜、屋脊断裂等现象。勉县有民房震倒，震歪，房墙开裂，屋瓦震梭。勉县东杜寨公社出现一条长2km、宽10～40cm、深1.4m左右的地裂缝。较好的烟囱掉砖。山石滚落。

此外，在旺苍、青川、广元，甘肃的康县、文县也有掉瓦、倒烟囱、墙开裂等现象。

四川大部地区有感。内蒙古呼和浩特，宁夏，北京，山西临汾，湖南长沙，云南昆明，甘肃兰州、高台、贵州习水等地少数人有感。

31. 四川松潘、平武地震

1976年8月23日11时30分5.7秒四川松潘、平武发生7.2级地震。震中位置为北纬32.5°、东经104.3°，震中烈度为Ⅷ⁺度(见图2-3-28)。

极震区（Ⅷ度）包括火烧桥、叶塘、虎牙关、杨柳坝、冷水沟、小灰山、田家湾等地。Ⅲ类穿木架房屋大多溜瓦，柱脚移动，倾斜，地基裂

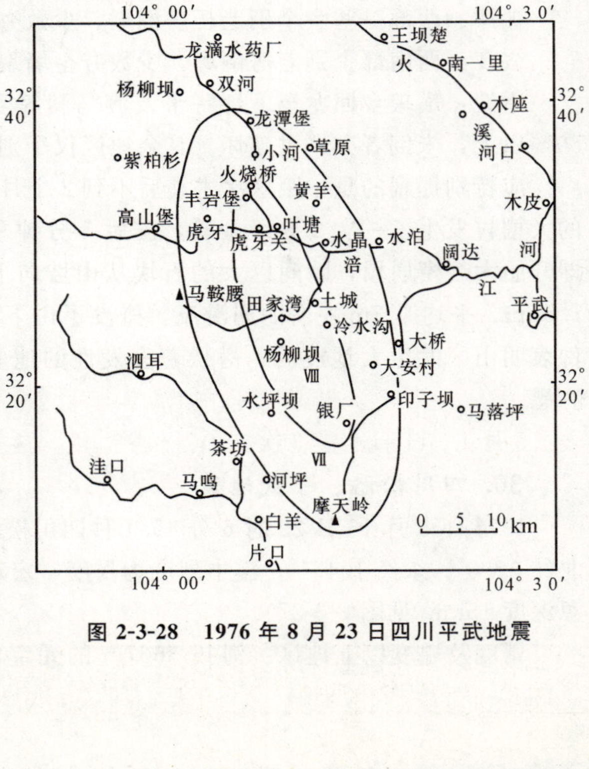

图 2-3-28　1976年8月23日四川平武地震

缝，椽檩折断；个别房屋局部坍塌。老旧穿斗架房有的倒塌或严重倾斜，有的断梁折柱，严重破坏。Ⅰ类房屋和简陋棚舍、片石、卵石院墙普遍垮塌。粪坑普遍开裂破坏。地表裂缝，山石散落，山岩崩塌，滑坡严重，小灰山北段山崩阻塞河流成大小不等的地震湖，中断交通和通信。平武叶塘乡竹柏村跨度 30m 的铁索桥石砌台严重开裂。

Ⅶ度区：北起龙潭堡，南达摩天岭，西至虎牙的马鞍腰，东到大桥的大安村。区内砖木结构房多数破坏，少数损坏；穿斗木架房梭瓦，木柱倾斜，装板震脱，局部坍塌，柱脚移位。片石围墙多数倒塌，少数损坏。

这次地震成都感觉强烈。南充、重庆、丹巴和兰州等地有感。

1976 年 8 月 16 日、22 日和 23 日两次 7.2 级、一次 6.7 级地震叠加震害和烈度分布如下(见图 2-3-29)：

Ⅸ度区：包括龙潭堡、小河、丰岩堡。区内砖木结构房屋倒塌或严重破坏；穿斗架房屋大部损坏，梭瓦、歪斜，板壁松脱。地表出现大量山崩、滑坡。震后降雨，泥石流淹没村庄和农田，河道阻塞，形成湖泊，道路毁坏，通信中断。

Ⅷ度区：北起雪托，南到银厂，西起松潘双河，东至平武水晶。区内穿斗房屋梭瓦、倾斜，局部倾倒；砖木结构房屋倒塌破坏，灶塌普遍。泥石流造成灾害。

Ⅶ度区：西起泗耳、黄龙，东至平武、木皮，北起南坪以北，南达北川，包括观音岩、虎牙、王坝楚、水泊、牧羊场、北川、片口、太平、泗耳、南坪、祖果、马家磨、双河等地。区内房屋梭瓦，墙体开裂，个别围墙倒塌，烟囱顶部倒坠；器皿翻倒、掉落；河谷两岸、新开公路两侧多有坍塌和滚石现象。

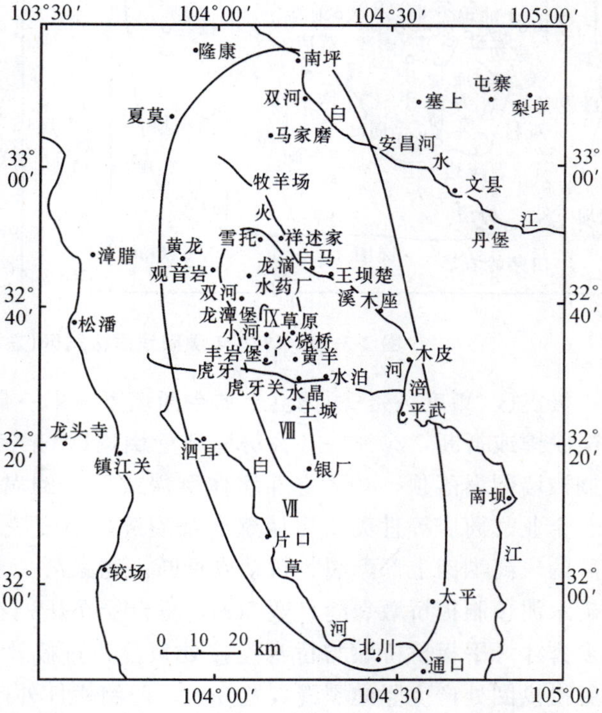

图 2-3-29 1976 年 8 月 16 日、22 日及 23 日四川平武地震

松潘、平武、茂汶、南坪 4 县因地震共死亡 38 人，牲畜损失 2800 多头，震后连日暴雨，崩、滑、流暴发毁坏耕地 1000hm^2，房屋倒塌 5000 余间，损坏桥梁 300 多处、涵洞 200 多座、小水电站几处(共 2600kW)。

32. 江苏溧阳地震

1979 年 7 月 9 日 18 时 57 分 23.1 秒江苏溧阳发生 6 级地震。震中位置为北纬 31°27′、东经 119°15′，震中烈度为Ⅷ度，宏观震中为北纬31°28′、东经 119°15′，宏观深度约 13km(见图 2-3-30)。

这次地震共倒塌房屋 113909 间，严重损坏 272884 间，死亡 42 人，重伤 682 人，轻伤2305人，损坏桥梁11座，小型水库土坝出现裂缝。

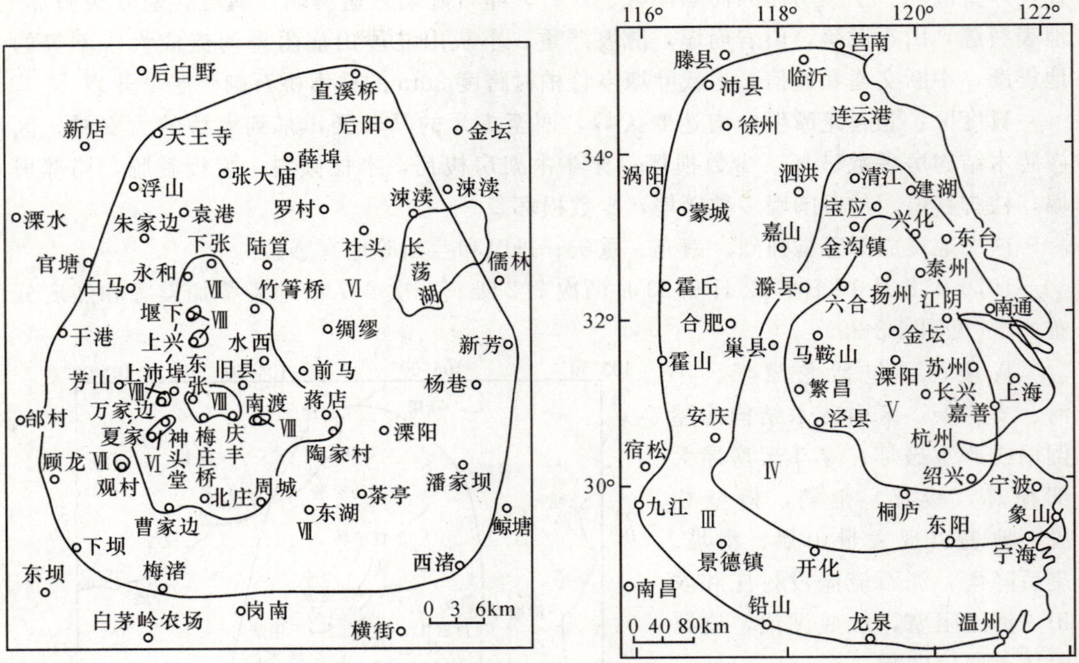

图2-3-30 1979年溧阳地震极震区(左)和影响区等震线图

极震区(Ⅷ度区)：溧阳县上沛乡西塘至庆丰一带。区内Ⅰ类房屋60%～70%倒塌、木架脱榫或折断，20%～30%房屋墙壁倒塌(木架完好)；Ⅱ类房屋少数墙壁震酥或硬山搁檩墙倒塌落顶，40%空斗墙体倒塌或部分倒塌或墙体开裂，40%损坏；机关、学校、企业、商店等Ⅲ类房屋墙壁有细裂缝，墙皮脱落；民房烟囱几乎全部倒塌，一般工厂的较高烟囱上部酥裂、扭动或折断。沈家湾一水井井圈下部折断，移动60cm；一石砌水泥预制板桥墩裂缝，宽2cm，桥台受挤压，石块向西倾并鼓出，拉开25cm。庆丰乡秀才圩平板桥桥墩与桥身连接处裂缝，石板外闪8～12cm。上沛河榜村一双曲拱桥腹拱拱圈处产生竖向裂缝，宽3cm，两侧栏杆外倾。河榜桥村土层中有一组北东55°锯齿形地裂缝，宽2.5cm、长130余m、深近2m。东塘、棠渚、赵家村一带也出现与河流平行的地裂缝。

Ⅶ度区：包括溧阳永和、竹箦桥、旧县、蒋店、河口等地。区内Ⅰ类房屋少数全倒，老朽空斗旧式房墙壁倒塌，木架拔榫，局部落顶，30%～40%房屋墙壁局部倒塌或裂缝；Ⅱ类房屋少数墙倒、木架倾斜，30%墙倒或酥裂，50%墙体局部倒塌或裂缝；Ⅲ类房屋20%～30%墙体沿门窗出现“八”字形裂缝，一部分女儿墙倒塌，多数墙体有细小裂缝，墙皮局部脱落或脊瓦掉落。周城乡朱庄砖瓦厂烟囱上部出现“X”形裂缝，食堂、浴室及民房烟囱多数折断。永和乡和新昌乡陶家村圆形粮仓外壁抹灰层局部脱落，有细小裂缝。新昌公社粉丝厂水塔有细小裂缝。上沛中学院墙几乎全倒。丁村和下姚水库土坝裂缝，断续延伸70～390m、宽0.2～1cm、深10cm多。竹菁桥茶厂圆形水塔出现细裂缝，一台锅炉炉顶砖墙局部倾倒，一台墙体严重开裂。区内桥梁均遭到不同程度损坏。如上沛潮渚桥在两桥墩的中部产生水平裂缝，桥台与桥梁接合处分离。朱淤桥腹拱、拱顶、拱趾裂缝。地面裂缝多发生在河埂上，长达 10～30m、宽 2～3cm，大圩里河上裂缝最宽达 5cm。上沛、万家边至碑坊山一带土层中有一组北东 10°～20°的地裂缝，横切田埂、水泥场院和房屋等，单条裂缝宽 1～2.5cm、断续延伸几十米。沿河堤多出现滑坡。喷沙冒水多发生在圩荡区内，如大溪乡史家村、南渡乡前马家荡一带(见图 2-3-30 左)。

Ⅵ度区：包括溧阳县城及其全境，金坛西南及溧水、高淳县东部地区。区内Ⅰ类房屋部分墙体局部倒塌，墙体外闪，多数墙体裂缝、局部掉砖或檐瓦掉落；Ⅱ类房屋少数墙体局部倒塌，沿门窗产生“八”字形裂缝，多数墙壁裂缝；Ⅲ类房屋多数墙体沿门窗四角裂缝。民房烟囱多数上部倾斜裂缝，溧阳电厂和砖瓦厂烟囱上部出现细裂缝和错位。电厂一台锅炉的墙体裂小缝，上沛竹林水库坝顶裂缝，长 380m、宽 1cm、深 10 多 m。古渎公社古渎大桥翼墙与桥结合处裂缝、错位，翼墙拱起 7cm。高淳永宁桠溪港钢筋水泥现代建筑均有轻微损坏。

Ⅴ度区：极少数多年失修的Ⅰ类房损坏或轻微损坏。如南京建业区一户山墙局部倒塌，门柱水平裂缝。湖州一户山墙局部倒塌，被服厂檐瓦震落，化肥厂变电所高压线震断(见图 2-3-30 右)。

33. 云南丽江地震

1996 年 2 月 3 日 19 时 14 分 18.1 秒云南丽江发生 7 级地震。震中位置为北纬 27.2°、东经 100.5°，震中烈度为Ⅸ度，震源深度为 10km，为主震—余震型(见图 2-3-31)。

震情：这次地震有感范围较大，北至四川省甘孜州的乡城县，南到云南省的思茅地区，东迄昆明，西达中缅边界。经考察，宏观震中在丽江县城以南 25km 的上黑水至玉湖之间，最高烈度为Ⅸ度，区内有Ⅹ度破坏异常点。

本次地震造成的建筑物破坏有以下特点：在极震区，纳西族民房木框架及瓦体破坏不大，但墙体破坏严重；砖木、砖混房屋外观受损不大，但内隔墙破坏严重，“X”剪裂发育；丽江县城及以北居民点密集区，破坏程度相同，严重破坏区呈条带状、片状展布。

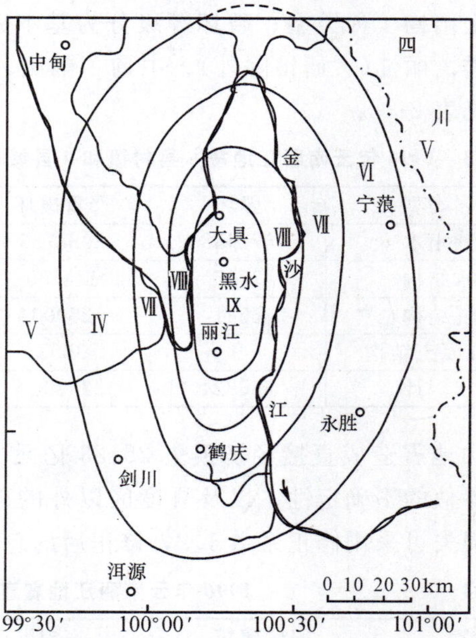

图 2-3-31　1996 年 2 月 3 日云南丽江地震烈度分布图

Ⅸ度区：北至丽江县北部的大具以北，南到丽江县城以南的漾西；东迄丽江县的文化、大东一线，西达丽江的文海、玉龙雪山一线，面积约 1225km²。Ⅸ度区内的新团六队、白桦开文、中海和白沙开文为Ⅹ度破坏异常点；大具乡的波丽落村和雪花村、鸣音乡西菜板村为Ⅷ度异常点。丽江县城大研镇震害分布很不均匀，震害总体达Ⅷ度，古城百岁坊一为Ⅸ度破坏，新华街道办事处破坏较轻；新区城中大量按Ⅶ度设建的房屋，大多基本完好和轻微损坏，城郊房屋也有达Ⅸ度的地方。

Ⅷ度区：北至丽江县北端的高寒，南到大理州鹤庆县的辛屯附近；东迄宁蒗县石门坎，西达丽江县龙蟠、星明，面积为 2438km²。区内的丽江县拉市乡梅子村为Ⅸ度异常点。

Ⅶ度区：北至丽江县奉科（新民）以北，南达鹤庆县河底、邑头，东迄宁蒗县西川乡，西达丽江石鼓镇附近。面积约 4151km²。区内的鹤庆县城云鹤镇表现为软土场地远震破坏特征，丽江县太安乡汝南村为Ⅷ度异常点。

Ⅵ度区：北至迪庆州中甸县洛古与宁蒗县永宁以北，南到鹤庆县的松桂西邑以南，东迄宁蒗县新营盘战河一线，西达中甸县小中甸与丽江黎明以东，面积为 10906km²。

Ⅵ度等震线以外还有多处Ⅵ度异常点，甚至在远离Ⅵ度区的怒江州兰坪县的河西乡和通甸乡、宁蒗县的跑马坪乡、华坪县中心镇和中甸县大中甸镇等地还出现Ⅵ度破坏现象。

本次地震受灾面积约为 18720km²，Ⅵ度以上地区涉及丽江、迪庆、大理 3 个地、州的 6 个县 51 个乡（镇）397 个村公所，包括 5 个县城区和 2807 个自然村，共计 244606 户，1075263 人。Ⅵ度以外出现Ⅵ度破坏的有怒江州的兰坪县、丽江地区的华坪县和大理州的洱源县的部分村镇，其中以丽江、中甸、鹤庆 3 县最重。受灾人口逾 100 万，其中重灾民 36 万，无家可归人数达 32 万。倒塌房屋 35.8 万间，严重和中等破坏有 60 万间。据震害统计，本次地震中死亡 309 人，重伤 4070 人，轻伤 12987 人。

根据当地的实际情况，把震区的建筑物分为民族土木、砖木结构、砖混结构和钢筋混凝土结构 4 种类型；破坏等级分为基本完好、轻微破坏、中等破坏、严重破坏和毁坏 5 类。丽江（大研镇除外）、中甸、鹤庆、剑川、永胜和宁蒗等地的各类建筑的破坏情况见表 2-3-3。

表 2-3-3　1996 年云南丽江地震 6 县村镇和 4 县城各类房屋遭受不同震害的建筑面积　　单位：m²

房屋类型	毁坏	严重破坏	中等破坏	轻微破坏	基本完好
民族土木	672488	3088785	7073375	8586094	13840000
砖木结构	7795	144500	378000	632700	1119000
砖混结构	6541	25900	109800	267700	773600
钢筋混凝土结构	0	3653	21040	57730	147700
合　计	686824	3262833	7582215	9544224	15880300

本次地震造成直接经济损失 25.23 亿元。因考虑到这次地震的震害分布不均匀性和经济评估的不确定性，以及Ⅵ度区以外的破坏没有计算在内，据规定对建筑物与室内财产损失可采用修正系数 1.2，修正后的总损失为 30.49 亿元（见表 2-3-4）。

表 2-3-4　1996 年云南丽江地震直接经济损失汇总表　　单元：万元

县名	房屋建筑	室内财产	生命线工程	合计
丽江	152872	29333	11200	193405
中甸	15114	6464	9203	30781
鹤庆	37682	4975	2368	45025
永胜	14281	499	527	15307
宁蒗	9977	2764	1717	14458
剑川	5371	390	187	5948
各县合计	235297	44425	25202	304924

余震情况及特点：截至2月13日14时，震区共发生M≥2.0地震1432次。其中，2.0～2.9级1287次，3.0～3.9级113次，4.0～4.9级27次，5.0～5.9级3次，6.0～6.9级1次，7.0级1次。

第四节 诱发地震及人工地震灾害

除了分布最广的因构造变动而引发的构造地震外，还有其他因素诱发的地震。这些地震的震级一般而言均比较低，但由于震源浅(小于5km或更浅)，其烈度往往较高而造成灾害损失。因此，其他类型的地震也日益引起人们的关注。为了研究长江三峡工程的地震本底，在1958年就设立了专业台网，不间断地监测、收集地震信号，并研究预测水库诱发地震，为国内首创。丹江口水库的地震研究，其成果与研究深度也达到较高的水平。

一、水库诱发地震

水库诱发地震是指因修建水库蓄水后，在库区或库缘(距10～15km)发生的地震。其震级和频度与建库前发生明显的有规律的周期性、滞后性改变，震级一般不超过该地区构造地震的最高震级，且随着蓄水过程有逐渐减弱的特点。对于水库诱发地震的研究，目前尚处于积累资料、类比分析、数理统计、加强观测的阶段。对于其发震的地质背景、新构造运动、地层岩性、水文地质等情况，仍处于探索阶段。

长江流域水库诱发地震有12例(全国有25例)，详见表2-4-1，其中有10例为碳酸盐岩岩溶发育地区，其余为变质岩和玄武岩分布区。

表2-4-1 长江流域水库诱发地震基本情况一览表

序号	水库名称	省份/河流	坝高(m)	坝型	总库容(亿 m^3)	开始蓄水时间(年.月)	出现初震时间(年.月)	已知最大地震				工程竣工日期	备注
								时间(年.月.日)	震级(烈度)	震中区位置	震中区岩性		
1	南冲	湖南，新泽河	45	黏土心墙坝	0.135	1967.4	1967.5	1974.7.25	2.8(Ⅵ)	水库南侧	喀斯特化灰岩	1969年	
2	丹江口	湖北，汉江	97	混凝土重力坝	174.5	1967.11	1970.1	1973.11.29	4.7(Ⅶ)	丹库中段	碳酸盐岩		
3	前进	湖北，黄畈河	50	土石坝	0.168	1970.5	1971.10	1971.10.20	3.0(Ⅵ)	库尾	喀斯特化灰岩		
4	柘林	江西，修水	62	土坝	71.7	1972.1	1972.2	1972.10.14	3.2(Ⅴ)	库中段北岸	喀斯特化灰岩	1972年初	
5	黄石	湖南，白洋河	40.5	土坝	6.12	1969.4	1973.5	1974.9.21	2.3(Ⅴ)	库尾以上	厚层灰岩		
6	石泉	陕西，汉江	65	混凝土空腹重力坝	4.7	1972.10	1973.9	1978.2.11	4.2(Ⅴ)	坝下游16km	变质岩、结晶灰岩		有争议
7	新店	四川，岷江	26.5		0.29	1974.3	1974.7	1979.9.15	3.7(Ⅴ)	库中段北岸	灰岩、岩盐		有争议
8	乌江渡	贵州，乌江	165	混凝土拱形重力坝	23.0	1979.11	1980.1	1992.6.20	3.5(Ⅴ～Ⅵ)	库中段	喀斯特化灰岩	1983年	

续表

序号	水库名称	省份/河流	坝高(m)	坝型	总库容(亿 m^3)	开始蓄水时间(年.月)	出现初震时间(年.月)	已知最大地震				工程竣工日期	备注
								时间(年.月.日)	震级(烈度)	震中区位置	震中区岩性		
9	邓家桥	湖北，渔洋河	12	土坝	0.004	1979.12	1980.8	1983.10.30	2.2(Ⅵ)	库区西北缘	喀斯特化灰岩		
10	东江	湖南，耒水	157	混凝土双曲拱坝	81.2	1986.8	1987.11	1991.7.24	2.5	库区左岸	喀斯特化灰岩	1990年	
11	铜街子	四川，大渡河	82	混凝土重力坝	2	1992.4	1992.4	1992.7.17	2.9(Ⅴ)	大坝下游	玄武岩、灰岩		
12	隔河岩	湖北，清江	151	混凝土重力拱坝	34	1993.4	1993.5	1993.5.30	2.6(Ⅴ)	库中段	喀斯特化灰岩		

注：①本表按水库诱发地震出现初震的时间排序；②为便于比较，最大地震震级均按公式 $Ms=1.13M_L-1.08$ 计算，由 M_L 转换为 Ms。

1. 南冲水库诱发地震

南冲水库位于湖南省邵东县南冲，湘江水系涟水的支流上，土坝坝高45m，库容1350万 m^3。1967年夏水库首次拦洪蓄水至35m时，库区居民有感地震似放炮声响，历时十几小时。1970年5月一次大雨后水库满蓄，库水达到库尾溶蚀洼地时发生多次有感地震，造成轻微破坏。随后在1974年和1977年7月底以及1982年6月中旬，又分别诱发3组地震。共记录到地震20余次，最大震级Ms2.8级，宏观震中烈度达到Ⅵ度。

南冲水库位于猪婆大山短轴复式背斜南东翼的次级向斜上，大坝和水库大部分为中泥盆系跳马涧组石英砂岩，只有水库南东岸和库尾为中泥盆系上部棋子桥组厚层灰岩。整个灰岩分布区岩溶十分发育，形成一个面积约10km^2 的小型岩溶管道系统，其组成至少有3条地下暗河，最长的一条达4000m左右。它们汇集在水库南端的温水岩附近，由统一的暗河出口汇入河流。地表的漏斗和落水洞亦沿这3条暗河呈带状分布。温水岩位于灰岩与石英砂岩接触带附近，据称洞口有一人多高，蓄水后被库水淹没。根据上游来水和库容增长的均衡计算，得出暗河系统内的蓄水容积约100万 m^3。水库及附近有几条与背斜轴平行的小断层，长10～20km，没有近期活动的明显证据。其中南冲断层(F_1)的几个分支分别在大坝两肩及水库的南、北岸通过。根据对宏观调查资料的分析，1967年的初震可能与温水岩被库水淹没有关；以后的几次地震，都在库边线以南，分别位于上述3条暗河所在的地段。

界田村的岩溶洼地，雨季时地表出现塌坑、地下砰砰响声的现象，兴建水库前也曾有过，并没有引起老乡的注意。水库第一次蓄满时，在短时间内连续出现多次有感地震，伴有放炮似的巨响，地面上下震动，杯子从桌子上跳起很高，碗筷颠到地上，个别破旧土墙遭受一些损坏。这在过去是未曾有过的，老乡称之为“冲击式”地震，感到有些惊慌，并直观地与水库蓄水相联系。据老乡回忆，1970年那次地震，库水一涨上来，响声便随之而起，人们也感到了震动；而水位开始下降时，响声和震感更厉害，最大一次地震就出现在退水的时候；直到库水退下以后，响声和地震才逐渐平息。这次地震期间和以后的几年里，就出现了多处塌坑，其中有几个沿北东10°～20°方向呈一条直线分布。现场田地中见到一个1982年形成的塌坑，直径2m多，深不足1.5m。老乡反映库水上涨时，坑内有水漫上来，向外涌出；库水削落，坑内水亦下落，并把新填的土也带走，以致几年来屡填屡塌，塌坑一直填不起来。

腊树垅是个铁路小站，是1974年、1977年两个地震序列的震中区，以北一里多，有个较大的岩溶漏斗叫“落水崖”，位于南面的暗河线上，其高程比水库设计水位高出25m左右，是当地唯一的天然排水通道，直接通往2km以外库边的温水岩。南冲水库蓄水几年后，落水崖出现排水不畅的现象，大雨后地表水积存在漏斗和洼地内，多日不退，影响当地群众正常的生产生活，不得不采取抽水排往邻谷的措施。县乡干部认为其是建库后暗河内出现淤积堵塞所致。

从图2-4-1中可以明显看出，水库的大部分地段和沿 F_1 并没有发生地震。结合现场宏观调查所收集到的资料和老乡的直观震感，可以认为，南冲水库地震与其归咎于蓄水引起断层的最新活动，不如说它们与岩溶管道系统中的水动力作用有关，而水库南岸的断层，只不过起到了促进岩溶发育的岩体不连续结构面的作用。

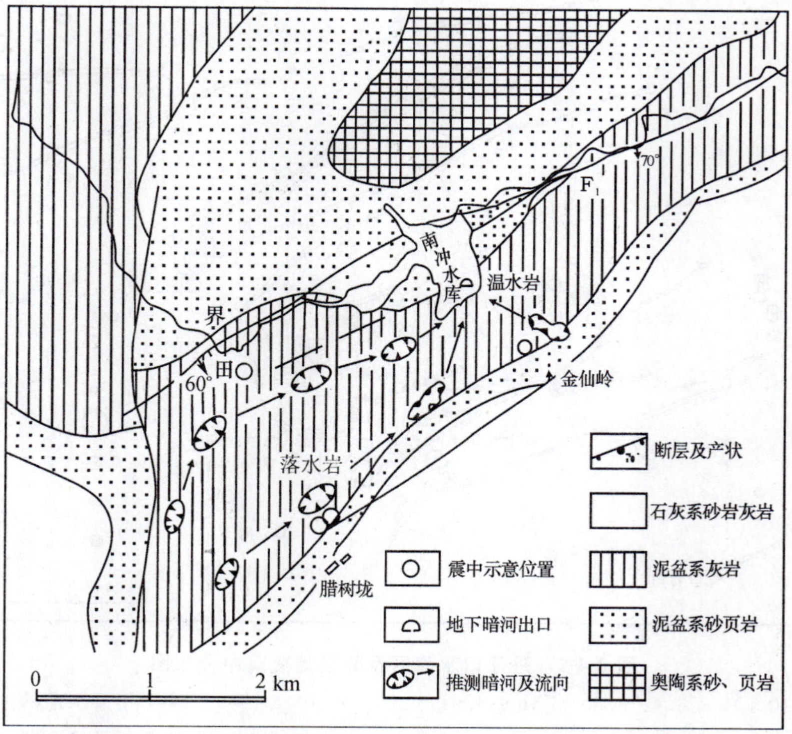

图 2-4-1 南冲水库地质平面略图

2. 丹江口水库地震

丹江口水库位于湖北省丹江口市，大坝坐落在汉江与丹江汇口下游的汉江干流上，水库跨鄂、豫、陕3省境，分丹库和汉库。大坝为混凝土重力坝，初期工程坝高97m，正常蓄水位157m，相应库容174.5亿 m^3，淹没面积800多 km^2。二期工程完建后坝高

111.6m，正常蓄水位170m，相应库容290.5亿m^3，为南水北调中线引水的水源工程。初期工程于1967年建成蓄水后丹库地震活动明显增强，十几年共记录到大小地震500余次，其中最大为1973年11月29日丹库宋湾Ms4.7级地震。

丹江库段主要出露下古生代碳酸盐地层和白垩——第三纪红层，分布有北北西—北西和北西西两组活动断裂，以及几条北西西向第四纪断裂，除下段为峡谷外其余多为丘陵盆地地貌。

汉江库段出露元古代副变质片岩为主，主要断裂为北西西向，其次为北北西向断裂，以峡谷为主，间夹宽谷(盆地)地貌。

丹江口水库蓄水后在丹库段地震活动频度明显升高，十余年大小地震达500余次，其中Ms>1级的100余次，有3次大于3级的地震，即1972年4月3日林茂山3.5级地震、1973年11月29日宋湾4.7级地震和1977年8月6日李官桥3.8级地震，形成宋湾、林茂山两个地震密集区。汉江库段蓄水前在汉江库尾以北的郧西何家井曾发生Ms4.9级地震(距库缘近30km)。虽然汉江断裂大致平行汉江库段，但水库蓄水后并没有诱发地震，见图2-4-2。

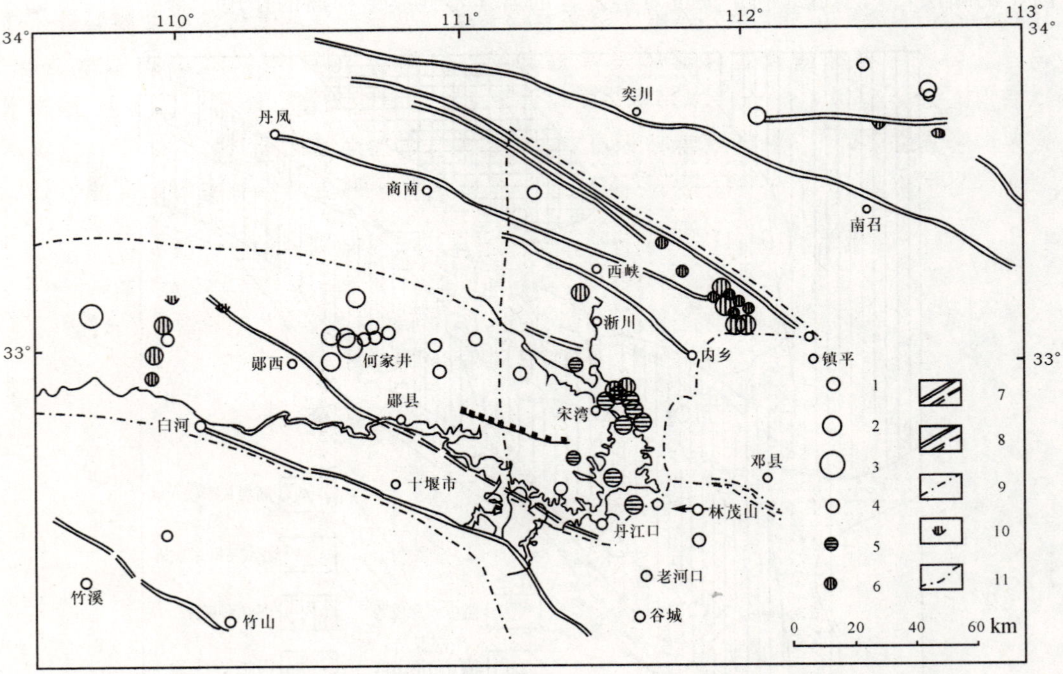

图2-4-2 丹江口水库区及邻区地震震中分布图

1. 3.0≤M_L≤3.4；2. 3.5≤M_L≤4.9；3. M_L>4.9；4. 1959—1967年蓄水前的地震；

5. 蓄水后库区地震；6. 蓄水后邻区地震；7. 新生代以来活动断裂及推测断裂；

8. 晚第三纪活动断裂及推测断裂；9. 隐状活动断裂；10. 温泉；11. 地震统计分带示意界线

丹库段1973年11月29日4.7级地震属于震群性水库地震，由Ms4.7、4.2和4.6、3.6四次地震组成。震中位于淅川县宋湾，极震区范围较小，但有感区范围较大，波及河南淅川县、内乡县和湖北省丹江口市。震感较强，破坏相对较重，最高烈度达Ⅶ度，震源深度浅约5km，见图2-4-3。

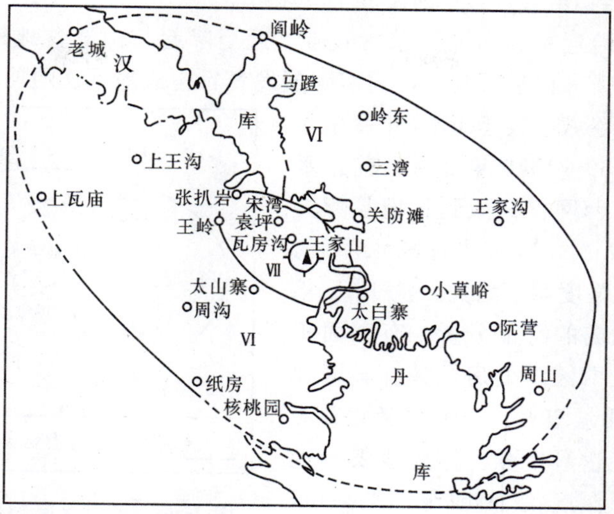

图 2-4-3　宋湾 4.7 级、4.2 级、4.6 级地震综合等震线图

Ⅶ度区西北端抵王营、张扒岩，东南端大致在太白寨以西通过，西南端过南坟沟、何信沟等地，东北端过竹扒沟，面积不超过 30km²，呈椭圆形，长轴约 8km，短轴长约 4.5km，长轴方向北西 310°左右。区内除出现山崩地裂外，损坏房屋 1904 间，其中倒墙 305，脱脊 744 间，墙歪斜 567 间，农田遭到破坏 755 处。室内外的人全部有感，并且某些人在外逃过程中，无法保持自身平衡；吊物摇摆，桌上静止的物体有掉到地上的现象；水库沟汊里的水剧烈振荡，产生层层波涛。

Ⅵ度区颇大，主要分布在淅川县境内，波及内乡、丹江口部分乡村。等震线西北端到老城、上瓦庙一带，东南端大致在周山、南韦沟和张沟、三座楼之间通过，东北端过阎岭、马蹬等地，西南端大致在狐狸扒、纸房、仓房一带，其面积 600km² 左右，形似梨，长轴长约 35km，短轴长约 22km，长轴方向与Ⅶ度区基本一致。Ⅵ度区内静止的人几乎全部有感，靠近Ⅶ度区房子的山墙多数发生摆动，出现掉土、掉瓦等现象，门窗、家具吱吱作响，吊物出现摆动，桌上静止的物体出现跳动和翻倒等现象。

经实地调查，震中区为岩溶强发育地区，无明显发震断裂，震源浅有感，破坏强，且与库水位有一定相关性(蓄水初期)。所以，宋湾地震为岩溶—构造型水库诱发地震。

自 20 世纪 80 年代以来，水库区地震频度和强度逐渐变小，处于相对平静阶段。当南水北调中线引水工程实施，丹江口大坝加高水库蓄水位抬高 13m(170m 高程)时，仍有可能诱发水库地震。建议进一步加强监测和研究。对于丹江口水库诱发地震，有不同的认识。有专家认为，与郧县南化塘何家井地震对比，震级没有升高，仅频度增加，因此构造起了主导作用。地震专家李善邦在其著作《中国地震》中也认为“不是典型的水库地震”。

3. 前进水库诱发地震

前进水库位于湖北省谷城县城南 18km 汉江支流黄畈河上游。大坝为土石坝，坝高 50m，水库区面积 0.77km²，最大水深 44m，库容 0.168 亿 m³。1970 年 5 月蓄水，1971 年 10 月 20 日库满溢洪后发生一次 Ms3 级地震，地震烈度为Ⅵ度。以后流动地震台2个月中共记录到$M_L \geqslant 0.4$级的微震700余次。

库区位于南秦岭近东西向加里东褶皱带、武当隆起与南襄盆地接壤地带，水库区主要为晚震旦系硅质、白云质灰岩，岩溶强烈发育且构成地下连通网络。

据历史资料，谷城县仅于1685年发生过一次有感地震。1959—1970年3月，前进水库蓄水前三峡地震台网仅记录到谷城县境内$M_L \geqslant 2$级的地震7次，且震中远离水库区。蓄水后地震频度和强度明显增大。从1971年10月20日3级地震的特征分析，有感面积24km^{2}有感强，震中区多处房屋掉瓦，墙裂缝最宽4～5cm，山坡滚石、田埂裂缝并有泥浆溢出，震中烈度达Ⅵ度强。等震线长轴近东西向，求得震源深度仅2km(见图2-4-4)，属极浅源地震。再从余震分析，M_L2.5级地震也有掉瓦、有地声，还有些地震人感震动明显，但仪器记录不到，这也说明其震源更浅。另外，b值比一般构造地震偏大，库水位与地震的活动有一定相关性。

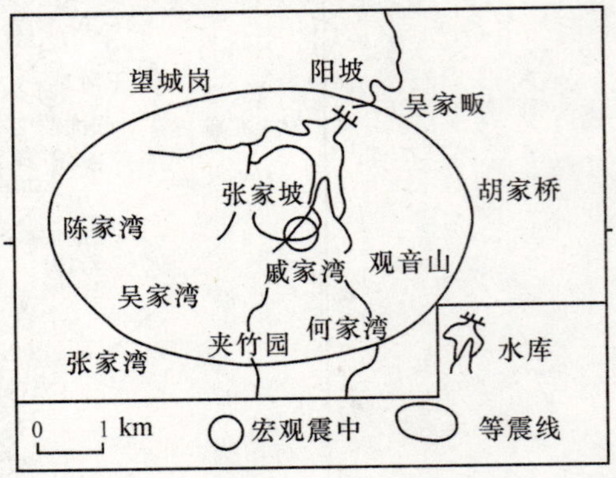

图2-4-4 前进水库Ms 3.0级地震等震线图

综合以上特点，地震震源浅，破坏性大，有感范围小，b值偏大，且与水库水位变化有相关性，说明其是明显的水库诱发地震。多组构造复合和强岩溶发育是诱发地震的基础条件，库水渗压和水体楔裂作用是诱发因素。

4. 柘林水库地震

柘林水库位于江西省修水中游永修县柘林镇的修水河段上，水库地跨永修、武宁两县境。大坝坝高62m，最大库容71.71亿m^3。1972年1月底水库开始蓄水，当年5月发生2.3级地震，10月在水库北岸武宁县发生3.2级和3级地震，以后地震渐弱，详见表2-4-2和图2-4-5。

表2-4-2 **柘林水库区蓄水后地震活动统计表**

序号	发震时间					微观震中		震级	宏观震中位置
	年	月	日	时	分	北纬(°)	东经(°)		
1	1972	5	26	7	51	29.0	114.9	2.3	修水石门附近
2	1972	10	14	0	06	29.3	115.3	3.2	武宁幸福、莲花公社交接处
3	1972	10	16	9	16	29.5	115.3	3.0	瑞昌，幸福、莲花公社一带有感
4	1973	1	30	16	31	29.2	115.0	3.0	武宁西11km处
5	1973	11	6	9	51	29.2	114.8	1.6	武宁西清江附近
6	1974	3	2	3	13	29.0	115.7	2.0	永修西
7	1975	6	1	7	37	29.3	115.2	2.0	武宁北，幸福、莲花一带有感
8	1978	2	4	20	56	29.1	115.6	1.6	永修西
9	1978	2	4	20	58	29.1	115.6	1.6	永修西
10	1978	4	8	7	20	29.1	115.6	2.5	永修白搓一云山一带
11	1979	1	5	23	12	29.3	115.0	1.4	武宁县境内
12	1979	3	13	20	11	29.4	115.2	1.5	武宁东北方向18km处
13	1979	3	20	11	52	29.4	115.2	1.5	武宁东北
14	1979	9	11	2	19	29.1	115.1	1.5	武宁罗溪与靖安高湖之间

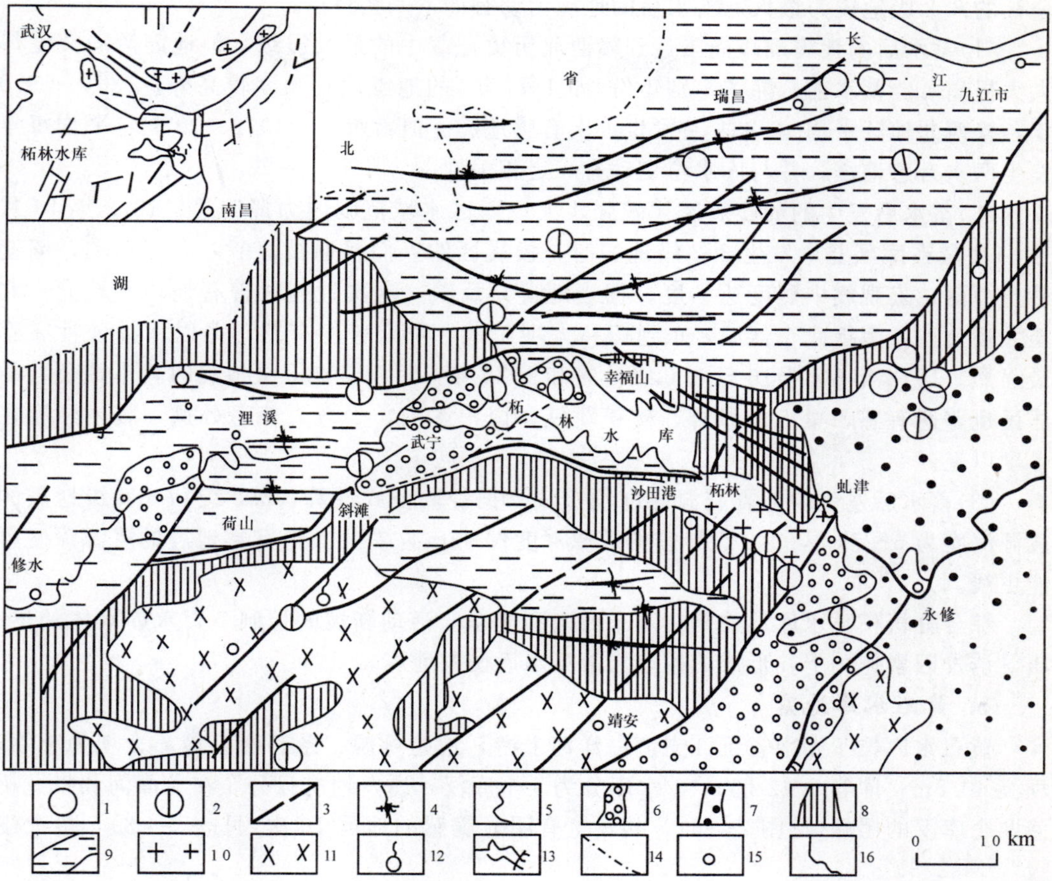

图 2-4-5　柘林水库区地质构造与震中分布

1. 蓄水前(1971 年)发生的地震；2. 蓄水后发生的地震；3. 断层；4. 向斜轴；5. 地层界线；6. 中新生代沉积盆地；7. 第四纪沉积盆地；8. 前震旦系；9. 震旦—志留系；10. 花岗岩；11. 花岗闪长岩；12. 温泉；13. 水库及大坝；14. 省界；15. 居民点；16. 河流

水库区处于修水复式向斜东部武宁—柘林向斜之中，由元古界和下古生界砂、页岩和石灰岩以及白垩——第三系红层组成，库区北部石灰岩岩溶发育强烈。库区及库边武宁断裂和沙田断裂规模大且有活动性，并形成断陷盆地，新构造活动较明显，温泉屡见不鲜，温度一般 60℃，最高达 72℃。

据史料记载，自公元 14 世纪以来，库区及其周缘仅发生过 30 余次有感地震，其中 1361 年于靖安、1863 年于通城—修水之间、1911 年于九江曾发生过 3 次 5 级地震，但均远离水库大坝 50～100km。1972 年，柘林水库蓄水前一年，据仪器记录，在库区外围的德安一带曾发生过 4 次 1.2～2.1 级地震。另外，据群众反映，蓄水前的 1967 年 9 月和 1969 年夏季，库区北岸的幸福公社也曾发生过两次轻微的有感地震，少数人觉察到房屋晃动和器皿作响。总体来说，库区及其边缘为一个弱震区，地震活动水平不高，震级小，频度低。

蓄水后的 1972—1979 年间，据有关地震台站的仪器记录，库区及其周围共发生 Ms＞1.0 级地震 14 次，其中 3 级或大于 3 级者 3 次，以 1972 年 10 月 14 日武宁县幸福公社的3.2级地震为最大。蓄水后的地震活动有如下一些特点：

(1)蓄水后的地震震级尚未达到赣西北历史记载中的最大震级，但地震活动频度却大大提高了。蓄水前，除了个别年份(如1971年)的地震活动频度较高外，1361—1970年，赣西北地区平均18年左右发生一次有感地震。但蓄水后，1972—1979年平均每年发生两次有感地震，并与库水位变动有一定相关性。

(2)蓄水后发生的弱震震感比较强，尤以库区水域范围内为最明显。1972年10月14日凌晨在库区北岸发生3.2级地震时，极震区的人们普遍被惊醒，房屋摇动，墙壁砂土掉落，宏观震中烈度达Ⅴ度。据当地群众反映，这次地震时曾有地声和地光。北至大桥公社，南抵武宁县城，东到柘林大坝工地，群众普遍有感，尤以幸福公社震感最强烈。1972年10月16日3.0级地震和1975年6月1日2.0级地震时，幸福公社的居民也普遍有感，桌上的茶杯、碗筷跳跃，窗户震响，少数人惊恐外逃，震中烈度在Ⅳ度以上。

(3)蓄水后发生的地震震源深度均极浅。据经验公式计算，3.2级和3.0级地震的震源深度为6～7km，2.0级地震的震源深度仅3km左右，其他有感地震的震源深度可能更浅。

综合分析柘林水库地震是在近东西向和北东向活动断裂的控制下，水库水体的渗、压等诱发因素作用下，形成的构造岩溶型水库诱发地震。

5. 黄石水库地震

黄石水库位于湖南省沅江支流白洋河上游，地跨桃源、慈利两县境。大坝为土坝，坝高40.5m，库容6.12亿m^3，水库分为5个库汊，诱发地震只分布在龙潭河和景龙桥河两个库汊的尾端(见图2-4-6)，共发生有明显震感的地震10次(见表2-4-3)，最大震级为Ms2.3级。

表2-4-3　黄石水库区地震活动简表(未包括少数人轻微有感的地震)

序号	发震时间(年.月.日)	微观震中		震级	宏观震中	震中区有感情况	岩性
		北纬(°)	东经(°)				
1	1973.5.1	29.2	111.1	1.0	龙潭河	普遍有感	厚层灰岩
2	1974.9.21	29.4	111.1	2.3	龙潭河	普遍有感	厚层灰岩
3	1975.8.31	29.4	111.2	1.4	龙潭河	普遍有感	厚层灰岩
4	1976.5.7				龙潭河	普遍有感	厚层灰岩
5	1976.5.18	29.2	111.1	1.2	龙潭河	普遍有感	厚层灰岩
6	1976.7.27	29.2	111.1	1.0	龙潭河	普遍有感	厚层灰岩
7	1973.7.13	29.2	111.1	1.3	景龙桥	烈度达Ⅳ度	厚层灰岩
8	1973.7.14				景龙桥	普遍有感	厚层灰岩
9	1976.9.16				景龙桥	普遍有感	厚层灰岩
10	1976.9.30				景龙桥	普遍有感	厚层灰岩

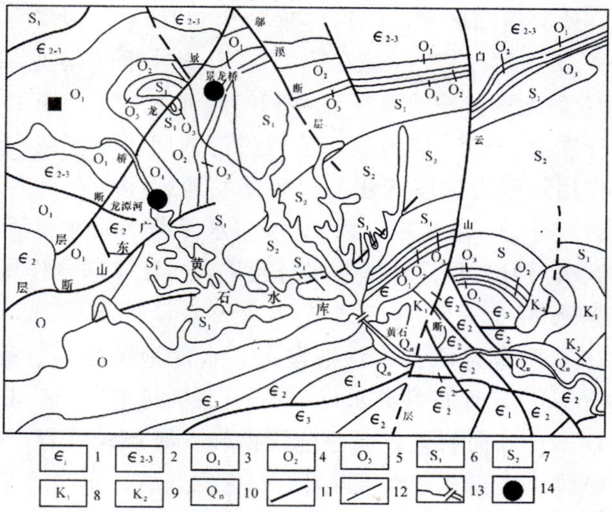

图 2-4-6 黄石水库区地质构造略图

1. 灰岩、白云岩夹板状页岩；2. 白云岩、灰岩；3. 灰岩、生物灰岩；4. 厚层瘤状灰岩；5. 灰岩、夹页岩；6. 页岩及粉砂岩；7. 粉砂岩及页岩；8. 泥岩及砂岩；9. 砂岩泥岩；10. 亚黏土及砾石层；11. 断层；12. 地质界线；13. 水库及大坝；14. 震中区

黄石水库于 1969 年开始蓄水，数年来，处在大坝和副坝一带并未感到地震。1973 年达到最高蓄水位，5 月北库岸的龙潭河库尾发生了普遍有感的地震，同年 7 月，景龙桥库尾上游约 2km 处的厚层灰岩分布区也发生了强烈有感地震。然而，位于 F_1 南侧奥陶系分布区的南坪库尾却始终没有发生地震。以后的 1974 年、1975 年、1976 年、1977 年、1979 年、1984 年，又发生多次有感地震，都集中在龙潭河和景龙桥两处，没有迁移扩散的现象。

两处震中区的岩溶现象极为发育，漏斗和地表的石芽、石柱到处可见，老乡形象地称为“宝塔岩”，并反映地震只出现在“宝塔岩”中，而附近的“柳叶岩”（即页岩）里没有地震。龙潭河镇一带地下暗河也很发育，该镇下游不远处有一条暗河出口，水和气泡向上涌，“龙潭”因而得名，蓄水后龙潭已被淹没。据老乡介绍，镇西十五里路的郑家台(直线距离约 6km)的水也流到这里来，相传早年有人在郑家台的天眼(漏斗)中投下谷糠，从现在库尾的泉眼中流了出来。听老人说，水库蓄水之前也有地震发生，大约两三年里有 1～2 次，1964 年夏天下大雨，山后“铁厂”有一个天眼“轰”一声巨响，并伴有地震，站着的人不知道，坐着的人都感觉到了。铁厂的天眼与镇上泉眼有联系，老乡修个小塘坝蓄泉眼的水，天眼里的水也随之升高。此外，附近岩溶塌陷很常见，下大雨时就会有塌坑出现。景龙桥震中区震感最强的八步桥在库尾最高回水线以上约 2km，老乡讲库尾河床中(灰岩与页岩界面附近)有一泉眼，常可看到向上涌水并冒气泡。八步桥与库尾淹没区之间是否有重要的地下通道相连通，尚待查证。种种迹象表明黄石水库地震为典型的岩溶塌陷型诱发地震。

6. 新店水库地震

新店水库位于四川省乐山市犍为县城东南，坝高 29m，库容 0.29 亿 m^3。1972 年动工，1974 年 3 月大坝竣工，4 月开始蓄水。同年 7 月 16 日库区附近发生 2.5 级地震，随着蓄水量的增加，地震活动增强，1974 年库容 800 万 m^3，1975 年 1800 万 m^3，1976 年达到最大库容 2890 万 m^3，1977 年减少到 2100 万 m^3，同年 6 月 26 日和 7 月 30 日分别发生 M_L3.1 和 3.0 的地震，当地地震台到 1979 年底已记录到数百次地震，最大一次为 1979 年 9 月 15 日铁山 Ms3.7 级地震。值得讨论的问题是罗城—长山盐矿注水采盐也可能起到了诱发作用。因为水库兴建前盐矿诱发地震即存在，但震级较小，最大为 1970 年 9 月 10 日发生的 2.5 级地震，而 1974 年水库蓄水后地震活动的频度和强度均有所增大。所以说这次诱发地震是水库蓄水与盐矿高压注水联合作用诱发的地震。

7. 乌江渡水库地震

乌江渡水库位于贵州省息峰县乌江河段上，水库地跨黔西、修文、金沙、息峰、遵义 5 县。大坝高 165m，水库正常高水位 760m，最大库容 23 亿 m^3，水库主要蓄水盆地位于北东向的池坪—息峰向斜上，部分地层倒转，断层较发育。库区绝大部分岩层由二叠系、三叠系厚层块状灰岩与薄层泥岩、白云质灰岩、页岩等相间成层，厚度 200～400m，碳酸盐岩石占 80％，属于强岩溶地层，发育有 4 层水平溶洞，经勘探证实在乌江河床下曾揭露深部岩溶洞穴 37 个。

1979 年水库蓄水，该年 12 月底至 1980 年 3 月库水位超过 705m 时在距坝址 20km 的肯池、冬阳一带发生三次小震，有地声和震动感，随后又发生多次地震；1980 年 6 月 16—18 日暴雨库水上涨 10m 时在距坝址 40km 左右的焦家坪、前坡一带听到明显的地声，在贵阳花溪地震台记录到数次微震，至 6 月 20 日库水位达 730.82m 时发生了较强感的地震。共记录到地震 40～50 次，最大震级 3.5 级，烈度Ⅴ～Ⅵ度，见图 2-4-7。地震与水库高水位明显相关，地震震中均分布在强岩溶地段且与 4 层溶洞和深岩溶充水密切相关。

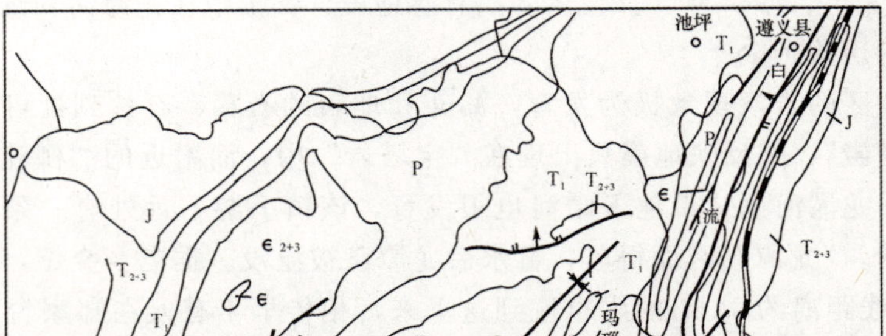

图 2-4-7　乌江渡地震震中分布与地质界图

8. 铜街子水库地震

铜街子水电站位于四川省乐山市沙湾新华乡，是大渡河最末端的一个梯级电站，属国家重点建设工程。1985 年 1 月 23 日动工，1992 年 4 月 5 日开始蓄水，翌日坝区附近发生地震，电站装机容量为 60 万 kW，最大坝高 84m，库容约 3 亿 m^3。1992 年 10 月第一台机组开始发电，1994 年 12 月底第四台机组发电。

库区历史地震资料仅有 1967 年 5 月 5 日 7 时 33 分 23 秒 M_L4.2 级和 8 时 8 分 11 秒 Ms4.8 级地震，1970 年 1 月至 1992 年 3 月底《四川地震目录》上共记录该区 82 次地震，仅 1972 年 7 月 11 日为M_L3.1 级，其余震级均小于 3.0 级，年发震率仅为 4 次，说明该区属低地震活动水平。从 1992 年 4 月 6 日下闸蓄水至 1992 年 9 月 18 日共记录到库区周围地震 2765 次，其中 3.0～3.9 级 2 次、2.0～2.9 级 98 次、1.0～1.9 级 1139 次、1.0 级以下 1526 次，且多数地震与库水位和库容有一定正相关关系。计算出地震活动 b 值为 1.10，衰减系数 p 值为 0.70，这些特征均符合已知水库地震的活动规律，地震主要分布在大坝上游 5km 至大坝下游 8km 范围内，初期地震主要集中在大坝附近 1～2km(因大坝上游 0.8km 的新华地震台 S-$P\leqslant$0.3 秒的地震在 4—6 月中占 61%)，随后地震向库区四周发展，又主要集中在大坝下游 5km 的福禄镇一带。其中最大一次地震为 1992 年 7 月 17 日 Ms3.5 级地震，地震中心在福禄镇西 1km 处造成 46 处民房掉瓦、梭瓦、裂缝，直接打伤 1 人，间接伤 2 人。震中烈度为Ⅴ度(见图 2-4-8)。蓄水初期，水位变化与地震活动呈正相关的密切关系。地震活动至今仍未停止，两年多来，共发生 M_L3.0 级以上地震十几次，该库区地震属“快速响应”型震群型水库诱发地震。

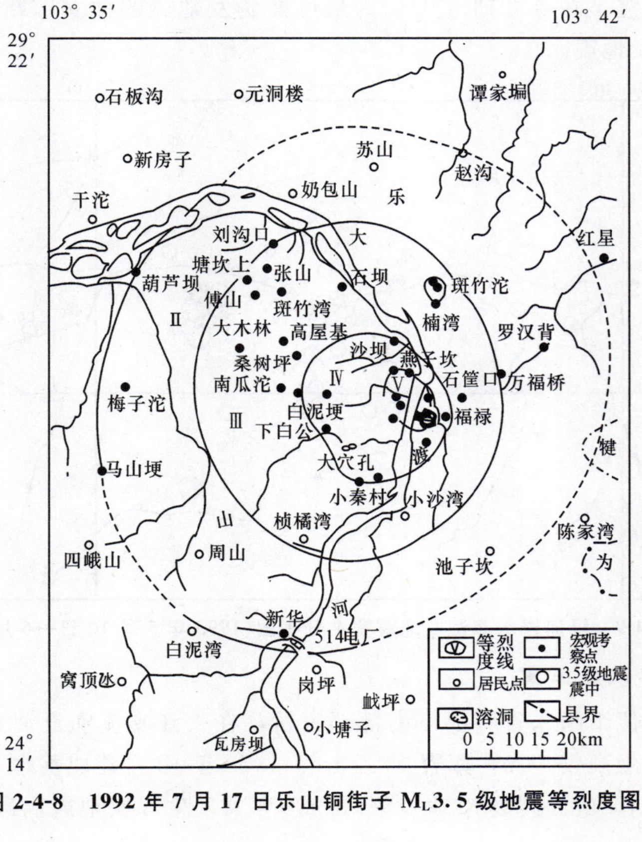

图 2-4-8 1992 年 7 月 17 日乐山铜街子 M_L3.5 级地震等烈度图

9. 隔河岩水库地震

隔河岩水库位于湖北省长阳县城上游约7km的清江河段上。大坝为重力拱坝，坝高151m，正常蓄水位200m，库容34亿m^3，干流水库长91km，呈东西向展布。水库1993年4月蓄水后不断出现水库地震，最大震级Ms2.6级。为研究水库诱发地震，蓄水前，建立了隔河岩水库遥控监测地震台网。

隔河岩水库属峡谷型水库，岩溶地貌发育，主要地层为古生界寒武系、奥陶系、志留系、石炭二叠系和中生界三叠系，两岸20km范围内碳酸盐岩石分布面积占60%。主要构造为近东西向褶皱和断裂以及北北西向仙女山断裂和松园坪断裂，断裂在中更新世末期仍有一定活动性。

隔河岩水库区属于弱震区，历史上无中强震发生，小震的频度也较低。1993年4月10日水库蓄水后逐渐出现微震。同年5月13日地震增多，5月19日出现第一次小高潮，5月21—22日随库水位上升又出现第二次微震高潮，以杜家坨和水竹园两处比较集中，仅杜家坨8天内就发生31次地震，最大M_L1.3级；1993年5月30—31日又出现第三次高潮，两天内记录到地震近60次，最大为Ms2.6级。麻池乡的下村震感最强，少数房屋损坏，该村200多户有少数人家房屋掉(梭)瓦，十余座房屋受到轻微损坏，土墙大量裂缝，宽者10～20cm，邻区有岩溶塌陷和滑坡，还有地声。调查确定震中区地震烈度Ⅴ度。1993年6月以后地震活动逐渐减弱，7年来未出现高潮。经分析200余次地震(见图2-4-9)大多数地震聚集在4个地震密集区，宏观调查也证实这4个区震感最强，也都是岩溶强烈发育地带。因此，水库区4—6月的地震可能属于岩溶塌陷型水库诱发地震。在专题研究中认为最可能诱发地震的仙女山断裂中段(都镇湾断裂)却未出现诱发地震。

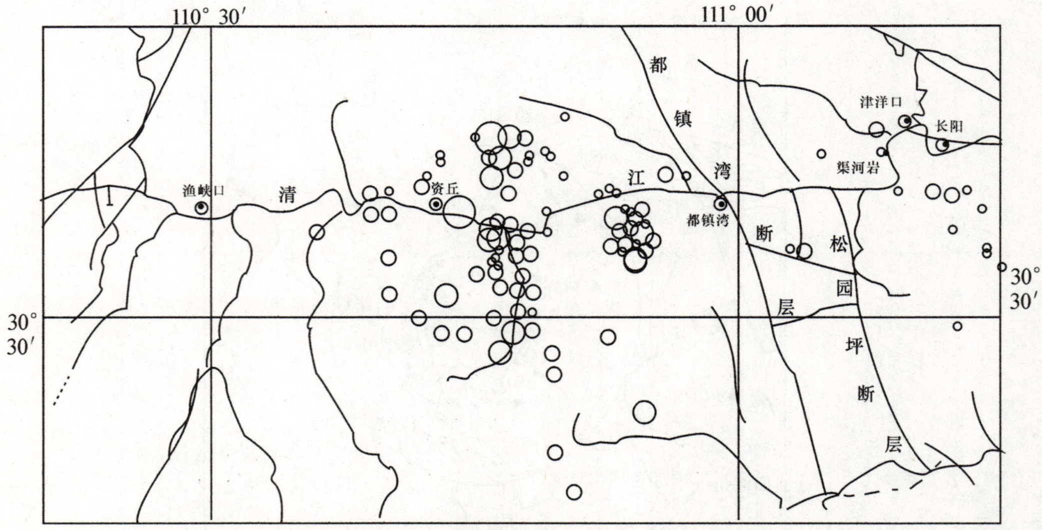

图2-4-9 隔河岩水库诱发地震震中分布图(1993年5月10日—6月30日)

10. 邓家桥水库地震

邓家桥水库位于湖北省宜都市南部邓家桥，在长江支流渔洋河之次级支流上。该水库规模较小，坝高仅12m，库容40万m^3。1979年12月建成蓄水，1980年8月曾发生13次地震活动，最大震级M_L1.9级，1983年又发生8次地震，最大震级为1983年

10月30日的Ms2.2级，地震烈度为Ⅵ⁻度。库区为古生代灰岩广泛分布，岩溶发育，裂隙密集，地下水渗透条件较好。在库区西北侧有一条走向北东倾向库区的高角度正断层。蓄水前无明显地震，蓄水后出现两次地震高潮，且最大地震发生在暴雨时节且与库水位变化呈正相关。如1980年7月形成第一次高水位(坝顶滚水)时，在水库西北岸发生13次地震，最大震级 M_L1.9级；1983年9月形成第二次水库高水位，在水库水位下降过程中在水库西北岸发生8次地震，最大震级Ms2.2级。两次最大地震震中距水库边不足100m，震源浅、震感明显且烈度偏高。Ms2.2级地震震中烈度可达Ⅵ⁻度，震中区房屋普遍掉瓦，墙壁普遍产生水平裂缝(宽1～3mm)及垂直裂缝和斜裂缝(最宽可达1～2.5cm)，少数房屋墙壁上半部向北西倾斜，中部微向东南突出。个别房屋在地震时屋盖与墙顶自北西向南东发生位移，内墙水平拉柱自南东向北西拉出几毫米。1980年8月1日，M_L1.9级地震等震线长轴为北东向(见图2-4-10)，与1983年10月30日Ms2.2级地震的震源机制解A、B节面均为北东，二者是一致的。说明邓家桥水库地震可能受北东向断裂构造控制，主压应力场为北西—南东向。上述一些地表变形和位移也循此方向。北东向断裂是控制诱发地震的内在因素，而该水库诱发地震的主要诱发因素应为岩溶强烈发育库水位抬高和暴雨作用后地下水强烈循环产生孔隙水压力效应而诱发地震。

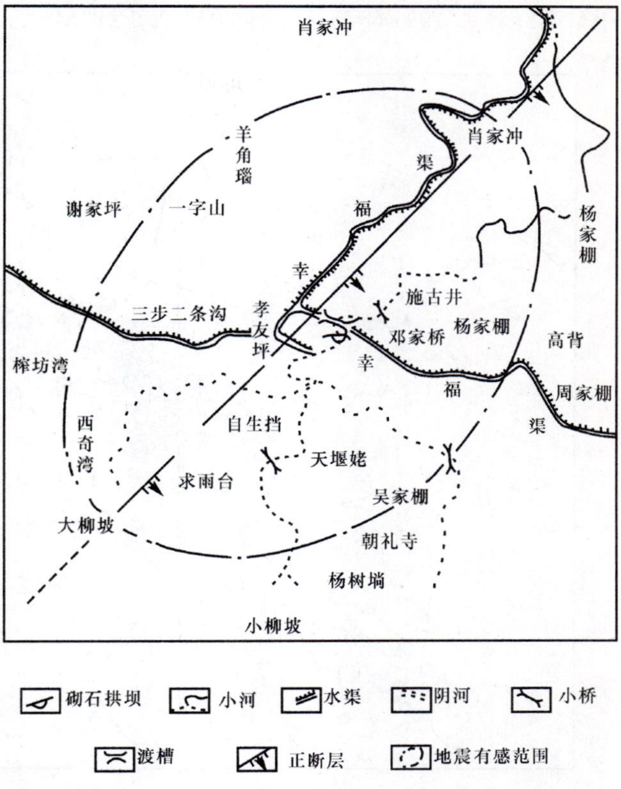

图2-4-10 1980年8月1日邓家桥水库地震(M_L=1.9级)有感范围

11. 东江水库地震

东江水库位于湖南资兴市境的耒水上，是以发电为主兼有防洪、航运和工业用水等综合效益的大型水利水电工程。坝高157m，设计正常高水位285m，相应库容81.2亿 m^3，水库面积160km^2，水库长73km。发电装机容量42万kW。

水库1986年8月2日下闸蓄水，因勘测设计阶段预测可能发生水库诱发地震，故于1986年3月(蓄水前5个月)建立4个地震台的监测台网。1987年11月当库水位达230m时，开始记录到库区诱发地震。随后配合水库地震发展趋势研究又设立20个流动地震台进行强化地震监测。至1992年12月31日共记录到地震1650次，绝大多数为0.5级以下微震，M_L1级以上地震25次，最大两次地震分别为1989年7月24日 M_L3

级(Ms2.3)和1991年7月2日的 M_L3.2级(Ms2.5)，见图2-4-11。

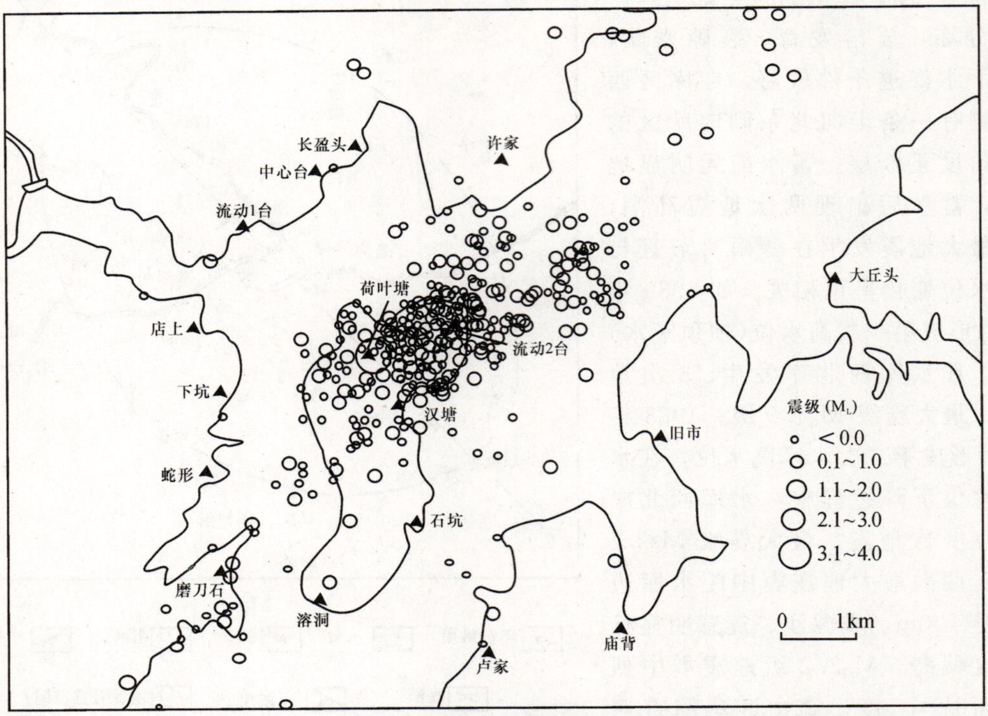

图2-4-11 1991年1月—1992年7月东江水库诱发地震震中分布及台站位置图

东江水库地震地质环境处于北东向旧市向斜构造中，西缘分布资兴—长城岭北东向断裂，东缘分布秀流—曹田北东向断裂，两断裂规模较大，最新活动年龄为中更新世，旧市向斜核部主要为二叠系灰岩和石炭系岩灰夹砂页岩组成。岩溶极为发育，主要为漏斗、落水洞和溶洞、洼地和坡立谷、地下暗河、石牙、溶沟等岩溶类型，且具深岩溶的特点，据渗流模拟试验和向斜盆地水文地质条件类比，岩溶发育深度可达千米。

东江水库地震从地震序列看基本上属于孤立型，与水库蓄水位有滞后相关性，震源深度浅，一般为3～4km，最深不超过4.5km，最浅者数百米，地震 b 值远大于构造地震，最大可达1.69。这些特点表明其为典型的水库诱发地震。

通过震源机制解析和地应力测试，水库区主压地应力方向为北东—南西向，地震震源错动类型可分为剪切错动型(约占69%)和非剪切错动型两类。说明水库诱发地震震源机制和地应力场复杂多样，P、T 轴取向也较零散，反映出局部应力场处于调整的特征。这就导致了水库地震的成因也是复杂多样的：塌陷类型的诱发地震系深岩溶管道系统在水库水体强渗运移过程中产生空气压力，水锤等致塌陷形成；张裂类型的诱发地震可能是由于大量库水通过岩溶管道、断裂和裂隙带，花岗岩与围岩接触面等软弱结构面带错动扩展性破裂或温度变化致收缩或膨胀成形破裂而诱发的地震；应力调正型诱发地震系水库蓄水后水体压强或渗透压力改变了地应力场的平衡，在应力场调整过程中可能诱发震级不高的地震。由于这些诱发地震非构造(或断裂活动)诱发的地震，所以，最大震级不致超过4级且随着局部应力场调整平衡呈逐渐衰减的趋势。15

年蓄水的检验也证实了这一论点。

12. 石泉水库地震

石泉水库位于陕西省石泉县境内汉江上游，为狭窄河道型水库。大坝为空腹混凝土重力坝，坝高65m，库容4.7亿m^3，正常蓄水位400m。水库于1972年10月开始蓄水，水位上升至350m后库区附近地震活动明显增强，最大地震Ms4.2级。

水库区及邻区历史上地震的频度和强度均较低。坝区100km范围内历史上没有发生过5级以上地震。据统计1624—1985年间库区共发生地震65次，(见图2-4-12)，最大地震为4.7级，其中53次为蓄水后的1973—1985年，占总数的82%。蓄水后的地震与库水位的关系比较密切，在水位升高期或升高骤降期集中发生4次地震高潮，最大地震为1978年2月11日，水位上升到407m急剧降至历年最低水位393m时，在坝下游16km处的石泉发生的Ms4.2级地震。这次地震对地下水异常反映明显，许多井水出现冒泡、发浑、干枯、变黑、突降等异常，河水也震后涨水、断流。

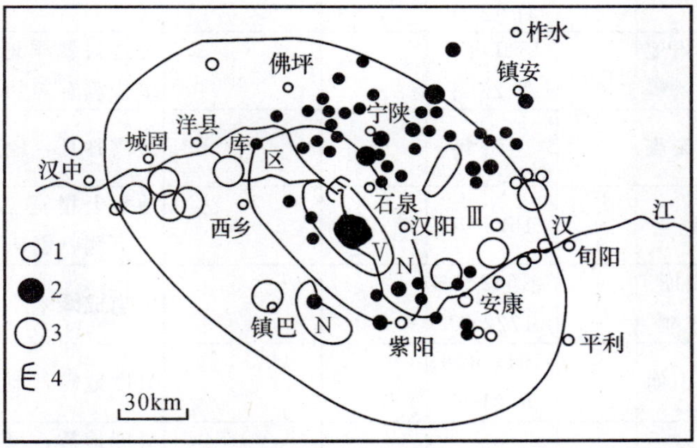

图2-4-12 石泉库区及邻区地震分布及等震线图

1. 蓄水前地震；2. 蓄水后地震；3. 异常区；4. 大坝

水库区地震地质环境处于三大构造复合部位，岩层主要为志留系变质岩，主要构造线方向为北西西向，有巨大的北西西、北东和南北向断裂分布，这些断裂多数切穿地壳，并伴随有多期岩浆侵入或喷发活动。

石泉4.2级地震属前震—主震—余震型，地震序列b值1.18高于关中东部地区约0.87的数值，具水库地震特征。据震源机制解和等震线长轴方向确定主压地应力方向为北西—南东向，又与北东向大的断裂带有一定的联系。

从上述地震特征分析，应属水库蓄水诱发的地震，且与北东向断裂有一定的联系。水库水体沿着断层裂隙渗透和扩展破裂及局部应力场调整而诱发地震。

二、崩塌、滑坡诱发地震

由于崩塌、滑坡、岩溶塌陷等外动力作用诱发的地震，一般震源很浅，多为微震，但相对破坏性和震感较强。据资料，约有近20处崩塌滑坡诱发地震，见表2-4-4。较典型的有湖北秭归九湾溪老林河崩塌诱发地震(公元100年)摧毁老林河镇、填溪压死百余人，以及云南禄劝烂沟大崩滑体诱发3.9级地震。表2-4-4中有6次在《中国地震目录》中列为“疑为山崩”、“疑为地陷、地裂”。由于岩溶塌陷诱发地震一般震级低，有感范围小，在岩溶强发育地区常见。典型例证以1975年8月9日秭归云台至三渡一带暴雨后岩溶塌陷诱发的1.5级地震，地震时发出隆隆响声，地面颤抖，热水瓶震倒，地面水起波纹，屋瓦梭动并有掉落，有感面积33km²，9日多次地震，震动直至17日。

表 2-4-4　　长江流域崩塌、滑坡诱发地震统计表

序号	滑坡、崩塌、名称及地址	类型	体积（万m³）	诱震时间	诱震最大震级	地质情况	震感及破坏情况	备注
1	湖北秭归九湾溪老林河崩塌	崩塌	约1000	公元100年		灰岩、页岩、断裂带中	震感明显，塞溪压死百余人毁老林镇	有人认为地震在新滩
2	湖北黄梅山崩	山崩		1336年3月9日	4.75		Ⅵ度地震，轻度破坏	疑是山崩
3	云南盐兴山崩	山崩		1518年7月12日	4.75		Ⅵ⁻度地震，山崩井塞	疑是山崩
4	湖北随州地裂	暴雨地裂诱震		1541年5月25日			黄连村暴雨地裂，五里皆震有声如雷	
5	湖北潜江地裂	地裂震		1578年			大雪弥月，地震(裂)	
6	四川仁寿地裂震			1623年			地裂七里宽三尺，深不可测，震声如雷	
7	湖北新滩山崩	山崩成滩		1662—1722年			山崩成滩	
8	甘肃天水礼县山崩	疑山崩		1641年6月21日	5		Ⅵ度地震，地裂水出	
9	江西安福地陷	地陷		1792年4月	4.75		Ⅵ度地震，倾陷民屋粮田	
10	湖北五峰山崩	山崩		1853年8月2日			暴雨山崩、地裂、坏房、喷水、后山摇摇然动	
11	湖北恩施狍头山山崩陷	崩陷		1914年6月10日			地震30分钟，山崩陷房屋坟墓倾塌，毙300人，尸体无从	
12	四川富林山崩	山崩		1933年9月20日	5		Ⅵ度震感，20余处民房塌死百余人，塞溪淹田	
13	湖南湘乡山崩	山崩		1936年5月28日	5		Ⅵ度地震震感，山边房倾斜，山崩陷田十余亩	
14	云南禄劝烂泥沟滑坡	滑坡	20000	1965年11月22日	3.5(4.4)	灰岩、玄武岩、断裂、列裂发育	滑坡掩埋4个村庄444人遇难，塞溪成湖；昆明、贵阳、西昌、成都、康定地震台有记录	地震台记录

续表

序号	滑坡、崩塌、名称及地址	类型	体积（万 m^3）	诱震时间	诱震最大震级	地质情况	震感及破坏情况	备注
15	湖北恩施大山顶地裂震动	地裂岩滑塌陷		1975 年 1 月 27 日		石灰岩地区岩溶发育	100 余 km^2 范围地裂，长数十米不等，地面轻微颤动有地声	
16	湖北秭归长阳	暴雨山崩塌陷		1975 年 8 月 8—10 日		石灰岩岩溶发育	屋瓦掉落、热水瓶震倒、人感震动	
17	湖北秭归新滩滑坡	滑坡型	3000	1985 年 6 月 12 日	1.0	灰岩、页岩、老滑坡复活	滑坡震动形成微震、摧毁新滩镇房屋和土地	地震台记录
18	云南昭通头寨沟滑坡	高速滑坡	2750	1991 年 9 月 23 日	3.5		高速滑坡，引起强烈地面震动	地震台记录

三、人工地震

由于人类开采矿产资源（含地下水）而发生的地震在矿区常见，一般多为微震，但由于震源浅，所以在矿区有感强且有一定破坏性。一般多为采空区塌陷引发的地震，所以井下破坏也较重。该类地震，其震中就在工程活动区，是较确定的。据资料，长江流域内矿震已有 15 处（片），见表 2-4-5。在湘、鄂、川、渝、黔等地古生代二叠系和三叠系以及下侏罗系含煤地层分布地区，较多存在矿坑、（洞）塌陷引发地震。如湖北秭归花崖子煤矿由于采空区塌陷引发 8 次地震，震级 0.6～2.4 级；湖北宜都松宜煤矿 9 个矿区共引发地震 20 余次，震级 0.6～2.5；重庆市石柱县茶园煤矿区经常感到地震，最大地震达 3.8 级。

属于地下水（含盐水）开发诱震也有数处。如四川自贡市长期抽取盐水引发地震 301 次（截至 1985 年 8 月 31 日），最大震级 4.8 级；又如湖南涟源恩斗煤矿区因采煤抽水，断续发生 16 次地震；还有武汉市小洪山因深井漏液形成注水性质而引发地震 134 次，最大震级 2.2 级，烈度Ⅵ度，门窗、挂物摇晃并有闷雷声。

表 2-4-5　　长江流域人工地震统计表

序号	矿名及地址	发震因素	发震时间	诱震次数	最大震级（Ms）	地质情况	震感及破坏情况	备注
1	四川犍为罗城盐矿注水	注水抽水	1970 年 9 月 15 日	200	2.5		高压注水采盐水，1970 年前无震；采用高压注水后地震增多，1993 年 6 月已记录到 200 次，最大 2.5 级	
2	湖北宜都松宜煤矿	矿震	1970—1982 年	20 余次	0.6～2.5	二叠系含煤层	矿区不断感到地震，碗柜作响，茶杯水溢出	
3	湖北远安瓦仓煤矿	矿震	1971 年		3.2	二叠系含煤层	矿区附近农民反映经常感到地震	
4	湖北武汉市小洪山	注水	1972 年 1—3 月	134	2.2	古生代石灰岩页岩裂隙、岩溶发育	深井漏水诱震 134 次，其中 3 次感觉强烈震动，烈度达Ⅳ度，门窗、挂物摇晃，有闷雷声	

续表

序号	矿名及地址	发震因素	发震时间	诱震次数	最大震级(Ms)	地质情况	震感及破坏情况	备注
5	湖南涟源恩斗煤矿	抽水	1974—1977年	16	2.2	二叠系灰岩夹煤岩溶较发育	因排水引起大量岩溶塌陷，塌洞4000余个，地震有感明显，烈度Ⅴ度	
6	湖北秭归花崖子煤矿地震	矿震	1977年3月	8	0.7～2.4	二叠系含煤层	震中位矿区附近，2级左右地震即造成房屋掉灰、掉瓦	
7	湖北远安盐池河磷矿山崩	矿山崩塌震	1980年6月3日		1.4	震旦系陡山沱含磷层	矿山崩塌毙284人，矿务局房、坑口毁坏，明显震动	
8	四川自贡抽取盐水	抽水	1985年3月29日	301(截至1985年8月)	4.8		长期抽取地下盐水较大范围有地震感觉，4.8级地震，震源深度仅8km，地面有轻度破坏	
9	重庆市石柱茶园煤矿	矿震	1987年7月		3.8	二叠系含煤层	许多有感地震，3.8级地震使井下支护震松倾斜，石块掉落，烈度Ⅵ度	
10	湖北长阳杨木溪煤矿	矿震	1985年7—8月	4	小震	二叠系含煤层	活动的人明显感到震动，井下人震感，坑支护及碗柜中确有响声，震声如放大炮	
11	湖北秭归盐关煤矿	矿震	1987年11月—1988年11月	数百次	0.75(烈度Ⅳ～Ⅴ)(M_L2.5)	J_1 ～ T_3香溪煤组	闻闷炮声响，感上下颠动被震醒，碗柜作响	小孔径台网记录
12	重庆北统井矿区	矿震	1989年11月20日		4.7～5.3		两次地震(4.7～5.3级)叠加导致破坏加重，倒房369间，近5万间房不同程度破坏，死亡3人，伤153人	有争议
13	四川荣昌螺观山4号井	注水	1994年4月15日	3000	3.9		4号井1984年开始注水采矿，1991年加大注水量，地震明显增多，1992年记录到3000次，最大3.9级	
14	湖南水口山铅锌矿	抽水		100(±)	Ⅴ度	花岗闪长岩	地面沉陷，溶洞塌陷700～800个，诱发地震近100次，有感明显，最大烈度Ⅴ度，造成一定破坏	

第五节　地震防灾与减灾

在内外动力作用下产生的各种地震或震动，震级较大的可成灾害。虽然地震是不可避免和不可抑制的，但地震灾害是可以预防和减轻的。人们在长期的救灾过程中不断探索地震灾害的发生、发展规律，应用现代的先进科学技术制定了一系列防灾减灾的对策。1986年郭增建、陈鑫连主编的《地震减灾对策》一书问世，其中有较多成功的地震预报防灾减灾实例。

对各种地震灾害要做好防灾减灾，必须进行地震地质调查，研究当地现代构造活动的规模、幅度，这是基本资料的收集，然后抓好监测、预报、防治和救灾（即监、预、防、救）工作。

一、监测

地震监测在全国基本上形成网络，长江流域各省市均设置地震局和相应的地震研究机构，在组织机构上得到了保障。流域内基准地震台网基本上能监控 Ms3 级以上地震，重大工程建筑区多建立专用的地震台网，能有效监控微震活动。如三峡、丹江口、隔河岩、二滩等水利水电工程和湖北十堰东风汽车公司以及四川自贡盐矿等均设立正规的专用台网，已取得了丰富的资料并正在起到减灾的效应。

为获取各项地震前兆参数，在流域内重点地域布设了监测地壳形变的大地水准网（线）、GPS 大地形变网（线）和地倾斜、地磁、地电、地下水观测站、点以及广泛的地震群测群防监测网络。

二、预报

在收集、分析、统计历史地震资料，应用各种先进技术监测地震的发生、发展规律的基础上，进行地震预测预报。地震预报分长期、中长期、短期和临震预报。

各种地震区划图、地震危险性分析图都是长期和中长期地震预报的基础。根据地震区带的展布从空间和时间上预测地震发生强度和频度。回顾长江流域水利水电工程建设的选址和选线，充分考虑了各项地震区划。重要的或巨大型工程均尽可能避开较强地震带，确实无法回避则尽可能将工程置于地震带之间的相对弱震地块（或称“安全岛”）上。同时在工程布置中也要注意崩塌、滑坡诱震和开矿引发震对工程的影响，尽量采取回避措施或适当的处理。

三、防治

地震工作的方针是加强监测、重在预防，地震预报也是为了更好地预防和减轻灾害。地震是自然灾害，重在于预防，事实证明，破坏性地震引起人员伤亡和经济损失，主要是由于建筑物的破坏和倒塌以及伴随的次生灾害所造成的。因此，寻求最佳工程抗震防灾可以大大减轻灾害损失。

工程抗震首先要在《工程场地地震安全性评价技术规范》的指导下，贯彻各类工程的抗震法规。如水利水电工程在发布的《水工建筑物抗震设计规范》中，要明确规定不同地震区带不同等级的工程的抗震设计要求和指标，同时还要包括水库区诱发地震的预防和抗震措施。另外，按国家《工程场地地震安全性评价技术规范》的要求，不同等级的工程按四级进行地震安全性评价，给出工程所在区不同概率水准下的地震烈度、地震水平峰值加速度和各项地震动参数。长江流域已建和拟建的大型工程均进行过地震安全性评价，设计中也均考虑了抗震设防。

对于水库诱发地震、崩塌滑坡诱发地震、矿山引发地震，同样要监测各种诱震因素和参数，进行预报和防治。对于可能诱发地震的地段要设专业地震台网（永久或临时）进行地震活动特征监测，以及各种地震前兆的监测研究，根据诱震预测采取防、治相结合的抗震措施。对于水库诱发地震结合整体工程地震安全性评价，对大坝工程建筑和水库区移民工程及其他工程统筹考虑水库使用、调度、调节减缓诱发因素以及地震工程设防问题；对于可能诱震的崩塌滑坡区，布置工程建筑应予以避开，否则应进行工程处理，如长江三峡水库库首段的链子崖危岩体已采取稳定性加固处理；对于开矿诱震，一方面防止急骤和高压以及大流量抽、注水引起局部应力场骤变，另一方面合理地布置矿洞、井，防止诱发因素叠加干扰，同时还应对矿洞、井的支护工程和附属建筑物按抗震设计规范进行施工，以减弱矿震破坏。

四、救灾

对可能或已经造成灾害的地震所进行的一切与减轻灾害有关的行动，均可称之为救灾。有预报的灾害性地震的救灾可将灾害减至最低程度，对于突发性灾害地震，若将救灾工作安排好仍可大大减轻灾害损失，救灾工作概括为如下项目(见图 2-5-1)。

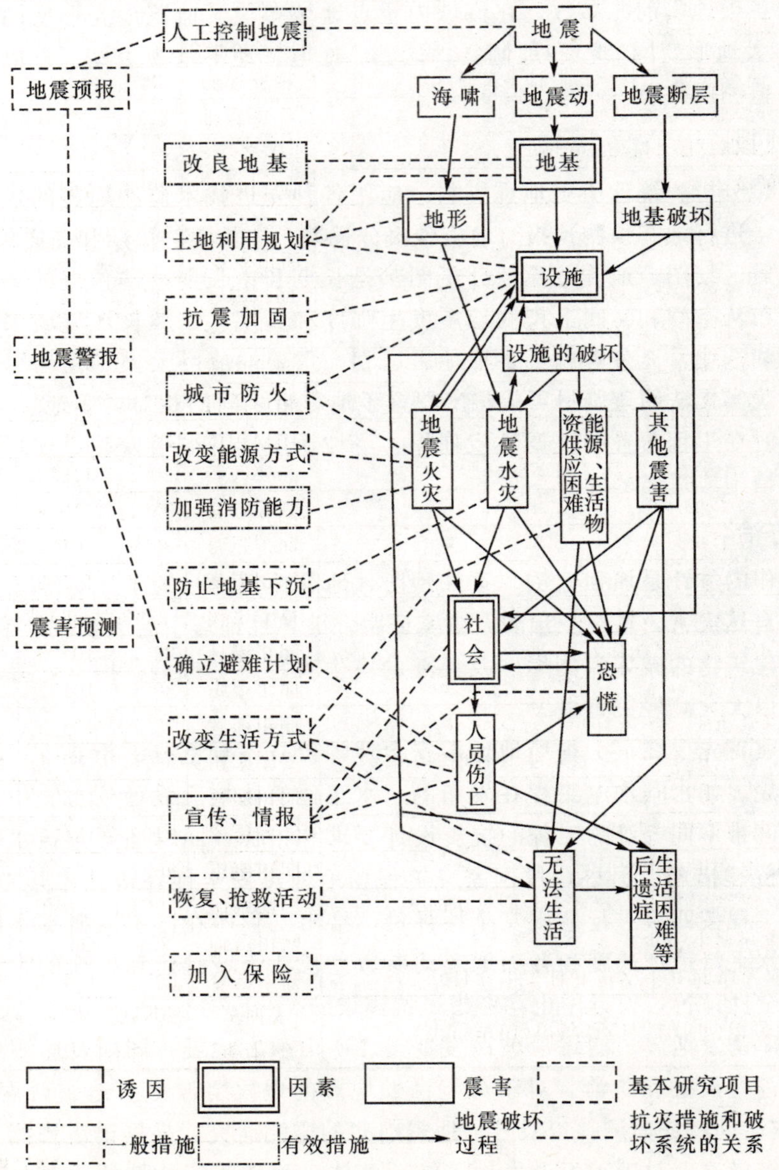

图 2-5-1 震害发生主要过程及防灾措施(据郭增建等)

(1)临震和余震监测。

(2)组织功能齐备的救灾指挥部和训练有素的救灾队伍及紧急救生装备。

(3)充分发挥群测群防组织的作用，搞好地震知识宣传，破除迷信和谣言，做到临震不慌乱。

(4)震区水、电、煤气(天然气)火种以及易燃易爆物品等均应有防震措施。

(5)临震时，注意灭火种、切断电源和煤气源。对蓄水池、塘、水库应关好闸，管好堤坝，若有地震预报则应放水至安全库容，若堤坝损坏应及时抢修，以免造成次生水灾。

(6)临震或震时严密组织人员、大牲畜疏散和重要物质转移，并妥善安排震区人民的生活。

(7)保护和抢修交通、通信线路，组织救灾物资，救济灾民的抢修工程和房屋。

(8)地震及有关部门应组织力量及时赴震区进行震害调查和科学考查。

附录 Ms≥4.75 级地震年表

地震这一地质自然现象不依人类活动强度不同而变化，在人类出现前即有发生。据研究，现确定的古地震震级均大于 7 级以上、发现有古地震遗迹的地区及断裂带有鲜水河、则木河、安宁河、小江、金沙江、郯庐等。在四川炉霍、道孚一带有许多古地震滑坡、古地震崩塌、古地震湖、古地震断层，它们当中的很大一部分为史前地震遗迹，即在中、晚更新世和全新世发生。鲜水河断裂上曾有 10 次古地震遗迹。长江流域内最早的地震文字记载为《汉书》卷三载：汉高后二年春正月乙卯(公元前 186 年 2 月 22 日)“地震，羌道、武都道山崩，杀七百六十人，地震至八月乃止”。比《古本竹书纪年辑校》所记“夏桀末年(约公元前 1767 年)，社坼裂”约晚 1600 年。另外加上历史文化、战乱各种原因，地震记载多有遗漏。因此据资料所编辑的 4.75 级及以上地震的 677 个震中也只能是在该历史阶段的较为详细的反映，是不完全的。现仅将流域范围内 Ms≥4.75 级地震震中目录列成年表，作为本章附录。它们的更详细资料可在此基础上再查阅有关典籍。长江上游是中国西部开发地区之一部分，但这个地区尤以龙门山—乌蒙山以西地区是强烈地震高发区，是高烈度区，其基本烈度几乎都不低于Ⅶ度，如何评价建筑区场地的地震危险性，如何确定恰当的设防烈度等都是不可回避的问题。本附录可提供流域内较系统的资料。

编号	发震时间公历(年.月.日)及农历(历史纪年)	震中参考地点	震中位置(北纬、东经)	震级(M)	震中烈度(I_0)
1	前 186.2.22(汉高后二年正月乙卯)	甘肃武都	33.8°、105.6°	6～7	Ⅷ
2	前 143.6.7(汉后元年五月丙戌)	湖北竹山	32.1°、110.1°	5	Ⅵ
3	前 26. 一，一(汉河平三年二月丙戌)	四川宜宾	28.8°、104.6°	5.5	Ⅶ
4	46.10.12(汉建武二十二年九月戌辰初五)	河南南阳	33.0°、112.5°	6.5	Ⅷ
5	319.1，一(东晋大兴元年十二月)	江西南昌	29.0°、115.0°	5.5	
6	319.6.18(晋大兴二年五月癸丑)	甘肃西和	34.1°、105.3°	4～5	
7	416，一，一(东晋义熙十二年)	甘肃天水	34.3°、105.5°	5	Ⅵ
8	499.8.5(南朝齐永元元年七月丙戌)	江苏南京	32.1°、118.8°	4.75	Ⅵ
9	624.8.18(624.8.15)(唐武德七年七月甲午)	四川西昌	27.9°、102.2°	≥6	≥Ⅷ

续表

编号	发震时间公历(年.月.日)及农历(历史纪年)	震中参考地点	震中位置(北纬、东经)	震级(M)	震中烈度(I_0)
10	638.2.11(唐贞观十二年正月十二日)	四川松潘	32.6°、103.6°	5.75	Ⅶ
11	788.3.12(788.3.8)(唐贞元四年正月二十六日)	湖北竹山	32.5°、109.4°	6.5	Ⅷ
12	814.4.6(814.4.2)(唐元和九年三月丙辰)	四川西昌	27.9°、102.2°	7	Ⅸ
13	929,—,—(后唐天成四年)	浙江杭州	30.3°、120.5°	5	Ⅵ
14	999.10,—(宋咸平二年九月)	江苏常州	31.8°、119.9°	5.5	Ⅶ
15	1169.1.24(南宋乾道四年十二月壬子)	四川北川	31.9°、104.4°	5	Ⅵ
16	1216.3.24(1216.3.17)(南宋嘉定九年三月辛亥)	四川雷波	28.3°、103.6°	7	Ⅸ
17	1216.7.2(1216.6.25)(南宋嘉定九年六月九日)	四川汉源	29.6°、102.6°	5	Ⅵ
18	1327.9,—(元泰定四年八月)	四川天全	30.1°、102.7°	≥6	
19	1334.1,—(元元统元年十二月)	江西乐平	28.8°、117.1°	4.75	
20	1336.3.9(1336.3.1)(元至元二年正月十八日)	湖北黄梅	30.1°、115.9°	4.75	Ⅵ
21	1351.8.30(1351.8.22)(元至正十一年八月初一)	湖北枝江	30.6°、111.9°	4.75	
22	1361.秋(元至正二十一年秋)	江西靖安	28.8°、115.3°	5	Ⅵ
23	1372.8.16(明洪武五年七月壬戌)	江苏南京	32.0°、118.8°	4.75	Ⅵ
24	1399.4.29(明建文元年三月甲午)	江苏南京	31.8°、118.9°	4.75	Ⅵ
25	1407.11,—(明永乐五年十月)	湖北钟祥	31.2°、112.6°	5.5	Ⅶ
26	1425.3.7(明洪熙元年二月十八日夜)	安徽六安	31.7°、116.5°	5.75	Ⅶ
27	1427.—,—(明宣德二年)	四川西昌	27.9°、102.6°	5	Ⅵ～Ⅶ
28	1433.—,—(明宣德八年)	湖北浠水	30.5°、115.2°	4.75	Ⅵ
29	1467.1.28(1467.1.19)(明成化二年十二月十四日夜)	四川盐源	27.1°、101.5°	6.5	Ⅷ
30	1469.11.4(明成化五年十月一日)	湖北钟祥	31.2°、112.6°	5.5	Ⅶ
31	1470.1.17(1470.1.8)(明成化五年十二月初七)	湖北洪湖、监利间	30.1°、113.2°	5	
32	1474.10.27(1474.11.5)(明成化十年九月已巳)	云南鹤庆	26.6°、100.2°	5.5	Ⅶ
33	1478.8.26(1478.8.17)(明成化十四年七月二十日)	四川盐源	27.5°、101.6°	6	Ⅷ
34	1480.9.22(1480.9.13)(明成化十六年八月初十)	四川越西	28.6°、102.5°	5.5	Ⅶ
35	1488.6.21(1488.6.12)(明弘治元年五月初三)	四川乐山	29.6°、103.8°	4.75	
36	1488.—,—(明弘治元年)	云南大姚	25.7°、101.3°	5	Ⅵ
37	1488.9.25(1488.9.16)(明弘治元年八月壬寅)	四川茂汶	31.7°、103.9°	5.5	Ⅶ
38	1489.1.15(1489.1.6)(明弘治元年十二月初五)	四川西昌	27.8°、102.3°	6.75	Ⅸ
39	1497.7.6(明弘治十年五月)	安徽潜江	30.5°、116.5°	4.75	
40	1501.12.7(1501.11.27)(明弘治十四年十月十七日夜)	江苏苏州	31.3°、120.6°	4.75	
41	1506.5.7(1506.4.27)(明正德元年四月初五甲寅)	云南寻甸	25.4°、103.3°	5.5	Ⅶ
42	1507.11.14(1507.11.4)(明正德二年九月庚午)	云南安宁	24.6°、102.5°	5.25	$Ⅵ^+$
43	1509.—,—(明正德四年)	湖南宁乡	28.6°、112.4°	4.75	Ⅵ
44	1511.5.22(1511.5.12)(明正德六年四月十六日)	云南楚雄	25.0°、101.5°	5.5	Ⅶ
45	1511.11.27(1511.11.17)(明正德六年十月二十七日)	云南鹤庆	26.6°、100.0°	5.75	$Ⅶ^+$
46	1512.6.22(1512.6.12)(明正德七年五月二十九日)	四川邛崃	30.2°、103.6°	4.75	
47	1515.6.27(1515.6.17)(明正德十年五月六日)	云南永胜	26.7°、100.7°	7.75	Ⅹ
48	1516.—,—(明正德十一年)	湖南安乡	29.4°、112.0°	5	
49	1517.1.14(1517.1.4)(明正德十一年十二月二十三日)	云南巍山	25.2°、100.8°	5.5	
50	1518.7.12(1518.7.2)(明正德十三年五月二十五日)	云南盐兴	25.4°、101.7°	4.75	$Ⅵ^-$

续表

编号	发震时间公历(年.月.日)及农历(历史纪年)	震中参考地点	震中位置(北纬、东经)	震级(M)	震中烈度(I_0)
51	1520.6(明正德十五年五月)	云南鹤庆	26.6°、100.2°	5	Ⅵ
52	1524.3.29(1524.3.19)(明嘉靖三年二月十五日夜)	江苏苏州	31.3°、120.1°	5.25	
53	1533.2.22(1533.2.12)(明嘉靖十二年正月十九日)	云南陆良	25.2°、103.6°	5.5	Ⅶ
54	1535.1,一(明嘉庆十三年十二月)	安徽贵池	30.7°、117.5°	4.75	Ⅵ
55	1536.3.29(1536.3.19)(明嘉靖十五年二月二十八日)	四川西昌	28.1°、102.1°	7.5	Ⅹ
56	1542.6.1(1542.5.22)(明嘉靖二十一年五月初八巳时)	湖南益阳	28.4°、112.4°	4.75	Ⅵ
57	1542.12,一(明嘉靖二十一年十一月)	甘肃徽县	34.2°、106.0°	5	Ⅵ
58	1561.春(明嘉靖四十年春)	安徽贵池	30.5°、117.4°	4.75	
59	1562.一,一(明嘉靖四十一年)	江西瑞金	25.8°、116.0°	5	Ⅵ
60	1568.4.22(1568.4.12)(明隆庆二年三月十六日)	陕西汉中	33.1°、107.0°	5	Ⅵ
61	1569(明隆庆三年)	陕西安康	32.7°、109.0°	5	Ⅵ
62	1575.3.26(1575.3.16)(明万历三年二月初五)	江西修水	29.0°、114.0°	5.5	
63	1575.6.19(1575.6.9)(明万历三年五月初二夜)	河南南阳	32.7°、112.5°	5.25	
64	1581.7(明万历九年六月)	甘肃文县	33.0°、104.6°	5.5	Ⅶ
65	1585.3.6(明万历十三年二月六日)	安徽巢县	31.2°、117.7°	5.5	Ⅶ
66	1597.2.14(明万历二十四年二月二十八日巳时)	四川北川	31.9°、104.3°	5.5	Ⅶ
67	1599.1.24(明万历二十六年十二月二十八)	湖南道县	25.3°、111.7°	5	
68	1599.10.16(明万历二十七年八月二十八日)	云南嵩明	25.4°、103.0°	5	Ⅵ
69	1600.12.2(明万历二十八年十月二十七日)	云南昆明	25.0°、102.8°	5.25	
70	1603.5.30(明万历三十一年四月丙午)	湖北天门	31.2°、112.6°	5	Ⅵ
71	1604.10.25(明万历三十二年九月(闰)三日)	甘肃礼县	34.2°、105.0°	6	Ⅷ
72	1605.6.8(明万历三十三年四月二十二日)	湖北钟祥	30.8°、103.0°	5	
73	1610.3.3(明万历三十八年正月十日寅时)	四川庆符	28.5°、104.6°	5.5	Ⅶ
74	1610.3.13(明万历三十八年二月十九日)	四川平武	32.3°、104.7°	5.5	Ⅶ
75	1612.3.12(明万历四十年二月初十)	云南寻甸	25.3°、103.1°	5.25	
76	1615.3.1(明万历四十三年二月二日)	江苏南通	32.0°、120.9°	5	Ⅵ
77	1615.6.3(明万历四十三年五月)	云南寻甸	25.4°、103.2°	5.5	Ⅵ～Ⅶ
78	1615.8.24(明万历四十三年八月初一)	云南楚雄	25.0°、101.6°	5.25	$Ⅵ^{+}$
79	1620.3.5(明万历四十八年二月初二)	湖北钟祥	31.1°、112.7°	5	
80	1620.4(明万历四十八年三月)	云南南华	25.4°、101.0°	5	
81	1620.12(明泰昌元年十一月)	云南寻甸	25.5°、103.5°	5	Ⅵ～Ⅶ
82	1621(明天启元年)	江苏吴江	31.0°、20.7°	4.7	Ⅵ
83	1623.5.4(明天启三年四月六日)	云南祥云	25.5°、100.5°	6.25	Ⅷ
84	1623.6.23(明天启三年五月二十六日申时)	四川松潘	32.6°、104.1°	5.5	Ⅶ
85	1624.2.10(明天启三年十二月二十二日申时)	江苏扬州	32.4°、119.5°	6	Ⅷ
86	1624.7(明天启四年六月)	云南丽江	26.9°、100.2°	5	Ⅵ
87	1624.9.1(明天启四年七月十九日)	上海附近	31.2°、121.4°	4.75	Ⅵ
88	1624.10(明天启四年九月)	陕西洋县	33.2°、107.5°	5.5	Ⅶ
89	1626.10.8(明天启六年八月十九日丑时)	湖南会同	26.9°、109.7°	5	Ⅵ
90	1628.春(明崇祯元年春)	湖南桃源	29.0°、111.4°	4.75	Ⅵ
91	1630.1.16(明崇祯二年十二月甲寅)	四川松潘	32.6°、104.1°	6.25	Ⅷ
92	1630.2.4(明崇祯二年十二月二十三日酉时)	江苏句容	32.0°、119.2°	4.75	Ⅵ

续表

编号	发震时间公历(年.月.日)及农历(历史纪年)	震中参考地点	震中位置(北纬、东经)	震级(M)	震中烈度(I_0)
93	1630.夏(明崇祯三年夏)	湖北汉川	30.7°、113.5°	5	Ⅵ
94	1630.10.14(明崇祯三年九月九日未时)	湖北沔阳	30.2°、113.2°	5	Ⅵ
95	1631.8.14(明崇祯四年七月十七日子丑时)	湖南常德	29.2°、111.7°	6.75	Ⅷ
96	1631.9.1(明崇祯四年八月六日子时)	湖南泸溪	28.3°、110.2°	5	Ⅵ
97	1631(明崇祯四年)	甘肃徽县	33.7°、106.0°	5	Ⅵ
98	1631.11.1(明崇祯四年十月初八)	湖南常德	28.2°、112.4°	5.5	
99	1631.11.8(明崇祯四年十月十五日)	湖南常德	29.2°、111.7°	5.75	
100	1632.2(明崇祯五年正月)	湖南邵阳	27.1°、111.1°	4.75	
101	1632(明崇祯五年)	湖北竹溪	32.4°、109.7°	5	Ⅵ
102	1633.4.6(明崇祯六年二月二十八日)	湖北黄冈	30.6°、114.9°	4.75	
103	1634.1.14(明崇祯六年十二月)	甘肃西和	34.1°、105.3°	6	Ⅷ
104	1634.3.30(明崇祯七年三月)	湖北黄冈	30.7°、115.1°	5.5	Ⅶ
105	1634.冬(明崇祯七年冬)	甘肃文县	33.2°、104.8°	5.5	Ⅶ
106	1635.10.26(明崇祯八年九月十六日)	陕西洋县	33.2°、107.5°	5.5	Ⅶ
107	1636(明崇祯九年)	陕西汉中	33.1°、107.0°	5.5	Ⅶ
108	1637.6.8(明崇祯十年闰四月十六日)	四川屏山	28.5°、103.5°	5	
109	1640.9(明崇祯十三年八月)	湖北黄冈	30.4°、114.9°	5	Ⅵ
110	1641.6.21(明崇祯十四年五月戊子)	甘肃天水	34.5°、105.5°	5	Ⅵ
111	1642.12(明崇祯十五年十一月)	云南姚安	25.5°、101.3°	5	
112	1643.12(明崇祯十六年十一月)	云南盐丰	25.7°、101.1°	5.5	Ⅶ
113	1644.5(清顺治元年四月)	云南武定	25.5°、102.4°	5	Ⅵ
114	1652.3.23(清顺治九年二月十四日)	安徽霍山东北	31.5°、116.5°	6	>Ⅶ
115	1652.8(清顺治九年七月)	甘肃武都	33.4°、104.8°	5.5	Ⅶ
116	1654.7.21(清顺治十一年六月初八夜)	甘肃天水	34.3°、105.5°	8	Ⅺ
117	1657.4.21(清顺治十四年三月八日)	四川汶川	31.5°、103.6°	6.5	Ⅷ
118	1658.9.19(清顺治十五年八月二十二日未时)	江苏太仓	31.5°、121.0°	4.75	
119	1670.7(清康熙九年六月)	云南罗次	25.2°、102.2°	5.5	Ⅶ
120	1673.3.29(清康熙十二年二月十二日)	安徽合肥	31.8°、117.3°	5	Ⅵ
121	1676.6.11(清康熙十五年五月初一)	江苏扬州	32.4°、119.4°	4.75	Ⅵ
122	1677.9(清康熙十六年八月)	甘肃武都	33.4°、104.9°	5.5	Ⅶ
123	1677.12(清康熙十六年十一月)	云南姚安	25.5°、101.3°	5.5	Ⅶ
124	1678.5.24(清康熙十七年四月初五)	江苏吴县	31.3°、120.9°	4.75	
125	1678.5.26(清康熙十七年四月初七)	浙江海盐	30.5°、121.0°	4.75	Ⅵ
126	1679.12.26(清康熙十八年十一月二十四日)	江苏溧阳	31.4°、119.5°	5.25	Ⅵ
127	1680.9.9(清康熙十九年八月十七日戌时)	云南楚雄	25.0°、101.6°	6.75	Ⅸ
128	1696.7.7(清康熙三十五年六月初九)	云南昆明	25.0°、102.8°	≥5.75	≥Ⅶ
129	1701(清康熙四十年)	云南富民	25.2°、102.5°	5.5	Ⅶ
130	1710.4.16(清康熙四十九年三月十八日未亥)	湖南新化	27.8°、111.3°	5.5	Ⅶ
131	1712.12.22(清康熙五十一年十一月二十五日)	江苏仪征	32.0°、119.0°	5	
132	1713.2.26(清康熙五十二年二月初二夜)	云南寻甸	25.6°、103.3°	6.75	Ⅸ
133	1713.9.4(清康熙五十二年七月十五日)	四川迭溪	32.0°、103.7°	7	Ⅸ

续表

编号	发震时间公历(年.月.日)及农历(历史纪年)	震中参考地点	震中位置(北纬、东经)	震级(M)	震中烈度(I_0)
134	1717.7.6(清康熙五十六年五月二十八日)	湖南安乡	29.5°、112.0°	5.25	
135	1722(清康熙六十一年)	四川巴塘	30.0°、99.1°	≥6	≥Ⅷ
136	1725.1.8(清雍正二年十一月二十四日申时)	云南嵩明	25.1°、103.1°	6.75	Ⅸ
137	1725.8.1(清雍正三年六月)	四川康定	30.1°、101.9°	7	Ⅸ
138	1731.11(清雍正九年十月)	江苏昆山	31.3°、121.0°	5	Ⅵ
139	1732.1.29(清雍正十年正月初三)	四川西昌	27.7°、102.2°	6.75	Ⅸ
140	1733.8.2(清雍正十一年六月二十三日申时)	云南东川	26.2°、103.1°	7.75	Ⅹ
141	1734.3(清雍正十二年二月)	四川蒲江	30.3°、103.5°	5	Ⅵ
142	1736(清乾隆元年)	四川道孚	30.6°、101.5°	5.5	Ⅶ
143	1738.5.19(清乾隆三年四月初一)	四川南坪	33.2°、104.2°	5.75	Ⅶ
144	1738.12.23(清乾隆三年九月十一日)	青海玉树	33.3°、96.6°	6.5	Ⅷ
145	1741(清乾隆六年)	四川道孚	30.6°、101.5°	5	Ⅵ
146	1742(清乾隆七年)	四川道孚	30.6°、101.5°	5	Ⅵ
147	1742(清乾隆七年)	湖北房县	32.1°、110.8°	5	Ⅵ
148	1743.6.30(清乾隆八年五月初九卯时)	安徽泾县	30.7°、118.4°	5	Ⅵ～Ⅶ
149	1747.3(清乾隆十二年二月)	四川炉霍	31.4°、100.7°	6.75	≥Ⅷ
150	1748.2.23(清乾隆十三年正月二十五日卯时、戌时)	四川汶川	31.2°、103.3°	5.5	Ⅶ
151	1748.3.6(清乾隆十三年二月初八)	四川康定	30.1°、101.9°	5.75	Ⅶ
152	1748.5.2(清乾隆十三年四月初六子时)	四川松潘	32.9°、103.6°	6.5	＞Ⅶ
153	1748.8.30(清乾隆十三年闰七月初七寅时)	四川道孚	30.4°、101.6°	6.5	Ⅷ
154	1748.10.12(清乾隆十三年八月二十日午、未时)	四川小金、崇德	31.0°、102.4°	5.5	≥Ⅵ
155	1750(清乾隆十五年)	四川道孚	30.6°、101.5°	5	Ⅵ
156	1752.5.17(清乾隆十七年四月初四)	上海长江口	31.3°、122.3°	5	
157	1754.6(清乾隆十九年五月)	云南楚雄	25.0°、101.6°	5	Ⅵ
158	1756.12.7(清乾隆二十一年十月十六日戌时)	江西波阳	29.1°、116.9°	5.5	
159	1765(清乾隆三十年)	四川道孚、乾宁	30.6°、101.5°	5	Ⅵ
160	1781.10.3(清乾隆四十六年八月十六日)	云南盐丰	25.9°、101.1°	5.25	Ⅶ$^{-}$
161	1782.4.30(清乾隆四十七年三月十八日)	湖南宁远、永州间	25.8°、111.8°	5	Ⅵ
162	1785.冬(清乾隆五十年冬)	四川道孚	30.6°、101.5°	5.75	Ⅶ
163	1785.12.14(清乾隆五十年十一月十三日)	湖南临澧	29.3°、112.4°	4.75	
164	1786.6.1(清乾隆五十一年五月初六)	四川康定	29.9°、102.0°	7.75	≥Ⅹ
165	1786.6.2(清乾隆五十一年五月初七)	四川康定	29.9°、102.0°	≥6	
166	1786.6.10(清乾隆五十一年五月十五日丑时)	四川泸定	29.4°、102.2°	≥7	
167	1786(清乾隆五十一年)	湖南大庸	29.1°、110.4°	4.75	Ⅵ
168	1787.12.13(清乾隆五十二年十一月五日夜)	四川灌县	31.0°、103.7°	4.75	Ⅵ
169	1792.4(清乾隆五十七年三月)	江西安福	27.4°、114.6°	4.75	Ⅵ
170	1792.9.7(清乾隆五十七年七月二十一日)	四川道孚	31.0°、101.5°	6.75	Ⅷ
171	1792.11.30(清乾隆五十七年十月十七日)	四川乾宁	30.6°、101.5°	5.5	Ⅶ
172	1793.5.15(清乾隆五十八年四月初六子时)	四川道孚	30.6°、101.5°	6	Ⅷ
173	1803.2.2(清嘉庆八年正月初十)	云南祥云	25.6°、100.6°	6.25	Ⅷ

续表

编号	发震时间公历(年.月.日)及农历(历史纪年)	震中参考地点	震中位置(北纬、东经)	震级(M)	震中烈度(I_0)
174	1804.冬(清嘉庆九年冬)	江西寻乌	24.9°、115.6°	5.25	Ⅶ
175	1806.1.11(清嘉庆十年十一月二十二日)	江西会昌	25.3°、115.7°	6	Ⅷ
176	1811.9.27(清嘉庆十六年八月十日戌时)	四川炉霍	31.7°、100.3°	6.75	Ⅸ
177	1811(清嘉庆十六年藏历第十六绕迥阴铁羊年)	四川道孚	30.6°、101.5°	5.75	Ⅶ
178	1816.12.8(清嘉庆二十一年十二月二十日丑时)	四川炉霍	31.4°、100.7°	7.5	Ⅹ
179	1819.9.14(清嘉庆二十四年七月二十五日寅时)	贵州贵定	26.5°、107.2°	5.5	Ⅶ
180	1822.4.24(清道光二年闰三月初三)	甘肃文县	33.0°、104.6°	5.5	Ⅶ
181	1823.8(清道光三年七月)	陕西镇巴	32.7°、107.9°	5.5	Ⅶ
182	1830.9.13(清道光十年七月二十七日)	四川西昌	27.2°、102.2°	4.75	Ⅵ
183	1833.9.6(清道光十三年七月二十三日巳亥)	云南嵩明	25.2°、103.0°	8	Ⅺ
184	1834.4.11(清道光十四年三月初三)	云南彝良	24.9°、103.0°	5	Ⅵ
185	1834.冬(清道光十四年冬)	青海玉树	33.0°、97.0°	5.5	Ⅶ
186	1839.10.12(清道光十九年九月初六)	江苏宜兴	31.3°、120.0°	5	
187	1843.3.19(清道光二十三年二月二十九日)	湖南慈利	29.3°、111.8°	4.75	
188	1844.8(清道光二十四年七月)	云南大关	28.1°、103.9°	≥5	
189	1844.12.2(清道光二十四年十月二十三日戌时)	上海长江口	31.5°、122.0°	5	
190	1847.7.24(清道光二十七年六月十三日)	上海长江口	30.7°、122.0°	4.75	
191	1850.5.9(清道光三十年三月二十八日戌时)	湖北公安	29.9°、112.3°	4.75	
192	1850.9.12(清道光三十年八月七日亥时)	四川西昌	27.8°、102.3°	7.5	Ⅹ
193	1853.2.8(清咸丰三年正月一日巳时)	湖南江华	24.9°、111.7°	4.75	Ⅵ
194	1854.12.24(清咸丰四年十一月五日未时)	四川南川	29.1°、107.1°	5.5	Ⅶ
195	1855.1.15(清咸丰四年十一月二十六日)	江苏苏州	31.2°、121.0°	4.75	
196	1855.秋(清咸丰五年秋)	四川彭永	29.2°、108.1°	4.75	Ⅵ
197	1856.6.10(清咸丰六年五月初八)	湖北咸丰	29.7°、108.8°	6.25	Ⅷ
198	1863.8.30(清同治二年七月十七日寅时)	江西修水	29.2°、114.1°	5	Ⅵ
199	1868.7.21(清同治七年六月初二)	陕西白河	32.8°、109.7°	5.5	
200	1870.4.11(清同治九年三月十一日未时)	四川巴塘	30.0°、99.0°	7.25	Ⅹ
201	1872.7.24(清同治十一年六月十九日)	江苏镇江	32.2°、119.3°	4.75	
202	1872.9.21(清同治十一年八月十九日)	江苏太湖	31.2°、120.3°	5.5	
203	1877.10(清光绪三年九月)	云南武定	26.0°、101.9°	5	Ⅵ
204	1877.10(清光绪三年九月)	云南元谋	26.0°、101.9°	5	Ⅵ
205	1878.8.7(清光绪四年七月初九)	云南宁蒗	27.3°、100.9°	5.5	Ⅶ
206	1879.5.12(清光绪五年闰三月二十二日)	四川江油	31.8°、104.8°	5	Ⅵ
207	1879.6.29(清光绪五年五月初十午时)	甘肃武都	33.2°、105.0°	5.75	
208	1879.7.1(清光绪五年五月十二日寅时)	甘肃武都	33.2°、104.7°	8	Ⅺ
209	1880.6.22(清光绪六年五月十五日丑时)	甘肃文县	33.0°、104.6°	5.5	Ⅶ
210	1881.6(清光绪七年五月)	四川越西	28.6°、102.5°	5	Ⅵ
211	1881.7.20(清光绪七年六月二十五日戌亥间)	甘肃礼县	33.6°、104.6°	6.5	Ⅷ
212	1882.10.21(清光绪八年九月初十)	甘肃礼县	33.7°、105.3°	5	
213	1885.1.15(清光绪十年十一月二十九日)	甘肃天水	34.0°、105.7°	6	Ⅷ
214	1875—1885(清光绪初年)	云南昭通	27.3°、103.7°	5	Ⅵ
215	1887(清光绪十三年)	湖北武当山	32.4°、111.0°	4.75	Ⅵ

续表

编号	发震时间公历(年.月.日)及农历(历史纪年)	震中参考地点	震中位置(北纬、东经)	震级(M)	震中烈度(I_0)
216	1888.3.29(清光绪十四年二月十七日)	江西宜丰	28.6°、114.5°	5.25	
217	1890.10.6(清光绪十六年八月二十三日)	云南丽江	27.3°、100.3°	5	Ⅵ
218	1892.2.10(清光绪十八年正月十二日申时)	四川南溪	29.0°、105.0°	5	Ⅵ
219	1893.4(清光绪十九年三月)	云南禄劝	25.6°、102.4°	5	Ⅵ
220	1893.8.29(清光绪十九年七月十八日)	四川乾宁	30.5°、101.5°	7	Ⅸ
221	1896.2.12(清光绪二十一年十二月二十九日)	云南丽江	26.9°、100.2°	5.5	Ⅶ
222	1896.2.14(清光绪二十二年正月初二申时)	四川富顺	29.2°、104.9°	5.75	Ⅶ
223	1896.3(清光绪二十二年二月)	四川石渠、洛须	32.5°、98.0°	7	Ⅸ
224	1897.1.5(清光绪二十二年十二月初三)	湖北阳新	29.9°、115.2°	5	Ⅵ
225	1898.8(清光绪二十四年七月)	云南昭通	27.3°、103.7°	5	Ⅵ
226	1900.8(清光绪二十六年七月)	四川邛崃	30.5°、103.5°	5	Ⅵ
227	1904.8.30(清光绪三十年七月二十日)	四川道孚	31.2°、100.9°	7	Ⅸ
228	1904.9.9(清光绪三十年七月三十日丑时)	四川道孚	31.0°、101.1°	≥5.5	≥Ⅶ
229	1904.9.11(清光绪三十年八月初二未时)	四川道孚	31.0°、101.1°	≥5.5	≥Ⅶ
230	1905.11.8(1905.11.27)(清光绪三十一年十月十二日至十一月一日)	四川自贡	29.3°、104.8°	5	Ⅵ
231	1906.8.16(清光绪三十二年六月二十七日)	湖南常德	29.1°、111.7°	5	Ⅵ
232	1909.5.15(清宣统元年三月二十六日)	云南鲁甸	27.2°、103.6°	5.5	Ⅶ
233	1911.2.6(清宣统三年正月初八)	江西九江	29.6°、116.0°	5	Ⅵ
234	1911.10.17	云南巧家、会泽	26.6°、103.1°	5.75	Ⅶ
235	1913.2.7	湖北麻城	31.2°、115.0°	5	Ⅵ
236	1913.4.3(18:39:00)	江苏镇江	32.2°、119.5°	5.5	Ⅶ
237	1913.7.16	四川乐山	29.6°、103.7°	5	Ⅵ
238	1913.8.18	四川江油	31.8°、104.7°	5	Ⅵ
239	1913.8	四川冕宁	28.7°、102.2°	6	Ⅷ
240	1914.9.26	云南会泽	26.4°、103.3°	5	Ⅵ
241	1915.4.28 (11:19:46)	青海曲麻莱	34.5°、96.0°	6.5	
242	1915.5.5 (23:12:08)	青海治多	34.0°、96.0°	6.5	
243	1916.3.2	云南会泽北	26.7°、103.3°	5.25	Ⅵ+
244	1917.1.28	四川雅安	30.0°、103.0°	4.75	Ⅵ
245	1917.7.31 (7:54:05)	云南大关北	28.0°、104.0°	6.75	Ⅸ
246	1918.1	云南寻甸	25.6°、103.3°	5	Ⅵ
247	1918.6	安徽安庆	30.5°、117.4°	4.75	Ⅵ
248	1918.8.14	云南巧家	26.9°、103.0°	5.5	Ⅶ
249	1919.5.29 (18:59:45)	四川道孚西北	31.5°、100.5°	6.25	
250	1919.7	云南昭通	27.3°、103.7°	(5)	Ⅵ
251	1919.8.26 (03:55:15)	四川甘孜	32.0°、100.0°	6.25	
252	1923.3.24 (20:40:06)	四川炉霍、道孚间	31.5°、101.0°	7.3	Ⅹ

续表

编号	发震时间公历(年.月.日)及农历(历史纪年)	震中参考地点	震中位置(北纬、东经)	震级(M)	震中烈度(I_0)
253	1923.6.14	四川炉霍	31.3°、100.8°	5.75	Ⅶ
254	1923.8	四川冕宁大桥	28.7°、102.2°	5.5	Ⅶ
255	1923.10.20 (11：18：48)	四川巴塘附近	30.0°、99.0°	6.5	
256	1925.10.15 (01：05：18)	云南丽江	27.0°、100.0°	5.75	Ⅶ
257	1925.10.15 (20：36：24)	云南丽江	26.9°、100.1°	(6)	
258	1926.2.12	江西石城	26.4°、116.3°	4.75	Ⅵ
259	1926.8.11 (13：47：35)	四川康定	29.5°、101.5°	5.5	
260	1926.12.6 (03：40：36)	云南丽江	27.0°、100.0°	(5)	
261	1926.12.6 (03：44：08)	云南丽江	27.0°、100.0°	(5)	
262	1927.3.15 (01：37：39)	云南寻甸	26.0°、103.0°	(6)	Ⅷ
263	1927.5.22	四川自贡	29.4°、104.7°	4.75	Ⅵ
264	1927.7.3 (04：38：46)	四川雅安	29.5°、101.0°	5.5	
265	1927.11.24	云南富民	25.2°、102.5°	5.5	Ⅶ
266	1928.4	四川泸县	28.5°、105.5°	4.75	Ⅵ
267	1928.5.26	云南会泽东北	26.6°、103.7°	4.75	Ⅵ
268	1928.7.20 (04：13：50)	四川小金北	31.5°、102.5°	5.75	Ⅶ
269	1928.9.23	云南禄丰西北	25.4°、101.8°	5.5	Ⅶ
270	1930.1.3	江苏镇江	32.3°、119.4°	5.5	Ⅶ
271	1930.4.28 (20：59：27)	四川甘孜	32.0°、100.0°	(6)	
272	1930.5.15 (03：48：22)	云南巧家南	26.8°、103.0°	(6)	
273	1930.8.24 (18：51：16)	四川理塘	30.0°、100.0°	5.5	
274	1930.9.23 (20：05：07)	贵州金沙	27.5°、106.0°	5.5	
275	1931.6.25 (08：40：12)	云南丽江	27.0°、100.0°	5	
276	1931.7.1 (15：48：39)	湖北利川	30.0°、109.0°	5	Ⅵ
277	1931.8.12	湖南湘乡	27.5°、112.4°	4.75	Ⅵ
278	1932.3.7	四川康定	30.1°、101.8°	6	Ⅷ
279	1932	四川马尔康	31.8°、102.2°	5	Ⅵ～Ⅶ
280	1932.4.6 (17：11：18)	湖北麻城	31.4°、115.0°	6	Ⅷ
281	1933.3.1	云南丽江	26.9°、100.2°	5	Ⅵ
282	1933.6.7 (19：46：08)	云南中甸	27.5°、99.9°	6.25	
283	1933.8.25 (15：50：30)	四川茂汶	31.9°、103.4°	7.5	Ⅹ
284	1933.8.25 (19：38：53)	四川茂汶西北	31.7°、103.4°	5	
285	1933.9.20	四川富林(汉源)	29.5°、102.5°	5	Ⅵ
286	1933.10.15	四川茂汶北	31.8°、104.0°	5.75	Ⅶ
287	1933.11.24 (19)	四川茂汶、迭溪	32.0°、103.7°	4.75	Ⅵ
288	1934.4.20 (07：26：27)	青海昂才	33.0°、93.0°	5	
289	1934.5.3	云南东川、巧家间	26.6°、103.1°	5.25	$Ⅵ^+$
290	1934.5.下旬	四川茂汶、迭溪	32.0°、103.7°	4.75	Ⅵ
291	1934.6.9	四川茂汶、迭溪	32.0°、103.7°	5.5	Ⅶ
292	1934.6.23 (13：19：55)	青海昂才	33.0°、92.8°	6	
293	1935.2.中旬	云南昭通东南	27.0°、104.0°	5.5	Ⅶ
294	1935.4.28	四川泸定、石棉间	29.4°、102.3°	6	Ⅶ～Ⅷ

续表

编号	发震时间公历(年.月.日)及农历(历史纪年)	震中参考地点	震中位置(北纬、东经)	震级(M)	震中烈度(I_0)
295	1935.12.18 (15:10:36)	四川马边	28.7°、103.6°	6	Ⅷ
296	1935.12.18 (16:04:34)	四川马边	28.7°、103.2°	5.75	
297	1935.12.19 (00:59:30)	四川马边	29.1°、103.3°	6	
298	1935.12.19 (21:26:50)	四川马边	28.7°、103.2°	5.25	
299	1936.4.27 (07:59:11)	四川马边	28.9°、103.6°	6.75	Ⅸ
300	1936.4.27 (09:33:25)	四川马边	28.9°、103.5°	5.75	
301	1936.4.27 (11:36:55)	四川马边	28.7°、103.2°	5.5	
302	1936.4.27 (13:42:37)	四川马边	28.7°、103.2°	6	
303	1936.4.29 (02:27:24)	四川马边	28.8°、103.6°	5.5	
304	1936.5.8 (23:24:23)	四川马边	28.9°、103.6°	5.75	
305	1936.5.16 (14:45:19)	四川马边	29.1°、103.9°	5.5	
306	1936.5.16 (15:05:44)	四川马边	28.5°、103.6°	6.75	
307	1936.5.28	湖南湘乡	27.7°、112.5°	5	Ⅵ
308	1936.8.1 (14:24:30)	甘肃天水南	34.2°、105.7°	6	Ⅷ
309	1936.8.17	云南会泽西	26.6°、103.0°	5.5	Ⅶ
310	1936.9.25 (04:51:52)	四川江安	28.7°、105.1°	5	
311	1936.12.18	云南绥江	28.6°、103.9°	5.5	Ⅶ
312	1938.1.4 (12:49:06)	四川邓柯	32.5°、98.0°	5.25	
313	1938.3.14 (13:14:21)	四川松潘	32.3°、103.6°	6	
314	1940.9.5 (03:11:26)	青海温泉西北	33.5°、91.5°	5.75	
315	1940.11.7 (00:11:10)	四川马边附近	28.7°、103.6°	5.5	
316	1940	四川茂汶一带	31.6°、103.9°	5.5	Ⅶ
317	1941.2.7 (20:22:04)	贵州印江附近	28.0°、108.5°	5	
318	1941.6.12 (07:13:31)	四川泸定、天全一带	30.1°、102.5°	6	
319	1941.8.2 (17:21:32)	四川理塘西	30.0°、100.0°	5	
320	1941.9.21 (14:19:45)	江西寻乌	25.09°、115.36	5.75	Ⅶ
321	1941.10.8 (23:24:20)	四川黑水	31.7°、102.3°	6	Ⅷ
322	1943.6.21	四川成都	30.6°、104.1°	5	Ⅶ
323	1943.12.15	云南昆明	25.1°、102.7°	4.75	Ⅵ
324	1944.6.20 (19:35:03)	四川昭觉	28.0°、103.0°	5.25	
325	1944.8.3 (06:54:37)	云南冕宁西	28.5°、101.5°	5.75	
326	1944.8.12 (17:13:55)	云南华坪东南	26.5°、101.5°	5.75	
327	1944.10.14 (19:20:25)	四川道孚附近	31.0°、101.0°	(5)	
328	1947.3.27 (04:48:32)	云南大姚	25.0°、102.0°	5.5	Ⅶ
329	1947.6.7 (13:05:00)	四川会东东南	26.7°、102.9°	5.5	
330	1947.10.18	四川自贡	29.4°、104.8°	4.75	Ⅵ
331	1948.2.19	湖北保康	31.9°、111.4°	4.75	Ⅵ
332	1948.5.1 (09:37:41)	四川马边	28.5°、103.6°	5.5	
333	1948.5.25 (15:11:21)	四川理塘	29.5°、100.5°	7.3	Ⅹ
334	1948.5.26 (00:20:41)	四川理塘	29.7°、100.7°	5.5	
335	1948.5.26 (02:43:24)	四川理塘	29.8°、100.6°	5.5	

续表

编号	发震时间公历(年.月.日)及农历(历史纪年)	震中参考地点	震中位置(北纬、东经)	震级(M)	震中烈度(I_0)
336	1948.5.26 (21:40:49)	四川理塘	30.0°、100.0°	(5)	
337	1948.6.18 (15:27:15)	四川木里	28.7°、101.4°	5.75	Ⅶ
338	1948.10.9 (03:01:57)	贵州威宁	27.4°、104.0°	5.75	Ⅷ
339	1948.10.10	四川松潘南	32.0°、103.7°	(5)	Ⅵ
340	1948.10.10 (10:06:51)	云南大关	27.6°、103.8°	5.75	
341	1948.10.23	四川马边	28.5°、103.6°	5.5	Ⅵ
342	1948.12.05	云南巧家南	26.4°、103.1°	(5)	Ⅵ
343	1948.12.14 (18:34:27)	云南永善附近	28.0°、103.5°	5.25	
344	1949.6.15 (17:42:42)	青海班玛西北	33.3°、100.0°	(6)	
345	1949.11.13 (13:27:11)	四川康定	30.0°、102.5°	5.5	Ⅶ
346	1950.8.26 (11:47:44)	云南丽江西	27.0°、100.0°	4.75	
347	1950.9.19 (03:07:01)	青海曲麻莱西北	35.0°、95.0°	5.25	
348	1951.3.16	四川石棉	29.3°、102.6°	(5)	Ⅵ
349	1951.3.17 (02:42:22)	四川甘孜东北	32.0°、100.5°	4.75	
350	1951.5.10 (22:57:22)	四川德昌一带	27.5°、102.0°	5.5	
351	1951.12.21 (16:37:29)	云南剑川	26.7°、100.0°	6.25	Ⅸ
352	1952.2.3 (09:16:06)	青海扎河西北	34.3°、93.6°	(5)	
353	1952.2.6	四川西昌	27.9°、102.3°	(5)	Ⅵ
354	1952.6.26 (07:19:55)	四川康定、泸定间	30.1°、102.2°	5.75	
355	1952.8.31 (04:51:34)	四川理县附近	31.2°、103.0°	(5)	
356	1952.9.14 (17:34:25)	青海托托河沿西	34.3°、91.7°	5.75	
357	1952.9.30 (20:52:02)	四川冕宁	28.3°、102.2°	6.75	Ⅸ
358	1952.11.4 (19:53:08)	四川迭溪附近	32.0°、103.5°	5.5	
359	1953.3.1 (15:54:08)	四川松潘、黑水一带	32.5°、103.5°	5.5	
360	1954.2.8 (04:57:56)	湖北蒲圻	29.7°、113.9°	4.75	Ⅵ
361	1954.7.21 (12:38:58)	四川盐源西北	27.7°、101.1°	5.25	
362	1954.10.24 (19:41:06)	四川自贡	29.4°、104.8°	(5)	Ⅶ
363	1955.4.14 (09:29:02)	四川康定	30.0°、101.8°	7.5	Ⅹ
364	1955.6.7 (08:48:54)	云南华坪	26.5°、101.1°	6	Ⅷ
365	1955.6.7 (23:30:19)	云南宁蒗附近	27.3°、100.9°	5.25	
366	1955.8.4 (06:42:03)	四川康定南	29.8°、102.0°	5.5	
367	1955.9.23 (23.06:23)	云南永仁	26.6°、101.8°	6.75	Ⅸ
368	1955.9.28 (09:46:40)	云南永仁一带	26.5°、101.8°	5.5	Ⅶ
369	1955.9.29 (20:58:29)	四川木里一带	28.0°、101.0°	4.75	
370	1955.10.1 (14:29:55)	四川康定	29.9°、101.4°	5.75	Ⅶ
371	1956.6.30 (23:53:46)	四川南坪附近	33.0°、104.0°	4.75	
372	1956.8.24 (07:20:20)	四川盐边附近	27.0°、101.5°	4.75	
373	1957.8.9 (03:42:45)	四川汉源	29.6°、103.0°	5	
374	1958.2.8 (07:23:36)	四川茂汶	31.5°、104.0°	6.2	Ⅶ
375	1959.3.11 (10:59:59)	云南盐津附近	28.2°、104.0°	5	
376	1959.3.30 (20:41:09)	云南宾川北	26.0°、100.7°	5.5	
377	1959.4.26 (20:35:00)	云南宾川西北	26.2°、100.7°	5.8	

续表

编号	发震时间公历（年.月.日）及农历（历史纪年）	震中参考地点	震中位置（北纬、东经）	震级（M）	震中烈度（I₀）
378	1959.4.27 （21：09：24）	青海唐古拉山口东北	33.2°、92.6°	6	
379	1959.6.3 （11：58：07）	四川义敦附近	30.5°、99.5°	4.7	
380	1959.8.13 （02：58：02）	云南大关附近	27.7°、103.7°	5	
381	1959.9.28 （00：40：30）	陕西旬阳一带	33.0°、109.3°	5	
382	1959.11.13 （17：55：19）	四川富顺附近	29.0°、105.0°	5	
383	1960.2.3 （07：51：59）	甘肃舟曲	33.8°、104.5°	5.25	Ⅵ
384	1960.3.24 （04：03：48）	四川松潘南	32.3°、103.7°	5	
385	1960.5.3 （15：55：16）	四川巴塘东南	29.8°、99.6°	5.4	
386	1960.11.9 （18：43：42）	四川松潘	32.7°、103.7°	6.75	Ⅸ
387	1960.11.9 （20：27：03）	四川松潘西南	32.4°、103.2°	4.75	
388	1960.11.9 （22：25：56）	四川松潘东	32.6°、103.8°	4.75	
389	1961.1.23 （11：12：50）	四川松潘东北	32.8°、104.0°	4.75	
390	1961.2.26 （05：51：21）	云南巧家	27.0°、103.0°	4.75	
391	1961.3.8 （03：00：48）	湖北宜都潘湾	30.5°、111.0°	4.9	Ⅶ
392	1961.3.16 （05：10：53）	云南鹤庆东	26.5°、100.5°	4.8	
393	1961.3.30 （20：00：08）	四川松潘东北	32.8°、103.7°	5.5	
394	1961.4.16 （23：08：01）	四川松潘北	33.0°、103.5°	4.8	
395	1961.4.18 （02：13：06）	云南丽江	27.0°、100.5°	5	
396	1961.6.27 （15：03：41）	云南中甸	27°44′、99°45	6	Ⅷ
397	1961.6.27 （18：45：55）	云南中甸东北	28.0°、99.9°	5.4	
398	1961.6.28 （05：56：02）	云南中甸	27.7°、99.6°	5	
399	1961.6.28 （12：21：47）	四川茂汶	31.6°、103.9	4.8	
400	1961.7.5 （13：48：04）	四川茂汶	32.0°、103.5°	4.8	
401	1961.10.1 （08：16：01）	甘肃岷县东	34.3°、104.8°	5.7	Ⅶ
402	1961.10.2 （03：55：00）	四川松潘东北	32.8°、103.8°	4.9	
403	1961.10.3 （03：04：02）	云南中甸附近	27.8°、99.8°	4.75	
404	1961.11.12 （07：00：30）	云南德钦附近	28.3°、99.0°	4.75	
405	1961.12.8 （11：06：10）	四川北川	31.8°、104.5°	4.7	
406	1962.2.13 （15：42：30）	青海治多西南	33.8°、95.0°	5.3	
407	1962.2.27 （14：34：53）	四川米易、德昌一带	27.6°、101.9°	5.5	Ⅶ
408	1962.3.3 （08：54：17）	云南宁蒗附近	27.3°、101.0°	5.1	
409	1962.3.23 （14：11：33）	云南中甸	27.5°、100.0°	5	
410	1962.3.26 （04：49：07）	云南中甸东南	27.5°、100.0°	5.1	
411	1962.3.26 （06：11：50）	云南中甸南	27.5°、99.8°	4.75	
412	1962.4.4 （18：51：15）	云南维西东北	27.3°、99.5°	（4.9）	
413	1962.6.24 （09：21：18）	云南南华	25.2°、101.2°	6.2	Ⅶ$^{+}$
414	1962.7.1 （11：37：40）	四川洪雅	29.9°、103.2°	5.1	
415	1962.10.6 （09：38：54）	云南姚安附近	25.5°、101.0°	5	
416	1962.12.5 （08：19：39）	青海称多	33.8°、97.0°	4.9	
417	1964.1.7 （12：50：41）	西藏芒康	30.1°、98.8°	4.8	

续表

编号	发震时间公历(年.月.日)及农历(历史纪年)	震中参考地点	震中位置(北纬、东经)	震级(M)	震中烈度(I_0)
418	1964.2.13 (18:03:53)	云南宾川	26.1°、101.0°	5.4	Ⅶ
419	1964.9.5 (15:49:03)	湖北郧西	33.2°、110.7°	4.9	
420	1964.11.20 (14:34:32)	云南南华	25.2°、101.4°	5	
421	1965.8.1 (00:36:59)	青海杂多西	33.0°、93.3°	4.7	
422	1965.8.1 (01:07:54)	青海杂多西	32.8°、93.2°	5.3	
423	1965.8.1 (03:01:12)	青海杂多西	32.8°、93.2°	4.9	
424	1965.8.1 (05:44:50)	青海杂多西	32.9°、93.2°	5	
425	1965.8.2 (04:09:22)	青海杂多西	32.9°、93.2°	5.2	
426	1965.8.3 (01:49:48)	青海杂多西	32.8°、93.3°	4.7	
427	1965.8.3 (15:35:22)	青海温泉西	33.3°、91.1°	4.75	
428	1965.11.26 (14:55:29)	四川新龙	31.3°、100.2°	5.1	
429	1966.1.31 (10:35:03)	云南中甸	27.9°、99.7°	5.1	Ⅶ$^+$
430	1966.2.5 (23:12:27)	云南东川	26.1°、103.1°	6.5	Ⅸ
431	1966.2.6 (00:07:56)	云南东川	26.0°、103.1°	5	
432	1966.2.6 (02:55:25)	云南会泽西	26.5°、103.0°	5.3	
433	1966.2.6 (17:13:24)	云南东川	26°、103°11′	5.2	
434	1966.2.13 (18:44:36)	云南东川	26°06′、103°06′	6.2	Ⅶ～Ⅷ
435	1966.2.18 (11:45:12)	云南东川	26.1°、103.2°	5.2	Ⅵ
436	1966.6.27 (07:30:55)	四川安县	31.6°、104.2°	4.8	Ⅵ
437	1966.7.18 (07:13:58)	青海治多西	33.8°、94.7°	4.7	
438	1966.9.28 (22:00:19)	云南中甸	27.5°、100.1°	6.4	Ⅸ
439	1966.10.11 (18:06:20)	云南永善	27.9°、103.8°	5.2	Ⅵ
440	1966.11.7 (08:42:57)	四川南坪	32.9°、104.3°	4.8	
441	1967.1.24 (22:45:12)	四川仁寿	30.2°、104.1°	5.5	Ⅶ
442	1967.5.5 (08:08:11)	四川峨边	29.3°、103.7°	4.8	
443	1967.8.20 (07:31:41)	陕西南郑	32.7°、106.8°	4.8	Ⅵ
444	1967.8.30 (12:22:03)	四川炉霍	31.36°、100.18°	6.8	Ⅸ
445	1967.8.30 (12:57:40)	四川炉霍西北	31.7°、100.3°	(4.9)	
446	1967.8.30 (19:08:51)	四川炉霍西北	31.42°、100.20°	(6)	
447	1968.2.16 (13:37:55)	青海治多西	33.9°、94.7°	(4.8)	
448	1968.3.3 (00:17:16)	四川理塘	29.9°、100.3°	(5.7)	
449	1968.3.16 (20:26:35)	云南南华西北	25.3°、101.1°	(5.1)	
450	1969.1.2 (09:45:01)	湖北保康	31.5°、111.2°	(4.8)	Ⅵ
451	1969.9.26 (07:10:37)	四川阿坝东南	32.5°、101.8°	(5.1)	
452	1969.11.6 (04:58:40)	四川阿坝东南	32.7°、101.8°	(5.3)	
453	1970.2.24 (10:07:34.4)	四川大邑西	30°39′、103°17′	6.2	Ⅶ
454	1970.3.5 (12:23:27)	四川大邑	30.6°、103.4°	(4.7)	
455	1970.3.15 (06:06:22)	四川大邑西	30.6°、103.0°	(4.8)	
456	1970.3.22 (18:42:06.4)	四川茂汶东南	31°38′、104°02′	4.8	Ⅵ
457	1970.7.31 (21:10:49)	四川雷波东北	28°38′、103°44′	5.4	Ⅶ$^-$
458	1970.9.5 (21:37:33.3)	四川壤塘东南	32°09′、101°20′	5.5	
459	1970.11.8 (17:15:55.6)	四川壤塘东南	32°09′、101°24′	5.5	Ⅶ

续表

编号	发震时间公历(年.月.日)及农历(历史纪年)	震中参考地点	震中位置(北纬、东经)	震级(M)	震中烈度(I_0)
460	1971.8.16 (12:57:59)	四川马边	28°53′、103°47′	5.9	Ⅶ$^+$
461	1971.8.17 (02:53:50.7)	四川马边东	28°54′、103°47′	5.7	
462	1971.8.17 (03:00)	四川马边	28°49′、103°49′	4.9	
463	1971.8.17 (03:33)	四川马边	28°49′、103°40′	4.7	
464	1971.8.17 (03:52:56)	四川马边	28°49′、103°36′	4.8	
465	1971.8.17 (06:37:32)	四川马边	28°50′、103°37′	5.4	
466	1971.8.17 (06:40)	四川马边	28°49′、103°36′	4.8	
467	1971.8.17 (17:36:13)	四川沐川	28°46′、103°44′	5.2	
468	1971.8.18 (01:07:39)	四川马边东	28°48′、103°37′	5.0	
469	1971.8.23 (13:36:04)	四川马边东	28°44′、103°44′	5.4	
470	1971.8.23 (13:46:27.1)	四川马边	28.08°、103.7°	4.8	
471	1971.11.5 (04:12:18.2)	四川马边南	28°49′、103°35′	4.9	
472	1972.4.8 (17:33:39.4)	四川康定西南	29.6°、101.8°	5.2	Ⅵ
473	1972.5.7 (06:05:22)	四川西昌东	27.9°、102.4°	4.8	Ⅵ
474	1972.9.27 (08:08:30.6)	四川康定西北	30.4°、101.7°	5.6	Ⅶ
475	1972.9.30 (00:21:35.2)	四川康定四北	30.5°、101.7°	5.6	
476	1972.9.30 (04:24:40.5)	四川康定北	30.4°、101.9°	5.7	
477	1973.2.6 (18:37:07.3)	四川炉霍附近	31.3°、100.7°	7.6	Ⅹ
478	1973.2.6 (18:47)	四川炉霍		5.0	
479	1973.2.7 (17:20:57.4)	四川炉霍东	31.4°、100.9°	5.0	
480	1973.2.8 (00:06:27.7)	四川炉霍西北	31.6°、100.5°	6.0	
481	1973.2.16 (15:29:46.2)	四川甘孜北	31.9°、100.0°	4.8	
482	1973.3.24 (03:14:53.7)	四川甘孜北	31.9°、100.0°	5.5	
483	1973.4.22 (13:46:21.4)	云南彝良附近	27.7°、104.2°	5.1	Ⅵ
484	1973.5.8 (18:01:35.3)	四川南坪南	33.0°、104.2°	5.1	
485	1973.6.29 (05:58:02.4)	四川马边东	28.9°、103.9°	4.8	
486	1973.6.29 (05:59:27.3)	四川马边东	28.9°、103.7°	5.4	Ⅵ
487	1973.6.29 (06:04:43)	四川马边东	28.9°、103.7°	4.9	
488	1973.6.30 (01:52:01.4)	四川马边东	28.9°、103.8°	5.2	
489	1973.8.2 (05:33:11.3)	四川道孚附近	30.9°、101.2°	4.7	
490	1973.8.2 (16:58:15.7)	云南彝良东北	27.9°、104.6°	5.4	Ⅶ$^-$
491	1973.8.11 (15:15:36.5)	四川松潘东北	32.9°、104.1°	6.5	Ⅶ
492	1973.8.16 (12:48:46.4)	四川松潘东北	32.9°、104.0°	4.7	
493	1973.9.9 (10:13:41)	四川甘孜附近	31.6°、100.1°	5.8	Ⅶ$^+$
494	1973.9.9 (10:42:29)	四川甘孜	31.7°、100.0°	5	
495	1973.11.29 (21:36:39)	河南淅川(丹江口水库)	32.88°、111.59°	4.7	
496	1973.12.30 (01:24:50.4)	四川洪雅西南	29.8°、103.3°	4.7	
497	1974.1.16 (06:50:26.4)	四川南坪西南	32.9°、104.1°	5.7	
498	1974.4.22 (08:29:17)	江苏溧阳附近	31.6°、119.1°	5.5	Ⅶ$^+$
499	1974.5.11 (03:25:18.3)	云南大关北	28.2°、104.1°	7.1	Ⅸ
500	1974.5.11 (03:34:14.7)	云南大关北	28.1°、104.0°	4.9	

续表

编号	发震时间公历(年.月.日)及农历(历史纪年)	震中参考地点	震中位置(北纬、东经)	震级(M)	震中烈度(I_0)
501	1974.5.12 (10:50:24.2)	云南大关北	28.3°、104.0°	4.8	
502	1974.6.1 (11:25:29.6)	云南大关北	28.3°、104.2°	4.7	
503	1974.6.5 (08:02:08)	四川巴塘东南	29.4°、99.6°	5.2	
504	1974.6.5 (20:30:21.7)	云南大关北	28.3°、104.2°	5.0	
505	1974.6.15 (15:02:57.8)	云南大关北	28.4°、104.2°	5.7	
506	1974.6.15 (15:15:55)	云南大关北	28.5°、104.1°	4.8	
507	1974.6.15 (18:19:27.5)	四川甘孜	31.6°、99.9°	5.0	
508	1974.6.15 (22:27:33.2)	云南大关北	28.3°、104.1°	5.2	
509	1974.7.10 (00:20:28.4)	云南大关北	28.3°、104.0°	5.2	
510	1974.7.10 (20:45:25.7)	云南大关北	28.2°、103.9°	4.7	
511	1974.7.13 (11:14:03.4)	云南大关北	28.3°、104.0	4.7	
512	1974.11.17 (00:25:52.6)	四川南坪	33.0°、104.1°	5.7	
513	1975.1.12 (05:22.28.4)	云南楚雄	24.9°、101.6°	5.4	Ⅵ$^+$
514	1975.1.15 (19:34:41.8)	四川九龙东北	29.4°、101.9°	6.2	
515	1975.1.15 (19:53:50)	四川九龙东北	29.3°、101.7°	4.8	
516	1975.1.16 (02:51:33.7)	四川九龙西	29.0°、101.2°	4.8	
517	1975.1.22 (20:59:38.1)	云南巧家	26.5°、103.0°	4.7	Ⅵ
518	1975.3.08 (01:36:08.6)	云南盐津北	28.4°、104.2°	5.3	Ⅵ
519	1975.3.15 (02:48:42.2)	青海治多北	34.0°、95.6°	4.8	
520	1975.3.16 (13:26:50.1)	四川九龙东北	29.3°、101.9°	4.9	
521	1975.5.5 (13:18:45.7)	青海卡赛渡口	33.2°、92.9°	6.4	
522	1975.5.13 (20:24:27.1)	青海卡赛渡口	33.1°、92.9°	5.1	
523	1975.12.1 (02:22:22.2)	云南丽江	27.2°、100.3°	4.9	
524	1976.1.7 (07:35:14)	青海治多西	33.9°、94.3°	4.7	
525	1976.8.16 (22:06:45.1)	四川松潘、平武	32.6°、104.1°	7.2	Ⅸ
526	1976.8.16 (22:56:37)	四川平武	32.5°、104.6°	5.0	
527	1976.8.16 (23:00:53)	四川平武西北	32.7°、104.0°	4.7	
528	1976.8.16 (23:26:10)	四川平武西北	32.7°、104.3°	4.9	
529	1976.8.17 (23:15:36)	云南潞西	24.3°、99.1°	4.7	
530	1976.8.18 (11:26:10.8)	四川南坪东南	32.8°、104.3°	4.8	
531	1976.8.19 (20:49:45.1)	四川南坪东南	32.9°、104.3°	5.9	
532	1976.8.22 (05:49:52.5)	四川平武北	32.6°、104.4°	6.7	
533	1976.8.22 (21:19:52)	四川平武西北	32.7°、104.2°	4.7	
534	1976.8.23 (11:30:05.7)	四川松潘、平武间	32.5°、104.3°	7.2	Ⅷ$^+$
535	1976.9.1 (09:06:51)	四川松潘、平武间	32.5°、104.1	5.1	
536	1976.9.3 (17:57:27.9)	四川稻城	28.1°、100.2°	5.2	
537	1976.9.21 (06:45:25)	四川南坪	32.8、104.2°	5.2	
538	1976.11.7 (02:04:05.4)	四川盐源西北	27.6°、101.1°	6.7	Ⅸ
539	1976.11.7 (02:30)	四川盐源		4.7	
540	1976.11.7 (02:50:12.5)	四川盐源西北	27.5°、101.1°	5.6	
541	1976.11.7 (02:52)	四川盐源		4.7	
542	1976.11.7 (04:24:36.8)	四川盐源西	27.4°、101.2°	4.7	

续表

编号	发震时间公历(年.月.日)及农历(历史纪年)	震中参考地点	震中位置(北纬、东经)	震级(M)	震中烈度(I_0)
543	1976.11.7 (09:54:43.7)	四川盐源西	27.4°、101.2°	5.1	
544	1976.11.9 (07:27:39.5)	四川盐源西北	27.6°、101.3°	4.7	
545	1976.11.16 (19:19:19.9)	四川盐源西	27.5°、101.1°	4.9	
546	1976.12.13 (14:36:57)	四川盐源西南	27.4°、101.0°	6.4	Ⅷ
547	1976.12.13 (14:44:20)	四川盐源西	27.4°、101.3°	4.7	
548	1976.12.13 (15:23:44.5)	四川盐源西南	27.3°、101.0°	5.0	
549	1976.12.17 (18:02:10.5)	青海杂多西北	33.4°、94.0°	4.8	
550	1976.12.22 (02:37:10.9)	四川盐源西南	27.3°、101.1°	4.9	
551	1977.1.13 (01:43:32.2)	四川冕宁南	28.2°、102.5°	4.8	
552	1977.2.7 (08:57:30.1)	四川盐源西南	27.3°、101.1°	5.1	
553	1977.2.25 (14:02:53)	四川盐源西	27°20′、100°54′	4.7	
554	1977.4.4 (12:13:35)	四川盐源西北	27°30′、100°57′	4.9	
555	1977.5.1 (10:47:14)	四川盐源西南	27.3°、101.0°	4.9	
556	1977.5.3 (20:26:31.3)	四川盐源西南	27.3°、101.1°	5.1	
557	1977.6.9 (19:14:42)	云南丽江	26°59′、100°16′	4.7	
558	1977.12.16 (18:15:21)	青海玉树东北	33.3°、97.3°	5.3	
559	1978.5.30 (11:57:33)	四川南坪南	32°48′、104°10′	4.7	
560	1978.5.31 (02:05:17)	四川乾宁附近	30°24′、101°36′	4.9	
561	1978.7.3 (16:46:35.4)	青海杂多	32.8°、94.0°	5.3	
562	1978.7.13 (05:49:55)	四川黑水	31°56′、102°57′	5.4	
563	1978.8.31 (11:26:43)	四川盐源西北	27°37′、101°00′	5.6	
564	1978.9.2 (02:45:45.8)	四川盐源西	27.5°、101.1°	4.7	
565	1979.3.7 (20:54:50.2)	四川木里西南	27.5°、101.1°	4.9	Ⅵ
566	1979.3.29 (15:07:22)	青海玉树东南	32.4°、97.3°	6.2	
567	1979.5.22 (06:46:58)	湖北秭归	31°05′、110°30′	5.1	Ⅶ
568	1979.7.9 (18:57:23.1)	江苏溧阳西南	31°27′、119°15′	6.0	Ⅷ
569	1979.11.6 (03:16:12)	四川巴塘东北	30°34′、99°26′	5	
570	1980.1.17 (02:42:14.3)	青海西捷西北	35.43°、91.63°	4.8	
571	1980.2.2 (20:29:14.3)	四川木里	27.85°、101.29°	5.8	Ⅵ
572	1981.1.24 (05:13:48.3)	四川道孚	31.01°、101.11°	6.9	Ⅷ$^+$
573	1981.5.22 (19:36:20.9)	云南宁蒗东南	27.33°、101.18°	5.0	Ⅴ
574	1981.6.10 (06:08:18.2)	青海西捷西南	34.45°、91.43°	6.5	
575	1981.10.11 (07:32:01.6)	四川道孚	30.96°、101.09°	4.7	
576	1981.11.7 (18:54:36.5)	四川彭县	31.25°、104.00°	4.7	
577	1982.2.25 (08:39:11.3)	江西龙南	24.78°、114.74°	4.9	Ⅶ
578	1982.6.16 (07:24:32.1)	四川甘孜西北	31.96°、100.03°	6.0	Ⅶ
579	1983.6.4 (17:34:43.6)	云南鲁甸西南	27.06°、103.42°	5	
580	1983.7.8 (00:03:56.7)	青海曲麻莱	34.51°、95.07°	4.7	
581	1985.3.29 (19:15:06.3)	四川自贡	29.41°、105.00°	4.8	Ⅶ
582	1985.4.18 (13:52:52.4)	云南禄劝	25.89°、101.93°	6.2	Ⅷ
583	1985.8.31 (03:15:56.2)	云南禄劝东北	25.86°、102.88°	4.7	
584	1986.3.13 (16:41:17.9)	云南鹤庆南	26.19°、100.19°	5.4	Ⅵ

续表

编号	发震时间公历(年.月.日)及农历(历史纪年)	震中参考地点	震中位置(北纬、东经)	震级(M)	震中烈度(I_0)
585	1986.4.4 (19:23:22.2)	青海玉树西北	33.11°、95.99°	5.1	Ⅴ
586	1986.7.10 (09:15:30)	四川盐源	27.45°、101.48°	4.9	Ⅵ
587	1986.8.7 (03:55:12.6)	四川理塘东南	29.3°、100.85°	5.5	Ⅶ
588	1986.8.12 (03:58:41.1)	四川盐源西	27.44°、101.40°	4.7	
589	1986.8.12 (18:45:50.8)	四川盐源西	27.48°、101.47°	5.4	Ⅶ
590	1986.8.21 (05:23:52.1)	青海格尔木西南	34.54°、91.75°	6.4	
591	1986.10.7 (07:28:07.3)	云南富民、武定间	25.43°、102.49°	5.2	Ⅵ
592	1986.11.9 (22:10:45.9)	青海曲麻莱	34.04°、96.20°	4.7	Ⅵ
593	1987.1.8 (02:19:06.2)	甘肃迭部北	34.26°、103.36	5.8	Ⅶ
594	1987.5.18 (10:03:09.4)	云南鹤庆南	26.22°、100.26°	5.0	Ⅵ
595	1987.8.2 (17:07:32.6)	江西寻乌西	24.96°、115.56°	5.4	Ⅶ
596	1987.8.3 (07:19:10.8)	江西寻乌	25.01°、115.56°	4.7	
597	1987.10.25 (03:12:33.9)	甘肃礼县南	34.07°、105.22°	4.8	Ⅵ$^{+}$
598	1988.1.10 (15:43:13.5)	云南宁蒗东南	27.23°、100.96°	5.5	Ⅶ$^{+}$
599	1988.4.15 (18:58:14.9)	四川会东东南	26.36°、102.76°	5.4	Ⅶ$^{-}$
600	1988.6.2 (14:11:42.5)	四川道孚东南	30.61°、101.49°	5	Ⅵ
601	1988.11.5 (10:14:29.6)	青海西捷西南	34.27°、91.87°	6.8	Ⅸ
602	1988.11.26 (06:29:39.1)	青海西捷南	34.42°、91.93	6.0	
603	1989.1.19 (02:22:46.2)	四川理塘	30.06°、100.10°	5.2	
604	1989.3.1 (21:00:33)	四川小金北	31.5°、102.49°	5	Ⅵ
605	1989.4.16 (04:34:08.2)	四川巴塘东南	29.99°、99.23	6.6	Ⅷ
606	1989.4.25 (10:13:20.3)	四川巴塘东	30.05°、99.42°	6.6	Ⅷ
607	1989.5.1 (07:05:26.3)	四川巴塘东	30.04°、99.47	5.2	
608	1989.5.3 (13:53:01)	四川巴塘东	30.11°、99.54°	6.3	
609	1989.5.3 (14:41:33.2)	四川巴塘东	30.01°、99.47°	4.7	
610	1989.5.3 (23:41.30.5)	四川巴塘东	30.07°、99.55°	6.3	
611	1989.5.4 (00:06:50.4)	四川绵竹北	31.71°、104.23°	4.8	
612	1989.5.4 (01:28:20.6)	四川巴塘东	30.07°、99.45°	5.1	
613	1989.5.4 (09:31:19.6)	四川巴塘东	30.03°、99.52	4.8	
614	1989.5.19 (11:34:07.7)	四川巴塘东	30.05°、99.57	4.8	
615	1989.5.29 (13:10:02.4)	四川巴塘东	29.99°、99.53°	4.8	
616	1989.6.9 (22:46:04.9)	四川石棉西北	29.34°、102.38°	5.0	Ⅶ
617	1989.7.21 (11:09:13.6)	四川巴塘东	29.99°、99.49°	5.9	
618	1989.8.5 (21:33:46.7)	四川巴塘东	30.13°、99.64	4.7	
619	1989.9.20 (08:26:13.4)	云南寻甸、嵩明间	25.47°、103.21°	5.0	Ⅵ
620	1989.9.22 (10.25.50.4)	四川小金北	31.58°、102.51°	6.5	Ⅷ
621	1989.9.24 (01:54:44.6)	四川巴塘南	29.84°、98.97°	4.8	
622	1989.11.10 (16:03:32.3)	云南昭通东	27.43°、103.94	4.7	
623	1989.11.20 (11:18:41.7)	重庆江北	29.84°、106.88°	4.7	
624	1989.11.20 (11:21:06)	重庆江北	29.91°、106.85°	5.3	Ⅶ
625	1990.1.15 (11:19:44.5)	四川大邑西	30.63°、103.31°	4.7	Ⅵ
626	1990.2.10 (01:57:25.7)	江苏太仓西北	31.63°、121.02°	4.9	Ⅵ

续表

编号	发震时间公历(年.月.日)及农历(历史纪年)	震中参考地点	震中位置(北纬、东经)	震级(M)	震中烈度(I_0)
627	1990.4.9 (63:13:50.3)	四川巴塘东	34.04°、99.35°		
628	1990.8.4 (20:52:27.3)	四川峨边西北	29.54°、103.29°	4.7	Ⅵ
629	1990.8.19 (21:38:17.6)	四川盐边西北	27.03°、101.23°	4.8	Ⅵ
630	1990.8.19 (23:32:45)	四川巴塘	29.95°、99.18°	4.8	
631	1991.2.18 (17:06:18.3)	四川小金	31.35°、102.23°	5.0	
632	1991.2.26 (23:38:32.4)	唐古拉山口	33.14°、91.23°	5.5	
633	1991.4.12 (04:32:16.9)	云南宁蒗	27.15°、100.59°	5.1	
634	1991.8.11 (04:21:54)	唐古拉山	33.24°、91.48°	5.2	
635	1992.2.3 (23:44:29.3)	唐古拉山	34.18°、94.00°	4.8	
636	1992.11.30 (01:39:37.2)	四川石渠	33.12°、98.00°	5.1	
637	1992.12.18 (19:21:40.9)	云南永胜	26.2°、100.35°	5.4	
638	1992.12.22 (11:30:15.5)	云南永胜	26.22°、100.36°	5.1	
639	1993.2.1 (03:33:28.8)	云南大姚	25.51°、102.21°	5.3	
640	1993.2.1 (19:50:33.8)	云南大姚	25.52°、101.20°	4.8	
641	1993.5.24 (07:57:44.9)	四川德格	31.47°、98.48	5.0	
642	1993.6.25 (18:04:21.7)	唐古拉山	32.39°、93.00°	4.8	
643	1993.7.17 (17:46:35.6)	云南中甸	27.54°、99.36°	5.6	
644	1993.8.7 (16:36:06.3)	云南沐川	29.1°、103.36°	5.0	
645	1993.8.14 (22:30:00.4)	云南姚安	25.27°、101.15°	5.5	
646	1994.1.21 (22:26:34.8)	唐古拉山	33.16°、92.21°	5.1	
647	1994.1.27 (12:37:18.8)	唐古拉山	33.10°、92.28°	5.7	
648	1994.2.25 (15:42:13.7)	四川江油	31.43°、104.42°	4.7	
649	1994.6.30 (02:22:36.6)	唐古拉山	32.39°、93.27°	6.3	
650	1994.6.30 (08:48:39.6)	唐古拉山	32.59°、93.37°	5.0	
651	1994.8.25 (05:08:53.1)	唐古拉山	33.36°、92.48°	5.2	
652	1995.2.12 (18:56:58.8)	唐古拉山	33.28°、92.39°	5.2	
653	1995.4.26 (11:46:29.3)	四川沐川	28.59°、103.39°	5.1	
654	1995.9.19 (09:26:14.7)	唐古拉山	33.00°、93.04°	5.4	
655	1995.10.24 (06:46:52.2)	云南武定	25.50°、102.19°	6.5	
656	1995.11.6 (01:14:55.1)	唐古拉山	33.16°、91.46°	5.2	
657	1996.2.3 (19:14:18.1)	云南丽江	27.18°、100.13°	7.0	
658	1996.2.5 (00:58:09.6)	云南丽江	27.00°、100.18°	6.0	
659	1996.2.6 (15:36:13.7)	云南丽江	27.06°、100.24°	M_L5.9	
660	1996.2.7 (04:08:57.7)	云南丽江	27.12°、100.18°	M_L5.6	
661	1996.2.7 (15:19:44.5)	云南丽江	27.06°、100.12°	M_L5.5	
662	1996.2.28 (19:21:00)	四川宜宾	29.05°、104.45°	5.4	Ⅶ
663	1996.7.2 (15:05.02)	云南丽江	26.56°、100.06	M_L5.6	
664	1996.8.22 (15:56:31.5)	唐古拉山	33.43°、94.03°	M_L5.5	
665	1996.9.25 (03:24:46.5)	云南丽江	27.12°、100.19°	M_L5.8	
666	1996.12.21 (16:39:38.6)	四川白玉	30.36°、99.25°	M_L5.8	
667	1997.8.13 (16:13:30.9)	四川荣昌	29.30°、105.29°	M_L5.6	

续表

编号	发震时间公历(年.月.日)及农历(历史纪年)	震中参考地点	震中位置(北纬、东经)	震级(M)	震中烈度(I_0)
668	1997.10.23 (20:28:30.1)	云南丽江	26.53°、100.18°	M_L5.6	
669	1998.10.2 (20:49:29.7)	云南宁蒗	27.18°、101.06°	5.3	
670	1998.10.27 (04:01:39)	云南宁蒗	27.14°、101.01°	5.2	
671	1998.11.19 (19:31:12.5)	云南宁蒗	27.18°、101.01°	5.3	
672	1998.11.19 (19:38:11.7)	云南宁蒗	27.14°、100.59°	6.2	
673	1999.1.3 (01:55:03.8)	云南宁蒗	27.12°、101.03°	M_L5.0	
674	1999.5.30 (04:10:46.1)	青海杂多	32.51°、93.34°	M_L5.6	
675	1999.7.1 (12:22:15)	青海杂多西	32.54°、93.44°	M_L5.1	
676	1999.9.14 (20:54:31.3)	四川绵竹	31.36°、104.05°	5.0	
677	1999.11.30 (16:24:52.5)	四川绵竹	31.26°、104.20°	M_L5.4	

第三章　崩塌灾害(含危岩)

崩塌是指斜坡上的岩土块体被裂隙切割、拉裂后，在长期的重力作用下向临空面发生倾倒、坠落、滚动、滑落等块体垂直位移大于水平位移运动的地质现象。崩塌是一种常见的地质现象。由于块体跳跃、碰撞，使大的岩土块碎裂、解体成小块。岩体或土体中存在的软弱结构面和明显破裂面(如断层、节理、裂隙及层理面等)是引起崩塌的主要原因。岩体崩塌(岩崩)能发生在各类岩石中，通常崩塌沿着软弱结构面发生，同时也受到物理、化学风化以及裂缝充水，底部被风蚀、侵蚀、淘蚀、开挖等诸多因素影响。当下伏土层为易于冲、淘的软弱土层时，其上部固结较好的土层则易发生土体崩塌(土崩)。无论岩崩或土崩，裂隙产状和临空面的组合关系是极为重要的(即常说的割离体)，如该斜坡深处存在向外倾斜的长大裂隙或同组裂隙密度很大，且有陡坡(大于 50°)和充裕的临空面存在，就应予以充分注意。危岩是指已有拉裂变形但还没有崩塌坠落下来的陡坡或陡崖，亦即崩塌发生的前奏。长江流域有名的危岩有多处，三峡库区有危岩体 6 处，最大的链子崖危岩体已投资近亿元进行治理。

第一节　崩塌分类与发育条件

一、崩塌分类

崩塌繁多但类型各异，因此进行分类是必要的。按不同研究重点，有不同的分类，如按发生原因可以分为自然崩塌(如地震、暴雨、冲淘、冻融等)和人为崩塌(如采矿、修路、开挖等)。此外，还有其他一些分类方法，详见表 3-1-1。

表 3-1-1　常见的崩塌分类方法

分类依据	类型	简述
块体方位	坠落式	斜坡上悬空的岩土块体呈悬臂梁受力状态而发生断裂，以自由落体方式脱离母体
	倾倒式	斜坡上岩土体受重力而发生弯曲，最终断裂、倾倒而脱离母体
体积(万 m^3)	特大型	＞100(山崩)
	大型	10～100(大型崩塌)
	中型	1～10(中型崩塌)
	小型	1～0.1(小型崩塌)
	较小型	0.1～0.01(崩塌)
	微型	＜0.01(单块脱落、落石)
物质	岩崩	崩塌块体是岩质
	土崩	崩塌块体是土质

续表

分类依据	类型	简述
块体规模	崩塌	大规模整体性运动，范围大
	坠落	个别岩土块体运动，范围小
	剥落	岩屑崩落、剥落后暴露出的坡面依然是稳定的，又称撒落、散落、碎落
运动方式	坠落式	崩塌块体呈自由落体式运动
	跳跃式	崩塌块体碰撞地面呈跳跃式运动
	滚动式	崩塌块体沿坡面呈滚动式运动
	滑动式	崩塌块体沿坡面呈滑动式运动
	复合式	崩塌块体在坡面上呈多种复合运动，如跳滚式、滚滑式、跳滑式等。

以上分类为崩塌研究分类提供命名基础，通常可以依据单分类命名，也可复合命名，如盐池河崩塌就是倾倒式特大型崩塌。

已往的文献和现实生活中，崩塌与滑坡常被混淆，统称为坍塌、崩塌、山崩、岩崩等，这给正确认识其生成条件以及采取相应的防治和减灾措施带来困扰。当然有些崩塌和滑坡也确实不易区分，表 3-1-2 所列出的一些差别可供参考。

表 3-1-2　　崩塌与滑坡的主要差别

类型 差别	崩塌	滑坡
1. 多发地区	干旱、半干旱、寒冻和地下水作用区	水冲淘和过量饱和区
2. 斜坡坡度	一般大于 50^0	一般小于 50^0（21^0～35^0 为最佳坡度）
3. 发生的斜坡部位	只发生在坡脚以上的坡面上	发生在坡面或坡脚处，甚至在坡前剪出
4. 边界面情况	侧面和底面各自独立存在，不能构成统一平面	侧面和底面有时可连成统一的滑面（平面或曲面）
5. 群体的底面几何特征	各崩塌体底面往往各自独立存在	各滑动的底面有时为统一的滑动面
6. 运动本质	弯裂	剪切
7. 运动速度	极快	极快至极慢
8. 典型运动方向剖面		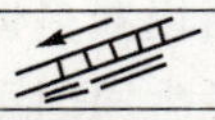
9. 运动状态	一次性，多为滚动、跳跃	一次性或间歇性，相对整体滑移
10. 运动规模	很小至较大，块体一般不超过数千立方米	较小至极大
11. 典型标志	坡面上出现反向错落平台	地表裂缝、滑坡平台
12. 典型内部结构	松动开裂，局部架空，叠瓦状构造	总体上保持地层原始结构构造特征
13. 堆积体名称	倒石堆	滑坡体
14. 堆积体结构	带棱角的块体大小混杂，小块被气浪推向远方，从而呈现水平方向上的分选性	基本上保持原始层序，有分级、分条、分层现象，可见架空、揉皱现象
15. 类型转化	可转化为泥(石)流、滑坡	个别临空剪出而转化成崩塌，也可直接转化成泥石流
16. 典型的治理工程	支顶、锚固	支挡、抗滑桩、排水、减载

二、崩塌发生的条件

崩塌的发生，首先斜坡要具备有利于崩塌发生的地形、地层岩性、地质构造和新构造活动的内部条件；其次要有适合的外部条件，在外部条件如水及振动等的激发下使部分斜坡强度降低和抗阻力减少，从而使其由变形积累而导致开裂、向临空面倾倒以致瞬间脱离母体。

1. 地形

易发生崩塌的地方地形陡峻，顶底高差大，有效临空面宽。据统计崩塌发生的最佳地形坡度是45°～60°。其平面形态呈"凸"字形，纵坡上缓下陡或上下均陡，是崩塌易发地段。另外，斜坡高度越大，崩塌几率越大，其规模也大。如金沙江与川西高原；长江三峡段江面与顶部夷平面不但地形陡峻且高差也大于500m或上千米，该地区崩塌也较发育。

2. 地层岩性

在地形地貌具备崩塌发育的条件下，地层岩性对其发生具有决定性因素，有以下几种情况：①坚硬且呈脆性岩体易发生崩塌；②巨厚层的沉积岩(如厚层砂岩)与下伏软弱岩层(如泥岩、页岩等)软硬相间所构成的高陡斜坡易发生崩塌，如重庆市区的崩塌；③软硬相间地层构成的坡体(如三峡地区的二叠系、三叠系灰岩与志留系页岩)，其硬岩高突而易崩塌(如姜家坡黄崖)；④岩浆岩构成的坡体，因其节理裂隙发育，加上后期岩脉穿插，形成有利组合，易产生崩塌；⑤变质岩构成的斜坡，硬厚岩层成陡崖，易产生崩塌。

3. 地质构造

地质构造的主要影响为：①斜坡岩体的完整性和新构造差异运动构成的地形地貌，在深大断裂交会和新构造强烈地区崩塌较发育；②构造线层面长大裂隙面与临空面平行且向外陡倾的地区易发生崩塌；③断层中的破碎带所形成的软弱结构面，往往是崩塌的控制面；④地震时的纵、横波，使岩体上下抖动和左右摇摆，更可促进崩塌发生。据调查一般若地震烈度小于Ⅵ度没有崩塌发生。

4. 其他因素

如暴雨、地下水渗流，地表水冲淘坡脚、冻融劈裂以及人类的不科学挖掘，这些外部条件都可使崩塌激发并被强化。湖北省十堰市因建设第二汽车制造厂，厂区范围内共有滑坡崩塌270处，总体积达750万m^3。

第二节 崩塌分布

崩塌除直接形成灾害外，还往往构成滑坡或泥石流的"物源"。崩塌分布比较广泛，在具有上述条件的地段，均可能产生规模不等的崩塌，但成带或区域性分布则也有一定的规律。从已有资料得知：金沙江中游及下游(邓柯至金江街及金江街至宜宾)、雅砻江下游、岷江上游和嘉陵江上游等地分布密度较高，成片状区域性；大渡河中下游、长江干流涪陵至宜昌段和乌江上游等地分布密度较高，呈带状分布；四川盆地南部、滇中高原、金沙江邓柯以上则分布稀疏；而长江中下游各省则分布较零散。长江流域已知体积大于1000万m^3的崩塌体见表3-2-1，已知体积大于100万m^3的危岩体见表3-2-2，可说明上述分布情况。

表 3-2-1 长江流域已知大于 1000 万 m^3 的崩塌

崩塌名称	位置	体积(10^7m^3)	前/后缘高程(m)	态势及影响
作揖沱崩塌体	湖北巴东楠木园	1.353	80/400	稳定性较差、三峡水库
曹家湾崩塌体	重庆巫山跳石	2.300	90/950	基本稳定、三峡水库
吊崖坪崩塌体	重庆万州	1.747	125/400	稳定、万州城区
羊角崩塌体	重庆武隆羊角	4.071	160/435	基本稳定、三峡水库
土坎崩塌体	重庆武隆土坎	2.128	170/310	基本稳定、三峡水库
花莲树崩塌体	重庆奉节长凼	2.604	110/600	稳定、三峡水库大溪库段
罗家院子崩塌体	重庆丰都汇南	1.275	165/330	基本稳定、三峡水库
糖房湾崩塌体	四川屏山楼东	2.250	280/450	基本稳定、向家坝水库
向家坝崩塌体	云南水富云富	2.108	310/473	基本稳定、向家坝水库
枝子铺崩塌体	云南绥江新滩	1.500	330/665	基本稳定、向家坝水库
何家坪崩塌体	四川屏山新市	1.024	300/450	基本稳定、向家坝水库
墩基塘崩塌体	四川屏山冒水	3.280	330/690	稳定、向家坝水库
腾岩崩塌体	四川雷波渡口	2.160	350/670	稳定性较差、向家坝水库
凉风坳崩塌体	云南永善桧溪	2.130	350/600	基本稳定、向家坝水库
大烂田崩塌体	四川雷波回龙	1.400	360/660	稳定、向家坝水库
石抱蛋崩塌体	云南永善佛滩	1.440	360/700	基本稳定、向家坝水库
增明崩塌体	云南丽江增明	>1.000	150/2100	稳定性较差、龙开口水库
金安崩塌体	云南丽江增明	4.000	1275/2000	稳定性较差、龙开口水库

表 3-2-2 长江流域已知大于 100 万 m^3 的危岩体

危岩名称	位置	体积(10^6m^3)	前/后缘高程(m)	态势及影响
链子崖	湖北秭归	3.31	75/242	经整治后稳定
油桐坡	重庆巫溪	2.70		裂缝宽 2～5m、长 100m、深 100m，为底部挖煤所致
竹林寺	四川屏山	8.23	440/630	下缘竹林寺滑坡，陡崖板状拉裂，影响向家坝库区
马步坎	四川屏山	数百万	600/820	煤层采空坡顶岩体拉裂沉陷，距向家坝坝址很近
秦家坪	四川屏山	1.80	530/680	卸荷拉开，形成板状体，影响向家坝库区
乌东德Ⅲ号	四川会东	1.80	800/950	乌东德坝址左坝肩上游，平行河谷卸荷
乌东德Ⅳ号	四川会东	1.00	925/1125	乌东德坝址左坝肩下游，陡倾层面及裂隙卸荷
大滩	四川宜宾	>5.00		山体出现裂缝，东西长 2000m、南北宽 800m，如崩滑将堵金沙江
磨子沟	四川木里			沿雅砻江裂缝长 8km、宽 1m，已向下坠落 1m
小落鹰崖	四川康定	2.40		如崩落堵大渡河将危及泸定县域

第三节 崩塌灾害的危害

一、崩塌灾害特点

1. 突发性

崩塌大多瞬时暴发，具有突发性。许多人为因素造成的崩塌，往往在人们活动过程中发生，有猝不及防之感，但其形成与发展过程却较长，如盐池河崩塌，从发现山体变形开始至崩塌有两年多时间。

2. 多发性

在已发生过崩塌的地段，崩塌还可以多次重复发生。在同一地质地貌条件的地区，在地震、暴雨激发下，崩塌可以多地点同时发生。

3. 地貌明显性

崩塌多发生在地势高差大、斜坡陡峻的高山峡谷区和陡崖高耸地段。应避开在这样的地方兴建居民点和工程建设。

4. 准周期性

在已发生崩塌的地段，卸荷裂隙逐渐往陡崖(坡内)横向平行发育，隔一段时间后又可发生新的崩塌。当崩塌体加重到一定程度，可转换成塌滑，反复进行演变。

5. 成灾的不确定性

大的崩塌成灾大，但一些小崩塌如不足 $1m^3$ 的落石，也可造成房(车)毁人亡的惨祸和桥毁交通中断的重大损失。

二、典型崩塌灾害

崩塌可在山区城市、矿山、铁道、公路、河流两岸以灾害点的形式造成灾害。现将一些典型灾例按发生时间实录于后，可资警示。

1. 云南昆明西山采石场崩塌群

该崩塌群位于昆明市滇池西、西山采石场至倒石头长约 4km 地段，严重崩塌段约 1km。斜坡走向近南北，坡向东，坡高 500～600m，坡度 38°～90°，斜坡由石灰岩、二叠系白云岩、灰岩组成，岩层内倾，倾角 16°～24°。有 3 组裂隙发育：走向北西 290°～315°倾向北东，倾角 70°～80°，宽 0.1～1.0m，单条长 20～30m，间距 2.5m；走向北东 5°～15°，倾南东倾角 80°，宽 0.3～0.6m；走向 40°～57°，倾南东，倾角 68°，宽 0.7～1.0m。3 组裂隙将岩层切割成大小不等的块体。崩塌体有多处，其中最大一处长 250m、宽 700m、厚 200m、体积达 3500 万 m^3，堆积在坡脚至湖滩 100～150m 宽的条形地带内。据文献记载和访问，本地段在 1833 年、1887 年、1904 年、1943 年、1946 年和 1960 年、1986 年都发生过规模不等的崩塌。其中 1887 年崩塌砸死 30 余人；1943 年崩塌砸坏云瑞纱厂部分厂房；1960 年崩塌砸死 10 余人；1986 年 6 月 21 日 2 次崩塌，崩下岩块 10 余万 m^3，砸坏部分房屋，并堵断公路交通达半年之久。

2. 贵州德江乌江新滩崩塌

该崩塌位于乌江中游峡谷左岸，属黔东北德江县下平乡。崩塌处地层为二叠系石灰岩。该处崩塌历史由来已久。据查文献于 1865 年及 1952 年、1963 年共发生崩塌 10 余次，崩塌物体积约 $6000m^3$，造成航运中断。经 1964 年整治航道后又恢复通航。1970 年 5 月和 8 月大雨之后，又发生两次崩塌，总体积为 3.3 万 m^3。由于该处多次发生崩塌，至今，累计崩塌物体积约 40 万 m^3。崩塌物在乌江形成长 200m、宽 100m、厚 20m 的扇形堆积体，阻塞乌江江面过半，形成突出江面 2～3m 高的埂坎，迫使航道两次中断。据气象资料，除 1952 年缺乏降雨记录外，1963 年当地为丰水年，年总降水量为 1131mm，大大地超过了多年平均值(发生崩塌)；1970 年总降水量为 940mm(持平)，但因降雨过多地集中在 4—7 月份(降雨量为 555mm)，所以引发了 5 月和 8 月两次崩塌。说明降雨往往诱发崩塌，尤其在大暴雨、大雨过程中或稍后时间。

3. 重庆市中区危岩崩塌

重庆市中区有危岩数十处，均沿江岸斜坡分布，其高程为 210～311m，分布位置在长江北岸的竹木街、南区路、解放西路和东水门以及嘉陵江南岸的洪岩洞、一号桥、曾家岩、嘉陵江大桥南桥头和佛图关等地。危岩绝大部分集中分布在嘉陵江南岸，且又多位于洪岩洞和佛图关两地段。市中区危岩均发育在侏罗系上沙溪庙组(J_{2S})的巨厚层砂岩形成的陡崖和悬崖之中，特别是层厚12～25m的砂岩层，危岩最发育，当该层砂岩有顺坡外倾裂隙发育且密度较大时，易成危岩体。这些危岩形态多样，有块状、柱状、板状、倒切锥状等，单体危岩体积有数十立方米至数千立方米，一般为数百立方米。本区崩塌始于长江水系形成之后的更新世，大规模崩塌发生在中、晚更新世(60万至20万年前)，古崩塌规模巨大，现代崩塌规模较小，但危害严重，极易成灾。即使小于1m³ 的落石也能毁坏房屋，造成人员伤亡。20世纪50年代至今，这类灾害不断。1948年洪岩洞崩塌量为2000m³ 左右，摧毁房屋几十间，伤亡300多人。1984年10月白骨塔危岩区200余m³ 崩塌，阻断嘉陵路交通148小时。

4. 重庆合川三汇镇鸡公嘴崩塌引发碎屑流

该崩塌位于重庆市合川三汇镇的一个矿区，1973年5月23日鸡公嘴发生大型崩塌，并形成独特、罕见、强大的碎屑流，流动距离达1.575km。崩塌体约200余万m³。崩塌物摧毁了沟谷中全部矿井，40余人死亡。独特地形强化的崩塌——碎屑流使1km之外的重庆至广安210公路交通中断数月之久，沿途煤矿被毁，损失十分惨重。该崩塌体位于高程为1200余m的高山陡崖坡肩处，陡崖之下为一面积为6000m² 的洼地。洼地中出露煤层，并有断层。洼地的一个出口(垭口)与冲沟相通，与崩塌开裂处相对，三者近于一直线(崩塌—洼地—垭口—沟谷)(见图3-3-1)，当该崩塌体从高差数十米至200m往下崩落瞬间，不仅将整个洼地覆盖，还在洼地中产生高压气流——冲击波，该气流沿洼地出口冲向冲沟方向高速运动。于是崩塌体大量岩块、碎石和岩屑为高压气流卷挟冲向沟口，顷刻间从崩塌区至冲沟口一带粉尘弥漫，蔽日遮天。这些崩积物和碎屑流物质停积于陡崖下、洼地、冲沟及沟口地段。在1分钟内，崩塌物崩落、跃起、滚动的最大距离达1.5km，完成了异乎寻常的、高速的水平位移。该地亦由华蓥山大断裂逆冲使二叠系灰岩高耸，形成悬崖峭壁，煤层构成软弱基座，故拉张裂隙密布，危岩累累。随着煤业的发展，该处于1964年、1968年亦发生过规模较大的崩塌。

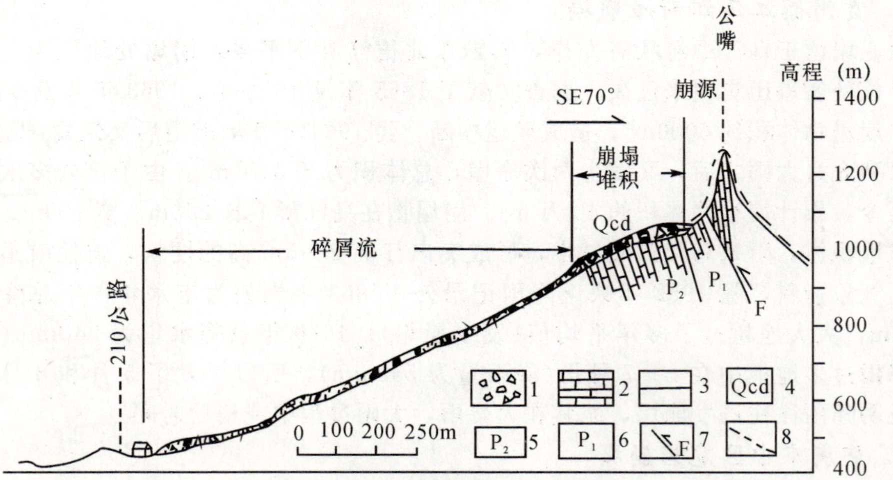

图3-3-1 重庆鸡公嘴崩塌剖面图

1. 碎块石；2. 灰岩；3. 煤层；4. 第四纪崩积物；5. 二叠系上统；
6. 二叠系下统；7. 逆断层；8. 原始地形线

5. 重庆北温泉危岩与崩塌

北温泉为峡谷,坡顶高程400m,相对高差达200～220m,出露地层三叠系上统须家河组第二至第五段。上部陡崖带主要由第四段块状长石石英砂岩组成。沿陡崖带发育的卸荷裂隙带宽达8～14m,其中以与陡坡面近于平行的一组卸荷裂隙最发育,且延伸长,开度大(常见缝宽达10～35cm),裂面较平直,微错移现象明显。北温泉危岩沿圈椅状陡崖展布,共36个,总体积105万m^3。按危险度划分,最危险的17个,危险的19个,而在南段鹞鹰岩段就达28个,故属最危险段。危岩带长达1000m,分布广,规模大,居高临下,破坏力强,危害严重。据北碚志记载:北泉公园前身为温泉寺,始建于公元432年,13世纪时,寺庙毁于垮塌之中,1426年重建新殿,1927年辟为公园,1974年7月14日鹞鹰岩西端发生约3500m^3岩崩,突然一声巨响,浓烟滚滚笼罩山谷,大块石从山崖飞出,顺坡而下,堵塞下方公路,砸坏公园房屋、水文站、儿童游泳池,奔入江中巨石击起数米高巨浪,掀翻航行中的木船,造成中断交通数十日、死亡5人(含船工1人)、伤多人的灾难,直接经济损失达50万～60万元。1993年4月连降数天中至大雨后,在原崩塌顶部发生数立方米的小崩塌,波及达30～40m。据估计,若崩塌达1万m^3,直接经济损失约850万元。

6. 湖北远安盐池河磷矿崩塌

该崩塌位于湖北宜昌地区远安县境内。矿区为中高山深切峡谷地形,山坡多为悬崖陡壁,谷底盐池河高程为500m,崩塌山体顶部高程为850m,相对高差达350m。矿区工业广场及民用建筑均布置在崩塌山体下部的沟谷中。矿区出露地层为震旦系陡山沱组含磷岩系及其上的灯影组白云岩,走向南北,倾向南东东,倾角15°左右。灰色至灰黑色粉砂质页岩为磷矿层的直接底板,厚度约18m,岩性比较软弱,强度低,易风化,极易变形;磷矿层厚度2m左右,为该矿开采层,其上覆白云岩以中厚、薄层状为主,厚约170m,再上为厚层状白云岩。

该崩塌发生具有多方面因素,但磷矿层开采是上覆山体变形崩塌的最主要因素。磷矿层在谷坡底部出露,开采用中央斜井及多中段平洞联合开拓方案,采用房柱采矿法及全面空场采矿法。随着两侧矿房的回采,中央斜井变形比较严重,顶板下沉,底板鼓起,使巷道顶底板合槽。为了控制采场及巷道地压现象,1979年7月采用大规模爆破房间矿柱的放顶管理方法,加速了上覆岩体及地表的变形过程。采空区上部岩体和地表先后出现裂缝10条,均为上宽下窄的张性裂缝,且大多沿北东及北西两组节理面追踪发展,它们具有如下特点:①10条地表裂缝均出现在1979年及其以后,均在对应的地下采矿中段回采放顶后半年左右的时间形成;②产生部位都分布在当时开采条件下采空区与非采空区对应的边界部位;③地表裂缝出现的顺序与地下回采的顺序一致,总体方向为北西向,亦与采空区的边界一致。这说明地下采矿—地表裂缝—切割岩体崩塌的密切关系。

该崩塌岩体经历了不同的变形阶段。1980年5月17日至6月1日进入急剧变形阶段,此时主切割裂缝已延伸到追踪滑面,水平位移增加并有明显垂直位移。山坡上小型崩塌及滚石已较频繁;1980年6月2—3日为崩坍破坏阶段,后缘切割裂缝垂直速度达1m/d以上,前缘小型崩塌及滚石不断,一次崩塌规模可达1000m^3左右。6月3日5时35分崩塌发生,鹰嘴岩部分山体从850m俯冲到500m高程的河谷,山体崩塌掩盖推毁整个矿区，崩塌体100万m^3，覆盖面积南北长560m，东西宽400m，堆积层厚度平均约20m，最大达40m左右。最大块体约1000m^3，重约2700t。16秒钟之内在盐池河筑起一座高38m的堤坝，形成一座天然湖。强大的冲击波气浪，将矿务局的5层大楼席卷而起，直抛至对面山坡上撞碎，随之掩埋。摧毁矿务局机关全部建筑物和坑口设施，毁坏建筑物1.1万m^2、40套机械设备、12辆汽车，毁耕地2.4hm^2，致死301人(含矿区职工及家属284人)，经济损失2500万元。崩塌时，前缘块体倾伏，产生气垫浮托效应，在高压作用下坡脚开阔地带产生高速气流，将地表建筑物迅速摧毁，同时挟碎石、建筑物碎块的高速气流撞击对面陡壁后，产生回弹和折射，崩塌块石“乘风”越过山脊，毁灭河谷下游的所谓安全区，大部分人在此遇难。峡谷中的这种独特运动形式，今后应予以重视。事后宜昌行署在此建立“盐池河山崩遇难同志纪念碑”。

7. 陕西宁强大滩丁家坝崩塌

1981年8月16日4时，宝成铁路旁的高陡边坡发生岩石崩塌，崩塌岩块体积720m^3，造成颠覆812次货车车厢7节，电力机车翻滚坠入嘉陵江，中断行车62小时11分。该边坡上岩体为软弱破碎的变质岩，大量降雨渗入岩体裂隙中，引发了崩塌的发生。

8. 襄渝线巴山至达县段崩塌滚石

1983年8月19日9时15分，襄渝线K451＋822楠木沟中桥右侧，相对高82m的山坡上滚落12.6m^3孤石一块，将该桥第一孔梁全部击毁，中断行车22小时58分，直接经济损失高达22.1万元。

1985年9月21日22时35分，襄渝线K493下长坝1号大桥地区，在前期连降雨15天(降雨量达333.5mm)激发下，山坡上突然产生崩塌，最大岩块256m^3，顺山坡滚落下来，击中该桥第一孔梁，致使预应力钢筋混凝土梁折断。同一天23时6分、23时41分和22日6时又相继崩落3次，一块59.4m^3的巨石击伤该桥第二孔梁，中断行车132小时7分，直接经济损失达39.02万元。

9. 重庆巫溪城关南门湾崩塌

1987年9月1日3时35分，巫溪城关南门湾的龙头山发生崩塌，规模仅0.7万m^3，但损失惨重。一幢6层宿舍楼、两家私人旅舍、20余户居民住房全被摧毁，95人在睡梦中被夺去生命，24人受伤；70余m公路干线被掩埋；经济损失达400万元。崩塌山体地势陡峭，由致密坚硬的块状白云岩构成，崖脚有一层角砾岩夹层，角砾岩由碳酸盐质、泥质胶结，遇水极易溶解，强度大大降低。陡崖上部有一组陡倾裂隙，切割山体，崖根部有一长缓倾裂隙，此裂隙组合使该岩体成为隔离体。该地段自1982年以后，人们陆续在山脚处开挖建房，从而削弱了坡脚的支撑，促进并牵动上部岩体中的裂隙进一步扩展。1987年7－8月降雨十分丰富，超过正常年平均降水量200mm，更加剧了裂隙的贯通性发展。在上述因素综合作用下，终于发生了崩塌。此事例对山城建设中如何防止地质灾害，提供了生动的教训。

10. 云南东川市因民大桥地村崩塌

该崩塌地处山坡陡峻，多在50°以上，出露地层为昆明群，岩层破碎。1987年7月10日，大桥地村北海拔3200m左右的近山脊部位，发生危岩崩塌，崩塌“启动”大桥地沟床中的泥石流堆积和崩积物形成滑坡。滑体冲过海拔2620m的谷底后，又沿对岸爬高近100m后，再返滑回谷底。滑动的土石为47万m^3，停积于谷底，形成了近30m高的自然堤，积水成堰塞湖，蓄水2万m^3。此次崩塌、滑坡造成7人死亡、1人受伤，冲毁部分公路及通信、供水、供电管线，迫使因民铜矿停产7天，直接经济损失达50万元。

11. 湖北十堰市人为因素崩塌

1987年11月22日，镜潭采石场在开采石料时挖去了坡脚，致使1000m^3岩体突然崩塌，砸坏1辆东风汽车，1位司机和2名民工当即死亡，数人受伤。

1985年7月的一个雨夜，悦来饭店发生崩塌，系由于建饭店时不合理地进行切坡而导致，使得饭店房屋倒塌数间，死亡1人，重伤1人。

12. 重庆巫溪中阳村滑动型崩塌

1988年1月10日18时37分，巫溪县西宁区下堡乡中阳村发生大型滑动型崩塌，765万m^3(有1000万m^3之说)土石，从高程770～1040m的山坡上崩落至高程360m的河谷中，形成一道长600m、宽50m、高30m的天然堆石坝，将西溪河(大宁河支流)拦腰截断。摧毁中阳村的荆竹、石坝3个组和对岸下堡村7户农舍，造成7100m^2房舍、35.33hm^2田地、600m长公路和520m长引水渠道被毁坏，死亡26人，伤7人，直接经济损失达468.5万元(有资料为700万元)。迫使西宁水电站因被淹而停产。

该崩塌地点位于背斜北翼，出露地层有S_2页岩，P石灰岩夹煤层，T_1石灰岩、薄层泥灰岩及炭质页岩，岩层倾向坡内，但倾角变化大，从5°至50°。由PT灰岩构成红崖陡崖，但它们存在两个软弱层位：下软层为P_2底部的煤层，厚约1m，有15个煤洞，洞壁已发生下沉、坍塌，从而牵引位于洞体上部的红崖陡崖岩体开裂、位错并下沉。上软层是T_1底部的炭质页岩，厚2～3m，覆于已经开裂的红崖岩体之上。下软层变形，引起整个陡崖变位。自1985年1月至1987年9月13日，变形不断发展，裂缝最大宽度达46.7cm，位错高差达81.2cm，最终形成沿两个软弱层位的大部分物质脱离滑床而滑塌。约250万m^3土石坠入河谷，形成堆石坝，前部约20万m^3土石越过河床，仰冲至对岸30°斜坡上，爬高近60m，出乎人们预料地造成人身伤亡。这对在陡崖山谷区，如何估计灾害范围有一定借鉴。

13. 四川万源白沙工农区崩塌

该崩塌位于万源县白沙工农区白沙镇吊板垭，白沙河的上游。崩塌区陡崖为二叠系地层，其上部为厚层灰岩，薄层黏土岩夹砂页岩；中部为断裂破碎带，强烈风化，断层面向山内陡倾，倾角80°，破碎带宽度大于100m，崖底部为厚层灰岩夹2m厚的煤层。在1988年5月3日，在矿井中发现煤层顶板灰岩发出崩落声响，同时山体斜坡出现拉张裂缝。1988年5月13日，首先发生煤矿坑道坍塌，然后自下而上出现拉张裂缝，最后于当天11时30分发生剧烈山崩。崩塌体积100万m^3，倒损房屋162间，摧毁煤矿1个、酒厂1家，损坏农田21hm^2，掩埋拖拉机3台、胶轮车14辆、煤炭近3000t、柴油300kg、粮食1500kg以上，直接经济损失近56万元。崩塌体将白沙河拦腰截断，形成一座100m长、75m宽、38m高的天然堆石坝。上游壅水成湖，淹没白沙至曹家的公路，同时还威胁下游沿河两岸(含白沙镇)9500余人和航天部062基地的安全。崩塌形成的主要原因是在下部挖煤掏空，煤洞顶板厚层灰岩发生坍塌，致使煤洞上覆断层风化破碎带前缘失去支撑，触发大规模山体崩塌。

14. 重庆江北切风崖崩塌

该崩塌位于江北县柳荫乡胜天水库库尾的邓家沟一带，为嘉陵江左岸支流黑水滩河支流的上游山谷。该处原为危岩，名切风崖一线天，一线天裂缝长约 60m，上宽 4m，下宽 0.5～1.0m，从崖坡坡肩至坡脚深 90 余 m，平行峡谷走向延展，为长期在卸荷剥蚀作用下产生的山体开裂现象。一线天山崖壁为薄层状灰岩，走向与崖壁平行，呈直立状。该崩塌为板状陡倾岩层在自重力的作用下，沿卸荷裂隙，发生弯曲——拉裂变形(俗名点头哈腰)并向峡谷临空方向倾倒拆裂的一种岩体变形破坏。变形已久，终于在 1989 年 10 月 23 日 15 时左右发生岩崩，岩崩体积约 7 万多 m^3，占切风崖开裂岩体(危岩)的 2/3，还有 1/3 岩体处于一触即倒的状态。岩崩在切风崖左峡谷形成了一个天然堆石坝，高约 20m，堆石坝极不稳定，威胁下游胜天水库的安全，应及早予以处置。

15. 四川什邡金河磷矿崩塌

该崩塌位于什邡北部的岳家山，为沱江上游的高山峡谷地形。该矿自 1968 年投产以来，已形成 30 万 m^2 的采空区，地表新生裂缝 100 余条，最长达 100m，最宽达 8.6m。1969—1983 年共发生崩塌 10 余次。其中 1971 年 9 月一次崩塌总体积为 25 万 m^3，将风井洞口、主井洞口及地面的风、水、电路和井口食堂全部破坏。1979 年一次崩塌使铁路运输中断 120 天。1991 年 6 月 17 日凌晨，因暴雨诱发，该矿三道沟马槽滩区又发生了一次大型崩塌，仅 1～2 分钟，100 万 m^3 土石块体从相对 200～400m 高的斜坡上部直向沟底倾泻，掩埋了岳家火车站，在沟谷中形成了长 500m、宽 50～60m、高 30～40m 的崩塌物堆石坝，致死 10 人，损失重大。

16. 重庆武隆鸡冠岭岩崩

该岩崩位于重庆武隆县兴顺乡核桃村的乌江中游边滩峡左岸。岩崩区岸坡陡峭，处于背斜轴部，岩石强烈挤压，构造裂隙发育，平行乌江岸坡发育 10 余条弧形拉张裂缝，最长达 900m，缝宽 0.2～1.0m，且裂缝不断发展、贯通。岩崩区地下含薄层煤数层，当地小规模开采，但历史悠久，现有兴隆、核桃 2 个煤矿共 5 个矿井。因长期采煤，该处岸坡近地表数百米深度内的煤层均已采空，这直接影响到山体的稳定。据碑刻记载，清道光三年(1823 年)此处航道磊石成险，船行至此，需人力背物过滩，可见在 180 多年前就发生过岩崩成滩碍航事件。

1994 年 4 月 30 日 11 时 45 分，鸡冠岭再次发生巨大岩崩，据目击者说，其时响声隆隆，在龙冠嘴一带升起冲天尘柱，遮天蔽日。崩塌体总量为 530 万 m^3，除 100 万 m^3 岩石碎块坠落入江外，大部分停积在乌江岸坡上，呈斜长 760m、平均宽 200m 的堆积体。崩塌体坠落入江时乌江产生高达 30 余 m 的涌浪，立即形成一座崩塌物堆石坝，并使乌江断流半小时，上下游水位差 10m 左右，24 小时后，乱石坝被冲开，至 5 月 5 日冲开宽度已达 40m，上下游水位差仍达 5～6m。崩塌使川东南至黔北地区 20 多个县市间的客货水上运输中断，据推算断航一天经济损失 95 万元。崩塌推毁了刚刚投产的兴隆煤矿(年产煤 6 万 t)，还将 1 艘功率为 176kW 的拖轮、1 艘载货量为 160t 的驳轮和 2 条小渔船击沉。载货量为 230t 的驳轮被砸坏并推挤至对岸。据当地政府统计，崩塌致死 4 人，伤 5 人，另有 12 人下落不明。造成直接经济损失 988 万元，间接经济损失则难以评估，仅以中断客货运输达 3 个月，其损失就十分巨大。其后该崩塌体于当年 7 月 2 日 22 时至 3 日 4 时在持续暴雨激发下，3 日下午斜坡崩积体大部分又启动坍滑，部分崩积物入江，在原堆石坝上游形成第二道堆石坝，同时加宽了原来的堆石坝。

据现场调查，发生崩塌前的2月份，兴隆煤矿地表水池出现开裂漏水现象；3月发现风井平洞拱圈开裂，至4月26日矿井内裂缝明显增大已构成险情，鉴此，矿领导决定撤离矿井，从而减少了人员伤亡。究其成因，是在不利的地形地质条件下，不合理的煤矿开采，加速和促进了山体斜坡的变形和破坏，最终导致灾害的发生。

值得一提的奇事：有2个民工被崩塌体乱石掩盖在一洞口附近，但未被人及时发现，一个几天后饿死了，另一个因洞顶滴水且距嘴不远，经38天后被人发现救出，幸存下来。

17. 重庆武隆县城崩塌

该崩塌位于武隆县城仙女路西段，半挖半填建房，于2001年5月1日20点30分左右发生垮塌，垮塌处宽约百米，专家估计塌方岩石约1万多m^3，一幢2000年3月建成的9层居民楼被垮塌的岩石掩埋，楼内有常住人口90人左右，除外出者共死亡79人，伤4人。据了解，4月30日武隆县下了一整天雨，雨水浸润作用可能是引发这次灾难的重要原因之一。据幸存者、目击者回忆，崩塌前一天，就不断有石头从后山上滚落下来，但未引起人们注意，也未通知撤离居住人员。事发时一幸存者称："当时我正站在楼前的空地，突然看到许多石头从楼梯后砸来，后被气流冲倒醒来时我已躺在医院里。"据分析，深挖高边坡和挡土墙设计未达到要求，在雨水浸润渗压作用下，导致了灾害的发生。但是人员死亡如此之多，与当地管理者亦有很大关系，事后有关责任人被查处。

18. 湖北秭归链子崖危岩体

该危岩体位于长江西陵峡右岸兵书宝剑峡出口陡崖处，与新滩滑坡隔江相望。陡崖高70～100m，系由坚硬的二叠系栖霞灰岩夹多层薄层炭质条带钙质泥岩组成，底部有厚1.6～4.2m的煤系地层，岩层倾向北西，倾角约32°，陡崖东侧为志留系页岩受侵蚀而成的猴子岭凹槽，北侧俯临长江。危岩体为由14个缝组40余条深度不等的裂缝所切割的岩体，包括互不相连的3段(见图3-3-2)。Ⅰ段由T_0～T_6约20条裂缝包围切割而成，体积113万m^3，其中T_1、T_2、T_6规模最大，已切至下伏煤层。Ⅱ段由与陡崖近于平行的T_7弧形裂缝切割围成的楔形体，体积约2万m^3。Ⅲ段以煤层为底界，由T_8、T_9、T_{11}、T_{12}等27条裂缝包围切割而成，体积216万m^3。Ⅰ、Ⅱ段岩体如有崩落，将主要堆积于东侧猴子岭斜坡上，而第Ⅲ段危岩体规模大且直逼长江，失稳将危及过往船只的安全。对此危岩体长江水利委员会于1974年就建立变形监测系统进行监测，同时还进行了平洞勘探和钻孔以及地质填图。

1992年7月国务院办公厅将链子崖危岩体治理工程交地矿部(现国土资源部)组织实施。设计由地矿部地质灾害防治工程勘查设计院承担，参与施工的有湖北省水文工程队、煤炭部下属施工队等数个单位。整治重点为第Ⅲ段危岩体。采取如下工程措施：对底部煤层采空区做混凝土承重阻滑工程，防止不均匀沉降和滑动；对陡崖危岩体进行预应力锚索加固，陡岩部位锚固采用1000kN、2000kN、3000kN 3种量级锚索，上小下大防倾倒滑移(见图3-3-3)，对控制层间滑动的软弱夹层，进行混凝土置换(填)加固；对整个陡崖斜坡，进行挂网锚喷；对较大裂缝设置防雨盖板；对雷劈石滑坡进行地表排水处理；对猴子岭斜坡做防护拦石工程。承重阻滑(键)布置如图3-3-4所示，包括PD_2、PD_6、PD_1和PM 4个工区组成平面受力格架体系，锚固有1号、2号、3号3

个区、原设计各区锚固力和锚索数量如图所示。1号和3号为主、2号为辅，单根受力为2500kN、3000kN和2000kN。

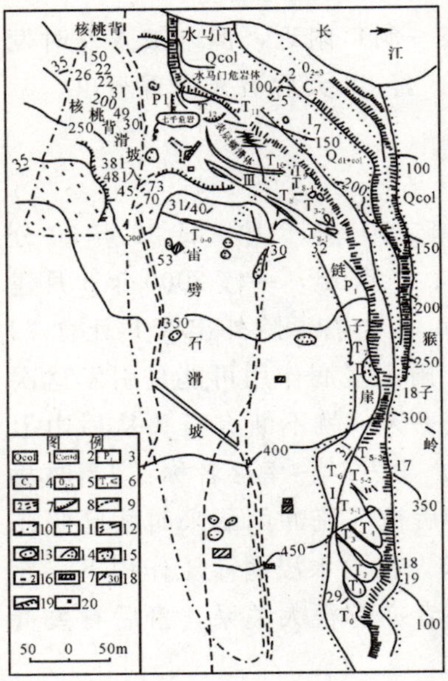

图 3-3-2 链子崖危岩体平面图

1. 崩积物；2. 崩坡积物；3. 二叠系；4. 石炭系；5. 泥盆系；6. 裂缝及其编号；7. 平洞；8. 第四系与基岩界线；9. 地层界线；10. 滑坡界线；11. 表层蠕滑界线；12. 排洪沟；13. 大块石；14. 洞穴堆积物；15. 崩落体；16. 煤洞及其编号；17. 房屋；18. 岩层产状；19. 陡壁；20. 坑槽

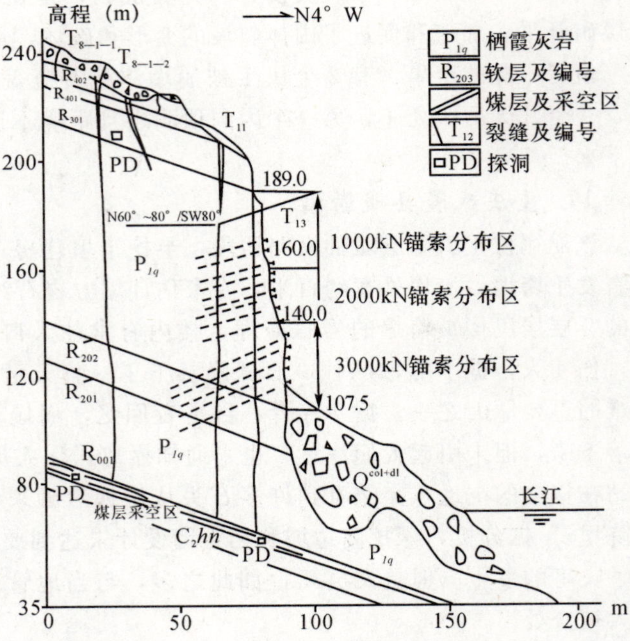

图 3-3-3 预应力锚固工程布置图

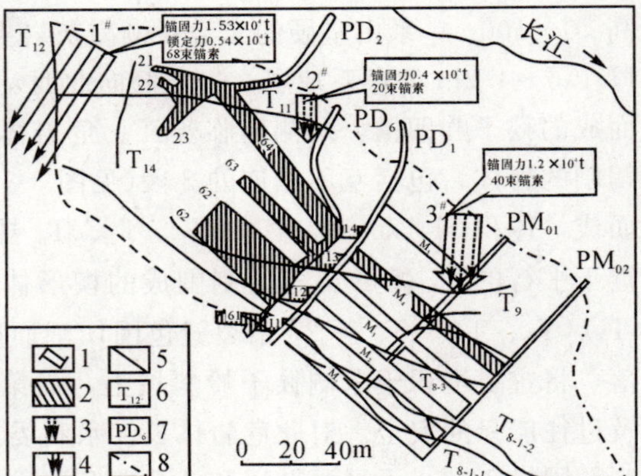

图 3-3-4 链子崖防治工程布置简图（据刘传正资料）

1. 拟实施的键体；2. 已实施的键体；3. 拟施工的锚索；4. 已实施的锚施；5. 裂缝；6. 裂缝编号；7. 洞群编号；8. 危岩体界线

1995年5月30日煤层采空区治理工程正式开工，也是链子崖治理的主体工程正式开工，它是关系到 T_8～T_{12} 缝段（Ⅲ区）216万 m^3 危岩稳定的根本性工程。正如1996年12月11日专家会议纪要指出的："煤层采空，不仅是危岩体形成的根本原因，也是危岩体变形的主要控制因素，其情况比原了解的更为复杂……煤层采空区中的防治工程是一项非常复杂而敏感的工程。”危岩底部煤层开采约起于1524年，至1967年政府下令禁采，前后长达443年，该地开采面积20万m^2，采出煤约30万t，采空区面积约12万m^2。

整治工程费用由国家动用总理专项资金8000万元。这是中国首例大规模危岩治理工程。

19. 四川剑阁东坝火车站山体开裂

该山体开裂位于剑阁县竹园乡，是宝成铁路隐患极大的地质灾害。东坝山体地层为石炭系上统船山组和二叠系下统梁山组及栖霞组的灰岩。在梁山组中有铝土矿，岩层产状倾向南东158倾角∠10°，在剖面上微倾坡内。开裂点位于矿山梁背斜的南东翼，下部清江河岸边陡壁有清楚断裂分布。开裂岩体高程为675～806m，长约113m，宽度不一，一般15～25m，最宽达30m。造成山体开裂的直接原因是由于洞掘采矿。1958年四川省劳改厅组织采挖铝土矿，采空区达640m^2。采挖后边坡即发生开裂。目前最大裂隙深度可达百米以上，最大裂开距离达4.5m，裂隙倾角很陡，为80°～85°，估算危岩体积为20万～30万m^3，由于下座不均匀，致使危岩向坡外倾斜，倾角已达6°左右。危岩下部为东坝车站，有车站及人身安全之忧虑。通过对危岩体平衡计算，认为存在潜在危险。

20. 四川康定大渡河上游小落鹰岩危岩体

该危岩体位于四川康定大渡河右岸响水沟口。1995年7月28日8时，位于瓦丹(瓦斯至丹巴)公路响水沟段的落鹰崖发生岩崩堵断大渡河，断流半小时。在距此上游1km右岸的小落鹰岩亦是一危岩。该处出露地层多为元古代花岗岩、花岗闪长岩，节理裂隙十分发育，山体平均坡度40°～45°。小落鹰崖有内外2条贯穿性较好的陡倾裂缝，因而形成大型危岩体。危岩体体如凸向河的山嘴，中下部为高近100m、坡度80°的陡崖，丹巴公路从脚根挖槽通过，因而从外观看十分高陡危险。危岩体可分两部分：外裂缝切割部分，外裂缝从高近100m的顶部至公路面以上20m处，呈锯齿状贯通，中、下部缝宽10～25cm，中、上部30～50cm，顶部最宽处100cm，外裂缝所围岩体规模长100m，平均宽100m，平均厚20m，估算体积20万m^3；内裂缝切割部分，内裂缝从高180m的顶部与外裂缝平行延伸到公路面以上40m处，亦呈锯齿状贯通，中、下部缝宽5～20cm，中、上部为单宽15cm左右的3～4条裂缝组成张裂带，带宽1.5m左右，岩体规模长150m，平均宽200m，平均厚80m，体积240万m^3(见图3-3-5)。现场观测人员预计近2～3年内外裂缝危岩体可能发生岩崩，将堵断大渡河，溃决后不仅危害康定县重镇姑咱，而且对历史文化名城——泸定县城也将产生极大危害。内裂缝在大地震作用下，也可能发生崩塌，将造成更大的灾害。

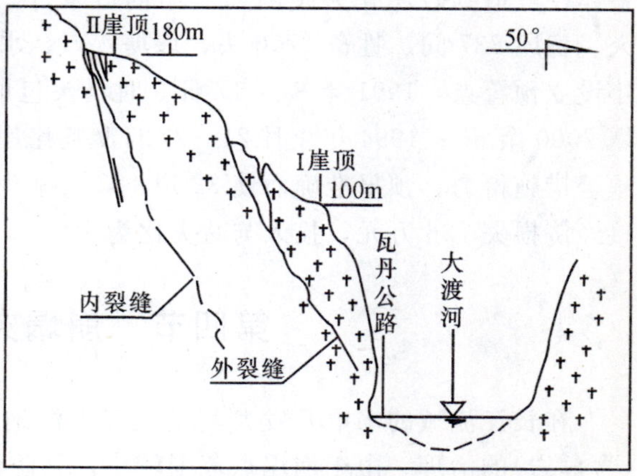

图3-3-5 小落鹰岩危崖体剖面示意图

21. 四川宜宾市安边乡大滩村危岩体

该危岩体位于四川省宜宾市安边乡大滩村境内的金沙江左岸。1988年7—8月，整个山体开裂下陷，裂缝贯通性好，长3km，最宽达2m，垂直错动3m。局部已出现垮塌崩落现象，有可能产生一次性的整体滑动，堵断金沙江。直接经济损失将达2亿元。

22. 贵州乌江渡小黄崖危岩体

该危岩体位于乌江渡水电站库区左岸，距大坝约400m，小黄崖上部为下二叠统灰岩，厚层块状致密坚硬，厚260m，形成陡崖。下部为上二叠统乐平煤组，岩性为薄层灰岩与泥岩、炭质页岩互层，夹多层粉末状煤层总厚152m，其中软弱页岩和煤层共厚67m，煤组风化较深，一般为50～70m，岩体松动架空，表部多处见有煤洞。该处地层走向北东5°～15°，倾向北西(山里)，倾角60°～70°，地段虽未见较大断裂构造，但从探洞所见，小断裂较发育，尤以走向北北东及北东向较多，大多倾角南东(外倾)，倾角一般70°～85°，在此断裂构造基础上，受高陡边坡重力卸荷作用和底部煤层采空而产生的纵张性大裂缝十分发育，延伸范围与下切深度均较大，为不稳定岩体后缘的连续切割面。前缘为乌江峡谷，陡坡高达300m，东面为一深切沟谷，西、北两端(后缘)被裂缝拉平，形成一个两面临空、上陡下缓、后缘拉开的高悬岩体，后缘裂缝地表出露呈“圈椅”状，且有错落迹象，下部页岩煤组表层有明显反倾向弯曲现象。由变形监测资料分析，该危岩已处于渐近破坏状态，在加强监测同时于1981—1982年对其进行了工程防治，主要是采取上部爆破卸荷，下部压脚和设置排水洞等措施。

23. 重庆奉节李子垭危崖崩塌

该崩塌位于重庆奉节竹园镇崔家河与高治河交汇处。由大洪山、马头包、鹰嘴崖和黑湾4个危岩体组成。其中，大洪山危岩体500万m^3，马头包危岩体3500万m^3，鹰嘴崖危岩体1400万m^3，黑湾危岩体900万m^3，共6300万m^3。危岩体地形地貌受构造和岩性控制，由T_3须家河组厚层砂岩构成陡崖，下部含煤地层与T_2巴东组为缓坡，陡崖高程650～900m，缓坡650m以下，谷底340m。危岩体区位于龙池坪背斜核部，岩层平缓，倾角7°～12°。陡崖下煤层采空是危岩体形成最直接最主要的原因，且已引起采空区地表面大范围变形，其沉陷值最大达7.8m，一般均为1.5m，表明岩层整体性已遭到破坏并为倾倒和崩塌创造条件。由于其规模大，危及其下部的1500余人、房屋837间、牲畜1700头、堰塘4口、水库1座、乡村小水电站1座，故于1991年设立预警点。1991年8月17日9时马头包崩垮500余m^3，1992年10月16日又崩塌2000余m^3；1994年4月21—27日鹰嘴崖崩塌达20余次共8000余m^3。均由于监测预警措施得力、预报准确而使32户138人幸免于难，减少直接经济损失110万元、间接经济损失736万元，投入与减灾比为1∶53，取得了显著的减灾效益与社会效益。

第四节　崩塌灾害的防治

在长江流域的水电开发尤其是长江上游地区西电东送工程建设中，开展了对崩塌(含危岩)的治理。由于崩塌点范围较小，其防治原则为：首先，以防为主，防治结合，经察勘对危险区以搬迁避开为主，当不可绕避时则进行治理；其次，为着眼全局，突出重点，在全面开展调查研究的基础上，对与全局有重大影响、危害严重的灾害点进行治理，如长江三峡工程建设中对链子崖危岩体的治理、乌江渡工程建设中对小黄崖危岩体的治理等；再次，以土木工程为主优先选择治理方案。

崩塌防治工程是一项系统工程，其工程系统见图 3-4-1。

- 勘察——稳定性及危害等级判定
  - 预防措施
    - 预防
      - 清除危岩体
      - 绕避崩塌体
    - 预警
      - 监测
      - 报警
  - 治理工程
    - 防水工程
      - 防止冲刷坡脚
      - 防止地表水进入——截水沟
      - 封闭裂缝
    - 抗崩塌工程
      - 卸载清除——爆破、人工削方
      - 基础加固(承重阻滑)(支撑墩)
      - 锚杆
      - 预应力锚索
    - 崩积物治理——挡坝

图 3-4-1 崩塌防治系统图

附录 崩塌灾害年表

由于以往把崩塌看做是“天人感应”、天示不祥将至的警示，故对其记载较早。据资料，就全国而言，有公元前 2598 年黄帝将亡则土裂；公元前 1767 年(夏桀末年)社坼裂的记载。公元前 590 年，楚王卒前一年，“楚阳山崩”，则是长江流域最早的崩塌记载。而造成灾害的为公元前 186 年(汉高后二年春正月乙卯)，“羌道、武都道山崩，杀七百六十人”(系地震造成)。可以肯定的是，记载是有遗漏的。在史籍中有些山崩记载可以明显区分系滑坡所致，不录入本年表。现将收集到的流域内约 200 余条崩塌灾害事件载列表如下。从表中可看出，崩塌灾害点的分布比较零散，其发生时段则以汉、明、清时期和 1949 年以来的 20 世纪 60 年代和 80 年代为多，显然也可看出与人为活动范围的扩大和强度加大有关。

序号	位置	所属水系	规模(万 m^3)	发生时间	灾害损失
1	湖北			前 590 年	楚王卒前一年，楚阳山崩
2	甘肃西和、舟曲	白龙江		前 186 年(汉高后二年春正月乙卯)	羌道、武都道(地震)山崩杀七百六十人，(为长江流域内最早山崩记载)
3	四川西昌	安宁河		前 29 年(汉建始三年十二月)	越嶲山崩
4	四川宜宾西南	金沙江		前 26 年(汉河平三年)	二月丙戌犍为柏江山崩，捐江山崩，皆壅江水，逆流环城杀十三人
5	四川成都	岷江		前 10 年(汉元延三年)	正月丙寅蜀郡岷山崩壅江，江水逆流，三日乃通
6	湖北秭归	长江		公元 100 年(汉永元十二年)	夏闰月戊辰南郡秭归山高四百余丈，崩填溪水，杀百余人(三峡山崩最早记述)

续表

序号	位置	所属水系	规模（万 m^3）	发生时间	灾害损失
7	安徽			123 年（汉延光二年）	七月丹阳山崩四十七所
8	重庆	嘉陵江		124 年（汉延光三年）	六月庚午，巴郡阆中山崩
9	四川西昌	安宁河		125 年（汉延光四年）	十月丙午，蜀郡越嶲山崩，杀四百余人
10	四川梓潼	涪江		150 年（汉和平元年）	七月广汉梓潼山崩
11	重庆和云南昆明	长江		155 年（汉永寿元年）	六月巴郡，益州郡山崩
12	陕西汉中	汉水		160 年（汉延喜三年）	夏五月甲戌汉中山崩
13	湖北宜城	汉江		198 年（汉建安三年）	宜城太山崩声闻五六十里
14	湖北			285 年（晋太康六年）	十月南安山崩涌水出
15	云南昭通（牛栏江口以下）	金沙江		286 年（晋太康七年）	二月朱提之大泸山崩，震坏郡舍
16	四川成都湖北竹山	岷江、汉江		294 年（晋元康四年）	二月蜀郡山崩杀人，上庸郡四处山崩地坠广三十丈长百三十丈水出杀人
17	湖北宜昌	长江		309 年（晋永嘉三年）	九月宜都夷道山崩
18	江西九江	长江		329 年（晋咸和四年）	冬十月柴桑庐山西北崖山崩
19	四川成都西北	岷江		336 年（晋咸康二年）	冬，岷山崩，江水竭
20	重庆巫山新崩滩	长江干流	几百万	377 年（晋太元二年）	江水历峡，东迳新崩滩，此山晋太元二年又崩，当崩之日水逆流百余里，涌起数十丈；据《水经注》及周魁一教授资料，位置可能在横石溪口一带
21	四川西昌	雅砻江下游及安宁河		624 年（唐武德七年）	七月甲午嶲州山崩，遏江水，川水咽流
22	湖南郴州	湘江		778 年（唐大历十三年）	郴州黄苓山摧，压杀数百人
23	川西	岷江上游杂谷脑河		887 年（唐光启三年）	四月维州山崩，累日不止，尘坌亘天，壅江，水逆流
24	重庆奉节	长江		932 年（933 年）（后唐长兴三年）	秋七月夔州赤甲山崩，大水漂溺居人
25	四川都江堰	岷江		952 年（后周广顺二年）	七月青城县鬼城山崩
26	四川名山	青衣江		991 年（宋淳化二年）	五月雅州名山县大风雨，登辽山圮，壅江水逆流，人民田害稼
27	湖北秭归	长江		1023—1031 年（宋天圣年间）	秭归山崩，江石断流，舟楫不通几三十年
28	湖南衡山、四川剑阁	湘江、嘉陵江		1193 年（宋绍熙四年）	南岳祝融峰山自摧，剑门关山摧
29	浙江杭州	运河		1194 年（宋绍熙五年）	十二月临安府南高峰山自摧
30	四川雷波	金沙江		1216 年（宋嘉定九年）	三月甲子，马湖夷界山崩八十里，江水不通
31	湖南郴州	湘江		1297 年（元大德元年）	七月郴州路耒阳州，衡州之酃县大水山崩，溺死三百余人
32	四川天全	全天河（岷江）		1327 年（元泰定四年）	八月天全道山崩，飞石击人，中者辄死

续表

序号	位置	所属水系	规模（万 m^3）	发生时间	灾害损失
33	湖南桃源	沅江		1340 年(元至元六年)	六月桃源县山崩水溢压溺民居五十三家，死者三百六十余人
34	湖南湘乡	湘江		1436 年 5 月 28 日(明正统元年)	山崩陷田地十余亩，有 5 级地震
35	江西湖口	长江		1449 年(明正统十四年)	湖口县钟山崩
36	江西彭泽	长江		1466 年(明成化二年)	江西小孤山北岸崩三里余，坏民居数百
37	江西湖口	长江		1480 年(明成化十六年)	湖口县上钟山崩
38	湖北恩施	清江		1490 年(明弘治三年)	二月施州山崩，怪石出江塞；石信山崩，有大石二类人形，卓立路旁；清江南岸山崩，大石塞江水为不流，遂壅为滩
39	江西宜春、陕西略阳	赣江、嘉陵江		1506 年(明正德元年)	秋七月江西袁州山崩，五月略阳大雨，高家山崩，压死百九十人
40	陕西旬阳	汉江		1508 年(明正德三年)	夏陕西旬阳大雨山崩
41	重庆奉节	长江		1511 年(明正德六年)	七月丙寅，夔州獐子溪骤雨山崩，江溢
42	云南元谋	龙川江		1518 年(明正德十三年)	五月癸亥，云南黑盐井山崩井塞
43	广西全州	湘江		1522 年(明嘉靖元年)	夏五月广西全州大水，万乡四都山崩水涌，陷田数百顷
44	贵州	乌江		1526 年(明嘉靖五年)	四月贵州歹苏屯山崩
45	重庆武隆、湖北秭归	乌江 长江		1542 年(明嘉靖二十一年)	武隆清溪左山崩；六月乙酉，归州沙子岭大雷雨，崖石崩裂塞江二里许
46	云南鹤庆	金沙江		1559 年(明嘉靖三十八年)	六月二十五日夜鹤庆渔塘村雷雨大作，山崩水溢坏民居百余所，死者不可胜计
47	湖南洪江	沅江		1571 年(明隆庆五年)	黔阳山崩水涌出，漂没民居无算
48	湖北罗田			1578 年(明万历六年)	春罗田观音山崩
49	湖北荆门	汉江		1591 年(明万历十九年)	荆门城北水口山崩
50	云南楚雄	金沙江		1600 年(明万历二十八年)	云南楚雄西山崩
51	云南昆明	金沙江		1601 年(明万历二十九年)	冬十一月昆明罗汉山岩石崩
52	湖北通城	陆水		1608 年(明万历三十六年)	五月通城终山崩，川溢
53	云南昆明	金沙江		1623 年(明天启三年)	十一月昆明罗汉山崩三十余丈；夏五月，瑞昌华岭山崩，塞水口
54	四川松潘小河营			1630 年 1 月 16 日(明崇祯三年)	地震山崩城塌，压死军民数人
55	江苏镇江	长江		1636 年(明崇祯九年)	七月丁未清江城陷，十二月镇江金鸡岭土山崩
56	江西余干、云南武定			1643 年(明崇祯十六年)	五月江西余干东山石崩，压坏民居多家，六月云南武定府狮子山鸣

续表

序号	位置	所属水系	规模（万 m^3）	发生时间	灾害损失
57	云南昆明	金沙江		1649 年（清顺治六年）	罗汉山崩数丈
58	湖北武昌	长江		1650 年（清顺治七年）	六月武昌马山崩
59	四川汶川			1657 年 4 月 21 日（清顺治十四年）	地震山崩石裂，江水皆沸，压死无数
60	四川成都	岷江		1659 年（清顺治十六年）	秋成都淫雨，锦屏山崩
61	湖北宜都	长江		1660 年（清顺治十七年）	宜都梅子溪江滨山崩
62	四川理县孟董沟	杂谷脑河支沟		1708 年（清康熙四十七年）	孟董沟水塞逾年，水冲石决，淹没城廓衙舍；水顺流下，复淹通化古城及桑坪各里近水田庐，遂壅保子关下，逆江流而上，威州城廓衙舍，亦被淹没
63	四川茂县迭溪	岷江	1000	1786 年 9 月 4 日（清乾隆五十一年）	地震，山崩堵岷江，江水断流
64	四川泸定磨西	大渡河	4500	1786 年 6 月 1 日（清乾隆五十一年）	地震，山崩堵大渡河 10 天后溃决，溺居民万家计
65	重庆武隆	乌江		1787 年（清乾隆五十二年）	羊角碛险滩自此始
66	江西宜黄			1792 年（清乾隆五十七年）	五月初一三更后山崩半里外飞土，压毙居民数十家，次日远近往观又飞土压死数十人
67	湖北秭归牛口篙子坪	长江干流		1796－1820 年（清嘉庆年间）	山崩后成泥石流，使二碛合一形成牛口滩
68	湖北恩施	清江		1808 年（清嘉庆十三年）	四月十六日，恩施县治西乡燕子崖山石崩塌周围四里许，击碎韩宗圣、张天凤宅，压毙男妇大小二十一口
69	湖南衡山	湘江		1815 年（清嘉庆二十年）	朝阳岩无故自崩
70	湖北宜昌	长江		1826 年（清道光六年）	六月宜昌大雨山崩
71	云南昆明			1829 年、1930 年	罗汉山崩
72	四川西昌全家坝	安宁河		1830 年 7 月 27 日（清道光十年）	地震山崩，安宁河水噎一日溃决
73	湖北房县	汉江		1835 年（清道光十五年）	五月房县唐溪沟大岩崩
74	重庆城口黄溪乡赵五湾			1836 年（清道光十六年）	七月 2 户 10 人连同房屋埋土石中
75	湖北恩施	清江		1838 年（清道光十八年）	十一月恩施山崩
76	江西星子	长江		1844 年（清道光二十四年）	九月星子五老峰石岩崩坠，有声如雷；远近闻之，无不惊骇
77	湖北五峰渔阳关桥河下峡	清江		1847 年（清道光二十七年）	右侧山忽崩，巨石壅入溪中舟道阻塞者半年
78	湖北监利	长江		1849 年（清道光二十九年）	六月监利乐山崩
79	湖北兴山	香溪		1851 年（清咸丰元年）	十月兴山仙侣山崩
80	湖北咸丰	清江	＞4500	1856 年（清咸丰六年）	五月初六日咸丰大路坝地震山崩，大的有五处，死千余人，来凤鞨甚山崩，压毙三百余人

续表

序号	位置	所属水系	规模(万 m^3)	发生时间	灾害损失
81	江西峡江	赣江		1857 年(清咸丰七年)	夏淫雨，山多崩裂
82	云南维西	金沙江		1851—1861 年(清咸丰年间)	云南维西寿国寺面山震动，崩陷淤塞，江水为之不流
83	陕西旬阳	汉水		1869 年(清同治八年)	旬阳秋大水山崩
84	四川巴塘			1870 年 4 月 11 日(清同治九年)	地震，沿河陡山崩塌阻河死 400 人(又有资料死亡人数大于 2000 人)
85	云南绥江	金沙江		1877 年(清光绪三年)	三月云南绥江山崩
86	四川南坪珠河场	白水江		1879 年 7 月 1 日(清光绪五年)	地震山崩堵河溃决
87	四川南坪、甘肃文县	白水江		1879 年(清光绪五年)	五月文县山崩，是年四川南坪各处飞山走石，地裂出水
88	陕西旬阳、四川万源	汉江		1895 年(清光绪二十一年)	旬阳雨台山崩；四川万源五月二十九日大雨泉溪坝岩岸崩坠巨石三，横塞河流
89	四川西昌、陕西旬阳	汉江、安宁河		1897 年(清光绪二十三年)	旬阳雨多山崩；八月已巳，宁远大夫沟北山崩，壅漳河水三日不流，上下村庄民房屋冲毁甚多，伤人以百计
90	湖北襄阳	汉江		1899 年(清光绪二十五年)	八月襄阳白马洞石崖崩
91	湖北长阳傅家堰枝木坝	清江		1908 年(清光绪三十四年)	山崩溪河断流，潴积为湖(黑潭)十余里，山石压毙居民 21 人
92	四川西昌	安宁河		1907 年(清光绪三十三年)	五月宁远小槽山崩
93	湖北襄阳	汉江		1910 年(清宣统二年)	九月襄阳峨山大石崩
94	湖北恩施北乡狍头山	清江		1914 年 6 月 10 日	地震约 30 分钟之久，该山因之崩陷，较地平线计低八九尺，所有该山及毗连房屋、坟墓同遭倾塌，共毙男女老小三百余人，尸体无从
95	金沙江邓柯附近	金沙江	500	1915 年	堵金沙江，毁庙宇民房
96	湖北恩施巴公溪下峡口	清江		1917 年 4 月	南岸山巅青石块崩裂而下，将河道堆塞成新滩，使河面逼狭，流急如矢
97	重庆巫溪半溪乡安理坝	大宁河支流	＞200	1923 年 7 月 6 日	从 500m 高处堕落死亡 27 人，埋水田一百余亩，损 6 户 1 纸厂
98	重庆万州红岩孙家沟		＞100	1930 年 6 月 23 日	山崩，毁田土十余亩，毁房 60 余间，死 10 余人
99	湖北竹山保胜煤矿		22	1931 年	采掘型岩崩
100	重庆合川清平乡白永溪白岩		＞100	1932 年秋	整个村庄及数十间瓦房、近百头牲畜全部被埋
101	重庆巫溪檀木乡长干子			1933 年 8 月 8 日	堵断东溪河，毁房 11 户，死 6 人
102	四川茂县迭溪	岷江	15000	1933 年 8 月 25 日	堵岷江成湖，死 2428 人
103	四川汉源			1933 年 9 月 20 日	山崩形成 5 级地震

续表

序号	位置	所属水系	规模（万 m^3）	发生时间	灾害损失
104	云南禄劝沙坝沟	金沙江下游		1935年12月22日	山崩淹没1个村庄，死伤280余人
105	湖北远安神农河	沮河	80	1935年7月	埋没10余户，40余人死亡，毁地二百亩，形成堰塞湖至今仍达70万 m^3
106	四川马边			1936年4月27日	地震震中区普遍出现山崖崩塌
107	重庆开县天合场			1938年10月20日	毁7家死27人，重伤7人
108	四川宣汉鸡鸣乡新垮		100	1938年雨季	死亡700人，堵塞前河溃决所造成
109	四川宣汉双河口	渠河		1938年7月19日午后	当冲之田地房屋、人畜及农作物全葬于泥水之中，共死亡200余人
110	四川宣汉南坝镇街头鸭孔寨	前河		1939年8月8日17时	窟顶突然塌落，窟内乞丐和路过纳凉者数十人死亡，数日之内犹闻呻吟声，无人施救
111	四川喜德呷五村		960	1942年7月	死亡70人，堵断西河，溃决后形成泥石流，冲入西昌城又死亡120人
112	重庆洪崖村	长江	0.2	1948年11月	致死100余人，伤200余人，毁房数十间
113	云南镇雄果珠乡云岭女儿岩	赤水河支流		1948年秋	青烟冲霄，声若巨雷，壅没居民数十户
114	云南盐津普洱镇	金沙江支流横江		1949年前	崩落砸死40多人，20世纪50年代崩落，1所小学被摧毁
115	重庆巫山建平乡白鹤坪	长江巫峡	30	1954年、1983年	山崩
116	云南曲靖西河引水		0.06	1954年1月3日	死13人，伤2人
117	湖北黄冈贾庙天井山			1954年5月9日	死亡36人，毁1座村庄
118	湖南南岳紫岗岭	湘江		1955年5月	死亡35人，倒损房屋15间
119	重庆忠县汝溪乡溪沟村			1957年12月9日	死12人，伤13人
120	重庆巫山横石溪	横石溪	57.50	1959年7月、1976年	堵断横石溪
121	四川屏山新市镇	金沙江	100	1959年	毁商店旅馆房屋数十间，死54人，损失50万元
122	四川华蓥山高顶山煤矿	嘉陵江		1959年	死亡82人
123	重庆巫山望霞乡横石溪	长江	57.5	1959年7月	崩塌
124	四川屏山新市镇	金沙江	100	1959年	死亡54人
125	重庆开县金沙胡家坡		160	1961年7月16日	毁耕地林30多 hm^2
126	湖北巴东火焰石	长江干流右岸	150	煤矿开采近百年，1965年崩30万 m^3	常有块石崩落

续表

序号	位置	所属水系	规模(万 m^3)	发生时间	灾害损失
127	云南镇雄盐源乡温水村长岭	大关河支流白水江		1965年6月7日0时	岩浆涌出，淹没打死32人、伤6人，毁坏民房30间，打死牛8头、猪54头，损失粮食约250kg，毁坏土地13.6hm^2
128	宝成铁路略阳广元段	嘉陵江	205	1966年9月	山崩阻道，中断交通3天
129	云南丽江金安桥村	金沙江	4000	1966年农历八月十七日	前缘崩塌造成堵江，如垮落对金安桥枢纽有较大影响
130	重庆巫山	长江	几十万	1968年5月29日9时	崖上猴子包0.3hm^2耕地垮到岩下，1.4hm^2耕地被压毁
131	贵州开阳磷矿		0.5～10	1970—1980年	因采矿崩塌16起，死7人，伤3人，损失数百万元
132	贵州金沙新华乡仙人岩	乌江支流	15	1970年8月	农历七月，使42人死亡，死亡牲畜1头，迁移2户，垮下岩飞到300m远
133	贵州贵阳新添寨仪器厂		1	1970年	毁厂木工车间
134	贵州德江下坪乡新滩		4	1970年5—8月(最早1865年其后，1952年、1963年)	中断乌江航运
135	云南永仁石坎子成昆铁路	金沙江		1970年7月1日	危岩坠落使列车颠覆，中断行车48小时
136	四川什邡金河磷矿马槽滩矿区		25	1971年9月、1991年6月	埋没了风洞口、主洞口、地面风水、通信线路和井口食堂；1991年死亡10人
137	四川汉源富林镇六村二组麦地坡		10	1971年8月4日	受灾35户，160余人，死亡43人
138	攀枝花市成昆铁路K812+450	金沙江		1971年9月1日	使大车翻车，中断行车48小时
139	重庆城口石方乡		>100	1972年6月	死亡10人
140	重庆合川三汇乡华蓥山鸡公嘴(花儿岩)		160	1973年5月25日凌晨(1964年、1968年亦曾发生)	使1个生产队的房屋、田地、庄稼与煤窑公路被破坏，死亡42人，毁1合作社，崩塌转化成泥石流
141	云南镇雄乌峰山	乌江六冲河上游	50	1973年秋	阻断交通，数日始通
142	重庆北温泉鹞鹰岩		0.35(块)	1974年7月14日	砸毁渝南公路，中断交通数十日，毁坏园林房屋、水文站、游泳池，巨石跃进入嘉陵江，巨浪掀翻行船，5人死亡，损失50万～60万元
143	湖北秭归杨林资丘等			1975年	百年未遇大雨，导致山洪暴发，山崩地裂，造成人畜伤亡
144	湖北恩施城关二小	清江		1975年8月	红色粉细砂岩，因削坡砸毁教室2栋，伤亡学生数十人

续表

序号	位置	所属水系	规模（万 m^3）	发生时间	灾害损失
145	重庆巫山五梁乡中梁村	大宁河支流		1977年5月20日中午	岩崩地陷10～20m，持续至次日中午，毁房17户
146	湖北秭归新滩鲤鱼山	长江	0.06	1977年4月20日	持续1小时，大量崩石，顺滑槽滚入新滩镇石灰窑石料场
147	重庆城口小桥沟电站			1978年12月19日	打死县委农工部长等10人
148	湖北五峰黑炭河豹子山		40	1980年雨季	崩石坠入河道，阻塞河道10天
149	四川华蓥山煤矿花尔岩			1980年	死亡104人
150	重庆巫山横石溪灯龙山			1980年10月	堵断横石溪，威胁神女峰水电站和长江航道安全，煤矿停产
151	湖北远安盐池河		100	1980年6月3日	毁地区磷矿，死亡301人（职工家属284人）
152	湖北宜都小潘家湾硫磺矿	清江	100	1980年12月	山顶房屋随崩塌倒入沟中
153	湖北长阳青树包岩崩	清江	150	1981年雨季	砸毁公路200m，崩入沟中
154	宝成铁路K312	嘉陵江	落石	1981年8月16日	击中164次客车，1人死亡，15人受伤
155	陕西略阳何家岩寺沟	嘉陵江	8	1981年9月8日	毁房16间，压死5人，伤1人
156	云南德钦红山			1981年9月27日	死亡13人
157	湖北长阳羊木溪	清江	50以上	1982年	阻塞羊木溪，砸毁公路桥1座，毁坏公路500m，中断交通3个月
158	湖北郧西马里河猴子岭	汉江	27	1982年3月1日地震引发	天然坝堵断五里河，回水500m，蓄水容量10余万 m^3
159	襄渝铁路（巴山至达县）	汉江	0.012	1983年8月19日	击毁桥梁，中断行车，损失22万元
160	重庆巫山跳石	长江干流	120	1983年12月17日17时	老崩塌体，曾在1949年崩一次约10万 m^3
161	重庆巫山红椿乡四方台	官渡河上游	120	1983—1985年	
162	四川宣汉河坝乡供销社后山			1983年9月23日	砸毁库房数间，物质损失数十吨，死伤各4人
163	陕西柞水丰北乡东沟	汉江	60	1983年10月4日	压死张景治家及一串门者共4人，掩埋4间瓦房和牛栏
164	湖南桂东石磨岭危岩	耒水	102		危及东风水电站及大坝的安全
165	云南威信墨黑乡			1984年6月15日	掩埋瘟猪湾部分农田，33栋房屋开裂，9户迁房重建
166	陕西山阳	汉江		1984年9月7—30日	山崩30处，危及149户村民及7所学校，摧毁房屋87间，死亡15人

续表

序号	位置	所属水系	规模（万 m^3）	发生时间	灾害损失
167	陕西镇巴观音乡双龙村	嘉陵江		1984 年 9 月 23 日	压死 14 人，伤 6 人，毁房 10 余间
168	云南禄丰锣锅塘石膏矿	金沙江支流龙川江	0.15	1984 年 8 月 24 日	因挖石膏陡壁坍塌死亡 9 人
169	重庆巫山抱龙乡马蹄村	巫峡支流	3.63	1984 年 8 月 24 日	与主岩分离，缝隙深不可测
170	重庆巫山望霞乡横石村	长江	1.2	1984 年	危岩下滑 5m 余
171	四川南部盘龙镇	嘉陵江右岸		1984 年 7 月	崩塌最大岩块达 $50m^3$，毁房 2 间
172	重庆巫山邓家乡斑竹村	支沟	2	1985 年 3 月 23 日晚	塌体下落，砸出长 40m、宽 25m、深 3m 的大坑，毁耕地 $2.7hm^2$，房屋受损 24 间
173	四川兴文丁心乡新胜村	长江一级支流长宁河支流	20	1985 年 3 月 31 日	在高差 255m、坡度 45°～70°的陡崖，瞬时从高处翻滚而下，并形成长 600m 的碎屑流，造成严重灾害
174	重庆奉节砚底乡韩家沟		<1	1986 年 1 月	石膏矿井口，埋矿工 5 人
175	云南昆明西山	金沙江	0.5	1986 年 6 月 20 日	阻断环湖公路 1 个月
176	贵州金沙高坪乡、幸福乡		0.02	1986 年 11 月 6 日	毁房 1 间，9 户搬迁，损失 10 万元
177	重庆梁平城西乡			1987 年 6 月 27 日	埋川鄂公路 60m，威胁县办煤矿 1 个、乡办煤矿 9 个，埋房 24 间、电机 1 台、风电钻 44 台
178	重庆奉节砚底乡李家湾		3	1987 年	埋井口，因停产未造成伤亡
179	四川荥经五宪乡盐水岩		2	1987 年 7 月	堵塞经河，洪水威胁 1 个乡、$67hm^2$ 农田及县城一部分
180	云南威信墨黑乡墨黑矿			1987 年 8 月 18 日、1988 年 1 月 13 日、1987 年 12 月、1984 年 6 月、1948 年	共摧毁房屋 157 户，毁耕地 $55hm^2$，掩埋煤矿风井口，受灾耕地 $93hm^2$，损失粮食 11 万 kg，毁巷道 1200m，经济损失 113 万元
181	重庆巫溪城关镇(南门湾)		0.7	1987 年 9 月 1 日	毁 6 层楼房 1 栋、旅店 2 家、民房 20 余户，95 人死亡，损失 400 万元
182	四川宣汉双河镇兴文村梨树坡	渠河	>10	1987 年 7 月 10 日	毁崖下耕地 $2hm^2$ 余亩，崩体后缘 $5.3hm^2$ 耕土地失去支撑而裂隙纵横，30 余间教室宿舍、办公用房全部垮塌
183	陕西山阳洛峪乡姜家院	汉江		1987 年 6 月 5 日	山崩声如石炮，后转化为泥石流，吞噬姜家院民房 20 余间，死亡 8 人
184	湖北十堰	汉江	0.1	1987 年 11 月 22 日	死 3 人，损毁汽车 1 辆，数人受伤

续表

序号	位置	所属水系	规模（万 m^3）	发生时间	灾害损失
185	重庆巫溪西宁区中阳村	大宁河	1000多	1988年1月10日18时37分	摧毁中阳村的荆竹、占坝、石坝3个组和下堡村7户，死亡26人，摧毁电站取水坝，毁地44.3hm^2，直接经济损失近700万元
186	四川绵竹麦棚子		26	1988年4月25日	堵断绵远河，毁小水电站1座，埋磷矿井2口、公路300m，毁房6间，造成危房200余间
187	四川高县芙蓉山			1994年3月20日	崩塌碎屑流造成死18人、伤3人，埋小矿井2个、房屋18间、耕地4.3hm^2
188	四川达县白沙工农区吊板垭		100	1988年5月13日11时30分	崩塌60万m^3堵断白沙河，毁房162间、乡镇煤矿1个，毁地21hm^2，公路断道3.5km，损失超过1亿元
189	贵州修文乌栗			1988年6月	砸毁1户房屋，死2人
190	陕西石门沟隧道	汉江		1988年10月	大型塌方致使阳平关至安康铁路中断近1个月
191	湖北五峰赵家岩	清江	50	1988年8月17日	事前全部撤离，无人员伤亡
192	湖北襄阳万山采石场	汉江	1.12	1990年5月17日	突然塌方致死11人
193	四川什邡金河磷矿三坪		100	1991年6月17日	击毁两条索道，埋通风口、排水洞口、部分矿车，个体户7人被埋丧生
194	重庆渝碚路白马桥南		<0.001	1990年秋	岩块坠落于1辆正在行驶的小车上，车坏，并造成人员1死1伤
195	陕西略阳桑树坪	嘉陵江	20	1992年6月25日	土石掩埋铁路路基及明山洞口，中断交通17天，损失5000万元
196	重庆奉节李子垭危岩崩塌	崔家河与高治河交汇处	6300	1991年8月17日、1994年4月21日	分别垮500余m^3和800余m^3
197	重庆巫山狮子挂银牌	长江干流	>100	1998年秋、1984年	裂缝扩大，引起恐慌，疏散居民
198	四川高县白庙乡芙蓉山		>100	1994年3月20日	死18人，伤10人，毁房屋18间、耕地9.3hm^2和3座煤矿，直接经济损失300多万元，间接经济损失480万元
199	重庆武隆鸡冠岭	乌江	530	1994年4月30日	死4人，伤5人，2人下落不明，堵乌江，经济损失近亿元
200	贵州纳雍鸡窝岩		0.5		毁4户人家，10余人死亡
201	四川康定落鹰崖	大渡河		1995年7月28日	堵断大渡河30分钟
202	重庆武隆城关	乌江	0.1	2001年5月1日，20时	1幢9层楼房被毁，死亡79人

续表

序号	位置	所属水系	规模(万 m^3)	发生时间	灾害损失
203	湖北神农架高白崖		925		地震诱发，死亡50人
204	湖北建始磺厂坪		7.84		毁矿井，断公路，砸汽车，死亡27人，伤4人
205	湖北黄石板岩山		240	开始开裂下沉，大的达1.4m	危及居民和厂矿安全，清光绪十四年开始采煤，至今采空区已达7.9km²
206	湖北神农架玉泉河梨子坪		1500～2000		堵断玉泉河，后沿崩积物低处流出，河流改道
207	贵州桐梓周沛乡				毁田及房屋，伤数十人
208	江西东平采石场				采石爆破后，山体垮塌，29人被埋，9人生还，16人下落不明
209	湖北秭归链子崖	长江干流	350		不稳定，影响三峡水库
210	湖北远安桃坪河筲箕淌			裂缝最大宽变达3m，深50m	矿区已弃采

第四章 滑坡灾害

滑坡是指那些构成斜坡上的部分岩(土)体，在重力作用下，沿着一定的软弱面(带)产生剪切破坏，向下整体水平滑移为主的地质现象。滑坡是一种常见的山区地质灾害，又称山移、地滑、走山走坡、崩岗等。通常情况下，滑坡的水平位移大于垂直位移。

长江流域范围内山区面积约占70%左右，尤其是上游基本上以山区为主，因而是我国滑坡最发育的地区，所发生的滑坡约占全国滑坡的一半以上。在没有人类活动以前，滑坡并不构成灾害，而其堆积体斜坡平缓的地形、丰富的地下水、较厚的土壤层，给人类提供了栖息耕作的场所，在山区很多古滑体上都有村庄、耕地。随着人们活动的加剧，留下了发生灾害的隐患。滑坡的发生一年四季均有，而且常常与其他自然灾害如泥石流、洪水相伴生或重叠交错，对城镇、农村、工厂、矿山、道路、水利工程等造成直接的严重危害。历史上自公元前对此种现象就有“梓潼山崩，压杀人”，“夜半山顶劈开，崩于田坝平地，压杀村民数十人”，“金江断流，逆溢百余里，三日始行冲开”等记载。随着人类的进步和社会经济的发展，愈来愈重视对滑坡的研究与防治。除专门的研究机构之外，各工程单位、大专院校、科研单位都开展了这方面的工作，不论是在滑坡理论研究和工程实践方面，还是在测试技术方法和预警系统方面都有较大的进展。

第一节 滑坡分类与发育条件

一、滑坡的分类

滑坡形成地域广阔，形成条件各异，激发因素多样，因此类型复杂。滑坡分类，据不完全统计，按照不同的分类标准和分类目的所制定的滑坡分类方案，已有上百种(或变种)，如湖北省将滑坡分为崩塌加载型、降雨型、切蚀型、水库型和地震型5类。现选择一些常见的、易于操作运用的分类方案列入表4-1-1。

表 4-1-1 长江流域滑坡分类表

因素	类型	主要特征
组成物质	基岩滑坡	主要由破碎岩石组成，占滑体组成物质的85%或90%以上，多在软硬相间地层中；滑床为软弱岩层
	堆积层滑坡	由未成岩的松散土石体组成；滑床多为与下伏基岩风化面接触带
	混合型滑坡	由部分基岩和堆积层组成

续表

因素	类型	主要特征
激发因素	暴雨洪水型滑坡	由暴雨和洪水诱发
	地震型滑坡	由较强地震诱发
	水库型滑坡	由水库蓄水引起
	工程型滑坡	道路、厂矿、城镇建设中，不当的人类活动所致
规模（万 m^3）	较小型滑坡	＜1
	小型滑坡	1～10
	中型滑坡	10～100
	大型滑坡	100～1000
	特大型滑坡	1000～10000
	巨型滑坡	10000～100000
	超巨型滑坡	＞100000
厚度（m）或滑面埋深	巨厚层滑坡	＞50m（超深层滑坡）
	厚层滑坡	30～50m（深层滑坡）
	中厚层滑坡	15～30m（中层滑坡）
	浅层滑坡	6～15m
	表层滑坡	＜6m
滑移速度启动后（m/s）	剧冲滑坡	＞20
	高速滑坡	5～20
	中速滑坡	1～5
	慢速滑坡	0.1～1
	极慢速滑坡	＜0.1
启动力学状态	牵引式滑坡	从前缘开始启动
	推移式滑坡	从后部启动
主滑段与地层关系	顺层滑坡、切层滑坡	
平面形态	圈椅形、纵长形、横长形、缩口形、椭圆形、多边形	
稳定性	稳定	无变形复活特征，近期无可能大规模活动
	基本稳定	无变形复活特征，近期无可能大规模活动，接近临界状态
	稳定性较差	变形复活特征稍明显，近期可能有大规模活动
	稳定性差	有明显变形复活特征，近期可有大规模活动
危险程度	严重危险滑坡	威胁地级行政所在地，重要县城、重大工程，可能危及 1 万人以上安全，造成直接经济损失 500 万元以上，或威胁Ⅲ级航道
		威胁县城及重要城镇，一般工矿、工程可能危及 1000～10000 人安全，或造成直接经济损失 100 万～500 万元，或威胁Ⅳ级航道
	中等危险滑坡	威胁镇乡所在地及大村庄，危及公路、铁路、小航道，并可能危及 100～1000 人安全，或造成直接经济损失 10 万～100 万元
		危及小村庄，非重要公路，水渠等安全，并可能危及 5～100 人安全，或造成直接经济损失 1 万～10 万元
	轻度危险滑坡	危及孤立房屋、水磨等安全，并可能危及 5 人以下安全，造成直接经济损失 1 万元以下

二、滑坡发育的条件

滑坡是在一系列因素作用下发生发展的，是一定环境中的产物。对滑坡形成起决定性作用的是斜坡本身所具有的内部特征即内部条件；外部因素通过内部条件起作用称为外部条件(见图 4-1-1)。

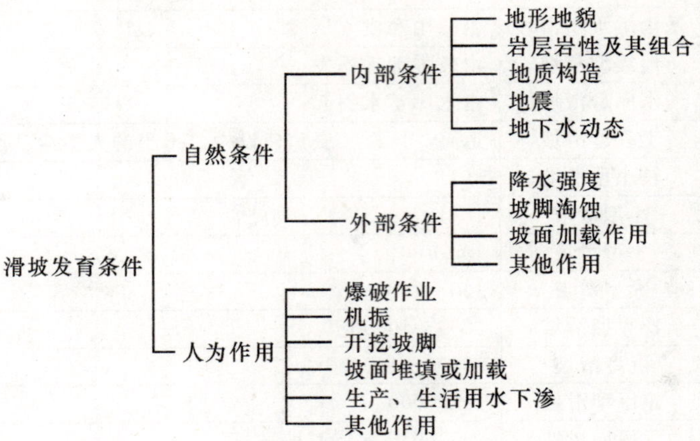

图 4-1-1　滑坡发育条件简图

1. 滑坡发育的内部条件

滑坡发育的内部条件是指属于斜坡本身所具备的或潜在的利于滑坡发生的地形地质条件，即滑坡发生的必要条件。

(1)地形地貌。长江上游跨越我国地势划分的第一级与第二级阶梯过渡带和第二级与第三级阶梯过渡带。在过渡带附近，地形切割强烈，高差十分悬殊，而且现代河谷(尤其是深切河谷)的密度、规模都显著区别于其他区域，为滑坡提供了良好的应力释放的破坏空间。就小范围而言，据统计资料，25°～45°的斜坡发生滑坡的可能性最大，约占统计总数量的 80%，45°以上斜坡发生的滑坡，多为崩塌性滑坡。此外，长江上游地区还具备滑移控制面得以暴露或剪出的有效临空面。

(2)地层岩性。长江流域的地层中，一些软弱易发生滑坡的岩层广泛分布，而滑坡绝大部分集中在易滑地层分布区(见表 4-1-2)。滑坡大部分发生在炭质页岩、千枚岩、砂岩及灰岩组成的软硬相间的易滑地层中。半成岩“昔格达”地层和成都黏土分布区内滑坡也十分发育。凝灰岩、玄武岩风化强烈，节理裂隙发育，滑坡分布相对密集。

表 4-1-2　长江流域易滑地层和滑坡分布的关系

岩性	易滑地层	分布地区	滑坡发育状况
黏性土	成都黏土	成都平原	密集
	下蜀黏土	长江下游	有一定数量
	红色黏土	长江中下游诸省	较密集
半成岩地层	昔格达组(泥岩、粉砂岩)	川西南	密集
成岩地层	红色泥岩、砂页岩	长江上游	密集
	灰色泥岩、砂页岩	长江上游	密集
	千枚岩	长江上游	极密集
	砂板岩、片岩	长江中上游、汉江上游、湘西地区	较密集～密集
	含煤地层	长江中上游	密集
	凝灰岩、玄武岩	川西北、滇东北	较密集
特殊地层	膨胀土	鄂、豫、皖等省	较密集
	含盐地层	长江中上游	有一定数量

(3)地质构造。长江流域上游地区地质构造复杂，多深大断裂。由于构造断裂带和特殊构造部位(如紧密褶皱轴部)，岩石破碎，裂隙发育，为滑坡生成提供了有利的地质构造环境，滑坡常沿其密集分布。嘉陵江上游白龙江流域密集分布的滑坡均处在白龙江背斜和构造断裂带上。川东地区滑坡在背斜轴部、背向斜之间的转折部位亦相对密集。此外，滑移控制面的倾向、倾角，在构造复杂地段总会形成与地形的有利组合，如与临空面倾向一致，或临空面陡、有利剪出等，以促成滑坡的发生。

(4)地震。长江上游，新构造运动强烈，地震活动频繁，每次较强地震都破坏斜坡的稳定性，直接触发大量滑坡。岷江上游的松潘至平武、大渡河中游的甘孜至泸定、金沙江下游的巧家至东川、马边至昭通等地震带上，滑坡发生的频率较高，规模也较大，并且沿地震带呈带状分布。如1974年5月11日大关7.2级地震，Ⅶ度以上烈度区内诱发滑坡80余处；1976年8月16—23日松潘小河营7.6级地震，震中区诱发的崩滑体达130多处。

(5)地下水动态。由于人为和自然因素，使坡体内部地下水位升高，也使滑带发生物理、化学变化，强度降低，有的更产生渗流变形作用，致使本来处于稳定状态的坡体稳定度降低。

2. 滑坡发育的外部条件

(1)降水。降水是触发滑坡的主要外部因素，降雨量和降雨强度是滑坡发生与发展的重要或主要诱因。据长江上游一些地区滑坡发生的时间统计，约94%的滑坡发生在雨季。降水的作用有：浸泡解体软化形成滑带的软弱层，降低滑带抗剪强度；孔隙水压力增大，滑面上有效法向应力降低即抗滑力降低；产生静水压力和动水压力，使下滑力增大。据研究，滑坡分布密集区绝大部分位于年平均降水量800～1200mm的区域内。其中嘉陵江上游滑坡密集区年平均降水量为900mm，三峡地区滑坡密集区年降水量为1000～1200mm，金沙江下游滑坡密集区年降水量为800～1000mm；但也有异常地区如岷江上游、涪江上游滑坡密集区的年平均降水量为500～600mm。由于季风气候的影响，这些区域暴雨和连续降雨特征明显，因此这些地区滑坡的高发期多集中在每年降水量集中的6—9月。尤其是与大暴雨24小时过程和长时间连续降水的总雨量有关，在短时间内形成区域性重灾。据川东、万州地区资料，当前期降雨量(1～3日内)50mm以上、当日降雨量50mm以上即累计降雨100mm以上就开始诱发滑坡；当前期降雨量增加到100～150mm以上、当日降雨量在150mm以上崩滑就大量发生。其他例子还有1981年雨季川北地区、1984年8月陇南地区、1992年7月昭通地区，都诱发了大量滑坡。

(2)坡脚淘蚀作用。在长江中上游各水系江河的凹岸处，由于地表水的淘蚀作用而产生滑坡是较为普遍的。若河流凹岸处具备产生滑坡的内部条件，基本上都有滑坡的发生，并且稳定性较差。如万州小周镇滑坡，正好位于长江冲刷淘蚀岸，在长江水位持续上涨时，导致斜坡变形，房屋受损。

(3)坡面加载作用。坡面加载是由崩塌、坠落物等长期积累的结果。如长江新滩滑坡的多次活动主要是由于滑坡后壁上的崩积物质不断堆积在滑坡后部，当积累到一定程度时，就不可避免地失稳下滑。甘肃舟曲泄流坡滑坡、四川岷江周仓坪滑坡也属此种类型。

(4)人为作用。人类活动在滑坡发育中的作用日益突出，尤其是山区道路、厂矿、水利水电工程和城镇建设，常因山坡坡脚开挖或坡面加载或突然改变水文地质条件而促使滑坡的发生。如铁路成昆铁路、宝成铁路的修建，出现大量滑坡；公路滑坡更为常见。城镇不当的人为活动而导致滑坡的发生也较为普遍，如金沙江干流的攀枝花市，长江干流的重庆市、宜宾市、涪陵市、万州区，汉江的十堰市，目前所产生的滑坡大量因人为不合理的开挖、堆放、排水不畅等因素所致；贵州六盘水地区、四川华蓥地区乱开小煤窑也导致一定数量滑坡的发生；水利水电工程中的渠道开挖、水库蓄水出现滑坡的实例也不在少数，如四川人民渠、湖南的柘溪水库、湖北的黄龙滩水库，都因此引起滑坡而造成较大危害。

第二节　滑坡分布

长江流域滑坡的分布明显具有地域差异性，受地质构造、地层岩性、地形地貌等的控制，呈地域和带状分布。

首先，长江流域西部地区(四川盆地以西)滑坡数量多、规模大，分布十分广泛，是我国滑坡最发育的地区；中部地区滑坡数量比西部少，规模多为中小型，但长江三峡地区具有成百上千万立方米的大型及特大型滑坡；东部地区(长江中下游)的滑坡分布数量比中部更少，且规模较小，几万至几十万立方米的居多。长江流域已知1亿 m^3 以上的滑坡(见表4-2-1)有33处，西部有23处，所占比例超过2/3。

表4-2-1　　长江流域已知大于1亿 m^3 滑坡表

滑坡名称	位置	体积(亿 m^3)	前/后缘高程(m)	滑坡态势及影响
保扎滑坡	湖北恩施龙马	1.75		裂隙发育，风化剧烈，曾毁田67hm^2
范家坪滑坡	湖北秭归沙镇关	1.25	75/425	稳定，在三峡库区
百换坪滑坡	重庆奉节安坪	1.29	100/525	稳定，在三峡库区，有泥石流沟发育
故陵镇滑坡	重庆云阳故陵	1.89	140/340	热、释光(TC)测定滑坡于20万年前形成，现稳定
宝塔坪滑坡	重庆云阳城关	1.04	70/520	西部鸡扒子复活
寂静滑坡	重应奉节寂静	5.0	140/680	更新世早期(Q_2)形成并堵梅溪河，现稳定
龙坡滑坡	重庆奉节康乐	1.9	120/700	更新世早期形成
公平滑坡	重庆奉节公平	4.0		
新塘滑坡	湖北恩施新塘	5.08	303/820	前缘有活动，在清江水布垭库区
东爷庙滑坡	云南绥江会仪	1.0	290/750	基本稳定，在向家坝水库
青杠坪滑坡	云南永善务基	1.35	425/1200	稳定，在溪洛渡水库
大坪子滑坡	云南昭通炎山	1.07		稳定性差，为锌厂沟泥石流物源，在溪洛渡库区
瓦房子滑坡	云南昭通炎山	1.84	1200/2200	不稳定，为烂田坝沟泥石流物源，在溪洛渡库区
恩子坪滑坡	四川布拖合井	1.23	810/1540	稳定，在溪洛渡库区
石膏地滑坡	云南巧家金塘	1.05	640/1250	稳定性差，在白鹤滩水库
中梁子滑坡	云南东川绿茂	5.01		稳定性差，为蒋家沟泥石流物源
荞蓬子滑坡	东南东川绿茂	1.08		稳定性差，滑移块，为蒋家沟泥石流物源
大地滑坡	东南东川绿茂	1.25		稳定性差，为蒋家沟泥石流物源
老君滩滑坡	四川会东淌塘	>1.0		稳定性差，为老君滩形成原因之一

续表

滑坡名称	位置	体积（亿 m^3）	前/后缘方程(m)	滑坡态势及影响
烂泥沟滑坡	云南禄劝普福	4.5	1200/3100	已滑动，多次活动
金坪子滑坡	云南禄劝大松树	6.0		部分活动，形成于12万年前并堵金沙江，在白鹤滩水库尾
大村滑坡	四川会东可河	3.0		不稳定，在乌东德库区
大坝滑坡	四川会理通安	1.2		不稳定，为架车河泥石流物源，在乌东德库区
河门口滑坡	四川余理普隆	3.15		在乌东德库区
两家人滑坡	云南中甸永胜	6.8	1675/3100	前部有滑动，在虎跳峡库区
思子坪滑坡	四川布拖联合	27		
柏杨坝滑坡	四川古蔺复陶	25～30		煤系地层滑坡，已有活动
大方县城滑坡	贵州大方	4.4		有复活，危及县城安全
金阳县城滑坡	四川金阳	2.4		复活体积达4000万 m^3，影响县城安危
盐塘滑坡	四川西昌银厂	4.06		前缘活动明显，在二滩库区
大坪子滑坡	四川盐源	5.52		与盐塘滑坡相对，在二滩库区
锁儿头滑坡	甘肃舟曲	＞1.0		影响川沙坝枢纽，影响下游县城安危
扣山滑坡	四川汶川	1.5		曾造成完全堵江，回水达茂县城关

其次，滑坡越发育的地区，滑坡多相对密集并呈带状分布；滑坡不太发育的地区，滑坡相对呈分散分布。据现有资料，长江流域以下区域滑坡密集分布。

(1)西部地区(四川盆地以西)有：金沙江中下游攀枝花至雷波段，雅砻江干流金沙至南坝段、支流木里河上游段，鲜水河炉霍至道孚段，安宁河下游段。总之，金沙江流域滑坡数量最多并以大型、巨型为主。如向家坝库区有大型、特大型滑坡16处，巨型滑坡1处；溪洛渡库区有17处特大型滑坡和4处巨型滑坡；白鹤滩库区的棉纱湾—葫芦口段、普渡河—乌东德段滑坡密集，密度达5个/10km，以大型、特大型为主；乌东德库区有滑坡30处，其中干流21处，支流9处，但3个巨型滑坡均在支流库段。还有：大渡河干流丹巴至泸定、汉源至峨边段、支流牛日河甘洛至普雄段，岷江上游汶川至镇江关段、支流黑水河、杂谷脑河中上游段、支流马道河上游段，涪江上游平武段，嘉陵江上游段。据李鸿琏先生资料，陇南已知滑坡4万处，在密集区内统计得1万多处，已造成灾害的有1500处。

(2)中部地区(四川盆地—武陵山)有：龙泉山背斜两翼、长江三峡河段、嘉陵江上游西汉水、宝成线阳平关至凤县段，渠江上游南江至通江段，汉江上游宁强至石泉段、紫阳至白河段、支流任河城口至高观寺段、支流堵河中下游段，乌江中下游段，清江中上游段，沅水中游段，川黔铁路重庆至綦江段、遵义至贵阳段，湘黔铁路小龙洞至刘家坡段。

(3)东部地区(长江中下游)有：滑坡密集(段)带少，只在少数铁路如湘黔铁路新店至望江段、枝柳铁路周家坝至施榕段以及某些中山区如武功山密度稍大外，其余地区零星分布。

第三，多数滑坡分布与山地深切河谷斜坡带、软土软岩、活动断裂、地震、暴雨等区带的展布相一致，少数与山地铁路、过水渠道等工程一致。

第三节　滑坡灾害的危害

一、滑坡灾害特征

长江流域滑坡灾害，面广量多危害大，同时还具以下特征：

1. 滑坡灾害历史久远

滑坡对人类构成灾害，在两千多年前就有关于滑坡灾害事件的历史记载，证实长江流域内滑坡灾害历史久远。在公元前477年就有“丹水壅不流”的叙述。

2. 滑坡灾害的群发性

单个滑坡的成灾面积有限，多数滑坡成灾面积都小于1km^2。而长江流域滑坡具有群发性的特征，滑坡数量多，分布面积广。如四川和重庆1981—1985年统计，一次暴雨诱发滑坡数量大于1000个的县就有28个，大于1万个的县就有3个。1981年都江堰灌渠发生3200个滑坡，平均2.5个/km；云南1985年暴雨诱发滑坡达4000个，川黔铁路遵义至贵阳段长130km就有崩塌、滑坡150个。湖北十堰二汽厂区18km^2内有崩、塌滑坡270个。川西东风渠麻石桥至土地场段长98 km有崩塌、滑坡4700余处。

3. 滑坡灾害的链状性

滑坡灾害往往易形成次生灾害而构成灾害链，从而加大灾害损失。常见的有滑坡堵江溃决形成洪水灾害上淹下冲，滑坡堵沟形成泥石流扩大灾害范围，等等，使得处理次生灾害比处理滑坡更困难。

4. 滑坡灾害的周期性

周期性指滑坡活跃期与宁静期的交替规律。在长江上游从时间序列看，公元1713—1849年发生灾害性滑坡4次，且4000万m^3以上的特大滑坡仅有1次，而1850年以后达8次。可见该区域历史上以1850年为界分为两期：前者为滑坡灾害宁静期，后者为滑坡灾害活跃期；1965—1989年的24年间又可以划分出3个活跃期和2个宁静期，活跃期总的特点是前两期滑坡规模特别大，持续2～3年，后期滑坡灾害频率高，持续时间长。西南铁路沿线滑坡活跃年份还与降水量大的年份相吻合，而降水有准周期性。

5. 滑坡灾害的高速远程性

高速远程的滑坡灾害，往往使人防不胜防，并对沿途的人员生命财产带来巨大的灾难。如1991年云南头寨沟滑坡滑量500万m^3，3分钟内运动3000m；禄劝普福河烂泥沟滑坡数十年前就有地表裂缝，灾害发生的当天地表裂缝明显加宽，牛、羊无法跃越，附近当地村民并感到灾难即将来临而躲避，当晚滑坡水平滑移5.6km，沿途造成巨大灾害。

6. 滑坡灾害的严重性

滑坡对长江流域的威胁是极其严重的。我国已发现新老滑坡近30万个，其中灾害滑坡达1.5万个，长江流域占半数以上。自20世纪50年代以来，滑坡灾害还有明显增加的趋势，尤其进入80年代以来特大滑坡发生的周期越来越短，灾害程度越来越重。主要表现在：对人类造成严重的伤亡；对人类生活设施造成严重破坏（如住房、道路被毁）。长江三峡的云阳县1993年因大暴雨而发生滑坡灾害，受灾农户达25.13万户，人口达91.37万，均占其总数的50%，可见一斑。

二、典型滑坡灾害

本节将一些典型滑坡灾害实录如后，其中有在全国也堪称最大的四川古蔺复陶—柏杨坝滑坡，具准周期性多次活动的新滩滑坡，一次滑动量最大的(3.5 亿 m^3)、掩埋人数最多的烂泥沟滑坡，由滑坡转成碎屑流的溪口镇滑坡，多冲程转向滑动的石家坡滑坡，水气浪破坏的上饶徐家山滑坡，等等，各具特点，对防灾抗灾不乏可借鉴之处。

1. 湖北秭归新滩滑坡

该滑坡位于长江西陵峡兵书宝剑峡出口的左岸，属湖北省秭归县。该滑坡为崩塌堆积物加载的大型堆积层推移式滑坡。由二叠系、三叠系碳酸盐岩形成的广家崖不断卸荷崩塌而堆积(最大厚度达 86m)于由志留系页岩构成的姜家坡上，到一定堆积量后就滑动一次，据年龄测定最早在晚更新世距今 6.4 万～3.7 万年前就发生过。因此，这是一处多发性、周期性的滑坡。史料记载，东汉永元十二年闰四(五)月戊辰(公元 100 年 7 月 11 日)“南郡秭归山高四百丈，崩填溪，杀百余人”(据《续汉书·五行志》，另有人认为此次崩塌可能在九湾溪老林河)。东晋太元三年(公元 378 年)“山又崩，当崩之日，水逆流百余里，涌起数十丈”(据《水经注·江水卷》，另有人认为此次山崩地点可能在巫山)。北宋天圣四年(公元 1026 年)“新滩山崩，塞江不流”(据《舆地纪胜·归州》)。北宋天圣七年(公元 1029 年)“地震秭归山崩，石塞江心，水流不通，害舟不可胜记”(据沈云骏《归州志·卷九》)。北宋皇祐三年(公元 1051 年)“知归州尚书都官员外郎赵诚闻于朝，疏凿之用工八十日滩害始去”(据《归州志》)，堵江二十余年。明嘉靖二十一年六月乙酉(公元 1542 年 7 月 23 日)新滩北岸“山泉涌出泥滓，山势长裂，居民惊骇逃避，顷之，山崩五里许，巨石腾壅，闭塞江流(二里许)压居民百余家，舟楫不通”(据《归州志·地舆志祥异》)。据考，北岸月亮山、南岸瓦岗相继崩塌，成新滩。明嘉靖三十七年夏(公元 1558 年夏)“新滩又崩裂，颓民居数十间，压死三百余人”(据郑乔《归州志·灾异》、《文献通考·异物八》)。明天启四年(公元 1624 年)冬十月湖广按察史乔拱壁重凿新滩，八十年畏道(堵江碍航 82 年)，忽若坦途(据沈云骏《归州志·卷一祥异志》)。1924 年新滩九盘山崩，崩塌体积约 150 万 m^3。1935 年 7 月 3 日，连续 7 天 7 夜暴雨，姜家坡至柳林危险斜坡发生滑移，冲毁耕地，且将新滩镇东柳林一带 20 余间房屋推入江中。1958 年 2 月，新滩鲤鱼山局部崩塌，将公社煤洞填平，死 2 人。1964 年 3 月，因连续暴雨，九盘山、广家崖发生大规模崩塌，崩塌量约 3 万 m^3。其后 1980 年 4 月 13 日、1980 年 7 月 21 日、1981 年 11 月 30 日、1982 年 3 月 25 日在鲤鱼山、广家崖一带均发生过数十至近千立方米的崩塌。可见自宋代至今，该斜坡曾有 3 次滑动，分别相距 500 余年和 443 年。

鉴于该滑坡正处于川江咽喉要道，并威胁着新滩镇 1300 人的财产及生命安全，又是距三峡坝址最近的规模巨大的可能失稳岸坡，有关部门对其稳定状况极为关注。专门调研，布置了勘探和观测点，编写了专门报告。1974 年湖北省以鄂革〔1974〕105 号文报请国务院，要求将此项岩崩调查任务移交长江流域规划办公室(简称长办)或长江航运管理局负责。1975 年 10 月底国务院以国发〔1975〕167 号文批复“同意由长江流域规划办公室承担此项任务的组织工作，但原参加岩崩调查防治工作的……等单位仍然继续参加协作不变”。1985 年 1 月长办收到岩崩调查处的《1984 年西陵峡岩崩调查工作报告》，发现斜坡变形加剧，已形成完整弧形拉裂圈。长办于 1985 年 3 月 1 日报告湖北省政府："斜坡上段堆积体发生较大坍滑的威胁正在增长，请督促抓紧新滩的撤离工作，力争在今年雨季来临前全部完成。"1985 年 5 月中旬至 6 月 12 日大滑坡前，斜坡变形急剧，后缘加快下沉，伴有响声；姜家坡前缘有鼓胀现象。6 月 10 日西侧喷水冒沙，发生体积为 60 万～70 万 m^3 的滑坡，沿三游沟而下毁民房 1 间，预示大滑坡即将来临。

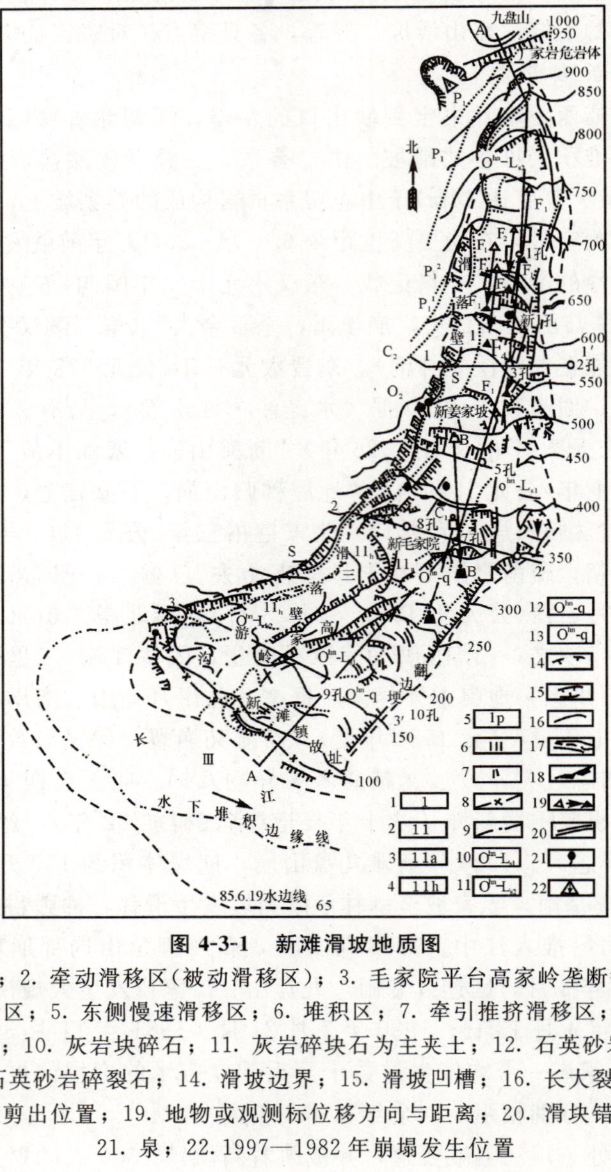

图 4-3-1 新滩滑坡地质图

1. 主动滑移区；2. 牵动滑移区(被动滑移区)；3. 毛家院平台高家岭垄断脊相对稳定区；4. 三游沟高速深滑区；5. 东侧慢速滑移区；6. 堆积区；7. 牵引推挤滑移区；8. 滑坡分区界线；9. 滑坡亚区界线；10. 灰岩块碎石；11. 灰岩碎块石为主夹土；12. 石英砂岩碎石为主夹土；13. 紫红色土夹石英砂岩碎裂石；14. 滑坡边界；15. 滑坡凹槽；16. 长大裂隙；17. 泥石流；18. 滑超级剪出位置；19. 地物或观测标位移方向与距离；20. 滑块错断的公路；21. 泉；22. 1997—1982 年崩塌发生位置

1985 年 6 月 12 日 3 时 45 分至 4 时 20 分大滑坡发生(见图 4-3-1、图 4-3-2)，滑动物质由块石、碎石夹土组成，总体积约 3000 万 m^3(有资料为 1800 万 m^3)，滑坡体运动速度为 10m/s 左右，最高达31m/s。摧毁民房 1569 间、农田 $52hm^2$、柑橘树 53 万株，新滩古镇被摧毁。滑入长江 65m 水位以下约 260 万 m^3，激起白色水柱高达 70～80m，涌浪高达 49m。在新滩镇上、下游 8km 江段范围内，13 艘机动船被涌浪击毁或击沉，64 只木船被冲翻，夜宿船内的船民有 10 人死亡，2 人失踪，8 人受伤。滑坡体侵占江面约 80m 宽(约为江宽的 1/3)，使江水流速由 4m/s 猛增到 8m/s，流态紊乱，导致停航 12 天，该滑坡造成的经济损失总计达 843.42 万元。由于对滑坡进行了多年监测，临滑前作出了准确及时的预报，使得滑区内的 1371 人适时撤离，无一人伤亡，物资财产安全转移，使得灾害损失减少到最低程度，成为我国成功预报特大型滑坡的首例。但事前未通知江段内船只避险，是一严重教训。

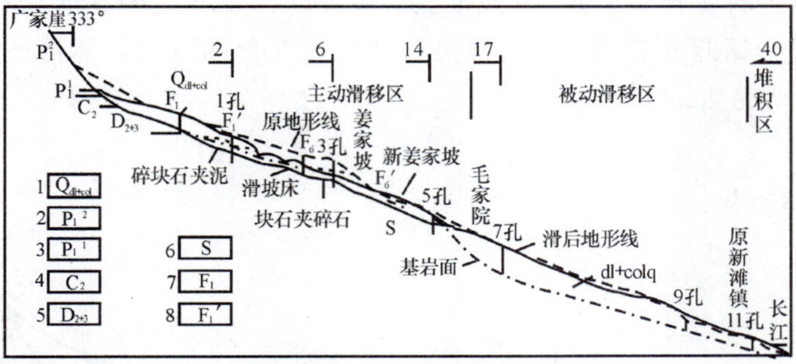

图 4-3-2 新滩滑坡地质纵剖面图

1. 第四系崩坡积碎块石及土；2. 二叠系灰岩；3. 二叠系页岩及煤层；4. 石炭系灰岩；5. 泥盆系砂岩；6. 志留系砂页岩；7. 滑坡前监测点位置；8. 监测点滑后位置

2. 湖北秭归楚王城滑坡

该滑坡位于秭归县旧州河长江右岸。楚王城为明代秭归县城所在地。据万历《归州志·祥异志》记载，明嘉靖四十年(公元 1561 年)闰五月十二日，淫雨浃旬，楚王城发生滑坡，使当时官府及民舍 1000 余家遭受严重破坏，大部分房屋倾没倒塌(没有人员伤亡的记载)，因此又将县城迁回到原秭归县城所在地归州镇。

据现场残存的古滑坡体判断，该滑坡为一基岩顺层滑坡。现今在海拔 240～260m 的楚王井村，是从海拔 350m 处滑下来的。现今滑坡残体虽然重心位置偏低，三峡水库蓄水仍有可能引起残存滑坡体复活，但不会造成太大影响。

3. 四川泸定磨西(木杠岭)滑坡

该滑坡位于泸定县磨西台地，为大渡河上游。该滑坡由 1876 年 6 月 1 日磨西 7.5 级地震而诱发。在木杠岭(泸定境内)和拦枷锁(汉源境内)两处堵江，共有滑坡体积 4500m^3。木杠岭天然堆石坝堵江 10 天后溃决，冲击下游拦枷锁天然堆石坝，于是上、下两坝洪水合为一股，一涌而下，“水头高达数十丈，沿河沟谷因溃坝洪水皆倒射数十里，舟船遇之，无不立覆；洪水浩劫，溺居民以万家计。叙(宜宾)、泸(州)、渝(重庆)以下，山材房料拥蔽江面，几同木篺。至湖北宜昌势始平缓”。这是一次典型的地质灾害链，由地震引发山体崩滑而成洪水以致酿成巨灾。

4. 云南巧家石膏地滑坡

该滑坡位于巧家县金塘乡北部(有记为红路一带)，下距巧家县城 7km，金沙江下游右岸。据巧家县志记载：“光绪六年(1880 年)三月初九日，巧家厅石膏地山崩，于四川小田坝平地成丘，压死村民数十人，金沙江断流三日，冲开仍归故道。”据实地考察，金沙江西岸(左)滑坡残丘(滑坡越金沙江而成)长 800m、宽 100～250m、高 150m 左右，体积约 270 万 m^3；东(右)岸残留部分清晰可辨，呈典型的“圈椅”状，长 1300m、宽 700m、面积约 0.7km^2。滑坡前缘高程 640m，后缘高程 1250m，高差达 610m，滑坡后壁高约 50m。从地形恢复看，该次滑坡总体积为 1.05 亿 m^3。在金沙江河谷堆积 1400 万 m^3，残留右岸 0.91 亿 m^3，估计当时滑坡堵江高度为 30m 左右(见图 4-3-3和图 4-3-4)。该滑坡地段斜坡为寒武系下统灰岩、砂页岩，岩层倾向西，倾角 20°，为顺向坡，江边见岩层反倾。斜坡下部岩层为灰黑色砂页岩夹薄层灰岩(含石膏)，后缘有南北向逆断层通过(小江深大断裂之一部分)，倾向西，倾角 70°左右。该滑坡发生于夜间，滑体上有 1 户 10 口之家被推至对岸埋压入乱石之中。前缘坡脚岩层见有小型褶曲和糜陵岩，据此分析该滑坡为经过长期蠕动变形的巨型岩体滑坡，该滑坡发生于旱季(3 月)，滑动突然。

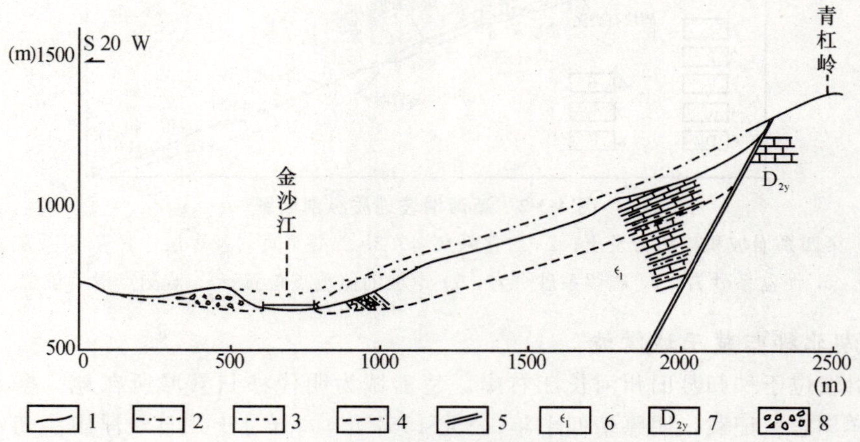

图 4-3-3　1880 年巧家石膏地滑坡纵剖面图

1. 现地面线；2. 推测滑动前面线；3. 推测滑动后金沙江附近地面线；4. 推测滑动面；5. 断层；6. 下寒武统灰岩、钙质沙页岩面；7. 中泥盆统幺棚子组厚层灰岩；8. 1880 年滑坡残丘堆积

据现场考察，石膏地滑坡左侧(上游)山体稳定性较差，存在着发生大型滑坡堵江的可能，其地质地貌条件与石膏地滑坡几乎完全一样，其规模亦相近，如一旦发生，极可能堵断金沙江，对下游沿岸城镇、拟建中的白鹤滩水电站以及金沙江航道造成巨大的危害。

由于特定的地质地貌条件，根据航片判读线路考察和地形地质资料分析，巧家县金沙江沿岸从石膏地至大垮山(由北向南)的 26km 范围内，均为高陡斜坡，岩层破碎，崩塌、滑坡、泥石流发育，斜坡稳定性差，发生大型滑坡的可能性较大，初步确定的危险地区如图 4-3-4 所示，它们均在白鹤滩水库区，届时需予以详细研究。

5. 云南永善吴家湾滑坡

该滑坡位于永善县团结乡大毛村，金沙江下游右岸。因受小江断裂控制，次生断裂多呈南北向，由于断裂不同期次、规模的发育，岩体分布出露零乱，产状变化大。河流切割深度大，造成山体坡面陡，为滑坡发生创造了条件。1887 年 3 月 17 日下滑，体积达 1.02 亿 m^3，形成堆石坝，金沙江断流 3 日，一黄姓农户住房从云南境内滑过金沙江而至四川境内，房屋仍完好无损，全家安然，堪为奇事。

6. 重庆云阳兴隆滩滑坡

位于云阳县城上游 14km 的长江北岸。1896 年(清光绪二十二年)7 月发生滑坡。体积达 4500 万 m^3。据云阳县志记载："黄瓜槽山半崩裂，土石推移，广袤数百丈，直移入江，壅江流，与江中石梁相逼，水石冲击，巴楚商泊上下停滞，列樯待运延袤数里。”仅几星期，纤夫和挑夫云集万人，一时生意兴隆，取名兴隆滩。又据重庆《海关十年报告书》记载，滑坡宽约半英里(804m)，而折痕延入陆岸3倍以上。形成滑坡陡崖高244m。当地滑坡体上居民在前一天听到不祥的轰隆和折裂之声，有时间迁避。而其下谷地居民却未搬迁，致使60多人埋于土石之中。滑落土石在河床形成一个山岬(在龙中湾)恰与靠近南岸的暗礁相遇，航道全部阻塞形成一大险滩，江水被压缩在76m宽的断面中汹涌而过，状如瀑布，给航行造成危险。下行船不知此滩者，被吞没无数。据知县估计在最初的3个月内死亡已过千人。为消除航行障碍，北洋政府曾派军队和专家炸滩，曾邀请外国专家协助进行治理，后因战争而停止。其后又经20多年整治才得以畅通。

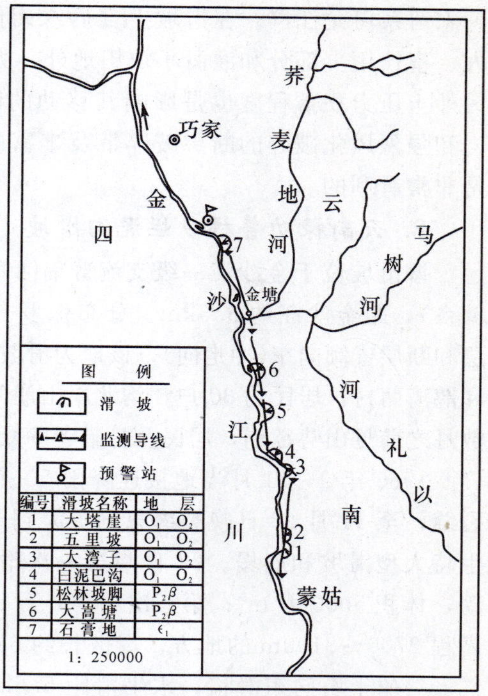

编号	滑坡名称	地层
1	大塔崖	O_1 O_2
2	五里坡	O_1 O_2
3	大湾子	O_1 O_2
4	白泥巴沟	O_1 O_2
5	松林坡脚	$P_2\beta$
6	大蒿塘	$P_2\beta$
7	石膏地	ϵ_1

图 4-3-4　巧家石膏地—大垮山金沙江沿岸可能发生的大型滑坡位置

该滑坡区地层为侏罗系上沙溪庙组(J_{2S})厚层砂岩夹泥岩，岩层倾向南东(长江)，倾角上陡下缓，层面似弧形。据现场考察，滑体绝大部分脱离滑床，滑程约500m，残留体尾部置于河漫滩阶地之上。

7. 甘肃舟曲泄流坡滑坡

该滑坡位于陇南舟曲县下游5km白龙江左岸，是一个具有多次滑动历史的老滑坡。该滑坡后缘高程2200m，前缘抵达河床，高差达790m，滑坡长2.6km，宽0.4km，平均厚50m左右，体积大于5000万m^3。该滑坡每年以12～20cm的速度蠕动，19世纪以来曾8次堵江，平均10～15年一次。滑坡成灾有如下几次：1904年、1907年、1922年9月、1931年、1949年10月末、1961年10月、1963年9月。其中1949年10月滑坡由中部南侧开始滑动，使北侧的老人庄(原关家山村旧址)受挤，全村40余户被迫迁村于南山上(现址)；1961年曾从中部开始滑动，推动下部，将白龙江堵断，因土体不厚，较快水漫顶而溃决；1963年9月的滑坡使公路中断，并堵断白龙江形成库容600万～700万m^3的水库。18年后的1981年再次发生大规模灾难性滑坡，4月9日上午滑坡下滑速度加快，引起公路变形中断，堵断白龙江形成库容2100万m^3的水库，回水长约7km，坝前水深21.7m，严重威胁上游舟曲及下游武都城区安全。滑坡前缘挤入村内，带动总土石量约4000万m^3。滑动之前的2月8日，在滑体南侧开始有明显位移滑动，其宽度150m左右，之后滑速变慢，但4月4日以后，又明显加快。4月9日凌晨3时，滑体北侧开始滑动，宽100～150m，后加宽至200～250m，滑体开始整体滑动。4月9—12日4天，滑动速度最快，每天30m左右。滑坡前缘部分滑速每天3～5m。到4月12日滑动总距离大于400m。至月底水平位移共达600～700m。

泄流坡滑坡位于益哇—舟曲断裂带内，滑坡后缘南侧即为一较大断层。滑坡区内为志留系白龙江群。在滑坡上部后缘南侧，滑坡陡坎附近有地下水出露，这些泉水除人、畜饮用少部分和灌溉小块田地外，大都注入滑坡带内，这是促成滑动的重要因素。另外土压力积蓄程度也是影响其移动的因素。总之，该处为高陡的岸坡、软弱的变质岩和强烈风化破碎的断层破碎带及丰富的地下水出露地段，对于形成滑坡和泥石流都是非常有利的。

8. 云南禄劝普福乡烂泥沟滑坡

该滑坡位于金沙江一级支流普福河左岸支沟烂泥沟，属云南禄劝普福乡（现为马鹿塘乡），距金沙江约 3.5km。分布侏罗—白垩系砂岩，页岩和二叠系砂岩、玄武岩，岩层和断层皆倾向东（冲走向），该地为滑坡崩塌多发区。1921—1922 年，烂泥沟内有淹摩洛和鹊湾两村，居民约 30 户，沟北岸山崩两村房屋及附近土地 67hm^2 均被掩埋，幸居民于数月之前见山势欲崩，居民及打猎者率众陆续迁往他处，于是两村人畜得以幸免。

1965 年 9—11 月当地接连降雨 50 多天，随后地面出现长 200～300m、宽 2m 的大裂缝，至 11 月 20 日晚裂缝急剧扩大到 4m 宽。11 月 22—23 日凌晨，该处连续两次发生特大型滑坡和崩塌。22 日晚第一次滑动，体积 2.5 亿 m^3；23 日晚又发生第二次滑动，体积 5000 万 m^3；第三次约 900 万 m^3，包括老深多以上，出水坪、撒雨海以西地区高程 2700～3100m 的地方。滑区长约 6km，宽 0.8～2km，以 4.5 亿 m^3（有的资料为 4 亿 m^3）的土石向东滑移，水平滑距 5.6km，至高程 1200m 左右的甸塘、白占斗、阿角迷一带，直至受到鲁干大山阻拦后才停积，而大部分土石岩块被反射回来，造成了巨大的破坏和伤亡：掩埋村庄 4 个（有资料为 5 个）、农户 88 户、房屋 402 间，造成 444 人死亡，毁地 44hm^2，毁粮 15 万 kg，牲畜死亡 1136 头。由于土石高速崩落撞击，形成了 3.7 级地震（有资料为 4.4 级地震）。与此同时，堆积物堵塞普福河形成了天然堆石坝，坝体长 1100m，面积约 2.2km^2，最大坝高 179m，回水长 1.8km，蓄水 500 万 m^3。1966 年雨季，其上游清水河雨量充沛，洪峰流量达 168m^3/s。7 月 10 日西侧鞍部溃决，冲垮土石 700 万 m^3，形成破坏力极大的泥石流，大量泥砂伴随洪水冲到金沙江，并短暂堵江，使一丙等险滩恶化成乙等险滩。

1965 年 11 月 24 日，烂泥沟发生滑坡使石灰窑村被掩埋，人员已撤离。1991 年 9 月 17 日该处又发生体积为 300 万 m^3 的崩塌滑坡，造成 10 人死亡。

9. 重庆万州市区滑坡

该滑坡位于万州市区。据《国民公报》记载：1930 年 6 月 23 日发生崩塌滑坡，毁房 60 余间、死亡 10 人。1980 年 9 月 2 日市区胜利路滑坡，滑体体积为 13 万 m^3，23 家工厂、商店，160 户居民 636 人受灾，仅治理费就耗资 300 万元，工期长达 5 年之久。这充分说明受灾程度除与灾害规模大小有关外，更与经济发展水平密切相关。在经济发展地区，不要忽视规模小的山地灾害的治理。

10. 四川茂汶迭溪地震崩塌滑坡

1933 年 8 月 25 日茂汶县迭溪镇发生 7.4 级大地震，震中区烈度为Ⅹ度，瞬间千年古城迭溪为强烈地震所诱发的滑坡和崩塌所毁灭，致使 500 余人丧生。位于迭溪城南 5km 岷江东岸之小关子村亦被一个滑坡所毁坏，造成 57 人死亡。位于岷江西岸的烧炭沟、吉白沟、龙池、石嘴等 10 余村寨，在地震发生后皆随山崩倒塌，为土石掩埋。其中靠近岷江岸边的烧炭沟、龙池、白腊等村寨则完全随山石崩落入江，不见踪迹。由于谷坡陡峻、岩石破碎，地震之后山体支离破碎，地貌改观。在迭溪城周围115km范围内，山体滑坡、崩塌和山崩堵河现象比比皆是。滑坡规模最大者为迭溪城与点将台之间的砂砾石阶地形成的滑坡，沿滑动方向长400m，横向宽1300m，滑动土石体积1.5亿m^3。迭溪城南岸之小关子滑坡体长达500余m，亦属较大者。震后沿岷江河谷分别在迭溪城旁、大桥、银屏崖等地，形成3座高达百余米的天然堆石坝将岷江河谷堵截成3段，积水成湖(当地俗称海子)。因迭溪城旁的堆石坝为最高者，高出上游其他两坝60余m，故3个湖连成一片，蓄水量共4亿～5亿m^3。在震后第45天(即10月9日)，最下游迭溪城旁堆石坝溃决，而其上游的大、小海子保存完整，至今尚存。溃坝洪水给下游带来深重灾难，高达40余m的水头顺着岷江河谷奔腾而下，席卷沿岸的村寨和田园。自迭溪城至灌县(岷江出山口)，水头还高达13m，长约200km的岷江两岸村镇被冲毁多半。据不完统计，死于水灾者超过2500人，毁房1075间，冲毁田地约473hm^2，死亡牲畜4500头。都江堰鱼嘴、飞沙堰、平水槽、金刚堤、人字堤等被冲毁。在该地震区内，除上述的海子外，在岷江支流中还形成了10余个海子。较大者如公棚海子、水磨沟海子、白腊寨海子等。这些海子因泥沙不断地淤积，现蓄水不多。据《茂州志》所记地震史料中，有3次述及地震时“山崩川塞”之事。据现场调查，由堵成湖的湖相沉积构成了解放村的三级阶地，由此可判定堵江事件时间最早可能发生在晚更新世末至全新世初(Q_3^3～Q_4^1)。可见在该区地震引发山崩堵河积水成湖的现象由来已久。地震→山崩滑坡→泥石流洪水而形成灾害链，此为典型例子。

11. 四川绵竹瓦窑堡滑坡

该滑坡位于绵竹县瓦窑堡的绵远河边。1934年7月发生滑坡，体积3000万m^3，堵断绵远河，天然堆石坝高约40m，30分钟后溃决，在下游20km的汉旺镇突然被洪水淹没，致200余人死亡。该滑坡是以长兴灰岩为滑体，以龙潭煤系为滑面，并构成顺向坡，在特大暴雨触发下发生的。

12. 四川会理沙坝沟鲁车渡滑坡

该滑坡位于会理县通安区沙坝沟，金沙江下游左岸。1935年11月22日发生滑坡，体积达9500万m^3，滑体直冲河谷并越过金沙江，形成一座高约50m的天然堆石坝，堵断金沙江，3天后溃决，致死280余人。该滑坡两侧为南北向断裂分割，后部被东西向断裂切割，南面为金沙江深切峡谷，形成全方位与母体割断联系的岩体，在岸坡重力卸荷作用下，产生了特大规模的崩塌性滑坡。1935年12月18日马边发生6级地震波及本区，地震记载中有“会理鲁车山崩，受灾数十家，金沙江截断”，与此时间不符。该滑坡有人称为白泥洞滑坡。

13. 云南彝良花生地滑坡

该滑坡位于彝良县城旁1km，横江(大关河)上游洛泽河右岸。高程850～1060m，自然坡度25～35°，滑坡体长1000m，宽700m，厚300m，面积0.7km^2，体积2100万m^3。1948年8月15日降暴雨至17日晨6时从而引起滑坡(同一资料有1948年8月1日彝良旧县城被花生地滑坡掩埋的记载)。毁地31hm^2，陷落26户、111间房屋。彝良县城被迫搬迁。

14. 宝成铁路两当灵官峡滑坡

该滑坡位于甘肃省两当县西城乡灵官峡嘉陵江左岸，铁路里程为K115。该滑坡是一个大型的复杂的堆积层滑坡群。滑坡体平面形态为纵长形并呈帚状，纵长2.3km，横宽平均为0.95km，厚度平均为30m，最大厚度达70m，体积为6500万m^3。滑坡区构造复杂，处于一复式向斜的北翼，为3条断层围限。滑坡体由第四系崩坡积物组成，岩性复杂，结构不均一。滑床岩性为侏罗系中—下统砂岩、砾岩，遭受强烈风化，岩层倾向嘉陵江河谷，倾角14°，滑体表层平均坡度21°，呈现多级滑坡台阶地貌。滑体中含有较丰富的地下水，有潜水及承压水1～3层，分布不均一，变化很大。该滑坡因1955年6月修宝成铁路时在其前部嘉陵江岸边大开挖后复活，后于1956年、1957年、1972年、1977年分别有不同程度的蠕动变形。尤其是1981年8月21日特大暴雨之后，滑坡活动明显加剧，造成铁路边坡挡土墙开裂、错动，严重威胁着铁路的安全运营。由于该滑坡滑动面很深，在路基以下接近嘉陵江水面，高差达640m，因此对该正在活动的滑坡进行治理是很困难的，或者说工程量太大。经铁道部门反复研究，决定避绕滑坡，改用隧道方案从对岸山体通过。

15. 重庆钢铁公司滑坡群

该滑坡群位于重庆市上游长江左岸，又称高焦炉区滑坡群。重庆钢铁公司的焦炉、煤场、受煤塔等重要建筑均位于滑坡体上，成渝铁路亦在此通过。该滑坡体南北长460m，东西延伸1440m，厚度最大约32m，面积39万m^2，体积约780万m^3。该滑坡群可分为高焦炉滑坡和三角地带滑坡两个滑坡。滑体表面总体呈缓倾台面，高程190～220m，主滑床高程185～166m，前缘最低高程165m，略呈西高东低倾斜面。

该滑坡为基岩顺倾向切层滑坡，成生原因主要与江水冲刷、洪水消落、施工排水不畅、堆土及兴建厂房等负荷增加、火车运行和开山放炮震动等因素有关。对该滑坡的研究于20世纪50年代初就已开始，先后有我国和原苏联专家以及南江水文队、成都地质学院、长江水利委员会等单位参加。该滑坡整体位移尚无迹象，但局部地段变形明显。1958年5—9月，沿成渝铁路长720m普遍发生拉裂，使铁路下沉外移，并影响到焦化厂、煤坑厂房一带。三角地带滑体向长江滑移，迫使长江主流向南偏移并形成深槽，继续遭受冲刷，1960年后10号泵站变形明显。1981年7月16日和1991年又重新有过活动。为防治滑坡，重庆钢铁公司先后采取了抛石反压、抗滑桩、后缘削坡减载、沿山修排水沟等措施，耗资数千万元。

16. 湖南柘溪水库塘岩光滑坡

该滑坡位于资水中游柘溪水库近坝库区右岸。1961年3月6日，165万m^3的滑坡体以高达25m/s的速度滑入深50m余的水库，激起巨大涌浪，涌浪过程不超过1分钟，最大高度为21m，至坝前涌浪达2.5m，至上游15km处，浪高仍达0.3～0.5m，涌浪漫过坝顶，造成重大损失，死亡66人，延误工期达1年之久。1961年2月5日，当大坝建筑至153m高程时，水库提前蓄水，主体工程和厂房仍在继续施工，10天内库内蓄水已达6600万m^3。在此期间自2月27日至3月6日连续8天降雨，降雨量达129mm。至3月6日水位已由100m上升至148.9m高程，日平均升高1.75m，3月6日上午7时左右，在滑坡区附近已出现小的岸坡塌滑，岸坡上出现弧形裂缝，并逐渐加宽。其对岸500m处水库支沟谢家溪内水上船民听到崩塌声响，水面见有起伏不稳波浪，浪高约1m。下午6时，巨大滑坡突然发生。塘岩光边坡表部覆盖层连同部分风化基岩突然以高速滑落水库，形成巨大涌浪，行驶在滑坡区段的帆船10m高的桅杆被涌浪没顶。据事后观测，滑坡发生时库水面宽 220m、水深 50～70m，直径 25cm 的大树被涌浪连根拔起。滑坡发生后，滑坡体一部分已淹没水下。滑体沿水库边宽 210m，顶部宽 160m，滑体顶缘高程为 280m，滑坡体厚 20～35m，水下部分自岸边向河床堆积延伸 60～120m 远，形成一水下台阶。滑坡在平面上略呈一长方形，两侧明显受两条大致平行的高角度断层控制。滑坡生于板溪群砂质板岩中，其层间错动、横向节理、断层较发育，为顺向坡。在岩性与构造上有利于形成顺层滑坡。该滑坡为 1949 年以来峡谷型水库中首次发生的大型滑坡事故。

17. 四川西昌者波祖滑坡

该滑坡位于西昌县东北者波祖河下游段左岸，距西昌县城 17km 处。1965 年 10 月 27 日凌晨，老滑坡再度复活，形成特大型滑坡。该滑坡长约 700m，宽 300～700m，最大厚度约 70m，体积约 2900 万 m^3。其中有 450 万 m^3 土石进入河谷，形成高出河底 51m 的天然堆石坝，库容达 270 万 m^3。1966 年 5 月 26 日，因暴雨大量溢流而冲毁人工溢洪道，坝身被冲开一个缺口，当时最大流量为 $670m^3/s$，冲毁、淹没水库下游农田近 $70hm^2$，损失粮食近 50 万 kg。

18. 四川雷波卡哈洛乡牛滚凼滑坡

该滑坡位于雷波县卡哈洛乡，金沙江左岸一级支沟卡哈洛沟右岸，离金沙江 1.2km，距溪洛渡水电站坝址 52.3km。滑坡前缘高程 520m，后缘高程 815m，长 1371m，宽 1050m，面积 $1.105km^2$，厚度一般 40～100m，平均厚度 79m，体积 7624.5 万 m^3。滑坡总体地貌形态呈“圈椅”状，后部滑壁呈弧形，坡度 38°～52°，高 30～50m；侧壁高 3～15m，坡度 20°～35°。滑体呈两级台阶状：第一级滑坡平台（中坝）宽 280m，平均坡度 11°，平台前部临沟有隆起鼓丘，高 7～8m；第二级平台（牛滚凼）宽 500m，倾角 7°，在平台中前部有一宽 80～120m 的凹槽，深 10～20m，为早期滑坡拉裂而形成，平台前缘横向拉裂缝发育，宽 0.2～1.2m，最宽 17.2m，目前最大可见深达 4～6m。第一、二级平台之间为 21°～41°的斜坡，坡高 90～100m。该滑坡为基岩滑坡，滑坡物质以破碎的志留系下统页岩夹粉砂岩及泥灰岩为主，岩层产状紊乱，呈大小不等的块体状。滑坡形成时代较老，为古滑坡。1966 年后缘出现裂缝，1970 年下滑加剧，以后 1974 年、1988 年和 1989 年雨季活动较为强烈，滑坡水平位移大于 50m，毁水电站 1 座，迫使卡哈洛区政府机关搬迁，80%以上的村民房屋产生变形或破坏。1997 年 4 月 18 日凌晨 2 时，该滑坡后缘巫家湾地段发生长 500m、宽 300m、平均厚度约 20m、总体积 300 万 m^3 的滑坡，损坏房屋 107 间、14kW 水电站 1 座，灌溉渠 1km，耕地 $24hm^2$，经济林 2 万株，经济损失 55 万元，由于设站预报准确，幸无人员伤亡。今后滑坡后壁如不断产生崩垮加载，前缘冲刷，若整体滑动其物质将进入金沙江，对溪洛渡水库造成危害。目前卡哈洛沟为特大型泥石流沟，该滑坡成为松散固体物质备源，沟口扇体已占据金沙江河道的 1/2，枯水期江中有滩体显露。

19. 四川雅江雅砻江唐古栋滑坡

该滑坡位于雅江县孜河区雅砻江右岸唐古栋。1967 年 6 月 8 日发生滑坡。后缘高程达 3530m，前缘剪出口高程 2500m，高差 1030m，宽 1300m，水平长度 1900m，总滑动面积约 $1.9km^2$，滑坡土石体积达 6800 万 m^3。滑动极为迅速，整个过程仅 5 分钟。由于滑床很陡，大部分物质都涌入河床，形成天然堆石坝截断雅砻江，右岸坝高 355m，左岸坝高 175m，坝长 200m，沿江堤坝宽（纵长）3km。回水区长约 53km，形成库容 9

亿 m^3 的天然水库，由于断流，以致在下游 200～300km 范围内，还出现全年最低或接近全年最低水位。6 月 17 日 8 时水流漫顶，14 时溃坝，在坝下游 10km 处，水位上涨达 48m，流量达 62100m^3/s，盐源县金水河水位上涨 30m，米易县小得石上涨 16.6m。在距滑坡 300km 的雅砻江与金沙江汇合处的三堆子，水位还上涨了 14.5m，这一影响一直到 1300km 以外的宜宾市还可看到。给沿江两岸的建筑设施和交通造成极大灾害。由于及时作出预报，沿江居民及时撤离，没有造成人员伤亡，但冲毁农田 233.3hm^2、房屋 435 间，冲走牲畜 131 头、粮食 7.9 万 kg，毁坏公路 51km、桥梁 3 座、涵洞 47 座，洼里、泸宁等 3 个水文站的全部设施被冲走，直接经济损失 1000 万元以上。据调查，早在 1960 年该处山体已出现开裂变形，后逐年加剧，直到该滑坡发生，累计变形时间长达 7 年之久。目前该段沿江两岸几十公里范围之内，滑坡、崩塌甚多，若滑入江中，有再次堵江的潜在威胁。

20. 四川金阳县城滑坡

该滑坡位于金阳县城关，金沙江下游左岸支流金阳河右岸。原为一古滑坡，体积约 2.4 亿 m^3，近期多次复活，复活体积达 4000 万 m^3。金阳县城就坐落在古滑坡体上。该滑坡由震旦系灰岩、白云岩碎块组成，金阳断裂(南北向)从古滑体中部通过。该滑坡自 1964 年以来，每年雨季都有明显的蠕动迹象，尤以 1969 年、1979 年、1982 年、1984 年最严重，受灾单位有酒厂、冷冻厂、中学、小学等，死亡 6 人，毁 250kW 水电站进水口及桥涵 2 座，经济损失逾 100 万元。盘山公路每年下陷 20～30cm，阻车断道年年发生。西侧野猪湾酒厂地裂缝长达 300 余 m，宽 5～10cm。滑坡中部于 1990 年 6 月也开始活动，呈节节向上牵引之势。该古滑坡复活迹象明显，并有加快趋势，如大面积复活，将威胁下游电站、坡体上农田及县城数十家机关团体、厂矿和 2500 人的安全，预计财产损失超过 5 亿元。

21. 四川汉源麦地坡滑坡

该滑坡位于汉源县城关富林镇六村二组大渡河左岸。1971 年 8 月 16 日(有资料为 8 月 4 日)发生滑坡，滑坡体纵长约 300m，横宽 220m，平均厚度约 20m，滑体总量约 100 万 m^3。滑坡体前、后缘高差 100m，滑体最大垂直位移 60m，水平位移 240m。滑动全过程持续约 2 分钟，滑体前锋越过沟底，冲上了高出沟床 15m 的对岸平台，掩埋了 1 个村庄，死亡 43 人，毁坏耕地 7.5hm^2、房屋 52 间，牲畜死亡 23 头，受灾 35 户 160 余人。滑体在沟内形成了高约 15m、宽约 200m(沿沟)的土石坝，堵塞沟谷，形成了天然水库。

该滑坡发生在下更新统(Q_1)昔格达组地层中，这是一套以粉砂岩、泥岩、页岩为主组成的软岩湖相地层，总厚达 200m。当地处于新构造隆升区，大渡河急剧下切，其支沟亦随之深切，使坡体前方的侧向应力降低，使边坡易于失稳，这是该滑坡发生的根本条件之一。另外，昔格达组地层的强烈的湿胀干缩特征和风干后迅速崩解的特性，导致了坡体在旱季严重开裂，在雨季的中、后期，由于坡体地下水聚集导致滑坡发生。

22. 云南巧家大寨滑坡

该滑坡位于巧家县大寨乡金沙江一级支流铜厂沟右岸，上距县城 35km。该滑坡与金沙江仅一山之隔，相距 2km，金沙江白鹤滩水电站坝址距此不远，如滑坡堵沟溃决可能危及拟建的白鹤滩大坝。据了解，该滑坡数百年来一直有所活动，20 世纪 70 年代以前，滑体上房屋歪斜，地面沉降、变形、开裂的现象已比较普遍，由于滑坡活动缓慢，未发生直接毁田垮屋，部分房屋十余年翻盖一次。70 年代以后，滑坡活动明显增强，

1974 年 7 月 21 日杨家屋基大滑，大寨乡政府被迫搬迁；1979 年以后半边街被迫搬迁 30 余户；1987 年田坝寨一带垂直下滑 20 余 m，毁田 20hm²，垮房 30 余户；正常年份垂直位移 2m；最近几年，沙地一带滑坡上部活动也明显增强，每年下滑 1m 左右。该滑坡呈长条形，由北向南滑入铜厂沟，后缘为陡崖，两侧为肖家河沟和白果树沟。滑坡长 2200m，宽 500m，滑坡体厚 2～20m，平均厚 10m，体积约 1100 万 m³，前后缘高差达 400m。其组成为白果湾群砂页岩风化后形成的坡残积物，含土量高，滑床为顺向坡砂页岩基岩，风化面有厚 5～20cm 的灰白色亚黏土条带层，有清晰擦痕，为滑动带。当地针对此滑坡已建立简易观测站。

23. 四川南江白梅垭滑坡泥石流

该滑坡泥石流位于四川盆地北缘大巴山麓山区的南江县旭光乡，为渠河流域。该地区在暴雨触发下常发生顺层滑坡。1974 年 9 月 14 日，在白云质灰岩、燧石层和硅质泥灰岩组成的山坡上，因暴雨和地下水触发山体滑动。滑体后缘高程 1650m，滑坡剪出口高程 1360m，滑坡纵长 1000m，总计下滑物质 700 万 m³。滑体滑动后，势能转化为动能，以 20m/s 的平均速度向下滑动。由于撞击和泥水搅拌，滑坡在前进的过程中转化为泥石流，在 5 分钟之内流动了 3.5km，堆积于齐坪寺以下的宽谷中。堆积物堵断板桥沟，汇水成一天然水库，库容 13 万 m³。这次滑坡泥石流涉及旭光、赶场、红岩等 6 个公社的 6 个生产队，使 159 人丧生、8 人受伤，毁坏房屋 117 间、耕地 55.3hm²。

24. 云南楚雄吕合露天煤矿边坡滑坡

该滑坡位于楚雄市西北 30km，吕合煤矿于 1960 年投产。1977 年 9 月 1 号绞车道变形，煤仓道下滑 5～10m，坍滑 10 余万 m³；1981 年 4 号绞车道的甩道部分煤岩塌滑几万立方米，埋掉矿车数辆；1982 年 9 月设置了几个监测点，到 1984 年 4 月，地面最大下沉 159.5cm，水平位移 105cm。经综合研究查明，滑坡横向长 500m、宽 400m、平均深 15m、体积约 300 万 m³。该滑坡为顺层滑坡，出露地层为第三系含煤地层，其下为侏罗系，其上为第四系松散黏土。

边坡失稳的主要原因有：①地层与边坡倾向一致，且夹有多层软弱面；岩层倾角与边坡角相近或小于坡角；后缘及中部有走向横切边坡的断层发育。②矿坑开挖造成了坡脚的卸荷，产生自坡面向坡体内的应力松弛；其后又将弃渣堆到主滑地段，破坏山体平衡。③地表水的入渗和地下水运移使底部软弱结构面软化，抗剪强度降低；滑面孔隙水压力增高，降低有效法向应力。④矿坑生产放炮震动松动了岩层，加速了边坡的滑动。在如此内、外因素作用下，边坡已由蠕动发展到缓慢滑动。

25. 二滩水电站库区盐塘滑坡

该滑坡位于雅砻江左岸二滩水电站坝址上游 82km，是由田村、马米洛、盐塘等滑坡组成的滑坡群，长 6km，宽 3km，高程 1100～2230m。三期活动形态为：Ⅰ级新滑坡，地貌形态清晰，规模较小，植被覆盖差，基岩裸露，剪出口在河漫滩附近；Ⅱ级老滑坡，地貌形态清楚，剪出口相当于Ⅰ级阶地面高程，植被覆盖一般，滑体厚 45m，滑体 1.86 亿 m³；Ⅲ级古滑坡，地貌形态可辨，植被覆盖好，剪出口高程相当于第四级阶地面，滑体厚 56m，滑体达 7.2 亿 m³。盐塘现代滑坡滑壁、滑体清晰，滑舌直抵江边，滑体长 400m、宽 200m、体积 300 万～500 万 m³，发生于 1979 年 7 月。该滑坡正在活动，前缘逼雅砻江西移，该江段在 26 年间向西推移 50～150m。一旦爆发牵引式 9 亿 m³ 的大滑动，将形成库中坝，后果难以估量。值得注意的是其对岸还发育有体积达 5.52 亿 m³ 的大坪子滑坡，滑坡形态清晰完整，目前处于稳定状态，如今后状态恶化，亦是一可虑的问题。

26. 成昆铁路铁西站滑坡

该滑坡位于四川越西县牛日河左岸谷坡。1980 年 7 月 3 日 15 时 30 分，成昆铁路铁西站内发生滑坡，滑体从长 120m、高 40～50m 的采石场边坡下部剪出，剪出口高出采石场平台和铁路路基面 10m 左右。滑体填满采石场后，继续向前运动，掩埋铁路涵洞、路基，堵塞铁西隧道双线进洞口，堆积在路基上的滑体厚度达 14m，越过铁路达 20～30m，掩埋铁路线长 160m，中断行车 40 天，造成了极为严重的经济损失。

该滑坡处于南北向构造带中的米市向斜西翼，其东侧有碧鸡山褶皱及牛日河断裂，西侧有越西河断裂及小相岭构造带。滑坡内地层有侏罗系砂岩、页岩及泥岩和第四系滑坡堆积层。滑坡发育过程分 3 个阶段：从 1970 年成昆线交付运营，1971 年在此开辟采石场，1976 年蠕动挤压变形开始，至 1980 年 7 月 3 日速滑骤然发生。整个滑动过程历时 42 小时，滑体滑动呈波状起伏，平均速度 8m/h。直到 7 月 5 日上午滑动基本停止，垂直位移约 70m，水平位移约 120m。速滑终止后，滑体经自然压密作用及工程治理，1983 年 6 月滑坡已稳定，历时约 3 年。该滑坡主要由采石活动诱发，而频繁的爆破震动和地下水活动则起了加速滑坡的形成与发展的作用。

27. 湖北长阳资丘墓坪滑坡

该滑坡位于长阳资丘镇墓坪村，清江左岸。滑体由崩坡积和基岩碎块组成，一般上部松散体厚 45m 左右，下部基岩块体厚 30～40m。前缘剪出口埋于清江漫滩高程，低于 122m，后缘高程 485m，总体积约 2124 万 m^3。在平面上可见四级平台呈一钟形，有多个次级滑坡。1980 年 8 月 10 日 7 时该滑坡西部发生滑移，爆发前可见滑坡前缘孤石频繁滚动，并伴有似拖桌子的摩擦声，紧接着水渠滑移，尘土弥漫，响声如雷，从开始启动到滑体土质到公路不到 10 分钟。致 2 人死亡，数十间房屋被埋，整个墓坪村被摧毁。滑动土石体总计约 203 万 m^3。

1993 年 5 月隔河岩水库开始蓄水，据观测资料，滑体出现 200m 长弧形裂缝，滑坡三级平台桂花村一带居民的房屋 5、6 月份以来 2 栋民房墙壁发生拉张裂缝，居民王家喜房屋 6 月 21 日因拉张变形以至二楼预制板塌落。而滑体东部分在其后部和前部原码头公路等地亦产生了大量拉张裂缝，一般长 30m，最长 96m，宽 0.1m，垂直位移量最大达 0.75m。长江水利委员会已设置了外观监测网点，并在 2 个钻孔内埋设了倾斜仪和渗压计，同时进行了稳定计算，均表明该滑坡很不稳定，一旦下滑将对资丘大桥和航运水库的安全以及附近居民生命财产带来严重影响。

28. 四川攀枝花攀钢灰石矿 H2 滑坡

该滑坡位于攀枝花市。1980 年 11 月至 1981 年 6 月石灰石矿采场东西两端发生了两次大型滑坡，尤其是 1981 年 6 月西端的 H2 滑坡是国内罕见的矿场大型滑坡(10.63Mt)，滑坡体积近 1000 万 m^3，对矿山生产影响重大。1981 年 6 月 10 日 15 时 50 分，滑坡区前缘起爆了 19 个药室，装药量 120t，最大段药量 90t，爆破效果令人满意。3 小时后听到爆堆后方滑坡体前缘有掉渣响声，且不断增多，因此发出预警和采取撤离措施。6 月 10 日 20 时左右响声加剧加大，并可明显地听到岩体位移的断裂声音，20 时 40 分大滑坡形成。滑坡原因有：①边坡设计不当，采取了从 1400m 高程半山腰拦截开采的顺序，当下部开采切断了软弱层时斜坡上部不稳定体就下滑。②地质条件不良，斜坡东侧有辉绿岩破碎带，西侧 F_8 断层形成天然纵向切割面，下部有两个与滑动面的空间方位一致的软弱面。③爆破方法不当，6 月 10 日的洞室爆破是滑坡的直接诱发因素。开挖洞室切断了软弱层，并使附近岩体破碎强度降低失去支撑作用；爆破弹性波的动荷载，使软弱面强度降低。④降雨及地下水作用，该滑坡最直接的教训是错误的半腰拦截开挖和生产单位未能设立边坡观测小组。据资料，该滑体于 1988 年 10 月 13 日产生滑移，体积 350 万 m^3；1991 年 9 月 20 日再一次滑移，将原滑坡前沿向下推移 200 多 m，滑体总量达 1900 万 m^3。

29. 四川德昌两天窝滑坡

该滑坡位于德昌永郎乡城门洞沟村两天窝。1981 年 6 月 27 日晚 9 时发生滑坡，约 180 万 m^3 的滑体在 2 分钟内快速向前滑移 800 多 m 滑入沟内。埋掉房屋 51 间，死亡 11 人。滑坡掀起的巨浪揭掉了一处房顶。滑体堵沟成湖，3 小时后，滑坡湖漫顶决堤，造成下游严重水灾，损失巨大。

30. 陕南石家坡多冲程剧动式高速滑坡

该滑坡位于陕南南郑县汉江上游支流冷水河左岸，汉中盆地西北侧。1981 年 8 月 23 日晚 10 时，伴随着轰鸣巨响，左岸 48 万 m^3 岩土自 925m 高处高速俯冲下滑，顷刻间堵塞河流并且滑坡以巨大滑动冲力，越过 50～100m 的谷底，向对岸谷坡（右岸）仰冲过去，爬高 40m。初步计算其俯冲最大滑速高达 28m/s 左右，水平滑动距离为 340m，滑体岩块最大可达数十立方米。其后瞬间滑体反向（夹角 123°）从 40m 高斜冲河床，并向左岸（水井湾）仰冲爬高 20m，冲程水平距离为 160m。接着夹着大量河水加雨水，呈流动状态又由左岸向右岸，产生了 3 个流动冲程（见图 4-3-5），水平距离 560m，全程历时不到 10 分钟。值得提到的是该多冲程滑坡的破坏甚为罕见。距滑坡地点 600m 的下游右岸，隔着一个山头的青岗村一户农家，13 人全被滑坡流埋没，无一幸免。

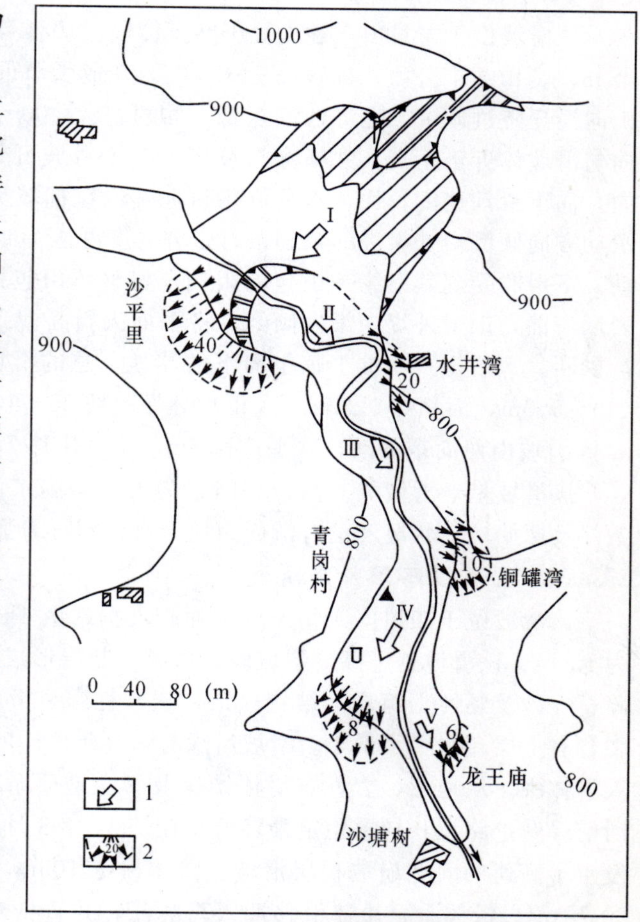

图 4-3-5 石家坡滑坡超前溅泥气浪示意图

1. 滑流冲程方向；2. 超前溅泥范围及高度（m）；Ⅰ～Ⅴ. 冲程及其序号

该滑坡与一般滑坡不同的新现象即滑体的“超前溅泥气浪”，它在滑体并未到达的地方，使建筑物破坏，甚至会冲动及托起相当距离的物体造成意外灾情。这种气浪的形成必须具备的条件为：①滑坡运动必须有充分高的速度，具有巨大动能，使滑体前面部分气体在适当地形条件下被迅猛压缩而又瞬间膨胀暴发。②蜿蜒曲折的河谷及突出的山嘴，形成阻滞拨转滑体的砥柱，这是重要环境条件，并且还应具有45°～75°的陡坡，使压缩的部分空气和转化出的巨大冲量充分迅猛地爆发式迸发出来。③还要有充分的地表水或地下水的参与，无水难成泥，无气难溅飞。

31. 陕西勉县长沟河关家院滑坡

该滑坡位于勉县长沟河，属汉江流域。1981年9月2日当地特大暴雨，引发一处堆积层滑坡，体积约50万m^3。因位置较高，位于山坡上部，村庄在下部，滑体快速滑下，造成14户村民房屋毁坏，死亡30人，并掩埋公路长500m。该滑坡体上部为黄土类土及岩石碎屑物，属残坡积物，厚10～20m。下伏花岗岩，遭受强烈风化，岩体发育一组倾向坡外的节理，滑体沿此节理面向坡下快速滑动造成了灾害。除了暴雨作用之外，村民们在堆积层上部的黄土中开垦耕地，削坡过陡，导致斜坡易于失稳也是个重要原因。

32. 四川龙泉山磨子湾滑坡

该滑坡位于龙泉山东麓人民渠磨子湾段。1981年9月2日发生滑坡，破坏渠道600余m，良田数十公顷，摧毁民房370间，造成了严重的经济损失。该滑坡处于龙泉山低山向浅丘陵过渡带，地势西高东低，相对高差400余m，区内有区域性断层通过，走向与滑坡体近于正交，并横穿滑坡床。整个滑坡可分两部分：左部分滑动方向为北东向，向下滑动速度较快，水平位移和垂直位移都较大，使该段渠道全部破坏，渠堤向滑动方向倾倒，外渠堤的浆砌条石张裂宽度可达1m以上；右部分滑体由西向东向下滑动，下滑时受到其前缘一山包的阻挡，将整体山包推动。滑坡受阻时造成滑动岩体中岩层弯曲，渠道外堤向渠内倾倒，将平面人行桥拱起成“人”字形，山溪排水建筑物被拱断。大量土石体堆于临空面下的洼地。总的滑坡范围东西长430～630m，南北宽480～550m，面积约0.35km^2，滑坡体厚一般30～40m，最厚达55m，总计约1050万m^3。滑坡由西向东滑动，水平位移8m，垂直位移7m。

该滑坡是老滑坡的复活，其因素为人民渠施工放炮震动，开挖改变了斜坡的平衡条件及原始应力状况及已有滑面因地下水作用抗剪强度降低等。

33. 宝成铁路军师庙滑坡

该滑坡位于四川广元朝天乡军师庙火车站南1km处，嘉陵江右岸。宝成铁路里程为K314。该滑坡处于高陡斜坡段，后缘为断层形成的陡崖。滑坡体由第四系崩坡积块碎石、砂及黏性土组成，结构松散，透水性强。滑床为震旦系钙质粉砂质板岩，滑体中含有上层滞水，水量小。滑坡后缘有一终年不干的下降泉，流量为0.16L/s，泉水渗入滑体中。从地形、岩性、滑体结构及水文地质条件方面看，均有利于形成滑坡，后因前缘开挖路堑，导致稳定性降低。在1981年8月特大暴雨诱发下于1981年9月4日发生了高速的大型崩坡积层滑坡。滑体横宽105m，纵长50m，厚10～30m，体积为20万m^3。滑体土石快速滑移冲入嘉陵江，并直抵对岸爬高20m，造成嘉陵江断流12分钟，河水位抬高15m，回水影响长度2km，造成20人死亡，中断行车371小时30分钟，损失巨大。铁道部门经反复调查研究，决定采用避让对策，将原铁路线内移改用隧道通过该山体。

34. 四川茂县周仓坪滑坡

该滑坡位于四川省茂县南新乡南西约6km处，岷江左岸。从茂县至汶川的岷江左岸，发育体积超过100万m^3的滑坡达10余处，其地质背景与周仓坪相似。周仓坪滑坡长约700m，后缘宽约598m，前缘宽约338m，前后缘高差约340m，地面平均坡度21°，滑坡主滑部分厚约50m，体积约1000万m^3。该滑坡自1980年以来一直处于缓慢滑动之中，一般年份该滑坡每年位移1m左右；为维持茂汶公路通车，每1～2年需另修筑一条车道；1982年5月滑动加剧，5、6月间共修筑临时车道10余条，至今尚可见4条车道残迹；6月中旬滑坡体的日垂直位移可达15～30cm，至6月16日滑体已侵入河床30m，岷江过流宽度变窄至35m，并在其上游形成了一个蓄水约25万m^3的水库。使上、下游地区人心惶惶。该地段广泛出露一套以千枚岩为主的浅变质地层，富含绢云母叶腊石等，十分滑腻；茂汶断层贯穿滑坡地区，使次级断层、节理十分发育，岩石破碎以及高大有效的临空面等，所有这些为滑坡发育提供了有利条件。

该滑坡及其附近日瓦查滑坡、向阳坪滑坡、羊毛坪滑坡、石坪滑坡、苏村滑坡、文镇滑坡均为大于1000万m^3的特大型滑坡，它们复活变形时间已达20～30年，每年均向岷江下滑，滑体上房屋均已大量开裂，每年需维修和移位，公路被错断，给交通运输和治理带来极大困难，局部治理收效甚微，有关部门最终决定采取公路改道走右岸(河对岸)，避开滑坡密集段。

35. 湖北竹山郭家沟滑坡

1982年5—6月雨季的6月2日凌晨3时，竹山郭家沟发生急剧滑动的滑坡，将8户人家的28间房推倒，致使16人死亡，2人受伤。至10时土体再次急剧向前滑动10多m，滑动距离共达30余m，垂直位移3～5m。滑体体积虽仅0.66万m^3，但造成巨大人身伤亡。滑动原因是由于农民建房开挖边坡，使边坡前缘形成高5m、坡角80°的陡坎，形成了很好的临空面。滑体由第四系黏土夹碎石组成，土体厚3～6m，滑床为白垩—第三系含砾砂岩，斜坡坡向与岩层倾向一致，因暴雨渗入水动力触发而滑移。

36. 重庆云阳长江鸡扒子滑坡

该滑坡位于云阳县城东1km处的长江左岸。1982年7月17日凌晨4时至18日2时发生滑坡，滑坡面积约0.77km^2，滑坡体积1500万m^3。滑坡前缘约180万m^3土石滑入长江，最大水平滑距约200m。滑坡虽未造成人员伤亡，但毁坏房屋1730间，使1353人无家可归，损毁耕地51.7hm^2，县冷冻库、饲养场、卫生院、食品站、机砖厂、供销社等10多个单位的建筑物、设备全部被推入长江中。有230万m^3土石直抵河床，并达彼岸，形成一个高达32～35m的水下大坝，致使700多m长的航道由120m缩窄成40m，过水断面由2700万m^2缩减为320万m^2，河床淤高30余m，形成了600m长的急流险滩，严重阻碍航道，致使断航7天，直接经济损失达600多万元。1982—1984年对滑坡及航道进行了勘察及整治，耗资7000余万元。

该滑坡是早已存在的宝塔老滑坡的部分复活。滑坡区在地形上为三面临空的斜坡，在构造部位上为近东西向向斜的北翼。岩层为侏罗系上统蓬莱镇组砂岩、泥岩互层，岩层倾向南(长江方向)构成顺向坡，岩层倾角桐子岭一带47°，中部25°，坡体前缘8°～10°，呈上陡下缓的“靠椅”状，泥岩易风化，遇水易软化，属易滑软弱层。上述自然环境和地质环境有利于斜坡岩体的变形破坏，故此处多次发生滑坡。1982年7月16—18日，云阳地区连降暴雨，持续60小时，降雨357.7mm，其中24小时降雨240.9mm。该月降雨量达633.2mm，是近百年来罕见的特大暴雨。在暴雨的作用下，位于该滑坡体上的天然排水冲沟——石板沟沟壁土石因过分饱水发生滑塌。约有17

万 m^3 的土石落入沟内，造成沟床堵塞，使上游积水成库，天然排水系统失效。大量地表水流沿该滑坡西部后缘裂隙灌入坡体，使坡体中的土石饱水软化，抗剪强度大大降低，并使地下水位急剧抬升，使孔隙水压力和动力水压力、浮托力猛增，终于使该滑坡再次复活。7 月 17 日 20 时滑坡体开始剧烈滑动，最大滑速达 12.5m/s，将滑坡体前缘部分土石推入江中。滑坡体上可见四级滑坡台阶。后缘高程 380m，前缘剪出口高程 70～80m。平面上滑坡可分为三部分：西部为泥石流堆积；中部和东部为滑坡主体，仍保持着老滑体的结构(即表层的粉质黏土夹钙质黏核，中部粉质黏土夹碎块石，下部为层状碎裂岩体)。滑带土一般厚 2～4m，由含岩块及岩屑的粉质黏土组成。

37. 重庆石柱沙岭滑坡

该滑坡位于石柱县沙岭村，长江一级支流龙河左岸。1982 年 7 月 18 日 23 时左右，沙岭村发生特大型滑坡，滑体长约 800m、宽 700 余 m、厚 20～40m，平面上大的轮廓近于圆形，面积达 50 万 m^2，体积为 1000 万～1500 万 m^3。滑坡体前缘局部下滑坠落于暨龙河(上游又名沙子河)，在暨龙河上形成 2 道天然拦河坝及 1 座蓄水量达 200 万 m^3 的水库。滑坡发生后，沙岭村全村农户遭灾，毁坏耕地 66.7hm^2，垮塌和淹没房屋 158 间，上游因回水淹没 7 户住房和 10 多 hm^2 耕地。滑坡处中低山区，斜坡高度在 500m 以上，上部坡度 16°～20°，下部达 40°～45°，斜坡结构类型属顺向坡。滑坡后缘呈弧形，滑壁高 30～70m，上有清晰的滑动擦痕，形成较明显的醉汉林；前缘呈弯曲状，中部为比较平缓的台坎，滑体两侧羽状裂隙十分发育。

该滑坡最主要和直接的触发因素是暴雨。1982 年 7 月中旬沙岭地区降了历史上罕见的大暴雨，入渗使堆积层含水量急剧增大，形成很大的静水浮托力和动水压力，推动岩体向下滑动。其次该地地形颇为特殊，具较大的汇水区，有利于产生暴雨滑坡。另外滑体的第四系堆积层为坡、崩积物，结构松散，孔隙度大，雨水易渗入。当暴雨强度大且持续时间长时，易引发堆积层滑坡。

38. 陕南镇安甘岔河梁家庄滑坡

该滑坡位于镇安县甘岔河乡梁家庄。1983 年 10 月 7—8 日发生陕南规模最大的典型的堆积层滑坡。滑体约 412 万 m^3，滑入甘岔河河谷中，堵河断流成为天然水库，天然土坝高 68m，坝顶长 80m，坝底宽 350m，库容 150 万 m^3，回水长度 1500m，库水深度最大达 45m。毁坏耕地 9.3hm^2、房屋 53 间，计 14 户 61 人受灾，直接经济损失 12.3 万元。天然坝体上下游水位相差 59m，严重威胁着下游 1600 人的生命财产安全。

滑体由坡洪积物及崩塌堆积岩块组成，可统称为含角砾(块石)粉质亚黏土或粉质黏土。平面似纵长形，后缘宽 100m，前缘宽 220m，土体最厚达 25m。甘岔河谷深切，滑坡位于其左岸基座台地之上，堆积层处于前缘临空失稳状态。据访问，10 月 5 日梁家庄(台地)地表出现裂缝、沉陷，缝宽 0.3～0.6m，呈弧形延伸；6 日上午狮子头、老屋场出现平行河流大裂缝，下错 0.4～0.5m，并有纵向裂缝出现；7 日晚 19—21 时狮子头以下 250 万 m^3 土体急剧滑动坠入河谷，堆成高 60 余 m 天然土坝；8 日 12 时吼声四起，土石全面崩溃滑移，狮子头以上约 200 万 m^3 土石一起冲向河谷。该滑坡滑动过程中，均有暴雨伴随。因此土体不仅产生滑动，而且发生塑性流动现象。对这种坡上型(或称悬挂型)滑坡多属滑动力源居前，牵动后部失稳。(牵引式滑坡)由于土体疏松，其防治原则以“治水”为本。

39. 甘肃武都红土坡滑坡

该滑坡位于陇南武都城北 7km，北峪河右岸上板沟口。1983 年 12 月 16 日发生滑坡，堵塞北峪河河道 70 余 m，毁坏 $10hm^2$ 梯田及 $5.5hm^2$ 桑田。1990 年 9 月 10 日，该滑坡再次发生下滑，堵塞北峪河河道 150m。该滑坡是发育在新第三系红层中的岩质顺层滑坡，滑坡长 610m，前缘宽 620m，面积约 23.9 万 m^2，主滑区滑面埋深 12.9～32.1m，滑面倾角 20°～24°，滑体平均厚度 20.4m(有资料为厚 40m)，总体积约为 433 万 m^3(有资料为 1100 万 m^3)。滑坡后缘受断层陡崖控制，前缘直抵北峪河河床。前后缘相对高差 290m，主滑方向南东 45°左右。该滑坡经过数次滑动，总体上仍处于蠕变或微动状态，在适当条件诱发下，还将发生更大的滑动。一旦大规模下滑，将会严重堵塞北峪河，河水被堵聚水成湖，溃坝后流量剧增，至河口武都城附近，将远远超过北峪河设防 50 年一遇的流量($737m^3/s$)，从而使武都城被淹。目前武都城已低于北峪河河床 9～18m，一旦被冲决，其居民 3.5 万人将面临灭顶之灾。

40. 四川会理木古新村滑坡

该滑坡位于会理木古乡明河村三组，金沙江一级支流城河左岸。该滑坡前缘高程 1360m，后缘高程 1520m，相对高差 160m，滑坡体平均长、宽各 265m，平均厚度 25m，总体积 176 万 m^3。该滑坡体坡度较陡，平均坡度在 30°左右，基岩为页岩，表层为褐色坡积黏壤土，结构松散。滑体上为旱地、水田和民房，无植被覆盖。该滑坡在 1982 年以前未曾有过滑动记载和传闻，在 1983 年和 1985 年出现过两次滑动，2 农户住房被拉裂而搬迁；1997 年 6 月有一次轻微滑动未引起警觉，6 月中旬至 7 月中旬集中大雨过后，从 7 月 21 日晚出现长 1000 余 m、宽 3～23cm 的裂缝，滑动高差达 40cm，农户民房开裂达 12 户，村中 2 口百年老水井井水全部下落，已趋于继续下滑之势。9 月 22 日上午 7 时左右发生滑移，损毁房屋 458 间和近 $0.7hm^2$ 耕地，至 11 时下滑 10m，造成不可移动的直接经济损失 100 万元，且滑体阻塞城河河床的 1/3，直接危及下游安全。由于当年 7 月设立了预警点，作出了准确预报，及时避灾，才使滑体上 60 户 201 人幸免于难。

41. 陕西略阳宝成铁路滑坡

该滑坡位于略阳县横现河镇猪儿坝，嘉陵江右岸。1984 年 7 月 17 日因当地连续降雨引发该处堆积层滑坡，对宝成铁路横现河车站附近铁路造成损毁，致使 1 台机车和 3 节车厢脱轨，滑坡体土石堆积在铁路上，埋压铁轨数十米长，中断行车 26 小时，直接经济损失数百万元。

42. 甘肃舟曲锁儿头滑坡

该滑坡位于舟曲县白龙江沙川峡左岸。该滑坡平面呈长葫芦状，后缘高程 2100m，两侧以断层为界，前缘达河床，高差达 780m。滑体长 4km，宽 0.7km，面积 $2.8km^2$，平均厚度 40～50m，滑坡总体积大于 1 亿 m^3。后部有过去滑动形成遗留的“圈椅”状洼地，现成为蓄水区。该滑坡历史上曾滑移堵断白龙江，1984 年夏又一次复活滑移，毁坏房屋和公路，造成经济损失 140 万元。现设立观测站进行观测，该滑坡仍处蠕动变形状态。如发生堵江将对规划中的沙川坝址产生影响。

43. 贵州水城小场滑坡

该滑坡位于水城大河镇小场。1985 年 7 月发生滑坡，该滑坡首先是在高程 1933.1m 的三叠系飞仙关组砂页岩中出现山体开裂及崩塌，后在暴雨作用下滑落到高程

1667.8m的上二叠统煤系地层上，滑体长700m，宽60～220m，体积约160万m^3。滑坡造成掩埋房屋7幢，汽车、拖拉机数辆，死亡8人，直接经济损失数十万元。

44. 湖北秭归马家坝滑坡

该滑坡位于秭归县西陵区白沙乡马家坝村，长江右岸一级支沟锣鼓洞河左岸，距长江边7.5km。1986年7月16日7时30分发生特大型滑坡，滑体总体积2880万m^3。滑坡摧毁了两个村庄，严重破坏两个村庄10个居民组，毁坏农舍620栋和农田、山林266.7hm^2，加上工矿学校等企事业单位的设施，造成直接经济损失约450万元。由于前兆明显，报警及时，组织措施得力，滑坡区内219户924人全部安全转移，无一人伤亡。这是继新滩滑坡之后，取得准确预报减小损失的又一成功典型。滑坡上起土凤岩(高程780m)，下至锣鼓洞河(高程220m)，为一西高东低的凹槽，槽中堆积崩坡积碎块石土，厚10～70m，地面坡度10°～15°，下伏基岩为侏罗系中统暗灰绿色砂岩、泥岩。顶部有三垛墙状危岩。滑前7月14—16日连降暴雨达173.1mm，致使高达30～50m的前两垛危岩向临空东侧崩落。近百万立方米的岩崩体突然加载在已处于水软化饱和的斜坡上，遂触发了推动式大滑坡。滑速上快下慢，滑距上大下小。

45. 四川屏山欧家村水电站滑坡

该滑坡位于屏山县西部的新市镇夏溪乡，投资5100万元、装机容量为1.89万kW(3×6300kW)的欧家村引水式发电站正建在该滑坡体上。从施工过程中和现场考察到的裂缝情况以及目前已有的钻孔资料可以把该滑坡分成三部分。Ⅰ号滑坡自1987年11月29日开关站的坡前开挖以来，即出现与坡面大体平行、走向近于南北的一组宽约数十厘米的拉裂缝，外侧坡体下沉，拉裂缝以下坡体岩层产状明显被扰动，该滑坡目前正处于缓慢的滑动变形阶段。Ⅱ号滑坡后缘较两侧下错0.5m左右，已有拉裂缝发育，且缝内温度在冬季明显高于气温，表明裂缝已到较大深度，在副厂房开挖过程中发现下部岩体有反翘现象。表明该滑坡已处于蠕动变形阶段。Ⅲ号滑坡后缘由数条宽几厘米至几十厘米的裂缝组成，上面公路每年都在向外移动，表明滑体处于缓慢滑动阶段。上述滑坡体积共203.2万m^3，其中Ⅱ号滑体148.5万m^3。若滑坡滑移将使水电站毁坏或严重破坏，而且对电厂100多职工生命财产造成威胁，还可能堵断西宁河危及上游的雪沱水电站和金沙江边的新市镇及港口。现已建立预警观测站，对滑坡实施监测。

46. 云南威信墨黑乡滑坡

该滑坡位于威信县城以西13km，长江支流南广河上游。1988年1月12日斑竹湾发生整体滑动，并因该滑坡右侧解体而在烂田湾泥沼地暴发泥石流，体积达270万m^3。同时在瘟猪湾、斑竹湾、烂田湾3条冲沟沟头上方采煤区发生岩崩。故该次灾害实乃由崩、滑、流3类灾害组成。受灾面积约0.17km^2，摧毁农舍20幢50户，掩埋粮食6.5万kg。由于土体表面开裂，使许多民舍和140hm^2农田遭受严重破坏。岩崩破坏煤矿通风巷800m、运输巷450m、公路250m、高压输电线路800m，造成煤矿停产，直接经济损失100多万元。同时流经矿区的墨黑沟被滑坡崩塌堵水成湖，中断内外交通，由此而使县城生活用煤一时紧缺，煤价飞涨，弄得人心惶惶。近10年来，当地无序采煤，在瘟猪湾岩崩坡脚长4km的地段内，有民窑18处，废弃众多坑道、窑井，留有不少采空区，边坡多处开裂，最大裂缝宽达30cm，垂直位移50～80cm。同时高陡的临空面在3条沟头崩积物已厚达20余m，这些都为这次灾害形成提供了前提条件。这次灾害并非由暴雨引发而出现在隆冬少雨季节，具有一定的特殊性。

47. 云南彝良猫猫山、板板桥滑坡

该滑坡位于彝良毛坪乡，横江上游洛泽河支流龙潭河左岸。1988 年 3 月 4 日凌晨 1 时发生滑坡，滑坡体长约 600m，宽约 200m，厚 15m，总滑动面积 17.8 万 m^2，体积达 180 万 m^3。滑坡后壁高 15～20m，滑坡体上形成两级平台。并在前缘堆成高 12m 的堆石坝，堵断龙潭河，形成堰塞湖达 1 年之久。掩埋昭彝(昭通至彝良)公路 400 余 m，公路被迫改线 1450m，造成经济损失 270 万元。滑体岩层为二叠系玄武岩和三叠系飞仙关砂页岩，附近断裂发育，岩石破碎，风化严重，坡积层和风化带厚 20～30m。下伏玄武岩透水性弱，形成隔水层，地下水沿砂页岩风化带底部和基岩接触带运移，形成软弱滑动面，山体滑坡时有发生。

48. 江西上饶徐家山滑坡

该滑坡位于上饶县城东 13km 的朝阳乡下源村徐家山南坡。1988 年 6 月 21 日 15 时 40 分左右发生滑坡，突发时间约 20 余秒，主滑方向约南偏西 230°，主滑面长 100 余 m，宽 60～90m，厚 20～30m，下滑土石总量约 7.4 万 m^3。滑坡体碎裂成泥石流状，推移最大距离 250m，覆盖面积约 1.6 万 m^2，掩埋摧毁民房 49 栋，死 29 人，伤 40 余人，直接经济损失达 120 余万元。发生这次滑坡的山体徐家山最高高程 178.4m，下源村水塘高程 90 余 m，相对高差 80 余 m。滑坡及附近为震旦系地层，层理发育，倾向南，与坡向一致，岩性以页岩为主，且风化严重。另外滑坡前较长时间，该地连降暴雨，岩土体含水量大增，摩擦系数大为减小，从而触发了这次滑坡。再者由于进行露天采矿(磷矿)，产生了临空面，对滑动起了牵引作用。当地在滑前 1 个多月就作出了预报，并撤离了前缘山脚下的村民。但由于对滑坡下滑速度大，冲击池塘里的水而引起的水浪和气浪冲击波的威力以及微地貌对滑坡体运动的导向作用估计不足(转向大于 45°)，致使离滑体右前方 250m 远的对面山脚下村庄反而严重受灾。这种情况值得今后进行同类灾情预测评估时参考和借鉴。此次滑坡前该地 1982 年塌方压死矿工 10 人，1988 年 5 月滑塌 3000m^3，压垮民房 2 栋，为灾害多发地段。

49. 成昆铁路铁口站滑坡

该滑坡位于四川喜德县境内铁口车站，属安宁河支流孙水河水系。铁路里程为铁口车站成都端 K456。1988 年 9 月 2 日发生堆积层路堤滑坡，体积为 4 万 m^3。因铁轨下部土体滑移，并被暴雨形成的地表水流冲走，致使铁轨悬空，路基下沉 8.4m，影响轨道变形长达 130m，颠覆货车一节，中断铁路运输 70 小时，间接经济损失数千万元。

50. 陕西凤县宝成铁路 K105 滑坡

该滑坡位于凤县县城(双石铺)西约 1500m 嘉陵江左岸。1989 年 6 月 22 日凌晨，滑坡整体下滑，前缘最大滑程 30m，摧毁铁路，使宝成铁路中断行车近 1 周，造成了很大经济损失。该滑坡滑移缓慢，该年 4 月 2 日发现滑坡体下部支护墙开裂，路肩外鼓；4 月 11 日支护墙开裂 2.5cm，路肩墙外鼓 5cm。5 月 9 日支护墙开裂达 3.3cm，路肩墙外鼓达 6.2cm，6 月 14 日下了暴雨，6 月 21 日发现路堑坡脚支护墙坍塌，且滑体发出响声；至 11 时 15 分，发现线路横向鼓胀移动，此时 186 次列车在慢行防护下缓慢通过，随即线路移动，臌胀加剧。6 月 22 日凌晨 1 时 5 分，滑体整体下滑。滑坡由棕色黄土和白垩系青灰色砾岩组成，滑前山坡坡度为 41°～42°。滑坡形成与地形地貌、滑带土性质、降雨及列车震动有关，是各因素综合作用所致。

51. 四川华蓥溪口镇滑坡

该滑坡位于华蓥市溪口镇东侧的马鞍坪青龙嘴。1989 年 7 月 10 日暴雨，大约 160 万 m^3 岩(土)体突然启动，迅速下滑，在 580m 高程处遇临空面剪出，以 1500 m/min的高速抛向高达 50m 的陡崖下，摧挤洼地中堆积层 15 万～20 万 m^3 和一山包发生碰撞，将该山头岩体铲去了 15 万～20 万 m^3，使滑体粉碎，并产生“气垫”效应和冲击波(见图 4-3-6)。当时又正遇暴雨(暴雨强度 88mm/h)，于是被粉碎的约 100 万 m^3 的滑体，连同弃渣变成与空气、水混合的碎屑流，顺坡奔泻，直捣溪口镇。碎屑流来势迅猛，1 分钟之内流动了 1.5～3km，所经之处农田、房屋和设备物资全部被摧毁吞没，无一存留。共毁 4 个村庄及红岩煤矿、川煤 12 处、溪口水泥厂等 6 个企业，直接经济损失达 600 多万元，221 人被掩埋。

滑坡发生于由志留系(s)和寒武系(∈)组成的倾内型斜坡上，志留系页岩构成软弱基座，从坡脚到坡顶相对高差 710m，在暴雨触发下，页岩饱水软化产生塑性挤出(塑流)、蠕动，致使上覆岩体拉裂变形而下滑。

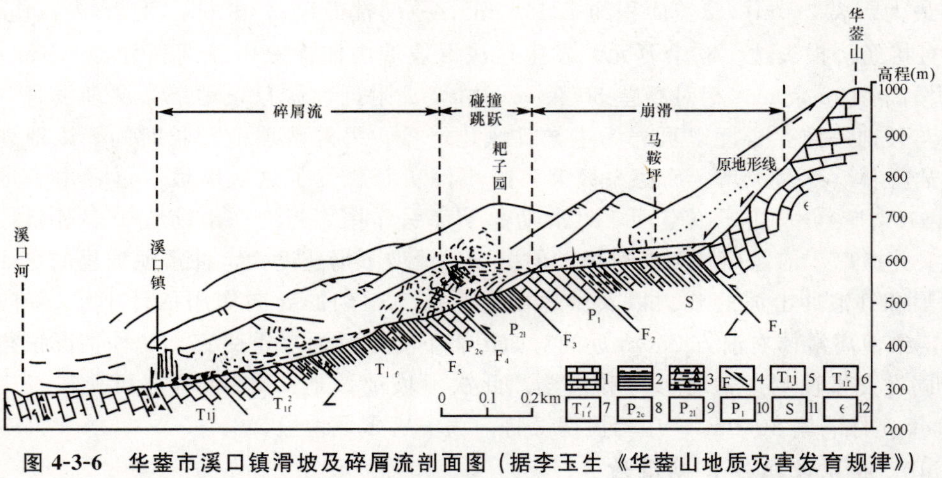

图 4-3-6 华蓥市溪口镇滑坡及碎屑流剖面图(据李玉生《华蓥山地质灾害发育规律》)

1. 石灰岩；2. 页岩夹泥灰岩或煤层；3. 角砾状灰岩；4. 逆断层；5. 三叠系下统喜陵江组；6. 三叠系下统飞仙关组上段；7. 三叠系下统飞仙关组下段；8. 二叠系上统长兴组；9. 二叠系上统龙潭组；10. 二叠系下统；11. 志留系；12. 寒武系

52. 贵州茅台镇滑坡群

茅台镇赤水河沿岸共出现滑坡 34 个，其中大于 30 万 m^3 的有 6 个。该处出露地层除局部有第三系砾岩出露外，其余为侏罗系紫红色泥质砂岩与泥岩互层以及上覆第四系残坡积层，高程 500m 以下缓坡地带的覆盖层，是滑坡主要物质来源。构造上属茅台向斜的南东翼，地层倾向 240°～260°，倾角 18°～30°。河东岸为顺向坡，西岸为逆向坡，滑坡东岸占 69%。顺坡向基岩上覆的坡积层稳定性也较差，在地下水饱和后很容易沿顺坡向基岩面滑动。人为活动亦为古滑坡复活创造了条件，如 1990 年建造茅台大桥桥台引道工程时，引起古滑坡复活将茅台二中的挡墙、操场破坏。1990 年 10 月 27 日，建于赤水河上尚未通车的茅台大桥(桥长 275m)突然垮塌，当场压死 4 人、伤 8 人，经济损失达 500 余万元。事后经有关单位鉴定，主要原因为桥台地层滑动所致。

53. 湖南焦柳铁路滑坡

该滑坡位于麻阳县板栗树乡境内。1991 年 6 月 8 日在铁路线附近发生滑坡，滑坡体积约 800 万 m^3。造成正在行驶中的 2 个火车头和 5 节货车厢被毁，中断行车 58 小时，直接经济损失达 1000 万元。

54. 甘肃舟曲南峪江顶崖滑坡

该滑坡位于舟曲县南峪乡白龙江左岸江崖顶。1991 年 6 月 13 日发生了体积为 750 万 m^3 的滑坡，滑体堵塞了白龙江，形成高约 20m 的天然土石坝，白龙江断流 9 小时 20 分钟，形成天然水库，蓄积水量 754.9 万 m^3，回水长 3km。淹没了南峪乡政府大楼、兽医站、商店等 68 间房屋，因淹没导致塌陷的房屋 1335 间，淹没农田 10hm^2、吊桥 1 座、公路 2km，直接经济损失合计 200 余万元。从地质环境分析，该地是我国有名的滑坡、泥石流多发区和重灾区。此次滑坡处地表为黄土覆盖，基岩为志留系碎屑岩、石炭系石灰岩等，又位于断裂交会处，因此岩石强烈风化，十分破碎，对于形成滑坡、泥石流都是有利的。几乎每年雨季都要发生或大或小规模的滑坡或泥石流。

55. 湖北秭归鸡鸣寺滑坡

该滑坡位于秭归县郭家坝镇鸡鸣寺，属长江支流。1991 年 6 月 29 日 4 时 58 分发生山体滑坡，滑体长 250～300m，宽 150m，厚 15m，体积 60 万 m^3。滑体向前最大水平距离 300m，覆盖面积约 7 万 m^2。整个滑坡从开始滑动到结束历时 4 分钟，所产生烟尘笼罩头道河峡谷长达 3km。滑坡摧毁民房 295 间、柑橘树 1.2 万株、耕地 2.6hm^2，直接经济损失 153.3 万元。由于长江上游泥石流、滑坡预警系统秭归二级站及时的监测预报，采取了避灾措施，使得危险区内 1126 名居民无一人伤亡，其财产损失降低到最低程度。滑坡发生在坡向与地层倾向一致的西坡上，为一顺层滑坡体，滑坡体下滑速度较快，平均速度为 1.25m/s，最大速度为 2.5～3m/s，滑坡物质破碎严重，大者体积为 60m^3，中者为 0.5～1m 的石块，小者为碎石岩屑。有一走向北北东、倾向北西西、倾角 65°的断层构成滑坡后缘边界，也是滑坡的主要物质来源。秭归县水泥厂自 1970 年起就在该处前缘开山取石，并形成了向西倾斜开口的 2 个采石场，构成了临空面，长期放炮震动，加上降雨等综合作用，使岩体失稳。因此滑坡是在诸多自然因素综合作用下的产物，但不可否认人为因素是重要一环。

56. 贵州六枝特区朱家寨滑坡

该滑坡位于六盘水市六枝特区龙潭乡朱家寨村。1991 年 7 月 1 日因暴雨诱发大型滑坡泥石流，造成 6 户 50 间房屋被埋，30 人死亡，3 人受伤，破坏了大量农田。该滑坡体长 700m，从山坡高处垂直位移 200m 的高差突然滑下，总体积约 1400 万 m^3。这样大规模的滑体，在大暴雨诱发之下突然从山体高处滑下，造成重大伤亡，而事先毫无戒备，其教训是非常深刻的。

57. 湖北大冶汉东铁矿滑坡

该滑坡位于大冶县灵乡镇汉东铁矿西部已闭坑的露天采坑北东两侧边坡。1991 年 7 月 17 日 8 时左右，在连续 10 多天的大雨和暴雨(降雨量 300～400mm)的诱发下发生滑坡，滑坡区北侧长 110m，东部和南部各长 30m，平面上为一横卧鱼钩状。滑坡陡壁中部的擦痕垂直向下，两侧及前缘物质大量坍塌，共滑岩石 6.72 万 m^3。该滑坡产生严重次生灾害为其特点。塌落岩体产生的高压气流进入东侧与其相通的正 88m 平巷，将汉东铁矿正在平巷内交接班的民工(共 40 人)挤向井壁，致使 13 人死亡，26 人受伤。高压气流还使平巷内矿车道轨变形，矿车翻倒或冲上洞口，1 台通风机位移，卷扬机房墙壁倒塌和 10 余辆放置在平洞口附近的自行车严重损坏(其中 1 辆被气流冲至距洞口 10 多 m 处的空中导线上)。滑坡造成的直接经济损失达 20 多万元。由于边坡下部采矿，破坏了下部岩体对北部和东部边坡内侧岩体的支撑，因而在连续普降大暴雨的渗透压力作用下，导致边坡岩体滑塌，堵埋洞口而引起事故发生。值得注意的是，因快速崩滑产生高压气流——冲击波而导致重大人身伤亡事故的例子在我国已有多次。

58. 云南昭通头寨沟滑坡

该滑坡位于昭通市盘河乡头寨沟，属金沙江支流大关河的上游地区。1991 年 9 月 23 日 18 时 20 分发生体积达 1750 万 m^3 的高势能快速滑坡。滑体撞碎后呈碎屑流，最后其总堆积体达 2750 万 m^3。宽 300m 的碎屑流沿沟迅猛奔泻，沿途切削沟壁，掩埋房屋与耕地，摧毁公路和树林，3 分钟内即抵盘河漫滩，行程达 3500m，造成 216 人死亡，7 人受伤，600 多人无家可归，毁灭农田 20 余 hm^2，直接经济损失达 1200 万元。滑坡区地貌属于溶蚀侵蚀中山，山体走向北东向。滑坡从高出坡前沟底约 100m 处剪断滑出，直接冲击沟对岸的高约 20m 的山梁后，迅速解体破碎，形成强大的碎屑流。其中一部分受山梁阻挡拐向东流；另一部分则越过第一道山梁后，再冲击第二道高达 30m 左右的山梁，其碎屑流亦转向东前进并与前面到达的碎屑流合并一起冲向头寨沟左岸，并爬高 100 多 m，之后作反射回弹而折向沟右岸，最大爬高仍达 100m 左右。碎屑流就这样沿着曲折的头寨沟作“之”字形运动，爬高并切削两岸边坡，逐渐消能，最终前端抵达盘河边缘。滑坡碎屑流停积于长约 3000m 的头寨沟中，使该沟普遍淤高 35m 以上，淤积最大宽度达 400m。由于主滑体位置高、速度快，几乎全部滑出滑床。滑坡引起了强烈地面震动，记录到 3.5 级震动波。

这场灾难原本可以减轻，早上有一牧马人从后山经过，有裂缝跳过去了，晚上回家时裂缝宽已达 2m，跳不过绕道而行，但未报告，当天晚上滑坡就发生了。

59. 云南虎跳峡两家人崩滑体

该滑坡位于云南中甸虎跳峡，金沙江中游左岸。滑坡具典型“圈椅”状地貌，坡面 25°～40°，起伏不平，有多级平台。前缘高程 1675m，后缘高程 3100m，高差达 1425m。后缘陡壁高达数十至数百米。滑体由时代不明的片岩及碎块石夹土组成，基岩为顺向坡，滑坡体积为 6.8 亿 m^3。1992 年 7 月，前缘有一处 300 万 m^3 的滑坡发生，显示其局部失稳，若在下峡口筑坝，部分滑体受淹，将严重影响其稳定性。

60. 甘肃礼县燕河乡砖瓦厂滑坡

该滑坡位于礼县燕河乡，属嘉陵江一级支流西汉水。1993 年 6 月 16 日 14 时 10 分，燕河乡砖瓦厂外的吊虎皮梁山发生土体滑坡，体积 1.8 万 m^3 的土体飞速冲向正在午休的民工棚，来不及逃避的民工 11 人被掩埋。事故现场宽 30m，长 90m，为 3000m^3 土体覆盖。该厂制砖的土源取自厂北侧突出的高而陡的黄土山体，黄土下伏红色砂砾岩和砂岩。形成滑坡的地段属于黄土土体农田耕地，易于积水。据气象局资料与历年相比，当年 5—6 月的降水量比往年同期分别要高出 10%和 120%。大量降雨渗透入黄土而汇集于下部红色砂砾岩、泥岩之上，形成了最为软弱、极易产生滑动的滑移面。而 5 年的制砖生产，取走大量土料，明显改变了原边坡的应力条件，大量降雨起了激发和促进作用。

61. 湖北巴东黄土坡滑坡

该滑坡位于巴东新城区，是长江三峡库区大滑坡之一。滑坡前缘高程 80m，后缘高程 630m，面积 1.36km^2，体积约 7000 万 m^3。经多次勘察认为，该滑坡是一个由临江崩滑堆积体、变电站滑体、园艺场滑体组成的多期次变形的古崩滑堆积体，滑带经热释光法测定为距今 14 万～13 万年。巴东新城建设已有大量建筑物在此兴建，投资超过 3.6 亿元。由于滑体前缘坡度较大，冲沟发育，岩性软弱破碎，坡面松散堆积物广布，加上新城建设影响，大量废水不合理排放，导致滑坡失稳，频频造成灾害。1995 年 6 月 10 日，二道沟滑坡，摧毁房屋 3 栋，压埋 14 人，其中 5 人死亡、7 人重伤、2 人轻伤，直接经济损失达 1000 多万元。1995 年 10 月 29 日，三道沟滑坡，造成 209 国道 200 余 m 被毁，被迫改线，10 余户居民被迫搬迁，损失近 2000 万元。现变形已向后及西侧扩展，很多地段已产生拉裂缝。目前仅对该滑坡进行了护坡、排水、抗滑桩等处理措施，但对深达 70～90m 的深部滑体治理，处置不够，在三峡水库正常蓄水后，应加强监测，以便预警。

62. 四川康定白土坎滑坡

该滑坡位于康定城南侧烧香坪东坡，沿折多河西岸展布。1995 年 6 月 15 日和 7 月 7 日，康定城遭受百年未遇特大暴雨袭击，导致折多河上游暴发特大山洪，诱发滑坡活动。前缘崩塌共约 15 万 m^3 岩土体进入折多河，淤填河道，且短暂成堆石坝，河水上涨爬岸，溃坝后洪水冲毁河堤涌入康定城区，使全城基本陷入瘫痪，冲毁下游 318 国道瓦斯沟段路基 56 处，中断交通 12 天，又冲毁 3 座水电站，造成 33 人死亡，100 多人受伤，直接经济损失达 8.5 亿元。

该滑坡区位于著名的鲜水河断裂带，地质构造复杂，重力地貌作用十分明显。该滑坡是老滑坡部分复活，老滑坡长 550～600m，宽约 1260m，厚 50～55m，总体积 2000 万 m^3。白土坎滑坡位于其北部分，“圈椅”状明显。后缘顶点高程 2810m，前缘高程 2535m，相对高差 275m，长 540m，宽 560m，厚 25～55m，滑体体积 995 万 m^3。滑坡物质为第四系崩坡积物，粉质黏土夹碎块石分布在滑体底部。滑坡复活变形成因为：前缘被河流冲刷淘蚀和人为不合理开挖，使抗滑力减小造成前缘失稳所致。如不治理，今后在自然因素诱发下，整体滑移仍有可能。

63. 云南昭通炎山乡大坪子滑坡

该滑坡位于昭通炎山乡金沙江右岸支沟锌厂沟内。距溪洛渡水电站坝址约 130km。该滑坡发育于奥陶系(O_1、O_2)地层中，由块碎石夹土组成。滑坡后缘高程 1420m，前缘抵沟(高程 800m)高差 600m。滑坡在锌厂沟下游侧为逆向坡，上游侧为顺向坡。滑体总体积约 1.67 万 m^3，为溪洛渡库区四大超亿立方米滑坡之一。据访问，1993 年当地村民在 1100m 高程修建引水渠，通过滑坡中后部，引水渠通水后不久，渠道下方几米处坡体开始出现拉裂缝。1995 年 8 月 24 日，坡体瞬时下滑，复活体积约 2000 万 m^3。使下方 800m 高程的引水渠被堵塞，并使 2 人死亡，部分村民住房因地基塌陷下滑，造成屋垮或成危房。该滑坡距金沙江水平距离大于 3.8km，但已成为锌厂沟泥石流的主要固体物质来源，对溪洛渡库区造成淤积危害，该沟泥石流每年都要暴发 2～5 次，已使金沙江在沟口段形成急险滩。

64. 贵州印江滑坡

该滑坡位于印江县的印江河左岸，下距城关镇 4.1km。印江河为乌江右岸一级支流。1996年9月18日11时印江发生大型岩质滑坡，体积260万m^3。造成公路交通中断，印江河被堵塞，另有1人死亡，2人失踪。滑体至河床形成一天然堆石坝，阻断印江河，其回水已淹没犀牛洞水电站和朗溪镇的部分民居。回水仍以1.2～1.5m/d的速度上涨，如不采取措施，朗溪镇及其附近的4个村庄1830户民宅、20hm^2良田将被淹没。如天然堆石坝自行溃决，将危及印江县城及沿江两岸9万人生命财产的安全。

据贵州省地矿厅现场调查的专家认为，此次滑坡堵江原因为：①滑坡体由三叠系中厚层状石灰岩组成，其底部有沙堡湾页岩厚约10m，页岩遇水软化极利于滑动；加之岩层倾向河谷为顺向坡，利于形成顺层滑坡；地形上为峡谷，岸坡相对高差达500m。②该地久旱无雨，一夜暴雨使页岩软化抗剪强度降低，促进滑面形成，为诱发主因。③人为采石切割了滑动面和削减了阻滑体，提供了滑动空间，大大加速了滑坡的形成过程。

65. 云南虎跳峡滑石板滑坡

该滑坡位于云南中甸虎跳峡，金沙江中游左岸哈巴雪山。滑坡前缘高程1600m，后缘2340m，高差达740m。滑坡长约300m，宽150m，厚30m，滑体体积达135万m^3。滑体由石炭系大理岩碎块石组成，地形陡达40°～50°，为顺向坡。1996年10月28日8时8分，滑坡下滑300多m冲入金沙江，致使金沙江断流40多分钟，下游水位下降30多m，上游水位上升数十米。由于位处下峡口坝址下游，且又处于规划中的洪门口水库的尾端，因此对水利枢纽影响不大。

66. 四川冕宁大山滑坡

该滑坡位于冕宁境内安宁河干流，2000年7月18日，因前期持续降雨，发生大型山体滑坡。滑坡长约900m，宽约300m，厚12m，体积约320万m^3。滑体进入河床，形成天然堆石坝，堵断安宁河干流，并形成蓄水量约80万m^3的水库，河道被迫改道。滑坡还毁坏耕地1.3hm^2，掩埋摩托车2辆、小四轮拖拉机2辆、农用车1辆。装机容量为1.5万kW的观音岩水电站因安宁河改道而被迫停止发电。

67. 湖北恩施搬木水滑坡

该滑坡位于恩施市沐抚乡搬木水村七组七渡河下游1.5km，清江左岸。2000年7月24日晚23时，木水村发生突然性山体滑坡，滑体拥入河床。河床天然堆石坝截面长约200m，宽80m，纵深高30m，坝体约48万m^3。当时正在清江捕鱼的5名渔民，2人当场死亡，1人失踪，另2人重伤。截至25日晚8时整，清江已断流20多小时，水位仍在不断上涨，至26日离天然堆石坝坝顶只有2m左右即要翻坝，上游和下游部分住房、牲畜栏圈、烟叶烤房、农田都将受到严重损害。

68. 云南虎跳峡下珠滑坡

该滑坡位于中甸五境乡下珠村，金沙江中游左岸。滑体前缘高程1960m，后缘高程2660m，高差达700m。滑体体积6480万m^3，由下泥盆系千枚岩、板岩以及碎块石夹土组成，为顺向坡。前缘坡陡，宽1200m，呈圆弧状凸向金沙江；中后部为缓坡台地，坡面平均坡度28°左右，已耕种为坡地、梯地及梯田，且有数十户居民，20世纪90年代以前曾为区公所所在地。目前整体基本稳定，但前缘正在变形失稳，发育多条长5～20m、宽15cm左右的拉裂缝，并有小范围滑塌发生。当虎跳峡水库蓄水后，可能会整体或大部分失稳，但由于其处于虎跳峡水库库尾地段，不会危及大坝安全。

69. 云南彝良麻窝滑坡

该滑坡位于彝良洛泽河乡麻窝村洛泽河右岸，距县城19km。滑坡地带长1200m，宽800m，面积约1km²，厚度各处不一，以幸福村东侧和麻窝村东侧最厚，分别厚68m、55m，其余地方一般厚5～30m。滑坡总体积1000万m³以上，滑体物质为第四系块石土、碎石土及扭曲变形的岩层，由崩塌、滑坡和坡积物形成。1988年3月，后缘出现1条宽5～20cm、长300多m的裂缝，民房也出现开裂变形，危及麻窝水电站（装机容量7500kW）、东方红火电厂（装机容量400kW）、小发路煤矿（年产量4万t）以及洛泽河乡麻窝村等1681人和2181万元财产。该滑坡前后缘高差达500m，后缘悬崖由碳酸盐岩构成，坡高50～317m，坡度50°～90°，为高至超高陡崖，卸荷裂隙发育，一般宽1～2m，深达50余m，卸荷带纵宽50m，崩塌体可达300万m³。滑坡体下伏的石炭系下统含数层无烟煤，平均厚1.7m，煤矿已开采40余年，至1987年采空区面积达25万m²，采煤正向东北面陡崖段推进，将进一步促使地面变形和崩塌的发展，对滑体起加载作用和震动破碎作用。由于该滑体下方洛泽河两岸是昭通地区和彝良县的重要工业区，加之临近与其相似地质条件地段有1948年8月15日花生地滑坡、1948年10月8日仓盈熊家沟滑坡和1988年3月4日 猫猫山板桥滑坡，故建议煤矿停采和对滑坡加强监测。

70. 云南昭通炎山乡烂田坝瓦房子滑坡

该滑坡位于昭通市炎山乡烂田坝沟，距金沙江4.5km。滑坡形成于O_3和S软硬相间的岩层中，为斜向坡。滑坡物质组成以碎块石为主，后缘高程2200m，前缘高程1200m，相对高差达1000m。滑坡活动明显，滑体表面已形成多级平台，前缘已抵烂田坝沟对岸，滑动方向与沟谷斜交。滑坡总体积1.84亿m³，有明显复活迹象的滑体亦有4500万m³，给居住其上的村民造成极大损失。现今活动迹象表现呈牵引式滑动，每当降雨、水流汇集沟中，将滑坡前缘物质带走，并成为泥石流固体松散物质，随后滑坡向沟内滑动，如此使烂田坝沟泥石流成为溪洛渡库区特大型典型黏性泥石流。滑体物质搬运至沟口，形成串珠状发育的泥石流扇，现已进占金沙江河道的1/2，在其对岸及下游侧，有大范围的浅滩、边滩。经计算该滑坡在暴雨激发下，其稳定系数为0.974，处于不稳定状态，对库区淤积将造成极大的影响。

71. 云南东川蒋家沟滑坡群

蒋家沟流域滑坡的发生、发展，受控于泥石流的演变过程，两者构成了一个山地自然灾害链，形成一种独特的滑坡群。流域内共有滑坡22个，面积达16.4km²，占全流域面积的39.7%，为泥石流土源面积的61.6%。滑坡前缘临空面高18.8～298.8m，坡度22°～72°。滑体由昆阳群黑色、黑灰色、黄棕色浅变质岩和震旦系白云岩组成，滑床层均为黑色黏土或黑灰色黏沙土。各滑坡特征值见表4-3-1。

表 4-3-1 蒋家沟泥石流源地的滑坡特征值

滑坡名称		海拔(m)	面积(km²)	滑向(°)	体积(万m³)
中梁子滑坡群	破窑沟	2303～2600	0.059	南西21.5	267.3
	小瓦窑	2051～2350	0.253	南西20	885.1
	大荞地	1730～2150	0.329	南西21	1643.5
	葫芦田	1421～1700	0.266	南西1	2124.8
	中梁子	1628～2376	3.000	南东2	50124.1
	荞蓬子	2202～2806	1.559	南西15	10889.2
	小尖凤	2224～2800	1.209	南西12	8467.2
	大地	2151～2870	1.793	北西11	12548.2

续表

滑坡名称		海拔(m)	面积(km^2)	滑向(°)	体积(万 m^3)
银洞滑坡群	松林干	2141～2700	1.502	北西 10	675.9
	梅子树左	1654～2350	0.914	北西 5	6051.4
	梅子树右	1651～2350	0.915	南西 29	6504.6
	孙家梁子	1656～2300	0.426	南西 2	2408.5
	银洞	2648～2940	1.076	南西 42	3890.5
	代家坪子	2465～2648	0.188	南西 45	1194.4
	大转脑左	2301～2569	0.025	南西 5	1001.3
	大转脑右	2402～2569	0.120	南西 3	1320.1
	坟塘包包	2268～2400	0.139	南西 4	167.9
包谷地滑坡群	包谷地	1921～2291	1.588	南东 20	7543.1
	上竹箐	2351～2517	0.106	南西 15	1007.9
	大梁子	2291～2400	0.468	南西 12	1223.1
	大上凹子	1550～2150	0.155	南西 50	1167.5
	上凹子	1651～2217	0.305	南西 70	2291.5
合计	22 个		16.395		123397.1

从表 4-3-1 可以看出，单个滑体的规模均很大，其中中梁子滑坡体积达 5 亿多 m^3。这些滑坡位移量大小各异，快移型以乔蓬子滑坡为例，大转脑右滑坡为中位移型，而大梁子滑坡为慢移型，其位移值见表 4-3-2。

表 4-3-2　　蒋家沟泥石流源地滑坡位移值

名称	多年位移(m)	年位移(m)	季位移(m)	阵位移(m)
荞蓬子滑坡	19.5	11.6	10.9	6.9
银洞、代家坪子滑坡	4.7	3.6	1.9	2.3
大转脑左滑坡	5.9	2.7	2.1	2.5
大转脑右滑坡	15.8	8.7	6.9	4.1
坟塘包包滑坡	0.9			0.9
大梁子滑坡	0.6			0.6
包谷地滑坡	4.2	3.8	1.4	1.0
合 计	51.6	30.4	23.2	18.3

滑坡位移直接供给泥石流的固体物质，有的成为当年的土源，有的积累起来而随后源源不断地供给，随着泥石流刷深沟床，滑坡逐级发展而演变成多级次群体，且随着位移量增大沟道泥石流土体补给量又更增多，这种恶性趋势使土体的储量和补给量日渐增大，正是这些滑坡的发展能不断供给蒋家沟泥石流固体物源(见表 4-3-3)，才使它得以频频暴发。

表 4-3-3　　蒋家沟泥石流源地土体补给值

时间 \ 数量(万 m^3) \ 名称	中梁子滑坡群	银洞滑坡群	包谷地滑坡群
多年	384	256	128
年	76.8	51.2	25.6
雨季	54.2	34.1	17.1
旱季	26.2	14.6	7.4
阵	5.5	2.5	1.1

72. 湖北黄龙滩水库布袋营滑坡

该滑坡位于竹山县文峰乡滚子岭村堵河右岸。滑坡前缘高程 230m，后缘高程 480m，相对高差达 250m。滑体估计面积 24 万 m^2，总体积 480 万 m^3。滑坡基岩为寒武系硅质白云质灰岩、硅质板岩夹炭质板岩、千枚岩及煤层，主滑面岩性为炭质千枚岩或片岩。后缘西侧千枚岩产状倾 359°，倾角 18°，倾向与坡向一致，属顺层滑坡，后缘壁高约 30m。滑体物质由硅质白云质灰岩、硅质板岩、炭质千枚岩块石、碎石及黑、黄色黏土混杂组成，大部分表面及前缘有大块石堆积，表明滑坡形成于后缘山体崩塌夷平过程中。滑坡面平均坡度约 20°，大于滑面倾角，滑坡前缘为库水所淹。该滑坡受库水长期浸泡以及 1982 年 10 月连续降雨影响，5 天后，在滑坡后缘出现 4 条近东西向拉裂缝，高程分别为 480m、450m、420m、400m，横贯滑坡体，滑体西侧出现近南北向剪裂缝，说明滑坡处于蠕滑复活状态，属不稳定体。

近年来，滑体上裂缝缓慢发展，使滑体上房屋严重拉裂破坏，水塘干枯，移民新址斜坡后部又出现拉裂缝，表明该滑有整体滑移的可能。该滑坡处在煤矿区和竹山县城下游 8km，大规模失稳将会造成重大灾害，甚至淹及县城，故应予以高度重视，加强监测和制定防治对策。

73. 湖南冷水江浪丝滩滑坡

该滑坡位于冷水江市下游资江右岸，距市区 2km。出露地层为下石炭统层状灰岩和测水煤层，自 1990 年夏季发现多条裂缝，裂缝大致呈东西向展布，与边坡走向一致，单条长 30～100m 不等，宽 0.2～0.5m，部分地区成为一个裂缝带，带宽 40.5m，裂缝高差 0.2～0.6m 不等，最大可达 3m，变形体长约 1500m，估计体积约 1000 万 m^3。

该滑坡目前已处于蠕动变形阶段，一旦滑入资水，必将堵江成坝，坝高约 30m，致使河水大幅上涨，从目前的 168m 升高到 190m 后，据当地政府统计，受灾人口将有 10 万人以上，淹没房屋 52 万 m^2，农田 667hm^2，沿江 10 余家省、地、县重要厂矿将受到淹没，湘黔铁路被毁被淹而中断运行，经济损失估计上亿元，造成的社会危害及影响将是极为巨大的。因此，加紧开展监测和治理十分必要。

74. 湖北清江水布垭新塘滑坡

该滑坡位于恩施市新塘镇红花淌村清江干流右岸，距水布垭水电站坝址约 66km。滑体规模巨大，面积达 5km^2，估计总体积约 5 亿 m^3，为一巨型滑坡。平面图形为一宽大的舌状。滑坡特征明显：后缘陡壁长约 4km，壁面平直光滑，壁高 80～120m，顶部平行壁面的裂隙发育，下部可见多处大小不等倒石锥；陡壁往前为滑移拉裂槽，方向与陡壁平行，长约 3.4km，槽宽 120～250m，可见深度与陡壁高度相当，因滑坡下滑拉张而成，槽内多黏土、碎石，基本上为耕地；滑坡中部主体部分，岩石产状变化不大，多为黏土覆盖，辟为旱地水田，其周缘有宽达 150～200m 的拉裂区，岩石破碎，可见较多的斜歪、倾倒的岩柱，在其外围尚有崩塌堆积带，它与拉裂区呈环带状和主滑体相联结；前缘临江，有多个次级滑体发育，临江斜坡较陡，在河水侵蚀作用下发生规模较小的变形破坏。如下红花淌下游临江地段，于 1983 年 5、6 月就曾发生 1.8 万 m^3 的滑落体。总体而言，主滑体较完好，滑体由茅口组、栖霞组地层组成，滑坡面为栖霞组上部的泥页岩，为顺向坡，估计滑体厚度达 150m。该滑坡为受已有软弱结构面控制的拉裂蠕滑型滑坡。水布垭水库蓄水后仅淹其坡脚一带，对它的稳定更为不利，很有可能发生较大规模滑体（3000 万 m^3）滑入水库，造成一定的影响。

75. 湖北长阳鸭子口杨家槽滑坡

该滑坡位于长阳县鸭子口镇清江左岸。该滑坡面积 30 万 m^2，前缘抵达河床，低于枯水位，后缘高程 570m，总体积 710 万 m^3。该滑坡可分上下两部分：上滑体为基岩切层滑坡，剪出口高程 360～410m；下滑体为滑出的块石，其滑床为志留系页岩。在主滑带保留有大量的炭化木，经北京与武汉有关单位鉴定，炭化木年代为 2.2 万～2.4 万年，说明该滑坡形成于 2.4 万年前。通过稳定计算分析，上滑体稳定性较好，不会整体复活；下滑体当水库充水时，下部被库水所淹，安全储备较小或不足，而当水位骤降时，它可能使滑带处于塑性破坏而处于较不稳定状态；若满库并与烈度Ⅵ度地震遭遇时，下滑体可能处于变形滑移状态。滑体一旦下滑，涌浪将危及附近居民，造成堵江而碍航。而更为严重的是该滑体上为鸭池口新镇（蓄水后搬迁至此）所在地，为行政、商业、邮电中心，有居民近千人，现迁建费用已耗资千万元以上，下滑将带来巨大的社会、经济损失。鉴于此，长江水利委员会在此建立外部变形观测网，孔内变形监测于 4 个钻孔内埋设了倾斜仪和渗压计，1993 年初开始观测。同时在勘察工作的基础上开展了地面排水以及其他一些治理工作。在勘察中发现滑体内部有一个具有一定规模的岩溶洞穴，这在国内尚属罕见，它可以起到天然排水作用，对滑坡稳定有利。

76. 贵州大方县城关大十字滑坡

该滑坡位于大方县城关对江河左岸，处于县城中心，斜坡坡度 20°左右。滑坡平面形态近似方形，前后缘水平距离约为 680m，高差 94m。该滑体长达 2300m，宽 1600m，体积约 4.4 亿 m^3。这是一煤系地层典型巨型滑坡。滑坡体分级明显，滑坡平台坎阶清楚，沿各级滑块间的阶坎处广泛分布出水点，故该城有“水城”之称。由坡底到坡顶，随着高度的增加，每隔一定距离，各相同高程的建筑物上都出现明显裂隙，宽度为 3～8cm。用钢筋水泥固定的牢固的石头围墙，也毫无例外地出现裂隙，宽达 6cm。这样的裂隙群出现在 3 个不同的高程。在屋基石和路坎砌石上有 5 处拉裂裂隙。县漆器厂厂房因开裂重新修建后未投入使用，又出现新裂缝。访问当地居民，房屋开始出现裂缝已达二三十年，有的居民被迫搬迁，一些房屋明显错位，有一栋两层楼房，在一、二层交界处砖块错位宽度达 2.5cm。该滑坡正在缓慢下滑，坡体基岩内含煤丰富，至今已开采百余年，煤洞深入达 500m 以上，采空面积很大，亦可成为滑坡形成内因。一旦失稳，将使 24 个机关企业单位和 9000 居民受到严重威胁，直接经济损失达 4000 万元以上。

77. 云南巧家县城后山巨型古滑坡

该滑坡位于巧家县城后山（轿顶山）一带，金沙江下游右岸。经实地考察和遥感影像（航片）解译，均认为县城后山西坡发育一超巨型古滑坡，后山山脊陡崖为滑坡后壁，“圈椅”状形态完整，清晰可辨，崖高 200～300m。古滑坡北以水碾河沟为界，南到高粱地沟，范围基本上包括了整个后山西坡。滑坡东西长约 6km，南北宽 9.5km，面积约 56.6km^2，滑体厚度大于 30m，滑体总体积约 17 亿 m^3 以上。古滑坡为基岩顺层滑坡，滑体由峨眉山玄武岩、茅口组和幺棚子组中厚层灰岩组成，滑床为幺棚子组下部砂页岩。古滑坡前缘有厚达数十米的崩坡积、洪积混杂泥砾堆积，为古滑坡剧烈活动伴生物。该滑坡有金沙江三级阶地叠置于滑体前缘之上，据此分析其形成于晚更新世前。该地有小江深大断裂通过并在水碾河一带和黑水河断裂、五莲峰断裂交会，故岩层完整性差，破碎带、糜陵岩带发育，顺向坡、高陡的地形、灰岩下的软弱层等均有利于该滑坡的生成。加之该地为强地震带亦为一激发因素。该滑坡整体稳定性较好，但局部复活明显，并成为该地四大有名泥石流的固体物源，因此需结合泥石流治理和预警一同规划，实施预警系统设置和治理。

78. 湖北巴东黄腊石滑坡

该滑坡位于三峡库区巴东县城以东 2km 的长江左岸，距三峡大坝 66km。由于规模较大，近期又有复活现象，被列为三大不稳定库岸之一。滑坡段岸坡地势北高南低，由滑坡后缘山顶高程 862.9m，至长江河床高程 25m，相对高差达 838m。岸坡坡度 28°～35°，由须家河组（T_x^3）和巴东组（T_b^2）的软弱泥岩、粉细砂岩及第四系崩坡积物组成。基岩倾向北西（坡内）倾角 30°～35°构成逆向坡。岩层中裂隙和小断层较发育，以斜交和垂直岩层走向的两组为主，平行岩层走向的一组多倾向河床。该滑坡为一多级、多类型、多次活动的滑坡组成的群体，总体积约 1800 万 m^3。该滑坡自东向西可划分成三部分：东部有周家湾、石榴树包 2 个滑坡，总体积 800 万～900 万 m^3；中部由上往下有宋家屋场、大石板、台子角 3 个滑坡，总体积 700 万～750 万 m^3；西部皂角树滑坡总体积 100 万～150 万 m^3。该滑坡产生于晚更新世 3.7 万年至全新世的 1.2 万年。危险性最大的为大石板滑坡，横向拉张裂缝有 27 条，农舍拉裂、道路错断；皂角树滑坡亦有明显活动。为防止滑坡对巴东城的危害，国家拨巨款进行整治，主要是设纵横沟和地下廊道，排除地表水和疏干滑体，工程已由链黄治理指挥部实施完成。

79. 四川古蔺复陶—柏杨坝滑坡

该滑坡位于古蔺县大村矿区，赤水河下游。为一超巨型古滑坡。滑坡面积达 10km²，滑体最厚处达 300m，平均厚度 250m，滑坡总体积达 25 亿～30 亿 m^3，堪称中国滑坡之最（有资料为 20 亿 m^3）。这是发育在煤系地层的典型滑坡，但过去曾被误认为断裂构造。滑坡之下的煤层厚 75m，其中上部煤层因参与滑动被破坏而不复存在或失去开采价值。目前滑坡复活迹象明显，地表已出现裂缝，局部下沉下陷，部分村庄、学校、机关等出现井泉消失、干涸，溪水断流，群众饮水十分困难。更为重要的是涉及滑坡体下数千万吨煤的勘探工程布局最终可能无法开采。

第四节　滑坡灾害的防治

长江流域滑坡的防治工作起步较晚，最早是 20 世纪 50 年代由铁道部门在铁路建设工程中开展，之后 50 年来科研和生产部门结合工程实践对滑坡灾害防治进行了大量的研究，并制定了相应的防灾减灾措施。

一、滑坡研究

1. 区域滑坡研究

以长江流域滑坡普查与详查资料为基础，开展了全流域区域滑坡危险度区划、防治规划。采用的方法与途径如图 4-4-1 所示。

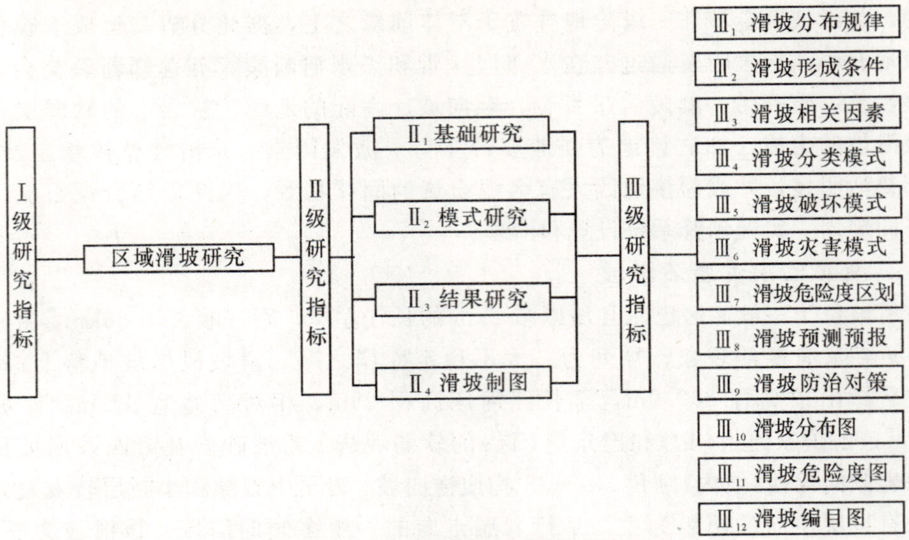

图 4-4-1　区域滑坡研究方法示意图

注：据《滑坡减灾理论与实践》。

2. 重要滑坡综合勘察研究

近几十年来，在长江流域内针对城镇建筑、交通、能源、工矿、国家重要基础设施以及对生命财产构成严重威胁的单个滑坡，开展了勘察、填图等卓有成效的工作。其目的是综合分析评价滑坡的稳定条件，最终提出滑坡的治理方案和防治对策。滑坡综合分析方法与途径如图 4-4-2 所示。

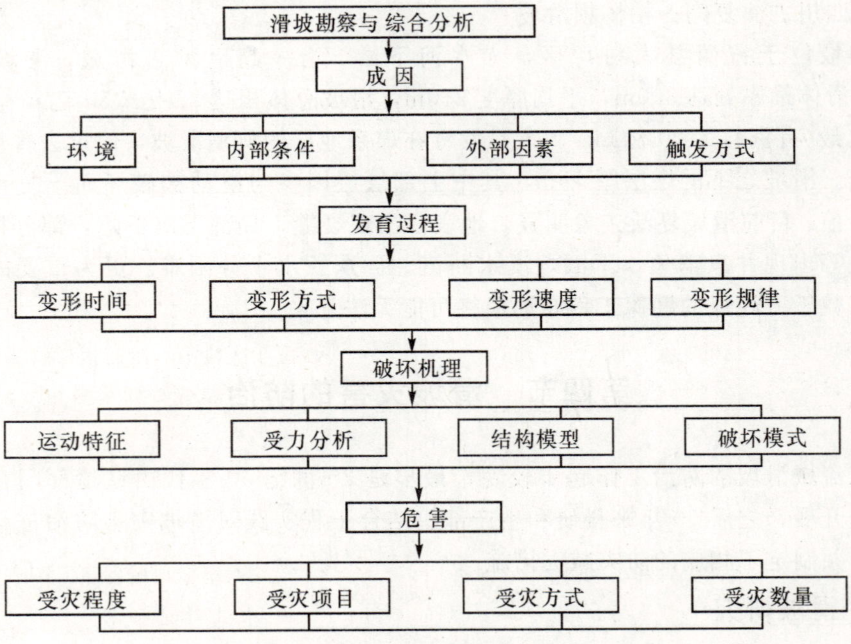

图 4-4-2　滑坡综合分析框图

二、滑坡灾害防治

滑坡灾害防治措施及方法的选择，首先对可能危及的滑坡体进行勘察与综合分析，弄清本身特征外，还需要考虑保护对象的重要性技术经济效益、施工难度、可提供的施工技术及方法以及可投资额度等。其防治原则为：预防为主，尽量绕避；对症下药，综合治理；及时治理，力求根治；因地制宜，经济简便。

目前在水电、铁道、重要城镇、工矿，对有直接危害的滑坡，一般都采取综合治理措施，滑坡防治途径及防治措施如图 4-4-3 所示。

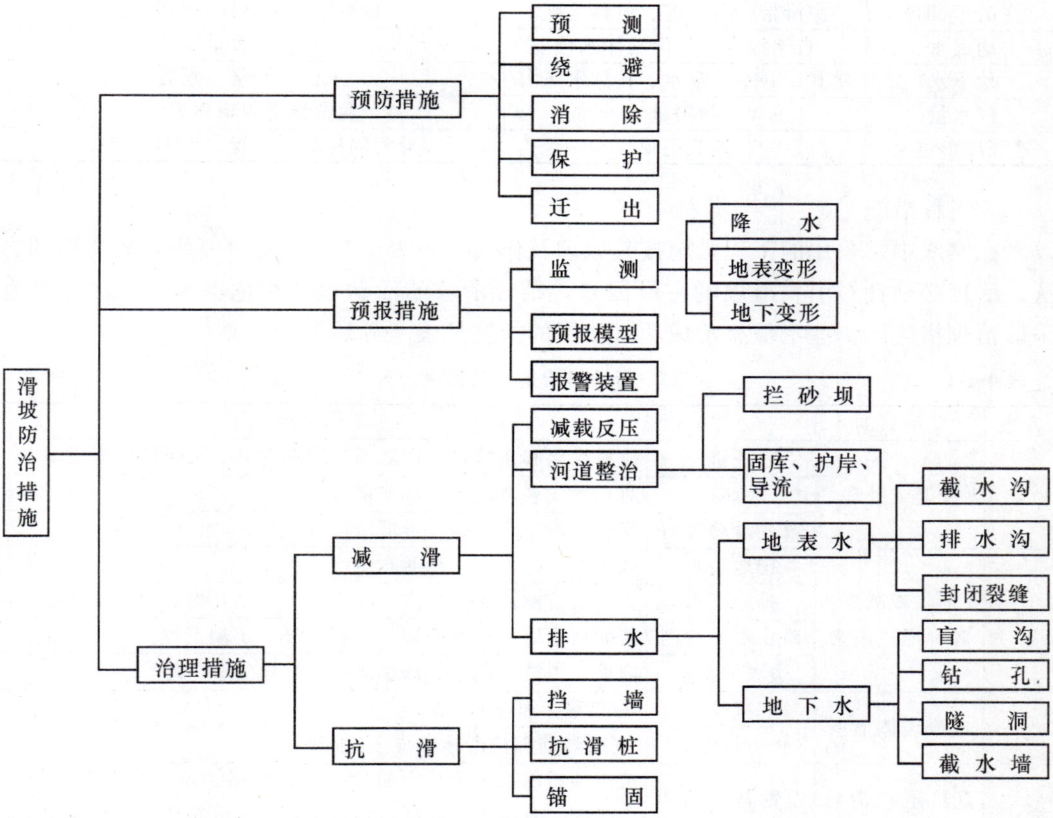

图 4-4-3 滑坡防治措施

注：据《云南滑坡、泥石流灾害防治》。

1. 预防措施

滑坡治理需投入不少的资金，但由于滑坡本身的规模及复杂性，治理效果有时并不理想。因此预防措施是滑坡防治的首选措施，而且在预测的基础上，应首先考虑绕避，特别是应尽量避开大型、复杂滑坡成群分布的地区。对于规模较小的滑坡以及现有建筑物不多的地段则采用先行消除、保护及迁出。四川茂县至汶川的岷江左岸有 10 余处，体积 100 万 m^3 以上的大型滑坡及特大型滑坡，使公路连年中断，只得选线改走右岸避让。

2. 预报(非工程)措施

预报(非工程)措施已在长江流域作为滑坡减灾的一个重要和简单易行的手段，目前在长江流域水土保持重点防治区普遍采用，其主要措施是建立相应的专业与群众相结合的预警系统和制定相关的管理政策法规。滑坡监测项目和内容见表 4-4-1。预报是减少人员伤亡最有效的措施，云南昭通地区开展群测群防工作取得了较好的效果，三峡地区也有多次成功预报减少伤亡的实例。

表 4-4-1 滑坡监测项目和内容表

监测项目	监测内容	监测方法
裂缝	地表裂缝、建筑物裂缝	固定桩、砂浆片、固定标志、传感器
位移	地表位移、地下位移	排桩法、三角交会法、横向视准线法、传感器
主滑带(面)	主滑带(面)位置、位移速度	传感器、位移计、倾测仪
地表水	自然沟水、江河湖库水位	水位、水量等
地下水	钻孔、井水、泉水、孔隙水压力	水位、水量、水质
降水量	降雨量	通常指常规降雨观测
宏观变形迹象	地表巡视	异常的种类、位置、范围、特征

3. 工程措施

在实践中常采用的工程措施按其原理及作用，有表 4-4-2 所列的一些方案类别和方法。治理必须针对引发滑坡的主导因素，结合滑坡的活动程度和危害大小，因地制宜采取治理措施。一些滑坡整治成功，采用的措施见表 4-4-2。

表 4-4-2 滑坡防治的方法简表

方案	防治目的	方法	工作措施
1	绕避或处理	绕避	改移线路和建筑物、用隧道或明洞避开、架桥跨越滑坡等
		清除	对小型浅层滑坡可全部或部分挖除
		改变滑动方向	修建导滑工程、改变滑坡滑动方向
2	消除或减少各种形成因素	排地表水	截水沟、排水沟、疏通自然沟
		排地下水	盲沟、盲洞、支撑盲沟、渗沟、垂直钻孔群、水平钻孔群
		防止水的冲刷	防冲挡水墙、砌石护坡、抛石护坡、丁坝工程
		边坡面整治	削坡、护坡、整平、修梯级台阶、填实裂缝等
3	改变坡体形态	减重	取滑坡后部土(砍头)
		反压	在滑坡前部抗滑地段堆土(压脚)
4	直接阻止滑坡的发育	设置各种抗滑工程(支挡)	抗滑片石垛、抗滑片石竹(铁)笼、抗滑挡墙、抗滑墩、预应力锚固、预应力锚固抗滑挡墙、抗滑桩、预应力锚固抗滑桩、钢架抗滑桩注、抗滑明洞、拦砂坝工程等
5	改变滑带土的性质	灌浆处理	灌注石灰浆、石灰砂浆、水泥浆、黏土浆等(在黄土高原)
		焙烧处理	在滑坡前部利用导洞焙烧滑带中土
		电渗排水	利用电极作用排除滑带中土的水
		化学处理	利用化学反应增加滑带土的强度

成功整治采用的措施实例见表 4-4-3。

表 4-4-3 滑坡整治方法实例表

滑坡名称	整治方法	整治措施
茂县—汶川滑坡群	改线绕避	有 100 万 m^3 以上的滑坡 10 余处，公路每年均遭破坏，只得改线
宝成军师庙滑坡(20 万 m^3)	绕避	线路内移改用隧洞通过该滑坡
宝成灵官峡滑坡(6500 万 m^3)	绕避	改线从对岸用隧洞通过
鸡扒子滑坡(1300 万 m^3)	排水为主，削坡减重为辅	拦截滑坡后缘地表水，排除滑坡体地表水，减载反压

续表

滑坡名称	整治方法	整治措施
木里县城滑坡(1 亿 m^3)	排水为主	后缘修排水沟，平行滑坡轴向修两纵一横下水道；填平滑坡前沿水池；对周围裂缝填平夯实
狮子山滑坡(32 万 m^3)	排水结合支挡	支撑渗沟疏水，设置挡墙或片石垛加固，设置渗水暗沟
成都牧马山滑坡(120 万 m^3)	排水、抗滑桩	设置抗滑桩 20 根、地表排水明沟 1 条、地下排水盲沟 1 条
铜街子滑坡(3000 万 m^3)	抗滑桩	用直径 30×16m^2 抗滑桩，桩底部穿过古滑动面进入玄武岩；主要建筑均按滑坡基础处理采用沉井、钢板桩挡墙等工程
重庆王家坡滑坡(6 万 m^3)	综合治理	滑体中部设钢筋混凝土锚固桩 8 根，前缘设置抗滑挡土墙后部削坡并坡脚反压，后缘及中部各修 1 排水沟排地表水
攀枝花 103 站滑坡(120 万 m^3)	锚固桩和排水	65 根锚固桩和 3 条渗水盲沟
赵家塘滑坡(200 万 m^3)	锚固桩为主	埋设锚固桩 63 根，其中 3.5×7m^2 大型桩 48 根，置于滑带下新鲜基岩，辅以隧洞加固，局部清方减载加强排水综合整治
铁西滑坡(220 万 m^3)	改地表沟、清方减载、增建双线明洞及棚洞	瓦底沟改道，清方减载 60 万 m^3，铁路过滑坡区建双线明洞及棚洞预防垮石堵路
兴山倒树湾等两处(数十万 m^3)	绕避	三峡库区兴山县游峡(游家河至峡口)公路经两滑坡无法形成路基、架桥通过滑坡
涔天河水库岸滑坡(105 万 m^3)	排水为主	滑体上居民搬迁，废弃水田，设置砌石截水沟和纵横排水沟，利用勘探洞作排水洞疏干滑体
黄腊石滑坡(1800 万 m^3)	排水为主	利用原勘探平洞与新设排水孔，进行立体疏干滑体；地面设排水沟、截排地表水
皂市水阳坪滑坡(130 万 m^3)	减载、排水为主	采用地表喷护、设排水沟、滑体内置排水洞及排水孔、滑坡平台开挖减载至 170m 高程，前缘削坡并设三级马道；对下面的邓家嘴采用地表排水和喷护，对河岸及水下部分进行石笼护坡和抛石护底；经监测总体已处于稳定

附录　滑坡灾害年表及规模较大具潜在威胁滑坡简表

滑坡这一地质现象，在距今 300 万年喜马拉雅造山运动晚期(即早更新后)，在地质、地貌适合的条件下就可能发生，但没有造成灾害。据资料，在重庆市及三峡有较多滑坡地貌明显的古滑坡存在部分滑坡滑带测年资料多为 25 万年，属中更新世。奉节白衣庵滑坡其前缘阶地形成完好，故滑坡应在 Q_3 或 Q_4 早期形成。古滑坡形成后有的已趋稳定，也有部分随着环境的变化而重新活动。对那些古滑坡可以指出它的存在，但因没有酿成灾害，只能是一种地质现象。不过在工程建设中，以工程地质条件的视角，对那些滑坡地貌明显地段，应予以特别关注，因为那是潜在威胁隐患，不可不防。据《华阳国志·蜀志》记载，周显王三十三年(公元前 336 年)“山崩，时压杀五人及秦五女并将从，而山分为五岭……因命曰五妇冢山”。这是有历史记载以来长江流域最早的滑坡。其后历史记载山崩较多，有些就是崩塌，有些可确定为滑坡，如宋嘉定九年三月(公元 1216 年)“地震马湖夷界山崩八十里，江水不通”，滑坡堵断金沙江支流的遗迹至今可见。据不完全统计，长江上游地区共有滑坡 15 万处。在历史长河中，广阔的长江流域的滑坡史料记载肯定有不少遗漏，而滑坡地貌的调查，又与工程建设密切相关，造成了滑坡资料详细程度不一。以三峡库区为例：滑坡数目在 20 世纪 60 年代初确定的干流与乌江主要的崩塌滑坡为 9 处；80 年代初期和中期干流段的大型滑坡崩塌体增加到 14 处；80 年代后期论证报告中提到“库区 10 万 m^3 以上的崩滑体总数在 202～204 个(处)之间”；90 年代早期长江水利委员会详细调查登记填图的干流有 600 个，支流 650 个；90 年代后期随着库区移民的开展和详勘的进行，库区干支流崩滑体总数为 1302 个，且这只是前缘高程低于 175m 的。在金沙江攀枝花至宜宾段初步调查有崩塌滑坡 677 处。有规划的水利水电枢纽江段则滑坡数较多，其他尚未开展工作的较少。长江流域各省以湖北省为例，据省水文地质工程地质队资料有滑坡 1199 个，有灾害记载的较少。因此已收集到的全流域近 1600 个滑坡资料，肯定是很不完全的，而且很多是从工程地质条件出发，认为是有潜在滑坡威胁和滑坡地貌明显的滑坡点。1990 年，长江水利委员会水土保持局组织调查统计资料表明在金沙江下游、毕节、嘉陵江上游、三峡库区就有危害较大滑坡 1.6 万余处，有许多滑坡点在何时造成了灾害尚不知晓。现将收集到的有文字记载造成较大灾害的滑坡按区域列年表附录于后。从表中可看到四川省有滑坡 212 个，云南省 114 个，位居前两位，其他省市较少。另外，对于一些有调查资料的规模较大的(超大型及巨型)滑坡点，也分区域列入。

云南省

序号	位置	发生时间	规模 面积(万 m^2)	体积(万 m^3)	前/后缘高程(m)	灾害情况及防治措施
1	丽江巨津白云山	1382 年 4 月(明洪武十五年)				白云山长四百余丈，距金沙江二里许，一日忽然山裂，中分其半，走移于金沙江中，与两岸云山相倚，山上木石依然不动，江水壅塞，逆流淹没田苗，荡析民居
2	鲁甸棱山镇	17 世纪				掩埋棱山镇，并将 200 户埋入地下
3	东川	1733 年 8 月 2 日				地震、山道阻绝、土石阻流、地滑移
4	永善干海子	18 世纪		4530		滑坡前缘“垮塌湾”最早滑动始于 200 余年前，此后每年大雨有活动，并有少量物质入江，活动体顺金沙江 300～400 m，体积 315 万 m^3，滑体中部隐伏裂缝；近 50 年有过 3 次活动，分别于 1947 年、1957 年和 1992 年雨季在干海子瓦场出现过裂缝，农舍有开裂现象，滑坡整体稳定

续表

序号	位置	发生时间	规模		前/后缘高程(m)	灾害情况及防治措施
			面积（万 m^2）	体积（万 m^3）		
5	巧家南10km（莲塘）石膏地	1880年(光绪六年三月)		7000		夜半山顶劈开滑至对岸四川小田坝平地成丘，压毙村民数十人，金沙江断流3日始冲开
6	云南	1881年				二月六日方晓，江中有声，岩石飞起，移至江外村中，田庐覆压过半，而山头树石依然
7	永善吴家湾	1887年3月17日		10200		滑坡堵塞金沙江3日，一黄姓农户住房随滑坡从云南滑到四川，房屋完好无损，全家安然无恙
8	大关	1911年				死亡1800人
9	盐津上游	1913年				山崩堆石成坝，阻断大关河，积水成湖，后石坝溃决，河流瞬间涨十丈，全城荡然无存，城中千百民房浮沉江面，四川叙泸一带尸浮数日，捞尸千具，状极奇惨
10	大关吉利铺	1917年7月31日				地震滑坡堵横江，河水倒流十余里，马帮兵民过客死1800余人
11	禄劝烂泥沟	1921—1922年				将老深多至白占斗一带村庄掩埋，共30户，毁田6.7hm²
12	彝良阿都村偏坡垭口	1938年	24.5	245		滑坡损失财产11万元、耕地5.3hm²，现危及18.7hm²旱地、33.6万元财产安全
13	昭通大寨子乡大寨子村	1942年	42.0	1260		危及400人、80万元财产安全，近年来活动加剧
14	彝良角奎镇花生地	1948年8月15日	700.0	2100		滑坡时陷落26户、房屋110间，毁地30.6hm²，县城被迫搬迁，财产损失72万元；现危及44户250人、176间房屋及85万元财产安全
15	彝良洛泽镇熊家沟	1948年10月8日	28.0	5600		滑坡时死309人，伤424人，毁房1452间，倒塌391间，损失356.4万元；滑坡现稳定
16	巧家六合乡六合	1950年8月、1958年9月、1988年6月	60.0	900		该滑坡3次滑动，死亡11人，财产损失13万元；现危及820人、205万元财产安全
17	永仁	1955年9月23日				地震滑坡，金沙江两岸村寨覆没，阻塞冲沟
18	彝良牛街镇	1957年7月、1967年9月	3.0	30		曾两次大规模滑动，1957年7月20日滑坡时死亡42人，伤数十人，共111户，毁地46.7hm²，损失130万元；现危及150户560人、230万元财产安全

续表

序号	位置	发生时间	规模		前/后缘高程(m)	灾害情况及防治措施
			面积（万 m^2）	体积（万 m^3）		
19	昭通靖安乡冷山湾	1959年、1985年	49.0	1470		1959年首次滑动，1985年第二次滑动，现危及61人、30万元财产安全
20	昆明西山采石场	1960年				滑坡时死亡10人
21	昭通白炭窑水库	1960年7月下旬				滑坡造成139间房屋和190hm^2耕地被毁，冲走牲畜169头
22	禄劝撒马基	古滑坡于20世纪60年代复活	330	>10000		20世纪60年代开始复活，特别是1965年受烂泥沟滑坡震动影响，古滑体出现多组裂缝；1968年雨季，地裂缝不断扩大加深，并发现新的地裂逢；1985年7月底连续降大暴雨，古滑坡后缘出现3条长300～500m、宽20～30cm的弧形拉裂缝，构成对六坪子撒马基乡政府和白田、老荒地、租力中村、下火山村的严重威胁
23	会泽以礼河三级水电站苏家坪	1961年以后		300		滑体位于一高台地上，自1961年至1984年，一直处于不稳定状态，每年雨季位移量较大，危及水电站安全
24	禄丰元永井矿区	1961年10月20日		7.1		滑坡时104人死亡，57人受伤，倒损房屋317间，直接经济损失88万元
25	巧家大寨乡松坪大房子	1962年6月		378		滑坡时死亡8人，财产损失270万元；现危及400人、50万元财产安全
26	镇雄温水木架山	1965年6月7日				滑坡时死亡32人，受伤6人，倒损房屋68间，毁坏农田1hm^2
27	禄劝马鹿塘乡普福烂泥沟	1965年11月22—24日		40000		1965年11月22—23日产生滑动，其中1亿m^3土石滑入普福河，筑起167m高的堆石坝，形成500万m^3的堰塞湖，毁村庄5个，造成444人、136头牲畜死亡，毁地44.1hm^2，埋粮食150t，是我国滑坡死亡人数最多的一次；1965年11月24日，在烂泥沟出水平源头再次滑动，使石灰窑村掩埋，因村民撤离未造成伤亡；1966年7月10日，天然坝两侧溃决，冲出土石700万m^3，形成巨大泥石流，大量沙石输入金沙江，使普福沟与金沙江交汇处的丙级险滩成为乙级险滩
28	华坪马差乡	1966年		150		滑动后影响务坪水库施工
29	东川	1966年2月5日				地震滑坡阻蒋家沟，天然坝高44m、宽50m，形成地震湖
30	丽江金安	1966年		18700		堵河后决

续表

序号	位置	发生时间	规模		前/后缘高程(m)	灾害情况及防治措施
			面积（万 m^2）	体积（万 m^3）		
31	永善佛滩乡颜家坝	1966 年 7 月	35.0	410		滑坡时 2 人死亡，迁走 9 户，财产损失 25 万元，后又迁走 7 户 37 人；现危及 35 人安全，潜在经济损失 35 万元
32	马龙贵昆铁路马过河车站	1966 年 8 月 2 日	宽 130m			堆积层滑坡颠覆机车 2 台并冲入河中
33	大姚桂花区阿满地村	1966 年 8 月		50		古滑坡复活，滑坡堵断河流，回水达 3km，淹没农田约 67hm^2，毁房屋 500 间
34	巧家小河乡小河街	1968 年 8 月	60.0	900		滑坡时 6 人死亡，财产损失 30 万元；现危及 1200 人、50 万元财产安全
35	巧家东坪乡牛塘	1973 年 7 月	60.0	150		滑坡时 2 人死亡，财产损失 5 万元；现危及 45 人、4 万元财产安全
36	彝良花桥村大山	1973—1987 年	10.0	450		滑坡时死亡 1 人，财产损失 16 万元；现危及 14 户 71 人、20hm^2 耕地、1 座水电站和 80 万元财产安全
37	永善团结乡凉水井	1974 年	18.0	270		滑坡时 86 人死亡，财产损失 35 万元；现危及 116 人安全，潜在经济损失 75 万元
38	永善团结乡干河坝	1974 年 5 月	48.0	720		滑坡时 76 人死亡，经济损失 50 万元；现危及 76 人安全，潜在经济损失 50 万元
39	昭通手扒岩	1974 年 5 月 11 日				昭通地震引起滑坡，致使手扒岩一带村寨因坐落在滑坡体上而全部被埋，无一幸免
40	永善团结乡石旯旮	1974 年 5 月	14.0	210		危及 30 人安全，潜在经济损失 15 万元
41	巧家崇溪乡蔡家湾干平子	1974 年 5 月	1985.7	13.8		滑坡两次滑动，死亡 6 人，财产损失 35 万元；现危及 164 人、23 万元财产安全
42	巧家大寨	1974—1987 年		875		该滑坡数百年来一直在活动，1970 年以后活动加剧，1974 年 7 月 12 日杨家屋基一带大滑，乡政府被迫搬迁，1987 年田寨坝垂直下滑 20 余 m，毁田 20.7hm^2，毁房 100 余间，损失 20 万余元；现滑坡范围内变形明显，严重威胁 6 个村 350 余户 1200 余人的安全
43	宁蒗长坪子达底河右岸	1976 年 5 月 28 日—1988 年		300		1976 年 5 月开始滑坡，发展成泥石流，冲毁 1 座 75kW 水电站，淤平 2 座小型水库，死亡 8 人；1985 年该滑坡再次形成泥石流，147hm^2 农田被淤埋，6 个自然村 365 户、1200 人受灾；1987—1988 年该滑体又出现滑动，100 户被迫迁移，冲毁 35kW 水电站 3 座，长坪子—金棉公路被切断，路面下沉 15m，河床抬升 20 余 m，大量煤系地层中的煤粉通过金棉河进入金沙江，使渡口一带江面变黑，造成严重污染，直接影响渡口的生产、生活用水

续表

序号	位置	发生时间	规模		前/后缘高程(m)	灾害情况及防治措施
			面积（万 m^2）	体积（万 m^3）		
44	楚雄吕合煤矿	1977年9月		300		自1977年9月出现边坡变形，严重威胁主矿坑的安全，长期影响生产
45	楚雄西舍路区朵直	1977年9月		200		在水渠渗漏作用下，滑坡时造成5人死亡
46	楚雄南台区公所	1977年		83		滑坡造成房屋倾倒6600间，直接经济损失1500万元
47	贵昆铁路K534＋24	1978年9月1日		0.005		滑坡颠覆2502次列车，直接经济损失1500万元
48	永善黄华乡沙田	1980年7月15日	32.0	640		危及100人安全，潜在经济损失40万元
49	巧家莲塘	1981年1月13日		53600		死亡近30人，金沙江断流3天
50	巧家新老街	1983年7月2日				滑坡发生死亡322人，伤51人，并发生泥石流
51	镇雄县城	1983年7—9月，1985年再次活动		126		古滑坡局部复活，造成县城东南232户民房和烟草公司、外贸站、土产公司、加油站、贸易公司等24个单位的仓库、厂房、宿舍共19.8万 m^2 建筑物不同程度变形、开裂和垮塌，损失436.6万元
52	中甸三坝乡核桃园	1983年		20000		1993年前缘曾发生浅层滑动
53	永善码口乡石盘	1984—1990年	24.0	360		1984年8月发生，死亡7人，经济损失27万元；1990年7月12日再次活动；现危及50人安全，潜在经济损失37万元
54	盐津花果山	1985年以来				滑坡及小崩塌群至1985年以来活动明显，危及部分县城安全
55	元谋老城小丙间	1985—1986年				1982年小丙间水库蓄水后，1985年村庄地基出现裂缝，1986年继续发展，裂缝增至2～12cm不等，使31户房屋的墙体开裂，10户房屋倒塌
56	绥江南岸镇胜利磨罗村古文堡	1988年8月9—10日	15.0	120		滑坡时13人死亡，经济损失10万元；现危及43人、2万元财产安全
57	绥江田坝乡田坝村长美号	1985年9月	120.0	720		滑坡时，17户住房不同程度拉裂，油库受威胁；现危及490人、45万元财产安全
58	巧家牛角乡紫山村	1985年9月				滑坡发生时13人死亡
59	元谋老城把度	1985年7月16日				由于引水沟的浸润，两次发生大规模滑坡，使64户342人的把度村及其沟下的80%的农田受损，毁田5.3hm^2，危害农房312间；现有新的下滑迹象

续表

序号	位置	发生时间	规模		前/后缘高程(m)	灾害情况及防治措施
			面积(万 m^2)	体积(万 m^3)		
60	东川合块乡九村	1986年4月				滑坡时9人死亡，8人受伤
61	东川汤因公路	1986年7月10日		46.75		崩塌滑坡体从500m高处下滑，冲毁公路269m,公路堆积土石3万 m^3,当场死亡7人
62	东川大梨树村	1986年10月4日		187.5		10月4日下午6时许开始下滑，次日夜间3时6间房屋、农田、树木一次下滑300余m，滑落132m，平均滑速0.55 m/min；10月6日前缘穿过公路、铁路，堆积于大白河上；据调查，此次滑坡造成27户受灾，毁房屋23间、农田20hm^2、通信线路500m、10kV高压线路326m，摧毁2×16m铁路桥1座、路基180m，毁团结渠380m、公路240m，造成铁路断道90天，直接和间接经济损失达1000万元
63	东川市小坪子	1986年10月、1991年11月4日		460		1986年10月滑坡时毁坏铁路、公路、水渠、民房，使铁路中断90天，公路中断15天；1991年滑坡发生后，公路中断7天
64	南华一街乡咱租村	1986年9月10日				滑坡时压死7人
65	宣威安益乡店子村	1986年				死亡33人，倒损房屋2202间
66	安宁大龙山磷矿采场	1987年6月18日		0.4		滑坡时压死11人，1人受伤，毁汽车2辆，矿场停工数月，边坡处理耗资50万元
67	威信墨黑	1987年、1988年1月13日		412		滑坡造成26间房、耕地33.3hm^2被毁，损失粮食13万公斤；摧毁墨黑煤矿回风巷800m、运输巷450m，掩埋公路250m，毁110kV高压线路800m，该煤矿被迫停产，中断矿区对外交通，经济损失31万元；墨黑乡损失70万～80万元
68	盐津黄坪乡小湾村	1987年12月		280		滑坡致2户14间房屋被毁，压死6人，阻河断道1.8km，滑坡体形成2个土坝，自然形成蓄水6400m^3和4万m^3的两个水库，冲毁耕地53hm^2、林地13hm^2
69	巧家崇溪柏木杨家湾	1987年3月	18.75	187.5		滑坡时损失财产13万元，现危及95人、15万元财产安全
70	彝良荞山安乐堡	1987年7月	18.0	180		滑坡时房屋倒塌28间，财产损失5.6万元；现危及42人、2hm^2土地和9.2万元财产安全
71	昭通大寨子乡窝凼村	1988年	32.5	975		滑坡造成2.7hm^2耕地毁坏；现危及18人、0.3万元财产安全

续表

序号	位置	发生时间	规模		前/后缘高程(m)	灾害情况及防治措施
			面积（万 m^2）	体积（万 m^3）		
72	彝良洛泽河镇麻窝	1988 年 3 月 17 日	10.5	388		滑坡时，损失财产 15 万元；现危及 3 社、1 镇、2 水电站、1 煤矿和 2475 人、6718 万元财产安全
73	彝良毛坪乡板板桥	1988 年 3 月 4 日	9.0	270		滑坡时前缘堆起高 12m 的堤坝，堵断洛泽河支流龙潭河，形成 10 万 m^3 的堰塞湖，掩埋公路 400m，阻断公路(后被迫改线)，损失 277 万元；现危及 10 户 62 人、50 间房、9hm^2 农田、250m 公路和 294 万元财产安全
74	鲁甸棱山乡黑石	1988 年 6 月		1500		滑体以 2cm/d 速度下滑，历时 8 天，造成 14 户人家房屋开裂；目前滑体不稳，危及 744 人安全
75	武定环州乡	1988 年 8 月 31 日				滑坡发生后，毁耕地 43.3hm^2、房屋 90 间
76	彝良新场乡河坝社	1989—1992 年		238		该处 1989 年开始出现山坡裂缝，1992 年 7 月 14 日暴雨后，裂缝增加，同年 7 月 17 日发生剧滑，造成 21 间房屋被毁，由于事先采取撤离措施，未造成人员伤亡
77	巧家新店乡吴家大地	1989 年 8 月	7.50	750		滑坡时 4 人死亡，财产损失 7 万元；现危及 30 人、5 万元财产安全
78	彝良河家村吴家湾子	1989 年 9 月 6 日	16.0	240		滑坡时损失 15 万元；现危及 11 户 50 人、44 间房屋和 31 万元财产安全
79	永善金沙铅锌矿	1989 年 6 月 28 日				滑坡致使 51 人死亡，并伴发泥石流
80	盐津两碗水	1990 年 6 月				滑坡使公路严重破坏，中断运输 6 个月
81	昆明市西山区下冲办事处孙家箐村	1990 年 6 月 21 日		50		滑坡发生时 27 人死亡，埋汽车 2 辆，直接经济损失 100 万元；近百年来已造成 60 余人死亡
82	彝良两河乡白米	1990 年 6 月 22 日	18.0	90		滑坡时毁地 1hm^2，财产损失 3.9 万元；现危及村公所、学校 160 人及 3.3hm^2 农田、42 万元财产安全
83	东川金源乡糯勒村	1990 年 6 月 14 日				滑坡时 20 人死亡，40 人受伤，房屋倒损 120 间
84	会泽娜姑镇小田坝村	1991 年 7 月 12 日				滑坡毁地 14.2hm^2，30 间房屋被埋，死 6 人，495 人受到严重威胁
85	禄劝马鹿乡普祸一老木德办事处	1991 年 9 月 17 日		1000		滑坡全过程历时 3 分钟，造成 10 人死亡，死牲畜 240 头，损失 243 万元，并对 7 个村庄 80 户计 397 人构成威胁

续表

序号	位置	发生时间	规模		前/后缘高程(m)	灾害情况及防治措施
			面积(万 m^2)	体积(万 m^3)		
86	威信扎西镇长地办事处煤矿	1991年8月27日		10		滑坡造成24人死亡
87	昭通盘河乡头寨沟	1991年9月23日	21.0	2750		滑坡自后缘2340m高程以56.76m/s的速度高速下滑，在3分钟内下滑4.1km，冲下海拔1820m的盘河，推移覆盖区长达3km、宽100～200m、深30～40m，造成4个公社106户中216人死亡，8人受伤，毁坏房屋202间，被埋猪222头、牛13头、马车7部及其他财产，冲毁农田20hm^2、公路350m，直接经济损失1200多万元；牧马人发现裂缝扩大未报告
88	昭通炎山乡熊家湾	1992年7月12日		1200		滑坡致使30间房屋、1所小学和近10万株经济林木被毁，由于有人监视，81人幸免于难，已建监测点，避灾58人，预报成功
89	中甸三坝乡两家人	1992年7月		68000		前缘300万 m^3 产生滑动，局部不稳
90	彝良老房村	1992年7月13日		0.5		整个村子被埋，村长察观山体，预先带人撤离，全村无人伤亡
91	彝良角奎岩上	1992年7月12—17日		1.0		造成14间房屋被毁，7人死亡
92	彝良新场沙坝	1992年7月14日		238		造成21间房屋被毁，人员接通知撤离，无伤亡
93	彝良石垭	1992年7月12日				滑坡致使16人死亡
94	昭通大寨子乡车续村	1992年5月	56.0	2400		1992年5月至今每年滑动，危及4.2万元财产安全，每年均有活动
95	宣威龙口水电站	1993年1月23日		6		冲毁掩埋整个升压站、副厂房，经济损失212万元
96	鲁甸王家坪子	1994年10月6—12日		510		滑坡致使65户279人住房开裂、变形或倒塌，饮水、蓄水设施破坏，大量农作物受损减产，电力、通信设施破坏，昭巧公路200多m全毁，经济损失586万元
97	昭通水井湾	1995年8月14日		400		已建监测点，预报成功，避灾78人
98	中甸三坝乡本地湾	1995年		5400		局部失稳，中部陡岩在1995年雨季发生两次30万 m^3 的崩滑
99	元谋老城村公所	1996年7月17日				滑坡发生时3人死亡

续表

序号	位置	发生时间	规模		前/后缘高程(m)	灾害情况及防治措施
			面积（万 m^2）	体积（万 m^3）		
100	昭通炎山乡大沟村	1996 年 7 月 22 日		200		已建监测点，预报成功，避灾 150 人
101	中甸三坝乡滑石板	1996 年 10 月 28 日	4.5(长 300m、宽 150m、厚 30m)	1355		每逢雨季均有失稳现象，后缘不断崩落块石，10 月 28 日 8 时 8 分发生整体顺层滑移 300m，形成堆石坝，金沙江水壅高数十米，下游水位下降 30 多 m，金沙江断流 40 多分钟
102	巧家新店乡	1997 年 7 月 21 日				造成 383 间房屋倒塌，150hm^2 耕地、2.6 万株林木被毁，118 人无家可归，经济损失 1120 万元
103	东川新村芦柴塘	1997 年 10 月	1950			滑坡造成 6 人死亡，25 户房屋、财产及 150 多头大小牲畜被埋
104	大关黄葛乡政府驻地	1997 年 6 月	300			埋车 5 辆，毁房 48 间，213 国道 800m 路基被毁，交通中断 40 天，经济损失 150 万元
105	大关黄葛小布台	1998 年 7 月 21 日	135			造成大关河断流，213 国道中断 2 天，36 间房屋倒塌，5.3hm^2 农田绝收，直接经济损失 60 万元
106	大关寿山新桥	1998 年 8 月 26 日		126		滑坡使 232 间房屋受损，倒塌 167 间，毁梯田 13.3hm^2，直接经济损失 200 万元
107	会泽上村乡朱家村	1999 年 7 月 30 日		500		滑距 200m，造成 60 余间房屋受损，破坏耕地 20.7hm^2、输电线路 700m，直接经济损失 500 万元
108	会泽金钟张家院子	1999 年 8 月 22 日		50		33 户 121 人受灾，84 间房屋倒塌，毁耕地 8hm^2、电杆 15 根，经济损失 40 万元
109	大姚金碧镇麦厂村					滑坡时压死 8 人，毁房 12 间
110	大姚掌园公社老坝山水库					滑坡时倒塌房屋 6700 间，损失农田 2667hm^2，冲走牲畜 366 头
111	沾益西河引水工程大旺槽工段			0.06		滑坡时 13 人死亡，2 人受伤
112	昭通田坝乡红庙		35.0	1400		危及 150 万人、90 万元财产安全，近 10 年来每年下滑 1m 左右
113	东川因民镇	2001 年 7 月 9 日 7 时		3		1 栋二层楼及 5 户民房被埋，有 14 人死亡，7 人失踪，22 人受伤
114	盐津庙坝乡政府	2002 年 8 月 12 日 19 时	500			7 户人家及修路工人共 33 人被埋，4 人受伤，其余死亡或下落不明

续表

序号	位置	发生时间	规模		前/后缘高程(m)	灾害情况及防治措施
			面积（万 m^2）	体积（万 m^3）		
具潜在威胁的滑坡						
115	中甸尼西乡布苏	Q4 前		2800	2240/2760	近期无变形
116	德钦拖顶乡腊卡	Q4 前		9000	2000/2800	无近、现代变形
117	德钦拖顶乡左力	Q4 前		21600	2200/3080	今无变形迹象
118	中甸五境乡下珠			6480	1960/2660	正在变形，拉裂缝发育，有小范围滑塌
119	丽江塔城乡模爬			1040	1900/2160	前缘正在变形，雨季均有小滑塌发生
120	丽江塔城乡果根	Q4 前		1400	2080/2380	无近、现代变形
121	中甸虎跳峡镇冷都			1000	1860/2200	近期无变形迹象
122	中甸虎跳峡镇喇叭山			1200	1900/2300	每逢雨季前缘有小规模活动
123	丽江大具乡岩瓦			1500	1600/1800	近期无变形迹象
124	宁蒗挖家坪乡			1650		1986 年 9 月 1 日有活动
125	永胜少金湾	古滑体		3000	1700/2200	距金安桥水电站坝址 2km，失稳影响大
126	巧家拖姑乡河坝村	古滑体		1680	930/950	降雨引起地表显现拉裂缝
127	巧家莲塘	古滑体		1000		
128	永善干海子	古滑体		4530	390/650	前缘局部牵引式滑动，稳定性较差
129	永善码口乡卷义堂	古滑体		2380	480/700	台坎状直抵江边，有拉裂缝发育
130	禄劝花椒园乡	古滑体		3000		
131	巧家鹦哥乡坪子			4500	1000/1250	总体稳定，仅前缘陡坡局部失稳
132	巧家牛栏江中田			3570	565/1040	O_1^s 顺向坡基本稳定
133	昭通炎山乡烂田坝沟瓦房子			18400	1200/2200	4500 万 m^3 滑体有明显活动迹象，使烂田坝沟成为特大型黏性泥石流，进占金沙江河道达 1/2，计算滑坡稳定系数为 0.97
134	昭通龙塘乡锌厂沟大坪子			10670	780/1420	2000 万 m^3 滑体复活，1995 年 8 月 24 日崩滑动一次，成为锌厂沟泥石流的物源，沟口的金沙江有险滩形成
135	永善码口乡卷义堂			1340	505/750	滑体前缘有垮塌，上游新的洪积扇被滑体前缘推移，但规模不大，天然状态整体稳定，水库蓄满将大部分失稳

续表

序号	位置	发生时间	规模		前/后缘高程(m)	灾害情况及防治措施
			面积（万 m^2）	体积（万 m^3）		
136	巧家巧营乡棉纱		67.5	1012		危及500人、502万元财产安全
137	巧家东坪乡树叶新街		60.0	1200		危及1350人、340万元财产安全
138	巧家中寨乡龙茅坪		48.0	1200		危及150人、50万元财产安全
139	永善大枫湾			3920	600/1300	整体稳定，仅上游侧新活动明显
140	永善鲁机			9750	800/1250	危及400人、250万元财产安全
141	永善大兴乡付家坪子	古滑体		2396	500/1130	目前处于整体复活状态，滑体中多处规模大、延伸长的张裂缝，缝宽10～30cm、长10～40m、深50～120cm，当遇暴雨可能整体失稳，将对58户200余人构成威胁
142	永善任家田			8745	820/1300	基本稳定
143	永善黄华乡干田坝			3776	1120/1350	地貌显示历史上曾产生滑动，其中两次为大规模滑动，现处于稳定状态
144	永善鲁溪			9100	900/1500	
145	永善黑铁菁			5000	650/1200	危及8人安全，潜在经济损失51万元
146	永善黄华乡易子村			7890	428/800	目前处于稳定状态，局部有重新活动迹象，可能复活体积2600万 m^3
147	永善青杠坪			13500	390/1200	目前较稳定
148	永善团结乡吴家湾		340.0	10200	3400/700	危及150人、50万元财产安全
149	永善佛滩乡石艳蛋			5040	375/480	
150	永善团结乡凉风坳			1728	350/600	
151	永善青胜乡庙杆子			7650	400/800	
152	绥江南岸镇林家坝			1785	400/820	
153	绥江南岸镇大鹿溪			1067	410/500	
154	绥江中城镇赵家湾			1500	325/520	
155	绥江新滩镇枝子铺			1500	330/665	
156	绥江新滩镇王家包			1700	435/620	

续表

序号	位置	发生时间	规模		前/后缘高程(m)	灾害情况及防治措施
			面积（万 m^2）	体积（万 m^3）		
157	绥江会仪镇九龙桥			1650	270/440	
158	绥江会仪镇东爷庙			21120	280/750	
159	绥江会仪镇关田坝			2288	275/425	
160	水富云富镇			1682	250/470	
161	水富云富镇大金号			1100	260/475	
162	大关县城			＞2500		城区位于古滑体上，1984 年后缘下滑 1m，1977 年手管局附近下滑 10 多次，1979 年下滑损失房屋 13 户以上，1980 年后缘修水渠，使滑坡更不稳定
163	昭通炎山乡庙沟村		102.5	56250		危及 5250 人、2000 万元财产安全，近百年都在活动，近年活动频繁
164	昭通炎山乡松乐村		91.0	4550		危及 600 人、100 万元财产安全，近年来有活动
165	昭通炎山乡中寨村		42.5	1700		危及 3 万元财产及滑体内全部耕地安全，近年来有活动
166	昭通田坝乡红庙		35	1400		近 10 年来每年下滑 1m，危及 150 人、90 万元财产安全
167	昭通松乐村大坪子		15.0	7500		危及 615 人、100 万元财产安全
168	昭通龙堂乡	古滑体		10700		
169	大姚湾碧巴拉公路	1986 年雨季		1000		降雨引起
170	永胜金官乡	古滑体		2750		
171	彝良洛泽河乡麻窝			1000		危及麻窝水电站、东方红火电厂等企业及洛泽河镇安全，现活动加剧
172	禄劝金坪子			约 60000		距乌东德水电站坝址下游 900m，初步调查可划分成三部分，但仍需详勘；12 万年前滑动，曾堵金沙江
173	禄劝			＞10000		距乌东德水电站坝下不到 10km，目前基本稳定
174	禄劝撒马基	1965 年 11 月出现裂缝		＞10000		1985 年 7 月位移有加快之势，目前有 9 个村庄位于滑坡体上，如滑坡堵大河沟，则可能形成泥石流，1.5km 后流入金沙江，将造成白鹤滩水库淤积

四川省

序号	位置	发生时间	规模		前/后缘高程(m)	灾害情况及防治措施
			面积(万 m^2)	体积(万 m^3)		
1	梓潼五妇山	公元前 336 年(周显王三十三年)				秦惠王许嫁五女于蜀，蜀遣五丁迎之，还到梓潼……山崩，时压杀五人及秦五女并将从，而山分为五岭，名五妇冢山(《华阳国志·蜀志》)
2	雷波马湖	1216 年				嘉定九年三月东西两川又震，马湖夷界山崩八十里，江水不通(《宋史·宁宗纪》)，滑坡堵江断流遗迹十分清楚，当时滑坡堆石坝形成的湖泊回水 6km，最大水深 134m，保持至今，并为当地群众开发利用(主要是发展旅游业和养殖业)
3	泸定磨西烂田湾	1786 年 6 月 1 日		特大型		滑坡在木杠岭堵塞大渡河，堵江 10 天后溃决，冲击下游汉源拦加锁山崩堆石坝，于是上下两坝溃决洪水合为一股，高数十丈一涌而下，一日一夜至嘉定府(乐山)，东门城上惊观大水，人众如堵顷刻墙崩，落江者不计其数，沿河谷洪水皆倒射数十里，舟船遇之，无不立覆，洪灾浩劫，溺居民以万家计，叙、泸以下山村房料拥蔽江面，几同竹簰，至湖北宜昌势始平缓，溃决后泱及下游，死亡 10 万人
4	茂汶迭溪	1786 年 9 月 4 日		1000		山崩滑坡堵岷江，江水断流
5	石渠洛须区(旧称邓柯)	1896 年				滑体堵金沙江长达 10 天，后溃决；现场考察今东北岸边仍保留着从对岸滑动抵达此岸的残留物，长约 500m，高约 300m
6	会东野牛坪干田坝	1915 年	30.0	600	800/970	1915 年开始滑动，危及 60 人安全
7	茂汶迭溪(地震诱发)	1933 年 8 月 25 日	350	15000		崩塌滑坡，掩埋 577 人，并堵江 3 处(沙湾、大桥坝、小桥坝)，蓄水 5.2 亿 m^3；同年 10 月 9 日下游小桥坝溃决，水头高达 60 余 m，溃坝洪水席卷两岸村寨，直到灌县城水头还高达 13m；这次地震山崩滑坡直至堵江溃坝，仅茂县、汶川两县就死 828 人，毁房 1075 间，冲毁田地 202.6hm^2，牲畜死亡 4485 头；据灌县不完全统计，致死 1600 余人，毁地 266.7hm^2，都江堰鱼嘴、飞沙堰、平水槽、金刚堤、人字堤等被冲毁；1986 年 6 月 15 日小海子坝部分决口，洪峰流量 2100m^3/s，流速 9m/s，水位下降 12m，形成岷江上游新中国成立以来最大洪水，决口后 6m 高洪峰沿河而下，茂县毁桥梁 29 座、公路 55.7km、提灌站 24 座、小水电站 17 座，冲毁农田 86.7hm^2，冲走汽车 11 部，死 2 人，失踪 2 人，经济损失 1460 万元，汶川县城直接经济损失 1500 万元以上；成都市因高含沙洪水进入供水系统，使自来水浊度超标 4 倍以上，全市供水空前紧张；1990 年又发生溃决，也造成了严重灾害

续表

序号	位置	发生时间	规模		前/后缘高程(m)	灾害情况及防治措施
			面积（万 m^2）	体积（万 m^3）		
8	绵竹瓦窑堡	1934年		3000		堵绵远河30分钟后溃决，使下游20km的汉王镇突然被洪水淹没，致死200余人
9	会理芭蕉乡沙坝沟(新田滑坡、白泥洞滑坡)	1935年11月22日(有为12日)		9500 (4800)		该县和云南共死亡286人，毁2个村庄；滑体越过金沙江(云南鲁车渡)形成1座高50m天然堆石坝，江水断流3天，毁地27hm^2；附近有3个滑坡都在继续活动，有称沙坝沟崩塌体积9000万m^3
10	万源大岩窝	1948年、1983年、1984年		60		该滑坡于1948年形成，3次复活，体积17万m^3，冲断210国道135m，存在堵塞宽仅15 m后河的潜在危险，1986—1989年投资136.5万元进行了工程处理，现基本稳定
11	开县一心乡庙垭村乱石窖	1948年7月18日				毁耕地13.3hm^2，垮房2户，梯形下滑1000m
12	宜宾翠屏公园	20世纪50年代		1000		危及铁路及300居民安全，治理已耗资数百万元
13	会理岔河乡黄草坪	1954年	50.0	5000	1600/2050	1954年堵断白崖河，危及100万元财产安全
14	普格花山大营盘	1957年7月		＞300		倒损房屋60间，堵断西洛河2小时
15	江油武都	1958—1965年				其中规模最大一处体积240万m^3，历史上曾多次下滑，目前仍有蠕变及小规模滑动现象，1958年毁林和1965年建厂切坡又导致新的滑坡
16	青川竹园镇塔坝	1958年	7.0			宝成铁路通过其前缘，1958年发生过较大滑动，造成中断行车数日的灾害事故；经整治20多年处于基本稳定，而近年来，由于降雨和水文地质条件的改变，滑坡相继出现变形迹象，经观测1989年10月至1990年11月后缘变形量达2.2cm，前缘4.5cm，此位移变形仍在发展，对铁路运输已形成潜在的威胁
17	华蓥高顶山煤矿	1958年				死亡82人
18	广元竹园乡	1958年6月30日		300		古滑坡部分复活，使120m的钢轨抬升3.78m，断道231小时；之后于1976年7月又出现部分复活，将长达62m的钢轨抬升2～2.5m；1984年雨季，路基发生翻浆冒泥现象

续表

序号	位置	发生时间	规模		前/后缘高程(m)	灾害情况及防治措施
			面积(万 m^2)	体积(万 m^3)		
19	什邡红白乡水磨沟	1958 年 8 月 14 日				造成 7 人死亡，2 人受伤
20	彭县新兴乡二郎镇耐火石场	1958 年 12 月 29 日				造成 10 人死亡，1 人受伤
21	屏山新市镇	1959 年	5.0	100	400/500	突然性下滑，死亡 54 人，危及 500 人、60 万元财产安全
22	华蓥清溪河黑龙井	1959 年				造成 8 人死亡
23	金阳则祖乡三家寨	1959 年 8 月 10 日	17.8	267	1500/1807	造成 2 人死亡，滑坡尚不稳定，危及 40 人、14.3 万元财产安全
24	美姑巴普乡达尔村	1960 年		400		冲毁耕地 13.3hm^2、房屋 100 间
25	喜德红毛乡树库村	1960 年 6 月 29 日		150		滑坡形成泥石流，毁房 21 户，12 人死亡，49 人受伤，死亡牲畜 320 头
26	会理鹿丁乡红星村	1962 年	60.0	3000	1680/1920	危及 137 人、28 万元财产安全
27	会理金雨乡雨社村	1962 年至今	25.0	500	1500/1920	危及 277 人、14 万元财产安全
28	喜德红毛乡立脚大队瓦尔小队	1962 年 7 月 11 日				造成 19 人死亡，3 人受伤，房屋倒损 22 间，死猪羊 235 头，直接经济损失 0.5 万元
29	雷波山棱岗乡竹儿窝村	1963 年	9.0	90	1600/1700	1963 年滑动，仍未稳定，未治理，危及 85 人、14.1 万元财产安全
30	喜德东河乡吉斯阿莫	1963 年 10 月				堵东河
31	宁南石梨乡大丫口村	1964 年	10.0	100	1480/1620	1964 年滑动，1985 年复活，危及 15 人、4.6 万元财产安全
32	屏山屏边乡塘湾村	1964 年	100.0	1500		次稳定，未治理，危及 240 人、160 万元财产安全
33	通江万源	1964 年				通江碧溪金银坎、万源后河花楼发生滑坡堵河，残余堰塞坝至今仍可见
34	华蓥红光厂	1964 年、1986 年 7 月、1989 年 7 月		160		位于滑体上的红光厂共计损失 500 万元
35	西昌东河者木组河	1965 年 10 月 27 日		2900		其中 450 万 m^3 进入河谷，形成高 50～70m、长 300m 的拦河坝和库容 270 万 m^3 的天然水库，次年 5 月 26 日坝身被冲开一决口，当时最大流量 670 m^3/s，冲毁淹没农田 66.7hm^2，损失粮食近 50 万 kg

续表

序号	位置	发生时间	规模		前/后缘高程(m)	灾害情况及防治措施
			面积（万 m^2）	体积（万 m^3）		
36	会理普隆乡干田村	1965 年	15.0	300	1060/1240	危及 60 人、7 万元财产安全
37	攀枝花龙潭乡奋地山	1965 年				滑坡冲毁耕地 26.7hm²、房屋 300 间
38	会东白沙坡	1965 年 6 月		9600		造成 400 余人死亡，毁房数十间，毁地 100hm²，暴发泥石流并堵金沙江
39	金阳县城区	1965—1984 年	72.8	4000	910/1380	1965 年 7 月 10 日、1979 年 9 月、1981 年 8 月、1984 年 8 月 16 日 4 次复活，损失严重，冲毁 250kW 水电站进口段，现危及 2500 人、5 亿元财产安全
40	雷波帕乡簸箕村	1966 年 9 月	9.8	176	1020/1190	1966 年 9 月开始滑动，仍未稳定，危及 40 人、10 万元财产安全
41	雅江孜河乡唐古栋	1967 年 6 月 8 日		6800		滑体入雅砻江内形成高 175 ～355m 的堆石坝，回水 53 km，下游 200～300km 内出现当年最低水位，9 天之后溃决，高 40m 的水头顺河谷倾泻，最大流量 5300m³/ s，以 4～8m/s 的速度向下游涌进，给沿江两岸造成极大的危害，沿途道路 51 km、桥涵 50 座、耕地 233.3hm² 和村舍 435 间一扫而光，洼里、泸宁等 3 个水文站全部被冲走，造成上千万元的损失
42	攀枝花渡口支线 103 站	1968 年 8 月 26 日、1971 年 7 月 31 日、1972 年 1 月		120		1968 年 8 月 26 日 7 时滑坡使 8 股铁轨扭裂，直径 900mm 水管折断，公路、电力被毁中断，仅治理费就达 2000 万元，倒损房屋 50 间，全市几乎瘫痪
43	金阳德溪乡德姑村	1969—1985 年	11.6	535	885/1199	1969 年 8 月 27 日、1978 年 9 月 7 日、1985 年 8 月 19 日 3 次滑动，危及 75 人、13.4 万元财产安全
44	金阳对坪乡河口	1969 年 8 月 5 日	18.7	355	1130/1440	滑动时冲毁田、渠，雨季变形加剧，不稳定，危及 21 人、10.3 万元财产安全
45	川黔铁路 118km	1970 年 2 月 4 日		500		1957 年因施工触发滑坡，1968 年采用抗滑桩失效，滑坡扩大断道 6 次，中断行车 306 小时 25 分钟，1970—1975 年滑坡范围再次扩大，体积达 500 万 m³，被迫改线隧道 1360m，仅此耗资 620 万元

续表

序号	位置	发生时间	规模		前/后缘高程(m)	灾害情况及防治措施
			面积(万 m^2)	体积(万 m^3)		
46	雷波箐口乡罗汉沟村	1970 年	6.8	129	1500/1700	1970 年滑动，雨季仍有再滑动可能，危及 60 人、7.3 万元财产安全
47	攀枝花河门口村	20 世纪 70 年代		120		给攀枝花钢铁厂造成严重危害
48	汉源富林乡麦地坡(东沟山坡)	1971 年 8 月 4 日		70		滑坡越过河沟爬上对岸平台，掩埋 1 个村庄，43 人死亡，3 人受伤，冲毁耕地 7.5hm^2、房屋 521 间、牲畜 23 头，此后几乎每年都有滑坡发生，仅 1974 年发生大小滑坡 46 处，破坏农田 57.6hm^2，粮食减产 13 万 kg
49	金阳德溪乡包包村	1972 年、1979 年 7 月	14.0	294	1220/1490	1972 年和 1979 年 7 月两次滑动，损坏水电站厂房和压力前池，危及 72 人、15 万元财产安全
50	金阳德溪乡德渣	1972—1985 年	11.4	205	800/1071	1972 年、1979 年 9 月、1985 年 3 次滑动，损失严重，危及 51 人、30 万元财产安全
51	宁南六城乡和平村	1972 年以来	80.0	800	800/1300	1972 年至今缓慢活动，危及 850 人、30 万元财产安全
52	会理云甸乡巴松沟	1972 年	18.0	270	1200/1250	1972 年以来缓慢滑动，危及 17 万元财产安全
53	金阳对坪乡芦茅村	1972 年 6 月	18.3	220	940/1180	1972 年 6 月滑动，1989 年变形加剧，损毁水电站 1 座，渠 7 条、计 7.5km，可能堵河
54	金阳对坪乡大湾子	1972 年 6 月	24.5	490	810/1080	近年有较大面积复活，雨季尤甚，不稳定，损毁 28kW 水电站 1 座，2 人死亡，1 人受伤，损失 49 万元
55	金阳派来乡火山村	1973 年 7 月	8.0	152	1400/1695	1973 年 7 月滑动，并暴雨引起泥石流，损失严重，危及 28 人、2 万元财产安全
56	雷波卡哈洛乡牛滚凼	1974 年		7624.5	520/815	1974 年、1988 年、1989 年出现大的变形，水平位移大于 50 m，损毁水电站 1 座，迫使乡政府搬迁；1997 年再次大滑 300 万 m^3，损毁房屋 107 间、14kW 水电站 1 座，成为卡哈洛沟大型泥石流物源
57	屏山清平乡	1974 年		1125		次稳定，渠道滑坡影响 66.7hm^2 农田灌溉，现缓慢滑移，危及 200 人、100 万元财产安全
58	南江白梅垭	1974 年 9 月 14 日		700		滑坡在滑动过程中转化为泥石流，移动 5 km后堆积于齐坪寺并阻断溪流，蓄水 13 万 m^3，这次滑坡泥石流使 3 个乡的 65 个组受灾，159 人死亡，18 人受伤，损毁房屋 117 间，毁地 55.3hm^2

续表

序号	位置	发生时间	规模		前/后缘高程(m)	灾害情况及防治措施
			面积（万 m^2）	体积（万 m^3）		
59	会理金雨乡阿腊小村	1975 年	30.0	600	1300/1500	危及 194 人、13 万元财产安全
60	金阳对坪乡二坪子	1975 年 9 月至 1990 年 6 月 18 日	6.4	144	1420/1590	1975 年 9 月、1990 年 6 月 18 日两次滑动毁田、水渠等，不稳定，危及 40 人、19 万元财产安全
61	松潘小河区施家堡原乡政府	1976 年以来复活		1500		1976 年地震后复活体积 360 万 m^3，1988 年前缘复活体积 1500 万 m^3
62	宁南石梨乡大坪村	1976 年	15.0	150	1500/1700	雨季活动，危及 25 人、6.4 万元财产安全
63	会理内东乡搽耳岩	1976 年	50.0	500	1820/1940	1976 年老滑坡局部复活，危及 20 万元财产安全
64	甘洛普子村			2500		起始于坡体地裂缝，早在 1973 年普子村发生一次泥石流，一次性将沟床刨深 10m，岸坡在重力作用下，第一级平台出现地裂缝，1976 年出现局部滑动；1984 年泥石流再次加深沟谷，坡体上第二级台阶出现地裂缝长 2000m、宽 0.2m，被地裂缝分割的岩体达 2500 万 m^3；滑体轮廓已基本形成，对 47 户 220 余人以及成昆铁路构成严重威胁
65	珙县芙蓉煤矿洪化	1977 年 10 月				地下采煤导致古滑坡复活，该矿 1970 年建成投产，1972 年发现地表开裂，1977 年 10 月至 1978 年 5 月共发生崩滑 10 余次，工业广场的边坡出现两道滑壁，挡墙倾斜
66	金阳德溪乡德渣糖房	1977 年 9 月 6 日	23.5	259	880/1135	1977 年 9 月 6 日滑动，损毁 1 座糖坊，雨季前侧缘有垮塌，不稳定，危及 21 人、2.1 万元财产安全
67	盐源盐塘（二滩水电站上游 82km）	1978 年	1800	90000	1100/2230	由 5 个滑坡组成，其中最大 1 处于 1978 年雨季重新活动，水库蓄水后滑坡群大部分前缘被淹，水下及水面附近的坡体将会失稳，下滑并牵引上部坡体，前缘逼雅砻江西移，26 年向西推移 50m
68	彭县白鹿乡卧牛坪垮尔崖	1978 年 9 月 2 日		40		滑坡致使 16 人死亡，倒损房屋 116 间，损毁煤矿 1 座，死牲畜 217 头，损毁土地 4.7hm^2，滑体入白鹿河形成长约 50m、宽约 50 m、高 10～16 m 的堆积体，后转化成大型泥石流

续表

序号	位置	发生时间	规模		前/后缘高程(m)	灾害情况及防治措施
			面积(万 m^2)	体积(万 m^3)		
69	会理石门乡苦水村	1979 年至今	400.0	4000		危及 240 人、15 万元财产安全
70	珙县巡场矿区	1978 年		1、2 号都在 600 以上		矿区建设中发生多处滑坡，由于长期采煤，采空区不断扩大，使坡体失稳，于 1978 年变形加快，坑道地表及广场建筑发生开裂，曾迫使短期停产
71	达川盘石乡田村西里碥	1979 年		280		1979 年以后每年坡地上出现房屋开裂，水田下陷，影响 35 户 144 人生产生活，前缘罩龙墩处 4 万 m^3 下滑较快，直接危害小河嘴水电站的引水渠；由于前缘被明月江切蚀产生较陡临空面，整个滑坡一直处于蠕滑之中
72	华蓥高登山	1979 年 7 月				损毁南充煤矿 1 号矿
73	宜宾喜捷镇	1979 年 7 月 31 日		150		使该镇医院、中学等 25 个机关和企事业单位 426 户 1658 人受灾，危房 2183 间，财产损失千万元，还可能堵江
74	金阳马依足乡马桑坪	1979 年 9 月		1000	980/1350	1979 年 9 月和 1982 年 8 月有两次较大的活动，目前多处开裂，危及 500 人、40 万元财产安全
75	金阳城关	1979 年、1982 年		208、233		第一次损毁 250kW 水电站进水口，第二次损毁水电站厂房及渠道 1km
76	屏山五峰乡辣子村	1980 年	200.0	1000	310/500	次稳定，1980 年开始一直在活动，未治理，危及 200 人、150 万元财产安全
77	雷波中田乡前进坡村	1980 年	36.2	604	860/1150	1980 年渠道开裂，并毁渠 800m，前缘地段房屋出水，后渠道改隧洞，危及 500 人、30 万元财产安全
78	雷波汶水乡狮子村	1980 年	6.7	200	1130/1270	1980 年形成 3 条拉裂缝，形成反倾台地和洼地等，下沉 3～5m，计划村民搬迁，危及 60 人、1.2 万元财产安全
79	华蓥花儿岩	1980 年 6 月		20		死亡 104 人，毁煤矿
80	华蓥枧子沟	1980 年 7 月				转化为泥石流，流入兴光厂，损失 312 万元
81	越西铁西车站	1980 年 10 月		220		滑坡掩埋铁路 160m，掩埋铁路涵洞、路基，堵塞双线隧道进口，摧毁洞口附近的扳道房、看守房，堆积在路基的滑体物质厚达 14m，越过铁路外 25～30m，中断行车 40 天，仅治理费就达 2300 万元

续表

序号	位置	发生时间	规模		前/后缘高程(m)	灾害情况及防治措施
			面积（万 m^2）	体积（万 m^3）		
82	中江赖子龙	1981年	50.0	1680		使人民渠以隧洞和明渠方式穿绕其间而过
83	金阳派来乡茨竹村	1981—1983年	10.3	186	1620/1800	1981年、1983年雨季两次大的活动，已垮地 $0.33hm^2$，52人死亡，毁房13间
84	会理四一乡巧面村	1981年至今	80.0	8000	1600/2200	危及150人、100万元财产安全
85	攀枝花攀钢石灰石矿	1981年6月20日		400		进行大爆破之后，产生基岩顺层滑动，致使几个开采工作面被掩埋，道路堵塞
86	德昌锦川乡后村水电站	1981年6月29日		1000		使滑坡体上长940m的渠道滑入锦川河，电厂停产3个月，毁地 $2hm^2$，经济损失127万元
87	德昌永朗乡城门洞沟（两天窝）	1981年6月27日		187		滑坡时11人死亡，毁房52间，滑入沟内成湖，3小时后溃决，造成下游严重水灾，损失巨大
88	成都龙泉山马鞍山马头嘴	1981年7月12日	12.0	200		滑坡位移60m，摧毁民房13户共58间房屋，捣毁水田 $9.7hm^2$，由于及时疏散无一人伤亡
89	中江合兴乡磨子湾	1981年7月17日		1400		渠道滑坡，使渠道底部下坐4 m，渠身向外推移5～10 m，滑坡迫使渠道改线，耗资上千万元
90	射洪武东乡磨子三队后山	1981年7月14日		150		滑坡倒损房屋150间
91	成都龙泉山太平沟	1981年7月14日				滑坡复活于1981年7月14日，启动时两侧沟壁先发生小型滑坡，随后沟源头左侧老滑坡整体下滑，继而右侧起动，滑体牵动两侧沟壁，使滑塌范围迅速扩大；饱水即转化为泥石流，顺狭长的冲沟缓慢下滑，并于沟口形成高达19m的泥石流堆积锥
92	广元熊家坡	1981年8月				工程整治费820余万元
93	平武坝子乡付龙村	1981年8月19日		400		滑坡造成12人死亡
94	都江堰白峨乡王家垭口	1981年8月19日				摧毁村办小学校舍24间、保管室6间、农舍16间，毁地 $2.9hm^2$、水田 $0.46hm^2$，损失粮食2万余kg
95	金阳德溪乡尾子村	1981年8月23日	9.9	207	620/899	滑坡损毁水电站1座，仍不稳定，危及21人、2万元财产安全
96	广元宣河乡三组	1981年8月25日	17.5	120		滑体将几户人家全部埋没于滑体之下，毁地 $6.7hm^2$
97	三台思茅	1981年9月2日				系老滑坡再次复活，前半部分是旋转滑落，后侧出现一陷落带

续表

序号	位置	发生时间	规模 面积（万 m^2）	规模 体积（万 m^3）	前/后缘高程（m）	灾害情况及防治措施
98	成都龙泉山磨子湾	1981 年 9 月 2 日（7 月 9 日）	35.0	1050		这次滑动中其后缘为一由多个解体的滑块构成的洼地，宽约 50m，上滑块下滑约 11m，滑块上部耕地（人工夷平）轻微反倾并出现拉裂缝，700 余间房屋开裂倒塌，因变形使近 700m 长的人民渠渠道被压扁，桥梁折断。滑坡前缘坡积土被溢出的地下水泥化发展为土爬和泥石流，大片茶田被毁坏
99	广元军师庙至朝天站（宝成线 K313）	1981 年 9 月 4 日		50		滑体将铁路路基与钢轨推入嘉陵江，迫使江水断流 12 分钟，20 余人被滑坡掩埋致死，中断行车 371 小时；为保障铁路安全，把线路内移，用长 1013m 的隧道方案通过，耗资上千万元
100	广元军师庙	1981 年 9 月 3 日		2.5		造成 30 人死亡，25 人受伤，断道 443 小时
101	越西铁西大桥	1981 年 10 月				推动大桥 3 号～9 号桥墩，严重威胁大桥和行车安全
102	四川全省	1981 年				滑坡 6.8 万处，倒损房屋 8.6 万间，损坏农田 1.7 万 hm^2，40 万人受灾，直接经济损失 2.8 亿元
103	金阳相岭乡烂泥沟	1982 年	15.3	233	1470/1499	1982 年滑动，相岭乡政府搬迁，毁渠 1km 及电站厂房；仍不稳定，危及 108 人、20.5 万元财产安全
104	达川黄泥碥		12.3	430		在暴雨洪水时公路下沉 0.5m，水平滑移 1.2m，不少房屋拉裂倾倒，滑坡影响 33 个单位和 708 栋房屋、7000 多居民、主要公路 886m；1989 年采取工程治理，效果显著
105	乐山成昆线九里至沙湾	1982 年 4 月 27 日		37		断道 17 小时 30 分钟
106	金阳芦稿乡油房村	1982 年 5 月 21 日	8.9	124	960/1306	滑坡时损失严重，目前不稳定，雨季可能再滑，危及 98 人、18.52 万元财产安全
107	茂汶南新乡周仓坪	1982 年 6 月 16 日	99.0	6940		前部滑入岷江，侵入河床 30m，岷江过流宽仅 35m，并在上游形成 25 万 m^3 的水库，破坏公路长 900 余 m；10 余年来一直处于活动状态，1987 年以来仅公路改道达 11 次，严重影响成都至松潘的公路交通，并危害其上的居民生命财产安全

续表

序号	位置	发生时间	规模		前/后缘高程(m)	灾害情况及防治措施
			面积（万 m^2）	体积（万 m^3）		
108	金阳松林乡松沙坪	1982 年 6 月 18 日	32.8	787	851/1200	1982 年 6 月 18 日大变形，毁渠 1300m，使 2.5kW 水电站无法运行，至今雨季活动更甚，危及 57 万元财产安全
109	甘洛瓦底沟	1982 年 7 月 3 日		1800		堵牛日河成库
110	宣汉厂溪乡 9 村 1 堰塘	1982 年 7 月 16 日				滑坡堵河溃决，造成 29 人死亡
111	沐川县	1982 年 8 月中旬				5 个乡镇发生大型滑坡
112	金阳马依足乡上瓦池	1982 年 8 月	18.4	366	1240/1556	暴雨触发前缘活动，损失严重；不稳定，危及 25 人、2.8 万元财产安全
113	冕宁县城北 8km 浑水沟左岸	1982 年 9 月 2 日		90		滑体在浑水沟形成高 20～50m、宽 200～300m的松软土坝，尔后被沟道水稀化溃决，形成龙头高达 19m 的泥石流，直捣下游两岸，进而产生两个新的滑坡，滑体分别为 26 万 m^3 和 60 万 m^3；因大量固体物质堆积沟床，上述受阻龙头突然爬高 36m，再度得到增能的泥石流，以 20m/s 的速度进入安宁河，仅几分钟就将安宁河阻断，泥石流固体物质总量达 369 万 m^3，进入安宁河 60 万 m^3，形成 1 条宽 485m、高 8～17m 的泥石流堆石坝，使当时流量 110 m^3/s 的安宁河中断 35 分钟后溃决；目前距沟口下游 2km 正在修建装机 2×8750kW 的观音岩水电站，若发生泥石流则电站进水口将严重淤积
114	会东长新乡刘家村	1983 年	60.0	1200	1500/1740	下滑约 40 万 m^3，危及 3 万元财产安全
115	会理岔河乡下营盘	1983 年、1985 年	12.0	180	2000/2150	1983 年、1985 年两次滑动，危及 150 人、21 万元财产安全
116	茂汶石鼓	1983 年 5 月下旬				日下滑 20cm，历时近 1 个月，破坏公路长 198m，中断交通数十日
117	万源钟亭乡政府所在地	1983 年 7 月 29 日		165		滑坡摧毁乡镇 1 座，滑体滑入河中形成 1300 万 m^3 的水库，造成 7 人死亡，11 人受伤，经济损失 300 多万元(减灾参考为死亡 37 人)
118	宣汉河坝乡	1983 年 9 月				滑坡致使 4 人死亡

续表

序号	位置	发生时间	规模		前/后缘高程(m)	灾害情况及防治措施
			面积（万 m^2）	体积（万 m^3）		
119	宜宾市庙矶子	1984 年		50		213 国道受阻，还可能堵岷江
120	金阳芦稿乡新火地	1983 年 9 月、1984 年、1990 年	5.8	277 145	1000/1330	1984 年雨季出现裂缝宽 90m，长 327m 损，毁 55kW 水电站 1 座；1990 年加宽 20cm，危及 102 人、20 万元财产安全
121	会理果园乡周家村	1984 年	5.0	500	1820/2060	危及 100 人、0.7 万元财产安全
122	屏山龙桥乡	1984 年 6 月	50.0	1500	320/520	不稳定，未治理，危及 40 人、100 万元财产安全
123	渠县北大街	1984 年 9 月 23—24 日		3.6		滑体原是垃圾场，1984 年 9 月电影公司将其开辟成露天电影场则诱发滑坡，滑体沿街心分水岭向东滑动，滑面内出现两条环形张裂缝，水平位移 30cm，下沉 10cm，电影公司及 69 户住房拉裂变形；采取工程措施后，现基本稳定
124	屏山宝山村	1985 年 3 月、1986 年 7 月		近 50		渠道滑坡第一次影响灌溉 333hm^2，第二次影响 400hm^2
125	江油 305 厂任家山	1985 年	2.7	24		305 厂部分厂房和设施在滑坡范围内，自 1985 年滑坡上出现多组地裂缝后，原修建在坡体上的工业用上下水管道因其镇墩和支墩陆续下沉歪斜，致上水管道开裂而不能使用，同时山坡排水沟多处开裂，在坡脚一带建的厂房基础等建筑物受到不同程度的影响
126	屏山安全乡会龙村	1985 年 5 月 4 日	52.5	525	550/680	不稳定，未整治，危及 70 人、10 万元财产安全
127	屏山中都乡丰收村	1985 年 5 月 4 日	40.0	1000	450/580	次稳定，未治理，危及 1000 人、1000 万元财产安全
128	华蓥三百梯	1985 年 5 月		280		1985 年 5 月和 1984 年 7 月复活 4 万 m^3，转化为泥石流，冲进燎原厂、华蓥煤矿，损失 790 万元
129	金阳芦稿乡花坪子	1985 年 8 月 10 日	24.0	486	500/1100	1985 年 8 月 10 日有较大活动，在此之前 1975 年、1980 年也有活动
130	金阳木腊沟	1985 年 9 月		418		损毁水电站 2 座，2 人死亡
131	汶川龙溪乡垮坡	1985 年 9 月 25 日		50～60		堵断决水，坝高 50～60m，毁田 2hm^2，道路 1.5km
132	宜宾白塔乡前进村	1986 年以来		56		年年滑动，受灾 7 户 10 人，毁房 52 间、耕地 2hm^2、公路 700m，毁渠道 400m、2 座装机 650kW 水电站，中断发电 16 天，影响灌溉面积 280hm^2，总损失 30 万元

续表

序号	位置	发生时间	规模		前/后缘高程(m)	灾害情况及防治措施
			面积（万 m^2）	体积（万 m^3）		
133	会理岔河乡白岩村	1986年	48.0	4800	1550/1950	1986年岩层发生滑动，危及300人安全
134	会理金雨乡雨社村	1986年	48.0	2400	1540/1740	危及400人安全
135	茂汶光明乡	1986年6月15日		1300		滑坡时4人死亡，倒损房屋144间，损坏农田149hm^2，直接经济损失1460万元，其中邮电广播损失38万元
136	汶川	1986年6月15日				滑坡倒损房屋167间，直接经济损失1089万元，其中机关损失169万元
137	雷波千万贯乡石板滩村	1986年6月	13.5	121	620/900	前缘滑动，后缘裂缝加宽，不稳定，危及55人、15万元财产安全
138	宜宾石板滩	1986年7月		135		引水渠道滑坡，电厂停止发电30天，直接经济损失100万元
139	攀枝花弄弄沟	1987年		1280		影响攀钢建设，危害攀钢二基地排水槽
140	雷波汶水乡罗布欠村	1987年	9.0	180	1000/1180	1987年雨季活动，分3块向3个方向滑移，下沉30cm，计划村民搬迁，危及90人、22.5万元财产安全
141	雷波永盛乡青坪村	1987年	5.9	124	750	1987年雨季滑动，目前裂缝宽30余cm，不稳定，未治理，危及228人、35.1万元财产安全
142	宁南华弹乡五星村	1987年	48.0	960	800/1000	危及45人、15万元财产安全
143	屏山欧家村水电站	1987年8月		372		装机1.89万kW、投资5000万元的电站兴建在该古滑体上，该电站1987年8月施工开挖，取土约20m^3后，古滑坡开始复活，地表裂缝长达20余m、宽3.5cm；在前池开挖后，发现古滑坡陷落带，1988年1月经专家鉴定，采取刷方减载压坡脚方案，并将前池向右移动以绕过古滑体50m远，由于刷方减载大面积风化带暴露，在开关站一带地表和挡墙又出现新生的地裂缝，裂缝长20～30m、宽0.3～0.5cm；滑坡治理耗资130万元，目前欧家村水电站已竣工，转入运行期，但处理滑坡仍然是燃眉之急
144	越西乃托乡莫洛	1987年复活	4.3	150	1500/1600	成昆铁路从滑体中通过，该滑坡自1987年以来陆续变形活动，致使铁路涵洞拱圈拉裂，路基侧沟、天沟多处开裂，前缘公路挡墙错断，铁路路基出现下沉和外移现象

续表

序号	位置	发生时间	规模		前/后缘高程(m)	灾害情况及防治措施
			面积（万 m^2）	体积（万 m^3）		
145	金阳小银木乡四作斗	1987 年 7 月	9.3	140	1520/1830	1987 年 7 月滑动，危及 13 户，现危及 60 人、11.1 万元财产安全
146	会东普咩乡炭山村	1988 年	60.0	1200	1400/2100	危及 266 人、20 万元财产安全
147	平武霓牙乡平坝	1987 年 8 月		中型		滑坡造成 7 人死亡
148	攀枝花攀钢热电鼓风站西区	1987 年 8 月 23 日		40		威胁攀钢，治理费用 1200 万元
149	木里县城	1987 年 9 月		10000		县城部分地段发生滑坡，对城区建筑物构成威胁
150	宜宾安边乡火焰村	1988 年雨季	15.0	150	400/430	首次滑动以来年年坍塌，如整体下滑可能堵关河，危及 1500 人、1000 万元财产安全
151	会东普咩乡镇	1988 年	270.0	5400	1500/2300	危及 1642 人、80 万元财产安全
152	会东新马乡马鞍山	1988 年	112.0	2240	1200/1600	危及 35 人、30 万元财产安全
153	会理岔河乡龙洞河	1988 年	30.0	1500	1600/1900	1988 年局部滑动，危及 40 人安全
154	会理普隆乡小石桥村	1988 年	12.0	120	1800/1900	危及 30 人、1 万元财产安全
155	绵竹清平乡麦棚子	1988 年 4 月 25 日		滑坡 26.0 危岩体 640.0		26 万 m^3 的石体倾于绵远河，形成高 20m 的堆石坝，蓄水 20 万 m^3，回水 5km，水深 6～10m，此次崩滑毁小型水电站 1 座，埋磷矿生产井 2 口，毁林地 16.7hm^2，公路断道 300m，损毁房屋 6 间，危房 200 余间，使上游伐木厂、个体和联办磷矿等单位 2000 余名职工家属的生产生活资料运输陷入人背筏渡的困境；与此同时，对下游工业区汉王镇 210 个企业、2.3 万人构成溃坝洪水的威胁；更严重的是整个岸坡普遍出现岩块松动解体，新生的地裂缝分割的岩体达 600 万 m^3，占据岸坡长约 1km，重演堵江的历史势在必然
156	什邡燕子岩	1988 年 4 月 11 日		30		滑坡堵断中河，埋煤矿井 6 口，4 人死亡，正在井下施工的 20 余名工人从通风洞口逃出，幸免于难
157	会理金雨乡阿腊大村	1988 年 7 月	60.0	1200	1340/1560	危及 90 人、18 万元财产安全

续表

序号	位置	发生时间	规模		前/后缘高程(m)	灾害情况及防治措施
			面积（万 m^2）	体积（万 m^3）		
158	双流文星乡牧马山	1988 年 8 月				滑坡立刻摧毁了新建医院X光室，在建医院也遭到严重破坏，被迫停工；北端长达 200m 的条石挡墙(兼围墙)几乎全都报废；滑坡灾害正在进一步恶化，地表普遍开裂、沉陷，浅层多处新滑坡的沉陷下滑以及前缘边坡的严重破坏，正在触发更大的老滑坡复活，直接影响滑区域内数幢宿舍安全；直接经济损失仅建筑物一项就高达 250 万元
159	宜宾安边大滩村	1988 年 8 月 12 日		2000		毁耕地 14.5hm^2、林地 4.9hm^2，3 户 18 人受灾，21 间房屋被毁，21 户 50 余人受威胁，直接经济损失 40 万元；目前仍处在蠕滑阶段，有大规模滑动的可能性，如一旦滑动，滑体物质部分进入金沙江造成金沙江断流或堵江，对航道及云南水富县、云南天然气化工厂、铁路大桥、安边镇造成危害，经济损失在亿元以上
160	宜宾大乘乡炸药厂	1988 年 8 月		70		受灾 281 户，危及区政府 1000 余人安全
161	宜宾冲天堰	1988 年 8 月		60		渠道滑坡迫使 825kW 水电站搬迁，直接经济损失 100 万元
162	喜德铁口车站	1988 年 9 月 2 日		4		使正在行驶的 1133 次货车颠覆于铁路外侧，铁轨扭曲断裂，平距位移 25m，一股铁轨变形 130m，下沉 8m，中断行车 61 小时
163	宜宾丰收堰	1988 年 12 月		180		渠道滑坡影响 66.7hm^2 农田灌溉，直接经济损失 100 万元
164	屏山大东乡金和	1988 年 8 月		1500		不稳定，危及水电站、公路及区乡政府驻地 1000 余人安全
165	巴塘雅洼区戈溪乡川藏南线 K338	1988 年	160.0		3100/3910	直接危害 7 户 44 人安危，影响 9hm^2 耕地以及川藏南线公路和国防通信线路的畅通
166	汶川草坡河水电厂	古滑坡(1989 年复活)	4.7	117		1989 年建电厂引水洞，使其复活，采取以锚固为主的综合治理措施
167	宁南六城乡和平村	1989 年	32.0	320	1100/1400	1989 年开始产生快速滑动，危及 600 人安全

续表

序号	位置	发生时间	规模		前/后缘高程(m)	灾害情况及防治措施
			面积(万 m^2)	体积(万 m^3)		
168	宜宾平桥乡驻地	1989年2月26日	10.0	100	370/400	受灾乡政单位10个、人口215人，威胁对岸月波场，经济损失50余万元
169	宜宾方水井乡驻地	1989年7月26日		20		滑坡将砖厂1幢房屋及生产设备、原料等破坏，致死1人，伤2人，5家工厂受灾，川云公路中断4天，还有5户被埋，21户受滑坡威胁
170	屏山万福乡	1989年7月	200.0	1000	540/600	次稳定，渠道滑坡影响93.3hm^2耕地灌溉，危及1000人、100万元财产安全
171	巴塘川藏公路波戈溪	1989年	65.0	5000	3100/3900	在1968年山坡上部就出现长数百米的大裂缝，1989年巴塘地震后，变形加剧，中部石灰岩山包不断崩塌，公路左侧下游段坍塌扩大，多次断道，成为该段公路应否改线的控制点
172	达县安云乡洞子村	1989年7月10日	0.4			造成56人死亡，倒损房屋12745间，破坏农田2753hm^2，威胁15900人安全
173	宁南刘家村	1989年7月		1000		使普格至宁南公路长1000m滑入河中，中断行车半年以上
174	大竹龙华	1989年7月10日		210		造成81人死亡，毁房59间、农田117hm^2，直接经济损失300万元；现仍不稳定，后缘裂缝长达1km，缓慢下移
175	华蓥溪口	1989年7月10日		160		1989年7月10日暴雨中，志留系页岩饱水软化，塑性挤出、蠕动，致使上覆岩体拉裂，大约160万m^3岩体突然启动，迅速下滑，在580m高程处遇临空面剪出，抛向高达50m的陡崖下，和一山包发生碰撞，跳跃，致使被粉碎，并产生气垫效应和冲击波；当时又正遇暴雨(暴雨强度88.6mm/h)，于是被粉碎的滑体变成空气、水混合的碎屑流顺坡奔泻而下，直捣溪口镇，碎屑流来势凶猛，1分钟之内流动1.5km，所经之处农田、房屋和设备物资全部被摧毁吞没，无一存留；造成直接经济损失600多万元，221人被掩埋、伤17人，倒损房屋102间，埋汽车16台
176	华蓥观音桥	1989年7月				转化为泥石流，流入金光厂，损失100万元

续表

序号	位置	发生时间	规模		前/后缘高程(m)	灾害情况及防治措施
			面积(万 m^2)	体积(万 m^3)		
177	越西司基沟	1989年9月		200		公路中断行车8个月
178	盐源老厂	1989年10月16日		1000		前部滑入清水河，形成厚50m、宽100m的土石坝
179	雷波向铁坝乡繁荣二组	1990年	7.0	112	600/680	1990年前缘滑动，出现宽2～20cm的两条岩缝，不稳定，未治理，危及31人安全
180	屏山金鸭村	1990年5月3日		60		万福电厂厂房被毁，经济损失50万元，毁耕地 $20hm^2$
181	金阳派来乡红岩子	1990年6月	9.5	181	910/1027	滑坡致死2人，危及12人、1.4万元财产安全
182	金阳派来乡派来村	1990年6月	5.0	119	1300/1470	1990年6月雨季开始变形，约10万 m^3 垮塌于前缘，不稳定；危及24人、3.4万元财产安全，使1000m公路滑入河中，中断行车半年以上
183	会理下村乡美女沟村	1990年6月	30.0	300	2200/2500	危及150人安全
184	会理白果乡孔明村	1990年6月	12.0	120	1900/2300	滑移中解体转化为泥石流，毁桥梁、水电站各1座、公路100m、耕地 $2hm^2$，经济损失100万元；现危及70人、100万元财产安全
185	会理白军乡五里村	1990年6月	40.0	400	2100/2400	危及150人、11万元财产安全
186	盐边箐河乡小河边	1990年7月12日		150		滑坡时80人死亡
187	四川川黔线中断	1990年7月13日				断道96小时
188	汉源城区背后山	1990年7月17日				老滑坡继续活动，毁房152间，威胁县城安全，直接经济损失450万元，间接经济损失650万元
189	金阳青松乡白银村	1990年7月26日	22.7	227	1020/1331	滑坡时29户大部分房屋拉裂，危及145人、16.3万元财产安全
190	宁南和平乡小窝	1990年7月26日				冲毁耕地 $13.3hm^2$、房屋840间
191	会东洛左乡河门口	1990年7月9日	60.0	1200	860/1000	雨季发生滑动，冲毁耕地 $86.7hm^2$、房屋300间，危及1200人安全
192	金阳姚坪乡务科村	1990年8月	10.0	112	790/917	经常垮塌，1990年8月暴雨触发，滑动体积6万 m^3，不稳定，危及30人、12.6万元财产安全
193	金堂石佛乡青云村	1990年7月31日				死亡4人，倒塌房屋3间

续表

序号	位置	发生时间	规模 面积（万 m^2）	规模 体积（万 m^3）	前/后缘高程(m)	灾害情况及防治措施
194	彭县通济乡红山村	1990 年 8 月 28 日至 9 月 18 日		200	925/1050	受灾面积 0.4km^2，倒毁房屋 113 间，受灾人口 605 人，16 人死亡，直接经济损失达 70 万元
195	德荣县城河东街电厂后山	1990 年 12 月 11 日				摧毁水电站 2 座，直接经济损失 136 万元，可能再次滑动
196	米易树榜乡江西沟	1991 年 7 月 8 日				滑坡摧毁耕地 33.3hm^2、房屋 150 间
197	米易滩角	1991 年 7 月 9 日		450		滑坡时 8 人死亡，摧毁耕地 13.3hm^2、房屋 36 间
198	屏山华龙镇稻田村	1991 年 8 月 10 日				滑坡毁耕地 20hm^2
199	犍为下渡乡政府	1991 年 8 月 9 日				因暴雨及岷江洪水上涨 3～4m，使滑坡下游侧出现裂缝，并建筑物拉裂，10 日水退后拉裂缝从 1.5cm 增到 3m，严重威胁乡政府安全
200	沐川武圣乡董槽湾	1991 年 8 月 14 日		1800		高速滑动，大约 20 分钟内滑体脱离滑床进入冲沟，然后伴随山洪顺沟而下，冲断公路，堵断武圣河，形成高 7m 的天然拦水坝，滑体上的 33.3hm^2 水田及房屋毁于瞬间
201	攀枝花平地村	1991 年 9 月 19 日				崩滑群毁房 50 余间、国道公路 300 余 m、水库 1 座，4 人死亡，1 人受伤，死亡牲畜 10 头
202	昭觉大湾	1991 年 9 月 29 日		270		滑体滑入关把河，堆积成高 40m 的土石坝，形成 20 万 m^3 库容，毁林 7hm^2，经济损失 100 万元
203	泸定烂柴湾	1991 年 6 月下旬		>100		中断川藏公路交通 38 天，损失惨重
204	雅江县城南	1992 年 8 月	7.0	140	2620/2940	于 1992 年 8 月滑坡转化为泥石流，阻断进出城区的通道解放街，严重威胁党校安全
205	蒲江长秋乡马沟	1992 年 8 月 20 日		80		毁房 54 间、水田 3.3hm^2、旱地 2hm^2、水塔 1 座、树木千余株
206	宣汉茶河乡武圣村	1993 年 8 月 6 日	11.2	130		1992 年开始出现地表裂缝，宽 2～3cm，1993 年 8 月 6 日上午 11 时，滑坡变形突然加剧，首先在地表出现裂缝并迅速扩大，13 时 30 分，斜坡被裂缝分割成块，房屋严重开裂，14 时房屋开始倒塌。15—16 时除滑坡体内一些较为完整岩块上的房屋与滑坡一起滑动未倒塌或未完全倒塌外，其余房屋全部倒塌，此后，滑坡逐渐稳定下来

续表

序号	位置	发生时间	规模		前/后缘高程(m)	灾害情况及防治措施
			面积（万 m^2）	体积（万 m^3）		
207	高县白崖	1994 年 3 月 20 日				掩埋煤矿井口，煤矿停产
208	雅江城区斜坡	1994 年	34.0			其中较大的第二和第四裂缝带，尤以城区南段变形强烈，裂缝集中建筑物严重破坏，自 1993 年雨季开始，城区新建房屋墙壁及堡坎出现拉裂变形，并逐年加剧，特别是 1994 年雨季更加严重，使城区 15.3%的房屋(2.75 万 m^2)成危房，60%的房屋拉裂变形破坏严重
209	雅江县城北	1994 年	6.3	90	2600/2800	常在雨季暴发成灾，1994 年雨季发生两处滑坡，中断川藏公路 3 天，严重影响其正常运行
210	康定白土坎东侧	1995 年 6 月 15 日至 7 月 7 日	30.0	900	2520/2810	系 2000 万 m^3 古滑体的复活部分，前缘两次塌滑 150 万 m^3，土石体进入折多河，淤填河道，洪水爬岸，溃决后洪水冲毁河堤，涌入城区，使全城基本陷入瘫痪，冲断下游 318 国道瓦斯沟段 56 处，中断交通 12 天，又冲毁 3 座水电站，造成 33 人死亡、100 多人受伤，直接经济损失 8.5 亿元
211	冕宁大山	2000 年 7 月 8 日	2.7	320		堵断安宁河，形成蓄水 80 万 m^3 的水库，毁耕地 1.3hm^2，观音岩水电站因无水停止发电
212	崇州苟家乡	2001 年 5 月 27 日		100		5 人死亡，山脚小卖部、东风大货车及两驾驶员被埋(失踪)

具潜在威胁的滑坡

213	泸定烹坝冷竹关			特大型		将危及下游的泸定县城安全
214	得荣徐龙乡莫丁			特大型		山崩滑坡曾堵断金沙江
215	渠县李馥乡南阳碥		5	2475		变形加剧，对南阳滩水电站构成严重威胁
216	巴塘川藏公路 K315					曾掩埋巴曲河谷 150m，公路在其前缘通过，引起第一级老滑坡复活
217	汶川威州万村	1968 年起		1000		每年滑动
218	茂汶南新乡凤毛村	1977 年起		3000		一直滑动
219	茂汶南新乡凤毛村	1988 年 6 月		1900		降雨引发

续表

序号	位置	发生时间	规模		前/后缘高程(m)	灾害情况及防治措施
			面积（万 m^2）	体积（万 m^3）		
220	茂汶石鼓乡勤都村	1978 年 9 月		1600		降雨引发
221	茂汶飞虹桥乡	1986 年 6 月 15 日		1000		降雨引发
222	理县农家乐乡瓦斯寨村	1985 年 5 月		1200		降雨引发
223	雷波杨家坪			3500	376/735	崩坡积层滑坡
224	雷波新滩			2349	390/890	
225	雷波关村			9956	460/740	
226	雷波上沙湾			1350	350/530	
227	雷波中坝乡燕子岩		42.0	2342	450/820	不稳定，公路开挖引起崩塌，裂缝有扩张趋势，危及 19 万元财产安全
228	金阳热水河六桐江			3000		不稳定
229	宁南跑马乡海螺村		30.0	600	1200/1400	新中国成立前曾滑动，堵沟成湖
230	宁南六城乡解放村		60.0	1200	800/1100	危及 130 人、2.1 万元财产安全
231	宁南骑骡乡大湾村	20.0	1000	700/900		
232	宁南景新乡官村子		30.0	1500	1500/1850	老滑坡，已稳定
233	宁南景新乡大石包村		60.0	3000	750/1000	
234	木里城关后山	古滑坡		大型		木里县城后山（博瓦）为一大古滑体，有大量地下水露头，危及县城安全
235	会东长新乡大村			30000		河流旁蚀引发
236	会东洛左乡田坝村		80.0	1600	1620/1900	雨季发生滑动，危及 500 人安全
237	会东新马乡三台村		80.0	8000	900/1400	雨季发生滑动，危及 400 人安全
238	会东淌塘乡白龙村			＞10000		白鹤滩库区巨型活动性滑坡，老君滩滑坡
239	会东新马乡老仓房		48.0	960	900/1200	缓慢滑移，危及 200 人安全
240	会东可河乡大村至河口	滑坡群	1100	37000	950/2000	10km 范围内有大村、上新田、下新田、大坪地、道坡等特大型和巨型滑坡、可河乡政府房屋拉裂、民房拉裂；不稳定，对乌东德水库有影响

续表

序号	位置	发生时间	规模		前/后缘高程(m)	灾害情况及防治措施
			面积（万 m^2）	体积（万 m^3）		
241	会理岔河乡长坪村		60.0	6000	1550/1950	已稳定
242	会理云甸乡周家沟	老滑坡	20.0	1200	1320/1400	近几年局部滑动，危及 60 人安全
243	会理爱国乡盐河村		40.0	1600	1500/1720	
244	会理通安乡大坝		80.0	4000～12000	900/1500	目前较稳定
245	会理新发乡大坪村		250.0	12500	1100/2200	
246	会理新发乡铜厂村			9000	1500/2300	
247	会理新发乡铜厂村		20.0	1000	1200/2040	
248	会理新发乡铜厂村			7000		近几年活动，危及 400 人、80 万元财产安全
249	会理新发乡半坡村	老滑坡		3000	1200/1800	局部复活，危及 500 人安全
250	会理江普乡志理村	老滑坡	80.0	1600	1100/1300	已稳定
251	会理杨家坝乡庄房村	老滑坡	80.0	4000	1060/1300	已稳定
252	会理普隆乡河门口			31500		目前较稳定
253	会理金雨乡雨社村	1976 年 7 月	40.0	2000	1350/1500	
254	会理金雨乡雨社村		50.0	1000	1100/1450	近几年雨后滑动，危及 350 人、10 万元财产安全
255	甘洛岩阔西西卡			1050		
256	甘洛石海乡			5400		
257	甘洛两河口乡			1000		
258	甘洛玉田乡			1600		
259	甘洛甲日乡			1440		
260	越西梅花乡			4800		
261	越西白果乡			1920		
262	越西顺河乡控姑村			2400		
263	越西顺河乡乡镇			7200		

续表

序号	位置	发生时间	规模		前/后缘高程(m)	灾害情况及防治措施
			面积(万 m^2)	体积(万 m^3)		
264	越西顺河乡莫洛村			1200		
265	越西联合乡桂金板村			4000		
266	越西河床乡乡镇			1200		
267	越西西山乡大块村			3000		
268	越西城郊乡大坪子村			2560		
269	越西司基乡烂田坝村			3200		
270	越西司基乡司基村			1200		
271	越西司基乡寒林岗			2400		
272	普格育德乡刘家华			1000		1989年局部失稳
273	普格耿底乡青钢华村			2100		
274	布拖沙洛乡白店村	老滑坡		5600		
275	布拖和睦乡草地村	老滑坡		7200		
276	布拖美撇乡莫此村	老滑坡		2000		
277	布拖罗家坪乡	老滑坡		2000		
278	布拖合井乡			1440		1981年局部活动
279	美姑炳途乡吞田村			1440		近期中部滑动
280	美姑城关乡			3000		中前部慢滑
281	美姑阿木拉觉乡瓦里村			7200		
282	喜德额尼乡久木村			1200		降雨诱发，1990年8月有活动
283	德昌铜厂乡铜厂村	老滑坡		1600		
284	德昌老碾乡马鞍山	老滑坡		5600		局部复活，降雨诱发

续表

序号	位置	发生时间	规模		前/后缘高程(m)	灾害情况及防治措施
			面积(万 m^2)	体积(万 m^3)		
285	德昌老派乡六村	老滑坡		3600		局部复活，降雨诱发
286	德昌锦川乡锦川村			1500		降雨诱发，1981年6月有活动
287	德昌铁炉乡永安村	古滑坡		1000		
288	德昌顺河乡田村			1600		1982年有局部活动
289	德昌顺河乡	古滑坡		7000		降雨诱发，距二滩水电站95km
290	德昌顺河乡	古滑坡		15000		降雨诱发，距二滩水电站100km
291	盐源巴折乡巴折村	近期		2400		降雨诱发，局部滑坡
292	盐源阿萨乡巴鹿村	近年		1600		降雨诱发，近年一直滑动
293	盐源阿萨乡巴鹿村	古滑坡		1200		
294	盐源平川乡骡马铺村	1972年		2000		降雨诱发
295	盐源金河乡得力铺村			1500		降雨诱发，近期中部活动
296	盐源田湾乡大坪子村			4500		
297	盐源干塘乡大堡村			1200		降雨诱发，近期有活动
298	盐源干塘乡冶子村			3600		降雨诱发，20世纪70年代末局部活动
299	盐源树河乡毛坪子村	1987年7月1日、1988年7月2日		2400		降雨诱发
300	盐源草坪乡黄家湾村			3600		降雨诱发，近期中部活动
301	盐源干塘乡政府	古滑坡		7000		
302	盐源田湾乡	古滑坡		30000		
303	盐源(距二滩水电站56km)			1000		降雨诱发
304	盐源盐塘乡面沟	1989年9月		1000		降雨诱发
305	盐源大草乡甲米村	1967年12月		1600		降雨诱发

续表

序号	位置	发生时间	规模		前/后缘高程(m)	灾害情况及防治措施
			面积(万 m^2)	体积(万 m^3)		
306	盐源直乡草坪子村			1600		
307	盐源西林乡四村	1990 年 7 月		1500		老滑坡复活，降雨诱发
308	盐源瓜别乡瓜别村	古滑坡		3600		
309	盐源团结乡曲马黑村	1989 年 9 月		1500		老滑坡复活
310	盐源团结乡苏拉村	老滑坡		6000		
311	冕宁东河乡上白土村	老滑坡		5000		
312	冕宁新兴乡接兴村	老滑坡		2000		
313	冕宁和爱乡拉古村	老滑坡		1800		近期有滑动
314	冕宁南河乡龙行村	老滑坡		4000		1990 年 7 月再次滑动
315	冕宁联合乡庙子村	60 年前发生		7200		不稳定
316	冕宁联合乡松林坪	老滑坡		6000		
317	西昌东河上游 8km 处	1985 年 6 月 24 日		1000		降雨诱发
318	攀枝花烂泥田	古滑坡		1200		致使压风机房开裂，毁铁路隧洞，损失 220 万元
319	米易金龙山(距二滩水电站 570m)	古滑坡	24.0	2200	分为 3 个区，各区滑坡成群	位于二滩水电站 570m 及攀钢二滩黏土矿所在地，经监测，滑体处于缓慢蠕滑阶段，局部对水电站运营有潜在威胁
320	盐源大坪子(距二滩水电站 82km)		43.2	55200		与盐塘滑坡隔岸相对，滑坡前缘崩滑十分活跃，由雅砻江河道异常弯曲形态表明滑坡向左岸推移，目前整个坡体已稳定
321	宝兴东河上游硗碛水电站		45	2000		曾堵塞东河形成滑坡坝和堰塞湖

续表

序号	位置	发生时间	规模		前/后缘高程(m)	灾害情况及防治措施
			面积(万 m^2)	体积(万 m^3)		
322	汉源瀑布沟水电站			430		坝址河床及中下部有近 400 万 m^3 的滑坡堆积物，河床中堆积物的最大厚度 37m，对中坝址软基建坝条件、渗漏以及水工建筑物布置方案等都存在不同程度的影响；在岸坡中上部海拔 1100～1200m 之间，存在着 25 万～30 万 m^3 的崩滑危险体，目前正处于蠕滑阶段，危险体后缘已成宽达 80cm 的拉张裂缝，前缘有 80m 高的陡壁，该崩滑危险体一旦启动，将形成巨冲型的高速滑坡，由此对水工建筑物带来的危害和影响不可低估，为此，水利部门的有关专家建议用爆破清除方案
323	乐山铜街子水电站	古滑坡		1000	滑坡群	原设计电站大坝右坝肩及主要水工建筑布置于滑体上，之后迫使原设计作重大修改，对无法避开的水工建筑物采用造价昂贵的沉井、钢板桩及宽基础抗滑挡墙
324	沐川县武圣乡董槽湾			1000		降雨诱发
325	沐川平乐乡	1991 年 8 月 14 日		3000		降雨诱发
326	马边民建张油房			特大型		危及县城安全
327	宜宾北斗村公路		6.0	150	300/460	每年雨季活动，阻车断道 7 天以上，为治理已耗资 100 万余元，迄今滑坡尚未完全稳定
328	宜宾安边大滩			特大型		整体下滑将堵塞金沙江
329	宜宾田坝村公路			200		阻车断道 30 余天，仅治理费就达 200 万元
330	屏山黄牛干			1400	310/520	J_{1-2X}(向家坝水库左岸)
331	屏山雅砻江水电局			1100	292/395	J_{2SN}(向家坝水库左岸)
332	屏山龙桥坝			3850	450/750	T_{3XJ}(向家坝水库左岸)
333	屏山土地坰			1140	350/580	T_{2S}(向家坝水库左岸)
334	屏山刘家湾			1110	310/470	T_{3XJ}(向家坝水库左岸)
335	屏山大田			2620	385/550	J_{1-2X}(向家坝水库左岸)
336	屏山何家坪			1020	4500	T_{3XJ}(向家坝水库左岸)
337	屏山竹林寺			1840	350/475	T_{3XJ} T_{21}(向家坝水库左岸)
338	屏山大乘乡		105.0	1050	500/700	属突发性滑坡，每年洪期下滑，未治理，危及 1000 人、230 万元财产安全

续表

序号	位置	发生时间	规模		前/后缘高程(m)	灾害情况及防治措施
			面积(万 m^2)	体积(万 m^3)		
339	屏山安全乡	古滑坡	40.0	1000	600/800	起始于地裂缝，突发堵河，未治理，危及180人、25万元财产安全
340	珙县筠莲煤田新场矿井			40000		工业建筑场地拟建在老虎包古滑坡上，该滑坡滑面层次复杂，上下重叠，为满足矿井可行性报告之需，耗巨资对古滑坡勘察论证
341	北川开坝乡政府	1976年、1986年、1990年7月		400		松—平地震后多次活动，降雨诱发
342	平武火烧桥			＞1000		
343	平武响水湾			＞1000		
344	平武白崖			＞1000		
345	开江严家四村		126.0	2140		危及67人、9.5万元财产安全
346	金阳县城后山			24000		1975年1月20日曾部分复活，县城位于滑坡体上，危及县城安全
347	金阳灯厂花坪子			1334	510/1100	稳定性差，可能失稳，影响溪洛渡水库
348	汶川城南			＞1000		可能堵岷江，危及县城及下游居民安全
349	古蔺复陶柏杨坝	古滑坡	100	250000～300000		滑坡最厚处达300m，平均厚度250m，目前复活迹象明显，地表已出现裂缝，局部下沉下降，部分村庄、学校、机关等出现井泉消失干涸，溪水断流，群众饮水十分困难，更为重要的是涉及滑坡体下数千万吨煤的勘探工程布局和开采问题，目前所知为中国滑坡之最
350	苍溪漓江镇	1981年7—9月		＞1000		暴雨诱发，前缘河流冲刷
351	达州黄泥滩					严重影响市区规划发展，危及万余人和近亿元财产安全
352	万源矿洞湾					近来活动频繁，滑动后，将堵塞后河淹没县城
353	马边张油房					民建张油房特大滑坡，危及马边县城安全
354	布拖联合乡恩子坪			270000		为金沙江流域之最，溪洛渡水电站工程报告名为恩子坪滑坡，体积为1.23亿 m^3
355	布拖罗家坪乡麻地湾			3668		稳定性差，对水库有影响
			甘肃南部			
1	阶州(武都)	986年7月(宋雍熙三年)				阶州福津县常峡山圮，壅白龙江水逆流高十许丈，坏民田数百里

续表

序号	位置	发生时间	规模		前/后缘高程(m)	灾害情况及防治措施
			面积（万 m^2）	体积（万 m^3）		
2	西和西	1874年（清同治十三年）				八月十一日，西和山崩（地震）走入城中，压倒城垣二百四十余丈，民房九十余处，压死四十九人
3	武都锦屏东沟	1879年				埋一小村庄，鸡犬不宁
4	舟曲城东5km泄流坡	清光绪三十年开始(1904—1981年4月)	104	5000	1310/2030	该滑坡前缘和后壁的高差723m，平均坡度16°，滑坡长2600m，平均宽度400m，滑坡体的平均厚度50m；曾于1904年、1907年、1922年、1931年、1949年、1961年、1963年和1981年都发生过快速滑动；间歇期内，仍缓慢移动，20世纪80年代初，观测的月平均移动速度为10cm，该滑坡每次大规模地滑动都堵白龙江；1963年淹县城，损失100万元，1981年滑到白龙江河床的土石堆成高达30～40m的拦河坝，回水长4.5km，水深22m，形成蓄水量达1300万 m^3 的湖泊，淹没上游舟曲县城，并对武都县城产生溃坝威胁，直接损失256.5万元；化马寨子滑坡、中牌滑坡、石坳子滑坡与泄流坡同属一个滑坡群，均具有缓慢移动和阶段性快速滑动的特征
5	两当灵宫峡	1955年6月	95.0	6500		该滑坡在1995年6月修建铁路时复活，之后1956年、1957年、1972年和1977年都有不同程度蠕动变动，尤其是1981年8月21日，特大暴雨之后，滑坡活动明显加剧，造成铁路挡墙开裂、错动，严重威胁铁路安全营运；由于滑体规模大，治理困难，后铁路改隧道方案从对岸山体通过
6	武都汉王乡大坪山	1965年				滑坡毁耕地 $20hm^2$、房屋120间
7	天水秦城区余坪	1966年8月、1990年7月16日		51600		1966年滑移面积2800余 m^2,迫使7户农家搬迁,1990年暴雨后又出现了多条裂缝,使道路和院坝开裂,近几年发生较大滑动4次,毁大片耕地,使村庄和村民的安全受到威胁
8	舟曲立节	1971年、1983年5月25日		1500～2000		百年前曾发生滑坡,1971年出现局部裂缝,至今已有3条,长1.5km,宽0.3～0.4m

续表

序号	位置	发生时间	规模		前/后缘高程(m)	灾害情况及防治措施
			面积(万 m^2)	体积(万 m^3)		
9	宕昌甘川公路 367km 鲁班阁	1982 年 7 月 9 日		150		滑入白龙江形成高 25m、宽 30m 的碎石坝，积水 10 多万 m^3，对下游沿江两岸的村镇农田和甘川公路构成严重危胁，已投资 14 万元进行治理，滑体已稳定
10	文县城北关家沟	1982 年 8 月 6 日	18.0	1500		滑坡伴发流石流，28 人死亡，近期滑体中下部又产生新的裂隙，整体滑移约 1m
11	宕昌邓桥	1982 年 7 月中旬		1360		造成 1 人死亡，并堵塞岷江
12	武都马街红土坡	1983 年 12 月 16 日	25.0	1100		滑坡顿时堵住北峪河，对距滑体只有几公里的武都县城带来严重威胁；1990 年 9 月 10 日该滑坡再次活动，厚达 60～70m 的岩层大规模下滑，体积约 1000 万 m^3，将北峪河堵高 20m，蓄水 1.2 万 m^3
13	礼县滩平乡古羊群	1984 年 8 月 8 日	80.0	1500		滑坡毁耕地 28hm^2，9 人死亡
14	西和石峡乡	1984 年 8 月 3 日			崩滑群	滑坡伴发流石流，60 人死亡
15	武都马槽沟河上	1984 年 9 月 11 日				174 间房屋被毁，已投资 35 万元进行治理，现逐步稳定
16	舟曲城关上游 3km 锁儿头	1984 年	280	＞10000		毁坏房屋和公路，经济损失 140 万元，历史上曾堵江，对县城有影响
17	舟曲迭峰乡磨沟村	1989 年				埋没 3 户，死亡 6 人，直接经济损失 57 万元
18	舟曲化马乡化马	1989 年				使岷江改道，冲毁对岸宕昌县化马半个村庄，使 212 国道中断交通近 1 个月
19	舟曲南峪乡江顶崖	1991 年 6 月 13 日		875(750)		滑坡历时 2 小时，滑入白龙江，抵南岸后爬高 20m，形成高 20m、宽 50m 的碎石坝，蓄水 755 万 m^3，淹没乡政府办公楼、兽医站、商店等共 68 间房屋、倒房 1335 间，淹没农田 10hm^2、吊桥 1 座、公路 2km，直接经济损失 200 万元
20	礼县燕河乡砖瓦厂	1993 年 6 月 16 日		1.8		该厂采土场外的吊虎皮梁山发生滑坡，滑体飞速冲向正在午睡的民工棚，来不及躲避的民工 11 人掩埋致死
具潜在威胁的滑坡						
21	宕昌新塞乡新家石			1650		

续表

序号	位置	发生时间	规模		前/后缘高程(m)	灾害情况及防治措施
			面积(万 m^2)	体积(万 m^3)		
22	宕昌化马寨子沟			8750		
23	宕昌秦峪仇家山			1250		
24	宕昌化马山背村			2250		
25	宕昌新寨乡角弓			2450		
26	宕昌化马			3500		
27	宕昌新城子			3000		
28	宕昌韩院子			1500		
29	宕昌南阳乡			3500		
30	宕昌南阳乡			1500		
31	宕昌理川乡			3300		
32	宕昌大昌乡			2250		
33	舟曲中牌乡			3220		
34	舟曲虎家崖			7600		
35	舟曲虎家崖			5200		
36	舟曲大川乡			6750		
37	舟曲县城关镇儿头		240	2900		
38	舟曲三角坪			2250		
39	武都龙凤景头山			2760		
40	武都龙凤草舌坪			2760		
41	武都汉林潘家山		175.0	500 (8750)		危害村庄、农田
42	武都汉林山家地		675.0	3370 (337000)		危害村庄、农田
43	武都马街安坪沟		6.25	3500		危害村庄、公路、农田
44	武都马街安平沟			1200		
45	武都马街砍台山			1500		
46	武都城郊崖家染			2000		
47	武都角弓年家村			1140		

续表

序号	位置	发生时间	规模		前/后缘高程(m)	灾害情况及防治措施
			面积（万 m^2）	体积（万 m^3）		
48	武都石门草坝子村			1000		
49	武都石门白场坝			1700		
50	武都两水后坝村			2780		
51	武都龙凤乡范家山		775	34870		危害公路、村庄、道路、农田
52	武都马街乡马槽沟			8294		
53	武都汉王乡汉王村			4430		
54	武都三河汪家坝			1440		
55	武都汉王古水子			1200		
56	武都桔杆			4000		
57	礼县马河乡			1960		
58	礼县祁山乡文集			1175		
59	礼县永平乡			1368		
60	礼县永兴乡田家			1680		
61	礼县江口乡			1500		
62	礼县滩坪乡			6250		
63	西和兴隆			1800		
64	西和汉源镇			2000		
65	西和嵩林团结村			3240		
66	西和石堡崖文川			1500		
67	西和美席乡			2500		
68	西和马元乡			3600		
69	文县铁楼乡			1050		
70	文县城关镇			7500		
71	文县中寨乡			2100		
72	文县石坞坝			2400		
73	文县石坞坝			2100		
74	文县城关镇			2100		
75	文县坍堡乡			4500		
76	文县城关镇			6390		

续表

序号	位置	发生时间	规模		前/后缘高程(m)	灾害情况及防治措施
			面积（万 m^2）	体积（万 m^3）		
77	文县梨坪乡任坪村			4320		
78	文县梨坪乡金坪村			1443		
79	文县梨坪乡			5206		
80	文县舍书乡糜地场			3600		
81	文县舍书乡红岩村			1800		
82	文县桥舍书乡湾里村			7000		
83	文县桥头乡黄家村			3900		
84	文县桥天山弯村			3600		
85	文县桥头乡康家村			3590		
86	文县梨坪乡			6510		
87	文县临江乡月亮坝村			1000		
88	文县临江乡欧家坝村			4800		
89	文县尖山乡			2520		
90	文县口头坝下西沟村			1000		
91	文县口头坝侯家村			1300		
92	文县口头坝西山村			6175		
93	成县索池乡			7140		
94	康县半洛镇			3266		
95	康县望关乡			1490		
96	康县大南峪乡			1430		
97	康县云台镇			1810		
98	康县云台镇权坝			2900		
99	天水秦城区天水乡			4779		
100	天水秦城区西山堡			9540		
101	天水秦城区华岐乡			1875		
102	天水秦城区天水乡			4880		

续表

重庆市

序号	位置	发生时间	规模		前/后缘高程(m)	灾害情况及防治措施
			面积(万 m^2)	体积(万 m^3)		
1	黔江小南海	1856 年 6 月 10 日				山崩十余里，压毙 300 余人，堵河成小南海，崩塌多处
2	巫溪猫儿滩	1858 年 8 月				猫儿滩山陷，死千余人
3	城口黄溪乡天星寨	1886 年 5 月				滑坡致死 17 人、牲畜 20 头，倒房 9 间，毁耕地 3.3hm^2
4	云阳兴隆滩	1896 年		4500		形成兴隆滩，居民 60 多人埋于乱石之中，船失事死亡约千人
5	开县渠口乡相农村	1897 年 7 月	长 450 丈、宽 90 丈			毁耕地、林地 33.3hm^2
6	开县金山乡蒋家岩	1918 年 8 月				横裂 1500m，下滑 300m，埋王姓 1 户 8 人，毁地 33.3hm^2
7	开县兼善乡营盘村	1930 年 6 月 27 日				毁耕地林木 5.3hm^2、房屋 2 座，死 15 人，伤 2 人
8	城口明通乡白台村	1937 年 6 月 19 日				堵断前河，倒房 80 间，毁地 2hm^2，死 25 人，伤 7 人
9	万州石马乡康胜村大地坉	1945 年 6 月 10 日	600			陷落林地 50.7hm^2、房屋 237 间
10	巫山望霞乡猴子包南	1956 年	8.5	170	90/390	后部为危岩，中、下部为崩坡积，1956 年由于后缘加载而产生一次大规模滑动，部分入江
11	重庆大渡口重钢高焦炉	1959 年、1960 年	28.1	422	166/210	成渝铁路 700m 路基发生拉裂
12	重庆大渡口重钢三角地	1960 年	18.9	284	160/205	1960 年变形加剧，致成渝铁路路基下沉 2m，中断行车 12 小时
13	巫山竹贤福平一队	1960 年 7 月 15 日				黄凤祥一家房屋被压毁，全家 11 人被压死 7 人
14	奉节安坪乡半边街	1972 年	53.6	1072	100/365	自 1972 年始后缘斜坡有变形，其上多家房屋被拉裂，梯坎被拉断
15	巫山五梁乡中梁	1967 年 7 月	250			1 个生产队的房屋、财产全毁
16	石柱黎场乡陶家	1973 年	50.1	752	100/250	1973 年以后每年雨季有活动，1981 年后缘形成连续的拉裂缝，2 户大民房破坏而搬迁，至 1993 年又有民房被拉裂，农田受损
17	城口罗江乡兰坪	1973 年 3 月				11 户受灾，4 人死亡，9 人受伤，倒房 40 间，毁耕地 3.7hm^2，损失粮食 1.1 万 kg

续表

序号	位置	发生时间	规模		前/后缘高程(m)	灾害情况及防治措施
			面积（万 m^2）	体积（万 m^3）		
18	万州胜利路	1980 年 9 月 2 日		13		23 家工厂、商店和 160 户居民 636 人受灾，治理费耗资 300 万元，工期 5 年
19	奉节安坪乡尼姑淌	1981—1993 年	25.5	255	95/525	1982 年整体下滑，垂直位移 0.6m，11 户住房及庄稼、树木、牲畜全部被毁
20	涪陵石河乡王爷庙下	1981 年	6.3	189	148/220	近 30 年有蠕滑拉裂缝，1981 年以后变形加剧，下段民房道路被拉裂，呈梯坎状和危房等
21	江北五宝糖坊	1981 年	15.5	232	155/270	自 1981 年后变形加剧，住房普遍拉裂成危房，院坎垂直下移 1m 左右，多处拉开，公路被拉断，水泥厂厂房出现平行滑坡拉裂缝，下游侧后缘发育深 15m、宽 3～5m 拉裂槽
22	忠县洋渡乡半坡	1981 年 4 月 28 日	4.2	168	126/200	发生整体滑动，滑前后缘曾产生长 30～50m 拉裂缝，以后又开挖公路，使雨水大量渗入
23	云阳莲花乡梯子岩	1981 年	18.4	368	96/250	前缘局部滑塌，使其上民房毁坏而搬迁
24	奉节安坪乡长屋	1981 年 7 月	82.8	2070	95/275	“81·7”暴雨期间，前缘曾有小规模滑动，整体较稳定
25	奉节朱衣双碾村	1981 年 7 月				堵断朱衣河，水深 7m，爬上Ⅰ级阶地，淹没农田 $2hm^2$
26	奉节双碾七组	1981 年 7 月				毁地 $5.3hm^2$，毁房 70 间，死 10 人
27	奉节长凼乡台峰	1977 年 5 月 19 日				毁地 $10.7hm^2$，倒房 190 间
28	奉节安坪乡竹林湾	1982 年 5 月 28 日	17.8	178	100/450	后部滑动部分滑体落入长江，其上住房毁坏，耕地被毁，牲畜死亡
29	石柱沙子河乡	1982 年 7 月 17 日		1000		死亡 13 人，倒损房屋 185 间，损坏农田 $67hm^2$，两坝堵河成湖，坝高 15m，断流 315 天，淹地 $6.7hm^2$
30	忠县闪口	1982 年 7 月	120	1800		堵河坝高 30m，毁耕地 $76hm^2$，倒房 173 户 495 间、6 个生产队，造成一片废墟
31	云阳城关鸡扒子(宝塔)	1982 年 7 月 18 日	202.6	10408	70/520	滑体西部鸡扒子部分复活，180 万 m^3 滑入长江形成急滩，毁坏房屋 1730 间、耕地 $51.7hm^2$，县冷冻厂、饲养场、卫生院、食品站、供销社等 10 个单位的建筑物、设备全部推入江中，形成急滩阻碍航运；1982—1984 年对滑坡进行勘察与治理以及航道治理，耗资 7000 万元

续表

序号	位置	发生时间	规模		前/后缘高程(m)	灾害情况及防治措施
			面积(万 m^2)	体积(万 m^3)		
32	云阳高阳	1982年7月16—29日		200		倒损房屋58间，损坏农田4.7hm²，毁山林4.7hm²
33	云阳凤鸣革岭	1982年7月16—29日		500		倒损房屋107间，损坏农田38hm²，损毁粮食378t，损失28.8万元
34	云阳南溪天宝	1982年7月16—29日		700		滑程100m，倒损房屋487间，损坏农田27hm²，损毁粮食222t，损失25.8万元
35	丰都楠竹乡竹林湾	1982年7月18日	12.0	180	130/277	因滑坡几户居民搬迁，后缘拉裂槽、缝极发育，长可达数十米，宽1～3m
36	云阳堰坪乡黄连峡	1982年7月19日		300		堵长滩河断流6小时，堆石坝高40m，宽200m，回水长20km，沿河房屋农田受淹
37	开县铺溪乡兴堂村	1982年7月27日		236		倒损房屋828间，损坏农田20hm²，直接损失23.5万元
38	万州天城四方碑	1982年7月—1993年7月	22.9	229	110/335	1982年7月开始明显活动当年总体下滑1～3m，1993年7月活动明显，前缘物质进入长江，后部拉裂缝民房大部分产生裂缝
39	石柱黎场乡青杠林	1982年8月16日	41.8	418	100/270	1981年后缘出现拉裂缝，1982年8月16日青杠林一带整体下滑，民房损坏，20余户搬迁，后缘形成拉裂槽宽2～3m，深3～5 m
40	涪陵大山乡增福庙	1981年7月	10.1	354	141/195	1981年7月以来坡面出现拉裂缝，民房墙基裂缝深大贯通
41	云阳洞鹿柴家坡	1982年7月		207		滑动32m，堵断洞鹿河形成水库，水深10m
42	重庆王家坡	1985年				造成102户居民搬迁，并危及火车站安全
43	巫山曲尺乡塔坪	1985年雨季后	23.0	345	125/350	自1985年雨季，每年暴雨后均有活动，滑体上37户住房均有拉裂破坏，农田田埂破坏位移最大达60cm，以致不能种稻；该滑坡不稳定
44	重庆南岸向家坡	1986年7月				造成灯泡厂被毁，12人死亡
45	忠县石宝乡麻岭背	1987年7月、1993年	14.1	529	126/246	1987年下游侧后缘毁房10余间，1993年9月后缘出现宽数十公分、长数百米的张裂缝，下陷1.0～1.5m不等
46	巫溪红岩子(西宁区)	1988年1月1日		1000		受灾44户，毁耕地44.3hm²，12人死亡，直接经济损失487万元
47	长寿城关瓦罐窑	1991年	70.3	2109	158/400	1981年陶瓷厂厂房和地基出现拉张裂缝，前缘阻滑壁坎已向外滑移，最大达0.45m
48	涪陵大山乡香炉滩	1991年	14.1	352	141/210	1991年夏季上游侧上段，民用水井干枯，民房出现裂缝

续表

序号	位置	发生时间	规模		前/后缘高程(m)	灾害情况及防治措施
			面积(万 m^2)	体积(万 m^3)		
49	云阳莲花乡裂口山	1992年	27.6	850	100/310	每年雨季累计滑动约5cm，后1989年、1991年、1993年匀出现拉裂缝，多家稻场发生拉裂缝，民房拉裂；不稳定
50	丰都镇江乡龙王庙	1993年	21.7	325	130/265	雨季活动明显，出现较连续的拉裂缝，民房被拉裂破坏，并有农田受损
51	忠县洋渡乡秦家岩	1993年	10.3	185	140/293	民房有轻度拉裂、倾斜，田埂拉裂中下段有“圈椅”状地形发展，1993年变形增强
52	忠县复兴乡魏家	1993年7月	17.0	255	120/205	民房拉裂缝宽1～2cm，房屋歪斜，稻场下滑、拉裂
53	万州小周乡小周	1993年7月	12.4	200	110/190	地段下沉、堡坎垮塌，土体滑移，尤以街道南端为甚，部分房屋倒塌、拉裂，街道下陷0.2～0.45m
54	万州新乡金子	1993年	63.2	1580	110/220	后壁陡崖经常崩塌并形成长500m的裂缝而成危岩，1993年7月较大滑动，破坏了耕地；该滑坡整体稳定
55	万州新乡五尺坝	1993年6月	44.2	442	120/225	滑坡中部及后部有拉裂缝，民房拉裂后缘陡壁地1993年发生大块石崩落
56	万州武陵乡毛碓碛	1993年洪水期	8.3	187	121/260	前缘微突长江，上段及后缘出现圆弧状贯通拉裂缝，民房拉裂，后缘有小规模崩塌
57	丰都龙孔乡王家嘴	1993年	36	540	115/200	总体呈负地形，前缘1993年曾有过活动，破坏农田
58	丰都楠竹乡新房子	1993年	105.9	1588	135/240	雨季后缘出现拉裂缝，民房亦见产生裂缝
59	重庆马牛镇	1998年8月		10000		直接经济损失几千万元
60	巫山聚鹤街	1999年9月				滑坡造成3000多户搬迁

具潜在威胁的滑坡

序号	位置	发生时间	规模		前/后缘高程(m)	灾害情况及防治措施
			面积(万 m^2)	体积(万 m^3)		
61	巫山县城上西平		43.5	1800～2700	110/405	潜在不稳定
62	巫山曲尺乡刘家包		93.1	4655	90/445	冲沟发育，排水通畅，滑坡稳定
63	巫山大溪乡杨家坪		191.7	9013	88/480	蓄水后局部解体破坏

续表

序号	位置	发生时间	规模		前/后缘高程(m)	灾害情况及防治措施
			面积(万 m²)	体积(万 m³)		
64	巫山二龙乡曹家沱		45.3	1133	95/275	罗家沟西侧曾有过滑移
65	奉节城关杏子湾—宝塔坪		30	800	160/400	1995 年新修公路堡坎倒塌
66	奉节对县乡向家淌		47.7	＞2000	125/400	两侧冲沟有泥石流发生
67	奉节城关白衣庵		45	＞2000	160/450	“圈椅”状地形明显，滑体内及两侧冲沟滑塌普遍，使白马沟、朱家花园沟已成为多发性泥石流沟
68	奉节万胜乡茨草沱		44.4	1776	98/410	整体较稳定
69	奉节真武观百换坪		163.6	7362～15000	100/255	冲沟发育，形成中型泥石流
70	奉节安坪藕塘		92.9	2625～4000	100/400	前缘余坡可见树木呈“马刀”状，蠕变明显，整体呈分割解体阶段
71	奉节安坪黄莲树		37.7	754	95/315	东侧马家坪一带有蠕变现象，蓄水后不稳定
72	云阳城关东城		17.5	400	95/185	1982 年 7 月气象站西南侧坡发生小规模滑塌，垮房屋 1 栋
73	云阳城关西城		82.0	2500	95/400	滑体冲沟内有小型崩塌，较稳定
74	云阳双江旧县坪		165.6	2484	95/515	整体较稳定
75	云阳盘石乡学堂包		83.8	1676	96/371	整体较稳定
76	云阳盘石乡杨家糖坊		52.7	1054	96/314	整体较稳定
77	万州大周乡大周溪		4.0	100	110/160	前缘在 1993 年雨季曾发生滑坡，几间房屋倒塌
78	万州天城杀人田		51.2	1024	105/210	较稳定
79	万州双沱青草背		18.1	362	110/190	典型滑坡地貌，前缘抵长江凸起，后缘有拉裂槽
80	万州枇杷坪巨鱼沱		11.3	180	115/220	大量建筑物出现裂缝，雨季变形更强烈
81	万州枇杷坪康家坡		14.7	260	120/220	前部人工建筑有开裂现象，后缘钻孔倾斜仪观测有位移
82	万州城一马路黄泥包		21.6	550	120/220	部分建筑出现裂缝破坏
83	万州龙宝长堰塘		18.3	450	140/215	中部天然气公司建筑出现变形和破坏

续表

序号	位置	发生时间	规模		前/后缘高程(m)	灾害情况及防治措施
			面积(万 m^2)	体积(万 m^3)		
84	万州城区清泉路		6.0	130	165/200	大量建筑出现裂缝，有的已成危房，为活动性滑坡
85	万州五桥烂坝子		9.9	99	115/250	出现滑动的“圈椅”状地形，并使居民住房和院坎出现拉裂
86	万州新田望天丘		9.6	190	175/260	近30年来多次滑动，后缘出现30～40cm宽拉裂缝，民房出现拉裂，猪圈倒塌，诱因均系暴雨
87	万州新田镇孤滩子		24.1	626	117/225	滑体伸入长江呈现“舌”状突出，形成急流险滩，航道不停炸滩清障，使前缘支撑降低
88	万州新田油房嘴	1974年、1993年	12.5	87.5	100/225	1974年在油房嘴使民房变成危房，1990年后缘形成拉裂槽，1993年整体下滑，有4户成危房而搬迁
89	万州团石板	1993年7月17日	6.6	99	120/225	前部、中部均见拉裂缝，民房拉裂缝宽5～10cm，中部2～3m拉裂槽，1993年邓德义房基下滑2m，房屋倒塌
90	万州襄渡乡庄子河	1985年、1993年	8.1	122	118/200	1985年起每遇暴雨均蠕动，拉裂缝长300m，1993年7—8月9户民房垮塌，尚存民房也见多处裂缝
91	万州襄渡乡庄子河		25.6	380	165/340	后缘侧壁有宽0.4m拉裂缝，明显下坐，前部滑动明显，稻田或地面滑动2～3级陡坎
92	万州溪口乡大塘坊		45	450	130/270	深坑已见，多条拉裂缝无充填，民房拉裂，溪口小学1985年出现裂缝，取水井口破坏，1989年井口滑移30cm
93	万州溪口乡麻地湾		40.5	608	120/360	临江部分小规模滑塌经常发生，局部有地裂缝
94	万州溪口乡水竹坝		106.5	2132	120/325	整体稳定
95	万州武陵乡外石梁		40.3	1886	121/250	滑坡地貌明显，目前稳定
96	万州武陵乡张家祠堂		34	1615	121/250	前缘弧突长江，整体稳定
97	丰都汇南乡罗家院子		43.2	1275	165/330	东侧陡崖经常发生崩塌碎石
98	长寿将军滩		78.6	1572	150/325	基本稳定
99	云阳故陵镇		102.3	11000～13000	140/340	基本稳定

续表

序号	位置	发生时间	规模		前/后缘高程(m)	灾害情况及防治措施
			面积（万 m^2）	体积（万 m^3）		
100	巫山大溪曹家老屋		57.2	1700～2200	170/500	整体稳定
101	奉节寂静乡太山庙（左岸）		432	17000	140/680	潜在不稳定，其东侧尚有寂静滑坡体积约5亿 m^3，共约7亿 m^3，为三峡库区最大滑坡
102	奉节寂静乡龙坡		317	19020	120/700	基本整体稳定(梅溪河右岸)
103	奉节公平乡公平			40000	100/320	梅溪河右岸，为川东最大滑坡
104	奉节县城硝水坪		19.0	300	155/300	前缘局部失稳
105	万州黄柏溪五童坪		31.12	1870	140/270	整体稳定
106	云阳巴阳欧家坪		32.25	1613	130/380	整体稳定
107	万州燕山乡库存坝		63.6	1000	160/285	整体稳定
108	忠县水扬溪爬家岩		9.43	189		近10年来后缘一带耕地破坏严重
109	黔江观音岩					失稳将堵塞黔江河，严重危及县城安全
110	石柱城关			＞1000		1982年7月17日和1990年4月局部有活动，不稳定，如顺层滑动后，将堵塞龙河淹县城，河流改道

陕西南部

1	略阳横现河火车站	1963年7月	10.5	157.9		山体滑动，对车站附近的铁路带来威胁，造成3节车厢和1台机车脱轨，滑体压铁轨数十米，中断交通6天多
2	山阳户家原乡桃园村	1964年汛期		130		岩体突滑，滑程200余m，毁地8hm^2
3	勉县前进公社窄山梁	1968年9月1日		0.02		造成11人死亡，3人受伤
4	宝成铁路凤县双石铺	1969年6月21日		0.3		断道7天
5	安康赵家坝	古滑坡，1973年复活		200		1973年襄渝铁路施工引起复活，位于滑体上的旗沟隧道西段及石庙沟车站东段路基遭到破坏，危害通车，1977年8月综合治理竣工后已基本稳定

续表

序号	位置	发生时间	规模		前/后缘高程(m)	灾害情况及防治措施
			面积（万 m^2）	体积（万 m^3）		
6	白河车站杨家沟	老滑坡，1974 年活动	7.40	185	汉江/336	1974 年 9—10 月及 1975 年 9—10 月当地连续降雨，江河暴涨，在滑体的侧面及前缘受杨家沟溪水与汉江洪水的浸润冲淘，洪水退后出现路基坍落、站坪下沉、轨道变形和坡脚挡墙断裂等老滑坡复活迹象，之后投巨资进行工程治理，车站现已畅通无阻
7	旬阳王家沟	1974 年雨季		1960		
8	南郑马元乡蒲家沟	1974 年 9 月 12 日				31 人死亡，堵河后冲 20km 外福成街
9	商南赵川区	1975 年 8 月 8 日				造成 9 人死亡，5 人受伤，倒损房屋 560 间，破坏农田 $387hm^2$
10	镇巴东沟河袁国梁、干沟河毛岭	1978 年 7 月 2 日		80		分别滑入 2 条河沟，形成 2 座大堰塞湖，后因连降暴雨，洪水冲溃天然坝，转为泥石流，摧毁小洋和镇巴城关农田 $55hm^2$、河堤 6000 多 m 和西万公路干线大桥 1 座，中断交通 1 月之久
11	凤县河口乡高松树	1980 年 8 月		214.2		摧毁 3 户 11 间住房和生产队 3 间库房、2 间牧羊房，压死 30 头羊
12	宁强高寨子东方红水电站	1980 年 8 月 23 日		70		摧毁公路及 200m 引水涵洞，迫使水电站生产中断
13	略阳两河乡阳山	1981 年夏	24.2	135		后缘出现拉裂现象，严重危及区公所及周围居民和林场安全，威胁近万人，直接经济损失达 1200 万元
14	宁强阳平关宝成铁路	1981 年 8 月 16 日				颠覆 7 节货车，车头翻入江中，直接经济损失超过 350 万元
15	宁强毛坝小河乡柿子树坪	1981 年 8 月 24 日		700		历时 3 日，滑动 500～700m，滑入河中，造成农田 $3300hm^2$ 被损坏
16	勉县长沟关家院子	1981 年 9 月 2 日		200		造成 30 人死亡，42 间房屋倒损，500m 公路被毁
17	勉县朱家河王家沟	1981 年 9 月 12 日		168		形成堰塞湖，倒损房屋 19 间，损坏农田 $4hm^2$，毁成材林 400 多株
18	勉县新铺乡陈家湾	1981 年 8 月 23 日	1.2			死亡 10 人，倒损房屋 6 间

续表

序号	位置	发生时间	规模		前/后缘高程(m)	灾害情况及防治措施
			面积（万 m^2）	体积（万 m^3）		
19	南郑（宁强）冷水河左岸石家坡	1981 年 8 月 23 日		48		位于汉江上游支流冷水河左岸，晚 10 时伴随着轰鸣巨响，左岸斜坡上 48 万 m^3 岩土自 925m 高处高速俯冲下滑，倾刻间堵塞河流，并且滑体以巨大滑动冲力，越过 50～100m 的谷底，向对岸谷坡仰冲过去，爬高 40m，随后，滑坡前缘自右岸 40m 高程又向左岸仰冲，爬高 20m，接着夹杂大量河水加雨水，呈流动状态又由左岸向右岸、右岸向左岸产生了 3 个流动冲程，历程计 1060m，全程历时不到 10 分钟；值得提到的是石家坡的多冲程滑坡的破坏甚为罕见，距滑坡地点 600m 的下游左岸，隔着一个山头的青岗树湾 1 户农家，13 人全被滑坡埋没，无一幸免
20	略阳何家崖乡陈家坝	1981 年 9 月 8 日		8		5 人死亡，1 人受伤，16 间房屋被毁
21	宁强周家坝寨沟、窑湾里	1981 年 9 月 8 日		2		6 人死亡，倒损房屋 12 间
22	白河中厂乡李家堡	1983 年	16.5	350	170/330	民房倒塌，公路被阻断，民房墙壁及地面开裂，蓄水后滑动可能性极大
23	镇安甘岔河乡梁家庄	1983 年 10 月 7 日		414		堵沟成坝，形成高 68m 的天然大坝，蓄水约 150 万 m^3，倒损房屋 57 间，损坏农田 $10hm^2$，由于政府及时抢救未造成人畜伤亡
24	柞水丰兆乡东沟	1983 年 10 月 8 日		60		4 人死亡，倒损房屋 4 间
25	柞水皂河公社瓦房五队	1983 年 10 月 4 日		8		造成 13 人死亡，10 间房屋倒损
26	略阳徐家坪大地村	1984 年 7 月 12 日		大型		滑坡毁房 62 间，危及 18 户安全，由于准确预报，无人畜伤亡
27	镇巴观音乡双龙村	1984 年 9 月 23 日				造成 14 人死亡，6 人受伤，10 间房屋倒损
28	岚皋月池台	1984 年秋		120		滑动 10m
29	安康火石岩水电站右坝处	1984 年秋		166		蠕滑数米
30	山阳两岔乡冯家庄东坡	1987 年 6 月 4 日		420		摧毁公路路基 300 余 m，造成断道 1 月之久
31	山阳洛峪乡姜家院	1987 年 6 月 5 日				造成 8 人死亡，20 间房屋倒损

续表

序号	位置	发生时间	规模		前/后缘高程(m)	灾害情况及防治措施
			面积(万 m^2)	体积(万 m^3)		
32	山阳黄土凸寨子沟	1987 年 6 月 5 日				造成 5 人死亡，倒损房屋 7 间，损坏农田 $7hm^2$
33	阳安铁路石门沟	1989 年 10 月 1 日				滑坡断道 25 天
34	平利八道乡王家堡	1990 年 7 月 21 日				死亡 8 人
35	宁强代家坝肖家坪					毁房 27 间，地面坡碎，裂隙发育，耕地无法恢复，修房已无平地
36	略阳郭镇孙家沟			大型		滑坡位于 200m 高的山坡上，上下已错开 5037cm，裂缝长 350m，滑坡下住有 10 户 57 人

贵州省

序号	位置	发生时间	规模		前/后缘高程(m)	灾害情况及防治措施
			面积(万 m^2)	体积(万 m^3)		
1	金沙龙坝乡红岩村雕楼	1939 年、1954 年、1988 年、1991 年	121	121		属多次复活变形的古滑体，1939 年第一次活动，其前缘的蔡家院坝产生裂缝，缝宽 1m、深 8m，房屋倒塌的同时，前缘薄层砂岩受挤压而反翘；1954 年第二次滑动，使陈家院坝开裂，裂缝宽 0.23m，房屋土墙开裂 4cm；1968 年第三次滑动，使部分房屋开裂，裂缝宽 0.5m、深 2.0m；1991 年 7 月大雨后第四次滑动，陈家院坝开裂 0.1m，深 2.3m，之后 1992 年 3 月 21 日雨过后，房屋土墙继续开裂，可见滑体处于滑移阶段；一旦下滑，将会造成河道部分堵塞，或主流线改变
2	毕节清镇田湾	20 世纪 40 年代	6.0	240		新中国成立前曾发生过一次滑动，毁农房 1 家，死 3 人，毁农田 $1.3hm^2$，被迫搬迁 5 户，损失约 3 万元；近年来(1983 年 6 月、1989 年 7 月、1991 年 3 月)公路边一房屋向前移动 3 次，山体裂缝宽 0.5～1.2m 不等；整个滑坡从 1989 年 7 月 9 日大雨之后，滑动较大，每年以 0.3～0.5m 的速度下滑，将危及坡体上 18 家农户 87 人(约 6 万元的经济损失)以及沟溪以下的大部分稻田

续表

序号	位置	发生时间	规模		前/后缘高程(m)	灾害情况及防治措施
			面积(万 m^2)	体积(万 m^3)		
3	余庆	1954 年 6 月 21 日				1 人死亡，倒损房屋 117 间，损毁粮食 2t
4	道真洛龙乡双坝	1957 年 8 月 15 日				4 人死亡，倒损房屋 31 间
5	威宁海拉文炉村	1960 年	10.0	600		于 1960 年、1982 年和 1988 年出现裂缝，目前部分裂缝已成自然冲沟，最宽处 1.5m，最窄处 0.1m，长达 2000m；近年裂缝有增加的趋势，预计 3～5 年有严重滑坡的危险，一旦失稳，将危及 163 户 700 余人及 500 头猪牛、46.7hm^2 耕地的安全，可造成经济损失 180 万元
6	金沙官田乡沙坡	1963 年、1991 年	48.0	288		1963 年曾滑动一次，滑距约 2m，造成 1 幢房屋倒塌，搬迁 4 人，1991 年 7 月 5—7 日又发生大规模滑动，滑体上的拉裂、鼓胀裂缝均有出现；两次滑动造成搬迁 18 人，毁田 0.33hm^2，毁灌溉渠 2km
7	毕节林口镇渭河	1964 年	63.0	630	895/1510	1964 年曾发生 20 万 m^3 滑体的复活，1981 年以后因采煤，后缘出现宽 0.2～4m、长近 600m 的裂缝，使大部分岩层与山体分离，并有小型崩塌现象，在滑体后部和前部的农耕地中也见有拉裂和鼓胀裂缝，将严重威胁前缘下部渭河村的金丰、银丰和林光村的大坪子、新房 4 个村民组 92 户、496 人和 59 万元财产的安全
8	川黔铁路遵义至贵阳 K118	1970—1975 年		500		滑塌 6 次，断道 306 小时 25 分钟，后改隧洞 1360m，直接经济损失 620 万元
9	毕节下劳模	1970 年	3.0	300		造成 14 人死亡，财产损失 2 万元
10	六盘水火铺矿洗煤厂	1970 年		130		直接经济损失 600 万元
11	德江下平乡新滩	1970 年 5 月 8 日		4		中断乌江航运
12	六盘水矿洗煤厂	1971 年 6 月		200		人为因素诱发
13	赤水元厚乡罗寨	1972 年 5 月 15 日		0.015		造成 9 人死亡，9 间房屋倒损

续表

序号	位置	发生时间	规模		前/后缘高程(m)	灾害情况及防治措施
			面积(万 m^2)	体积(万 m^3)		
14	大方高店乡石韦村	1974 年	76.0	760		1974 年发现滑体上的拉裂裂缝，之后每年都有轻微滑动，处于蠕滑阶段，滑体上住有 90 户 500 人、大小房屋 72 栋、牲畜约 150 头、果树 600 多株，一旦失稳将造成直接经济损失 44 万元
15	威宁龙场区	1974 年 8 月				7 人死亡，倒损房屋 44 间
16	大方长石镇官田水库	1976 年	0.15	3.8		1976 年发现滑体裂缝，纵横交错 20 多处，开裂最大宽 4m 左右，最大深度 5m，现处于蠕滑阶段；可能危及大纳公路、桥 1 座和路基及官田水库溢洪道，可能直接经济损失 20 万元，间接经济损失是中断大纳公路和影响官田水库泄洪
17	大方长石镇柳村(红岩水电站)	1980 年	207.0	8670		1980 年曾局部下滑，房屋开裂、倒塌，裂缝达 3～7cm，并使红岩水电站的混凝土渠道开裂；现仍处于蠕动阶段，一旦失稳，将危及 8 个村民组 1200 余人及房屋 285 栋、牲畜 300 头、农田 $107hm^2$、林地 $38hm^2$ 的安全，直接经济损失达 150 万元，还可能阻塞三岔河，造成更大的危害
18	毕节青场乡	1982 年 5 月 10 日				造成 6 人死亡
19	纳雍阳长乡	1982 年				造成 11 人死亡
20	纳雍河溪	1982 年				造成 9 人死亡
21	纳雍猫长乡木井村	1982 年 5 月 10 日				转化为泥石流，造成 37 人死亡
22	赫章后山乡大寨村	1983 年	15.0	100		地面开裂，不稳定，可能危及 15 万元财产安全
23	水城大河边矿五一楼	1985 年 6—7 月				造成 596 间房屋倒损，直接经济损失 184 万元
24	纳雍阳长镇丰家垭口大坝田	1986 年 5 月	40.0	600		1986 年 5 月 25 日连降大雨后，滑体出现不同程度的拉裂和坍塌，后缘拉裂宽约 10cm，长约 50m，使 7 户民房裂缝；坍塌长约 100m，体积 30 万 m^3，垂直位移 4～5m，倒损房屋 1 间，同时地块、田埂亦产生坍塌，垂直位移达 0.5m；目前滑坡仍处于蠕滑阶段，随着变形的不断发展，将有发生大规模滑动的可能性，由于滑体居住 146 户 500 人，一旦失稳将造成严重损失

续表

序号	位置	发生时间	规模		前/后缘高程(m)	灾害情况及防治措施
			面积（万 m^2）	体积（万 m^3）		
25	水城大河边镇小场	1985 年 7 月		160		首先是在海拔 1933m 的山体出现开裂及崩塌，后在暴雨的作用下滑落到高程 1667m 的地段，掩埋房屋 7 幢和汽车、拖拉机数辆，死亡 8 人，经济损失数十万元
26	威宁金斗乡黑泥冲	1986 年	50.0	250		1986 年开始活动，其范围达 10 万 m^2，滑体后缘沉降达 0.8m，当时造成 2 户住房垮塌，20 多户房屋不同程度开裂，致使 10 多户村民搬迁，直接经济损失数万元；由地形地质环境条件判断，将来仍可能再次活动，一旦失稳可能危及 87 户近 400 人安全
27	毕节阴底大半村丫口岩	1986 年 4 月	0.68	20	1867/1907	1986 年 4 月 6 日一次连续降雨后曾产生小规模崩滑，破坏房屋 3 间；目前滑体后出现 0.03～3m 宽的裂缝，造成房屋开裂，现处于蠕滑阶段，一旦失稳，将危及岩脚 13 户 48 人、6.5 万元财产安全
28	纳雍中岭镇左营村岩脚	1987 年 4 月	5.8			1987 年 4—6 月滑体后缘出现裂缝，宽约 2cm，垂直位移 20cm，1992 年 4 月 7 日后缘再次裂缝，造成房屋开裂；滑坡现处于蠕滑阶段，一旦失稳，将危及纳水公路、滑体上村民 13 户 79 人以及滑体前缘的几个煤洞安全
29	大方瓢井镇中洞村王家岩	1988 年	17.0	765		1988 年雨季，局部坍塌造成大纳公路直接经济损失 8.5 万元，现滑体后缘裂缝宽 0.7～4.4m，处于蠕滑阶段；滑体上住有村民 14 户 74 人，并有耕地 $10hm^2$、大小牲畜 50 头，大纳公路从前缘通过，一旦失稳，危害严重
30	织金花鱼洞水电站	1988 年	1.3	3.6		该滑坡可分为两部分，上为危岩区，下为滑坡区；1988 年 5 月危岩区岩体崩落撞击厂房，在房顶形成 0.4m 的洞，危及电站渠道、厂房、前池压力管的安全，并危及 12 人和 1 幢房屋安全，直接经济损失达 60 万元，间接经济损失达 200 万元

续表

序号	位置	发生时间	规模		前/后缘高程(m)	灾害情况及防治措施
			面积（万 m^2）	体积（万 m^3）		
31	赫章妈姑区铅丰镇	1988 年	3.0	150		1988 年开裂，不稳定，可能危及 5000 人、900 万元财产安全
32	都匀匀阳造纸厂	1988 年 9 月 2 日				4 人死亡，1 人受伤，倒损房屋数间
33	大方小屯乡柿院村大坝子	1989 年	16.0	560		从 1989 年开始滑体变形，部分房屋有拉裂现象；现滑体上居住 40 户 120 人、牲畜约 40 头，一旦失稳直接危害 100 余人和数十头牲畜安全，并影响公路 400m，将造成直接经济损失 120 余万元
34	威宁金斗乡高田村岩底	1989 年	28.0	168		1989 年开始活动，其范围达 2.5 万 m^2，滑体后缘沉降 0.65m，裂缝宽 0.2m，当时造成 3 户住房垮塌，40 多户房屋不同程度开裂，直接经济损失上万元；该滑坡将可能再次活动，而危及各族农户 112 户 600 余人安全
35	织金白泥乡新黔村岩脚寨	古滑坡，1990 年复活		>120		1990 年雨季复活部分约 12 万 m^3，影响范围 65 万 m^2，因在白天无人员伤亡，但毁房 20 余间，损失约 21 万元，其他房屋开裂变形；现整个滑体处于蠕滑阶段，预计近年可能有 120 万 m^3 下滑，将直接危及 80 户 360 余人安全，直接经济损失 70 万余元，间接影响 103 户 460 余人，经济损失约 100 万元
36	织金八步镇水冬村李家寨	1990 年	30.0	180		1990 年雨季发生一次小规模滑移，表现为地面及房屋开裂，裂缝长 10～500m 不等，宽 10～20cm；现处于蠕滑阶段，一旦失稳，危及 150 人、约 60 万元财产安全
37	赤水茅台镇大桥	1990 年 10 月 27 日				桥台滑坡造成尚未通车的茅台大桥(桥长 275m)突然垮塌，当场压死 4 人，伤 8 人，经济损失达 500 余万元
38	织金熊家场乡大寨村大坡	古滑坡，1991 年 8 月活动	15.0	150		1991 年 8 月在滑体后缘出现一条长 400m、宽 5～30cm 的裂缝，造成 1 间民房垮塌，数间民房变形，大片竹林位移，表明滑体处于蠕滑阶段；一旦失稳可直接危及 50 户 220 人、25 头大牲畜和约 40 万元财产安全

续表

序号	位置	发生时间	规模		前/后缘高程(m)	灾害情况及防治措施
			面积(万 m^2)	体积(万 m^3)		
39	金沙龙坝乡平丰村阳寨小区	1991 年 7 月	22.5	225		1991 年 7 月 5—7 日 3 天暴雨后使滑坡复活，后缘下沉近 1m，两户房屋倒塌，其他房屋出现拉裂缝，裂缝宽 3～7cm，使部分农田下陷 20m 以上，表明滑体处在蠕滑阶段；一旦下滑将危及 3 家农户、36 人和百余亩农田安全
40	印江县印江左岸	1996 年 9 月 18 日		260		造成公路交通和通信中断，印江被堵塞，还有 3 人死亡，2 人失踪，更严重的是滑体形成一道天然堆石坝，阻断了印江，其回水淹没了上游的犀牛洞水电站和朗溪镇的部分居民，直接经济损失 1.5 亿元

具潜在威胁的滑坡

序号	位置	发生时间	规模		前/后缘高程(m)	灾害情况及防治措施
			面积(万 m^2)	体积(万 m^3)		
41	大方县城大十字		23.5 (368.0)	141.1 (44000)		滑体位于大方县城中心，人口和建筑物密集，滑体中裂缝至今已拉裂宽 9cm，处于缓慢的蠕滑阶段；滑体上居住近万人，有 34 个机关、事业单位，并有重要公路干线通过，滑坡一旦发生，将直接造成 4000 万元以上的损失
42	大方六龙镇六龙		58.4	1750		滑体位于兴龙镇中街村，住有区级机关，居住人口千余人，是兴龙镇的贸易中心；现滑体上裂缝达 10cm，处于蠕滑变形滑段，该滑体一旦失稳将造成严重危害
43	大方姚关乡竹子		6.0	300		该滑体曾多次活动，现不稳定，可能危及 4000 人、1000 万元财产安全
44	威宁高子镇居乐村雨白秋	老滑坡		200		近几年部分民房拉裂，预计可能大规模快速滑动，危及 700 人、700 万元以上财产安全
45	构皮滩水库三滩口	古滑坡		200	P_1 灰岩及页岩	滑入乌江形成急滩；该滑坡目前稳定，水库蓄水后将局部淹没
46	构皮滩水库毛林滩	古滑坡		100		整体滑入乌江，凸出江心，形成急滩；该滑坡目前稳定，水库蓄水后全部被淹没
47	构皮滩水库上施塘	古滑坡		400		水库蓄水后将大部被淹没

续表

湖北省

序号	位置	发生时间	规模		前/后缘高程(m)	灾害情况及防治措施
			面积(万 m^2)	体积(万 m^3)		
1	秭归	1023—1031年				山崩江石断流，舟楫不通近30年
2	秭归	1542年				六月乙酉沙子岭崖石崩裂，塞江流1km
3	秭归	1558年				夏新滩又崩裂，颓民居数十间，压死300人，堵江断航80年
4	秭归	1561年(明嘉靖四十年)				使楚王城(原秭归县城)官府及民舍1000余家，遭受严重破坏，县城被逼搬迁
5	黄陂	1597年				黄陂坡山高数寻，一夕平地
6	黄梅	1849年(清道光三十九年)				五月黄冈大崎山裂，黄梅卓壁镇有山阜自移数百步，其上林木如故
7	保康	1853年(清咸丰三年)				保康大山滑移十里许，毁田庐无算，陈家河东岸大山崩移西岸，盘龙寨山白峪沟山俱崩，压死居民无算
8	巴东东瀼口乡黄腊石	1931年、1975年、1983年、1987年	85	1800	65/840	复合型滑坡群体，有5级平台，农舍墙壁拉裂，树木歪斜，监测表明滑坡西部滑动明显，已治理
9	巴东西瀼口钟家梁	1931年	9.6	144	83/270	据访问，1931年雨季整体下滑，一度阻塞龙船河
10	秭归屈原乡仙女坪村	1935年				滑走9户，毁房31间，23人死亡
11	宜昌莲沱	1935年6月		250		将莲沱小镇推入长江，涌浪爬上对岸又摧毁3间民房，42人死亡，填平莲沱三漩，江水逆流数公里
12	宜昌黄鳝洞马家淌	1935年农历六月				毁坏民房13间，4人死亡
13	巴东西瀼口社公祠	1950年7月	34.5	690	82/320	7月22夜至22日晨因淫雨滑坡，一条街54户44栋房屋及货物一并滑入龙船河，河口被堵塞成湖，河水抬高约30m，断流1天多，滑舌爬高30～40m
14	黄冈贾庙乡林山南村上半山	1954年5月9日				36人死亡，1人受伤，覆压全部村庄13hm²
15	秭归文化乡福禄溪	1955年8月18日中午				覆盖溪流两岸170m，土深27m，水深20m，压死21人，倒损房屋5间，损坏耕地

续表

序号	位置	发生时间	规模		前/后缘高程(m)	灾害情况及防治措施
			面积(万 m^2)	体积(万 m^3)		
16	利川谋道区百胜乡先锋村	1968 年 8 月 20 日				5 人死亡，倒损房屋 3 间
17	巴东楠木园作楫沱	1970 年、1964 年 5 月、1985 年 5 月	5.1	128	80/250	1870 年大崩塌将一四合院全毁，1964 年将一魏姓住宅毁没，1985 年后缘出现宽 4～5cm 裂缝，外侧岩体下滑 10～15cm
18	巴东三友坪刘家沱	1975 年	20.3	305	204/425	不规则变形，前缘凸入江中，使河道拐弯，前后缘块石量增多，前缘 20 年树龄成“醉汉林”，60 年树龄成“马刀树”；该滑坡不稳定
19	郧县叶滩乡连四洪	1975 年、1988 年	17	120	230/380	潜在不稳定，后缘拉裂张开垂直位移 0.5～1.0m，大树歪斜呈现“马刀树”，1988 年再次拉裂
20	长阳榔坪乡潭河	1979 年 7 月 18 日				死亡 2 人，受伤 21 人
21	长阳资丘墓坪	1980 年 8 月 10 日	25	2124	122/485	1980 年西部滑了一部分，2 人死亡，墓坪村被毁；1993 年 6 月地面拉裂，房屋拉裂预制板塌落，裂缝长 60～80m，宽 0.5～3.5m，深度不等；经计算不稳定
22	兴山水文站	1981 年	15.8	107	140/500	雨季北侧裂缝长 170 余 m，下坐 0.5m，另一缝长 200 余 m，民房、场院亦有裂缝；1982 年雨季裂缝扩大
23	房县姚坪乡高家坡	1981 年 8 月 3 日、1983 年 8 月	14	300	230/350	不稳定，呈开阔的“圈椅”状；1981—1993 年蠕滑明显，1983 年 8 月后缘拉裂缝宽约 1m，下滑 0.5m，房屋拉裂，大树歪斜
24	竹山文峰乡布袋营	1982 年	24	480	230/480	不稳定；1982 年在滑坡后缘出现 4 条近东西向裂缝，并使滑体上房屋严重拉裂破坏，水塘干枯，危及竹山县城安全
25	竹山郭家沟	1982 年 6 月 2 日		0.7		8 户人家 28 间房屋被推倒，16 人死亡，2 人受伤，水平滑移 30 多 m
26	利川长庆乡石寨坪	1982 年 7 月 16 日	10			倒损房屋 203 间，损坏农田 7.9hm^2
27	房县姚坪乡屈家坡	1983 年	35	700	230/490	面积较大的浅层局部失稳，后缘局部拉裂，码头破坏，部分房屋开裂
28	房县姚坪乡乔家坡	1983 年	6	120	230/380	上游侧局部失稳，见有 4 条拉裂缝，地面垂直变形约 2m，浅埋电线杆歪斜，部分房屋开裂

续表

序号	位置	发生时间	规模		前/后缘高程(m)	灾害情况及防治措施
			面积(万 m^2)	体积(万 m^3)		
29	巴东城关榨坊坪	1983年、1991年8月	14.4	150	80/250	前缘略凸于江岸，堆积物有架空；1983年东部后缘出现长30m的数条拉裂缝，共长91.8m，后缘拉裂缝长100m；蓄水后可能整体失稳
30	房县姚坪乡前坪	1983—1984年	24	120	250/600	下游处面积较大的局部失稳，浅层土石体位移，房屋拉裂，前坪小学破坏严重，高压线铁塔歪斜和位移
31	姚坪乡姜家坡	1983年以来	35	1500	230/500	两侧及前缘局部失稳，使大树歪斜，民房拉裂破坏，水井及泉水流量减小
32	郧西夹河乡中窑	1983年	36	900	173/450	滑体中部出现多条拉裂缝，民房拉裂、大树歪斜，前缘沿公路有一系列小滑塌，位于丹江口水库170m水位附近
33	郧西夹河乡付家沟口	1983年	8.1	200	173/450	大规模滑动变形推倒民房、毁坏公路；近期活动明显，将影响水文站运行
34	郧西羊尾乡青山村焦家台Ⅵ号	1983年	30	750	170/580	后缘西测丁家坡房屋拉裂，前缘有小滑塌
35	郧西羊尾乡青山村焦家台Ⅱ号	1983年	17.8	523	170/520	二级平台后缘有裂缝，民房拉裂倒塌，晒场出现空洞，蓄水后不稳定
36	巴东三友坪乡钟家屋场	1983年	11.2	168	204/400	呈长方形，前缘凸出坡度较陡，后缘较平缓，1983年整体位移1m，冲沟内两侧有小规模垮塌，成稀性泥石流汇入清江；该滑坡稳定性差
37	郧县安城乡鳖窝子	1983年		100	150/240	前缘呈“舌”状突出江边，有活动迹象，滑体见“马刀树”；丹江口水库蓄水至170m后不稳定
38	恩施新塘乡新塘	1983年5—6月	499	50800	303/820	形如宽大“舌”状，凸向清江，前缘可见二三次以及近期滑移迹象，后缘拉裂槽宽200m；近期活动规模小，为湖北已知最大滑坡
39	秭归沙镇溪范家坪	1983年6月	220	11000	75/425	总体形态呈“圈椅”状，前缘基岩反倾，庙北前缘岸坡发生崩滑
40	远安盐池河柳江二组	1984年7月12日				3人死亡，倒损房屋18间
41	长阳四乡洞水电站	1984年2日				9人死亡，5人受伤
42	竹溪天宝龙滩越新	1984年8月28日				45人死亡，倒损房屋49间，损坏农田220hm²，损毁粮食150t，救灾费30万元

续表

序号	位置	发生时间	规模		前/后缘高程(m)	灾害情况及防治措施
			面积(万 m^2)	体积(万 m^3)		
43	咸丰凤顶山	1985 年 3 月 27 日				3 人死亡,1 人受伤
44	松宜矿务局陈家河	1985 年 5 月 6 日		0.005		13 人死亡
45	秭归新滩	1985 年 6 月 12 日	150	4500～6000	65/900	为历史性的约 400 年一周期的滑坡,1985 年将新滩镇推入江中,因预报准确及时撤离未伤一人,但滑坡使在船上过夜的 10 人死亡,长江断航 7 天
46	秭归马家坝	1986 年 7 月 16 日		2880		摧毁 2 个村庄,倒损房屋 620 栋,损坏农田 $267hm^2$,直接经济损失 450 万元,有预报撤离,无人员伤亡
47	秭归沙镇溪金江小学后山	1986 年 6 月				2 人死亡,3 人受伤
48	咸丰龙坪乡泡木湾采石场	1986 年 9 月 20 日				5 人死亡
49	应山京广线鸡公山至孝子店	1987 年 7 月 20 日				京广线断道 15 小时
50	宜昌市火车站	1987 年 7 月 20 日				受灾面积 $20hm^2$,4 股铁道被淤埋,铁轨鼓起,路堑塌方 3 处,毁 20 间民房
51	秭归水田坝乡姜家坡	1987 年 8 月 28 日				倒损房屋 124 间,损坏农田 $5.1hm^2$
52	利川建南佛堂水电站	1989 年 2 月 18 日		100		毁坝后 1km 隧洞 2 个,直接经济损失 30 万元
53	兴山建阳坪乡硅采石场	1989 年 8 月 29 日				10 人死亡,7 人失踪,1 人受伤
54	兴山城关粮管所	1990 年	16.1	320	125/430	1990 年 6 月 3 日大雨后卫生院住房发生大裂缝 50 余条,贯穿性裂缝 4 条,宽 1～10cm
55	秭归沙镇溪殷家坝	起于 1990 年	43.8	2190	170/500	梯田下陷位移最大达 1.5cm,房屋拉裂被迫搬迁,水塘拉裂,树木倾斜
56	长阳枝柘坪乡桂花树村大河坡	1990 年 4—5 月	10.5	158	182/330	呈"喇叭"状负地形,前缘凸向江中,侧面冲沟有小规模滑坡破坏,雨季尤甚,1990 年 4、5 月垂直拉移达 30 多 cm
57	新洲阳逻镇轮渡码头	1991 年 7 月 10 日		0.9		40 多 m 路基向倒水河地堑滑动,公路严重破坏,交通中断,轮渡停航 20 天,闸管所大楼受威胁

续表

序号	位置	发生时间	规模		前/后缘高程(m)	灾害情况及防治措施
			面积(万 m^2)	体积(万 m^3)		
58	巴东黄土坡	1995 年 10 月 29 日	1.36	近 7000		摧毁房屋 3 栋，压埋 13 人，其中死亡 5 人，重伤 7 人，轻伤 1 人，直接经济损失 1000 多万元，当年 10 月再次发生，损失近 2000 万元
59	恩施沐抚乡搬木	2000 年 7 月 24 日		近 100		筑成 48 万 m^3 的天然堆石坝，使清江断流，5 个渔民 2 死 1 失踪 2 重伤，上、下游部分住房、农田、烤烟房受严重损害
60	巴东三友坪乡古树包	2001 年 1 月 7 日上午		100		30 多户房屋垮塌，幸无人员伤亡
61	秭归沙镇溪千将坪	2003 年 7 月 13 日凌晨		2400		14 人死亡，10 人失踪，堵断青干河，淤坝长 128～400m，厚 145～400m，高程 149～178m，倒塌房屋 346 间，毁农田 71.1hm^2，毁 4 家企业，损坏省道 3km，河上 22 艘船被涌浪打翻，损失约 8000 多万元，临滑前 2 小时报警，人员撤离
具潜在威胁的滑坡						
62	长阳鸭子口杨家槽		30	710	98/570	鸭子口新镇主要兴建在该滑坡上，已耗资数千万元以上，滑动将造成严重损失，现已设监测点
63	秭归沙镇溪树坪		53.1	2360	66/450	见四级平台，滑坡后壁清晰
64	秭归沙镇溪白水河		52.0	1820	74/410	滑体具明显后缘加载特征，上部较陡，蓄水后属不稳定
65	巴东官渡口乡官渡口		90.5	2715	90/315	纸厂沟一带雨期有塌落及泥石流发生，稳定性较差
66	秭归水田坝龙江		71.8	2000	142/425	前缘受归州河顶冲发生拉裂缝，其上房屋开裂，蓄水后局部失稳
67	秭归沙镇溪庙湾		12.5	120	125/290	整体为负地形，位于沙镇溪镇新址，前缘淹水后可能使滑体失稳，应注意
68	秭归沙镇溪桑树坪		33.5	1675	174/375	有四级平台，基本稳定
69	秭归沙镇溪卧沙溪		18.2	273	100/350	前部每隔几年变形一次，梯田下陷最深达 0.5m，中后部自 1993 年开始房屋普遍开裂，梯田下陷，水塘漏水
70	秭归沙镇溪乱泥湖		36.4	546	105/330	房屋普遍拉裂 2～10cm，梯田下陷，地表出现拉裂疑缝；该滑坡不稳定
71	巴东东瀼口彭家屋场		63.5	1270	145/485	巴东组顺向坡，局部变形，整体稳定
72	郧县胡家营构树坪	1983 年	39.4	591	165/490	滑坡地貌明显，后缘产生拉裂缝，宽 30cm，民房拉裂

续表

序号	位置	发生时间	规模		前/后缘高程(m)	灾害情况及防治措施
			面积（万 m^2）	体积（万 m^3）		
73	宣恩万寨上河坪		72.5	1305	364/850	前缘为崖高 30m 陡崖，滑体呈负地形，但所处位置较高，因而势能大
74	恩施沙地乡中建坪		265.3	3980	480/686	滑坡发育三级平台，未直接临江，有一小山包阻挡，稳定性好
75	恩施沙地乡把月池		282.3	8469	295/1020	前缘临江后缘有 2 道拉裂槽，宽百余米，前缘地下水丰富
76	恩施沙地乡长淌		101	1515	230/200	呈“长舌”状，前缘再次活动，上覆黏土全已作水田，稳定
77	恩施沙地乡大荒坝		150.8	3016	277/662	前缘呈“舌”状凸入清江，后缘“圈椅”状地形，有多级平台，稳定
78	恩施沙地乡团井		62.1	1863	275/720	长条状地形，前缘较陡，稳定
79	恩施沙地乡土地堂		73.9	3695	275/445	“圈椅”状地形明显，前缘临江为 45°左右陡坡，高近 100m，稳定
80	建始景阳雷家坪		66.7	2001	355/540	具二级平台，前缘抵临江陡崖，后缘“圈椅”状地形，整体稳定
81	建始景阳乡下坪		54	1620	245/510	边缘两侧沟成双沟同源，滑体黏土覆盖，民居集中，暴雨形成稀性泥石流汇入清江
82	建始景阳乡龙潭坪		466	1398	244/450	前缘临江，且凸入江中，整体呈负地形，侧缘冲沟有小规模崩塌，并以泥石流形式汇入清江
83	建始景阳乡皂树淌		289.1	10119	430/895	发育三级平台为壤土覆盖，前后缘均抵陡崖，滑体内纵向冲沟发育，在暴雨时形成泥石流
84	建始景阳乡水田坝		171.1	5989	246/617	形状不规则，有二级平台，台面为黏土覆盖，前后缘均低陡崖，近期冲沟两侧有崩塌，后缘陡壁有崩塌
85	建始景阳乡马干塘		83.8	2916	246/650	呈长条形负地形，前后缘明显，村居较多，现稳定
86	建始景阳乡狮子包		96.6	3864	244/705	滑体除前缘呈负地形外，其余为凸出地形，后缘有 4 条较大的拉裂槽谷宽达 80m；较稳定
87	建始景阳柳家坪		30.7	1704	243/517	平面为一“喇叭”形，前缘凸入江中，使河道拐弯，后缘呈窝状负地形，上游侧冲沟可见近期垮塌
88	建始景阳乡白果树		15.7	314	500/720	长条形滑体物质为浅黄色黏土块石少见，多为耕地；近期活动明显，损坏民房、道路和耕地
89	建始景阳白果淌		56	1680	243/515	滑体前缘明显凸向江中，使河道拐弯，前缘为碎块石组成，可见小规模垮塌

续表

序号	位置	发生时间	规模		前/后缘高程(m)	灾害情况及防治措施
			面积（万 m^2）	体积（万 m^3）		
90	巴东官渡口乡官渡口		90.5	2715	90/315	纸厂沟一带有塌落及泥石流发生，稳定性较差
91	巴东泗淌乡泗淌坪		118.6	4744	213/550	沿江分布 1850 余 m，呈弧形凸向清江，由灰岩块石及碎石土组成；该滑坡稳定
92	巴东后门乡鱼洞河		45.1	2350 (1128)	203/625	呈狭长槽状地形，组成物质以黏土为主夹少量块石，有纵向冲沟发育，大雨时稀性泥石流破坏；该滑坡稳定性差
93	巴东沿渡河田家梁子		88.4	2652	160/400	基本稳定
94	巴东沿渡河吴家院子		64.5	1290	143/470	10 多年前，前部发生一次小滑坡，顺沟形成碎石流
95	巴东新城赵树岭		77.3	3100	80/690	基本稳定，新城在建
96	巴东新城黄土坡		128.8	7000	80/650	潜在不稳定，上有房屋建筑，部分已滑动
97	长阳枝柘乡龙王冲村大岩淌		20.8	640 450	199/425	呈扇形前缘凸入清江，组成物质主要为 P 灰岩块石，大者近百立方米，有架空现象；该滑坡稳定性差
98	长阳枝柘坪乡桅杆坪村包上		10.2	180 150	199/450	“圈椅”状地形明显，前缘凸向清江，两侧有浅冲沟，该滑坡又名马岩湾滑坡；勘探认为稳定性差
99	长阳渔峡口茅坪		96	2350	150/570	由于采煤致使严重变形，影响茅坪镇安全及隔河岩水库淤积；已设监测点，应控制采煤
100	长阳资坵枣树坪		53.47	2927	124/320	已设立监测网进行监测
101	招徕河外村滑坡		47.1	1413	183/400	前缘凸出，后缘表现为负地形，边界清楚；滑坡稳定
102	磨刀河甄家园		39	1265	257/500	前缘凸入河中，后缘负地形抵陡崖，块石多，中部发生蠕滑拉裂，使民房破坏；稳定较差
103	支锁河猪卜笼		58.5	1755	325/625	前缘凸出，后缘呈“圈椅”状地形，前缘两侧及中部有 3 处近期活动，局部失稳
104	支锁河双莲头		39.4	1576	300/500	前缘凸入河中，后缘“圈椅”状负地形，后缘近期有局部滑移
105	青龙河王家老屋		69.4	1388	305/875	前缘陡(30°～40°)，后缘缓
106	青龙河中村	1992 年雨季	145.5	2912	320/900	前缘临河，1992 年雨季滑体中部中村一带出现 1 条约 500m 长的张裂缝，宽 20cm，1992 年、1993 年出现宽 30cm、长 100m 的弧形张裂缝

续表

序号	位置	发生时间	规模		前/后缘高程(m)	灾害情况及防治措施
			面积(万 m^2)	体积(万 m^3)		
107	野三河大楠坪		116.5	1748		崩塌物形成 35°～40°陡坡，块石略有胶结
108	硝洞河大寨	古滑坡	61.6	8010	320/870	滑体全部入小河，河道全部堵塞转为暗河，后缘留下宽大滑槽达 200 余 m，滑体地层层序完好
109	伍家河金龙坝		120.5	3013	328/670	呈三角形，由二叠系灰岩块碎石及泥盆系砂岩碎块石组成
110	马尾沟葛家坝		85.6	2100	326/630	前缘向沟中凸出，中部可见三级平台，后缘呈“圈椅”状地形
111	龟山河谭家屋场		92	1100	370/775	前缘变成阶地，后缘呈“圈椅”状地形，见后缘陡崖，零星垮塌；该滑坡稳定
112	龟山河大池坝		66.5	1350	375/825	前缘临江成阶地，后缘平缓，后缘部位有大量二叠系灰岩石块使滑体加载
113	中间河凉水井		40.4	1200	390/750	前缘凸入河中，被改造成阶地，后缘呈“圈椅”状地形；该滑坡稳定
114	郧西夹河乡英安坪			3500		危及夹河中学和粮管所安全
115	神农架木鱼小当阳			1725		危及居民和公路交通安全
116	宜昌南沱			2500		危及长江航道安全
117	利川石塞坪			3000		毁房 120 间
118	利川鹰嘴石			220		毁房 4 间、农田 1.9hm^2
119	恩施保札			17500		毁农田 66.7hm^2
120	鹤峰江口乡泗浬潭		10	300	210/370	对江垭水库严重影响，稳定性差
121	鹤峰江口		15	525	210/410	滑体已延至江边，曾有两次解体；现稳定性差，对江垭水库有严重影响
122	鹤峰铁炉乡董家山			4000	220/470	经过 2～3 次解体，均保留有“圈椅”状地形，可能失稳，严重影响江垭水库

河南南部

1	西峡丹水乡杨冈水库大坝	1966 年 7 月 25 日				14 人死亡，倒损房屋 44 间
2	南召红军工厂	1975 年 8 月 6 日				推毁厂房 1100m^2，砸坏设备 13 台，直接经济损失 190 万元，治理费 250 万元，工厂推迟试生产 1 年多
3	西峡太平镇公路沿线	1987 年 7 月 7 日		0.01		经济损失 50 万元
4	桐柏县城	1991 年 8 月		1.0		经济损失 1947 万元

续表

序号	位置	发生时间	规模		前/后缘高程(m)	灾害情况及防治措施
			面积（万 m^2）	体积（万 m^3）		
5	桐柏平氏水库大坝	1991年8月	0.1			经济损失50万元
6	南召境内207国道	1991年9月	0.5			经济损失50万元
7	内乡夏馆金矿公路	1992年7月	0.05			经济损失20万元
8	淅川寺湾乡	1996年9月	0.025			伤亡1人，经济损失30万元
湖南省						
1	郴州黄岭	778年(唐大历十三年)				黄芩山摧压死者数百人
2	保靖夯沙乡五都点	1954年6月27日				70人死亡，1人受伤，倒损房屋87间，冲毁农田1.3hm^2，死牲畜80头
3	浏阳宝盖洞水库	1954年7月				死亡近300人
4	衡东南岳紫冈岭	1955年5月				鸡公岩滑塌，35人死亡，倒损房屋15间
5	安化柘溪水电站上首对口溪南岸	1960年6月		7		50人死亡，巨浪拍大坝
6	安化柘溪唐岩光	1961年3月6日		165		涌浪高达21 m，翻过正在施工的坝顶，将坝面工作的百余人冲走，66人死亡，延误工期达1年之久
7	新晃中寨乡祥冲	1970年7月13日				5人死亡，倒损房屋15间
8	慈利冷旭公路	1970年7月15日				21人死亡，2人受伤
9	湘黔铁路大栗树	1971年9月		30		毁铁路1173m
10	慈利赵家垭水库工地坝顶	1973年6月11日				3人死亡，17人受伤
11	凤凰官庄乡茅边冲	1974年5月4日				26人死亡，3人受伤，倒损房屋16间
12	保靖正普乡狗爬岩	1977年3月22日				7人死亡，8人受伤
13	常德南坪乡石煤露天矿	1983年11月5日		3.6		15人死亡，1人受伤，埋车10辆
14	冷水江市锡矿山	1987年4月27日				3人死亡，4人受伤

续表

序号	位置	发生时间	规模		前/后缘高程(m)	灾害情况及防治措施
			面积(万 m^2)	体积(万 m^3)		
15	安源香花锡矿	1987年5月24日				18人死亡，系非法开采
16	永兴塘门口塘市煤矿	1987年6月22日				4人死亡，21人受伤
17	安化柘溪水库	1990年6—7月				49个滑坡，直接经济损失1000万元
18	冷水江市浪丝滩	1990年夏		1000		多条拉裂缝与边坡走向一致，单条长30～100m，宽0.2～0.5m，裂缝高差0.2～0.6m不等，最大可达3m
19	慈利赵家岗乡	1991年7月9—14日		3次共2200		毁农田220多 hm^2、房屋226间，直接经济损失120万元
20	麻阳大垄乡南木底向阳3号隧道出口			0.082		在枝柳铁路，毁铁路10m，正在运行的火车毁坏车头2个，车厢5节报废，停运57小时57分钟，直接经济损失2447万元
具潜在威胁的滑坡						
21	文家沟			690		处蠕动变形阶段，山体开裂，不稳定
22	天鹅天山村			1953		处蠕动变形阶段，山体开裂，不稳定
23	九里垭			319.8		处蠕动变形阶段，山体开裂，不稳定
24	阎家台			534.8		后缘陡壁高50～60m，经常崩塌加载，该滑坡不稳定
25	九斗峪			162.8		处蠕动变形阶段，山体开裂，不稳定
26	向家岭			1094		处蠕动变形阶段，山体开裂，不稳定
27	施溶溪			1850		经过整治，已日渐稳定
28	沅陵深溪口卢家湾			1600		经过2次滑动，现基本稳定
29	沅陵北溶乡古寨坪			1950		为古滑坡，滑床沿层面发育，岩体破碎，该滑坡稳定
30	刘家			170		地形陡、山体开裂，多处小崩塌，该滑坡不稳定
31	红岩下	1990年6、7月		169.2		沿冲沟呈狭长状分布，后缘裂缝较多，该滑坡不稳定
32	江华雾江乡雾江			1500		已滑动
安徽省						
1	繁昌峨山繁昌制药厂	1984年、1991年4月		0.2		1984年7月雨季土体滑坡1次，1991年4月大雨继续滑动，形成泥流，淤埋至厂房窗口，工厂停产42天，清理费20万元，直接经济损失近百万元

续表

序号	位置	发生时间	规模		前/后缘高程(m)	灾害情况及防治措施
			面积（万 m^2）	体积（万 m^3）		
2	巢湖维尼纶厂	1987 年 9 月				第四段挡土墙位移 8cm，在墙后施工抗滑桩至 90 年达 24 根，未能挡住，继续位移 6.3～14.6cm，墙下路面受挤压隆起，威胁 2000 万元财产，经勘探原桩基未至滑面以下
3	马鞍山金家庄矿渣厂采石场	1988 年 11 月 20 日		0.15		2 人死亡，3 人受伤，埋拖拉机 1 台
4	贵池刘街乡郑庄村	1990 年 4 月 30 日		0.01		3 人死亡
5	巢湖东风石灰石矿采场	1991 年 6 月 7 日		34		下部的 44m 采场和 2 号塘口滑坡，被迫停产 3 个月以上，直接经济损失在 200 万元以上

江西省

序号	位置	发生时间	规模		前/后缘高程(m)	灾害情况及防治措施
			面积（万 m^2）	体积（万 m^3）		
1	丰城山王沱	1958 年 8 月 19 日				14 人死亡
2	丰城紫云山水库	1958 年 9 月				2 人死亡，7 人受伤
3	宁都竹坑水库	1960 年 1 月 12 日				11 人死亡，18 人受伤
4	丰城黄金水库工地边山	1972 年 12 月 30 日				29 人死亡，11 人受伤
5	高安行山煤矿 3 采区	1973 年 4 月 25 日				12 人死亡，停产 4 个月，直接经济损失 100 万元
6	赣县茅店乡大龙村	1975 年 6 月 6 日	0.32			22 人死亡，1 人受伤，损毁房屋 3 间
7	上饶下源村	1982 年春				12 人死亡
8	大余西华山矿	1987 年 8 月 29 日		0.02		8 人死亡，2 人受伤
9	上饶朝阳乡下源村	1988 年 5 月		0.3		压垮民房 2 栋
10	上饶朝阳乡下源村	1988 年 6 月 21 日		7.4		29 人死亡，43 人受伤，14 户房屋被掩埋，直接经济损失 120 万元(另有资料为 38 人死亡，49 人重伤，损失 270 万元)，整个滑动过程不到 30 秒，最大滑距 235m
11	全南大吉山钨矿	1988 年 6 月		0.2		15 人死亡，4 人受伤，倒损房屋 10 间，直接经济损失 4.8 万元

续表

序号	位置	发生时间	规模		前/后缘高程(m)	灾害情况及防治措施
			面积（万 m^2）	体积（万 m^3）		
12	庐山	1990 年 6 月 27 日—7 月 4 日				5 人死亡
13	瑞金瑞林乡	1992 年 3—4 月				428 户 1247 间房屋被压垮
14	瑞金下坝乡湖岭村	1992 年 3—4 月				18 户住房掩埋或压垮
15	兴国县	1992 年 3—4 月				倒塌房屋 100 余间，压死 13 人
16	铜鼓西向乡塔下村	1998 年 6 月 26 日上午 11 时				滑坡转泥石流使 15 栋民房、4.67hm^2 山林、8hm^2 农田荡然无存
17	上饶县					倒塌房屋 2472 间，压死 3 人，伤 35 人
18	安福东合水库			260		滑坡后壁较陡，壁高 0.5～3m

江苏省

1	镇江宝盖山	1954 年 8 月 17 日				15 人死亡，32 人受伤，倒损房屋 20 间
2	南京栖霞山石龙庙	1983 年 7 月 13 日				两户居民首先发现房屋产生裂缝后扩大至倒塌，饮水井被堵，台阶拉断倾倒，玻璃厂房屋全部倒塌，共倒塌房屋数十间，损坏近百间，损失较大
3	镇江	1991 年 5 月下旬—6 月中旬				云台山、跑马山、宝盖山、狮子山、北固山、焦山等地连续发生滑坡崩塌 44 处，毁坏房屋 420 间，毁坏液化气站、油库、锅炉房各 1 座，1 所疗养院被迫停止营业，死 1 人，伤数人，直接经济损失 800 万元
4	镇江云台山	1991 年 7 月 9 日		10		做过勘察及时发出警报，86 户 133 人安全转移，幸免遇难，100 多间房屋被掩埋

第五章 泥石流灾害

泥石流为含饱和或过饱和固体物质(泥沙、石块和巨砾)的高黏性流体，是一种在山区常见的地质现象。它既可以是各种自然因素(地质、地貌、水文、气象、土壤、植被)作用的结果，也可以是自然因素和人为因素综合作用的结果。泥石流因其形成过程复杂、暴发突然、来势凶猛、历时短暂、破坏力极大而成为山区经济建设和人类生命安全的一大灾害。泥石流灾害就是泥石流社会性的表现，是从属于人类社会的。过去由于它流域面积小，成灾大，总与特大暴风雨相伴生，故往往被赋予神秘色彩，长期以来泥石流现象被称为“走蛟”、“出龙”，四川西部山区称为“母猪龙”，云南称为“蛟龙”，还有的称“龙扒”、“啸山”等。

第一节 泥石流类型与发育条件

一、泥石流分类

泥石流涉及诸多方面，但分类原则、指标等，目前尚不统一，根据不同的分类标准和研究目的，有相应的泥石流分类方案。一般常用单指标或局部综合分类(见表 5-1-1)。此外，还有根据泥石流沟面积大小、人类活动程度等的分类。

表 5-1-1 泥石流分类表

指标	类型	主要特征
成因	人为泥石流	不合理的人类活动引起，包括经济、社会、军事活动
	自然泥石流	纯自然因素引起
物质补给方式	散流坡面泥石流	坡面散流冲刷饱和土层而形成
	崩塌泥石流	崩塌体液化或遭冲刷而成
	滑坡泥石流	滑坡体液化或遭冲刷而成
	沟床泥石流	沟槽水流掀揭底层而成
	溃决泥石流	溃决水流冲起溃坝土体而成
流体组成	泥石流	粗土粒(粒径大于 2mm)含量超过 30%
	泥流	粗土粒含量小于 30%
	水石流	缺少细土粒(粒径小于 0.02mm)
流体性质	粘性泥石流	黏浓，密度一般超过 $2t/m^3$，惯性强，冲击力大
	稀性泥石流	较稀，密度小于 $1.7t/m^3$
	过渡性泥石流	介于上述的两者之间，密度为 $1.7\sim2.0t/m^3$
发育阶段	发展期泥石流	沟道和坡面源地扩大，土量增加，频率增加，可预测、预报
	旺盛期泥石流	源地和土量增重最大值，泥石流频频暴发，可预报、警报和预测
	间歇期泥石流	源地土体趋向稳定，偶尔暴发，须提高警惕
	衰退期泥石流	源地补给土量递降，频率、规模递减，可预测、预报

续表

指标	类型	主要特征	
规模（两者之一）	特大型	最大一次冲出物体积大于50万m^3	流域单位面积固体物质储量大于100万m^3/km^2
	大型	10万～50万m^3	10万～100万m^3/km^2
	中型	1万～10万m^3	5万～10万m^3/km^2
	小型	小于1万m^3	<5万m^3/km^2
危害程度和破坏作用	轻度	造成沟床和边坡冲刷，淤埋少量耕地，未有或少于3人伤亡，财产损失数十万元以下	
	中等	能局部破坏建筑物，可在较短时间内修复，造成3～10人死亡，财产损失100万～500万元	
	严重	能破坏建筑物，造成死亡人数10～30人，财产损失500万～1000万元	
	极严重	能大量破坏建筑物，对生命、财产造成极大损失，死亡人数超过30人，损失超过1000万元	
成因动力条件	暴雨型	由暴雨引起径流形成快而量大	
	冰川融化型	水源为冰川	
	水体溃决型	天然或人工坝体溃决引起的泥石流，量大而短暂	
	混合型	两型以上混合	

注：据《三峡库区滑坡泥石流预警指南》和《泥石流减灾理论和实践》。

上述分类中以按流体性质分类应用较为普遍。

二、泥石流发育条件

泥石流形成有3个基本条件，即地质条件、地貌条件、水源条件。换言之为：丰富的松散固体物源、陡峭的坡面和高势能沟床以及充沛强大的水动力。

1. 地质条件

地质条件是决定泥石流分布的首要因素，集中反映在可形成松散碎屑物质的多少。没有足够的松散固体物储量，不可能形成泥石流。

(1)岩石性质。主要为岩石类型、软硬程度、完整性、成岩程度、岩层厚度等。新生界(尤以第四系)地层往往比较松散，易成为泥石流固相物质，而其他各界系地层则以岩性软度和破碎为条件。陇南白龙江地段地层以碧口群和白龙江群的变质岩系(千枚岩、片岩、板岩)为主，其上还有黄土覆盖，故泥石流发育密集。

(2)地质构造、新构造运动及地震。对泥石流发育形成具有直接影响的是断裂，尤其是活动性大断裂，它使岩石破碎、利于风化、形成透水岩带。如小江深大断裂带，断裂破碎带宽达1500～2000m，成为云南巧家及小江流域大型泥石流发育的内因，其灾害性泥石流就有50余条；龙川江沿元谋绿汁江断裂发育，两岸泥石流沟达131条；安宁河断裂带有泥石流沟267条。

新构造运动强烈表现为垂直差异大，地形相对高差大，如安宁河谷泥石流发育即为其例子。

地震可震碎松动岩体，为泥石流准备充足的固相物质，亦可触发泥石流，鲜水河地震后泥石流发育即是一例。又如1976年松潘—平武地震激发51条沟谷发生泥石流，所造成的死亡人数大于地震直接形成的灾害；1989年巴塘地震，Ⅶ度以上地区形成泥石流沟谷达200余条。

(3)风化作用和重力作用。直接为泥石流准备物源。

2. 地貌条件

地貌条件为泥石流发育提供基础。

(1)相对高度。相对高度对泥石流的形成起关键作用，它决定势能的大小。一般来说，一条沟谷其相对高度达到300m才有可能发生泥石流，而金沙江、雅砻江等地相对高度达1500～2000m。在地貌的突变部位，也有利于泥石流沟发育。

(2)坡度与坡向。凡是泥石流发育的山地、沟谷，其坡度都比较陡峻，大量调查表明，25°～45°的斜坡发生滑坡的可能性最大，而45°及以上的斜坡，易发生崩塌。不稳定斜坡成为泥石流物源地(见表5-1-2)。

表5-1-2　**泥石流形成区山坡坡度统计**

坡度(°)	20～30	30～40	40～50	50～60	60～70	合计
条数	10	10	7	8	3	38
占总条数的百分比(%)	26.6	26.6	18.7	21.0	7.1	100

注：据《中国山地灾害防治工程》。

坡向主要影响风化作用的强度，一般在北半球向南坡和向西坡(阳坡)泥石流比较发育，这与影响风化和降水有关。

(3)流域形状和沟谷形态。流域形状对雨水和暴雨径流过程有明显的影响，以漏斗形、栎树叶形、桃叶形、长条形等最有利于泥石流汇流。

泥石流沟的流域面积、沟长、沟床平均纵坡比降是表征沟谷形态的3个重要参数。据统计，泥石沟集水区面积以小于50km^{2}为多(见表5-1-3)，以攀枝花地区为例，流域面积0.4～50km^{2}的泥石流沟占总数的90.2%。沟长影响流域形状和汇流速度。沟床平均纵坡比降是流体由势能转化为动能的重要条件。一般来说，比降越大越有利于泥石流的发生。四川汉源流沙河有42条泥石流沟，其沟床比降以100‰～300‰居多，占总数的83%，而最大值达686‰。表5-1-4为西藏150条泥石流平均沟床统计结果。沟床比降亦反映泥石流沟的发育状况，陡为正处发育阶段，变缓则进入间歇期或衰亡期，小于50‰便过渡为非泥石流的清水沟。

表5-1-3　**泥石流沟集水区面积统计表**

集水区面积(km^2)	<0.5	0.5～10	10～50	50～100	>100	合计
泥石流沟条数	26	135	49	7	2	219
所占比例(%)	11.9	61.6	22.4	3.2	0.9	100

注：据《中国山地灾害防治工程》。

表5-1-4　**西藏150条泥石流沟床比降统计表**

沟床比降(‰)	<50	50～100	100～300	300～400	400～500	>500		小计
泥石流条数	3	26	82	28	5	4	2	150
所占比例(%)	2	17.3	54.7	18.7	3.3	2.7	1.3	100

3. 水源条件

泥石流与水关系极为密切，形成时要有足够的水体，而水源主要来自大气降水。

尤以前期降水量和 10 分钟雨强和 1 小时雨量(mm/h)为重要。只有当雨水、冰雪融水、溃决水形成强大的径流，才能挟带大量土石融合成泥石流。长江流域有 5 个暴雨区，各区内又有暴雨中心，在此区内引发较多泥石流。云南巧家的白泥沟，经多年观测得出：前期连续降雨量超过 30mm，且当日 24 小时降雨量超过 30mm 时，可预报即将发生泥石流；前期连续降雨小于 30mm，但当日 24 小时降雨量大于 60mm 时，亦可预报即将发生泥石流。这一数值各地有所不同，可通过观测而得出阈值。

4. *人类活动*

人类活动对泥石流发育具有较大影响，如植被破坏、陡坡种植，生态环境恶化。一旦暴雨山洪形成，就出现土随水走，石随水滚，水借土力，土助水势，水土互动，可促进泥石流的发生。此外，开矿弃渣的乱堆乱放，修路(公路、铁路)破坏边坡稳定，水库蓄水提高浸润线，桥涵过小堵塞流路等，均可使泥石流暴发成灾。

第二节　长江流域泥石流分布

一、泥石流地域分布

长江流域地域辽阔，跨越三大地势阶梯，山区地质条件复杂，山高坡陡，气候复杂多样，为泥石流发育提供了有利条件。大体上以龙门山、乌蒙山，巫山和武陵山为界可分为 3 个区。西区包括广阔的高原，深切的高山、极高山和中山区，除高原外，其余都是泥石流最发育分布最集中的地区，也是我国泥石流最集中分布区之一。中区分布中等；而东区的长江中、下游多为低山、丘陵、平原，泥石流分布零星，灾害较少(见图 5-2-1)。现对泥石流分布状况分述如下。

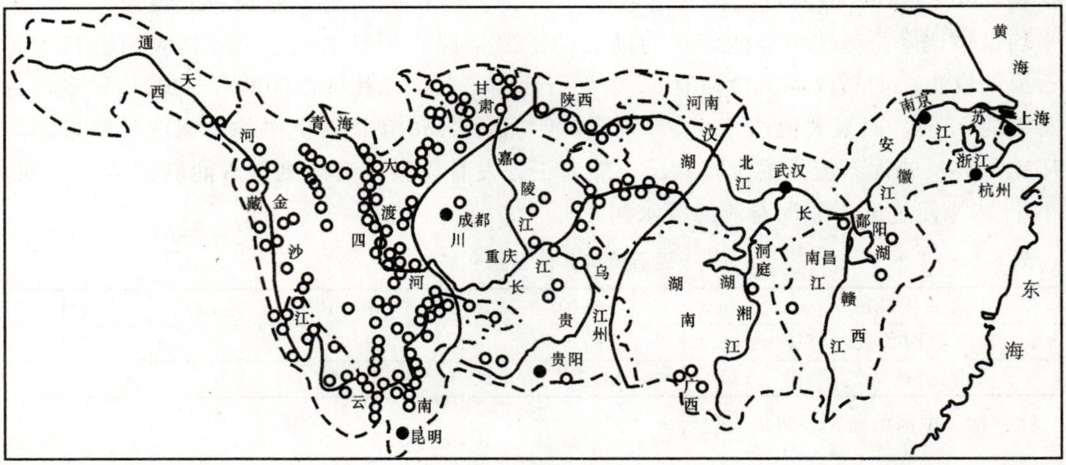

图 5-2-1　长江流域泥石流分布示意图

1. *冰川型泥石流的分布*

冰川型泥石流分布区的冰川类型主要为海洋性冰川，这类泥石流分布在青藏高原和周围边缘的极高山和高山区，如贡嘎山(海拔 7556m)东坡和北坡分布有 8 条冰川型泥石流沟。冰川型泥石流分布范围极小。

2. 泥石流在各水系的分布

根据各种资料分析整理统计，长江上游及主要支流已查明的泥石流沟分布状况如下：金沙江巴曲河口至奔子栏段分布有泥石流沟 300 余条，金沙江下游分布有泥石流沟约 1450 条(其中四川会理等 7 县 438 条，云南昭通地区约 300 余条)；岷江流域有泥石流约 1229 条，其中大渡河流域 676 条，岷江上游及青衣江流域 553 条；嘉陵江流域有泥石流沟约 3058 条，其中白龙江流域约 1520 条，西汉水流域 932 条，嘉陵江干流及其他支流 606 条；雅砻江流域有泥石流沟 603 条，其中鲜水河流域 148 条，安宁河流域 192 条，雅砻江干流二滩至打罗两侧 164 条；乌江流域有 18 条；龙川江中下游 26 条；小江流域 107 条；长江三峡库区巴东至云阳段为泥石流危害严重段，整个库区干支流两岸有 271 条，其中支流 172 条，共计 7000 余条。

3. 泥石流在各省的分布

甘肃省的迭部、舟曲、宕昌、礼县、天水、武都、康县、文县、徽县、两当、西和、成县等县市均有泥石流分布。陕西省的凤县、略阳、宁强、镇巴等县均有泥石流分布。四川省除成都平原和盆地中部地区无泥石流外，川西山地及盆周山地和川东地区的县市均有泥石流分布，仅 1981 年夏季就有 50 个县千余条泥石流沟暴发了泥石流。云南省泥石流主要分布在东川、巧家、楚雄、鲁甸、昭通、永胜、祥云、宁蒗、水富、盐津、永善、会泽等县市。贵州省泥石流主要分布在毕节地区。西藏自治区的生达、江达、妥坝、贡觉、芒康、盐井等县均有泥石流分布。湖北省泥石流主要分布在鄂西的秭归、巴东等县，据文献全省有泥石流 85 处。湖南省有矿山泥石流分布。青海省仅在干流河谷深切地区有零星泥石流分布。

4. 铁路沿线泥石流的分布

成昆铁路沿线分布有泥石流沟 511 条，宝成铁路沿线(长江流域内)分布有泥石流沟 159 条，东川铁路支线有泥石流沟 86 条，贵昆线 3 条，阳安线 126 条，浙赣线 1 条，湘黔线 4 条，襄渝线 66 条，东川线泥石流沟分布密度最大，大白河至小江段长 53km，平均 1.6 条/km。

二、泥石流分布规律

泥石流发育受地质构造、地层岩性、地形地貌等因素影响，故尚有如下分布规律。

1. 集中分布在切割强烈、地势陡峻，相对高差较大的迎风坡地区

长江上游跨越我国地形高差变化最大的两个地带，即地势自西向东而分为三级阶梯的一、二级阶梯过渡带和二、三级阶梯过渡带。从平均海拔 4000m 以上的青藏高原下降到海拔 1000～2000m 的云贵高原和海拔 300～700m 的四川盆地，其间分布着横断山、贡嘎山、龙门山、岷山和大凉山等山脉。这是第一过渡带；第二过渡带上分布着秦岭、大巴山、华蓥山、大娄山、巫山等山脉，由于切割强烈、地形陡峻、相对高差大，这两个地带为泥石流集中分布区，但其泥石流规模和活动频率前者大于后者，受泥石流威胁和危害的城镇及交通干线，主要集中在第一带上，青藏高原面上和四川盆地内部泥石流很少。据统计，位于第一过渡带的凉山、攀枝花、甘孜、阿坝 4 州(市)泥石流占四川全省的 65.8%。位于第二过渡带的三峡库区共发现大小泥石流沟 90 条，其中奉节、云阳、巫山约占 79%，其中 32 条发生过程度不同的灾害，有 13 条沟泥石流直接入江，形成滩碛。

2. 沿断裂带和地震带集中分布

长江上游靠近印度板块和欧亚板块的碰撞带，地质构造作用强烈，深大断裂发育，同时这些深大断裂带往往也是强烈地震活动带，断裂和地震均使岩体破坏，为泥石流提供碎屑物质。如金沙江(巴曲河口至奔子栏段)、安宁河、鲜水河、龙川江、小江、白龙江等河流沿大断裂或深大断裂发育，沿河地区泥石流密度大，活动性强，为著名的泥石流活动带。长江上游主要地震带有天水—武都—文县—川西地震带、安宁河地震带、马边地震带、滇东地震带、甘孜—康定地震带、中甸—剑川地震带等，前述河流几乎都在这些地震带内，因此这些河流历来是受泥石流严重危害的地区。如鲜水河地震带 1973 年炉霍地震，泥石流沟数在 10 度区内有 64 条，9 度区有 43 条，8 度区有 22 条，7 度区有 21 条；1976 年松潘—平武地震，震时暴雨，泥石流沟 9 度区 96%的沟暴发了泥石流，8 度区为 90%，7 度区为 62%，亦即 9 度区平均每公里河段有泥石流沟 2.26 条，8 度区 1.48 条，7 度区为 0.64 条，而 6 度区为 0.09～0.15 条，泥石流沟密度受地震烈度控制。安宁河断裂带有泥石流沟 267 条。鲜水河断裂仅炉霍一带鲜水河谷，就有泥石流沟(或坡)310 余处，呈现羽毛状、带状分布。

3. 主要分布在小流域内

长江上游地区最大的泥石流沟为陇南的北峪河，流域面积达 432km^2，但泥石流活动主要在小流域内。据统计，四川境内成昆铁路沿线求出流域面积的 366 条泥石流沟中，面积小于或等于 4km^2 的为 266 条，占总数的 73%，长江三峡库区 271 条泥石流沟中，流域面积小于 5km^2 的有 190 条，占总数的 70%。可见泥石流集中分布在小流域面积的规律十分明显。

4. 生态环境破坏区易发泥石流

生态环境破坏区松散固体物质较丰富，且林木稀少，在这些地区如遇暴雨，即发生泥石流。区内密集分布的矿渣乱堆、修路乱挖乱堆等地段也易发生泥石流。如赣北、鄂东、湘南仍有少数泥石流发生，大多因此。

第三节　泥石流灾害的危害

一、泥石流灾害特点

泥石流灾害表现为多种形式，主要有淤埋、冲刷、撞击、堵塞、漫流改道、磨蚀、弯道超高与爬高、挤压主河道以及龙头飞溅、气浪冲击等，并具如下特点。

1. 灾情多样性和地域广泛性

稀性泥石流和溃决泥石流冲淤交替，以冲刷为主；黏性泥石流和滑坡泥石流堆积、淤埋危害显著；沟谷泥石流下游堆积区及进入主河地段，累积性淤积危害严重。另外，由于降水、岩性分布、断裂及地震均有一定的区域性，相应条件的地域内均可暴发泥石流，形成灾害。

2. 突发性和多发性

泥石流灾害过程都很短暂，突发性强，一般仅数十分钟，长的也不过 10 多小时。

泥石流具多发性，一条泥石流沟多次暴发泥石流灾害，间歇时间长短不等，以一年一次或数年一次的较多，年均数次以上的高频泥石流也有一定数量。

3. 群发性和关联性

暴雨山洪与滑坡泥石流灾害的关系密切。暴雨区内多条沟同时暴发泥石流、滑坡转化成泥石流这样诸种灾害群发并相互关联的现象，也较常见。如陇南武都 1984 年 8 月 3—4 日大雨，发生泥石流 570 处、滑坡 231 处，并形成灾害链。

4. 周期性

降水既是泥石流形成的主导条件，又是激发因素，它的周期性必然影响泥石流活动。而地震与滑坡也有准(模糊)周期性，对泥石流亦有影响，以致其有旺盛期和间歇期之分。

5. 社会性

社会性指人与灾害的相互关系。人的不科学的生产活动会诱发加剧泥石流灾害，成为灾害发生的重要因素，这是不争的事实。而社会发展在某些情况下又使泥石流造成的直接或间接经济损失、生态环境损失增大。

二、典型泥石流灾害

长江流域泥石流灾害成百上千，有许多典型的灾例，如云南小江泥石流，类型齐全，被称为“泥石流天然博物馆”，其中的蒋家沟泥石流有时日阵发达十多次，故有“暴雨泥石流之王”的称号。此外，还有一次泥石流死亡上千人的西昌东西河泥石流、环境变化异常快的草堂河泥石流、造成铁路交通损失最大的利子依达泥石流、严重威胁城市的北峪河泥石流以及最大矿山泥石流盐井沟泥石流，等等，不胜枚举。现选择一些典型泥石流灾害的危害后果实录于下，不乏可借鉴之处。

1. 甘肃武都北峪河泥石流

北峪河位于武都县东北的安化、柏林、马街等乡，在武都城区西部汇入白龙江，是白龙江的一级支流。流域面积 432km^2，主沟长 44km，沟床平均比降 30.7‰，沟道密度大于 2km/km^2。长度超过 10km 的支沟有 6 条，10～1.5km 的有 34 条，二级支沟有 165 条，长度 1.5～0.5km 的小沟有 888 条，表明地形破碎、切割强烈。该流域内已查明大小滑坡崩塌共计 182 处，较大的滑坡有 87 处，移动土体在 1000 万 m^3 以上的滑坡达 69 处，总滑坡体积达 16 亿 m^3，现仍在活动的滑坡体积约 6.3 亿 m^3，其松散固体物源是丰富的。

据沉积学研究资料，该区第四纪中更新世以来，曾出现过三期泥石流作用：其一在中更新世中期，距今 60 万年；其二在晚更新世中期，距今 10 万年；其三在全新世。而全新世以来亦出现过三期泥石流作用，即距今 1 万年、7000～5000 年和 3000 年至今。近期泥石流自公元前 30 年至 1990 年的 2020 年间，武都发生洪水泥石流灾害 25 次，其中破堤入城 12 次，北峪河决堤致灾 6 次。在 1000 多年前的西汉时期就有“一石水、六石泥”的记载，《后汉书》中有“下辨东州余里有峡中，当水泉生大石阻碍水流，每至春夏轧溢，没秋稼营廓”的记述。至宋代，“绍熙三年(1192 年)六月，北峪河大涨，大石如群羊奔走前导，洪涛随至，山立雷霆，长堤数十丈一瞬而尽”。元代泥石流曾经冲毁过位于河口左侧钟楼滩处的阶州古城。明代初年旧武都因泥石流被废而搬至现址修建土城。清道光八年(1828 年)北峪河决堤，西关铺舍田园尽成砂碛，光绪五年(1879 年)破堤入城，宣统二年(1910 年)北峪河流域冲埋 400 多人。1925 年，泥石流在万寿台破堤入城，波及大半城区，冲毁民房，淹死居民。

1971 年(1973 年)泥石流淹没西关一带街道和院落，淤泥深 0.5m。

1980 年 7 月 14 日晚暴发泥石流，堵断白龙江，回水淹没西关街区(钟楼滩)，倒塌房屋 200 多间，向阳旅舍、食品厂、饲养场均在水中，损失耕地 $67hm^2$，造成经济损失 60 多万元。

1984 年 8 月 2—3 日暴发泥石流，流量达 $764m^3/s$，堵塞白龙江，加之东江水沟泥石流对白龙江水的阻拦，武都城 1/3 地面进水，莲湖广场最深处达 1.45m，个别地方泥浆厚达 3m，2000 多户居民和 121 个地、县机关被淹，倒塌房屋 1.3 万多间，造成危房 3000 多间，致使 14 人死亡、23 人受伤、1.12 万多人无家可归。水利设施、输电和通信线路、道路遭到严重破坏，交通中断 20 天。新修的三合土护城堤基础被冲毁，大堤断裂、沉陷。造成经济损失达 2400 多万元。一年后的武都，仍见城区上下的外围一片汪洋，北峪河河口砂石堆满。

1987 年 5 月 21 日安坪沟泥石流堵断北峪河，淹没马街村，溃决冲毁黑坝村，致使 19 人死亡，淹死大牲畜 36 头、猪羊 106 只，卷走大型汽车 2 辆、拖拉机 10 台，淹没农田 $547hm^2$，冲毁河堤 300m、电灌站 4 处、水渠 5 条共 1.33 万 m，冲毁房屋 703 间，使甘川、略武、马龙 3 条公路干线破坏 92 处，中断交通 8 天，冲毁县、乡、村公路 3 条 43km，毁坏乡道路 8 条 41km，垮塌土石方 49 万 m^3。幸武都护堤未决口，武都城区安全。该次泥石流造成直接经济损失 820 万元。

泥石流的长期作用，使武都城流行三句话：“山比云高，水比城高，人比门高。”

值得提及的是，当地人民在北宋大中祥符年间，为了解救濒临泥石流摧毁的阶州古城(武都)，修筑了卧龙岗导流工程，成功地将泥石流改道，使阶州古城数百年免受泥石流灾害，开创了世界上泥石流防治的先例。但这历史光辉的一页，仍被其后漫长岁月中的泥石流灾害所泯灭。

2. 云南禄丰龙沟河泥石流

龙沟河位于禄丰黑井乡，为金沙江中游右岸支流龙川江的支沟。成昆线沿龙川江经过黑井镇。

据康熙《黑盐井志》和现存龙沟河岸上的 4 块石碑及口碑资料，龙沟河自 1265 年至 1987 年的 722 年中共发生有记载的泥石流灾害 18 次。

元至元二年(1265 年)洪水放溢，流沙走石，冲塞井口。明成化年间(1415—1435 年)溪水放涨，淹没大井。明万历二年(1547 年)龙沟河泛涨，泥石冲毁龙泉井。明万历二十八年(1600 年)秋雨骤，山水横行，流之所及，山随以崩，转巨石于千仞上。目不瞬，井口为之填塞。司治上岩崩连延百十丈，倒衙舍，没仓库，坏民舍无数。清康熙五十三年(1714 年)龙溪泛涨，没民居、毁盐井。五十五年(1716 年)拨款建河堤。清乾隆五年(1740 年)龙溪水泛，南入大井为患。清咸丰年间(1851—1860 年)龙沟河泥石流特大，冲毁石龙村半山的龙门寺。清光绪五年(1879 年)泥石流冲溃两岸河堤。清光绪二十七年(1901 年)泥石流自龙沟河上游汹涌而下，冲决石堺下段六十八丈，淹塞龙泉、新井，冲毁文庙、财神祠、学署及灶房民房数十间，淹没人民数十丁口，漂没牲口无数。1923年山水大发，则洪涛巨浪，陡陵横飞，石大如舟，而第一段石岸首当其冲，崩溃数丈。1937年河水暴涨，夹巨石泥沙而下，横决淼漫，毁上段堤岸十有四丈。1948年在泥流石中的牛高马大圆石，冲毁南岸上段护脚岸二十余丈。1955年8月，泥石俱下，冲毁盐厂工人宿舍后堤岸一段80m，1960年修复。1962年8月，沟头园村前山崩，泥石顺河而下，毁白衣庵前堤岸一段50m。1967年，泥石流特大，毁水田箐中小石坝3座，黄泥嘴村前山塌，毁石门箐中石坝2座，梯田5.3hm^2。1974年，泥石俱下，再次将盐厂工人宿舍后一段堤岸冲决116m，1982年修复，新修6道拦河护堤。1986年，泥石俱下，冲毁新修拦河堤4道。

3. 云南小江蒋家沟泥石流

蒋家沟位于东川市北部绿茂乡，为号称“泥石流天然博物馆”的小江右岸一级支沟，是小江流域规模巨大危害最深重的泥石流沟。流域面积47.1km^2，主沟长12.1km，沟床纵坡平均比降180‰，流域内较大滑坡有22个，共计崩塌面积达22.1km^2，占流域面积的47%，松散固体物质储量约7.49亿m^3，以每年补给250万m^3计，可供活动300年之久。蒋家沟有大小支沟178条，其中主要泥石流沟有门前沟、多照沟、查箐沟、大凹子沟和老蒋家沟等，平均切割密度3.2km/km^2。蒋家沟泥石流的形成，主要与流域的自然条件和人类活动密切相关，其中地质地形条件是发生的内在因素，而植被遭人为破坏和暴雨作用则是激发条件。蒋家沟近期泥石流活动从17世纪以来已有两三百年的历史，近20年来，不仅年年暴发，而且一年可暴发几次至十几次，最高可达28次(见表5-3-1)。

表5-3-1 蒋家沟泥石流暴发次数及年径流量统计表

年份	1965	1966	1967	1968	1972	1973	1974	1975	1976	1977	1978	1979	1980
暴发次数	28	17	15	14	6	14	22	12	9	11	14	23	9
年径流量(万m^3)	353	180	195	246	/	/	387	211	150	/	/	/	/

注：引自《小江泥石流综合考察与防治规划》。

如此频繁暴发泥石流的沟谷在我国并不多见，因而蒋家沟被称为“暴雨泥石流之王”，实测最大密度为2.37t/m^3。观测资料表明，一次泥石流有几十阵到百余阵；一般历时4～5小时，最长一次泥石流经历82小时。龙头(阵流头部)高度一般为1.5m左右，最高可达4.7m，阵流流速一般为7～8m/s，最大可达15m/s，阵与阵之间有断流现象。每年雨季泥石流输送物质达300万～400万m^3。最大瞬时流量达2400m^3/s，一次最大泥石流总量可达37万m^3。大量泥沙不仅冲毁和淤埋下游农田、道路和村庄，而且把大量泥沙输送到小江，造成河床严重淤积。据调查，蒋家沟在近50～60年间，就有7次堵断小江，每次均造成严重灾害。

1919年堵江48小时，回水10多km。1937年堵江40小时，回水10多km。1949年堵江30小时。1954年7月堵江20天，回水20多km。1961年8月3日至10月和9月21日至23日，前后共堵江10次，其中以9月21日堵江时间最长，淹没农田533hm^2亩，损失粮食750t，工业损失约55万元。

1964年9月14日，堵江达10天，淹良田660hm^2、粮食1250t，折合人民币28.4万元，公路运输绕道增加运费18万元，中断交通运输3个月，总经济损失150万元。1968年8月10日凌晨，堵江90天，水位升高10m左右，回水20余km，东川矿务局精铜矿车间及铁路、公路遭到严重破坏，中断交通 3 个月，损失达 880 万元，淹没农田 660hm^2，两年内无收成，损失粮食 3200t，折合人民币 73.28 万元。1988 年 6 月 15 日，泥石流观测站部分仪表被冲毁，损失 2 万元。

4. 云南巧家白泥沟泥石流

白泥沟位于巧家县城东南 2.5km 附近，为金沙江下游右岸一级支沟。流域面积 18km^2，沟长 4.1km，沟床平均比降 339‰，松散固体物质储量共约 550 万 m^3 以上。1753 年(清乾隆十八年七月)起蛟山洪(泥石流)暴发，有 200 多户和一条街的米粮坝(旧县城)被冲毁，1000 多人丧生，淹没农田 67hm^2，即将收割的稻子减收二千多担(100t)，9 个龙潭(泉水)被埋没 7 个，富裕的米粮坝被淤埋成一个 0.86km^2 的乱石滩——大沙坝。县城被迫搬迁。堆积扇体积约 2580 万 m^3。

白泥沟泥石流近期暴发也很频繁。1953 年 8 月和 1971 年 5 月 6 日，财产损失 15 万元。1975 年、1981 年、1983 年 9 月 27 日和 1984 年 5 月 28 日损失财产 3 万元。1984 年 8 月、1985 年 6 月、1987 年 9 月 3 日、1989 年 10 月 16 日均暴发较大规模泥石流。1985 年 6 月泥石流规模甚巨，最大流量达 300m^3/s，历时 1 个多小时，冲出泥沙近 20 万 m^3。1993 年 9 月 27 日泥石流冲积物达 36 万 m^3，阵性明显，为典型黏性泥石流。1993 年 9 月 27 日泥石流冲积物达 36 万 m^3，将 0 号沙坝淤满并翻坝，冲垮了排导槽，淤埋了下游 0.7hm^2 稻田。据《云南自然灾害与减灾研究》资料，自 1953 年至 1989 年的几次泥石流，危及 1300 人，死亡 100 人，经济损失 324 万元。

5. 陕西文县关家沟泥石流

关家沟位于文县城关，穿县城而过，为白龙江一级支流白水江的支沟。县城绝大部分建筑物位于其堆积扇上，流域面积 38.85km^2，主沟长 10.85km，沟床平均比降 260‰，松散固体物质储量 6465.7 万 m^3。关家沟流域内 1km 以上支沟共 11 条，1km 以下支毛沟 12 条。

据文县县志记载：清乾隆庚子年(1780 年)暴发泥石流，“疾雷破空行，声振两城里，岁月曾几何，陵谷已迁矣”！清道光已酉年(1852 年)暴发更大泥石流，“蛟龙徙窟宅，虎豹皆股栗，涛夹万山崩，麻关谷山溢，昏热嗟居民，宅庐百无一”，损失惨重。1914 年泥石流规模相对较小，但灾害很大，冲出体积 70m^3 以上的巨砾。

1982 年 8 月 6 日暴发泥石流，下午 4 时 50 分至 5 时 30 分发生降雨，暴雨中心关家坝降雨量达 170mm，雨后半小时泥石流暴发。据目击者说，泥石流来临前，大地震颤，并有隆隆雷鸣，飞沙走石，尘土弥漫。泥石流龙头高达 8～10m，最大流量为 482m^3/s，最大流速 8m/s，历时半小时，席卷县医院、农林局、水电局等单位，使城内 1km^2 的区域变成泥石滩，泥深 2～3m，并将百米宽的白水江堵塞断流达 6 分钟，形成约 1700m^2 的新冲积扇。有 33 人死亡，百余人受伤，313 人无家可归，冲毁房屋 672 间，甘川公路 578～597km 区段内就有 9 处被阻断，3 处涵洞淤塞，1 孔 5m 的石拱桥被毁，公路路基塌方 7000m^3。经济损失达 3000 万元。

6. 云南巧家水碾河泥石流

水碾河位于巧家县城北 8km，为金沙江下游右岸的一级支沟，为一条间歇性黏性泥石流沟。流域面积 47.7km^2，沟长 13.3km，沟床比降 206‰，松散固体物质储量在 1000 万 m^3 以上。据资料，水碾河于 1809 年前、1916 年、1947 年、1956 年、1970 年、

1980年、1981年、1989年和1991年9月3日均发生过灾害性泥石流，频率由10年一次变成10年三次。

1980年8月24日夜间降雨47.8mm，凌晨2时暴发了特大泥石流，淤埋面积达2.3km^2，泥砾厚0.3～5m，冲毁良田136hm^2，损失稻谷800t、甘蔗2000t，倒房屋71间，死亡8人(另有资料死亡31人)，伤13人，损毁水电站1座，冲走拖拉机2台、耕牛1头，冲断公路800m。泥石流带来最大石砾为约240m^3(8m×6m×5m)，冲入金沙江泥沙约20万m^3，使金沙江险滩扩大。

1989年5月6日凌晨2时，沟中响声如雷，地面抖动，随即发生特大泥石流，受灾面积153hm^2，其中淤埋133hm^2，损失粮食675t、甘蔗4410t，高产良田一夜成乱石滩，毁坏公路17km、渠道13条长1800m、拦河坝1座长1800m、毛石混凝土防冲坝620m，省级公路巧大线淤埋1km，中断交通3天，灾害波及17个村4000多人。泥石流带来长径超过4m、重量超过150t的巨砾近百块，最大的一块体积约480m^3(10m×8m×6m)，重约1250t。

7. 四川宝兴县城支沟泥石流

支沟位于宝兴县城南北两侧并夹击县城，为南北流向的宝兴河(青衣江上游)的支沟。南面支沟为冷水沟，流域面积9.5km^2，主沟床比降230‰；北面支沟名校场沟，流域面积3.8km^2，主沟床比降286‰。

1844年(清道光二十四年)暴发泥石流，淹没大半个县城，并堵塞宝兴河。1966年8月4日降雨量达125.6mm，最大1小时降雨量43.5mm，激发泥石流，冲毁部分民房，县城出现险情。1989年6月14日宝兴县附近多条沟暴发泥石流，致死亡7人，损坏农田43 hm^2，公路被毁10km并断道。

支沟由大暴雨引起的具有一定破坏作用的泥石流，平均20～30年出现一次。治理工程于1986年完成，主要是两沟设排导槽以免漫入城中。

8. 四川汉源黑石沟泥石流

黑石沟位于汉源县城西北富泉乡，为大渡河左岸支流流沙河左岸支沟。流域面积13km^3，沟长2.5km，沟床平均比降200‰。泥石流主要由中游左岸的大滑坡引起，该滑坡体长600m、宽500m、厚约50m，松散固体物质约1500万m^3。据滑坡形态观测和调查访问表明，该滑坡100多年来曾发生过3次大的滑动，均堵断黑石沟构成天然堆石坝。由对岸留下的天然堤痕迹判断，堤高分别为60m、40m和20m，有渐减的趋势。据汉源县志记载和调查访问结果证实，该沟于1825年、1894年和1925年曾3次发生大型泥石流，但规模逐次变小，滑坡活动与泥石流活动是相吻合的。

9. 云南小江大白泥沟泥石流

大白泥沟位于东川市小江中游左岸，为小江一级支沟。流域面积18.05km^2，主沟长11.8km，沟床平均比降106.6‰，松散固体物质总储量达2.54亿m^3。据调查访问，该地在160年前是青山绿水，其后因炼铜砍伐森林，使泥石流屡屡发生。1828年、1902年、1917年、1933年、1946年、1951年和1957年均有较大或大型泥石流发生。该沟泥石流曾多次堵断小江，1902年堵江6天；1933年堵江2小时；1957年堵江3小时；1959年7月1日堵江1小时，冲毁铁路路基10万m^3，大白河改道引起建筑物破坏；1963年堵江3小时；1968年堵江12小时；1980年堵江2小时。1985年6月24—

26 日和 7 月 1—2 日连降大雨，发生 3 次大规模泥石流，使小江河床一次性淤高 4～5m，水位升高，江水漫流，冲毁铁路数百米，淤埋隧洞使火车断道停运 90 天，直接经济损失 100 万元。

10. 四川宁南后山羊圈沟及诸沟泥石流

羊圈沟位于宁南县城(披砂镇)后山，为金沙江下游左岸支流黑水河支沟。流域面积 4.27km^2，沟长 4.9km，沟床比降 348.98‰，据调查松散固体物储量达 600 万 m^3。该沟泥石流灾害始于 1850 年。1910—1948 年间，山洪泥石流不断发生，其中以 1914 年、1924 年、1932 年、1937 年和 1944 年规模较大，对农田和民宅均造成了损失。1954—1983 年共发生泥石流 10 次，平均约 3 年一次。据统计分析，该地当前期连续降雨量超过 65mm 且 24 小时降雨量大于 25mm 时或前期连续降雨量虽小于 65mm 而 24 小时降雨量大于 60mm 时，可预报即将发生泥石流。

据《会理州志》卷 12 记载：清道光三十年(1850 年)八月初七子时披砂(现宁南县城)发生强震并发暴雨山洪泥石流，羊圈沟(史家沟下游)及各诸沟大规模山洪泥石流，使宁南旧城长 1.25km 的街道遭受毁灭性灾害，城镇南北两端被毁，南端南华宫一带原有居民 100 余人，仅 20 多人幸免于难，损失惨重，以致县城有“水打街子”之名。

1950 年 6 月后山吴家沟、史家沟(下游合为羊圈沟)，同时暴发泥石流，冲毁县城老街。1954 年雨季，羊圈沟(含史家沟)暴发稀性泥石流，在县邮电局附近漫溢，冲毁与漫淤耕地 6.8hm^2，毁马家院子民房 10 余间。阴阳沟、沈家沟亦同时暴发山洪泥石流，且城东西两侧受灾较重，冲毁农田 21.3hm^2、桥梁 1 座、民房 10 余间，死亡牲畜 7 头，损失达 50 万元。1981 年 6 月 27 日中午，阴阳沟暴发黏性泥石流，历时 1 小时，龙头有近 2m 高，大量砂石堆积在县文化馆、广场、县汽车队、糖厂生活区以及环城公路以北、城郊披惠乡部分农民住房，长约 700 多 m，局部地方堆积厚度达 1m 多，冲毁或淤埋耕地 10.5hm^2，粮食减产 50t 以上，毁民房 11 间。1983 年 6 月 5 日和 6 月 27 日，阴阳沟暴发泥石流，涌进县汽车队、糖厂生活区、印刷厂和城郊披惠乡部分农民住宅，毁坏民房 14 间，淤埋和冲毁农田共 12.5hm^2。同期羊圈沟泥石流，仅供销系统损失就达12.3万元之多。1991 年 10 月发生 5 次时间短(平均 18 分钟)、密度高(2.24t/m^3)的泥石流。1995 年 7 月 23 日早晨，泥石流淹没地声探头。

11. 云南东川小江大桥河泥石流

大桥河位于东川市小江中游右岸，流域面积 53.1km^2，沟长 18.4km，主沟纵坡比降 136‰～184‰，不稳定固体物质总储量约 1.5 亿 m^3。据资料，大桥河近代泥石流的发展已有 200～300 年的历史，近百年来大规模的泥石流暴发在 1855 年、1905 年、1919 年、1933 年、1946 年和 1954 年等，小规模的泥石流每年时有发生。其中 1919—1933 年泥石流暴发十分频繁，每年达数十次，有时一天达 7～8 次。

泥石流冲出山口时，泥浆裹着石块冒起黑烟，龙头高数丈，3 间房子大的石块像漂汤圆一样冲下来。深沟村有 80 多户居民，1920 年左右被淤埋，河底淤高 70m；半边街有 65 户 1919 年左右被淤埋，河底淤高 70m；大桥河上古大桥，跨度 10m，1900 年左右桥顶被冲，后被淤埋，淤高 70m；瓦房子 30 多户 1919 年左右被淤埋，至今淤高 150m；鲁布林 80 多户，苗族居民 1919 年前被淤埋，淤高 15～20m；段家村 50 户 1913 年前被淤埋；1958 年修筑的东川至会泽公路，至 1976 年的 18 年间，被淤埋深达 6m。

现堆积扇前部原地形被淤高150m，顶部淤高约70m，初步估计淤积总量约2亿m^3，年均淤高0.5～1m，年均淤积量约130万m^3。

12. 重庆草堂河甘沟子泥石流

甘沟子位于奉节草堂区，为长江一级支流草堂河的支沟。流域面积2.55km^2，主沟长3.90km，纵坡比降157‰。草堂河原名东瀼水，在其下游与白马河交汇处谷地开阔，东汉建武年间(25—26年)，公孙述(白帝)曾在此屯田，盛产稻米。唐代诗人杜甫流寓奉节在东屯住过，主管过东屯公田百余顷，杜诗云："东屯稻畦一百顷，北有涧水通青苗。晴浴狎鸥分处处，雨随神女下朝朝。"至南宋庆元三年(1197年)该处仍是"峡中多高山峡谷，地少平旷。独东屯距白帝五里，而近稻田，水畦延袤百顷。前带清溪，后枕崇冈，树林葱茜，气象深秀，称高人逸士之居……"清光绪十九年(1893年)奉节县志记载"草堂河灌两岸水田约出谷二万余石"，可见该处环境历经1000多年变化不大。其后，随着人类活动加剧而渐起变化。

甘沟子为草堂河暴发较频繁的泥石流沟(其他还有上坝沟、戈家沟、炭窑沟、竹坪溪也较频繁)。1870年(清同治九年)农历六月，出现了千年一遇的大洪水，泥石流灾害严重，形成了甘沟子老泥石流堆积扇，面积达29.7万m^2，厚约12m，体积344万m^3。"1938年8月暴雨，溪水水头十余丈，可谓山崩地裂，浊流数日不停，草堂猛发蛟水，河内倾刻变成砂石乱滩"。1949年以后，有记录的较大型泥石流共有6次：1954年、1959年、1962年、1977年、1979年、1982年。32年间，共覆盖耕地14万m^2。其中1982年最大，淹埋田土28hm^2(其中水田25.3hm^2)，损失严重。原先的东屯那100hm^2稻田已不复存在。

13. 四川西昌黑沙河泥石流

黑沙河位于西昌市礼州镇，为安宁河左岸支流，流经喜德、西昌境内。成昆铁路穿越堆积扇中部。流域面积22.7km^2，主沟长约15km，沟床比降62‰，由黑沙沟、麦地沟、麻肚沟等约135条大小支沟汇流而成，有崩塌滑坡约180处，松散固体物质储量达2600余万m^3。从1874年至1967年的93年间下游堆积了1630余万m^3的砂砾物质，平均每年堆积17.6万余m^3。黑沙河为一典型过渡性泥石流沟，其暴发频率与暴雨频率同步。

黑沙河泥石流危害严重，近百年来，先后毁灭35个村寨，使200多hm^2耕地变成荒滩。据历史记载，发生灾害性泥石流的年份有：1874年、1905年、1915年、1924年、1928年、1934年、1939年、1949年、1953年、1957年、1964年和1967年。其中1964年灾害最大，1874年次之；而规模以1874年为最大，1924年次之。之后于1968年、1970年和1971年相继发生泥石流灾害。1964年泥石流冲毁房屋74间、良田7.6hm^2、渠道13处、公路1.5km。

该泥石流沟1971年开始整治，至1980年建成水库1座(库容65.5万m^3，坝高22m)、拦沙坝7座、谷坊5座、顺水坝8条、导流堤6km、分洪堰1处、排洪沟1.2km，营造水土保持林1333.3hm^2、泥石流堆积扇防护林带7条、绿化防风林带31条，修建条田梯地213.3mh^2，是我国泥石流防治工作中第一个比较典型的成功实例。保证了成昆铁路免受其害，而且改变了流域面貌，取得了良好的生态效益、社会效益和经济效益。

14. 四川甘洛利子依达沟泥石流

利子依达沟位于甘洛县，为大渡河右岸一级支沟。流域面积 26.5km^2，主沟长 8.6km，沟床平均纵比降 300.5‰，松散固体物质储量达 300 万 m^3 以上。据调查，该沟为一古老泥石流沟，在上更新世的Ⅱ级阶地，很大一部分被泥石流扇形地所掩埋；Ⅰ级阶地更有厚达 16～20m 的泥石流堆积层。进入近代和现代，于 1875 年、1934 年、1959 年、1967 年、1974 年、1975 年和 1978 年均暴发过泥石流，其中 1875 年泥石流规模最大，沟口大渡河边的最大漂砾重达 350t(6m×4m×6m)就是其遗迹。

1981 年 7 月 9 日发生大型泥石流，固体物质输移量达 300 万 m^3，其中有 60 万 m^3 被冲入到大渡河成为长 200 余 m、宽 100 余 m、高出水面近 1m 的天然坝，最大坝高达 26m，堵河断流约 4 小时，回水 5km，淹没沿河公路 830m，阻断公路交通达半年之久，溃决后形成险滩，砂砾进入下游龚嘴水库造成淤积。泥石泥将成昆铁路利子依达桥 2 号桥墩拦腰剪断，把 30 多 m 长的预应力钢筋混凝土梁和 44m 长的组合钢梁连同桥面的钢轨、枕木一起卷入大渡河，致使运行中开往成都方向的 442 次客车颠覆，1 节邮政车厢、1 节客车厢和 2 个火车头随泥石流坠入大渡河，3 节客车厢倾倒沟坡，造成 360 多人死亡，铁路中断行车 372 小时(半个月)，直接经济损失 2000 多万元，间接经济损失达数亿元。为我国铁路史上损失最大的罕见的泥石流灾害事件。这次泥石流流速达 13.4m/s，由于流速快，密度达 2.34t/m^3，有一块被搬运的巨石约 675m^3，重量达 1800t，这块巨石还背着两块长达 1m 多的石块(即出现石背石现象)，足见其能量巨大，冲击力强。又如 2 号桥墩自沉井顶面起，曾用 6.5m 高的钢筋混凝土套箍加固，并在迎水面半周竖直埋设钢轨 10 根，外焊 4mm 厚钢板做护面，以加强防护，尽管如此，在强大的泥石流冲击下，桥墩仍被剪断。

1967 年 8 月，泥石流毁坏成都护岸工程，当时正值施工期。为了确保铁路运输安全，事后将线路上移，以隧洞通过利子依达沟。

15. 四川彭县蛇纹矿胥家沟泥石流

四川蛇纹石矿 1970—1973 年修筑矿山公路，通过胥家沟一段，在 800m 平距内有 6 个回头弯线，开挖量很大，弃土约 40 万 m^3，堆于山坡和沟道内，致使边坡失稳，在暴雨作用下，便发生大规模泥石流。胥家沟流域面积 2.05km^2，沟床比降 266‰，而山坡坡度达 30°～45°。彭县县志记载 1891 年和 1961 年胥家沟曾发生泥石流，但自修路后 1972—1974 年胥家沟年年暴发泥石流，甚至一年暴发几次，死 12 人，重伤 1 人，冲毁河堤，使岷江齿轮厂受到严重危害。

16. 四川西昌西河、东河泥石流

西河、东河位于西昌市的南北两面，均为安宁河的二级支流。东河流域面积 193.7km^2，沟长 41.2km，沟床比降 38‰。据记载，1828 年就有泥石流灾害发生。1891 年 7 月 5 日发生泥石流，冲毁 5 条街店铺和民房计 2000 多间，毁良田 133hm^2，伤亡 1000 多人。据《建成水难志》记载："辛卯年甲午月壬辰日，芦林(东河)……夜半奔腾(泥石流)陡出山，尽扫田庐迅过帚。电雷风雨达天明，大难独警唐太守。踏遍泥涂亲省灾，膏腴万顷人千口。急捐鹤俸督捞尸，绎络扛回集空薮。但见演武厅前(现体育场)东南隅，满地残躯黑欲朽。几人父携儿，几人女抱母。几人总角童，几人白发叟。""浩劫如斯孰厉阶，传言都说蛟龙走。"为四川历史上规模最大、伤亡人数最多的泥石流灾害。

1927年，洪水泥石流冲毁福田寺，城垣外层砖被冲毁，冲濠十余丈。1942年6月16日夜，暴雨起西河上游呷五山山崩，形成泥石流，上游死70余人，下游冲毁杨家碾、马水河民房70余幢，淹毙男、女120余人，东河冲毁篾货街下段，淹毁田133hm²。1950年9月，鱼市街口被淹，篾货街下段直到邮电局二旅社以下被毁，死伤100余人。1955年7月，东河中游山崩泥石流，死亡68人，伤138人，倒损房屋240间，淤泥淹进猪石街。1965年7月1日，中游发生滑坡堵河形成坝高70m的水库，溃决后淹农田66.7hm²。泥石流淹县城。1985年7月8日，西河、东河同时暴发泥石流，淹没机关单位30多个，水深1.4m，冲毁防洪堤2.13km，倒损房屋550间，直接经济损失1000多万元。

17. 四川喜德东沟泥石流

东沟位于喜德县城关，为安宁河支流孙水河左岸的一级支流。流域面积3.14km²，主沟长4.26km，沟床平均比降270‰，松散固体物质储量约360万m³。

据调查，1901—1974年间该沟曾先后暴发过8次泥石流(见表5-3-2)，淤埋房屋百余间，损失耕地33hm²，其中以1901年为最大，而1930年、1974年均多次暴发泥石流，1974年就有3次，如5月27日16时30分开始下雨，半小时降雨42.4mm，雨强很大，加上两岸植被破坏，使泥砾层不断下塌，酿成了灾害，冲毁了自来水厂沉沙池、防疫站以及肉食店和农机站部分设施，险些从大礼堂附近冲入城区，给喜德县城造成重大损失。

表5-3-2 喜德东沟历次泥石流调查表

暴发时间	性质	危害地点和方式
1901年5月	黏性	淤满东门桥下深6m、宽5m的沟床，埋没该桥下游的村寨和农田
1930年5月	黏性	淤埋东门桥下游4户住房和农田
1938年8月	过渡	淤平东门桥上游段沟床，有臭味
1951年	稀性	堆积于东门桥上游右前方
1970年5月26日	过渡	淤埋东门桥下游职工宿舍和工具房等
1974年5月27日	黏性	冲毁县水厂沉沙池、7条水牛和1辆拖拉机，主要堆积于东门桥下游扇形地上
1974年7月7日	黏性	堆积于东门桥下游扇形地上
1974年9月5日	黏性	堆积在东门桥下游扇形地上

18. 云南会泽尖山沟泥石流

尖山沟位于会泽县西部，为小江下游右岸的一级支流。流域面积173.81km²，沟长34.5km，沟床纵坡比降49‰～100‰，由热水塘沟和鲁纳沟两支沟汇流而成。热水塘沟总计松散物储量为19829万m³，鲁纳沟为洪水沟松散物储量约1250万m³。据调查可知，在1914—1928年间，热水塘沟曾多次发生泥石流，使不少过往客商遇难；1950—1969年间，曾多次发生泥石流堵断小江的灾害，焦家坪一带，泥石流浪高30m，冲毁房屋，使数十户人家遇难。

19. 甘肃武都甘家沟泥石流

甘家沟位于武都县汉王乡汉王村，为白龙江左岸一级支流。上距武都城10km，流域面积40.60km²，主沟长约12km，沟床平均比降73‰，甘家沟有大小滑坡35处，松散物质总储量约为 9230 万 m^3，平均补给量为 2273 万 m^3/km^2，是十分严重的泥石流沟。

甘家沟每年都会发生泥石流，据调查 19 世纪以来能有人记得的规模较大的泥石流有以下几次：1914 年、1919 年、1933 年、1935 年、1937 年、1949 年、1952 年、1962 年、1972 年和 1984 年，其中以 1933 年最大，1984 年次之。1952 年 7—8 月间，连续发生两次大规模泥石流，都堵断了白龙江达 2～3 小时，淹没农田 93.3hm^2 及李家村房屋 118 间；1962 年泥石流淤平原有沟床，在扇形地改道，并堵断白龙江，埋没了部分农田及灌溉水渠；1972 年泥石流漫出沟床，埋没农田 66.7hm^2，堵断白龙江，回水 10km，造成对汉王镇的威胁；1984 年泥石流埋没农田 93.3hm^2，部分堵断白龙江，破坏了过白龙江的铁索桥及渠道进口，泥石流流入沟口左侧的汉王镇。

20. 四川甘洛新基古沟泥石流

新基古沟位于甘洛县则洛乡，为牛日河一级支流尔觉河左岸支沟。流域面积 3.54km^2，主沟长 2.6km，主沟床比降 346‰，沟内松散物质储量约 40 万 m^3。

据访问，1916 年发生泥石流，冲走了耕牛。1967 年 7 月新建铁路施工时暴发过泥石流，水势很猛，挟带的大量石块冲击力很大，造成中桥与隧道施工停工 20 余天，损失达 10 万元。1981 年 8 月 16 日，泥石流的泥位高出桥面 2m 多，32m 长的栓焊钢梁被推到 120m 远的尔觉河中，破坏铁路 77.5m，冲断通信电缆。桥下沟床的长 44m、厚 0.6m 的铺砌被冲毁，沟床被刷深 4.7m，昆台顶右侧一角冲坏，基础外露，泥石流还堵塞了公路桥并局部淤埋。1981 年 8 月 17 日 0 时 35 分又一次暴发泥石流，将沟床又下切 4.6m。泥石流共来 4 阵，总历时 42 分钟，以第三阵规模最大，龙头高达 5～6m，昆台左侧的浆砌块石护坡被整块揭掀而起，并将其冲向下游。泥石流使成昆铁路断道 137 小时 30 分，直到 8 月 22 日才以 1 孔 31.7m 的钢筋混凝土梁修复通车。

21. 甘肃武都勾坝河泥石流

勾坝河位于武都县两水乡前村，为白龙江左岸一级支流。流域面积 239.6km^2，主沟长 35.5km，沟床平均比降 56.6‰，有张家沟、庙沟、板桥沟共 9 条主要泥石流沟，沟壑密度为 3.7km/km^2，松散固体物质储量约 14910 万 m^3，平均补给量为 62.2 万 m^3/km^2，为比较严重的泥石流沟。

据调查，勾坝河每年均发生不同程度的泥石流，在 1918 年、1935 年、1943 年 4 月、1947 年、1958 年 9 月、1969 年 6 月、1974 年和 1987 年均发生过较大泥石流。1969 年 6 月，泥石流越过堤坝淹没了前村，后部分泥沙堵塞了白龙江，使水位上升而淹没后村(两水乡政府所在地)，造成巨大损失。1972 年泥石流使前村 87hm^2 农田被掩埋。

22. 四川汉源东、西沟泥石流

东、西沟位于汉源县城关(富林镇)的东西两侧，紧紧挟持县城。两沟均为流沙河一级支沟，而流沙河为大渡河一级支流。东沟流域面积 10.22km^2，沟长 7.35km，沟床平均比降 133‰；西沟流域面积 5.41km^2，沟长 7.12km，沟床平均比降 192‰，但很多地段达 400‰。东沟固体物质储量约为 350 万 m^3，西沟约有 250 万 m^3。西沟中游两岸的玄武岩裸露陡坡，坡度达 60°，节理发育，物理风化强烈，崩解剥落的玄武岩碎块，堆积在坡脚，形成许多倒石堆，高度约 30m，平均坡度 40°，大量碎屑还滚落堆积于沟床。两沟泥石流均以暴雨而激发。据资料分析，若该地 24 小时降雨超过 50mm，或 1 小时降雨量超过 20mm，就有可能暴发泥石流。据汉源县志记载和调查，1978 年前东沟发生较大泥石流12次，西沟为13次。

1919年6月7日泥石流涌入县城造成灾害。1924年7月4日因引水渠道堤溃水泄，洪水泥石流淹没街道房屋18座，8人丧生。1970年7月28日和1975年7月26日均发生泥石流灾害。1977年5月29日西沟泥石流致死亡6人，损坏农田46hm^2，毁粮175t。1980年6月28日泥石流冲毁东沟公路桥，使通往西昌和雅安的公路中断，夹击县城，直接经济损失229万元。1990年7月17日降雨量高达168.2mm，两沟一起暴发泥石流，给县城带来严重损失，直接经济损失达1100万元。

现在两沟在城郊沟床西沟已高出城中心10m，东沟已高出城中心14m，成为“地上悬河”。

23. 甘肃礼县刘家沟泥石流

刘家沟位于礼县城关西北角，于县城东北角汇入燕子河，为西汉水右岸二级支沟。流域面积11.76km^2，主沟道长5.87km，主沟平均比降341‰，松散物质储量约5192万m^3。流域内支、毛沟很多，沟壑密度为2.69km/km^2。

刘家沟经常发生泥石流，在20世纪20年代发生过较大泥石流之后，于1959年、1967年、1969年、1977年和1984年均有较大泥石流发生，在1948年、1951年、1954年、1955年和1979年亦发生了泥石流。1948年5月泥石流冲走1人。1954年泥石流，大水进礼县县城，住房倒塌不少，直接经济损失达20多万元。1957年泥石流冲走3人，房屋倒塌，财产损失估计达20万元。1959年泥石流冲毁河堤，大水进礼县县城，经济损失估计达50万元。1977年泥石流，该流域内冲掩良田77.5hm^2、树苗0.27hm^2、羊26只、牛3头、猪25头、成材树木300株，倒塌房屋68间，死伤2人，直接经济损失达14万元；县城损失更大。1984年8月泥石流致死亡2人，财产损失600万元。

礼县县城位于刘家沟出口，沟床高出县城16.6m，对4万人和100万元固定资产造成严重威胁。

24. 四川黑水芦花沟泥石流

芦花沟位于黑水县城关，为岷江一级支流黑水河支沟。县城建于该沟的泥石流堆积扇上。流域面积1.13km^2，沟长4.5km，沟床比降284‰。

约在100年前，该地原始森林被大量砍伐，从而导致水土流失、滑坡、崩塌等灾害发生。自1930年以来，黑水县城已9次遭泥石流灾害。1958年暴发了新中国成立以来最大规模的泥石流，停淤在街上的泥石流堆积物厚达1.5m，堆积面积4.5万km^2，造成巨大经济损失。1984年7月17日又一次暴发密度为2.2t/m^{3}的泥石流，这次泥石流来势猛、历时短，流速达7～8m/s，从发生到结束仅35分钟，堵塞黑水河2/3的河床，次日下午溃决，黑水县城冲出一条宽3～5m、长1050m的新沟，冲毁排导沟，淤埋公路桥，造成较大经济损失。

对芦花沟泥石流采取了拦排相结合、工程措施与生物措施相结合的综合治理，于1987年完成。

25. 四川汶川七盘沟泥石流

七盘沟位于汶川县城州镇南，距汶川县城5km，为岷江左岸一级支沟。流域面积52.6km^2，主沟长15.7km，纵沟平均比降190.6‰，沟内松散固体物质以岩堆、滑坡和支沟泥石流方式补给主沟沟床，松散固体物质储量达3200万m^3。该沟泥石流历史悠久，危害严重。

1933年迭溪地震后，七盘沟暴发一次泥石流，最大流量为150.8m^3/s，冲毁雪花坪等村寨，随之又多次发生泥石流，毁坏核桃坪、牛圈房和窝竹头等4个村寨。1961年7月6日暴发黏性泥石流，冲出松散物13.5万m^3，冲毁成阿(成都至阿坝)公路桥1座、路面150m，断道15天，直接经济损失200万元。1964年7月23日泥石流冲毁林区公路5km、桥3座，淤埋土地4hm^2，经济损失21万元。1965年7月16日泥石流冲毁成阿公路桥，交通中断，经济损失75万元。1970年7月28日冲毁林区公路4km、桥3座，淤埋耕地4hm^2，经济损失21万元。1971年7月24日泥石流冲毁林区公路5km、桥4座，淤埋耕地5.3hm^2，经济损失25万元。1975年7月29日泥石流冲毁林区公路8km、桥5座，淤埋耕地8hm^2，威胁工厂安全，经济损失16万元。1977年7月7日泥石流淤埋耕地2.7hm^2，冲毁林区公路4km，危及附近工厂，经济损失27万元。1978年7月15日泥石流，冲毁林区公路4km、桥5座，危及工厂安全，冲毁整条老排导沟，经济损失49万元。

1978—1980年对七盘沟泥石流进行了治理，竣工后效果良好。

26. 甘肃武都火烧沟泥石流

火烧沟位于武都县石门乡白杨坝村，为白龙江左岸一级支流，流域面积1.98km^2，主沟长1.35km，沟床比降480‰，有滑塌5处所形成的松散物质储量1700万m^3。其前缘堵塞沟道达1.125km。该沟发育典型的黏性泥石流，在观测的9年期间暴发泥石流30次，几乎每年都要暴发，年平均冲出泥砂3.72万m^3/km^2。据调查，1934年、1956年、1959年都暴发过较大泥石流并将白龙江堵断，使白杨坝村的13.3hm^2农田全被埋没。1967年泥石流不仅中断公路交通，而且流入附近村庄，威胁居民安全。

27. 四川什邡红星煤矿泥石流

该泥石流位于什邡县西北面，距县城47km，为岷江一级支流石亭江的二级支沟。红星矿区有多条泥石流沟，均汇集于峡马口河，其特征见表5-3-3。

表5-3-3　　红星矿区各沟谷特征表

沟名	流域面积(km^2)	沟长(km)	沟床纵比降(‰)	固体物质储量(万m^3)	沟谷特征
峡马口河	9.37	4.9	165		过境主河，其流体有时是洪水，或稀性泥石流，亦或溃决型泥石流，有时为稀释性体
磨刀石沟	0.67	2.1	419	171	支沟，沟内崩塌、滑坡发育，上游崩滑体塌入沟床，经暴雨激发而成泥石流，泥石流活跃
月亮石沟	0.33	1.4	416	3	支沟，沟床内有堆积物和弃渣，沟头有地下水出露，沟内泥石流较为活跃
中沟	0.40	1.4	402		与月亮石沟的情况相似
水花沟	0.42	1.9	344	7	支沟，沟头有地下水出露，而且滑坡体已失稳，泥石流有可能暴发
白茶坪中沟	0.13	1.2	386	5	支沟，沟谷十分陡窄，崩塌作用活跃，地表植被已遭到破坏，山坡坡体很不稳定

红星煤矿建设于1958年开始，实际上矿区位于一古泥石流密集区。

1934年7月28日至8月3日傍晚，区内降绵雨，8月4日转为倾盆大雨，21日前后，多沟齐发泥石流，其中以磨刀石沟规模最大，泥石流属黏性，并作阵性流动，直径 7m、重达 300 多 t 的巨砾冲至主河床内，堆积区在其后兴建的矿区配电房至托儿所一线以东，面积约 7 万 m^2，最大堆积厚度达 10m，淤埋耕地数十亩。与此同时，靠上游的月亮石沟亦暴发黏性泥石流，冲入峡马口河河床，堆成一道 15m 高的天然坝，集水成湖，半小时后溃决，流量达 $481m^3/s$，高出百年一遇洪峰流量 20%，主流偏向北岸，冲毁了经营历史达 200 年之久的陈家纸厂。由于主河两岸支沟泥石流不断汇入，使主河泥石流规模剧增，将沿河 5 座大桥、10 余小桥及低处住房一并冲毁，损失严重。

1976 年 7 月 14 日，矿区峡马口河暴发泥石流，死亡 7 人。1976 年 8 月 20 日 19 时 30 分，矿区一带骤降暴雨，0 时前后，磨刀石沟又暴发阵性黏性泥石流，首阵泥石流规模最大，估算流量约 $180m^3/s$，连续冲毁 3 座桥梁，毁坏引水管、高压线、电话线、小食店、仓库、煤仓等设施，淤埋筛煤厂及其附近公路，致死亡 11 人，红星煤矿停产。冲出物堵塞峡马口河主河河床，溃决后冲毁一段护岸工程及公路路基。此次泥石流规模不及 1934 年那次的 1/4，但因在堆积扇上建设了大量生产与生活设施，故损失比 1934 年大。1978 年 8 月 31 日傍晚，矿区内暴雨历时 10 小时之久，磨刀石沟再次暴发黏性泥石流，龙头高约 3～4m，受阻于石拱桥处，后续而来的泥石流越过桥面下泄，经矿区托儿所东侧小沟排入主河。由于规模不大，仅造成一定损失。

目前矿区沟谷大量松散固体物质处于不稳定状态，加之陡坡毁林开荒，矿井采空，乱挖乱采和乱堆弃渣等日益加剧，如遇暴雨激发，矿区泥石流还可能发生。

28. 四川贡嘎山磨西河泥石流

磨西河位于泸定县磨西乡贡嘎山东坡，为大渡河一级支流。其右岸有 7 条泥石流沟，如南关沟、燕子沟、磨子沟、小河子沟等。南关沟流域面积 $776.6km^2$，主沟长 14.4km，沟床比降 110‰；燕子沟流域面积 $212.3km^2$，主沟长 26.00km，沟床比降 96‰；磨子沟流域面积 $87.2km^2$，沟长 12km，沟床比降 222‰；小河子沟流域面积 $26.2km^2$，沟长 7.4km，沟床比降 379‰。该 4 沟于 1955 年、1966 年和 1976 年均暴发了特大泥石流。

1936 年 7 月南关沟泥石流，将沟口右侧 12 间大瓦房冲毁，迫使一姓熊的家庭搬迁。1955 年 4 沟普遍暴发泥石流，大量泥砂、石块在流体中翻滚，像打闷雷一样吼声隆隆，地动山摇。1966 年 7 月 15 日南关沟、燕子沟等多数冰川沟暴发泥石流，龙头高达 10m，席卷沿途树木，冲垮药王庙平台，冲埋了杨柳坪银厂厂房基脚等。1976 年 6 月 6 日上述冰川沟暴发泥石流，毁坏森林，冲断电厂引水渠道 10 处，将高 10m、直径 1.5m 的大树也卷入其中。1989 年 7 月 26 日 15—18 时，南关沟等暴发泥石流，下行 30 多 km，汇入并堵塞了大渡河。迫使其主流线左(东)移，冲毁泸定至石棉公路 820m，断道 9 个多月，造成直接经济损失达 200 多万元。距与大渡河汇合 9.6km 的磨西至海螺沟冰川森林公园公路横跨燕子沟的共合大桥(全长 100 多 m，净跨 1 孔 40m，净高 10m，桥面宽 8m)被第三阵龙头摧毁，仅此经济损失就达 245 万元。此次泥石流最终以大于 9m/s 的流速和 $6700m^3/s$ 的大流量到达大渡河，在不到 20 秒的时间内堵塞并跨河而过，整个泥石流历时 3 小时。

29. 甘肃文县桥头燕儿沟泥石流

燕儿沟位于文县桥头乡桥头镇，为白龙江右岸支流洋汤河的支沟，流域面积 $33.65km^2$，主沟长 9.0km，沟床平均比降 98.7‰，全流域长度超过 1km 的支沟有 9

条，有较大规模滑坡12处，松散固体物质储量接近1亿m^3。

燕儿沟几乎每年都发生规模不等的泥石流，据调查访问，1945年和1986年是灾害最严重的两次，大致相当于40年一遇。1945年6月20日下午，大暴雨后沟内泥沙石块和大水汹涌冲出，响声似雷，泥水冲破简易堤防涌入镇街道，大部分居民房屋进水，大片房屋倒塌，有人畜伤亡。水势降落后，街面成为泥石滩。数百亩水浇地被淤埋，沟底的20～30个水潭全部消失。1986年7月23日22时30分至23时30分，桥头乡一带突降暴雨，激发泥石流，在沟口段越堤漫溢，直冲文县第四中学、兽医站、粮站和居民区。冲毁倒塌房屋57间，造成危房334间，倒塌圈棚193间，死亡耕牛3头、马2匹、猪20头、羊109只，冲毁水电站1座、桥梁8座、水磨12处、水渠24条长12.5km、水畜饮水工程4处、县乡公路10处、村间道路5处，冲走面粉1t、大米1.5t，原粮4t、各种树木10余万株，冲毁农田329hm^2，其中小麦233hm^2、水稻96hm^2。入河口段9.7hm^2水浇地无法恢复耕种。直接经济损失约300万元。

30. 四川南坪后山沟泥石流

后山沟位于阿坝州九寨沟永乐镇(原南坪县城关镇)，为嘉陵江一级支流白龙江上游白水江右岸支沟。共有10条小沟，以拨拉沟和关庙沟为较大，流域面积2.62km^2，沟长2.15km，沟床比降460‰。其余小沟长200～800m，宽5～50m，深10～30m。这些沟溯源侵蚀强烈，岸坡崩塌严重，松散固体物质近100万m^3。县城及公路均位于坡度2°～4°的堆积区，故易造成淤埋和淹没。历史上南坪县城因遭受泥石流摧毁而搬迁，但现址仍建在后山各泥石流沟的严重威胁区内。

1956年6月水泉沟泥石流，致死亡1人，5人受伤，倒损房屋100间，死亡牲畜50头。1967年4月30日拨沟泥石流死亡20人，伤5人，倒损房屋143间，坏大桥1座。1973年7月13日泥石流冲出5万m^3砂砾石，死亡3人，伤7人，倒损房屋687间，直接经济损失627万元。1978年6月30日泥石流致死亡1人，受伤18人，倒损房屋267间，冲毁农田24hm^2，直接经济损失95万元。1984年7月18日22时23分，后山突降暴雨，激发了大型泥石流，其中关庙沟泥石流规模最大，流速9.2m/s，密度达2.22t/m^3，含巨砾多，直径2～5m的有430块，5～10m的有60余块，巨大的冲击力将1幢3层楼房一侧自底到顶削掉，巨石将监狱厚1m的混凝土墙冲开。泥石流造成25人死亡，冲毁机关单位住房，堵断白水江约30分钟，壅高水位达8m，造成淹没县城沿河工厂、企业、机关单位。大量泥、砾进入白水江，堵坝溃决后，白水江河床淤高2m多，并使白水江改道。溃决又造成下游淹没和冲毁农田、公路、工厂、学校、仓库等，全县对外交通、电信、供电断绝，直接经济损失达1500万元。该泥石流是川西北地区近年来规模和危害最大的一次泥石流灾害。另据四川抗灾资料，此次泥石流造成死亡35人，倒损房屋960间，毁坏农田81.4hm^2，毁3个水电站，直接经济损失1494万元。

31. 云南东川小白泥沟泥石流

小白泥沟位于东川市小江中游右岸，流域面积12.49km^2，主沟长7.25km，沟床平均比降162‰，松散物储量约14323万m^3。从1957年至1977年间，每年暴发泥石流5～20次，堆积物增加762万m^3，平均每年堆积38.1万m^3。在1902年、1933年、1957年、1959年、1963年、1968年、1976年和1980年均多次堵断小江，1957年7月2日暴发泥石流，堵江2小时，形成高达10m的堆积垅。

32. 甘肃武都柳湾沟泥石流

柳湾沟位于武都县角弓乡年家村，为白龙江左岸一级支沟。流域面积 1.97km^2，主沟长 1.23km，沟床比降 320‰，松散固体物质共约 1040 万 m^3。下游西侧滑坡 1963 年至 1967 年 4 月前部滑入沟床堵塞沟道长 350m，高 20 余 m。该沟在观测的 5 年期间，平均每年暴发 11 次，年平均冲出泥砂 2.3 万 m^3/km^2。该沟 1958 年曾堵断白龙江，1963—1967 年 5 年中共暴发泥石流 55 次，平均每年 11 次，常堵断甘川公路。当雨强达 8～10mm/10 分钟、1 小时降水总量达 15～20mm 时，即可发生泥石流。

33. 四川彭县铜矿马松岭矿区泥石流

彭县铜矿马松岭矿区开掘采矿时，将矿山废渣、废石排于山坡及白水河谷地，为泥石流储备丰富的固体物质，一遇暴雨，便触发为泥石流。1959 年 8 月 10 日，彭县铜矿马松岭矿区马六坑发生泥石流，死亡 20 人，重伤 16 人，轻伤 22 人，各种财产损失近万元。1964 年 7 月 21 日暴雨泥石流，造成彭县铜矿马松岭、白水河两区重灾，共死亡 28 人，重伤 5 人，轻伤 21 人，财产损失约 100 多万元，白水河的河床(铜矿处)宽由原来的 18m 扩展到 216m，河床堆积沙石升高 1.8m，最高水位比历史记载高出 3.4m。

34. 四川金阳灯石河泥石流

石河位于金阳县灯丁区派来乡，为金沙江左岸支沟，流域面积 206.66km^2，沟长 27.2km，沟床比降 86.9‰，松散固体物质储量约 1100 万 m^3。1959 年 8 月 10 日该沟一支沟许家营盘沟暴发泥石流，冲毁和淤埋全村大部分房屋，致 30 人死亡，伤 15 人，为少有的重大灾害。

35. 四川甘洛列古洛多沟泥石流

列古洛多沟位于甘洛县苏雄乡列古洛多村，成昆铁路里程 K305+038，为大渡河支流牛日河左岸一级支沟。流域面积 36.63km^2，沟长 10km，沟床比降 170‰，铁路以 1 孔 31.7m 钢筋混凝土双线桥跨越沟口，桥下净高 6.6m。据调查，该沟 1949 年前曾多次暴发泥石流，并堵断牛日河；1949 年以来，1959 年、1979 年、1984 年、1985 年、1986 年和 1987 年都发生了规模不等的泥石流，其中 1959 年、1984 年、1987 年规模较大。

1984 年 7 月 1 日夜间暴发了自 1970 年通车以来的最大一次泥石流，体积达 24 万 m^3，堵断牛日河达 3 小时，使牛日河水位猛涨 4m 多，严重威胁凉红车站，泥位与桥净空只剩 10cm，冲毁桥梁护坡和凉红隧洞外侧边墙，并冲毁牛日河公路大桥，倒损房屋 6 间，造成很大损失。1987 年 6 月 5 日再次暴发泥石流，造成死亡 5 人，倒损房屋 7 间。泥石流在越过沟内 3 号、4 号拦砂坝时，剪断了钢筋混凝土拦砂坝，直冲铁路桥，不仅下切上游沟床 3～5m，还引起沟边老滑坡复活，造成桥下净空淤塞，严重威胁铁路桥的安全。考虑到沟内尚有松散固体物质几千万立方米，故“宜疏不宜堵”，后投资 600 多万元，建渡槽输流过铁路。

36. 云南东川石羊沟泥石流

石羊沟位于东川市城区的南端，小江中游右岸的一级支沟，流域面积 10.61km^2，主沟长 4.61km，沟床比降 246.9‰，松散固体物质储量达 505 万 m^3。石羊沟素有东川市“南大门”之称，进入东川市铁路东川支线和昆东(昆明至东川)公路均需跨越它。自 20 世纪 60 年代以来，该沟频繁暴发泥石流，成为“南大门”的“拦路虎”。

1961 年 6 月 14 日暴发泥石流，达贝区政府附近漫溢成灾，冲毁停车场，冲毁淤埋汽车数十辆，冲毁1座百货仓库和民房8间，淤埋农田20hm²，死亡8人，71人受伤，经济损失15万元以上。

37. 云南东川尼拉姑沟泥石流

尼拉姑沟位于东川市区北面，紧邻城区，为小江中游右岸支沟。流域面积4.06km²，沟长2.50km，沟床比降110‰。1961年6月尼拉姑沟和黑石头沟暴发泥石流，淤埋农田20hm²，泥石流冲进尼拉姑村和市区街道，居民生命和财产受到严重威胁。

38. 云南寻甸老干沟泥石流

老干沟位于寻甸小江上游右岸，为小江一级支沟。流域面积7.17km²，沟长5.52km，沟床平均比降182‰，松散固体物质储量约1360万m³，一般情况下均无水流，但泥石流灾情频发。

1963年9月18日，泥石流冲出固体物质40万m³，毁引水工程，直接经济损失100万元。1967年埋没7孔12m净跨的铁路桥1座。1985年7月26日18时左右，在一场猛烈暴雨激发下暴发泥石流(当时沟口未下雨)，将正要通过沟口的1辆汽车卷走，死亡12人，3人重伤，泥石流过程历时仅10多分钟。1985年6—7月，该沟泥石流涌进明洞，致使铁路遭受严重破坏，淤埋了团结渠涵洞，公路断道5天，损失5万元。1990年8月24日，泥石流致昆东公路中断行车12小时。

39. 陕西略阳白洋沟泥石流

白洋沟位于略阳市白水江镇大沙坝村，为嘉陵江上游的一级支流。流域面积5.06km²，主沟长约5km，沟床比降207‰，据统计补给区松散固体物质储量为2468万m³，目前可直接补给的有750万m³，天然与人为补给各占一半。

白洋沟是一条间歇性发生的泥石流沟，常呈现5年和10年的周期性，近似10年一大活跃、5年一小活跃。1964年、1977年及1981年均发生过较大规模泥石流，之后，1984年及1990年都又发生了泥石流。1981年泥石流由于跨沟涵洞被前阵泥石流堵塞而漫过宝成铁路，并使3节装煤的列车车厢倾覆。1990年7月6日泥石流将梯田及其上的玉米及埂边小树全部冲毁。现白水江车站及其附属建筑物和大沙坝村均受其威胁。

40. 重庆开县蛟湾泥石流

蛟湾位于开县中和乡松坪村，为小江支沟映阳河左岸支沟。流域面积0.66km²，主沟长1.99km，沟床比降291‰。蛟湾100多年前开始“走蛟”，故名蛟湾。因流域面积小，平时沟内基本无水或断流。

1965年农历六月五日早上9时，一场较长历时的强暴雨激发了泥石流，冲走了正在沟内的生产队长和农民共4人，并冲毁沟口下游0.5km映阳河上木石结构桥1座。1975年暴发泥石流，但规模不大。1983年旧历七月二十日又暴发较大泥石流，死亡1人。现沟口有不少直径为1～4m的石块停积。沟右岸有一直径约3m的大漂砾横卧在麦地内，上刻有“民国二十一年冬月立齐××之墓”的字样，可能是民国二十一年(1932年)暴发大型泥石流冲毁了此处刘家坟地，便刻石为记。

41. 四川越西铁西车站银河沟泥石流

银河沟位于越西县铁西车站，流域面积7.76km²，沟床比降147‰，为牛日河上游普雄河的左岸支沟。

1968年6月13日，暴雨激发泥石流，冲毁沟口成昆铁路及正在施工的工人住的工棚，造成120人死亡，损失惨重。1969年7月29日铁西沟泥石流，持续近5分钟，铁道部第二工程局5102工程队驻地毁房2000m^2，造成27人死亡，倒损房屋133间。

42. 云南东川矿务局汤丹分矿泥石流

该泥石流位于东川矿务局汤丹分矿，泥石流沟名莱园沟，为小江左岸支沟。该矿马店平坑1970年4月采矿，掘开地下水主要通道，形成地下水突涌，全部注入莱园沟，冲刷泥石流源地，形成黏性泥石流。泥石流冲出山口后，大部分构成堆积扇，小部分流入小江，且堵断河床形成天然坝，使小江断流达数小时之久，而坝上游则河道严重淤积。

43. 四川冕宁泸沽盐井沟泥石流

盐井沟位于冕宁泸沽镇泸沽铁矿，为安宁河一级支流孙水河的左岸支沟。由10余条小支沟组成，流域面积13.6km^2，主沟长8.4km，沟床比降155‰。盐井沟泥石流日趋频繁暴发的主要原因是由于矿山式基建、开掘中的人工排土和当地居民挖矿、拣矿及砍伐树木破坏植被引起的。铁矿山自1966年动工基建至1984年已排出土石量达474万m^3，大顶山修筑矿山公路及开掘平洞排出土石量为60万m^3，给泥石流提供了物源。

1970年5月26日晚10时发生泥石流，最大流量达280m^3/s，泥石流进入沿沟驻扎的铁道部第二工程四处408、414工程队，多数职工外出看电影未归，留在工棚的人都已睡下，猝不及防，泥石流席卷沟道两旁的食堂、仓库和工棚等20幢临时建筑物，共计2406m^2，近100间，造成104人死亡，伤29人，经济损失20万元。自此以后较大规模的泥石流常有发生，使成昆铁路孙水关大桥的安全以及泸沽镇防洪均受到威胁。1984年5月27日，稀性泥石流溢过5m高的应急坝，将护坦下游沟床冲深3.7m，使护坦悬空3.2m。1984年7月，泥石流使设施破坏，交通中断，矿山停工停产1个月之久。1984年8月23日，泥石流再次过坝，冲毁修补工程，还使基础下切1m多深。1971年、1972年曾3次堵断孙水河。

1983年制定了盐井沟流域综合治理规划，1984年冬季开始实施。为保护铁路桥将3号桥墩的下部、圆柱形断面扩大3倍，并打入钢轨桩扩基，其上、下游分别建导流鱼嘴和高3m的谷坊保护墩基；矿山泥石流防治有沿排土场东侧主沟泥石流形成区，修建导流堤488m、消力槛12道，在中下游主、支沟修建谷坊5座、高13m的格栅坝1座、高30m大孔洞拦砂坝1座，拦砂总库容达141.5万m^3；封山育林1370hm^2，营造水土保持林76hm^2；新修加固泸沽镇南、北岸防洪堤总长1.6km。以上工程投资632.7万元，1990年全部建成并通过竣工验收。其间经受了1989年5月7日和7月8日两次泥石流考验，未形成灾害，证明治理是有成效和成功的。

44. 甘肃西和关坝沟泥石流

关坝沟位于西和县喜集乡关坝村，为西汉水二级支流洛峪河一级支沟。流域面积31.8km^2，主沟长约13.5km，沟床比降55‰～120‰，有流域面积0.4km^{2}以上的支沟24条，松散固体物质储量为4143.8万m^3，平均为130.3万m^3/km^2，沟道堵塞十分严重。

关坝沟在200年以前植被较好，1949年以前还未发生过泥石流，1958年森林覆盖率已减至20%以下，从20世纪70年代以来每年有2～3次泥石流发生，1984年以来每年有4～5次泥石流发生。一般情况下，如果前期有降雨又遇短历时降雨在20mm以上就有泥石流发生。

1976年8月7日发生第一次灾害性泥石流，1977年7月9日、1978年7月2日、1979年7月14日、1981年7月13日和1983年5月12日均发生灾害性泥石流，1984年8月3日泥石流冲毁近5km河堤，将47hm^{2}良田掩埋成乱石滩，沟内6.5km公路全部被冲毁，路基亦荡然无存。喜集村及乡政府大院变为乱石泽国，损失惨重。

45. 云南巧家石灰窑沟泥石流

石灰窑沟位于巧家县城东北1km，为金沙江右岸一级支沟，流域面积10.2km^2，沟长6.6km，沟床平均比降355‰，为暴发频率较低的泥石流沟。据调查，石灰窑沟100多年前曾暴发大型泥石流，该沟原经邓家院子向东南流，此后改道向西流，现公路桥以下老堆积扇上的巨砾即为其堆积物。现巧家县城就建立在其堆积扇上。1971年7月暴发泥石流，龙头高达10m，危及县城东北部的师范学校、烤烟厂和化肥仓库等单位。该沟在堆积区沟道弯曲易变，一旦堵塞就可能发生改道，则将危及巧家县城的安全。

46. 四川冕宁汉罗沟泥石流

汉罗沟位于冕宁县泸沽镇新铁村车站，为安宁河支流孙水河左岸支沟，流域面积3.22km^2，主沟长4.4km，沟床比降159.6‰，流域内相对高差近1800m。1972年5月14日19—20时降水60.1mm，20—21时降水67.0mm，在此强降雨激发下，形成强劲地表径流，席卷山坡上因修筑公路而遗留的松散固体物质之后，冲切沟床，使沟底被掀揭，长度3km的沟槽普遍冲深3～4m，形成典型搬运型泥石流，仅在10分钟内，冲出10余万m^{3}物质，其中包括直径为5m的巨大砾石和树枝树干等。本次泥石流冲毁沟口村舍7户，房屋数十间，淤埋新铁村车站铁道1200m，推覆停在车站的1列货车，但这列装石头的货车恰好成了一道拦挡坝，把含有大量巨石的泥石流龙头挡住了，从而使新铁村车站仅被泥沙及浆体淤积近半米厚，而未遭摧倾破坏。中断行车91小时，淤埋耕地15.3hm^2。1973年7月23日泥石流断道4小时26分钟。

47. 甘肃宕昌化马泥石流

该泥石流位于宕昌县的化马、中牌、两河口等地，为白龙江及其支流岷江的一级支沟，较大的有化马沟、中牌沟、刘家湾沟、石坳子沟、清水子沟等。1976年7月24日该地区近60km^{2}范围内连降大雨，中心在大耳头一带，雨量为330mm，为甘肃省调查到的最大一次降雨。降雨诱发102条沟谷暴发黏性泥石流，在该地区内冲出泥沙近700万m^3，冲毁房屋708间，使数十人丧生，冲走掩埋牲畜148头，冲毁水磨29台、水电站5座、塘坝5处、水渠30km、粮食0.835t、农机32台，冲埋耕地90khm^2，还有372hm^{2}农田受到不同程度的损害，减产62t。冲毁公路15km，造成经济损失170万元。泥石流使岷江水含沙量达0.8～1t/m^3，密度达1.4～1.6t/m^3，也成了稀性泥石流。由于冲出泥沙较多，而所处河段又较狭窄，因而有6处河段被堵塞成湖(见表5-3-4)。疏通十分困难，曾在两处堵塞段用数吨炸药爆炸，收效甚微。直至8月29日岷江发生25年一遇洪水方才冲开，但淤积仍很严重，一般都淤高2～5m。

表5-3-4 宕昌化马泥石流沟堵江情况

沟名	化马沟	刘家湾沟	中牌沟	石坳子沟	水地沟	清水子沟
流域面积(km^2)	17.76	3.09	9.80	13.56	2.99	6.01
降雨范围(km^2)	5.51	3.09	1.80	13.5	2.99	5.00
调查洪峰流量(m^3/s)	376	36.9		536	161	317

续表

沟名	化马沟	刘家湾沟	中牌沟	石坳子沟	水地沟	清水子沟
沟口泥石流堆积量(万 m^3)	20	30	20	50	30	40
堵江后水位上升值(m)	7.7	9.9	8.2	19.3	8.7	7.5
被堵江名称	岷江				白龙江	

48. 甘肃文县碧口镇碧峰沟泥石流

碧峰沟位于文县碧口镇，为白龙江右岸一级支流。流域面积 40.2km^2，沟长 12.1km，沟床比降 14.1‰，全流域长度为 1km 以上的支沟有 9 条，常年流水的有 5 条。流域内较大规模滑坡有 7 处，滑坡及坍塌总体积接近 2740 万 m^3。

碧峰沟几乎每年都有不同规模的泥石流发生。1977 年 7 月 5 日发生一次较严重的泥石流，当时突降暴雨，降雨在最短时间内达 201mm，洪水挟带泥沙石块冲出河堤，涌上碧口镇，数百间房屋被淹，致 9 人死亡，直接经济损失达数万元。1992 年 5 月 1 日上午 8—10 时 30 分降雨量达 63.5mm，在段家山涌出一阵洪流，水淹母猪湾，堆积的泥沙厚 0.5m，水深约 1.0m，数十栋楼房被淹，造成一定的经济损失。

49. 四川巴塘竹巴龙沟泥石流

竹巴龙沟位于巴塘竹巴龙乡，为金沙江上游左岸支沟。该沟曾多次发生泥石流，泥石流直接流入金沙江。

1977 年 7 月 23 日下午 6 时，泥石流龙头高达 3.3m，瞬间冲毁水电站 1 座、小学 1 所、民房 2 幢、磨房 1 座、打场 1 个、农田 2.7hm^2，同时淹没贸易商店、竹巴龙公社革委会和 4 幢民房以及 60mm 的川藏公路。由于泥石流发生在天黑前，又有人及早发现，吆喝通报，因而没有人员伤亡，但损失很大，国家集体财产共损失 15 万多元，有 12 户受灾。1989 年 6 月 29 日下午 5 时 30 分，泥石流冲毁玉米地 8.7hm^2、水塘 1 口、木制引水渡槽 470 根，卷走民房 2 幢、防震棚 5 座，冲毁民房 8 幢、28 千瓦水电站 1 座、高压输电线 300m、水渠 8 条，淹死大小牲畜 143 头(只)，埋没各类果树 375 株、幼树 800 株，冲走和损坏生产生活资料上百件，损失粮食 1.14t，给竹巴龙村民造成 3.33 万元的经济损失。竹巴龙村的桥涵被堵，泥浆四处横溢，堆积区停积泥石达 1.5m 厚。

50. 四川康定子耳沟泥石流

子耳沟位于康定县城关，为雅拉河的一级支沟，雅拉河在康定城郊与大渡河一级支沟瓦斯沟相汇。流域面积 7km^2，沟长 7km，沟床平均比降 265‰。1978 年 8 月 4 日的一次泥石流，其暴发前 1 日最大降水量为 48mm，10 分钟最大降水量为 16.4mm，这场暴雨使一个大滑坡体过分饱水而向下滑动，堵塞沟床后又溃决，酿成了灾害性泥石流，泥石流冲进甘孜州物质局仓库、邮电局机关、康定县粮食局仓库及居民住房，毁房 200 余间、企事业单位房屋 1.4 万 m^2，冲走粮食 3.5t，损失一些物质、器材，直接经济损失近 80 万元。

51. 陕西紫阳安寺沟泥石流

安寺沟位于紫阳县燎原乡安寺，为汉江右岸支流任河的二级支沟。1979 年 7 月 11—15 日，因连续降雨和暴雨，沟脑部位的松散物质在暴雨激发下发生滑坡，并迅即转化成泥石流，将 70m 长的街道建筑物全部摧毁，连同屋内的 21 人被泥石流体一起推出沟口，造成安康地区最严重的泥石流灾害。

52. 甘肃西和县区域性泥石流

1979 年 7 月 14 日，西和县境内日降雨量达 111.7mm（历史上日最大降雨量为 49.6mm），境内各沟谷河川洪水暴涨，泥石流普遍暴发，全县 310 个大队中有 296 个大队受灾，占 93.9%，受灾作物面积 1.6 万 hm^2，占粮食播种面积的 44.7%，其中冲毁淹没绝收的 $3067hm^2$，减收粮食 1.55 万 t，沿途 872 户群众受灾，其中 345 户 1962 间房屋被冲，死亡 2 人，伤 4 人，1771 人无家可归，冲走粮食 124.5t、衣服 2746 件、家具农具 3024 件、树木 6 万多棵、成品木材 $250m^3$、各类牲畜 142 头（只），冲毁河堤 178.6km、渠道 38.4km、塘坝 20 座、梯田 $633hm^2$、提灌站 4 处、公路桥涵 85 处、公路 94km，淤平机井 92 眼，造成西和县公路交通中断，长途通信线路中断，35kV 输电线路中断，是西和县有记录以来的一次特大灾害。

53. 云南东川矿务局落雪分矿大水沟泥石流

该泥石流位于东川矿务局落雪分矿，为因民矿区的工区，泥石流沟名大水沟，流域面积 $47.0km^2$，沟床比降 111‰。东川矿务局井巷公司开挖落雪分矿大荞地水平坑道，将数万立方米的废石倾入大水沟，逼迫主流冲向对岸，使土体崩塌，堵塞沟道。1979 年 7 月暴雨期间，土石遭堵，水位上涨，致使堵塞体溃决，形成大规模泥石流，冲毁下游 1 座净高 9m 的人行桥。1980 年 10 月 22 日泥石流冲毁公路和生产生活设施，死亡 3 人，经济损失 115 万元。

54. 四川雅安陆玉沟、干溪沟泥石流

陆玉沟、干溪沟位于雅安市隔青衣江的羌江镇的东、西面，陆王沟为青衣江一级支沟，流域面积 $2.44km^2$，主沟长 4.2km，沟床平均比降 179‰；干溪沟为东面青衣江支流陇西河的支沟，流域面积 $10.11km^2$，主沟长 8.2km，沟床平均比降 132‰。两沟均源于雅安西北海拔 1730m 的园光山。流域内出露地层为侏罗系、白垩系、第四系地层，松散物质广布于沟床和岸坡上，滑坡、崩塌广布。雅安温湿多雨，素以“天漏”著称，多年最大日降雨强度为 339.4mm，小时降雨强度 85mm。具备泥石流暴发条件。

1979 年 11 月 2 日深夜，雅安骤降暴雨并夹冰雹，在此激发下，暴发了泥石流，在秋末冬初的干季暴发灾害性泥石流，在历史上亦极为罕见。这次泥石流历时仅半小时，来势凶猛，流速高达 10m/s，大量石块冲出，造成严重损失。使多云、七盘两乡的 17 个村、4 个工厂和一些街道等受灾，造成 163 人死亡，淤埋农田 $56hm^2$，毁坏房屋 361 间，死亡牲畜 412 头以及损失粮食 200 余 t、农具许多，冲毁输电线路、水利工程。陆王沟泥石流在宋渡村形成一道长 110m、宽 40m 的堤坝，堵断青衣江河床 2/3，上游水位猛涨 4m，后河床淤高，抬高水位 2.74m，也堵断了川藏公路。干溪沟泥石流并淤塞陇西河，直接经济损失达数百万元。

55. 重庆丰都酸枣树沟泥石流

酸枣树沟位于丰都县茶园乡严家湾，为龙河支流暨龙河右岸支沟。流域面积 $0.52km^2$，主沟长 1.52km，沟床比降 253‰。

1981 年 6 月 26 日出现大暴雨，茶园乡附近的石柱县马武雨量站日降雨量为 202.6mm，其中 21—23 时 3 小时降雨量为 125.1mm，酸枣树沟出现泥石流，流向落河渡和回龙场，扇形堆积在河边，覆盖宽度为 450m 左右，大量泥石流物质进入暨龙河。这场泥石流埋没 4 户人家，死亡 16 人，重伤 2 人，$3.3hm^2$ 水田和 $1.3hm^2$ 旱地毁于倾刻之间，变成一片石海。

56. 云南东川达德沟石流

达德沟位于东川市姑海区小江上游右岸，为小江一级支沟。流域面积 14.1km^2，沟长 13.6km，沟床平均比降 185‰～245‰，松散固体物质储量为 8140 万 m^3，达德沟 50 年前为林木参天，清溪水流，以后森林不断遭到破坏，以致泥石流灾害发生。

1981 年 6 月 30 日 1 时 40 分至 2 时 40 分，泥石流冲毁团结渠跨度 12m 的钢筋混凝土渡槽 1 座，将直径 5m 的圬工砌体向下推移 40m，断水 10 天，使灌区粮食减产 250t；冲毁、淤埋公路及桥涵使交通中断 3 天；冲毁铁路桥台，把 252m 长的铁路轨道扭弯，并冲进大白河，中断客货运 95 天；毁坏工程设施造成损失约 50 万元；淤埋了冲积扇上所有耕地，并将大白河（小江上游又名）主流线向对岸推移了近 700m，并新形成 0.53km^2 的洪积扇，使沟内回淤近 1km，堆积体积达 132.5 万 m^3。

1983 年 6 月 22 日凌晨 2 时 57 分，流量 1200m^3/s、流速 15m/s、龙头高达 5.5m 的泥石流持续了约 30 分钟。冲毁农田 6.7hm^2、民房 3 间、水渠 5 条，冲毁跨度 16m 的钢管渡槽 1 座、渠堤 60m、铁路桥台和路基 180m（又有资料为 325m），断道 40 天，淤埋公路，断道 3 天。直接经济损失 210 万元。

1984 年 5 月 28 日 7 时左右泥石流暴发，历时 45 分钟，龙头高达 10m，把正在修建的 2 号拦沙坝冲毁 2m，冲走施工用马车 2 台、铁模板 38 块、手推车 3 部，冲毁团结渠涵洞 1 座（长 10m）、铁路 300m，断道 90 天，冲毁公路 150m，断道 40 天，共造成直接经济损失 100 万元。

57. 云南巧家老树村沟泥石流

老树村沟位于巧家县城北面 4km，为金沙江下游右岸二级支沟，流域面积 23.5km^2，沟长 10km，沟床比降 245‰，该沟为低频泥石流沟。1981 年 7—8 月暴发泥石流，淤埋农田 24hm^2，无法再耕，14 户农民被迫搬迁。由于老树村沟与水碾河沟相距较近，至下游汇合为一，故历史上记载的灾害，可能两沟同一。

58. 四川芦山玉溪河引水枢纽泥石流

玉溪河引水枢纽位于芦山的金鸡峡口，为青衣江上游支流芦山河的上游的引水灌溉枢纽，控制灌溉面积 5.742 万 hm^2。坝址以上流域面积为 1080km^2，流域轮廓呈长条状，从分水岭到峡口相对高差达 3300m，山坡坡度大于 30°，主沟床比降达 100‰以上。据调查，大坝以上区段分布有泥石流沟 30 余条，其泥沙输移量为 85 万 m^3，泥石流堆积物中含有粒径达 0.6～3m 的漂砾，平均砾径 0.04～0.4m。水库运行 5 年后，淤积量达 40 多万 m^3，占总库容的 2/3，库容年淤损率达 13.2%。由于库区淤积严重，洪水期间大量砂石过闸，经测定其单孔闸砂石输移量达 200kg/min。过坝卵石直径以 4～8cm 者居多，其中最大粒径为 21cm。溢流坝面遭强烈撞击和磨蚀，以致第 5 号闸坝面被冲刷成宽 30cm、深 15cm 的沟槽，坝下游和护坦混凝土护面遭到剥蚀磨损，条石基础裸露，急待补救。1981 年 7 月流域上游黑水河暴发大规模泥石流，大量泥砂进入渠道，横山渠道电站机组被泥砂淤埋。

59. 重庆开县油槽沟泥石流

油槽沟位于开县东北部岩水乡口泉村，为小江支流东河的支沟，流域面积 2.48km^2，主沟长 0.84km，沟床比降 307‰。1981 年 8 月 18 日暴发泥石流，先是短暂大暴雨，半小时后即18日凌晨6时，泥石流挟带着朽木、杂草及幼树、蒿秆等，以4m/s以上的速度冲入口前河。泥石流龙头高2m多，将站在大石包上看水的3个小孩吞没。口泉村学校附近原有一块重15t的巨石被泥石流掀离原地10余m。毁坏口泉河沿岸耕地13.3hm²、民房8家，1座有60多年历史的老石板桥被连基摧毁。泥石流淤埋口泉河，使河面骤然展宽3～5倍。

60. 陕西凤县后沟泥石流

后沟位于凤县黄牛铺车站东0.3km，铁路里程K54＋500，为嘉陵江左岸支沟。流域面积12.4km²，长7km，沟床比降200‰。沿沟西侧储存有大量残坡积物及崩积物，仅沟脑部位就达60万m³，总量可能大于100万m³。1981年8月21日，特大暴雨引发泥石流，冲毁和淤埋宝成铁路60m，中断铁路运输。

61. 陕西凤县红花铺庙沟泥石流

庙沟位于凤县红花铺车站北，铁路里程K66＋086，为嘉陵江左岸支沟。流域面积4.3km²，沟长4.6km，沟床比降140‰。沿沟两侧有滑坡、崩塌堆积物约55万m³。1981年8月21日特大暴雨(日降雨量104.2mm)引发强大泥石流，致使位于沟口的红花铺车站被淹埋，淤埋铁路、站场和1列(7节)运煤货车，行车中断，损坏公路，损失巨大。

62. 陕西勉县漆树坝雷家湾泥石流

雷家湾位于勉县漆树坝张家桥村雷家湾的碥山东南，黄坝河支沟，基岩为石灰岩，第四系崩坡积物厚7～10m，山坡坡度多在40°～50°。1981年暴雨期间，山坡出现裂缝，9月2日23时，山坡骤然间崩塌坠落，伴有冒气、冒水。大量崩塌的土石壅塞沟床，大量地下水和暴雨地表水使崩积体很快处于过饱和流塑状态，继而形成泥石流沿沟床下泄。沟床被刷深10～20m，沟壁擦痕清晰可辨。泥石流冲毁农田1.6hm²、房屋7间、树木百余棵。泥石流历时半小时，搬运土石方约30万m³，流程仅1500m，堆积块石无分选，直径一般为0.3～1m，最大达4～5m。

63. 甘肃文县长丰沟泥石流

长丰沟位于文县口头坝乡西部，为白龙江右岸一级支流。该沟有西山沟、磨坝沟、杜家坝沟、阴家沟、寺坝沟和柳家沟6条主要支沟，流域面积53km²，主沟长约15km，平均沟床比降145.3‰，相对高差2180m，是一黏性间稀性泥石流沟。由于沟道狭窄(有的地段宽仅2m)，大型泥石流极易堵塞而形成更大灾害。每年6—9月，该沟几乎都有不同程度泥石流发生，对人民生命财产造成一定的危害。

1982年6月，口头坝一带连续8天降雨，12日凌晨突降暴雨，7时泥石流暴发，历时1小时，死亡8人，重伤12人，死亡耕牛6头、马8匹、羊120多只，冲毁房屋30多间、农田67hm²，冲走粮食500多kg。杜家坝村被泥石流全部淹没。此外，公路、村间道路、水渠、水电站也被冲毁，造成直接经济损失100万元以上。成灾原因为暴雨突发，沟道受阻后溃决所致。

64. 湖北恩施梭布垭泥石流

梭布垭位于恩施北部太阳河乡梭布垭村，为清江上游支流冲沟。1982年7月12日8时至7月13日6时历时19小时暴雨，于12日垭口处发出一声沉闷巨响，沟头处10m厚的堆积层发生开裂和滑崩，15万m³土体向南西215°方向滑移，牵引沟岸两侧向下移动，并演变成泥石流，似一巨龙翻卷而下，毁坏农田3.5hm²及1栋民房。流经

1500m，龙头高 2.5m，所夹 0.7～1m 的漂砾在浆体中时起时伏，不时发出沉闷的撞击声。泥石流停积后，头部宽 200m，与地面呈 30°夹角，中、尾部宽 150～50m，长 100m，平面呈葫芦形，堆积厚度 2.5m，堆积总量达 45 万 m^3。

65. 重庆巫山张家大沟泥石流

张家大沟位于巫山曲尺乡张家屋场，为长江左岸支沟。流域面积 9.13km^2，主沟长 6.11km，沟床比降 188‰。据计算自 1957 年至 1983 年的 26 年中，该沟输进长江河道的固体物质总量为 587.31 万 m^3，平均为 22.6 万 m^3/a，现流域内尚存有松散固体物质 2000 万 m^3。

1982 年 7 月，一次黏性泥石流淤埋稻田 3.3hm^2，至今未能恢复，布满大块石的舌状龙头堆积物尚在。其后各年暴雨泥石流发生，使沟岸崩塌，沟左岸木子坪原有稻田及旱地在 3.3hm^2 以上，现已不足 0.7hm^2，农民被迫迁移。泥石流将大石块冲入长江形成急滩——宝子滩，为通航，备有绞滩船设施。

66. 重庆奉节汪家沟泥石流

汪家沟位于奉节县朱衣乡双碾村，为长江一级支沟朱衣河右岸支沟。流域面积 2.06km^2，主沟长 2.62km，沟床比降 236‰。该沟历史上曾暴发泥石流。

1982 年 7 月 21 日，汪家沟附近日降雨量达 300mm 以上，汪家沟流域内的黄泥坪发生滑坡，下到沟内转变成泥石流。据目击者称：21 日凌晨 3 时出现滑坡，前头有水，紧接其后是夹有桌面大的巨石、泥沙、石块与水的混合巨流，几丈高的龙头像山一般地冲泻下来，速度快、响声大，几分钟内沿沟的房舍与耕地、树林被一扫而光。倾刻间将陈家老屋 10 户 44 间房屋及 27 间牛栏全部摧毁。泥石流带着 120 万 m^3 以上的土石，流经 3km 后冲进朱衣河。此灾害中有 10 人被埋，41 人奔逃及时幸免于难，损失耕地 8.7hm^2，埋没牲畜 90 头，沟口外公路中断交通 2 个月。

67. 四川冕宁浑水沟泥石流

浑水沟位于冕宁城北 8km，流域面积 3.6km^2，沟床比降 222‰。1982 年 9 月 21 日暴发泥石流，淤埋渠道 500 余 m，60 万 m^3 的固体物质被推入安宁河，堆成高 8～17m 的天然堆石坝，致使当时流量为 110m^3/s 的安宁河断流 35 分钟，堵坝溃决，沟口下 600m 处的安宁桥水文站段河床淤高 2.2m，下游 10km 的解放桥、红星水电站和渠道遭受危害，经济损失数十万元。目前在沟口正在修建装机近 2 万 kW 的观音岩水电站，如再发生泥石流进水口将被堵塞。

68. 贵州纳雍木井村泥石流

木井村位于山间盆地，土层较厚，森林被破坏。1983 年 5 月 10 日大暴雨后，形成了约 20 万 m^3 的泥石流，全村 34 户房屋大部被毁，死亡 37 人、大牲畜上百头，财产损失 10 余万元。并刮走耕地表层 5～20cm，形成冲沟深宽达 3～4m。

69. 四川甘洛尔古木沟泥石流

尔古木沟位于甘洛县普昌乡北，距县城 6km，为大渡河支流牛日河一级支流甘洛河右岸支沟。是一条常流水溪沟，流域面积约 2.5km^2。

1983 年 5 月 20 日凌晨 1 时左右，沿马基岗、顺玉田、普昌、斯足河一线在 25 分钟内降暴雨 60.8mm，形成侵蚀力极强的山洪，沿途冲刷沟床达 1.5～3m 深，侧蚀沟岸而转为泥石流，在甘斯(甘洛至斯觉)公路桥上约 50km 处泥石流流量 120～150m^3/s，

$12.92m^3$ 的巨石停积在桥上游 30m 处。由于桥孔断面过流能力不够，泥石流翻越桥面时，泥水深度达 1.5m，历时 3 分钟之久，将桥墩基础向下切深 0.8m，横向冲扩 1m，从而使桥墩悬空致毁。桥下游 20m，冲毁竹林一片。下游沟床被冲深 1.5～2m。泥石流导致甘斯公路拱桥毁坏，交通中断，冲毁和淤埋了普昌水电站防洪堤、引水渠、溢洪道、发电厂房和发电设备以及职工宿舍 $2000m^2$，淤埋了甘普（甘洛至普昌）公路 300m，冲毁水磨坊 4 座及 $6.7hm^2$ 石流造成的直接经济损失达 45 万元。

70. 贵州纳雍等地泥石流灾害

1954 年纳雍县以塘乡暴发山洪泥石流，冲毁农田 $75hm^2$，死亡 17 人。

1983 年 5 月 21 日水城特区舍戛乡采旗落出现一次冰雹、大风和暴雨天气，降雨历时 27 分钟，降雨量在 80mm 左右，暴发泥石流，涌向下游低洼小盆地，逐渐停滞堆积成半径达 150m、展开角 120°、厚达 1m 左右的冲积扇，一重约 150t 的巨石亦由泥石流冲运而至。泥石流冲毁 $12hm^2$ 玉米，冲毁房屋 15 间，住在沟旁的两户农民共 12 人连房带人全被卷走，冲走大牲畜 19 头，淤塞冲毁公路 1000 余 m，损失严重。

71. 云南寻甸黑水河泥石流

黑水河位于寻甸小江上游右岸，流域面积 $4.2km^2$，沟床平均比降 210‰，松散固体物质储量为 1998 万 m^3。据调查，该沟泥石流活动已有 100 多年，20 世纪 50 年代活动不强烈，但 1966 年东川地震后，如遭遇暴雨，泥石流频频发生。1983 年 6 月 22 日，泥石流冲毁农田 $20hm^2$，淤埋铁路 140m、桥梁 1 座，中断铁路运输 3 个半月，仅在桥底清淤就耗资 8.6 万元。这次泥石流造成经济损失 210 万元。

72. 四川理县日底寨沟泥石流

日底寨沟位于理县城以东 2km，为岷江支流杂谷脑河右岸支沟。流域面积 $4.83km^2$，主沟长 4.11km，沟床床比降 378.‰，流域内最大高差达 1675m。该沟是一条古老的泥石流沟，近期泥石流是在间歇了 55 年后发生的。现有松散固体物质 152 万 m^3，可以不断补给泥石流。在冰雪融水和前期降水使土体饱和的情况下，流域内日降水大于 10mm，汇水流量大于 $3m^3/s$，就可激发泥石流。

1983 年 6 月暴发一次泥石流，1985 年 4 月 25 日和 5 月 4 日先后发生中等规模泥石流，堵塞杂谷脑河，形成一个长 500 多 m、深 4m、宽 50 余 m、蓄水 11 万 m^3 的临时水库，淹没成阿（成都至阿坝）公路 300 多 m，水深 0.7～1.7m，日阻车达 1000 多辆以上，理县公路养护段大院和当地公路道班被淹，形成一个典型的堵河泥石流灾害。堵河、溃坝与河床淤高，威胁着下游 25m 的公路桥以及杂谷脑河右岸的理县党校车队和印刷厂等单位的安全，灾情较为严重。

73. 云南巧家东坪乡老街树叶沟泥石流

树叶沟位于巧家县东坪乡老街村，为金沙江下游右岸支沟。流域面积 $12km^2$，沟长 7km，位于溪洛渡库区。1983 年 7 月 2 日暴发泥石流，形成 10m 多高的龙头，挟 50 万 m^3 的泥沙砾石冲入金沙江，使江水断流 20 分钟，江水猛涨 6m。泥石流致死亡 32 人，伤 51 人，冲毁房屋 4374 间、耕地 $585hm^2$，直接经济损失 1650 万元。

74. 云南东川因民黑山沟泥石流

黑山沟位于东川市，是东川矿务局因民矿区所在地，系金沙江二级支流。流域面积 $16.8km^2$，主沟长 6.9km，沟床平均比降 100‰，最大达 200‰以上。据长住该沟的老年人反映，从未见该沟暴发过泥石流，也从未听父辈说过。

1984 年 5 月 25 日降雨 27.1mm，26 日降雨 2.5mm，27 日凌晨 4 时 30 分开始降雨，历时 1 小时，雨量 17.3mm，暴雨夹有 10mm 大小冰雹，瞬风速度达 25～30m/s 的大风，暴雨如注，仅 10 分钟就听到沟内响声如雷，地面颤动，泥石流历时仅 1 小时，龙头运动历时仅 5～10 分钟，密度达 $2.2t/m^3$，流速 6.22m/s，流量 $400m^3/s$，下泄固体物质约 36 万 m^3，搬运最大石块尺寸为 5.5m×3.3m×1.6m，重 78t，搬运距离达 900m。据事后勘察，在没有堵塞的沟段，沟槽清洁如洗，基岩裸露，流域内没有明显的滑坡，沟槽物质补给量占这次泥石流总量的 80%。这是一次在强大暴雨激发下，径流循陡峻的沟床以巨大水动力产生沟床揭底和扫荡两岸沟壁"滚雪球"般而使 36 万 m^3 固体物质下泄，造成巨大灾害。据调查统计，有 121 人死亡，6 人重伤，28 人轻伤，受灾户 239 户，受灾 1000 多人；冲毁矿山厂房、住房、商店 4.5 万 m^2 约 3000 间，农民房屋 11 户 $360m^2$；冲走粮食 650t、食油 15t，毁坏农田 $214hm^2$，冲走大小牲畜 360 头，毁坏管道 26.7km；致使矿山停产 14 天，商业停业，中小学停课，直接经济损失达 1100 多万元。

红山村粮店有一油罐，容积 $55～60m^3$，装有 10 余 t 菜油，被泥石流卷走停在下游约 1km 处的排洪沟道上。

75. 江西庐山泥石流

庐山自第四纪以来抬升了近 700m，形成了山岭与山麓间 1000m 的高差，有厚达数十米的风化壳和残坡积冰川堆积等松散固体物质。1984 年 8 月 8 日受第 7 号强台风影响，日最大降雨量为 198mm，1 小时最大降雨量 39.5mm；9 月 1 日受第 11 号强台风影响，日最大降雨量为 224mm，1 小时最大降雨量 21.9mm。故于该两日先后发生了自 1949 年以来规模最大、历时最长、来势最猛、危害最重的沟谷型泥石流。使房屋被冲、桥涵被毁、道路被埋、田地被淤，自然景观发生急骤变化。巨大石块堵塞涵洞，有 10 座桥涵被毁，使山南公路断道阻车达 3 个月之久；淘挖冲走金桥东边沟谷南岸桥台，造成钢筋混凝土桥面垮落，使九南(九江至南昌)公路停运 1 周；席卷庐山仪表厂七分厂长 50m 的浆砌块石护坡及堤内长 50m、高 2.5m 的砖墙，使河岸向岸边扩宽 10m，造成房屋基础临空处险；泥石流冲进庐山酒厂车间，造成该厂生产中断 15 天。

1990 年 6 月 30 日，连续 16 小时降雨 380mm，7 月 1 日凌晨，当地发生了泥石流等多种地质灾害，毁坏了树林、道路、房屋、水库，还有人员伤亡，直接经济损失 500 余万元。其中空军疗养院医疗大楼被冲毁，1～2 层楼房均被泥沙淤满，淤积量达 2000 余 m^3，损失 69 万元。

76. 四川德荣县城泥石流

该泥石流位于德荣县城关，为金沙江中游定曲的右岸支沟。德荣是四川省降雨量最少、最干旱的一个县。1984 年 8 月 14 日 17 时 2 分开始下冰雹和暴雨，17 时 10 分暴发泥石流，4 股泥石流席卷了半个县城，淤县城主要街道，冲毁机关和民宅房屋(含县政府大楼一侧)，淹没各种物资，致使全县城断电、断水、断交通，死亡 7 人，直接经济损失达 700 万元，为百年不遇之灾。该泥石流仅历时 8 分钟，但因突发性强，成灾迅速，给县城造成了严重的灾难。

77. 四川会东小田河(坝)泥石流

小田河位于会东县鲁吉乡小田村，为金沙江下游左岸一级支沟。流域面积

22.16km^2，主沟长 9.5km，沟床比降 140.37‰，据调查松散固体物质储量达 1100 万 m^3。1984 年 5 月 29 日，泥石流堵沟溃决成灾，死亡 17 人。

78. 云南昭通炎山乡沙沟泥石流

沙沟位于昭通市炎山乡小田村，为金沙江支沟，流域面积 1.2km^2，沟长1.7km。1986 年 7 月 20 日暴发泥石流，冲毁农户 17 户和购销店房屋 4 间、村公所、卫生院、学校房屋，损失 50 万元，死亡 7 人。

79. 四川高县后山沟泥石流

后山沟位于宜宾市高县城关，为长江支流南广河上游支沟。1986 年夏暴雨诱发泥石流，淹没县城街道，造成 13 人死亡，直接经济损失达 1.3 亿元。灾情之重，在当时尚无先例。该地岩溶极为发育，煤、铁资源丰富，采矿业发达，又因植被破坏严重，导致泥石流发生。1988 年 6 月 25 日城区泥石流致 13 人死亡，74 人受伤，倒损房屋 382 间，直接经济损失 3600 万元。

80. 四川甘洛资勒沟泥石流

资勒沟位于甘洛凉红东面，为孙水河右岸一级支沟。流域面积 7.9km^2，沟长 6.02km，流域内高差达 2316m，沟床比降 333.4‰，山坡平均坡度为 49.3°，这些均有利于水流和固体松散物质汇聚和能量转化。出露岩石为震旦系白云岩、白云质灰岩，受构造作用，岩石破碎。1987 年 6 月 5 日 2 时雨强为 55.2mm/h 的局地暴雨激发而引起泥石流，奔腾咆哮的泥石流冲出沟口后，冲毁跨越该沟的汉越(汉源至越西)公路桥，部分流体冲上高出沟口 10 余 m 的凉红道班，将道班住房全部摧毁，5 名养路工人全部丧生，造成直接经济损失约 15 万元。泥石流冲过牛日河，直抵对岸，成坝堵断牛日河，其后不久即被冲开，但有严重淤积，威胁成昆铁路及凉红火车站的安全。

81. 四川安宁河蔡家沟泥石流

蔡家沟位于成昆铁路 K595＋902，南距麻栗车站 1.5km，为安宁河中游右岸的一级支沟。该沟流域面积 18.35km^2，主沟长 8.55km，沟床平均比降 97‰，流域内最高峰与沟口相对高差 1489m，山坡平均坡度 35°。花岗岩和玄武岩出露面积达 75%以上，其余为第四系松散堆积物。成昆铁路从堆积扇中以 2 孔 16m 中桥通过。1987 年 7 月 1 日该沟暴发泥石流，淤埋铁路达 250m，埋深约 1m，造成 1 名铁路巡道工人死亡，中断行车 16 小时 15 分，毁坏农田 20hm^2，冲坏引水渠道数十米，使山口附近的水电站内淤砂约 0.3m 厚，给铁路运输及人民生命财产带来严重威胁。

82. 青海玉树孟宗泥石流

孟宗位于青海省玉树州首府结古镇的东南方向约 2km，流域面积22.07km^2，主沟长 4.8km，最高处海拔 4838m，是一条季节性冰川发育冲沟。流域所处地质构造复杂，新构造运动强烈、岩石类型多、岩体破碎，由于长期毁林开荒，过度采伐森林，对草场的超载放牧、炸山取石等造成植被稀疏、草场退化、土壤侵蚀加剧，导致泥石流的发生。

该沟自 20 世纪 70 年代以来，有几次较大规模泥石流暴发，造成了灾害。1987 年 8 月 15 日下午 6 时，流域内连降 40 分钟混有冰雹的暴雨，引起泥石流暴发，大量泥沙石块顺沟而下，流速达 3～5m/s，强度最大时龙头高达 1.5m，沿途冲刷侵蚀，冲出沟口后停积于滩地及下游居民区，冲出泥沙 300 多 m^3，形成泥石流冲积扇。泥石流侵入 42 户城镇机关及农牧民家，造成 12 户民房和 70 多 m 围墙倒塌，28 只羊被冲走，17 只羊被淹死，0.2hm^2 耕地被泥沙冲毁，造成直接经济损失达 20 多万元。

83. 四川理县哈尔木沟泥石流

哈尔木沟位于阿坝州理县甘堡乡熊耳村，为岷江水系杂谷脑河中下游左岸一级支流。流域面积 6.4km^2，沟长 4.65km，沟口与最高点相对高差达 1945m，沟床平均比降 332.3‰。形成区沟床比降为 392.1‰，清水汇流区沟床比降为 602.2‰，沟侧有 5 个大滑坡，其前缘已入沟床的就达 7000 万 m^3，为典型的滑坡补给型泥石流。该沟是一条老泥石流沟，也是一条灾害性的泥石流沟。自 1988 年 5 月以来，年年都要暴发数次泥石流，均造成不同程度的灾害。以 1989 年 6 月 16 日泥石流危害最大，这次泥石流将木堆村民组的大量农田淤埋，冲毁沿沟 3 户居民的住房，摧毁沟口杂谷脑河上钢索吊桥 1 座，并将杂谷脑河堵断，形成一长数百米的临时水库，导致沿河农田被淹，冲毁沿河 213 国道路基 200 多 m，使日行车量最大在 1000 辆以上的国道中断交通 30 多天，造成巨大的经济损失，也极大地妨碍了边远少数民族地区的经济建设。灾后仅修复公路和吊桥便耗资 160 余万元。

84. 贵州大方沙坝沟泥石流

沙坝沟位于大方县陇公乡沙坝村，为乌江上游落脚河支流，流域面积 7.03km^2，沟长 5.5km，沟床比降 194.38‰。1988 年 6 月 21 日两天连续降雨，发生出洪泥石流，卷走民房 105 间、畜圈 26 间和大牲畜 14 头。泥石流倾注在穿岩坝子上 385hm^2 耕地，其中 65.5hm^2 绝收，泥沙厚达 30～100cm，清毕公路有 3km 被 30～40cm 厚的泥砂堆积，中断交通 2 天，堵车 1000 余辆。

85. 云南永善金沙小河泥石流

金沙小河位于永善县大兴乡金沙村，为金沙江下游右岸支沟。流域面积 64km^2，沟长 17.6km，沟床比降 105‰，实地勘察松散固体物储量达 1 亿 m^3 以上，由牛角湾沟、大厂沟等多条小沟组成。不同小沟泥石流组合的大规模泥石流有多次。

1988 年 7 月 8 日，牛角湾沟发生泥石流。1990 年 6 月 29 日，大厂沟的支流大油沟发生泥石流，当日 2 时 40 分该区骤降暴雨，暴雨中心在大油沟上游，10 分钟降雨量达 20mm，持续时间为 20 小时。在大麦地一带由坡面散流形成小股泥石流，至两河口、蒋家营规模已变至大型，至龙头山因河道变窄且急转弯泥石流遇阻，后溃决时流速高达 12.5m/s，流量 1687m^3/s，黏滞快速的泥石流直冲尧家大坪子村，造成 32 人死亡。泥石流冲毁厂区大桥，因厂区人员撤离迅速未造成伤亡。至税房村时，因农民改滩造地，缩小了河道行洪断面，导致泥石流龙头向北岸爬高 10m，然后反弹至南岸村舍，冲毁房屋数间，死亡 20 人。冲出物体积 101 万 m^3，前后共死亡 52 人，重伤 7 人，死亡大牲畜 79 头，毁农田 113hm^2、房屋 103 间，直接经济损失 700 余万元。

1991 年 5 月 28 日，大厂沟支沟环沟暴发大型泥石流，由于 1990 年已对金沙小河流域进行加固防护堤坝，清除河道阻塞、障碍物，并开展监测，故未有人员伤亡，经济损失也极小。各小沟泥石流均由金沙小河汇入金沙江，造成河床抬高。

86. 云南永胜金官镇板山河泥石流

板山河位于永胜金官镇附近，为金沙江中游支流中泥河的支沟，流域面积 37.2km^2，另堆积扇面积约 5.1km^2，沟长 8km。该泥石流由烂塌方沟、淘金沟、老母猪箐等支沟和上游黑太阳河等汇聚而成，流域内有滑坡体 31 个，松散固体物资储量共计 443 万 m^3。

板山河泥石流灾害已有数百年历史，近期由于陡坡开荒、森林过伐、灌渠渗漏和过度放牧而使之暴发频繁，平均7年一次，每次灾害均使数十公顷良田遭冲毁、淤埋，上百公顷田禾被淹没，粮食大幅度减产，甚至颗粒无收。毁堤、冲房、伤人、死畜之事屡有发生。1988年8月12日泥石流累计冲毁拦沙坝1座、暗涵1处、防护堤700m、公路200余m，泥石流漫过冲积扇并阻塞中泥河，使334hm^{2}农田受灾，其中94hm^{2}颗粒无收，46hm^{2}农田遭砂石淤埋受损失稻谷240万kg。陈宫村等10多村社受淹，共206户55间房和1080人受灾。造成直接经济损失达400多万元。

87. 陕西柞水踩玉河泥石流

踩玉河位于柞水县，为汉江左岸支流乾佑河上游，全流域由26条泥石流沟组成，流域面积76.5km^2，主沟长21.4km。当1日最大降雨量383mm、1小时最大降雨强度130mm，即可暴发泥石流。1988年8月13日夜暴发了大型泥石流，死亡134人，14个乡村受灾，冲毁耕地1300hm^2，直接经济损失5650万元。

88. 四川西昌卫星发射中心泥石流

西昌卫星发射中心20世纪60年代曾暴发过泥石流。1989年9月4日降雨量高达159mm，暴雨诱发在西昌市沙坝乡卫星发射中心场区范围内发生泥石流，体积虽只有5000m^3，但将后勤仓库摧毁，因发生在夜间，致使48人丧生，直接经济损失3000余万元。

89. 四川冕宁安宁河支沟沙坝、河边泥石流

该泥石流位于冕宁南部的沙坝、河边两乡，1989年9月4日有一降雨面积不大但强度很高的大暴雨，暴雨中心实测日雨量为159.1mm，1小时最大降雨强度达87mm，致使沙坝、河边两乡发生大规模泥石流。冲毁成昆铁路桥1座、公路桥2座、民房641间，冲坏房屋1417间，冲淹农田数百公顷，冲坏汽车24辆、其他车辆26台，死亡51人，伤35人，造成直接经济损失4000多万元。

90. 云南彝良毛坪龙潭泥石流

龙潭位于彝良毛坪乡龙潭村，为洛泽河支沟，流域面积3km^2，沟长3km，沟床比降310‰。1990年6月28日暴发泥石流，淤埋毁坏水电站(装机2000kW)、发电机组，冲毁公路，阻断交通，直接经济损失150万元。

91. 四川会理益门镇炭山沟泥石流

炭山沟位于会理县益门镇，为金沙江下游左岸支流锦川河上游益门河的一条支沟。流域面积2.39km^2，主沟长2.62km，沟头至沟口相对高差716m，沟床比降179.2‰，山坡坡度25°～35°。凉山州属益门煤矿采煤区地处该沟中上游(煤层是三叠系上统白果湾组)，30多年来，先后设有24个新老采煤洞井，乡镇个体煤窑正在使用的井洞亦达20余个。沟内残渣相当可观，沟内尚有采空塌陷区5处及4个滑坡，增大了固体松散物储量。1990年5月31日，在降雨强度达80mm/h的暴雨激发下，形成大规模灾害性泥石流。致死亡31人，失踪3人，伤29人，摧毁房屋16幢(5152m^2)，堵塞公路桥2座，淤埋冲毁公路2.4km，堵塞采煤洞井4个，毁坏输水管1.2km、输电线路4.5km、通信线路1.9km，淤埋原煤运输机道1条和职工食堂1个，泥石流整体运动冲入益门河后，冲向对岸，成坝堵断益门河，致坝上游水位陡涨，淹没炼焦窑7座、泥煤池5座、水泵房1个和原矿子弟学校宿舍区等房屋47幢(1.8万m^2)，造成危房面积1.2万m^2，淹损部分库存物资，流失原煤、焦炭、泥煤、洗精煤近6500t，直接经济损失400

万元。坝体溃决后，大量泥砂石块俱下，坝体下游 4km 内河床平均淤高 0.2～1m，对环境及防洪设施危害极大。

92. 陕西略阳纪家沟泥石流

纪家沟位于略阳县观音寺乡，为汉江上游支流黑河的支沟。1990 年 8 月上旬陕南、关中西部连续降暴雨，8 月 1—3 日该地降雨 102mm，8 月 8—12 日 8 时又降雨 27mm，其后在 8—14 时的 6 个小时之内突降暴雨 120mm，其间 9—10 时雨量最大，暴雨倾盆，数米以外看不清物体，人们无法在户外活动。11 时暴发泥石流，摧毁了沟头第一户居民房舍，泥石流席卷沟道内的砾石沙土和堆积物，形成高约 20～30m 的泥石流龙头，冲刷沟床及两岸，汇成更大更猛的泥石流，翻滚向前，声如雷鸣，数百米外就能感到大地抖动，数十立方米的大石块被冲起，互相撞击；重达千余吨的巨石被推带 750m；泥石流锋前气浪可将 50 多 m 以外的人推倒，将墙摧垮。泥石流过程持续了 30～40 分钟，上游沟床基岩裸露，下游河床成了乱石滩，两岸良田、农舍化为乌有。共造成 49 人死亡，2 人重伤，13 户 57 间房屋被毁，45 人无家可归。

93. 湖北巴东城区泥石流

该泥石流位于巴东老县城东部，紧临长江右岸。1991 年 7 月 30 日至 8 月 4 日，巴东县城连续降雨，降雨量达 97.8mm。8 月 6 日，县城又遭受特大暴雨袭击，24 小时降雨量竟达 182.9mm，其中前 10 小时降雨量达 153.9mm，最大降雨强度为 75.2mm/h。在强降雨激发下，巴东县城东部金子山北坡形成了 14 条泥石流沟，在城区内堆积物达 29.4 万 m^3，冲毁房屋 2591 间，并造成 1394 间房屋部分倒塌，掩埋仓库 70 间，死亡 3 人，重伤 53 人，大牲畜死亡 157 头，冲毁公路桥 1 座、人行桥 23 座、供水管道 5650m，迫使 43 家工厂停产，110 多家商店停业，直接经济损失高达 4968 万元。

94. 四川德昌城郊角拌沟泥石流

角拌沟位于德昌县德州镇，为安宁河右岸支沟，成昆铁路于沟口通过。该沟流域面积 41.79km^2，沟床比降 75.5‰。1992 年 7 月 19 日 23 时至 20 日 8 时，德昌县遭受历史上罕见的特大暴雨袭击，9 小时内总降雨量为 112.3mm，其中 20 日 0—3 时降雨量达 77.8mm，这场强降雨导致了城郊沙湾沟和角拌沟同时暴发泥石流。造成了严重的灾难，死亡 4 人，伤 1 人，冲毁农田 298.3hm^2、房屋 645 间，县城部分建筑物被毁，共计直接经济损失 1500 万元。

95. 贵州开阳洋水河泥石流

洋水河位于开阳县开阳磷矿，为乌江右岸一级支流。1995 年 6 月 23 日深夜至 24 日遭遇百年不遇特大暴雨，凌晨发生泥石流。120 万 m^3 泥沙石块直冲该矿区，由于沿河约 10km 两岸滩地遍布开阳磷矿与金中镇的工厂、车间、办公楼、宿舍以及各类生产生活供水供电管道设施，山洪泥石流淹没两岸底层建筑，4000 余间房屋被埋，2000 余间房屋被毁，冲毁冲坏两岸保坎、桥梁、部分房屋，冲毁、掩埋农田。开阳磷矿与金中镇直接经济损失高达 2 亿多元，死亡 18 人，3 人失踪，28 人受伤。据调查，泥石流物源多半来自矿渣，少量来自崩塌滑坡。

96. 重庆城口坪坝区后山沟泥石流

该泥石流位于重庆东北部的城口县坪坝区，为大巴山区。近几年来，每年都有泥石流暴发，而且每次都冲入坪坝街，严重威胁着坪坝区区属机关、坪坝乡机关的 720

万元财产及 1780 多居民的生命财产安全。县城北端的龙洞沟泥石流，更是对县城构成了直接威胁。

97. 四川会东老君滩沟(白沙沟)泥石流

老君滩沟位于会东县淌塘乡岔河村，为金沙江下游一级支沟。流域面积 131.68km^2，主沟长 25.1km，沟床平均比降 96.12‰，流通段宽 40m，流域内以板岩、砂岩为主，松散固体物储量达 1000 万 m^3 以上。由于该沟泥石流频频暴发，加之泥流量大，往往占据金沙江河道并有短时堵江，溃决后，形成“千里滩王”、“滩中之王”的老君滩。该滩两岸高山夹峙，河中乱石林立，无航槽，成为我国内河最大特级险滩之一，并且也将对拟建的白鹤滩水库构成淤积源。

第四节　长江流域泥石流治理

长江流域尤其是长江上游，是我国泥石流密集发育区域，早自汉代就有泥石流灾害记载，而对泥石流的治理也开始较早，如陇南武都在北宋大中祥符年间(距今 980 余年)就修筑了卧龙岗导流工程。而该城防泥石流的护城堤(导流堤)工程，也在清康熙三十七年(1699 年)就已开始修筑，直至 1949 年总共筑堤防 2320m，而有计划形成规模的治理，则是在 1949 年以后。

长江流域内有关单位为防治泥石流灾害开展了如下研究。

一、区域泥石流灾害防治研究

紧密结合国家重大建设项目如西南山区经济开发、国土整治、环境保护，三峡水利枢纽、二滩水电站、成昆铁路和南昆铁路等开展前期研究与可行性论证，制定区域防治规划或工程设计方案。

二、泥石流综合治理研究

对泥石流进行综合治理的 3 项基本原则是“全面规划，统筹兼顾；大环境着眼，小流域入手；一保城镇，二保工矿交通，三保农田”，遵循“因地制宜，因害设防，突出重点，抓住关键”的方针，对流域内的山、水、林、田、路进行统一规划；由单一工程防治措施发展为包含工程防御、生物防护、预警预报、环境保护与管理相结合的多层次、多功能的防御体系(见图 5-4-1)。经过科技工作者的不断努力，在泥石流治理上取得了很大的成绩，有很多成功的事例，现将较典型事例列入表 5-4-1。

表 5-4-1　　泥石流治理措施实例表

序号	泥石流沟名	位置	工程类型	采取措施	效果
1	黑沙河	安宁河东岸	导流型	在堆积扇上部建导流堤，固定岔沟，上方修桥通过(上桥下沟)	流势稳定，冲淤平衡
2	甜水沟	甘川公路	排泄型	公路上方修建明洞渡槽排泄泥石流(上槽下路)	效果良好
3	利子依达沟	成昆铁路	绕避型	改线修隧洞 1450m，从流通段下方穿过(上沟下隧)	确保铁路安全
4	三塘河沟	长江奉节	穿透拦蓄型	在沟下游修建钢轨格栅坝，拦石排水	航道淤积停止发展

续表

序号	泥石流沟名	位置	工程类型	采取措施	效果
5	老干沟、黑沙沟等	云南东川	绕避型	龙头山至东川市路段远离高河漫滩，抬高50m走线，采用小石洞至姑海、达德至发窝两隧道穿过老干沟、黑沙沟等泥石流沟	保障线路安全
6	板山河	云南永胜金官区	综合型	在3条支沟和主沟修谷坊20座，在淘金沟修7m高拦沙坝和生态防护工程37.2km^2	保护农田及居民安全
7	大塘河	四川西昌	绕避型	在堆积扇中部修明洞使铁路穿过(上沟下洞)	良好
8	大洪沟	四川石棉	分洪型	引洪隧洞，在洞口建拦挡坝壅水引流	好
9	柳弯沟	甘肃武都	停淤型	上桥下沟，内停淤场，外堤路	好
10	盐井沟	四川西昌	综合型	在矿山排土场以下主沟道建5座拦沙坝，排土场下部修导流堤及固床工程，排土场上部做排水工程，铁路桥墩加固，全流域封山育林	已实施的效果好
11	三滩中桥沟	四川攀枝花	排导型	修建排导沟，防止其在桥下淤积	保证线路畅通
12	瓦依日呷沟	四川越西	拦排型	在铁路上游600～100m沟道内建两道格栅坝，铁路下沟道底及岸坡浆砌块石铺砌成矩形	拦粗排细畅通
13	瓦红沟	四川甘洛	排泄型	采用明洞渡槽立体绕避	好
14	芦花沟	四川黑水	综合型	干流建8座拦沙坝、4座潜坝，县城堆积区修466m排导沟，沟岸及水源区封山育林	好
15	狮子沟	四川汉源	停淤型	修高18m浆砌块石拦沙坝，淤满时，滑坡已稳定，回淤物厚11.3m，均开成农田	好
16	火烧沟	甘肃武都	排导型	在堆积区修建排导沟，当上游滑坡活动时，淤积严重，要清淤	较好
17	东沟	四川喜德	综合型	形成段修拦沙坝6座，流通段末端疏浚，沉积扇段做排导堤连同原有加固共320m，其他退耕还林和营造水土保持林	好

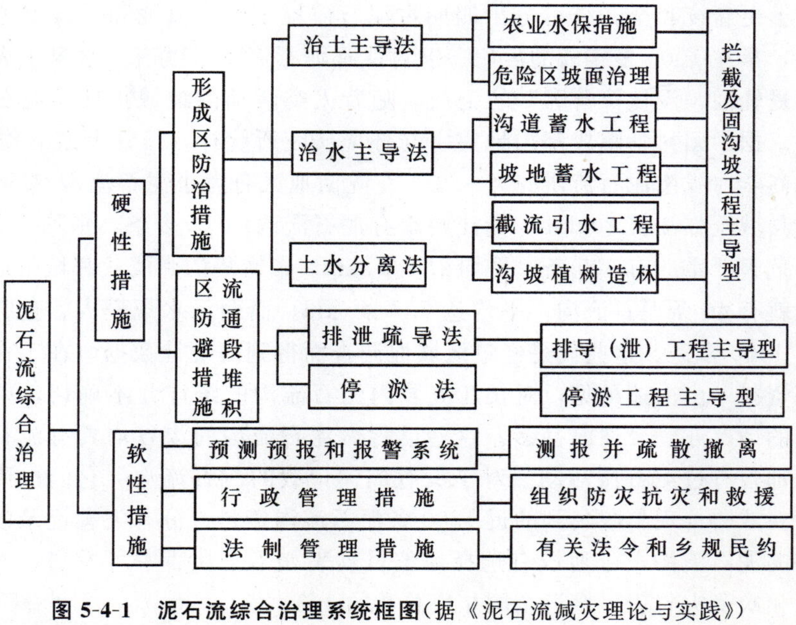

图 5-4-1 泥石流综合治理系统框图(据《泥石流减灾理论与实践》)

三、泥石流预警预报研究

1989 年第 42 届联合国大会第 168 号决议，把 20 世纪最后 10 年(1991－2000 年)确定为“国际减轻自然灾害十年”(简称“国际减灾十年”)，其中也包括减轻泥石流灾害。

1988 年 4 月，国务院将长江上游列为国家水土保持重点防治区，1989 年开始综合治理。1991 年在长江上游水土保持重点防治工程(简称“长治”工程)区有重点地组建预警预报系统，其预报程序见图 5-4-2。目前已建立了 21 处预警观测点。取得了成功的经验。长江上游水土保持重点防治区预警系统于 2000 年 5 月通过了长江水土保持局的验收。

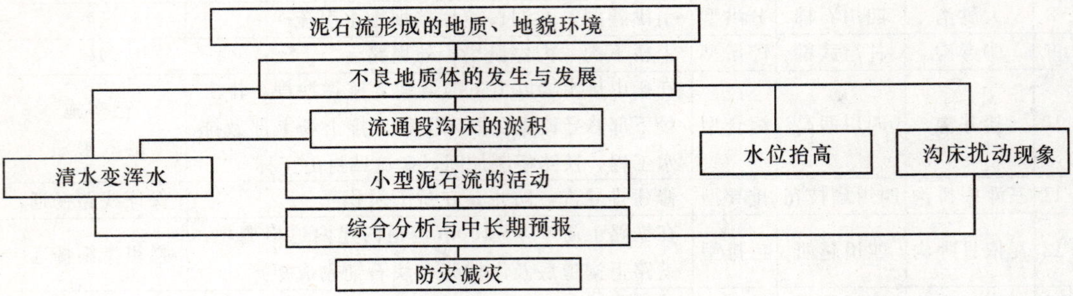

图 5-4-2　泥石流活动前兆与预警程序框图

附录　泥石流灾害年表及具潜在威胁泥石流沟简表

长江流域泥石流堆积，据沉积地层学研究资料，在甘肃南部第四系地层中，可以确认为泥石流堆积有 3 层，其生成年代大致分别为中更新世晚期(60 万年)、晚更新世中期(15 万年)和全新世初期(近 1 万年)；在大渡河也有后两期泥石流沉积物发育。云南第四纪地层资料发现，从早更新世至全新世各时代地层均可找到泥石流堆积物的踪迹，并且可看出晚更新世和全新世是云南省泥石流活动十分剧烈的一个时期。东川市新村盆地从上更新统和全新统可分出四期古泥石流堆积物。滇池和元谋盆地内也可见到文字记载，早在 1000 多年前的后(东)汉对武都泥石流灾害就有“水泉生大石阻碍水流，每至春夏轧溢，没秋稼营廓”的记载。随着人类活动的地域扩展，泥石流灾害的记载也渐多。据中国科学院成都山地灾害与环境研究所统计，长江上游有泥石流 6800 条。而据赵尚学《陇南泥石流研究》一文，在陇南地区有大小泥石流沟 6260 条，白龙江干流舟曲县城至临江长 200km，沿江两岸有泥石流沟 1000 多条，平均 5 条/km，其中规模大、危害严重的有 500 条，平均 2.5 条/km。最密集的尚属武都城附近，在 6km 的江河两岸就有 46 条泥石流沟，平均达 7.7 条/km。而西汉水规模大、危害严重的泥石流沟亦有 1000 多条。这些仅是经过区域性调查而得到的统计数据，在工作程度较低地域，尚缺资料。由上述可见，对长江流域内泥石流沟的统计并不确切，单条泥石流沟发生灾害的情况亦登录遗漏甚多。这些已称做泥石流沟的沟谷均具有泥石流沉积物存在，显然都曾有过泥石流活动。对于没有成灾记载的泥石流沟，它们也可能对人类活动存在潜在威胁。现将收集到的近 1500 条泥石流沟资料，分有灾害记录的泥石流和具潜在威胁的泥石流沟，分地域有选择地编目列表如下。从表中可看出，四川是泥石石流灾害最高频次受灾省份，接近全国相应总数的 1/3。

泥石流灾害年表及规模较大具潜在威胁泥石流沟简表

序号	沟名	位置	所属水系	流域面积（km^2）	沟床比降（‰）	松散物质储量（万 m^3）	发生时间及危及对象和财产损失
青海省							
1	孟宗	玉树结古镇	通天河	20.07	228.8		1987 年 8 月 15 日，12 户民房倒塌，28 只羊被冲走，0.2hm^2 耕地被淤埋
云南省							
1	大桥河	东川碧谷镇大寨	小江中游左岸	53.1	136～184	15000	1733 年掩埋农田 336hm^2，成沙滩，1855 年、1905 年、1919 年、1933 年、1946 年和 1954 年均大规模暴发
2	白泥沟	巧家新华镇（县城）	金沙江下游右岸支沟	5.6	267.9		1753 年（清乾隆十八年）冲毁农田 70 余 hm^2、农户 200 多家，死亡 1000 多人，迫使巧家县城搬迁；1953 年 8 月、1971 年 5 月 6 日、1984 年 5 月 28 日、1987 年 9 月 3 日和 1989 年 10 月 16 日，5 次合计死亡 100 多人，损失 324 万元；影响白鹤滩水库
3	水碾河	巧家县城	金沙江右岸支沟	83.7	230.9		1800 年暴发泥石流。1916 年再次暴发，1980 年 8 月 24 日、1985 年 9 月 6 和 1991 年 9 月 3 次合计死亡 9 人，损失财产 386 万元
4	大白泥沟	东川阿旺乡	小江上游左岸	18.05～20.63	106.6	35500	1808 年、1902 年、1933 年直至 1985 年 7 次堵断大白河，1977—1983 年堆积扇增高 6m，平均每年增加堆积量 156 万 m^3
5	尖山沟	会泽大海乡	小江下游右岸	173.81	49	4095.7	曾堵小江，历史性发育，1914—1928 年曾使不少客商遇难，1950—1969 年多次堵断小江，使数十户遇难
6	蒋家沟	东川绿茂乡	小江中游右岸	47.1	180	74900	危及农田、村庄，已有 200～300 年活动史，堵江 7 次，称“暴雨型泥石流之王”，1919 年堵小江 48 天，1937 年堵小江 30 天，1949 堵小江 10 天，1954 堵小江 20 天
7	块河—沙湾大沟	寻甸金源区	小江中游左岸	17.47	227	14000	有 200 多年发育史，1930 年 7 月毁田数十公顷，沟口淤高 50m，1985 年 6 月 24 日冲毁农田 200hm^2，死亡 3 人
8	太平村沟	会泽娜姑乡	小江中游右岸	16.94	213.5		1940 年前后曾多次堵小江，历史上由 3 条小沟形成的扇面达 78hm^2
9	小水井沟	东川绿茂乡	小江中游右岸	6.0			1943 年淹没 5 户，迫使老街村 25 户搬迁，1955—1995 年共暴发 6 次，淤埋农田 300hm^2，毁河堤 7km、房屋 20 间，经济损失 200 万元
10	块河老干沟	寻甸	块河	24.79	199	16000	1949 年冲毁农田 133hm^2，1985 年 6 月 24 日冲毁农田 133hm^2，交通、邮电中断
11	小白泥沟	东川阿旺乡	小江上游左岸	12.49	162	17600	1957 年后与大白泥沟一样堵江，平均每年淤高 0.4m，堆积 37 万 m^3

续表

序号	沟名	位置	所属水系	流域面积（km^2）	沟床比降（‰）	松散物质储量（万 m^3）	发生时间及危及对象和财产损失
12	黑沙沟	东川阿旺区	小江中游右岸	3.28	502	1638.2	1958—1962年冲毁河堤数百米，淤埋河滩地400hm^2，1983年以来又趋活跃
13	银厂沟	巧家小河乡	牛栏江左岸支沟	102.75	577.4		1958年6月、1968年7月、1986年8月6日、1980年7月4次合计死亡47人，财产损失94万元
14	老干沟	东川新村镇	小江上游右岸	7.17	182	1130	1960年7月27—30日冲毁路基64.4万m^3、涵洞14座、混凝土梁3座，冲毁埋铁路、桥涵，毁坏路基；1962年5月4日一次淤积厚达6.4m，年最大淤积量14.5万m^3
15	五马海沟	昭通盘河乡新店村	大关河上游左岸支沟	4	194.4		1961年6月1日毁耕地1.3hm^2，财产损失4万元
16	宜拉姑沟	东川市区（北）	小江中游右岸	4.06	110		1961年6月冲入东川市街道，房屋财产受到严重破坏，淤埋农田20hm^2
17	元永井沟	禄丰	龙川江				1961年10月20日死亡104人，伤57人
18	头寨沟	昭通盘河乡头寨村	大关河上游左岸支沟	3	176.4		1962年6月，冲毁农田5.3hm^2、林地草地2hm^2、房屋20多间、公路150m
19	时勒沟	彝良荞山乡来耳村	洛泽河右岸支沟	10	108		1962年及1988年6月共损失财产14.4万元
20	龙井沟	巧家六合乡	牛栏江左岸支沟	20	267.9		1968年7月、1986年6月、1978年5月3次合计损失财产37万元
21	石羊沟	东川市区（南）	小江中游右岸	10.61	246.9	505	危及东川铁路、昆东公路和东川市安全，1963年6月13日死亡8人，伤71人，毁稻田20hm^2、民房8间，经济损失15万元
22	深沟	东川市区（北）	小江中游右岸	28.32	166.7	＞150	危及铁路公路桥涵，1964—1983年堆积扇普遍增高7m
23	块河大箐沟	寻甸	小江上游	18.22	157	3400	1964年毁农田数百亩，堵断金源河2天，河床一次涨高0.7m
24	石龙北营箐	禄丰黑井镇	龙川江支沟				1965年将石桥冲毁，1977年的泥石流使龙川江东移50m，毁田10hm^2，1985年毁铁路泄洪槽，损失20万元
25	密夯箐、桃园箐	禄丰黑井红石岩	龙川江支沟				1966—1987年先后发生6次，毁田5.5hm^2、水沟2条、公路1.3km，危及23户农民和铁路路基，损失30万元
26	所所卡村	武定东坡乡	金沙江下游一级支沟			20	1966年8月暴发，死亡2人，倒房74间
27	法拉箐	禄丰黑井镇法龙	龙川江支沟				1967年和1987年各暴发1次，毁坝1座、田0.8hm^2，危及铁路大桥，损失18万元

续表

序号	沟名	位置	所属水系	流域面积（km^2）	沟床比降（‰）	松散物质储量（万 m^3）	发生时间及危及对象和财产损失
28	龙井沟	巧家六合乡	牛栏江左岸支沟				1968年7月、1986年6月、1978年5月3次合计损失财产37万元
29	冲天槽	巧家小河乡	牛栏江支沟	27.5	554.3		1968年7月损失财产8万元，危及50人安全
30	小河	巧家荞麦地乡	金沙江右岸荞麦地河	20	466.3		1968年8月死亡6人，损失财产20万元，危及250人安全
31	大水沟	东川因民矿	小江上游				1968年冲毁粮站，死亡2人
32	花沟	寻甸金源区	小江上游				1974年冲毁农田40hm^2，冲入热水塘村、埋淤民房
33	南拱	东川弄璋区					1969年8月死亡97人，毁2个村庄，直接经济损失100万元
34	鲁溪小河	永善黄华乡鲁溪村	金沙江右岸	54.5	87.5		1971年7月死亡7人，财产损失5万元
35	铜厂箐	东川市乌龙乡	小江上游左岸	9.02	17.4	3000	多次堵断小江上游大白河，顶冲对岸铁路地基，堆积扇1977—1983年淤高4m
36	区坝沟	彝良柳溪乡茶坊村	白水江右岸支沟	8.75	160		1979年7月损失旱地100hm^2、水田13.3hm^2，迁移5户，财产损失220万元
37	田龙沟	彝良荞山乡双河村	洛泽河右岸支流	1.375	252		1979年6月损失耕地33.3hm^2、财产2万元
38	回龙沟	巧家巧家营乡	金沙江下游右岸支沟	17.5	577.4		1980年7月13日死亡13人，损失财产15万元，对白鹤滩水库有影响
39	大圈沟	永善务基乡	金沙江右岸	4.22 (16.5)	314	＞5000	1980年7月发生泥石流，为发展期泥石流，每年都有暴发，已阻断金沙江河道1/2，形成险滩
40	硝滩沟	永善	金沙江右岸	16.77	280	＞5000	1980年7月发生泥石流，为发展期泥石流，形成硝滩，影响航运及溪洛渡水库
41	大水沟上游	东川落雪矿	小江				1980年10月22日冲毁公路和和生产生活设施，死亡3人，经济损失115万元
42	幸福村沟	东川播卡乡	小江下游左岸	5.74	311	380.9	危及农田、村庄安全，20世纪80年代以来正在发育的扇面宽大
43	仙人庄大箐	禄丰黑井镇	龙川江支沟				1981年和1986年泥石流毁田5.3hm^2，龙川江受阻，危及2座铁路大桥，损失45万元
44	达德河	东川姑海乡达德村	小江上游右岸	14.3	185	8140	1981年6月30日冲毁渡槽、公路、铁路桥台，断道95天；1983年6月22日冲毁耕地27hm^2，冲走羊5只、猪2头；1984年5月28日冲毁路基500m；1985年使铁路50m扭曲，断道135天

续表

序号	沟名	位置	所属水系	流域面积(km^2)	沟床比降(‰)	松散物质储量(万 m^3)	发生时间及危及对象和财产损失
45	油房沟	彝良荞山乡官房村	洛泽河右岸支沟	13.2	75.5		1981年7月倒房37间，毁地17hm^2，死亡3人，牲畜死亡25只，损失财产38万元
46	水果河	彝良柳溪乡水果村	白水江右岸支沟	37.5	104		1982年7月损失地4hm^2，迁移1户，财产损失27万元
47	小海河	东川市新村镇	小江中游右岸	28.71	146	1498	为老泥石流沟，1983年6月26日毁农田几百亩，公路被冲，中断交通12小时
48	黑水河	东川姑海乡姑海村	小江上游右岸	4.2	210	9948	1983年6月龙头翻越公路桥涵，淤埋铁路128m
49	树叶沟	巧家东坪乡老街	金沙江下游右岸支沟	12	700		1983年7月2日死亡32人，伤51人，财产损失1650万元，10多m高龙头冲入金沙江，江水断流20分钟，江水猛涨6m，毁房998间，毁地585hm^2，影响溪洛渡水库
50	因民沟(黑山沟)	东川因民镇	金沙江下游右岸	16.8	100～200	5.2	1984年5月27日灾害性石流，死121人，伤34人，冲走粮食63.5万kg，直接经济损失1100多万元
51	烂田坝沟	昭通田坝乡	金沙江下游右岸	27.16	221.0	18400	活跃期高频发生，大量泥沙入金沙江将进入在建的溪洛渡水库，1984年7月冲毁林地耕0.7hm^2，财产损失10万元
52	锌厂沟	昭通淡山乡	金沙江下游右岸	110.00	152	10670	1984年2月发生，大量泥沙入江，活跃期高频发生，影响溪洛渡水库
53	红岩沟	彝良洛旺乡怀来村	白水江右岸支沟	4.25			1984年6月损失财产6.77万元
54	石梁子沟	绥江南岸乡互助村	金沙江右岸支沟	16.25	83.1		1984年7月8日6户房屋埋没，31人幸免于难，经济损失2万余元
55	长坪子	宁蒗长坪子乡	金沙江中游左岸支沟				1985年滑坡发展成泥石流，147hm^2农田被淹，6个村庄365户1200人受灾
56	纸厂沟	昭通盘河乡大花树村	大关河上游左岸支沟	2.2	140.6		1976年就发生，造成严重灾害，1985年6月损失财产18万元，毁耕地1.3hm^2、林草地0.7hm^2、房屋20间、公路路基1km、桥1座
57	宋家沟	昭通盘河乡大花村	大关河上游左岸支沟	11.4	105.1		1985年6月冲毁农田3.3hm^2、林地草地4.7hm^2、房屋15间、公路路基300m、桥1座
58	孔家河坝沟	昭通盘河乡五寨村	大关河上游左岸支沟	7.2	194.4		1985年6月冲毁农田6.7hm^2、林地草地4.7hm^2、房屋40多间、公路桥1座、路基200m，财产损失20万元
59	达依卜村	武定东坡乡	金沙江下游右岸二级支沟		堆积扇	1500×36m	1985年7月9日死亡10人，伤1人，倒塌房屋112间，毁田0.47hm^2、粮食24t
60	擦耳岩	巧家东坪乡	金沙江下游右岸支沟	27	600.7		1985年5月13日死亡13人，财产损失8万元，对溪洛渡水库有影响

续表

序号	沟名	位置	所属水系	流域面积（km^2）	沟床比降（‰）	松散物质储量（万 m^3）	发生时间及危及对象和财产损失
61	塘厂沟	水富新滩乡	横江支沟				1985年5月致5人死亡，毁国道路基150m；1987年7月27日再次暴发，冲毁公路桥
62	新滩溪沟	绥江银厂办	金沙江右岸	42.6	117.4	30	1985年5月4日死亡4人，财产损失14万元，耕地被冲毁，危及323人、28万元财产安全
63	黄坪溪	绥江会仪乡三渡	金沙江右岸	60.5	71.6		1985年5月4日死亡8人，耕地冲毁，阻断公路
64	新滩沟	水富两碗区	金沙江支流横江（大关河）				1985—1987年多次暴发，冲毁拱桥，中断盐津至水富公路交通28天，24间民房被毁，死1人，冲毁粮管所，损失粮食25万kg
65	电站西侧沟	鹤庆新庄水电站	金沙江右岸支沟	1			1985年8月31日至9月2日水电站引水渠、变压器、发电机组均毁，机房堆积2.7～3.5m高，经济损失300万元
66	热水塘沟	永胜盐水	金沙江右岸达旦河				1985年冲毁石桥1座，1987年8月至9月23日5次暴发，中断行车
67	华泽河	宣威	部分位于牛栏江	169			1986年6月9日冲毁民房、学校、医院共3568间，公路2614段，桥梁77座，涵洞427处，毁坏农田3333余hm^2，破坏通信输电杆共1799根，死亡53人
68	陷塘沟	巧家炉房乡	金沙江右岸以礼河支沟	5	466.3		1986年6月死亡4人，财产损失10万元，危及70人安全
69	回龙沟	巧家东坪乡	金沙江下游右岸支沟	17.50	364		1986年8月死亡7人，财产损失8万元，影响溪洛渡水库
70	沙沟	昭通炎山乡小田村	金沙江右岸支沟	1.20	286.7		1986年7月20日冲毁农户17户，购销店房41间和村公所、卫生院、学校房屋，死亡7人，财产损失50万元，溪洛渡水库区受影响
71	干沟箐	中甸桥头镇	金沙江支流冲江河		210		100多年前就曾暴发泥石流；1986年8月19日泥石流直抵桥头镇，半个镇受灾，龙头高达3m，巨砾多；1978年9月6日泥石流堵冲江河，水位上涨1.8m，运输站、加工厂、街道一片汪洋
72	安沟	彝良荞山乡猴街	洛泽河右岸支沟	18.5	71		1986年倒房22间，损失耕地33.3hm^2、牲畜25头、财产70万元
73	码蝗河	彝良毛坪乡龙潭村	洛泽河左岸支沟	10.83	153		1987年7月损失耕地3.3hm^2、财产2万元
74	槌拉坡沟	彝良洛旺乡洛旺镇	白水江右岸支沟	0.25	428		1987年6月伤2人，损失耕地0.8hm^2、房3间、财产4万元
75	小沟	昭通城郊	昭鲁河支流				1987年泥石流成灾，水淹城郊，冲走汽车，死亡12人

续表

序号	沟名	位置	所属水系	流域面积(km^2)	沟床比降(‰)	松散物质储量(万 m^3)	发生时间及危及对象和财产损失
76	陆房河	彝良城关镇大河村	洛泽河左岸支沟	7.55	259		1988年损失拖拉机1部、财产5万元
77	角奎二小山沟	彝良城关镇大河村	洛泽河左岸支沟	0.3	382		1988年损失财产5万元，学校150人停课，危及150人安全
78	马腹河	彝良新场乡新场村	洛泽河左岸支流	44.63	134		1988年4月、1990年6月损失财产80万元、耕地26.7hm^2，危及供销社、粮管所、新场乡政府安全
79	白米河	彝良两河乡白米村	横江右岸支流	15.7	170		1988年6月25日死亡3人，损失财产326万元、水电站2座、牲畜40头，危及2430人安全
80	无名沟	盐津	金沙江右岸大关河				1988年8月5日崩滑形成泥石流，泥浆厚30～40cm，县委、人武部、茶场等单位及86间民房受灾，300余名居民被泥石流围困，直接经济损失80余万元
81	上寨干沟	彝良柳溪乡水果村	白水江左岸支沟	6.25	238		1988年7月损失水田0.47hm^2、财产3万元
82	干溪河	绥江板栗乡板栗	金沙江右岸大汶溪支流	26.74	78		1988年3月29日8户住宅埋没，39人幸免于难，财产损失9万元
83	木龙河	彝良两河乡田黄村	横江右岸支流	16.53	71		1988年6月25日死亡6人，危及4860人、2495万元财产、522hm^2耕地及972户村民安全
84	石溪沟	绥江新滩镇石溪村	金沙江右岸	6	355	216	1988年泥石流形成新滩，客轮翻没，死亡11人，经济损失30万元，整治费用40万元，影响向家坝水库，危及68人安全，为特大型泥石流
85	板山河	永胜	金沙江中游左岸支沟				1988年8月12—13日冲毁拦沙坝1座、公路200m，33hm^2农田受灾，损失稻谷240万kg，冲毁房屋55间，造成危房503间，受灾206户1080人，经济损失400万元
86	阿都小河	彝良城关镇阿都村	洛泽河左岸支沟	5.85			1989年6月13日损失财产10万元，搬家2户，危及彝绥公路安全
87	寨子发沟	彝良城关镇寨子村	洛泽河右岸沟	12.5	141		1989年6月13日损失小学1所、财产15万元
88	寨子平沟	彝良城关镇寨子村	洛泽河右岸支沟	3.9	174		1989年6月13日损失耕地6.7hm^2、财产12万元
89	榨房河	彝良新场乡石丫村	洛泽河右岸支沟	7.65	172		1989年7月损失财产10万元
90	龙孔	彝良牛街乡芭蕉村	白水江右岸支沟	1.39	131		1989年8月1日损失财产3万元
91	段家沟	巧家新店乡	牛栏江左岸支沟	51.1	364		1989年9月4日死亡1人，财产损失30万元
92	罗家庄大沟	彝良钟鸣乡扯炉村	洛泽河右岸支沟	0.3			1989年6月损失耕地1hm^2、财产6.77万元

续表

序号	沟名	位置	所属水系	流域面积（km^2）	沟床比降（‰）	松散物质储量（万 m^3）	发生时间及危及对象和财产损失
93	坪上龙家沟	彝良柳溪乡水果村	白水江左岸支沟	5	259		1989年7月损失财产1.3万元
94	响水沟	彝良奎香乡	洛泽河支沟	12.33	77		1989年7月损失耕地0.33hm^2、财产10.3万元
95	安南村沟	中甸三坝乡	金沙江中游左岸支沟				1990年6月26日死亡18人，3人受伤
96	电池沟	绥江南岸乡团结村	金沙江右岸支沟	11.1	263.8		1990年7月11日泥石流下切坡面宽4m、深2m，威胁1户6人生命安全，影响向家坝水库
97	龙潭电站沟	彝良毛坪乡龙潭村	洛泽河左岸支流	3.0	310		1990年6月28日损失财产100万元、电站1座，毁损昭彝公路，危及2000kW电站1座
98	猴子岩小河	彝良毛坪乡毛坪村	洛泽河右岸支流	42.25	162		1990年6月损失桥1座、财产4.8万元
99	半坡沟	彝良毛坪乡发界村	洛泽河右岸支流	0.875	293		1990年6月损失桥1座、财产10万元
100	关口坳河	彝良牛街乡甘家坝	白水江右岸支沟	1.75	342		1990年6月28日损失耕地1.6hm^2、财产3万元
101	河坝头	仝上	仝上	16	124		1990年6月8日损失耕地4hm^2、财产7.2万元
102	糯勒村	寻甸金源乡	小江支流块河				1990年6月14日死亡10人，受伤9人，倒塌房屋56间，120人无家可归
103	大厂沟（金沙小河）	永善金沙铅锌矿	金沙江右岸	64	105.1		1990年6月29日冲毁农田7hm^2，受灾农户13户，死亡52人，重伤9人，金沙铅锌矿遭受严重损失，公路断道、生产停顿，经济损失800万元
104	小古山	南华沙桥镇	金沙江右岸支流龙川江				1990年7—10月冲毁公路桥2座，交通完全中断多日，上千辆汽车受阻，上万旅客滞留
105	龙塘	彝良牛街乡水田村	白水江左岸支沟	1.075	479		1990年7月6日损失耕地0.2hm^2、财产0.6万元
106	还山沟	彝良牛街乡花果村	白水江左岸支沟	27.5			1990年6月28日损失耕地0.4hm^2、财产1.2万元
107	马村—黑山村	寻甸联合乡					1991年7月10日冲毁房屋5间，死亡2人，重伤1人
108	大弯子车站	成昆铁路					1991年9月19日掩埋铁路，致使铁路交通中断
109	唐家沟	巧家大寨乡小田村	金沙江下游右岸支沟				1993年6月28日死亡1人，农作物受损116hm^2，冲垮水渠23条、公路11km，倒房1间，危房13间，直接经济损失30万元，对白鹤滩水库有影响
110	窝坡箐	东川阿旺乡	小江左岸支沟				1993年8月15日窝坡箐水电站被毁，直接经济损失120余万元

续表

序号	沟名	位置	所属水系	流域面积(km^2)	沟床比降(‰)	松散物质储量(万 m^3)	发生时间及危及对象和财产损失
111	小水井沟	东川汤丹滥泥坪村	小江左岸支沟				1993年8月31日至9月1日引发滑坡泥石流造成小井水电站、风景村水电站全毁，兴隆水电站大坝被毁，电站内部分设施被损毁，7人死亡，3人重伤，直接经济损失250余万元
112	清水河	永胜雍纳镇清水村	金沙江下游左岸				1993年8月河道决堤1.7km，淹埋良田593hm^2，损失粮食475万kg，摧毁房屋1522间26342m^2，全镇4216户、17854人陷入困境，经济损失1938万元
113	猫街高桥7乡镇	武定	金沙江支沟				1996年6月16—17日，7乡镇泥石流死亡2人
114	乡政府驻地	大关黄葛乡					1997年5—6月造成24人死亡，61人受伤
115	乡政府驻地	鲁甸龙头山乡					1997年5—6月造成19人死亡，36人受伤
116	红岩村	彝良龙海乡					1997年5—6月造成31人死亡，36人受伤
117	小黑沟	东川阿旺乡		267			1998年7月12日铁路断道120m，毁公路桥1座
118	小河沟	东川阿旺乡					1999年7月8日死亡1人，冲毁房屋18间、公路桥1座、铁路200m、耕地28.7hm^2，直接经济损失117.79万元
具潜在威胁的泥石流沟							
119	达朵沟	东川杉木乡	小江中游左岸	58.07	104.4	944.4	历史上曾发生过，现在开发利用堆积扇
120	牛坪子沟	东川播卡乡	小江下游左岸				曾堵小江
121	大坪子沟	东川播卡乡	小江下游左岸				曾堵小江
122	泥浆沟	会泽大海乡	小江中游右岸				曾堵断小江
123	龙家大沟	彝良钟鸣乡木龙村	洛泽河右岸支沟	5	296		历史上曾死亡2人，损失耕地1.3hm^2、财产3万元
124	橄榄坝	巧家蒙姑乡	金沙江右岸支沟	19	364		危及100人、10万元财产安全，影响白鹤滩水库
125	龙潭沟	巧家蒙姑乡	金沙江右岸支沟	9	466.3		危及320人、150万元财产安全，影响白鹤滩水库
126	稀饭沟	巧家金塘乡	金沙江右岸支沟	6	577.4		危及25人、6万元财产安全，影响白鹤滩水库
127	高粱地沟	巧家金塘乡	金沙江右岸支沟	9	364		危及20人、5万元财产安全，影响白鹤滩水库
128	红路沙沟	巧家新华镇	金沙江下游右岸支沟	22	268		危及47人、9万元财产安全，影响白鹤滩水库

续表

序号	沟名	位置	所属水系	流域面积（km^2）	沟床比降（‰）	松散物质储量（万 m^3）	发生时间及危及对象和财产损失
129	黑泥河	巧家新华镇	金沙江下游右岸支沟	26.75	286.6		危及100人、45万元财产安全，影响白鹤滩水库
130	老树村沟	巧家新华镇（县城）	金沙江下游右岸支沟	23	212.5		危及200人、75万元财产安全，影响白鹤滩水库
131	石灰窑沟	巧家新华镇	金沙江下游右岸支沟	20	267.9		危及巧家县城2万人、4500万元财产及白鹤滩水库安全
132	树梁子	巧家茂租乡火山村	金沙江下游右岸支沟	21	577.4		危及265人、50万元财产及溪洛渡水库安全
133	黑石板	巧家茂租乡	金沙江下游右岸支沟	50	577.4		危及300人、50万元财产及溪洛渡水库安全
134	新街沟	昭通	金沙江下游右岸支沟	40.70	80.0	＞5000	影响溪洛渡水库
135	牛栏江小河沟	昭通田坝乡	金沙江下游右岸支沟	46.45	161.0	＞5000	影响溪洛渡水库
136	西大沟	昭通炎山乡	金沙江右岸支沟	12	194.3		危及1500人、1500万元财产安全，影响溪洛渡水库
137	船厂沟	永善码口乡	金沙江下游右岸支流	102.8	122.8		危及105人、50万元财产安全，对溪洛渡水库有影响
138	驿马沟	永善大兴乡	金沙江下游右岸	27.7	231	＞5000	危及20人、15万元财产安全
139	深沟	永善大兴乡金沙村	金沙江右岸	27.5	247	＞10000	危及150人、250万元财产安全，属特大型泥石流，威胁长海水库及溪洛渡水库
140	河口沟	永善	金沙江右岸	63.34	104	＞5000	影响溪洛渡水库
141	下柯椰沟	永善	金沙江右岸	32.5	214	＞5000	影响溪洛渡水库，高频发生
142	三道水沟（石板滩沟）	永善黄坪乡	金沙江右岸	78	140	＞10000	大量泥砂入江形成石坝，有数米落差，一般船只无法直接过滩，危及25人、15万元财产安全，影响溪洛渡水库
143	下干沟	永善黄坪乡	金沙江右岸	9.36	313	＞10000	大量泥砂入江，活跃期黏性高频发生，影响溪洛渡水库
144	白沙沟	永善黄坪乡	金江右岸	48.04	125	＞5000	影响溪洛渡水库，为发展期泥石流
145	黑铁箐沟	永善黄坪乡	金沙江右岸	54.09	105	20000	大量泥砂入江，为活跃期黏性泥石流，对溪洛渡水库影响极大
146	金家沟	永善黄华乡	金沙江右岸	54	105.1	＞5000	危及10人、13万元财产安全

续表

序号	沟名	位置	所属水系	流域面积(km^2)	沟床比降(‰)	松散物质储量(万 m^3)	发生时间及危及对象和财产损失
147	井底小河	永善景新镇(县城)	金沙江右岸	189	52.4		危及20万元财产安全，处于向家坝库尾
148	顺河沟	永善佛滩乡顺河村	金沙江右岸	54	87.5		危及10人、10万元财产安全，为高频发生泥石流，影响向家坝水库
149	佛滩沟	永善佛滩乡新春村	金沙江右岸	25.5	52.4		影响向家坝水库
150	四方碑沟	永善佛滩乡	金沙江右岸	2.1	592		影响向家坝水库
151	黄龙滩沟	永善	金沙江右岸	26.1	26.4		影响向家坝水库，为高频发生泥石流
152	大毛滩沟	永善团结乡	金沙江右岸	448.5	17.5		危及团结乡政府驻地、公路及350人、150万元财产安全，为大型泥石流
153	桧溪沟	永善桧溪乡	金沙江右岸支沟	199.5	59.4	177	为特大型泥石流，危及28人、40万元财产安全，影响向家坝水库
154	梁家坝沟	永善	金沙江右岸支沟	9	252	378	为特大高频发生型泥石流，影响向家坝水库
155	大坪沟	永善	金沙江右岸支沟	1.5	500	20	为高频发生泥石流
156	大波罗沟	永善	金沙江右岸支沟	5	365	150	影响向家坝水库，为特大型高频发生泥石流
157	小波罗沟	永善	金沙江右岸	0.3			影响向家坝水库，为高频发生泥石流
158	岩子坪沟	绥江	金沙江右岸	1.1	784		影响向家坝水库
159	会仪溪	绥江会仪镇	金沙江右岸	20.9	76.5		危及245人、50万元财产安全
160	豆腐沟	东川播卡乡	小江下游左岸	17.16	121.8	769.5	曾堵江，扇面坡陡，堆积物大砾石多
161	下小河	永善墨翰乡	大关河上游支沟	176.5	52.4		危及30人、7万元财产安全
162	上小河	永善墨翰乡	大关河上游支沟	188	52.4		危及25人、7万元财产安全
163	茂林小河	永善茂林乡	大关河上游支沟	185.5	17.5		危及茂林镇、电站、公路和600人、150万元财产安全
164	邱家沟	永善茂林乡	大关河上游支沟	31	52.4		危及10人、8万元财产安全
165	咕噜河	永善茂林乡	大关河上游支沟	38	17.5		危及15人，10万元财产安全
				四川省			
1	跑马山沟	康定县城	大渡河支流				1776年农历六月二十六日冰湖溃决泥石流，康定古城被淤埋
2	关庙沟	南坪县城关(现九寨沟县)	嘉陵江上游支流白水江	14.2	284		200年前毁灭过县城，使县城搬迁现址，1984年7月18日堵断白水江，致25人死亡
3	黑石沟	汉源	大渡河左岸支流流沙河	13	200	1500	危及农田村庄，1825年、1894年、1925年3次堵断黑石沟

续表

序号	沟名	位置	所属水系	流域面积（km^2）	沟床比降（‰）	松散物质储量（万 m^3）	发生时间及危及对象和财产损失
4	东西河	西昌	安宁河	＞200	38		1828 年就有泥石流发生；1891 年 7 月 5 日泥石流冲毁 5 条街、毁良田 $33hm^2$，伤亡 1000 多人，其后两河多次发生泥石流；1927 年、1942 年、1955 年、1985 年均有发生；1941 年死亡 190 人，9 万人受灾；1955 年 7 月毁房 240 间，死亡 68 人
5	羊圈沟	宁南披惠乡后山村	黑水河左岸支沟	4.27	348.98	600	危及 13000 人、2 亿元财产安全，县城受威胁，1850 年、1954 年、1991 年、1995 年均暴发
6	黑沙河	西昌	安宁河	22.7	62	26000	危害成昆铁路，自 1874 年至 1967 年前后共 12 次暴发泥石流，为有名的流石流沟
7	九寨沟	南坪	白水江支流白河	650.58	38.7		100 多年前的日则沟、树正沟曾毁灭村寨，造成人员伤亡，1981 年暴发 3 次，1982 年 5 次，1984 年 10 余次，日见频繁
8	中沟	喜德	安宁河左岸支沟				1885 年泥石流死亡 120 人，1997 年 6 月 29 日再次发生，死亡 48 人，伤 27 人，毁区场镇共 88 户，毁地 $12hm^2$
9	细厂坝沟	雷波西宁中老壳村	西宁河支沟	4.78	250.8	80	1911 年全村 20 人死亡，牲畜、房屋全部淤埋，危及 128 人、66.22 万元财产安全，以及农场、电站、渠道等
10	石板桥沟	汉源	大渡河左岸支流流沙河	16.25	115		危害农田村庄，1919 年 7 月 14 日冲毁庄户 10 余家、耕地 40 多 hm^2，1978 年前暴发 3 次
11	打洛马河	美姑	美姑河				1922 年暴发，死亡 29 人
12	秀水沟	甘洛	大渡河支流牛日河				1926 年 8 月 26 日毁秀水镇，造成 230 人死亡
13	八步里沟	金川县城	大渡河上游大金川支沟	44.78	122.3		1926 年 7 月席卷 7 座小磨、13 户民房和数十亩耕地，县城老街住户受灾严重；几乎每年发生；曾毁老县城；县城被称“水打坝”，1983 年三家寨水库淤满
14	芦花沟	黑水县城关	岷江支流黑水河	1.13	293		曾于 1930 年、1934 年、1940 年、1958 年、1962 年、1963 年、1974 年、1980 年、1984 年、1986 年、1987 年和 1988 年发生泥石流，1984 年 7 月 17 日冲毁桥梁，堵黑水河 2/3 河道
15	龙洞沟	茂县城区	岷江	146	264.1	1000	1934 年、1975 年、1986 年堵塞桥涵、公路，毁坏房屋、村舍、农田
16	双河口	宣汉	前河				1938 年 7 月 19 日午后，当冲田地房屋人畜及农作物没入泥水之中，军队一班无一幸免，共死亡 200 余人

续表

序号	沟名	位置	所属水系	流域面积(km^2)	沟床比降(‰)	松散物质储量(万 m^3)	发生时间及危及对象和财产损失
17	石拉它沟	汉源	大渡河左岸支流流沙河	12.9	139		危害农田村庄，1939年7月毁民房20间，淤埋耕地30hm^2
18	呷五村	喜德	安宁河支流孙水河				1942年7月山崩形成泥石流，毁房40户，死亡70人，堵河溃坝下游成灾
19	东裕沟	松潘县城关	岷江上游	0.67	460		1946年、1954年、1964年都发生过，1987年6月22日居民住房被冲毁，农田淤埋，死亡1人
20	公墓沟	马尔康城关	大金川支流梭磨河	2.6	467.4		1949年前冲毁1个村寨（仅幸存3户），1949年、1953年、1957年发生过灾害性泥石流
21	纳日斯察足沟	马尔康城关	大金川支流梭磨河		600	>1000	1949年、1957年产生严重灾害，1982年冲入州医院造成职工及住院病人严重损失
22	水巷子沟	茂汶县城关	岷江支流上游	2.2	375		1949年、1955年、1975年、1979年都发生大规模泥石流，淤埋城区、房屋、街道及部分农田，造成较大灾害
23	热水河	西昌礼州镇	安宁河				1951年泥石流死亡1044人
24	清水河	会理北乡清水村（城郊）	尘河右岸支沟	31.59	110.3	2500	1953年冲毁农田100hm^2，1974年又毁133hm^2，威胁农田1000hm^2
25	迭台沟	松潘新光	岷江支流				1953年8月5日，死亡20人，倒损房屋50间，淹街200m
26	龙溪沟	平武虎牙乡	虎牙河				1955年、1958年、1958年均暴发，伤亡近百人
27	热水河中沟	喜德红莫	安宁河左岸支沟				1957年6月29日死亡84人，受伤2人，倒损房屋221间、耕地200hm^2，冲毁红莫区公所、桃源乡政府及乡镇，全遭淤埋
28	冯家沟	宣汉胡家坊	中河支沟				1958年7月2日毁地66hm^2、桥3座
29	胥家沟	彭县大宝乡					1958年8月14日、1964年7月均暴发泥石流；修矿山公路后1972年8月、1974年暴发多次，死亡12人，重伤1人，轻伤8人
30	马松岭	彭县铜矿（矿渣泥石流）	岷江支流前江				1959年8月10日死亡48人，伤64人，损失100万元；1964年7月21日再次暴发
31	灯厂沟	金阳派来乡灯厂	金沙江左岸支沟	206.66	86.9	1100	危及2500人、1188万元财产安全，1959年8月10日30人死亡，伤15人，冲毁房屋，影响溪洛渡水库
32	火山矿区	攀枝花兰家山	金沙江下游左岸支沟				1960年雨季毁桥1座、房5间、平洞2个，经济损失150万元

续表

序号	沟名	位置	所属水系	流域面积（km^2）	沟床比降（‰）	松散物质储量（万 m^3）	发生时间及危及对象和财产损失
33	对坪沟	金阳对坪乡	金沙江左岸支沟	77.17	131.6	1237	危及1500人、834万元财产安全，20世纪50年代末至今冲毁良田13.3hm^2，影响溪洛渡水库
34	沙坪	天全大河乡	天全河支流				1960年7月冲毁耕地11.3hm^2，冲走学校1所和脚基坪硫磺厂，死亡200余人
35	龙滴水沟	松潘	涪江上游				1960年3月，沟口堆积大量泥石，阻断人行道
36	娃儿沟	喜德	安宁河支流孙水河				1960年6月29日滑坡形成泥石流，毁房21户，死亡49人，伤12人，死亡牲畜320头
37	李家沟	青川青溪乡埝坪村	嘉陵江支流下寺河				1963年6月15日死亡14人，倒房2间，损坏农田1.1hm^2
38	糖房沟	汶川	岷江				1964年6月毁修路临时工棚，死亡82人，通向林区公路断道
39	小石河	彭县	岷江				1964—1972年多处泥石流，死亡23人，倒房23间，损失800万元
40	中沟坡	什邡白茶坪	岷江支流			7.3	1964年7月21日死亡5人，毁房18间，中断交通1个月
41	黑沙河	西昌	安宁河支沟				1964年7月6日主流经同心村，毁耕地74.3hm^2、房屋741间，渠道冲毁致使3000多hm^2耕地缺水，粮食减产250t；1976年9月30日损坏农田200hm^2，淤埋5个村庄
42	白沙坡沟	会东淌塘乡	金沙江支沟				1965年6月滑坡致死400人，转变成泥石流堵金沙江，使老君滩更险
43	叭拉沟	南坪后山	嘉陵江上游白水江				1967年4月29日，冲走筑路工程队帐篷几十座、水泥等建材数百吨，损毁耕地7hm^2，死亡19人，伤2人，压缩白龙江断面1/3
44	银河沟	越西	大渡河右岸支流牛日河	7.76	147		对桥中等危害，1968年6月13日毁铁路工棚，死亡120人
45	沙马拉打沟	喜德	安宁河左岸支沟孙水河	33.77	88.2		对桥中等危害；1968年6月13日死亡99人，毁工房桥梁；1969年冲毁筑路物资材料、机具、临时建筑，造成40余人死亡
46	基斯觉沟	喜德乐武	安宁河支流孙水河				1968年8月死亡25人，倒损房屋32间，冲毁农田6.7hm^2，冲毁乡政府
47	铁西沟	越西	大渡河支流普雄河				1969年7月29日，铁道部第二工程局510工程队损毁房屋2000m^2，死亡27人；1986年6月13日冲毁铁路，造成120人死亡
48	普歪沟	喜德	大渡河支流	3.69	136		1969年冲毁铁路、物资、材料、机县及临时建筑，造成20余人死亡

续表

序号	沟名	位置	所属水系	流域面积（km^2）	沟床比降（‰）	松散物质储量（万 m^3）	发生时间及危及对象和财产损失
49	马厂沟	喜德	安宁河左岸支流孙水河	6.22	192.5		对桥严重危害，1970 年、1972 年、1974 年、1985 年 7 月 1 日和 9 月 4 日两次淤堵桥孔局部上道，中断行车共 45 分钟
50	联合乡 2 号沟	喜德	安宁河左岸支流孙水河	0.21	519.8		对桥中等危害，1970 年淤埋股道，中断行车 10 小时 45 分钟
51	克尔马沟	金川沙乐乡	大渡河支流大金川	43.18	195		自 20 世纪 70 年代以来吞没大片农田、果园和村舍，使米粮川变成今日干河坝
52	汉罗沟	冕宁	安宁河左岸支沟孙水河	3.22	159.6		对新铁村车站、桥梁危害严重；1972 年 5 月 14 日冲毁房屋 7 间，埋新铁村车站，中断行车 91 小时，淤埋耕地 15hm^2；1973 年 7 月 23 日断道 4 小时 26 分钟
53	盐井沟	冕宁	安宁河左岸支沟孙水河	13.84	154.6		1970 年 5 月 26 日开矿弃渣形成泥石流，毁铁路工棚，死亡 104 人，伤 29 人，损失 20 万元
54	湾丘小桥沟	米易	安宁河	2.10	171		1973 年 9 月 16 日小水塘土坝崩溃成灾，淤埋湾丘车站全部股道 100 余 m，中断行车 1 星期
55	柳村塘沟	米易	安宁河	0.72	362.9		危害成昆铁路，1973 年、1974 年堵塞桥孔后漫道，埋道床，中断行车近 20 小时
56	尔都芦苦沟	甘洛	大渡河右岸支流牛日河	1.36	419.2		对埃岱车站危害严重，1973 年淤埋埃岱车站全部股道，2 人死亡，中断行车
57	联合乡 1 号沟	喜德	安宁河左岸支沟孙水河	1.39	260.1		对桥中等危害，1973 年堵塞涵洞后漫上道床，进入隧道，中断行车
58	干河沟	汉源九襄镇	大渡河支流流沙河				1973 年造成 350 人死亡
59	喜德东沟	喜德	安宁河左岸支沟孙水河	2.78	205.8		对成昆铁路、车站、桥中等危害，1974 年 5 月 27 日造成重大损失
60	温泉 2 号沟	喜德	安宁河左岸支沟孙水河	0.41	330.7		对涵中等危害，1974 年堵涵后漫道，淤埋道床，中断行车 8 小时
61	祠堂沟	峨边	大渡河	1.54	337.1		1974 年淤埋峨边车站全部股道，中断行车 52 小时
62	乐跃东站 1 号～12 号沟	德昌	安宁河	0.32	682		危害乐跃车站、涵洞；1974 年 5 月 27 日堵涵洞，埋股道，中断行车 30 小时；1975 年 9 月 18 日中断行车 70 小时
63	赶场乡	南江	渠河			700	1974 年 9 月 14 日 9 时暴雨泥石流死亡 160 人，伤 8 人，毁房 117 间、农田 55.3hm^2

续表

序号	沟名	位置	所属水系	流域面积(km^2)	沟床比降(‰)	松散物质储量(万 m^3)	发生时间及危及对象和财产损失
64	龙洞沟	茂汶县城关	岷江支流	14.32	276	＞360	1975年淤埋街道、房屋和水渠
65	冷水窝沟	乐山	大渡河	1.43	557.6		1977年7月29日、1980年淤埋沙湾车站全部股道，中断行车5小时，3次共22小时35分钟
66	竹巴龙沟	巴塘竹巴龙乡	金沙江左岸支沟				1977年7月23日18时冲毁电站1座、小学1所、农田2.7hm^2，淹没乡政府、川藏公路，损失15万元；1989年6月29日又一次暴发；几乎年年发生，有时多达3次
67	西沟	汉源	大渡河左岸支流流沙河	5.55	192	250	危害县城、农田；1975年5月29日死亡6人，毁农田46hm^2，毁粮175t；1978年前发生13次，死亡逾百人
68	弹子沟	汉源	大渡河左岸支流流沙河	0.5	300		危害县城、农田，1978年前发生6次
69	干沟	汉源	大渡河左岸支流流沙河	6.16	198		危害农田、村庄，1978年前发生6次
70	庙子沟	汉源	大渡河左岸支流流沙河	1.13	374		危害农田、村庄，1978年前发生2次
71	龙洞沟	汉源	大渡河左岸支流流沙河	6.44	273		危害农田、村庄，1978年前发生2次
72	瓦厂沟	汉源	大渡河左岸支流流沙河	4.17	257		危害农田、村庄，1978年前发生6次
73	干河沟	汉源	大渡河左岸支流流沙河	11.34	165		危害农田、村庄，1978年前发生5次
74	火烧石沟	汉源	大渡河左岸支流流沙河	19.21	121		危害农田、村庄，1978年前发生4次
75	二郎河	汉源	大渡河左岸支流流沙河	52.96	196		危害农田、村庄，1978年前发生4次
76	大河沟	汉源	大渡河左岸支流流沙河	5.2	210		危害农田、村庄，1978年前发生2次
77	四沟头沟	汉源	大渡河左岸支流流沙河	4.41	204		危害农田、村庄，1978年前发生2次
78	仙米路沟	汉源	大渡河左岸支流流沙河	5.78	194		危害农田、村庄，1978年前发生2次
79	对窝沟	汉源	大渡河左岸支流流沙河	4.53	224		危害农田、村庄，1978年前发生2次

续表

序号	沟名	位置	所属水系	流域面积（km^2）	沟床比降（‰）	松散物质储量（万 m^3）	发生时间及危及对象和财产损失
80	子耳沟	康定城区	大渡河支流雅拉河				1978年8月冲毁街道，直接经济损失75万元
81	垮尔岩	彭县白鹿乡白鹿村	岷江支流前河支沟			40～50	1978年9月2日，13户重灾，死亡16人，淹埋耕地4.7hm^2，房屋106间，冲毁公路及军用通信线路，中断月余，主河改道
82	耳浦	理县	岷江上游杂谷脑河			10	1979年5月25日死亡2人，损坏农田1.3hm^2，堵杂谷脑河，断流1小时，埋公路240m，阻车15天，停电14天
83	尖山小沟	渡口新庄	金沙江下游左岸支沟	0.24	170～500		固体物总量1.5万m^3，1979年8月17日冲毁503电厂电缆等，停电6天，埋没公路，直接经济损失800万元
84	陆王沟干溪沟	雅安	岷江支流青衣江	2.44、10.11	230 132		1979年11月2日死亡164人，倒损房屋360间，毁农田56hm^2，断川藏公路
85	花溪河	洪雅	青衣江右岸支流				1979年7月21日电站坏损，死亡28人
86	査木桥沟	马尔康城关	大金川支流梭磨河	4	212.6		近年来年年发生，堵断梭磨河，冲毁公路
87	龙池坪	青川	嘉陵江支流下寺河				1980年5月16日，死亡1人，倒损房屋2间、农田0.53hm^2
88	干沟	石棉丰乐乡	大渡河				1980年6月死亡12人；1990年再次发生未，造成死亡，但掩埋学校，阻碍交通
89	东隆山腰沟	四川巴塘城区	金沙江左岸支沟				1980年8月15日17时冲毁县自来水厂厂房、水池、民房，穿营房而过
90	梁山湾大塘	宣汉黄石乡金竹村	前河支沟				1980年6月24日毁田5.3hm^2、民房15间，死亡11人
91	欠溪河	江油	涪江支沟			60	1980年6月29日毁房66间、农田106hm^2、粮食1145t，损失130万元、电站1座和公路200m
92	七星沟	峨边	大渡河	0.74	385.4		1980年6月28—29日堵桥，漫道淤埋道床，分别中断行车3小时5分钟和3小时40分钟
93	白腊沟	峨边	大渡河	0.72	499.3		危害成昆铁路，1980年6月28日、30日堵涵后漫道淤埋道床，分别中断行车11小时40分钟和1小时50分钟
94	日底寨沟	理县城关	岷江支流杂谷脑河	4.83	37.9		自20世纪80年代以来经常暴发，堵塞杂谷脑河，冲毁公路；1985年5月3日堵断河道造成灾害
95	岔河	会理	金沙江左岸支流				1981年6月27日111地质队受毁灭性灾害，损失20多年资料及大小设备179件、房屋200间，损失110万元
96	俄尔沟、木都沟	黑水	岷江上游黑水河				1981年7月3日死亡3人，毁房50间、耕地26.7hm^2，公路水渠受灾，堵小黑水河，冲走木材5838m^3

续表

序号	沟名	位置	所属水系	流域面积(km^2)	沟床比降(‰)	松散物质储量(万 m^3)	发生时间及危及对象和财产损失
97	四川901矿区	会理益门风云	安宁河左岸支沟				1981年6月10日901矿直接损失20万元，毁房241间，淤矿
98	永进沟	德昌永郎乡	安宁河支沟				1981年6月27日死亡11人，毁房52间
99	利子依达沟	甘洛	大渡河	24.71	164		为特大规模泥石流，1981年7月9日冲毁大桥，死亡360余人，442次列车倾覆；光绪元年(1875年)也发生过大型泥石流
100	新基古沟	甘洛	大渡河右岸支流牛日河	3.79	337.1		对桥梁中等危害，1981年8月16—17日冲毁新基古中桥，中断行车137小时30分钟
101	浑水沟	冕宁	安宁河	3.60	226	冲出60	为频繁活动的特大型泥石流，多次损毁水电站、农田、水文站；1982年9月21日淤埋渠道500余m，堵安宁河，断流35分钟，经济损失30万元
102	新池塘溃决	宣汉厂溪乡茅坪山	前河				1982年7月16日死亡29人，毁房29间、农田$3.9hm^2$，死亡牲畜31头
103	上窑沟	松潘县城关	岷江上游	1.87	286		1982年淤埋20余户住房和公路桥涵，1986年、1987年再次淤埋公路桥涵，1989年灾害更大
104	张家沟	小金县城关	大渡河支流小金川	0.32	573		1982年5月25日堵断主河美诺沟，淤埋农机厂厂房和车间，损失20余万元
105	尔古木沟	甘洛普昌	牛日河支流甘洛河				1983年5月20日冲埋普昌水电站厂房及职工住房，毁公路拱桥和路基300m，冲淤农田$6.7hm^2$、水磨4座，损失50万元
106	瓦依日呷沟	越西	大渡河右岸支流牛日河	38.15	65.9		危害成昆铁路，1983年6月24日堵桥，漫上铁道并涌入隧道100m，中断行车数小时
107	白水河沟	普格	黑水河支沟			10	1983年6月23日冲毁白水河沟水电站，停电3个月，损失100万元
108	龙门沟	甘洛	大渡河右岸支流牛日河	52.28	121.4	冲出10	对苏雄车站和桥严重危害，1983年8月3日堵牛日河3小时
109	苏哇龙沟	巴塘中心城区	金沙江				1983年以来，连续5年发生，使乡政府、小学、卫生所、邮电所、信用社等单位用房被冲毁和破坏；几乎年年发生，规模增大
110	联合乡3号沟	喜德	安宁河左岸支沟孙水河	0.87	307.9		1983年7月2日淤堵涵洞漫道，淤埋联合乡车站全部股道，中断行车42小时45分钟
111	多条沟	昭觉					1984年5月26—28日毁水电站24座
112	小田河(坝)	会东鲁吉乡小田村	金沙江左岸支沟	22.16	140.39	1100	1984年5月29日死亡17人，经济损失300万元，影响白鹤滩水库
113	关子坪沟	乐山	大渡河	0.38	358.1		中等危害，1984年9月、1985年7月堵涵漫道淤埋代湾车站股道，中断行车，其中第二次达5小时

续表

序号	沟名	位置	所属水系	流域面积(km^2)	沟床比降(‰)	松散物质储量(万 m^3)	发生时间及危及对象和财产损失
114	定曲(河西沟)	德荣	金沙江中游左岸支沟	7	430～720		1984年8月11日4股泥石流席卷半个县城，死亡7人，冲毁房屋2.2万m^2，水、电、交通中断，经济损失679.2万元；1990年12月11日电厂综合楼后山泥石流损失160万元
115	勒古洛夺沟	甘洛	大渡河右岸支流	38.24	138.5	几千万立方米	特大规模，严重危害；1984年7月冲毁桥梁护坡和牛日河公路大桥，牛日河断流3小时
116	回龙乡	茂汶	岷江支流黑水河				1984年7月17日冲毁水电站机房，毁引水渠120m
117	恩拉通沟	巴塘白松乡	金沙江支流曲流支沟				1984年7月，冲毁耕地2hm^2，堵塞定曲河，冲毁水渠
118	拨拉沟	南坪县城关	嘉陵江上游支流白水江	7	320		1984年7月18日暴发泥石流，堵白水江，与关庙沟共同造成极大灾害
119	撮箕沟	南坪县城关	嘉陵江上游支流白水江	3.1	488		1984年7月18日与拨拉沟、关庙沟同时暴发，堵白水江
120	新胜坡	兴文丁心乡	长宁河支流梅洞河				1985年5月31日死亡5人，受伤2人，倒房27间，损坏农田9hm^2，毁矿3座
121	115林场	丹巴	大渡河上游				1985年6月29日，冲毁175kW水电站1座和平锯房、机房各1间，死亡4人，损失100万元
122	罗家沟等	金川703林场	大金川支流				1985年6月29日至7月1日连续3次泥石流，职工68户98人受灾，损失11万元，死亡和失踪各1人，冲毁房屋2120m^2
123	打猎窝沟	宜宾商州	岷江支流板桥河	界线不明显			1986年冲毁水电站1座
124	观音寺沟	宜宾商州	岷江支流板桥河				1986年冲毁水电站1座
125	蚂蟥沟	宜宾商州	岷江支流板桥河				1986年冲毁水电站1座
126	润楠坝沟	宜宾商州	岷江支流板桥河				1986年泥石流死亡7人
127	南屯大沟	西昌	安宁河	1.21	188.4		1986年7月7—31日堵涵漫道淤埋道床，分别中断行车40分钟和4小时
128	冬古沟	德荣古学区	金沙江				1986年6月23日冲毁斯札乡政府、毁公路13km、耕地13.3hm^2
129	坊田乡	米易	大宁河支流楠木河				1986年6月30日死亡2人，倒损房屋986间，损坏房屋4875间
130	鲁古区	会东	金沙江				1987年6月1日死亡17人，伤74人，直接经济损失3500万元，间接经济损失1.3亿元
131	松林沟	松潘县城关	岷江上游	1.06	331		1987年6月22日居民住房冲毁，农田淤埋，死亡1人

续表

序号	沟名	位置	所属水系	流域面积（km^2）	沟床比降（‰）	松散物质储量（万 m^3）	发生时间及危及对象和财产损失
132	后山沟	乡城县城区	金沙江				1987年7月9日冲毁县委机关、医院、居民住房共476m^2，河堤565m，桥涵3座
133	俄古村	雅江俄古乡	雅砻江				1987年2月死亡10人，受伤4人，倒损房屋55间，损坏农田16.7hm^2，毁水电站1座
134	蔡家沟	德昌	安宁河	18.35	97.5		严重危害成昆铁路，1987年7月11日先冲后淤，中断行车16小时15分钟，1人死亡
135	西洛乡	普格	黑水河上游西罗河				1987年7月2—5日死亡1人，倒损房屋15间，损失110万元
136	洛乌乡	普格	黑水河上游西罗河				1987年7月2—5日死亡1人，倒损房屋25间，损失45万元
137	四明沟	小金宅垄乡	大渡河支流小金川	29.57	250		1987年5月28日淤埋了乡政府和供销社，堵塞公路桥，损失10余万元
138	资勒沟	甘洛	大渡河右岸支流牛日河	7.9	333.4		危及汉越公路，1987年6月5日暴发泥石流，公路桥及道班被毁，5名养路工丧生，损失15万元
139	三家村沟	会东溜姑乡三家村	金沙江左岸支沟	26.1	170.37	1700	1987年6月1日淤埋农田67hm^2以上，损失100万元以上
140	鲁吉区	会东	金沙江左岸支流				1987年6月1日死亡17人，伤74人，直接经济损失3500万元
141	刀溪沟	茂汶光明乡	嘉陵江支流前河				1987年5月16日有144户农民、50hm^2作物受灾
142	电站沟	丹巴县城	大渡河				1988年6月9—19日冲破毁堵塞进水渠道450m，涵洞50m被淤塞，停电21天
143	磨房沟	盐源辣子乡	雅砻江支流卧罗河				1988年6月24日死亡23人，受伤21人，冲毁工棚4座，冲走木材3000m^3
144	南山和北山	高县城区	南广河右岸	4			1988年6月25日死亡13人，74人受伤，毁房2240间、2.24万m^2，财产损失1.3亿元，危害县城
145	拉青电站（沟）	普格昭觉交界	黑水河上游西罗河				1988年7月10日死亡35人，失踪1人，受伤10人，毁工棚5座（有资料为死亡38人）
146	天宝寨山	盐边惠民乡	雅砻江支流惠民河				1988年8月31日死亡6人，受伤2人，倒房83间，冲毁农田67hm^2，损失粮食600t，经济损失450万元
147	铜厂沟（河）	昭觉拉青乡	金沙江支流西溪河				1988年7月10日泥石流毁桥工队工棚，死亡37人，伤5人
148		越西	大渡河支流牛日河支沟				1989年5月3—6日死亡5人
149		通江	巴河支流通江				1989年6月6日死亡3人，倒房300间、农田200hm^2，损失2000万元

续表

序号	沟名	位置	所属水系	流域面积（km^2）	沟床比降（‰）	松散物质储量（万 m^3）	发生时间及危及对象和财产损失
150	青花沟	万源青花镇	后河支沟				1989年7月10日将正在运行的货车拦腰截成两节，车厢被埋
151	多处山体	宜宾	金沙江			1.5	1989年7月28日死亡15人，受伤2人，倒损房屋8间
152	窄板沟	甘洛	大渡河右岸支流	9.53	285.4		1989年7月2日冲毁桥上设备，埋路32m，中断行车3小时40分钟；1992年再次发生
153	附近多条沟	宝兴县城	青衣江上游宝兴河				1989年6月14日死亡7人，损坏农田43hm^2，公路断道10km
154	沙坝沟	冕宁	安宁河				1989年9月3日死亡51人，受伤35人，倒损房屋641间，损坏农田233hm^2，毁桥2座，危害卫星发射基地，经济损失7000多万元
155	硝沟	会理通安镇中武山巧面村	金沙江左岸支沟	5.82	220.8	15000	1990年以来毁县农场1个、房屋200多间，淤埋田地67hm^2，影响乌东德水库，拟作泥沙航道冲淤研究
156	法科沟	会理白果乡孔明村	益门河支沟	15.44	152.41	800	1990年5月31日120万m^3滑坡转化成泥石流，毁桥梁、75kW水电站各1座，公路100m，耕地2hm^2，损失100万元
157	炭山沟	会理益门乡中树村	益门河支沟	2.39	179.2	300	1990年5月31日毁房16栋、桥2座，死亡34人，伤29人，经济损失5500万元
158	金沙小沟	德昌金沙乡	安宁河左岸				1990年10月8日死亡5人，受伤1人，倒房7间，损坏农田6.7hm^2，损失粮食11t；1987年5月16日有144户农民、50hm^2作物受灾
159	莫古足沟	成昆铁路					1990年死亡30人，经济损失100万元
160	多条沟	米易	安宁河				1990年6月15日损坏农田223hm^2，经济损失116万元
161	州属铅锌矿	甘洛	大渡河支流牛日河				1990年7月11—12日死亡12人，失踪21人，受伤5人
162	多条泥石流沟	乐山雅安地区	岷江				1990年7月16—17日死亡66人，受伤530人，倒损房屋1万间
163	硗碛	宝兴	宝兴东河				1990年8月28日死10人，冲毁农田349hm^2，冲走木材2500m^3、河堤575m、渠道2km，直接经济损失430万元
164	冯家沟	冕宁泸定区					1990年9月7日冲毁公路及混凝土大桥(1座)，毁稻田10hm^2，死亡2人
165	金沙乡	德昌	安宁河左岸支沟				1990年10月8日死亡5人，受伤1人，倒损房屋7间，损坏农田6.7hm^2，损失粮食11t
166	乃赤沟（矿渣泥石流）	甘洛岩润	大渡河支流牛日河				1990年7月12日毁矿区工棚、矿井，死亡34人，伤18人，经济损失56万元，成昆铁路断道15次

续表

序号	沟名	位置	所属水系	流域面积（km^2）	沟床比降（‰）	松散物质储量（万 m^3）	发生时间及危及对象和财产损失
167	角拌沟	德昌	安宁河	41.79	75.5		为特大规模泥石流，危害成昆铁路及德昌县城，1992年7月19日死亡4人，冲毁农田 $298hm^2$，经济损失1500万元
168	唐沟	崇庆怀远	岷江右支沟				1993年7月14—15日，死亡11人，毁房数间，$133.3hm^2$ 农田毁于一旦，华严村3人死亡，1人重伤，富强村5人失踪
169	多条沟	美姑约乐乡	金沙江左岸支流				1997年6月5日特大暴雨引发泥石流，4村庄被淹没，死亡152人，直接经济损失1500万元
170	邛山沟	丹巴巴底乡	大金川				2003年7月11日22时泥石流，有1人死亡，50人失踪，其中上海旅游者4人，冲毁1km省道，500多人受灾，阻断大金河形成2km的湖泊
具潜在威胁的泥石流沟							
171	雀卡龙沟	巴塘	金沙江中游支流玛曲	1.59	343.6		影响川藏公路
172	羊格龙沟	巴塘	金沙江中游支流玛曲	0.57	349.1		影响川藏公路
173	必鲊2号中桥沟	攀枝花	金沙江下游	23.84	55.6		为大规模泥石流沟
174	迤资沟	攀枝花	金沙江下游	121.59	48		为特大规模泥石流，危及成昆铁路
175	渔洞中桥沟	攀枝花	金沙江下游右岸	33.94	111.9		为大规模泥石流，危及成昆铁路
176	石头沟	会理鱼鲊乡密土古村	金沙江下游左岸支沟	8.28	223.2	800	危及130人、21万元财产和 $7.3hm^2$ 农田安全，影响乌东德水库
177	密土古沟	会理鱼鲊乡密土古村	金沙江下游左岸支沟	2.08	374.31	200	危及80人、12万元财产及 $8hm^2$ 农田安全，影响乌东德水库
178	荒草坝沟	会理鱼鲊乡回头山村	金沙江下游左岸支沟	5.12	261	500	危及90人、15万元财产及 $4.7hm^2$ 农田安全，影响乌东德水库
179	老挖滩沟	会理鱼鲊乡回头山村	金沙江下游左岸支沟	9.26	199.55	800	危及70人、10万元财产及 $3.3hm^2$ 农田安全，影响乌东德水库
180	热水塘沟	会理鱼鲊乡鱼村	金沙江下游左岸支沟	2.6	310.97	250	危及50人、7.5万元财产及 $2hm^2$ 农田安全
181	樟木河	会理鱼鲊乡鱼村	金沙江下游左岸支沟	32.94	134.49	1600	危及90人、15万元财产及 $1.3hm^2$ 农田安全，影响乌东德水库
182	河漂子沟	会理鱼鲊乡河漂村	金沙江下游左岸支沟	9.38	178.62	500	危及250人、42万元财产及 $6.7hm^2$ 农田安全，影响乌东德水库
183	阿腊大村沟	会理金雨乡雨补村	金沙江下游左岸支沟	12.18	218.02	800	危及400人、60万元财产及 $20hm^2$ 农田安全，影响乌东德水库
184	麻线田大沟	会理金雨乡雨补村	金沙江下游左岸支沟	11.2	213.66	700	危及350人、52.5万元财产及 $20hm^2$ 农田安全，影响乌东德水库
185	普大沟	会理金雨乡雨补村	金沙江下游左岸支沟	9.36	257.36	600	危及217人、32万元财产及 $17hm^2$ 农田安全，影响乌东德水库

续表

序号	沟名	位置	所属水系	流域面积（km^2）	沟床比降（‰）	松散物质储量（万 m^3）	发生时间及危及对象和财产损失
186	岔河	会理黎洪乡长湾村	金沙江下游左岸支沟	30.77	99.65	1600	危及100人、$8hm^2$ 农田安全，影响乌东德水库
187	石地沟	会理绿水乡上梁村	金沙江下游左岸支沟	13.44	149.12	900	危及140人、25万元财产及 $7.3hm^2$ 农田安全，暴发过矿山泥石流
188	秧青坝沟	会理绿水乡上梁村	金沙江下游左岸支沟	12.66	170.05	800	危及130人、21万元财产及 $8.7hm^2$ 农田安全，拉拉铜矿位于上游，暴发过矿山泥石流
189	箐门口沟	会理绿水乡上梁村	金沙江下游左岸支沟	3.96	262.4	250	危及130人、21万元财产及 $7.3hm^2$ 农田安全，影响乌东德水库
190	大黑山沟	会理江竹乡石颗么村	金沙江下游左岸支沟	10.76	98.17	700	危及150人、22.5万元财产及 $3.3hm^2$ 农田安全，影响乌东德水库
191	梅子沟	会理新安乡新开田村	金沙江下游左岸支沟	19.26	140.84	1000	危及200人、30万元财产及 $10hm^2$ 农田安全，影响乌东德水库
192	板房沟	会理江普乡二坪村	金沙江下游左岸支沟	54.38	51.99	1200	危及200人、30万元财产及约 $6.7hm^2$ 农田安全，影响乌东德水库
193	崩底沟	会理黎洪乡崩底村	金沙江下游左岸支沟	14.24	79.2	900	危及500人、75万元财产及 $6.7hm^2$ 农田安全，影响乌东德水库
194	四道沟	会理树堡乡四道河村	金沙江左岸支沟	52.2	68.09	2000	危及100人、15万元财产及 $13.3hm^2$ 农田安全，影响乌东德水库
195	哈鲁沟	会理江普乡志力村	金沙江左岸支沟	11.9	155.48	550	危及140人、20万元财产及 $20hm^2$ 农田安全，影响乌东德水库
196	白泥洞沟	会理新发乡铜厂村	金沙江左岸支沟	6.38	235.64	17000	危及380人、40万元财产及 $26.7hm^2$ 农田安全，影响乌东德水库
197	旱谷田沟	会理新发乡鲁车村	金沙江左岸支沟	25	175.46	800	危及90人、13.5万元财产及 $26.7hm^2$ 农田安全，影响乌东德水库
198	马家湾沟	会理新发乡河兴村	金沙江左岸支沟	12.88	18.21	1000	危及400人、60万元财产及 $20hm^2$ 农田安全，暴发过矿山泥石流
199	胡家沟	会理通安镇中武山村	金沙江左岸支沟	10.32	231.15	300	危及110人、16.5万元财产及 $4hm^2$ 农田安全，影响乌东德水库
200	三家村沟	会理竹箐乡小米村	金沙江左岸支沟	7.18	295.9	300	危及100人、15万元财产及 $3.3hm^2$ 农田安全，影响乌东德水库
201	蔡达沟	会理芭蕉乡蒙沽村	金沙江左岸支沟	20.82	206.74	800	危及100人、15万元财产及 $1.3hm^2$ 农田安全，影响乌东德水库
202	小凹戛沟	会东新马乡三台村	金沙江左岸支沟	6.8	244.01	50	危及400人、50万元财产及 $30hm^2$ 农田安全，影响白鹤滩水库
203	野牛坪沟	会东鹿鹤乡黄草坪村	金沙江左岸支沟	28.16	177.76	800	危及65人、14万元财产及 $2.7hm^2$ 农田安全，影响白鹤滩水库
204	老君滩沟（白沙坡沟）	会东淌塘乡岔河村	金沙江左岸支沟	131.38	96.12	1000	危及200人、24万元财产及 $100hm^2$ 农田安全，泥石流堵金沙江，溃决后成险滩，据调查有2次堵江，影响白鹤滩水库
205	大龙洞沟（白泥洞沟）	会东普咩乡大田坝村	金沙江左岸支沟	27.5	214.67	1000	危及40人、16万元财产及 $100hm^2$ 农田安全，堵断金沙江3昼夜
206	干河沟	会东普咩乡中坝子村	金沙江左岸支沟	13.72	210.46	150	危及30人、13万元财产及 $100hm^2$ 农田安全，影响白鹤滩水库
207	响水沟	会东普咩乡炭山村	金沙江左岸支沟	27.7	235.99	200	危及24人、10万元财产及 $16.7hm^2$ 农田安全，影响白鹤滩水库

续表

序号	沟名	位置	所属水系	流域面积（km^2）	沟床比降（‰）	松散物质储量（万 m^3）	发生时间及危及对象和财产损失
208	岩坝沟	会东岩坝乡大火地村	金沙江左岸支沟	126.64	101.27	200	危及12人、10万元财产及10hm^2农田安全，影响白鹤滩水库
209	沟底沟	会东黄坪乡炭山村	金沙江左岸支沟	16.56	200.39	80	危及1200人、18万元财产及33.3hm^2农田安全，影响白鹤滩水库
210	石灰窑沟	会东野牛坪乡干盐井村	金沙江左岸支沟	2.5	374.81	200	影响白鹤滩水库
211	槽子地沟	会东野牛坪乡野牛坪村	金沙江左岸支沟	4.54	168.92	300	危及50人、78万元财产及67hm^2农田安全
212	沈家沟	会东野牛坪乡野牛坪村	金沙江左岸支沟	4.26	321.13	400	危及1000人、293万元财产安全，影响白鹤滩水库
213	大沙沟	会东野牛坪乡干田坝沟	金沙江左岸支沟	4.96	338.29	400	危及39万元财产、33.3hm^2农田安全
214	核桃箐沟	会东野牛坪乡干田坝沟	金沙江左岸支沟	9.26	248.65	600	危及78万元财产、67hm^2农田安全，影响白鹤滩水库
215	金索桥大沟	会东溜姑乡厂门村	金沙江左岸支沟	23.06	153.72	1500	危及125人、48万元财产及33.3hm^2农田安全
216	西多河沟	会东溜姑乡西多村	金沙江左岸支沟	23.68	173	1100	危及150万元财产、3.3hm^2农田安全
217	鲁纳河	会东鲁吉乡鲁吉村	金沙江左岸支沟	94.06	116.26	1800	危及59万元财产、3.3hm^2农田安全，影响白鹤滩水库
218	黑水河	会东鲁吉乡热水村	金沙江左岸支沟	38.8	142.44	1500	危及20人、39万元财产、公路桥及10hm^2农田安全
219	崔衣河	会东大崇乡大兴村	金沙江左岸支沟	60.86	97.89	2000	危及50人、100万元财产及21.3hm^2农田安全，影响白鹤滩水库
220	清水湾沟	宁南华弹乡金江村	金沙江左岸支沟	13.64	136.84	700	危及50人、25万元财产安全，影响白鹤滩水库
221	吴家小沟	宁南骑骡沟乡红旗村	金沙江左岸支沟	12.32	226.2	800	危及50万元财产安全
222	清水沟	宁南六城乡解放村	金沙江左岸支沟	5.14	381.68	300	影响白鹤滩水库
223	潘家河沟	宁南六城乡新华村	金沙江左岸支沟	9.46	144.45	600	影响白鹤滩水库
224	大浑水沟	宁南六城乡新华村	金沙江左岸支沟	15.84	184.83	800	影响白鹤滩水库
225	瓜六沟	宁南六城乡六城村	金沙江左岸支沟	65.16	132.61	2000	危害农田，影响白鹤滩水库
226	凉水沟	宁南六城乡新建村	金沙江左岸支沟	6.14	319.98	400	影响白鹤滩水库
227	白水河沟	宁南县金星乡唐安村	金沙江左岸支沟	26.14	123.31	1300	危及1000人、80万元财产安全，影响白鹤滩水库
228	袁家沟	宁南县红星乡小河村	金沙江左岸支沟	18.04	190.07	1000	危及20人、2.7hm^2农田安全，影响白鹤滩水库
229	大屋基沟	金阳对坪	金沙江左岸支沟	7.24	373.92	800	危及4人、35万元财产安全，影响溪洛渡水库
230	热水河	金阳热水河乡	金沙江左岸支沟	2.2	475.9	140	危及80人、35万元财产安全，影响溪洛渡水库
231	窝子沟	金阳洛觉乡	金沙江左岸支沟	43.94	163.1	500	危及1200人、150万元财产安全，影响溪洛渡水库

续表

序号	沟名	位置	所属水系	流域面积（km^2）	沟床比降（‰）	松散物质储量（万 m^3）	发生时间及危及对象和财产损失
232	德碴沟	金阳洛觉乡	金沙江左岸支沟	39.06	159	800	危及1250人、225万元财产安全，影响溪洛渡水库
233	大河坝沟	金阳老寨子乡大河坝村	金沙江左岸支沟	21.32	198.6	450	危及240人、56万元财产安全，影响溪洛渡水库
234	德姑沟	金阳洛觉	金沙江左岸支沟	4.04	405.5	200	危及120人、55万元财产安全，影响溪洛渡水库
235	李子坪沟	金阳依布寨子	金沙江左岸支沟	2.44	452.23	400	危及128人、27万元财产安全，影响溪洛渡水库
236	羊圈沟	金阳田坝子	金沙江左岸支沟	6.18	355.4	200	危及160人、120万元财产安全，影响溪洛渡水库
237	窝子沟	金阳洛觉乡坝头村	金沙江左岸支沟	5.56	348.4	55	危及240人、122万元财产安全，影响溪洛渡水库
238	王家屋基沟	金阳乃格王家屋基村	金沙江左岸支沟	67.96	144.8	670	危及1200人、519万元财产安全，影响溪洛渡水库
239	大坪子沟	雷波岩脚金江村	金沙江左岸支沟	26.16	229.3	450	危及240人、43万元财产安全
240	秦家湾	雷波斯古溪乡秦家湾	金沙江左岸支沟	19.5	195.7	560	危及44人、5.06万元财产安全
241	新场沟	雷波斯古溪乡新场村	金沙江左岸支沟	15.76	202.1	600	危及112人、35.9万元财产安全
242	火石子沟	雷波斯古溪乡石子村	金沙江左岸支沟	5.16	327.4	450	危及90人、11.5万元财产安全
243	约乌拉衣沟	雷波芦云乡寨子	金沙江左岸支沟	80.78	114.7	1200	危及280人、541万元财产安全
244	老木沟	雷波大坪子乡	金沙江左岸支沟	25.46	224.8	500	危及250人、87万元财产安全，影响溪洛渡水库
245	赵家沟	雷波溪洛米中心场	金沙江左岸支沟	25.6	190.8	700	危及240人、42万元财产安全
246	因河	雷波狮子		139.64	101.5	132	危及80人、52.6万元财产安全
247	谷米沟	雷波谷米乡	金沙江左岸支沟	7.64	274	260	危及80人、48.4万元财产安全
248	马湖沟	雷波马湖	金沙江左岸支沟	53.16	172.80	850	危及180人、15.5万元财产安全
249	大谷堆沟	雷波大谷堆	金沙江左岸支沟	14.32	148.01	350	危及800人、110万元财产安全
250	芦稿林沟	金阳	金沙江下游左岸	198.82	56	＞5000	影响溪洛渡水库
251	双龙坝沟	雷波	金沙江下游左岸	37.5	127	＞5000	影响溪洛渡水库
252	臭水沟	雷波	金沙江左岸	24.08	176	＞5000	影响溪洛渡水库
253	卡哈洛沟	雷波卡哈洛乡	金沙江左岸	72.9	133	＞10000	大量泥砂入江，形成险滩，严重影响溪洛渡水库，危及600人、113万元财产安全
254	卡哈坪子沟	雷波	金沙江左岸	5	361	＞5000	高频发生活跃期，影响溪洛渡水库
255	溜筒河老木沟	雷波	金沙江左岸	25.5	176	＞5000	影响溪洛渡水库

续表

序号	沟名	位置	所属水系	流域面积（km^2）	沟床比降（‰）	松散物质储量（万 m^3）	发生时间及危及对象和财产损失
256	油房沟	雷波	金沙江左岸	86.43	504	>5000	影响溪洛渡水库
257	罗锅脚沟	雷波回龙场乡岭岗村	金沙江左岸	32.3	193	100	危及60人、53万元财产安全
258	干沟	雷波	金沙江下游左岸	19.2	159.2	110	影响向家坝水库，为高频发生泥石流，危及28人、28万元财产安全
259	陆营沟	雷波顺河乡回龙场		7.94	400		危及88人、5.6万元财产安全
260	陆大溪沟	雷波	金沙江下游左岸	2.4	770		影响向家坝水库
261	黑梁子沟	雷波	金沙江左岸	6.2	487	150	影响向家坝水库，为特大型泥石流
262	马山埂沟	雷波	金沙江左岸支沟	20.9	297	510	危及160人、23.4万元财产安全，为特大型泥石流，影响向家坝水库
263	坡坡老沟	雷波	金沙江左岸	1.6	638	100	影响向家坝水库，为特大型泥石流
264	楔子坝沟	雷波	金沙江左岸支沟	7.3	383	146	影响向家坝水库，为特大型泥石流
265	芭蕉滩沟	雷波	金沙江左岸	2.5	947		影响向家坝水库，形成险滩
266	金刚坝沟	雷波	金沙江左岸支沟	1.2	856		影响向家坝水库
267	清水湾沟	雷波	金沙江左岸支沟	2.7	500	170	影响向家坝水库，为特大型泥石流
268	铜厂沟	屏山冒水乡	金沙江左岸	3.84	301.6		危及108人、11万元财产安全
269	寸腰滩沟	屏山新市镇二龙	金沙江左岸	17.1	214		影响向家坝水库，危及65人、10万元财产安全
270	大溪沟	屏山新市镇	金沙江左岸	1.8	563	75	危及56人、13万元财产安全，影响向家坝水库
271	观音殿沟	屏山	金沙江左岸支沟	3.82	250	80	危及24人、9万元财产安全，影响向家坝水库
272	新开滩沟	屏山	金沙江左岸	1.9	404	120	影响向家坝水库，为特大型泥石流，形成险滩
273	庄房沟	会理杨家坪乡干海子村	城河左岸支沟	7	156.29	200	危及200人、30万元财产及9.3hm^2农田安全
274	绿平河	会理中厂乡绿平村	城河右岸支沟	58.22	72.39	2300	危及250人、37.5万元财产及13.3hm^2农田安全，暴发过矿山泥石流
275	大干箐	会理鹿厂区凤云村	城河支流矮郎河支沟	14.9	127.92	350	危及100人、15万元财产及2hm^2农田安全
276	小河沟	会理鹿厂区红星村	城河支流矮郎河支沟	20.08	72.63	6000	危及150人、250万元财产及5.3hm^2农田安全
277	凉桥河	会理南张凉桥村	城河上游尘河支沟	9.58	66.49	600	危及250人、37.5万元财产及20hm^2农田安全
278	白龙庙河	会理鹿厂区腊虫村	城河支流矮郎河支沟	16.68	56.36	1000	危及300人、45万元财产及26.7hm^2农田安全
279	大水槽沟	会理果园乡热水村	尘河右岸支沟	5.16	71.45	300	危及100人、15万元财产及6.7hm^2农田安全

续表

序号	沟名	位置	所属水系	流域面积（km^2）	沟床比降(‰)	松散物质储量（万 m^3）	发生时间及危及对象和财产损失
280	龙会桥沟	会理果园乡热水村	尘河右岸支沟	5	67.48	300	危及300人、45万元财产及20hm^2农田安全
281	西河	会理果园乡羊木村	尘河右岸支沟	41.36	72.9	2600	危及1000人、150万元财产及33.3hm^2农田安全
282	牛河桥沟	会理老街乡三元村	尘河右岸支沟	2.72	86.55	200	危及300人、45万元财产及10hm^2农田安全
283	沙坝河	会理老街乡沙坝村		4.06	82.56	250	危及200人、150万元财产及3.3hm^2农田安全
284	大定桥河	会理北乡大营村	尘河右岸支沟	15.7	120.01	1000	危及15人、22.5万元财产及200hm^2农田安全
285	大河边沟	会理北乡玉屏村	尘河左岸支沟	10.14	134.48	700	危及200人、30万元财产及6.7hm^2农田安全
286	银厂沟	会理油房乡沙平村	鲹鱼河西支叉沟	8.84	67.09	550	危及100人、15万元财产及3.3hm^2农田安全
287	大村河	会理大村乡油房村	鲹鱼河西支叉沟	33.48	66.02	1200	危及1000人、300万元财产及8hm^2农田安全
288	板板桥河	会理油房乡沙平村	鲹鱼河西支叉沟	7.16	121.55	500	危及100人、15万元财产及3.3hm^2农田安全
289	长房子沟	会理油房乡双石村	鲹鱼河西支叉沟	15.08	80.72	700	危及500人、75万元财产及13.3hm^2农田安全
290	大村河	会理油房乡光荣村	尘河上游右岸支沟	0.82	127.46	200	危及210人、31.5万元财产及23.3hm^2农田安全
291	小水槽沟	会理果园乡星星村	尘河上游右岸支沟	1.38	158.86	100	危及100人、15万元财产及6.7hm^2农田安全
292	潘家沟	会理益门乡牟新村	大宁河支流益门河支沟	1.71	199.3	50	危及500人、200万元财产、益门矿商店及1.3hm^2农田安全
293	三岔河沟	会理益门乡益门村	大宁河支流益门河支沟	7.02	106.16	500	危及600人、1200万元财产、益门镇及6.7hm^2农田安全，暴发过矿山泥石流
294	美女沟	会理益门乡中树村	大宁河支流益门河支沟	3.36	241.95	300	危及150人、22.5万元财产及2.7hm^2农田安全
295	白果沟	会理白果乡前马村	大宁河支流益门河支沟	3.16	263.86	100	危及500人、75万元财产及3.3hm^2农田安全
296	巴松沟	会理云甸乡巴松村	大宁河支流益门河支沟	29.7	165.2	2000	危及200人、30万元财产及8hm^2农田安全
297	周家湾	会理云甸乡云甸村	大宁河支流益门河支沟	10.44	10.12	1000	危及200人、50万元财产及13.3hm^2农田安全
298	上坝沟	会理岔河乡仓田村	大宁河左岸支流支沟	8.30	168.59	1500	危及70人、10.5万元财产及13.3hm^2农田安全
299	中坝沟	会理岔河乡仓田村	大宁河左岸支流支沟	5.84	228.79	800	危及60人、9万元财产及1.3hm^2农田安全
300	龙洞沟	会理岔河乡白岩村	大宁河左岸支流支沟	19.9	259.53	3000	危及200人、30万元财产及3.3hm^2农田安全
301	夹皮沟	会东铅锌镇后山	大桥河支沟	0.58	214.46	20	危及500人、300万元财产安全
302	新村小河	会东铅锌镇新六村	大桥河支沟	14.7	113.21	1200	危及800人、130万元财产、中学和20hm^2农田安全

续表

序号	沟名	位置	所属水系	流域面积(km^2)	沟床比降(‰)	松散物质储量(万 m^3)	发生时间及危及对象和财产损失
303	马家田沟	会东江西乡油房村	大桥河支沟	10.42	109.99	700	危及 13.3hm^2 农田安全
304	金家沟	会东江西乡金家村	大桥河支沟	8.74	73.02	500	危及 40 万元财产、20hm^2 农田安全
305	大水沟	会东新发乡新发村	大桥河支沟	13.58	53.05	900	危及 3.3hm^2 农田安全
306	小河沟	会东新街乡马龙村	大桥河右岸支沟	23.41	74.94	1200	危及 10 万元财产、3.3hm^2 农田安全
307	龙潭沟	会东新街乡马龙村	大桥河右岸支沟	24	69.37	1200	危及 6.7hm^2 农田安全
308	关家坪子沟	会东新街乡半边村	大桥河支沟	9.7	81.22	800	危及 6.7hm^2 农田安全
309	铁厂沟	会东铁厂村	大桥河支沟	8.08	63.82	500	危及 960 人、200 万元财产、新街区乡街道和 53.3hm^2 农田安全
310	雷家沟	会东红岩乡红岩村	大桥河支沟	8.24	153.26	500	危及 18 万元财产、33.3hm^2 农田安全
311	老伙房沟	会东红岩乡伙房村	大桥河支沟	13.24	171.81	650	危及 6.7hm^2 农田安全
312	小河坝沟	会东双堰乡小梁子村	大桥河右岸支沟	10.42	157.51	650	危及 140 人安全、22 万元财产、33.3km^2 农田和沟口小学安全
313	新龙沟	会东岔河乡新林村	大桥河左岸支沟	12.76	132.82	600	危及 150 人、15 万元财产及 26.7hm^2 农田安全
314	寨排沟	会东岔河乡寨排村	大桥河左岸支沟	7.1	189.33	450	危及 100 人、6.7hm^2 农田安全
315	绿荫塘沟	会东野租乡绿荫村	鲹鱼河左岸支沟	5.1	186.86	300	危及 3.3hm^2 农田安全
316	满银沟	会东发箐乡大河村	大桥河右岸支沟	8.48	240.14	1500	危及 90 万元财产、133.3hm^2 农田安全，暴发过矿山泥石流
317	包家村沟	会东铁厂乡杨家村	金沙江左岸支沟	6.88	174.63	500	危及 6.7hm^2 农田安全
318	大沟头沟	会东铁厂乡岩丰村	金沙江左岸支沟	21.2	58.3	1200	危及 13.3hm^2 农田安全
319	密落河沟	会东白岸乡马鞍村	鲹鱼河左岸支沟	27.28	100.78	500	危及 50 万元财产、3.3hm^2 农田安全
320	三岔河沟	宁南松新乡五一村	黑水河左岸支沟	157.86	125.1	300	危及 500 人、400 万元财产及 13.3hm^2 农田安全
321	沈家沟	宁南景星乡天鹅村	黑水河左岸支沟	1.35	345	600	
322	阴阳沟	宁南披惠乡后山村	黑水河左岸支沟	0.71	318.41	500	
323	龙王庙沟	宁南景星乡天鹅村	黑水河左岸支沟	197	292.09	500	
324	双岔沟	宁南松林乡幸福村	黑水河右岸支沟	16.26	184.7	800	危及 20 人、50 万元财产及 2hm^2 农田安全
325	小吴家沟	宁南景星乡黑泥沟村	黑水河左岸支沟	8.58	165.51	500	危及 100 万元财产安全，1950 年 6 月冲毁县城老街

续表

序号	沟名	位置	所属水系	流域面积（km^2）	沟床比降（‰）	松散物质储量（万 m^3）	发生时间及危及对象和财产损失
326	野碧沟	宁南双塘乡杨店村	黑水河右岸支沟	40.3	89.43	500	危及20万元财产、13.3hm^2农田安全
327	青山沟	宁南俱乐乡柳林村	黑水河右岸支沟	7.06	212.14	400	危及13.3hm^2农田安全
328	大码口沟	宁南幸福乡顺河村	黑水河右岸支沟	14.24	175.96	150	危及140人、213万元财产及10hm^2农田安全
329	龙家河沟	宁南幸福乡鱼塘村	黑水河右岸支沟	41.5	193.84	300	危及2hm^2农田安全
330	王魁田沟	宁南海子乡塘河村	黑水河右岸支沟	6.68	330.47	100	危及50人、50万元财产及13.3hm^2农田安全
331	扎洛沟	金阳丙底扎洛村	美姑河支沟	17.92	124.6	300	危及120人、13万元财产安全
332	包谷山沟	金阳城郊包谷山村	金沙江支流	3.72	233.8	145	危及200人、30万元财产安全
333	木纳沟	金阳拉河木纳沟村		7.32	243.9	300	危及120人、50万元财产安全
334	德谷沟	金阳城郊黑竹洛村	金阳河支沟	21.26	197.3	920	危及60人、615万元财产安全
335	五里排后沟	雷波海湾五里排	雷波河左岸支沟	3.31	281.1	190	危及136人、15.64万元财产安全
336	西苏角沟	雷波西苏莱小马颈子村	西苏角河支沟	0.8	461.7	10	危及1400人、560万元财产、区级机关、学校、工厂安全
337	马处哈沟	雷波莫红乡马处哈	美姑河支沟	0.66	817.9	10	危及148人、50万元财产及莫红区政府安全
338	莫红沟	雷波莫红乡	美姑河支沟	5.58	361.8	90	危及200人、80万元财产安全
339	安寨坪沟	雷波八寨安寨坪	西苏角河右岸支沟	11.76	200.4	700	危及204人、27.3万元财产安全
340	中龙村沟	雷波八寨牛龙村	西苏角河右岸支沟	4.9	264.1	650	危及800人、80万元财产及乡政府、学校、人造板厂安全
341	拉黑沟	雷波那里沟联拉觉		15.26	205.1	300	危及68人、11.1万元财产安全
342	猴儿沟	雷波松树猴儿沟	西苏角河左岸支沟	14.66	207.9	300	危及160人、43.4万元财产安全
342	烂坝子沟	雷波烂坝子乡	西宁河上游左岸支沟	42.06	99.7	450	危及96人、61.04万元财产安全
344	乐都沟	雷波料坝子乡双河口	西宁河上游左岸支沟	48.92	102.1	300	危及120人、19万元财产安全
345	芋儿坝沟	雷波桂花乡芋儿坝	西宁河上游右岸支沟	31.44	97.7	400	危及200人、146万元财产安全
346	李家坪沟	雷波西宁乡李家坪	西宁河支沟	6.46	146.5	120	危及100人、9.5万元财产安全
347	通木沟	雷波西宁乡	西宁河支沟	17.24	138	280	危及2500人、1600万元财产及西宁镇、农场的安全
348	桂花坪沟	雷波西宁桂花坪	西宁河支沟	4.7	193.7	70	危及70人、4.5万元财产安全
349	赵家山沟	雷波西宁赵家山	西宁河支沟	7.58	143.8	90	危及124人、13.7万元财产安全

续表

序号	沟名	位置	所属水系	流域面积（km^2）	沟床比降（‰）	松散物质储量（万 m^3）	发生时间及危及对象和财产损失
350	花椒坪沟	雷波巴姑花椒坪	美姑河右岸支沟	4.14	324.1	180	危及96人、34.04万元财产安全
351	磨石湾沟	雷波帕哈乡磨石村	雷波河支沟	10.14	228.1	300	危及120人、13.8万元财产安全
352	向阳坪沟	雷波帕哈乡向阳村	雷波河支沟	10.92	172.6	300	危及108人、13.8万元财产安全
353	米西洛沟	雷波巴姑米西洛村	美姑河右岸支沟	3.42	476.8	300	危及320人、78.2万元财产安全
354	石笋沟	屏山夏溪乡欧家村	金沙江支流西宁河支沟	0.6	395.3	15	危及欧家村水电站及500人、5000万元财产安全，可能堵断西宁河
355	龙神沟	屏山夏溪乡欧家村	金沙江支流西宁河支沟	16.56	136.3		危及125人、15万元财产安全
356	龙沱子沟	屏山中都乡龙潭	金沙江支流中都河支沟	24.96	77.7		危及250人、20万元财产安全
357	沙沟子沟	屏山中都乡银恩	金沙江支流	14.52	105.6		危及185人、20万元财产安全
358	小邑都沟	屏山中都乡水排岗	金沙江支流中都河支沟	1.28	229.7	10	危及150人、15万元财产安全
359	瓜儿沟	屏山中都乡新房子村	金沙江支流中都河支沟	1.32	276.8	8	危及140、10万元财产安全
360	涝林沟	屏山中都乡	金沙江支流	6.28	162.9		危及82人、11万元财产安全
361	龙深塘沟	屏山中都乡	金沙江支流	4.92	195.6		危及56人、8万元财产安全
362	白堰沟	屏山中都乡	金沙江支流	2.46	257.5		危及85人、13万元财产安全
363	米山溪	屏山太平乡	金沙江支流	9	104.3		危及125人、15万元财产安全
364	头道河	冕宁	安宁河	51.53	91.3		为特大规模泥石流沟，危及成昆铁路
365	深河沟	西昌	安宁河	5.65	134.2		危及成昆铁路
366	曦农河	西昌	安宁河	1.18	63.5		危及成昆铁路，暴发过灾害性泥石流，为有名的泥石流沟
367	热水河	西昌	安宁河	161.47	57.6		特大规模，危及成昆铁路，为有名的泥石流沟，暴发过灾害性泥石流
368	大塘河	西昌	安宁河	12.38	80		特大规模，危及成昆铁路，暴发过灾害性泥石流
369	阿月沟	德昌	安宁河	40.2	97.6		特大规模，对成昆铁路桥危害严重
370	凌家堡子沟	德昌	安宁河	27.99	129		特大规模，危害成昆铁路
371	挂榜沟	米易	安宁河	115.55	56.2		特大规模泥石流，危害成昆铁路
372	橄榄河	米易	安宁河	114.33	75.7		特大规模泥石流，危害成昆铁路
373	下荒田沟	盐边	雅砻江	5.3	385		堵塞河道3/5，成急滩，每逢大雨必有黏性泥石流，每年暴发10余次
374	海子沟	康定	大渡河支流折多河	15.2	190		危害川藏公路
375	跑马沟	康定	大渡河支流折多河	17.3	215		危害川藏公路
376	子耳坡沟	康定	雅拉河	7	265		危及康定县城
377	小河沟	康定	瓦斯沟	5.8	646		危害川藏公路
378	坪子上沟	康定	瓦斯沟	9.8	436		危害川藏公路

续表

序号	沟名	位置	所属水系	流域面积（km^2）	沟床比降（‰）	松散物质储量（万 m^3）	发生时间及危及对象和财产损失
379	南门关沟	泸定	大渡河	76.6	110		危害渠道、村庄，为冰川型泥石流
380	燕子沟	泸定	大渡河	212.3	96		危害公路桥，为冰川型泥石流
381	磨子沟	泸定	大渡河	87.2	222		危害农田，为冰川型泥石流
382	海螺沟	泸定	大渡河	188.6	97		海螺沟冰川森林公园，为冰川型泥石流
383	小河子沟	泸定	大渡河	26.2	379		危害森林，为冰川型泥石流
384	白熊沟	汉源	大渡河	22.72	158.2		为大规模泥石流，严重危害成昆铁路
385	老厂沟	汉源	大渡河	43.46	151.6		为特大规模泥石流，危害成昆铁路
386	深溪沟	汉源	大渡河	64.57	120.2		为特大规模泥石流，危害成昆铁路、长坝河车站
387	黑区沟	汉源	大渡河	73.79	190		特大规模，危害成昆铁路
388	新寨子沟	汉源	大渡河	2.12	484.1		严重危害成昆铁路、乌斯河车站
389	新都河	炉霍	大渡河				威胁县城安全
390	大坪沟	峨边	大渡河	0.29	415.2		危害成昆铁路、共和车站
391	长虹沟	峨边	大渡河	2.1	412.1		危害成昆铁路、共和车站
392	疏沙槽沟	峨边	大渡河	0.75	316.8		中等危害，危及峨边东站
393	马嘶溪沟	峨边	大渡河	0.34	372.5		中等危害，危及峨边车站
394	双凤溪沟	峨边	大渡河	6.47	334.7		对金口河车站、桥梁严重危害
395	丁木沟	峨边	大渡河	21.25	170.2		大规模泥石流，严重危害关村坝车站、桥
396	滥田湾沟	乐山	大渡河	0.55	219.5		对沙湾车站中等危害
397	黑西洛沟	甘洛	牛日河	12.21	237.7		为大规模泥石流，危害成昆铁路
398	布觉依达沟	甘洛	大渡河右岸支流	7.86	388.8		危害成昆铁路
399	瓦红沟	甘洛	大渡河右岸支流	4.81	316.3		桥净空小，堵塞可使桥毁路断，采用明洞、渡槽防治
400	内则沟	甘洛	大渡河右岸支流	13.93	216.3		为大规模泥石流，严重危害成昆铁路
401	磨房沟	甘洛	大渡河右岸支流	21.25		151.6	为大规模泥石流，对成昆铁路、桥中等危害
402	团结沟	甘洛	大渡河右岸支流	0.65	360.5		对阿寨车站桥中等危害
403	洛木依达沟	甘洛	大渡河右岸支流	2.59	435.4		对桥中等危害
404	则洛依达沟	甘洛	大渡河右岸支流	35.87	127.8		为特大规模泥石流，对桥中等危害
405	乔勒木沟	越西	大渡河右岸支流	10.01	263.5		为大规模泥石流，对桥中等危害
406	阿木洛沟	越西	大渡河右岸支流	8.09	150.7		为大规模泥石流，危害成昆铁路
407	莫木依达沟	越西	大渡河右岸支流	23.87	86.1		为大规模泥石流，危害成昆铁路
408	拉伯依达沟	越西	大渡河右岸支流	21.31	103.4		为大规模泥石流，危害成昆铁路
409	洛古立觉沟	越西	大渡河右岸支流	9.23	104.3		为大规模泥石流，危害成昆铁路
410	上普雄沟	越西	大渡河右岸支流	49.49	80.3		为特大规模泥石流，危害成昆铁路
411	德洛沟	喜德	大渡河支流	0.49	211		对成昆铁路涵洞中等危害

续表

序号	沟名	位置	所属水系	流域面积（km^2）	沟床比降（‰）	松散物质储量（万 m^3）	发生时间及危及对象和财产损失
412	瓦渣沟	喜德	安宁河左岸支沟孙水河	9.67	136.2		为大规模泥石流，严重危害成昆铁路
413	洗脚沟	喜德	安宁河左岸支沟孙水河	30.08	129.6		为特大规模泥石流，危害成昆铁路
414	瓦起洛沟	喜德	安宁河左岸支沟孙水河	10.67	122		为大规模泥石流，危害成昆铁路
415	贺波洛沟	喜德	安宁河左岸支沟孙水河	91.28	80.9		为特大规模泥石流，危害成昆铁路
416	则莫沟	喜德	安宁河左岸支沟孙水河	117.54	73.5		为特大规模泥石流，严重危害成昆铁路
417	深沟	喜德	安宁河左岸支沟孙水河	152.77	88.8		为特大规模泥石流，严重危害成昆铁路
418	铁厂沟	冕宁	安宁河左岸支沟孙水河	74.01	108.2		为特大规模泥石流，危害成昆铁路
419	大春沟	冕宁	安宁河左岸支沟孙水河	13.95	80.4		为大规模泥石流，危害成昆铁路
420	岩子沟	汉源	大渡河左岸支流流沙河	0.38	192		为危害县城、农田，1978 年前发生 2 次
重庆市							
1	丛树沟	城口高观场					1822 年（道光二年）掩农田 6.7hm^2，毁 7 家，死 36 人
2	甘沟子	奉节草堂区	长江支流草堂河	2.55	157		1870 年（同治九年）首次暴发，1938 年 8 月 13 日大暴发，良田成沙石堆，1954 年、1959 年、1962 年、1977 年、1982 年均较大暴发，1982 年毁田 28hm^2
3	廖家沟	奉节草堂区	长江草堂河	17.43	124		1878 年（光绪四年）开始暴发，20 世纪 30 年代较严重，曾垮山死亡 50 人
4	灯盏窖	城口河鱼乡					1937 年 4 月 28 日滑坡转化为泥石流，倒房 3000m^2，毁地 10.1hm^2，死亡 75 人
5	岩湾溪	云阳	长江	59.94	53		形成庙基子滩，1947 年埋 20 余户，1892 使数十户迁居，毁房舍堰塘
6	蛟湾	开县中和乡	长江支流小江	0.66	291		100 多年前开始暴发，1956 年 7 月冲走 4 人，1983 年毁石桥 1 座，死 1 人
7	张家大沟（宝子滩沟）	巫山	长江	9.13	188	2000	形成宝子滩，长江航运受影响，暴发频率高，1957 年 7 月、1982 年 7 月为甚，影响三峡水库
8	相似沟	奉节朱衣区	长江支流朱衣河	7.51	125		1960 开始暴发，以 1982 年、1984 年、1985 年最为严重
9	十里铺沟	奉节	长江	2.24	192		常暴发，1961 年 5 月龙头高 6m，冲走轧花机、水磨坊及水田，1974 年、1982 年夏大暴发
10	平溪河	城口箭竹乡方斗坪					1961 年 6 月 13 日毁耕地 37.3hm^2，死 10 人，伤 26 人
11	砂五沟	彭水普于区	长江支流乌江	16.38	116		二沟紧邻，在 1962 年一起暴发，毁田 46.7hm^2

续表

序号	沟名	位置	所属水系	流域面积（km^2）	沟床比降（‰）	松散物质储量（万 m^3）	发生时间及危及对象和财产损失
12	旋天沟	彭水普于区	长江支流乌江	1.43	196		二沟紧邻，在1962年一起暴发，毁田46.7hm^2
13	油榨碛沟	巫山			5.52	191	形成油榨碛，长江航运受影响，1963年暴发形成长230m滩体，需绞滩
14	政国四队	忠县曹家乡	长江支流乌江			14.4	损失耕地6hm^2，垮房40间
15	罩子沟	武隆巷口区	长江支流乌江	34.66	122		1965年毁公路桥1座
16	蛟湾沟	开县中和乡	小江二级支沟	0.66	291		1965年7月死亡1人，毁房3间，冲毁农田0.53hm^2
17	玉隆场山坡	大足	嘉陵江二级支流淮远河				1965年8月30日，死亡3人，毁房100间，损坏农田13hm^2
18	下马滩沟	巫山	长江支沟	50.65	76		形成下马滩，多次暴发，1969年5月3日最大，影响三峡水库
19	赤溪沟	巫山	长江				1969年5月3日暴发，向江心延伸23m，形成险滩
20	多条沟	重庆江北					1972年6月30日泥石流358处，死亡14人，受伤18人，倒损房屋441间，损毁农田5000hm^2
21	花林	合川康佳	嘉陵江渠江支沟			100	1973年5月25日崩塌型泥石流，210工程损失电缆2500m及其他重要物资，毁田地7hm^2、房8间，死亡41人，阻断北岳公路，6月2日、9日又两次发生
22	八一水库溃决	丰都崇实	长江一级支流龙河				1974年9月26日毁房34间、耕地6.5hm^2，死亡5人，堵龙河成湖，坝高15m，断流315天，回水2.5km，积水140万m^3，淹地6.7hm^2
23	四合	城口燕麦乡	嘉陵江支流前河				受灾30户，毁地10hm^2，倒房90间，死6人，伤28人
24	竹林沟	云阳团滩乡					1980年8月24日废塘溃崩泥石流，毁埋良田8.9hm^2，冲断公路84m、桥2座，死亡16人，重伤4人，冲毁4户住房门面
25	酸枣树沟	丰都茶元区严家湾	长江支流龙河	0.52	254		1981年6月26日覆盖10万多m^2地面，埋4户人家，死16人，伤2人，毁田3.3hm^2
26	油槽沟（口泉）	开县岩水区口泉村	长江支流小江	2.48	307		1981年8月8日毁民房8间、耕地13.3hm^2，死3人
27	太元	彭水	乌江支沟				1981年6月27日，死亡11人，毁房52间
28	革岭沟	云阳凤鸣区	长江支流永兴河	2.78	106		1982年7月17日滑坡形成泥石流，毁田38.5hm^2
29	巨坪	开县渠口区	彭溪河	1.62			1982年暴雨滑坡造成泥石流

续表

序号	沟名	位置	所属水系	流域面积（km^2）	沟床比降（‰）	松散物质储量（万 m^3）	发生时间及危及对象和财产损失
30	司家码头（新铺大沟）	奉节安坪区	长江右岸	4.76	172		1982 年 7 月大暴发，龙头高达 10m，冲走 2 人，埋水田 0.67hm^2，60 年前曾暴发过
31	竹坪溪	奉节草堂区	长江支流草堂河	12.67	147		1982 年 7 月冲淹土地 4hm^2
32	汪家沟	奉节朱衣区	长江支流朱衣河	2.06	236		1982 年 7 月 21 日垮山形成泥石流，死 10 人，冲毁房屋近 80 间、耕地 8.7hm^2
33	望江溪	奉节安坪区	奉节安平河	15.76	91		1982 年 7 月堵望江溪成水深 5～7m 水库
34	垮岩子沟	巫山	长江	0.42	397.65		多次暴发，1982 年 7 月最大
35	浑水河	巫山福田区		19.63	90		1982 年因滑坡形成泥石流，淹地 6.7hm^2
36	垮岩湾	黔江城厢区	长江支流乌江	0.79	169		1982 年 7 月 28 日、1985 年 11 月 8 日毁良田 13.3hm^2、房屋 77 间，15 户受灾
37	前河	巫溪宁厂区	长江大宁河	3.58	321		1982 年 7 月大暴发泥石流
38	李子坪	奉节平皋区	长江支流梅溪河	8.88	157		1983 年 7 月 5 日，100 多万 m^3 土石冲入梅溪河
39	新华	奉节公平乡				50	死 6 人，重伤 16 人，毁耕地 32.5hm^2、桥梁 3 座，损失粮食 11 万 kg
40	双江 8 组	合川渠佳乡	嘉陵江渠河				1989 年 7 月 10 日死亡 26 人，伤 14 人，倒房 74 间，毁田 6.6hm^2，直接经济损失 100 万元
具潜在威胁的泥石流沟							
41	三塘河	奉节	长江	37.65	52		形成喇叭滩影响航运，多次暴发
42	绞滩沟	巫山	长江	18.52	150		经常暴发，常设绞滩站而得名
43	油房沟	武隆巷口镇	乌江	4.55	106		穿县城而过，常有危害
甘肃南部							
1	北峪河	武都县城西侧	白龙江左岸支流	430	120	近 160000	东汉时（约 150—200 年），就有泥石流发生，其后多次暴发，造成武都县城迁址，1828 年、1879 年、1911 年、1925 年、1984 年都发生了泥石流破堤入城成灾，现堆积区高于城中心地面 21m
2	深沟	武都角弓乡柳树村	白龙江	15.57	324.9		1904 年、1922 年、1936 年、1952 年、1957 年、1959 年、1961 年和 1971 年曾堵断白龙江
3	苇子沟	成县黄陈乡	西汉水	12.88	531.7	500	1910 年最大，1963 年次大，1984 年 8 月损失 10 万元
4	东江水沟	武都东江乡东水村	白龙江	7.03		900	Ⅰ级危害，1924 年冲淹东江街，1960 年冲毁土坝，1972 年毁改沟工程，1984 年堵断白龙江，使武都城区进水

续表

序号	沟名	位置	所属水系	流域面积(km^2)	沟床比降(‰)	松散物质储量(万 m^3)	发生时间及危及对象和财产损失
5	徐家湾沟	武都三河乡柏林坪村	白龙江	4.61	424.5	1200	1931年最大，1947次大，几年一次或一年几次
6	甘家沟	武都汉王乡汉王村	白龙江	40	69	4500	1933年最大，1962年次大，5次堵断白龙江，每年发生几次至十几次
7	火烧沟	武都石门乡白杨坝	白龙江左岸支流	1.98	480	1700	1934年、1958年、1967年较大，处于旺盛期，堆积区平均每年升高1.7m，8年上升13.5m，向前推进了近100m
8	拖石沟	武都角弓乡	白龙江	12.95	364		1936年、1957年、1958年、1962年较大，局部堵塞白龙江
9	红土湾沟	宕昌沙湾乡心寨村	白龙江	9.76	180		1940年、1957年较大，局部堵塞白龙江
10	团庄沟	康县平洛镇团庄村	西汉水	6.15	383.9	冲出364.7	1944年、1948年、1949年、1954年、1957年、1964年、1976年和1984年暴发，死1人，损失85.2万元
11	燕儿沟	文县桥头乡桥头村	白水江	33.65	176.3		Ⅰ级危害，1945年6月20日、1986年7月23日直接经济损失300万元
12	汪家坝沟	武都三河乡汉王村	白龙江	2.64	424.5	1440	严重危害公路及农田，1949年、1953年较大
13	鱼儿沟	舟曲大川坝乡大川坝村		24.6	270～320	3000	1949年较大，为舟曲最大的泥石流之一
14	泥湾沟	武都两水乡后坝村	白龙江	10.3	424.5	2780	1956年、1957年、1967年冲淹后坝村，处于旺盛期
15	干沟	文县铁楼乡干沟坪	白水江	11.37	194.4		1958年死亡4人，损失3万元
16	山背后沟	武都角弓乡年家村	白龙江	2.18	600.8	100	1958年较大活动，与柳湾沟相同，处于旺盛期
17	柳湾沟	武都角弓乡年家村	白龙江左岸一级支流	1.97	290	1040	1958年较大，1963年暴发15次，1964年暴发18次，处于旺盛期
18	柳窑沟	礼县燕河乡柳窑村	西汉水	0.83	455	冲出60	危及2546人、1642.7万元财产安全，Ⅰ级危害，1959年6月财产损失16.5万元
19	景林沟	礼县江口乡茨坝村	西汉水	12.76	200.7	冲出106.05	Ⅰ级危害，1959年7月死亡13人，损失304.6万元
20	石峡沟	天水秦城区汪川乡	西汉水	0.3			1964年财产损失13万元
21	庙儿沟3号	舟曲城关乡沙川	白龙江	32.0	150		Ⅰ级危害，1966年9月死亡4人，损失20万元及汽车、牛羊等
22	李家沟(寺沟)	康县长坝镇街道村	西汉水	2.03	267.9		1964年、1984年损失38万元
23	东冲沟	文县石坊乡槐树村	白水江	14.38	26.2		1971年死亡3人，损失4.6万元
24	大沟(金马子沟)	武都角弓乡下猴子	白龙江	9.25	446.2		1962年、1970年、1971年较大，局部堵塞白龙江

续表

序号	沟名	位置	所属水系	流域面积（km^2）	沟床比降（‰）	松散物质储量（万 m^3）	发生时间及危及对象和财产损失
25	清水沟	武都城郊清水沟村	白龙江支流北峪河	2.1	650		1971年较大，已治理见成效
26	燕子湾沟	武都汉王乡杨家坝	白龙江	3.6	260	214.1	危及1041人、104.1万元财产安全，Ⅰ级危害，1972年、1974年较大
27	马槽沟	武都马街乡马街村	白龙江支流北峪河	13.1	267.9	1700	1973年较大，威胁城镇、农田
28	白草坝沟	武都角弓乡白草坝村	白龙江左岸一级支流	12.25	424.5	375	1973年较大暴发
29	武都关沟	舟曲半选乡	白龙江支流岷江	49.4			1973年8月死亡3人，损失6万元和房屋、牲畜等
30	中牌沟	舟曲中牌乡羊坪坝	白龙江支流岷江	5.0	330		1975年堵岷江
31	化马沟	宕昌化马乡化马村	白龙江支流岷江	17.8	383.9	冲出676	1976年7月，1座小水电站被毁，堵断岷江
32	石坳子沟	宕昌化马乡石坳子村	白龙江支流岷江	13.7	487.7	冲出800	1976年7月死亡59人，损失170万元，堵断岷江，上游水位上升13.5m
33	沟弯沟	文县城关镇马家坝村	白水江	2.64	364		1978年财产损失5万元
34	崔场沟	西和六巷乡花桥村	西汉水	2.4	130		1979年7月14日损失32万元
35	桑弯沟	西和大桥乡郭坝沟	西汉水	2.1	249.3		1979年7月14日损失1.3万元
36	关家沟	文县城关镇关家	白水江	32.47	344.3		Ⅰ级危害，1982年8月6日泥石流进城，致死亡22人，伤19人，毁房672间，损失250万元(另有资料死亡33人)，甘川公路停运，仅修路费260多万元
37	长丰沟	文县口头坝乡长丰村	白龙江	53	10.17		危及4300人、300万元财产安全，1982年6月致死亡8人，伤12人，毁农田67hm^2，损失100万元以上
38	冰凌沟	礼县龙林乡木坝村	西汉水	7.9	184.1		1984年8月死亡2人，经济损失4.5万元
39	杨家沟	西和蒿林乡中家村	西汉水	23.17	91		1984年8月3日经济损失29万元
40	杨山沟	西和蒿林乡蒿林村	西汉水	5.15	179.9		1984年8月3日经济损失47万元
41	杜林沟	西和蒿林乡旬家沟	西汉水	2.8	199.8		1984年8月3日经济损失30万元
42	鹞子湾沟	西和石峡乡杨湾村	西汉水	4.7	149.5		1984年8月3日经济损失31万元
43	关坝沟	西和喜集乡关坝村	西汉水	37.8			Ⅰ级危害，1984年8月3日经济损失45万元
44	孙家沟	西和十里乡董家庵	西汉水	4.8	91		Ⅰ级危害，1984年8月3日经济损失38万元
45	安子坪沟	西和石峡乡库根村	西汉水	2.7	219.9		1984年8月3日经济损失35万元

续表

序号	沟名	位置	所属水系	流域面积（km^2）	沟床比降（‰）	松散物质储量（万 m^3）	发生时间及危及对象和财产损失
46	刘家沟	礼县县城	西汉水	14.3	183	冲出 68.3	Ⅰ级危害，1984年8月死亡2人，经济损失600万元
47	刘家沟	西和高山乡上寨村	西汉水	3.3	190.8		1984年8月3日经济损失36万元
48	南河（瓦沟）	西和马元乡周沟村	西汉水	8.1	91		Ⅰ级危害，1984年8月3日经济损失34万元
49	寺沟里	西和晒经乡郑家湾村	西汉水	5.5	144.1		危及367人、110万元财产安全，Ⅰ级危害，1984年8月3日经济损失38万元
50	界牌沟	成县索池乡	西汉水	23.54	839.1		危及180人、200万元财产安全，Ⅰ级危害，1984年8月经济损失17万元
51	佛堂沟	武都汉王乡罗寨村	白龙江	44.71	131.7		Ⅰ级危害，1984年使67hm^2农田尽成砂砾
52	黄柏沟	天水秦城区汪川乡	西汉水	1.8			1985年经济损失6万元
53	金昌沟	文县堡子坝乡堡子坝	白水江	18.25	267.9	608	Ⅰ级危害，1985年7月死亡2人，经济损失5万元
54	石门沟	武都石门乡石门村	白龙江	45.8	176.3	360	1985年8月24日死亡6人，伤21人，泥石流冲进下街村，经济损失50万元；1969年、1973年、1976年泥石流均堵断白龙江
55	蒿地沟	天水秦城区汪川乡	西汉水	0.4			1986年经济损失55万元
56	杨家沟	天水秦城区汪川乡	西汉水	1.1			1986年经济损失30万元
57	任家沟	宕昌县	白龙江支流岷江	5.48		冲出 580	1987年6月经济损失35万元，1座小水电站被毁
58	安坪沟	武都马街乡寺背村	白龙江支流北峪河	61.61	206	144	Ⅰ级危害，1987年5月22日死亡19人，毁房近500间、汽车2辆、拖拉机11辆，经济损失100万元
59	楸子坡沟	天水秦城区汪川乡	西汉水	0.3			1988年6月经济损失60万元
60	旋瑞嘴沟	秦城区汪川乡	西汉水	1.2			1988年6月经济损失12万元
61	刘家石沟	礼县江口乡高家村	西汉水	30.12	118.7		1988年8月经济损失9.62万元
62	大地沟	宕昌县城关	白龙江支流岷江	4.31	364		危及1865人、214万元财产安全，1988年7月经济损失22万元
63	秦峪沟	宕昌秦峪乡	白龙江支流岷江左岸	54.0	267.9		1992年4月30日毁房75间、粮食100kg、水磨10座、田158hm^2
64	泉家沟	宕昌沙湾乡心寨村	白龙江	13	324.9		1992年4月30日死2人，伤1人，毁房43间、粮食4750kg
具潜在威胁的泥石流沟							
65	文家沟	天水秦城区	西汉水	2.6	133.4		危及500人、50万元财产安全
66	深沟	天水秦城区天水乡	西汉水	2.8	62.9		危及320人、38万元财产安全
67	杏家水沟	天水秦城区天水乡	西汉水		121		危及460人、47万元财产安全

续表

序号	沟名	位置	所属水系	流域面积（km^2）	沟床比降（‰）	松散物质储量（万 m^3）	发生时间及危及对象和财产损失
68	门扇子沟	天水秦城区天水乡	西汉水	2.7	84		危及720人、80万元财产安全
69	崖湾沟	天水秦城区天水乡	西汉水	5.1	91		危及531人、54万元财产安全
70	猪头崖	天水秦城区天水乡	西汉水	2.2	110.4		危及200人、21万元财产安全，1986年6月经济损失3万元
71	宋家沟	天水秦城区天水乡	西汉水	2.1	110.4		危及321人、30万元财产安全
72	梁家沟	天水秦城区天水乡	西汉水	4.3	82.2		危及444人、45万元财产安全
73	上鸟沟	天水秦城区天水乡	西汉水		98.1		危及478人、48万元财产安全
74	大湾沟	天水秦城区天水乡	西汉水	2.2	82.2		危及861人、90万元财产安全
75	火石沟	天水秦城区天水乡	西汉水	2.1	57.5		危及793人、80万元财产安全，1986年6月经济损失2.5万元
76	秦家沟	天水秦城区华岐乡	西汉水	2.7	52.4		危及821人、82万元财产安全
77	王家沟	天水秦城区华岐乡	西汉水	2	68.2		Ⅰ级危害，危及110万元财产安全
78	石家沟	天水秦城区华岐乡	西汉水		110.4		危及470人、45万元财产安全
79	木门沟	天水秦城区牡丹乡	西汉水		110.4		危及521人、55万元财产安全
80	宽川河	礼县宽川民族乡坡儿村	西汉水			184.2	危及1600人、247万元财产安全，Ⅰ级危害
81	彦沟	礼县马河乡盐官镇新联村	西汉水	40.4	393.3		危及7870人、52326.64万元财产安全，Ⅰ级危害
82	吴宋河	礼县盐官镇王城村	西汉水		290.8		危及1105人、160.18万元财产安全，Ⅰ级危害
83	西河	礼县盐官镇东庄村	西汉水	30.5	236.4		危及524人、36.2万元财产安全
84	独家沟	礼县祁连山乡独家川村	西汉水	2.5	211.5		危及938人、45万元财产安全
85	张小沟	礼县祁连山乡张村	西汉水	2.9	228.8		危及1252人、136万元财产安全，Ⅰ级危害
86	旱阳沟	礼县祁连山乡何台村	西汉水		102.8		危及1320人、147.18万元财产安全，Ⅰ级危害
87	南丹沟	礼县祁连山乡赵家村	西汉水	22.9	212.6		危及548人、61.45万元财产安全
88	黑家沟	礼县永兴乡黑家崖村	西汉水	5	259.7		危及256人、21.78万元财产安全
89	麻皇汉	礼县永兴乡龙槐村	西汉水	12.75	98		危及542人、165.4万元财产安全，Ⅰ级危害
90	团结沟	礼县永兴乡爷池村	西汉水	14.3	62.9		危及982人、186.14万元财产安全，Ⅰ级危害
91	庄韩河	礼县永坪乡上川村	西汉水		303.8		危及642人、100.2万元财产安全，Ⅰ级危害
92	新田沟	礼县燕河乡新田村	西汉水	2	303.6		危及359人、81.4万元财产安全
93	夹关沟	礼县燕河乡东台村	西汉水	9.1	152.8		危及7320人、177.42万元财产安全，Ⅰ级危害
94	干沟	礼县燕河乡干沟	西汉水	5.7	215.6		危及420人、66万元财产安全
95	打火沟	礼县燕河乡油房村	西汉水	2	110.4		危及251人、140.1万元财产安全，Ⅰ级危害
96	马家沟	礼县燕河乡东台村	西汉水	2	194.46		危及156人、124.6万元财产安全，Ⅰ级危害
97	长家沟	礼县燕河乡东台村	西汉水	15	267.9		危及736人、91.6万元财产安全

续表

序号	沟名	位置	所属水系	流域面积（km^2）	沟床比降（‰）	松散物质储量（万 m^3）	发生时间及危及对象和财产损失
98	间夹沟	礼县燕河乡十里村	西汉水	9.1	194.4		危及 834 人、103.2 万元财产安全，Ⅰ级危害
99	柳沟	礼县石桥乡柳树村	西汉水	3.3	217.7		危及 936 人、62.2 万元财产安全，Ⅰ级危害
100	大山沟	礼县西桥乡	西汉水	7.9	252.3		危及 1032 人、148.2 万元财产安全，1978 经济年损失 15 万元
101	杨坪沟	礼县石桥乡场坪村	西汉水	3.9	297.5		危及 372 人、37.2 万元财产安全
102	瑶峪河	礼县石桥乡	西汉水		78.7		危及 1362 人、226.2 万元财产安全，Ⅰ级危害
103	田坪沟	礼县杨坡乡田坪	西汉水	6.8	168.1		危及 894 人、107.4 万元财产安全，Ⅰ级危害
104	王坪沟	礼县杨坡乡王坪	西汉水	4	241.4		危及 354 人、35.4 万元财产安全
105	清水沟	礼县石桥乡清水	西汉水	3.3	258.8		危及 506 人、55.66 万元财产安全
106	小油沟	礼县小油沟村	西汉水		391.5		危及 234 人、25.47 万元财产安全
107	下阳坡沟	礼县江口乡阳坡村	西汉水	10.1	132.5		危及 256 人、23 万元财产安全
108	铁龙沟	礼县龙林乡家万沟村	西汉水	10.03	217.3		危及 214 人、33.54 万元财产安全
109	全杜沟	礼县龙林乡全杜村	西汉水	10.63	298.1		危及 256 人、23.04 万元财产安全
110	陈家沟	礼县雷坝乡坪尖村	西汉水支流清水江	4.5	236.4		危及 614 人、82.98 万元财产安全
111	套坪里沟	礼县雷坝乡坪尖村	西汉水支流清水江	2	241.9		危及 352 人、53.4 万元财产安全
112	后家民沟	礼县龙林乡小林村	西汉水	2.13	303.6		危及 126 人、19.86 万元财产安全
113	水坝沟	礼县龙村乡杜坝村	西汉水	3.76	231.6		危及 190 人、23.9 万元财产安全
114	湾上沟	礼县龙林乡山查坪	西汉水	2.2	324.1		危及 153 人、23.76 万元财产安全，1984 年 7 月损失 8.43 万元
115	吴家沟	礼县龙林乡潘坪	西汉水	2.3	331.3		危及 2140 人、300.6 万元财产安全，Ⅰ级危害
116	野茶沟	礼县龙林乡野寨村	西汉水	2.7	335.2		危及 74 人、25.38 万元财产安全
117	杨家沟	礼县龙林乡杨家村	西汉水	13.3	309.4		危及 125 人、18.06 万元财产安全
118	陈坪上沟	礼县雷坝乡陈坪村	西汉水支流清水江	2.9	270.8		危及 723 人、99.51 万元财产安全
119	核桃沟	礼县雷坝乡核桃村	西汉水支流清水江	2.8	301.5		危及 212 人、30.12 万元财产安全
120	肖良沟	礼县肖良乡岩北村	西汉水	21.69	200.7		危及 925 人、136.5 万元财产安全，Ⅰ级危害
121	姜家沟	礼县桃林寺	西汉水		236.6		危及 816 人、113.4 万元财产安全，Ⅰ级危害
122	桃寺沟	礼县桃林寺	西汉水	4.7	155.7		危及 580 人、1071 万元财产安全，Ⅰ级危害

续表

序号	沟名	位置	所属水系	流域面积(km^2)	沟床比降(‰)	松散物质储量(万 m^3)	发生时间及危及对象和财产损失
123	四方沟	礼县王坝乡王丽村	西汉水	7.12	144.7		危及1256人、178.2万元财产安全，Ⅰ级危害
124	张坝沟	礼县张坝村	西汉水		94.5		危及1380人、194.4万元财产安全，Ⅰ级危害
125	堡子沟	礼县张坝村	西汉水	2.8	240.1		危及208人、32.4万元财产安全
126	朱坝沟	礼县张坝村	西汉水	6.2	187.1		危及310人、51.15万元财产安全
127	石门沟		西汉水	21.24	153		危及2450人、469.7万元财产安全
128	花园沟	礼县白河乡高家湾	西汉水	6.8	218		危及560人、77.7万元财产安全
129	稠泥沟	礼县白河乡李桃村	西汉水	5.16	145.9		危及725人、202.6万元财产安全，Ⅰ级危害
130	毛儿沟	礼县桥头乡南王村	清水江支流	5.4			危及510人、235.8万元财产安全，Ⅰ级危害
131	集坊沟	礼县中坝乡集坊坝	西汉水	2.9	145.9		危及1250人、495.6万元财产安全，Ⅰ级危害
132	老儿沟	礼县中坝乡中坝村	西汉水	3.61	94.5		危及725人、102万元财产安全，Ⅰ级危害
133	九店沟	礼县罗坝乡杜河	西汉水	33.6	124.6		危及658人、88.56万元财产安全
134	王河沟	礼县罗坝乡杜河	西汉水	22.65	147.7		危及1580人、525.6万元财产安全，Ⅰ级危害
135	杜家沟	礼县罗坝乡杜河	西汉水	2.3	194.4		危及1240人、33.36万元财产安全
136	石沟	礼县太塘乡韩河村	西汉水	12.29	214.4		危及1248人、164.4万元财产安全，Ⅰ级危害
137	菜子沟	礼县庄子村	西汉水	10.72	94.2		危及6369人、165万元财产安全，Ⅰ级危害
138	走马沟	西和苏合乡桐村	西汉水	3	110.4		危及827人、242万元财产安全，Ⅰ级危害
139	姜家沟	西和苏合乡吕集村	西汉水	2.1	113.9		危及611人、183万元财产安全，Ⅰ级危害
140	茜峪沟	礼县兴隆乡党河村	西汉水	4	110.4		危及888人、266万元财产安全，Ⅰ级危害
141	大学沟	礼县苏合乡朱河村	西汉水	2.3	50.7		危及618人、185万元财产安全，Ⅰ级危害
142	周家沟	礼县苏合乡孟庄村	西汉水	2.8	80.4		危及449人、135万元财产安全，Ⅰ级危害
143	清水沟	礼县石堡乡张刘村	西汉水	4.7	110.4		危及533人、160万元财产安全，Ⅰ级危害
144	寨峪沟	礼县苏合乡陈王村	西汉水	7.5	89.2		危及591人、177万元财产安全，Ⅰ级危害
145	马沟	礼县石堡乡张沟村	西汉水	8	110.4		危及486人、146万元财产安全，Ⅰ级危害
146	深沟	礼县石堡乡深沟村	西汉水	10.3	50.7		危及530人、159万元财产安全，Ⅰ级危害
147	上河坝沟	西和石堡乡孟林村	西汉水	9	85.7		危及646人、194万元财产安全，Ⅰ级危害
148	宋家沟	礼县石堡乡斜坡村	西汉水	6.1	110.4		危及443人、133万元财产安全，Ⅰ级危害
149	柳家沟	礼县大桥乡陈沟村	西汉水	2.3	59.4		危及360人、108万元财产安全，Ⅰ级危害

续表

序号	沟名	位置	所属水系	流域面积（km^2）	沟床比降（‰）	松散物质储量（万 m^3）	发生时间及危及对象和财产损失
150	红家沟	西和大桥乡石沟村	西汉水	4.5	199.8		危及432人、130万元财产安全，Ⅰ级危害
151	张家沟	西和蒿林乡张家沟	西汉水	7.2	179.9		危及394人、118万元财产安全，Ⅰ级危害
152	大水沟	西和蒿林乡寺身村	西汉水	2.43	110.4		危及348人、104万元财产安全，Ⅰ级危害
153	赵家沟	西和蒿林乡赵家沟	西汉水	5	149.4		危及455人、137万元财产安全，Ⅰ级危害
154	拦桥沟	西和蒿林乡拦桥村	西汉水	3.15	190.8		危及436人、131万元财产安全，Ⅰ级危害
155	里坡沟	西和西高山乡里坡村	西汉水	5.5	190.8		危及196人、59万元财产安全
156	四坪沟	西和喜集乡鲁坪村	西汉水	9.3	41.9		危及1230人、3.7万元财产安全，Ⅰ级危害
157	淹家沟	西和西高山乡和平村	西汉水	4.4	129.4		危及357人、107万元财产安全，Ⅰ级危害
158	安子沟	西和西高山乡和平村	西汉水	6.3	149.5		危及412人、124万元财产安全，Ⅰ级危害
159	大沟里	西和西高山乡刘河村	西汉水	3.4	230.9		危及325人、98万元财产安全
160	花格沟	西和太石河乡莞孔村	西汉水	2.5	210.7		危及254人、76万元财产安全
161	打子沟	西和太石河乡阴阳村	西汉水	3.6	210.7		危及279人、84万元财产安全
162	周家沟	西和马元乡周沟村	西汉水	3.7	59.4		危及733人、219万元财产安全，Ⅰ级危害
163	后沟	西和晒经乡俞家村	西汉水	2.9	210.7		危及262人、79万元财产安全
164	白草湾沟	西和晒经乡张河村	西汉水	4.6	210.7		危及384人、115万元财产安全，Ⅰ级危害
165	渭子沟	西和晒经乡石堡村	西汉水	5.9	160.2		危及353人、106万元财产安全，Ⅰ级危害
166	兴崖沟	西和卢河乡周家村	西汉水	3.5	119.2		危及263人、79万元财产安全
167	孟家沟	西和六巷乡孟家村	西汉水	2.1	169.1		危及254人、76万元财产安全
168	焦山沟	西和六巷乡下巷村	西汉水	2	210.7		危及206人、62万元财产安全
169	石榴湾沟	成县黄陈乡	西汉水	11.63	466.3		危及200人、65万元财产安全
170	石门沟	成县小川镇	西汉水	3.65	364		危及400人、80万元财产安全
171	浓家沟	康县长坝镇段庄村	西汉水	2.01	509.5		危及61人、5.5万元财产安全
172	下赵	康县长坝镇王马村	西汉水	2.15	531.7		危及81人、6万元财产安全
173	庄子	康县长坝镇大沟村	西汉水	3.34	324.9		危及131人、11万元财产安全
174	石家沟	康县长坝镇山根村	西汉水	2.92	445.2		危及127人、10万元财产安全
175	刘坝沟	康县豆坝乡刘坝村	西汉水	3.27	509.5		危及780人、53万元财产安全
176	尹家沟	康县大堡乡尹家沟	西汉水	2.22	424.5		危及348人、26万元财产安全，1984年经济损失26万元
177	马家沟	康县寺台乡马家沟	西汉水	2.71	383.7		危及183人、18万元财产安全
178	缸缸沟	康县城关镇故坝	白水江文河	2.8	286.7		危及500人、7万元财产安全
179	范家沟	康县城关镇刘家嘴	白水江文河	5.0	194.4		危及380人、6.3万元财产安全

续表

序号	沟名	位置	所属水系	流域面积（km^2）	沟床比降（‰）	松散物质储量（万 m^3）	发生时间及危及对象和财产损失
180	村东沟	康县城关镇凡昌村	白水江文河	3.05	212.6		危及 260 人、81 万元财产安全
181	张家沟	康县城关镇元坝头	白水江文河	16.3	267.9		危及 320 人、6.5 万元财产安全
182	麻子沟	文县石坊乡高峰	白水江	2.94	305.7		危及 700 人、85 万元财产安全
183	水沟	文县石坊乡关庄村	白水江	13.38	364		危及 100 人、6.6 万元财产安全
184	沟卜沟	文县石坊乡关庄村	白水江	14.74	324.9		危及 110 人、2.8 万元财产安全
185	鲁班村	文县丹堡乡吕家坪村	白水江	9.2	234.9		危及 90 人、3 万元财产安全
186	演武沟	文县铁楼乡演武坪	白水江	6.55	305.7		危及 700 人、2.5 万元财产安全
187	三角沟	文县丹倭乡上丹村	白水江	4.33	466.3		危及 120 人、5 万元财产安全
188	任家山沟	文县横丹乡金口坝	白水江	15.13	194.4		危及 301 人、9.5 万元财产安全，1980 年经济损失 3.3 万元
189	马家沟	文县玉垒乡马家村	白水江	15.36	167.3		危及 508 人、9.8 万元财产安全，1977 年经济损失 4 万元
190	屈家沟	文县横丹乡屈家沟	白水江		149.5		危及 741 人、10.5 万元财产安全，1981 年经济损失 6.5 万元
191	渴沟	文县尚德乡尚德村	白水江	31.25	176.3		危及 653 人、7.3 万元财产安全，1984 年经济损失 3.3 万元
192	武胜沟	文县马营乡武胜村	白水江	25.2	158.4		危及 567 人、6.7 万元财产安全，1973 年经济损失 3.8 万元
193	峡沟	文县中寨乡股家门	白水江	2.5	212.6		危及 476 人、8.9 万元财产安全，1975 年经济损失 2.9 万元
194	张家沟	文县马菁乡大佛村	白龙江		212.6		危及 398 人、8.4 万元财产安全，1977 年经济损失 6.4 万元
195	也地沟	文县石鸡坝乡也地村	白龙江	3.53	149.5		危及 301 人、3.8 万元财产安全，1976 年经济损失 5.2 万元
196	温家沟	文县石鸡坝乡水糜沟村	白龙江	15.33	142.3		危及 290 人、8.4 万元财产安全，1933 年经济损失 3.5 万元
197	杨村沟	文县丹堡乡丹堡村	白龙江	12.63	131.7		危及 408 人、9.5 万元财产安全，1975 年经济损失 4.3 万元
198	郭家坝沟	文县丹堡乡郭家坝村	白龙江	7.53	122.8		危及 301 人、2.76 万元财产安全，1982 年经济损失 3.2 万元
199	桃河沟	文县堡子坝乡郑家沟	白龙江		194.4		危及 212 人、2.4 万元财产安全，1974 年经济损失 2.2 万元
200	朱元坝沟	文县石鸡坝乡朱元坝	白龙江	3.8	230.9		危及 112 人、2.1 万元财产安全，1978 年经济损失 4.3 万元
201	新寨沟	文县中寨乡新寨村	白水江	6.5	140.5		危及 245 人、3.5 万元财产安全，1975 年经济损失 3.23 万元
202	梨树坝沟	文县马营乡梨村坝村	白水江	10.15	122.8		危及 110 人、2.5 万元财产安全，1978 年经济损失 2.5 万元
203	凉水沟	文县梨坪乡李家坝村	白龙江	5.65	140.5		危及 500 人、10 万元财产安全
204	东风沟	文县临江乡东风沟村	白龙江	24.5	155.8		危及 150 人、20 万元财产安全
205	临江沟	文县临江乡临江村	白龙江	2.25	176.3		危及 400 人、40 万元财产安全
206	红岩沟	文县舍书乡红岩石村	白水江	2.99	212.6		危及 200 人、0.5 万元财产安全
207	麻池沟	文县夹寨乡夹寨村	白水江	11.14	194.4		危及 150 人、2.6 万元财产安全
208	畦次沟	文县口头坝乡畦次坝村	白龙江	7.23	194.4		危及 300 人、2 万元财产安全

续表

序号	沟名	位置	所属水系	流域面积（km^2）	沟床比降（‰）	松散物质储量（万 m^3）	发生时间及危及对象和财产损失
209	角弓沟	武都角弓乡角弓村	白龙江	294.3	110.6		危及1339人、133.9万元财产安全
210	杜家阳沟	武都两水乡杜家沟	白龙江	3.96	674.5	106	危及1297人、127.6万元财产安全，Ⅰ级危害
211	张庄沟	武都蒲池乡平儿上	白龙江	18.41	188.8	3030	危及18万元财产安全
212	张家沟	武都蒲池乡高家村	白龙江	15.31	217.5	3353	危及15万元财产安全
213	青梨子沟	武都蒲池乡石板坡	白龙江	14.33	327.4	345	危及14万元财产安全
214	板桥沟	武都蒲池乡杨家磨	白龙江	14.68	201.3	360	危及4.3万元财产安全
215	桑同沟	武都城郊上黄家坝村	白龙江	3.19	509.5	200	危及820人、82万元财产安全
216	黑坝沟	武都城郊上黑坝村	白龙江	7.25	815.6		危及387人、38.7万元财产安全
217	汉林沟	武都马街乡红土坡	白龙江支流北峪河	33.98	183.5	2100	危及40万元财产安全
218	张家沟	武都柏林乡梨林地	白龙江	5.42	227.2		危及500人、50万元财产安全
219	青草湾沟	武都柏林乡罗儿底	白龙江	5.8	194.4		危及300人、30万元财产安全
220	新庄沟	武都柏林乡腰坡	白龙江	9.26	203.5		危及500人、50万元财产安全
221	油房沟	武都安化乡官沟村	白龙江支流北峪河	45.91	181		危及1000人、100万元财产安全，Ⅰ级危害
222	樊家坝沟	武都安化乡樊家坝村	白龙江	4.7	254.3		危及902人、90.2万元财产安全
223	杜家沟	武都安化乡杜家坝	白龙江支流北峪河	5.82	160.5		危及700人、70万元财产安全
224	米旬沟	武都安化乡司家坝村	白龙江	27.11	80.1		危及600人、60万元财产安全
225	文家沟	武都安化乡王河村	白龙江	5.8	143		危及500人、50万元财产安全
226	罗家湾沟	武都柏林乡焦家坝	白龙江	5.5	570.4		危及402人、40.2万元财产安全
227	田家沟	武都柏林乡田家村	白龙江支流北峪河	18.91	326.9		危及480人、48万元财产安全
228	后滩沟	武都柏林乡袁家坝	白龙江	6.08	221.7		危及601人、60.1万元财产安全
229	石坪沟	武都马街乡石坪村	白龙江	2.52	869.3		危及508人、50.8万元财产安全
230	王沟	武都东江乡王沟村	白龙江	3.58			危及1800人、184.5万元财产安全，Ⅰ级危害
231	嘴子沟	武都汉王乡马坝村	白龙江	2.28	809.8		危及504人、50.4万元财产安全
232	老庄沟	武都汉王乡马坝村	白龙江	3.24	305.7		危及504人、50.4万元财产安全
233	笼床沟	武都汉王乡险崖坝村	白龙江	32.3	249.3		危及3000人、300万元财产安全，Ⅰ级危害
234	马家河	武都三河乡三河村	白龙江	61.25	114.6		危及8910人、800万元财产安全，Ⅰ级危害
235	玉皇河	武都三河乡三河村	白龙江	77.84	114.6		危及11148人、1000万元财产安全，Ⅰ级危害
236	宣家沟	武都三河乡三河村	白龙江	50.26	147.7		危及2229人、200万元财产安全，Ⅰ级危害
237	透坊河	武都透坊乡	白龙江	52.68	157.3		危及852人、85.2万元财产安全

续表

序号	沟名	位置	所属水系	流域面积（km^2）	沟床比降（‰）	松散物质储量（万 m^3）	发生时间及危及对象和财产损失
238	清水沟	武都透坊乡白纳坝	白龙江	2.16	781.3		危及205人、20.5万元财产安全
239	小河口沟	武都透坊乡外纳	白龙江	36.56	294.3		危及714人、71.4万元财产安全
240	干沟子沟	武都外纳乡干沟子村	白龙江	5	745.4		危及997人、99.7万元财产安全
241	远麻沟	武都外纳乡立亭村	白龙江	6.72	624.9	40～50	危及1054人、105.4万元财产安全，Ⅰ级危害
242	青家坝沟	武都角弓乡青家坝村	白龙江	4	408.1		危及411人、41.1万元财产安全
243	缸沟	武都石门乡小山坪	白龙江	5.58	487.7		危及970人、97万元财产安全
244	段河坝沟	武都锦屏乡段河坝	白龙江	2.36	424.5		危及4262人、426.2万元财产安全，Ⅰ级危害
245	渭子沟	武都城郊渭子沟村	白龙江	36.35	189		危及769人、76.9万元财产安全
246	柏水河	武都城郊大堡村	白龙江	9.74	700.2		危及1438人、143.8万元财产安全，Ⅰ级危害
247	宗家堡沟	武都汉王乡宗家堡村	白龙江	10.98	383.9		危及502人、50万元财产安全
248	汉坪沟	武都汉王乡汉坪村	白龙江	6.13	194.4		危及492人、49万元财产安全
249	池沟	武都汉王乡包家坝村	白龙江	3.9	726.5		危及253人、25.3万元财产安全
250	九房坪沟	武都角弓乡沟里坪	白龙江	20.15	338.5		危及1160人、116万元财产安全
251	桔柑沟	武都桔柑乡赵家坝	白龙江	26.3	154.8		危及2013人、201万元财产安全
252	山谷子沟	舟曲大川乡	白龙江	14.7	220		危及1343人、150.5万元财产安全，Ⅰ级危害
253	南峪村沟	舟曲南峪乡	白龙江	4.2	150		危及2126人、260万元财产安全，Ⅰ级危害
254	河南小沟	舟曲江盘乡	白龙江	4.5	319.9		危及1334人、140万元财产安全，Ⅰ级危害
255	吴家峪沟	舟曲城关乡	白龙江	22.5	220		危及1600人、142万元财产安全，Ⅰ级危害
256	三眼峪沟	舟曲城关乡	白龙江	12	280		危及8769人、2500万元财产安全，Ⅰ级危害
257	寨子沟	舟曲城关乡	白龙江	10.4	250.1		危及725人、73万元财产安全
258	瓜鸣嘴沟	舟曲半选乡瓜鸣嘴	白龙江	42	90		危及1700人、178万元财产安全，Ⅰ级危害
259	峰选上沟	舟曲半选乡峰选村	白龙江	3.2	180.1		危及1585人、206万元财产安全，Ⅰ级灾害
260	羊里坝沟	舟曲立节乡占单村	白龙江	15	179.9		危及644人、57万元财产安全
261	花年沟	舟曲立节乡占单村	白龙江	6.1	309.9		危及758人、75万元财产安全
262	巴藏沟	舟曲巴燕乡	白龙江	3.3	360		危及684人、66万元财产安全
263	力族坝沟	舟曲大年乡	白龙江	34	179.9		危及779人、79万元财产安全
264	日族河坝沟	舟曲拱坝乡拱坝河	白龙江	33	179.9		危及256人、300万元财产安全，Ⅰ级危害
265	角弓沟	宕昌新寨乡	白龙江	303.4	140.5		危及1520人、150万元财产安全，Ⅰ级危害

续表

序号	沟名	位置	所属水系	流域面积（km^2）	沟床比降（‰）	松散物质储量（万 m^3）	发生时间及危及对象和财产损失
266	水峪沟	宕昌沙湾乡心寨村	白龙江	54	286.9		危及1280人、120万元财产安全，Ⅰ级灾害
267	刘家湾沟	宕昌化马乡坳子村	白龙江支流岷江	3.5	320		1976年较大
268	车拉沟	宕昌化马乡新城子	白龙江支流岷江	127	105.1		危及1385人、160万元财产安全，Ⅰ级危害
269	将台沟	宕昌化马乡将台	白龙江支流岷江	59	140.5		危及650人、78万元财产安全
270	安家沟	宕昌化马乡甘江头	白龙江支流岷江	18	324.9		危及520人、28万元财产安全
271	清水沟	宕昌沙湾乡	岷江左岸一级支流	17	649.4		危及170人、17万元财产安全，1975年较大
272	官亭沟	宕昌官亭乡	白龙江支流岷江	41	554.3		危及41万元财产安全
273	临江沟	宕昌临江乡	白龙江支流岷江	27	140.5		危及27万元财产安全
274	龚家沟	宕昌甘江头乡	白龙江支流岷江	24	212.6		危及24万元财产安全
275	米家沟	宕昌韩院乡	西汉水支流铨水河	74	105.1		危及74万元财产安全
276	瓦石坪	宕昌南阳乡	西汉水支流铨水河	19	105.1		危及19万元财产安全
277	小王沟	宕昌南阳乡	西汉水支流铨水河	20.0	194.4		危及20万元财产安全
278	贾河	宕昌贾河乡	白龙江支流岷江	162	69.9		危及162万元财产安全
279	奋治	宕昌大舍乡	白龙江支流岷江	34	140.5		危及34万元财产安全
陕西南部							
1	清水河付家河	安康	汉江				1956年3月11日支沟泥石流群发，损坏耕地70多 hm^2
2	月河任河	安康紫阳白河	汉江				1960年9月3日中上游支沟暴发泥石流，拔树毁房，顷刻沟谷良田成乱石滩，毁田近280hm^2
3	上岗河、滔河、坝河、黄洋河	凤皋平利	汉江				1963年8月3日上游支沟10多条暴发泥石流，堵沟毁路，毁田200多 hm^2
4	渔渡坝	镇巴	汉江				1965年7月10—13日崩滑泥石流500余处，掩压耕地70hm^2，死亡20多人、耕牛10余头
5	子午河、池河	石泉	汉江				1967年6月3日毁田40余 hm^2、树木近2000株
6	旬河、麻坪河、小河	旬阳	汉江				1970年7月25日两侧10多条沟谷毁田70hm^2
7	连架沟	旬阳蜀河镇	汉江				1972年7月1日死亡10人，倒房12间，以后每年均有发生
8	池河、旬河	宁峡	汉江				1974年7月3日毁耕地130余 hm^2

续表

序号	沟名	位置	所属水系	流域面积（km^2）	沟床比降（‰）	松散物质储量（万 m^3）	发生时间及危及对象和财产损失
9	洞河、任河、汉江两侧沟谷	紫阳	汉江				1977年7月10日毁田200余 hm^2、树木千余株
10	东沟河、干沟河	镇巴	汉江				1977年7月2日滑坡堵沟，溃决成泥石流，摧毁小洋和城关农田 $55hm^2$、河堤600多m、西万公路大桥1座，中断交通30天
11	安寺沟	紫阳燎原乡	汉江				1979年7月11—15日死亡21人，毁房屋街道长70m，为安康地区最严重的泥石流灾害
12	黑湾梁	勉县土关铺乡	汉江			40～50	1981年7月18日毁耕地 $8.1hm^2$，毁房16间
13	安河流域	凤县	嘉陵江				1981年8月103厂部分厂房和7栋民房被毁，淹没机器百余台，停产3个月
14	毛坪山	宁强代家坝	嘉陵江		400		1981年8月21日逼使张家河改道北移
15	小垭子	宁强毛坝河	嘉陵江			70～80	1981年8月22日毁耕地 $12hm^2$、房屋29间，沟底冲深5～7m，耕地无法恢复
16	石家坡	宁强桑树湾	汉江				1981年8月23日毁田 $2hm^2$，1户被埋，14人死亡，堵江天然坝长300m，宽80m，高30m(滑坡转化成泥石流）
17	雷家湾	勉县漆树坝乡	汉江			30～40	1981年9月2日毁田 $1.6hm^2$、房屋7间、树木百余株，沟底冲深10余m
18	试马水库、李家山	商南	丹江				1982年8月1日毁房塞道，沟内耕地荡然无存
19	张家沟	柞水皂河乡	丹江			30	1983年8月28日掩埋民宅12间、仓库2间，4户死亡13人
20	寨子沟	山阳黄土凸乡	丹江				1987年6月5日岩垮转泥石流，毁房7间，压死5人，淹没农田 $7hm^2$
21	踩玉河流域	柞水	汉江				1988年8月14日死亡37人，倒损房屋140间，损坏农田 $84hm^2$，毁河堤30km
22	九间房	柞水	丹江				1988年90余人死亡，百间房屋掩压于乱石之中
23	穆兰沟	白河大双乡	汉江			堆积物长1.5km、宽0.5km	1989年7月摧毁公路桥1座，致使10个乡中断交通
24	纪家沟	略阳观音寺乡	嘉陵江				1990年8月12日死亡49人，重伤2人，倒损房屋13户57间，45人无家可归，沟谷变成乱石滩

续表

序号	沟名	位置	所属水系	流域面积(km^2)	沟床比降(‰)	松散物质储量(万 m^3)	发生时间及危及对象和财产损失
25	金川	宁陕四庙地	汉江				2002年6月9日暴雨引发泥石流，全县死亡41人，失踪161人，轻重伤者甚众，毁房6063间，毁田1800hm^2，全县损失14亿元
				贵州省			
1	以塘河	纳雍以塘乡					1954年山洪泥石流毁田75.3hm^2，死亡17人
2	邓堡	松桃	乌江			600	1963年夏毁田467hm^2
3	以则河沟	赫章河镇乡	乌江六冲河	25.33	34.92		1967年7月死亡12人，财产损失10万元
4	田坝沟	毕节团结乡田坝村	乌江落脚河	4.93	212.56		1970年4月15日财产损失50万元，毁田13.3hm^2
5	百亩冲沟	毕节杨箐镇百亩冲	乌江落脚河	5.33	87.49		1977年6月毁田37hm^2
6	新桥沟	毕节大银乡新桥	乌江落脚河	10.25	158.38		1980年6月经济损失5万元，毁地33hm^2
7	地埂沟	赫章砂石乡政府	乌江六冲河	15.56	34.92		1980年7月冲毁武装部弹药库房，损失1.7万元
8	待没沟	毕节放猪乡待没村	乌江落脚河	4.9	105.1		1981年夏毁田6.7hm^2
9	梅子沟	毕节层台乡梅子村	乌江落脚河	2.19	87.49		1981年6月经济损失3万元，毁田13.3hm^2
10	新旺村沟	毕节猴场乡新旺村	乌江落脚河	5.2	158.38		1982年夏财产损失21万元
11	官屯区	毕节	乌江鸭池河支流				1982年4月25日毁田4467hm^2，死亡3人
12	清场	毕节	乌江鸭池河支流		50		1982年5月10日毁田317hm^2、房屋137间，死亡11人、牲畜37头
13	新沟	毕节鲍家乡新沟村	乌江落脚河	6.25	87.49		1982年5月10日死亡12人，经济损失2万元
14	向家山沟	毕节太极乡庆祝村	乌江落脚河	14.72	158.38		1982年9月经济损失20万元，危及100人、20万元财产安全
15	彩旗落沟	水城舍戛	乌江鸭池河支流	1.9	100	40	1983年5月24日毁田12hm^2、房屋15间，死亡12人、大牲畜19头
16	六社	织金三区	乌江				1983年5月10日毁田1467hm^2、房屋1480栋，死亡数十人
17	白山沟	毕节撒拉乡白山	乌江落脚河	12.55	140.54		1984年夏毁田120hm^2
18	花厂坪沟	毕节花厂乡花厂坪	乌江落脚河	2.19	122.78		1984年4月17日死亡2人，经济损失10万元，毁田53. 3hm^2
19	葫芦塘沟	毕节忠基乡葫芦塘	乌江落脚河	3.91	105.1		1983年6月死亡1人，经济损失3万元，毁田53.3hm^2

续表

序号	沟名	位置	所属水系	流域面积(km^2)	沟床比降(‰)	松散物质储量(万 m^3)	发生时间及危及对象和财产损失
20	木井沟	毕节大雍	乌江鸭池河支流	0.9	450	20	1983年5月10日毁田6.7hm^2，毁房34户，死亡37人、大牲畜100头，经济损失10万元
21	干沟	毕节林口镇白光村	乌江落脚河	10.78	176.33		1985年4月20日经济损失10万元，毁地33.3hm^2
22	大河煤矿	水城	乌江鸭池河支流			120	1985年7月1日毁房2栋，死亡7人，淹埋公路及河流
23	多条沟	六盘水					1985年6月23日死亡62人，受伤42人，倒损房屋4152间，损坏农田33000hm^2
24	李家湾	水城	乌江鸭池河支流			15	1985年7月毁田3.3hm^2、房屋20间
25	亮岩沟	毕节亮岩乡墨岩村	乌江落脚河	2.72	105.1		1986年6月损失3万元，毁地20hm^2
26	山脚村煤矿	盘江矿务局	乌江鸭池河支流				1986年8月5日伤11人，死亡8人，淹淤采矿井，经济损失136万元
27	长箐沟	威宁密蜂乡长箐村	金沙江下游右岸支流横江洛泽河	9.19	105.1		1986年8月12日死亡5人，财产损失15万元
28	Ⅰ号沟	都匀南华仪表厂	沅江上游清水江				1987年6月12日淤埋主厂区1万m^2，厚2.3m，停产2个月，经济损失250万元
29	大树脚沟	赫章铅丰镇	乌江六冲河	28.1	34.92		危及500人、900万元财产安全，1987年7月5日死亡17人、财产损失80万元
30	高潮沟	毕节阴底乡高潮村	乌江落脚河	2.71	176.33		1988年6月10日死亡1人，经济损失1.5万元
31	沙坝沟	大方陇公乡沙坝沟	乌江落脚河	7.03	194.38		1988年6月21日卷走民房105间、大牲畜14头，65.6hm^2田绝收，泥沙厚30～100cm
32	木冲沟	水城	乌江			30	1988年雨季死亡5人，倒损房屋10间，毁汽车、拖拉机4辆，经济损失30万元
33	板桥	遵义	乌江			50	1989年4月28日毁房7户，死亡9人，重伤20人
34	龙盘山沟	毕节清水镇清水村	乌江落脚河	2.09	212.56		1989年7月9日财产损失50万元，冲毁清水铺区公所等
35	池朗沟	毕节阴底乡池朗村	乌江落脚河	6.13	69.93		1990年5月15日经济损失3.5万元，毁地20hm^2，危及3000人、60万元财产安全
36	北坡	遵义凤凰山	乌江				1991年毁房3间，死亡5人
37	朱家寨	六枝特区龙潭乡	乌江				1991年7月1日冲毁农田20hm^2，死亡30人
38	洋水河	开阳	乌江			120	1995年6月23日，4000余间房屋被埋，2000间被毁，死亡18人，3人失踪，28人受伤，直接经济损失高达2亿多元

续表

序号	沟名	位置	所属水系	流域面积（km^2）	沟床比降（‰）	松散物质储量（万 m^3）	发生时间及危及对象和财产损失
39	重安江	黄平重安镇					1996年6月1日山洪泥石流，镇街道、酒店被淤或冲倒，死亡20人
40	红桥	六盘水汪家寨镇	乌江鸭池河支流				毁房30栋，死亡11人
具潜在威胁的泥石流沟							
41	水路土沟	威宁小米乡马店村	金沙江下游右岸支流横江洛泽河	17.91	69.93		危及1000人、10万元财产安全
32	干沟	威宁雨朵乡新华村	金沙江下游右岸支流横江洛泽河	34.1	87.49		危及25万元财产安全
43	凉水沟	威宁五寨乡新寨村	金沙江下游右岸支流横江洛泽河	3.04	87.49		危及5万元财产安全，上百亩农田变成荒芜碎石滩
44	新寨沟	威宁五寨乡新寨村	金沙江下游右岸支流横江洛泽河	14.94	87.49		危及25万元财产安全
45	拖洛沟	威宁哈喇乡营上村	金沙江下游右岸支流横江洛泽河	27.39	87.49		危及20人、10万元财产安全
湖北省							
1	王沟	宜昌肖家垭				10	1935年毁房多座，堵塞河道
2	糖房沟	秭归	长江	11.35	171		形成牛口滩，1949年前泥石流埋1家3口，毁石桥1座，影响三峡水库
3	磨溪李仁村	长阳都镇湾	清江				1953年4月28日死亡5人，倒房3间
4	泄滩沟	秭归	长江	87.81	47		形成泄滩，1961年7月冲走沟口石桥栏杆及粮食加工厂，死2人，影响三峡水库
5	鸭子山、桃山	长阳	清江				1980年把公路掩埋或推移到清江，中断交通数月
6	后溪	长阳资丘	清江			100	1980年堵断清江16小时
7	石桥沟	巴东	长江	19.52	93		形成牛口滩，1981年夏冲毁沟口小桥及部分耕地，影响三峡水库
8	落水田	利川长乐	清江				1982年7月落水洞被堵，洼地成湖，淹农田305hm^2
9	梭布垭	恩施太阳	清江			60	1982年7月12日冲毁农田3.5hm^2，民房1栋
10	后山14条沟	巴东县城	长江一级支沟				1991年8月6日冲毁房屋2591间，掩埋仓库70间，死亡3人，重伤53人，43家工厂停产，110家商店停业，经济损失4968万元
11	平湖	罗田	巴河左岸支沟			2.29	死亡9人，冲毁房屋241间、农田2hm^2
具潜在威胁的泥石流沟							
12	大峡沟	郧县	汉江			450	曾堵塞大峡沟
13	九道梁	房县	汉江支流南河			187.5	

续表

序号	沟名	位置	所属水系	流域面积（km^2）	沟床比降（‰）	松散物质储量（万 m^3）	发生时间及危及对象和财产损失
14	松柏镇	神农架	南河支流	0.56			危及松柏镇
15	潭家嘴	秭归	长江窑湾溪	32.57	103		
16	纸厂沟	巴东	长江	26.02	48		1949年前有较大泥石流灾害
17	熊家沟	秭归周坪	九畹溪	5.35	157		
18	凉亭子	秭归周坪	九畹溪	6.28	119		
19	李槐坪	秭归窑湾	窑湾溪	8.45	205		
20	放银场	秭归窑湾	窑湾溪	0.93	511		
21	许家大沟	秭归莲花	长江右岸	1.12	281		
22	八碟湖	秭归莲花	长江右岸	2.02	272		
23	宝塔河	巴东东瀼口	长江左岸	3.88	213		
湖南省							
1	五雷山	慈利苗市乡	澧水支流			>100	一次冲出量大于50万 m^3，1966年6月、1974年7月、1980年7月3次暴发
2	阿婆山	吉首已略乡	沅江支流武水			>20	1978年6月12日淹没农田328hm^2、牲畜34头，粮食1.5万kg
3	九斗峪	石门商溪乡	渫水支流			>100	1980年7月30日一次冲出量大于50万 m^3
4	鱼岭	茶陵小田乡	湘江支流				1982年4月26日一次冲出量为2万～20万 m^3
5	柿竹园矿渣	郴州柿竹园铅锌矿	湘江支流耒水	11		>20	1982年8月25日淹滑农田95.3hm^2，毁厂房和宿舍，淹没采矿设备，冲走钢材等原材料，损失数百万元
6	小垣矿渣	汝城小垣钨矿	沤江支流				1984年4月4日最大一次冲出量20万～50万 m^3
7	瑶岗仙矿渣	宜章瑶岗仙钨矿	耒水支流沤江			>20	1989年5月9日发生
8	冯家坪	安化林乡	澧水支流				1989年9月2日一次冲出量为2万～20万 m^3
9	方家冲	安化林乡	资水支流				1990年7月31日一次冲出量为2万～20万 m^3
江西省							
1	多条沟	九江庐山					1550年(明嘉靖二十九年)五月五日老峰下蛟出数以百计
2	较大范围内	新昌	赣江				1645年(清顺治二年)夏久雨，群蛟涌出，平地水深数尺，民畜漂荡；三十九都、四十都合宅沉溺者不计其数，所过山崩地陷，石积沙壅，高下皆水
3	多条沟	九江庐山	赣江				1984年9月1日10座桥涵被毁，山南公路断道3个月，九南公路停运1周，庐山酒厂停产15天

续表

序号	沟名	位置	所属水系	流域面积(km^2)	沟床比降(‰)	松散物质储量(万 m^3)	发生时间及危及对象和财产损失
4	多条沟	九江庐山	赣江				1990年6月30日毁坏大量树林、道路、房屋、水库，直接经济损失500余万元，空军疗养院大楼被冲毁，1～2层楼房均被淤满，经济损失69万元
5	焦陂村后山		赣江				1998年6月22日中午，21栋民房被推倒掩埋，并将部分民房推入河中，掩盖面积6400m^2，造成45人死亡、多人重伤、村庄毁灭的惨剧
河南南部							
1	多条河	西峡	丹江支流老灌河				1954年7月7日死亡131人，倒损房屋210间，损坏农田730hm^2

第六章 地面塌陷灾害

地面塌陷属地面变形类地质灾害，除此之外，地面变形类地质灾害还有地裂缝及地面沉降等，它们成灾各具特点，可称为点状、线状和面状灾害。由于地裂缝现象多数是伴随着地面沉降尤其是地面塌陷所发生的，而且成灾地域较小、成灾事例不多，故较少提及。全国地裂缝灾害，以陕西西安最为有名，据调查是在构造沉降区的大背景下加上人为开发地下水不当而引起的。长江流域在鲜水河断裂带有地震构造地裂缝发育，贵阳、安顺等地第四系上的地裂缝，规模小且多，与久旱无雨有关。地面沉降灾害将在第七章论述。

第一节 地面塌陷类型及发育条件

地面塌陷是比较常见的自然现象，它是“盖层”在某种应力作用下向地下“空间”快速或缓慢做垂直位移运动的结果。但其发生的条件、原因和诱(激)发的因素又是复杂的、多种多样的。

一、地面塌陷类型

对地面塌陷分类，目前按单因子分类较多。

(1)按岩性可分为碳酸盐岩区地面塌陷和黄土区地面湿陷。

(2)按成因可分为自然塌陷、自然—人为塌陷和人为塌陷。

(3)按诱发因素可分为地震塌陷、降雨入渗塌陷、排水塌陷、抽水塌陷、蓄水塌陷、荷载塌陷和振动塌陷。

二、地面塌陷发育条件

地面塌陷的产生，首先地下必需要有能容留上覆下坠物质(岩、土层)垂直移动的空间；其次上层岩土层强度难以跨越支撑已产生的空间。地下空洞的产生除人为开挖外，还与诸多自然条件有着成因上的联系。

1. 岩性

碳酸盐岩是地下岩溶地貌发育的岩石，但其发育强度与碳酸盐岩的厚度、纯度及与非岩溶岩的组合配置有很密切的联系：厚度愈大、纯度愈高，岩溶愈发育；连续层型要比间夹层型、互层型岩溶强烈得多。在连续层型地层展布区往往有大型的岩溶盆(谷)地，这种岩溶地貌有较多的岩溶地面塌陷产生与分布。

2. 气候

主要是气温与降水量影响岩溶强度，如湖南、贵州比大巴山、秦岭岩溶更发育。同时连续降雨及暴雨又是激发因素，当大暴雨形成的地面径流快速进入地下时，最易形成塌陷。云南的岩溶塌陷主要出现于每年的6—9月。

3. 地质构造

地质构造决定了碳酸盐岩的空间展布特征，对岩溶发育的方向和规模起着控制作用，陡倾岩层比缓倾岩层规模小，顺构造线暗河系统延伸比较远，褶皱构造轴部、转折端、大断裂等部位岩溶较发育。

4. 新构造运动

处于强烈上升的地区，地下水循环向岩体纵深发展。岩溶形态以落水洞、竖井等垂直型岩溶为主；间歇性降升地区，形成多层溶洞；下降区有埋藏型岩溶。先升后降地区，埋藏型岩溶较发育。

5. 地貌

地貌主要影响水动力条件，高原、山地、丘陵、平原等地貌单元其水动力条件是不同的，地下水垂直分带也相应不同，因此岩溶发育特点也很不同。高原多浅平岩溶盆地、洼地，垂直型也较发育；浅丘平原区多埋藏岩溶；分水岭地带水平分垂直岩溶均较发育。

上述条件都综合影响岩溶发育强度，在岩溶地貌发育地区，也容易发生岩溶塌陷。当在这些地区抽排地下水、进行矿山开采、修建地下工程时，更要注意可能引起地面塌陷以及改变周围环境带来的影响。据观察资料，在人工抽水造成地下水位快速下降的前半年内，形成的岩溶地面塌陷点较多，而后逐渐减少而影响范围扩大。

第二节　地面塌陷的分布

长江流域只在青海、陇南有黄土分布，其他地域零星或有少量次生黄土分布，因此黄土塌陷只在部分地段存在，而主要为岩溶地面塌陷(有自然与人为两种)和地下掘进塌陷。

岩溶地面塌陷发生在碳酸盐岩分布且岩溶强烈及中等发育的覆盖型地区。长江流域碳酸盐岩分布很广，据统计约占流域面积的26.8%，其中81.6%分布在宜昌以上的上游，中下游地区零星分布。长江流域的上元古界、古生界、中生界有多系地层有碳酸盐岩，其中的石炭系、二叠系、三叠系还有厚度不等的煤层，它们构成矿区采掘对象，在这样的矿山和有地下建筑工程地段及其周围地区，有较多塌陷发生。

地面塌陷受控于多种因素，但仍有一定的地域性规律。青藏高原和川西高原，岩溶较不发育且以小型为主，因此地面塌陷较少，而云贵高原及四川盆地和以东地区气候湿润，雨水多，因此有较多地面塌陷发生。

贵州省总面积的70%为碳酸盐岩分布，省内有自然塌陷26处，陷坑58个。而由于大量成井抽取地下水、采矿疏干排水、修建水库蓄水等破坏了岩溶洞穴及其上覆盖层的稳定平衡状态，因此引起的塌陷，已有76处、塌坑2171个，占塌陷坑的绝大多数(参见表6-2-1)。可见人为因素造成的岩溶塌陷，其数量远大于自然岩溶塌陷。

云南省由自然因素影响生成的岩溶地面塌陷，在省内碳酸盐岩展布区皆有分布，其中滇东地区最为常见；受人工抽水或疏干影响生成的岩溶地面塌陷，主要分布在昆明市及郊区，其次还见于一些矿区，危害较深重的主要有昆明市和贵昆铁路西段。

表 6-2-1 贵州省(部分)岩溶塌陷情况表

地区	塌陷处数	塌坑个数	岩性			盖层		成因类型					影响范围(km²)			强度(个/km²)		
			石灰岩	白云岩	其他	基岩	Q土层	自然	抽水	蓄水	矿坑排水	荷载	>1	0.1~1	<0.1	强>100	中10~100	弱<10
贵阳	9	80	4	5		3	6	1	5		3			1	5		2	4
遵义	21	170	12	7	2	3	18	2	12	1	3	3		2	19	2	3	16
安顺	17	382	8	8	1	1	16	3	9	2	1	1	2	3	12	3	4	10
毕节	5	10	4		1	1	4	3	1		1				5			5
六盘水	24	1415	20	2	2	2	22	2	20		3		2	10	12	12	9	3

四川省因采矿或过量开采地下水而引起的地面塌陷，主要在一些大型矿区，如芙蓉煤矿、砚石台煤矿等，而岩溶塌陷主要在川南兴文、高县、古蔺一带。

重庆市是岩溶塌陷较发育地区，如中梁山等地因采矿和兴建铁路隧洞而发生的塌陷，引发了较大灾害；而涪陵市所属各县和万州区部分地区，自然塌陷和人为塌陷均有分布。现正兴建涪陵至宜昌铁路，地下工程较多，应予以注意。

湖北省地面塌陷主要分布在鄂南的咸宁、赤壁及大冶等地。武汉市的汉阳、武昌部分地段，在过去 70 年里，至少发生过 10 次岩溶塌陷，1977—1992 年就发生了 6 次，自然塌陷为多，但也有由抽水和采矿排水所引起的。

湖南省地面塌陷分布较广，其类型有岩溶塌陷和采空区塌陷。全省已发现地面塌陷 160 处，其中岩溶塌陷 127 处、塌坑 13808 个，但其中自然塌陷仅 19 处，约为总数的 15%，其余均属人为塌陷，采空塌陷 13 处。涟邵、冷水滩一带有塌陷 44 处、塌陷坑 10448 个，宁乡—湘潭—株洲一带有塌陷 20 处、塌坑 1581 个，常宁—郴州一带有塌陷 30 处、塌坑 1183 个，为全省 3 个地面塌陷集中地带。

江西省地面塌陷较集中在萍乡—丰城、景德镇—贵溪两条带地区内，主要是由于抽取地下水及采矿而引起的岩溶地面塌陷。

安徽省地面塌陷以铜陵地区为最典型和突出，不仅有因疏干排水引起岩溶地面塌陷，还有大量的采空塌陷。

第三节 地面塌陷灾害的危害

一、地面塌陷灾害的特点

地面塌陷具有与其他灾害不同的特点。

1. 突发性强

不论是岩溶塌陷还是采矿塌陷，由于发端于地面以下，往往不易察觉而备感其突发性强。汉阳轧钢厂堆货场的 600t 钢锭和煤一夜间因塌陷而消失，就是一例。

2. 由点及面

塌陷的发生往往以点状塌陷坑为多，但如该地发生了众多的塌陷坑，则可形成一面积较大的塌陷。湖南恩口煤矿塌坑总数6000多个，塌陷范围已达20km^{2}以上。

3. 具较明显的区域性

地面塌陷多发生在地下水平衡被破坏而引起动态变化剧烈的碳酸盐岩分布区和矿区，如在这样的区域开始发现了塌陷坑，就应密切关注其继续发展。

4. 塌陷点不易确定

地面塌陷虽有明显的地域分布，且往往是排水中心先有塌陷坑而后向四周扩展而续见陷坑，但具体地点与覆盖层厚度、强度有关，因此未来在哪个点发生，极不易确定，难以预防。

5. 灾情难以终结评估

由水库蓄水引起的塌陷，是因为渗透力加大引起潜蚀的结果，可造成地面塌陷，也可扩大管道，使水库渗漏增加，给工程效益带来损失。这一过程可能很长，灾情评估难以终结。

二、典型塌陷灾害

地面塌陷的危害主要是地面形变，破坏农田、房屋、水库、公路和铁路。现将一些典型地面塌陷灾害实录于后。

1. 湖北建始封竹铁厂塌陷

该地位于建始县北部的封竹乡，为东龙河源头。该处为1200m高程的剥夷面，覆盖层为小于5m厚的亚黏土夹碎石，基岩为大冶灰岩(T_1)，岩溶发育，以垂直落水洞为主。塌陷发生在1957年连续7天降雨后的晴天，陷坑长30m，宽10m，深大于20m。塌陷时发出巨响，比雷声低沉，使3株粗大的漆树陷入坑内不见踪迹。

2. 湖南水口山铅锌矿塌陷

铅锌矿山位于低山丘陵，地形南高北低，曾家溪为矿区主要河流，与矿坑有密切水力联系。区内为北北东向的倒转向斜，地层为二叠系灰岩、砂页岩及白垩系砂岩、钙质砾岩。覆盖层为黏土、亚黏土夹角砾，厚5～53m。灰岩中线岩溶率达13%，在60m高程以上岩溶颇为发育。

塌陷始于1959年2月26日，当时坑道内突水，地面塌陷3个。1964年矿区做放水试验和水文地质试验以及矿山开拓和疏干排水，地下水位下降29.27m，塌陷发生最多。1965年5月在－300m高程排水，塌陷进一步发展至曾家桥、香花坪和桥头3个区。1965年11月进行减压放水，再次出现许多新塌陷，一些老塌陷也复活，还导致直径70m及直径50～60m的两个大陷坑。1966年塌陷再次活跃，至1986年塌陷达850多个，塌陷影响半径为3.2km。塌陷毁农田约0.4hm^2，迁房6643m^2，大量河水灌入坑道。1968年暴雨期，曾家桥大塌陷坑灌入地表水145万m^3，1983年6月茶子园塌陷，河水断流灌入坑道250万m^3，并导致轻微地震，1966—1970年的赔偿与排水费达710万元。为解决塌陷造成坑道大量涌水问题，改河道280m，作帷幕灌浆，历时16年，地面塌陷得到一定控制。

3. 湖南洪源厂塌陷

洪源厂基岩为二叠系下统茅口组中上部的灰岩，岩溶发育。距厂区边界400m左右，有青山煤矿的矿井，系开采二叠系上统龙潭组煤层。该矿井在1960年7月开始修建，在建井大量排水和回采期间，曾引起附近地区产生 314 处塌陷坑，其中在两断层交会的茹草构造破碎带一带，面积仅 0.2km^2，就发生塌陷坑和地面沉陷 250 多处。但在 1961 年下半年到 1966 年和 1972 年下半年到 1975 年底矿井停建或停采不排水期间，当地下水恢复到天然平衡状态后，地表就不发生塌陷。1976 年底该矿又恢复排水，地表又发生塌陷，1977 年 5 月该厂俱乐部舞台外墙开裂，围墙亦塌入坑中。

4. 重庆江北煤矿突水和岩溶塌陷

江北煤矿开采龙王洞背斜 T_{3xj} 底部煤层，深部分布 T_{1+2} 灰岩，隐伏岩溶发育。1966 年采煤坑道掘进到 1000m 处，发生矿洞掌子面突水，水量达 9 万 m^3/h，高压水流挟带大量灰岩岩块突然暴发，将坑内机具设备和坑外设施全部冲毁并"喷射"至坑口以外 500m，因有预测未造成伤亡。突水后第七天，坑道周围 5km^2 范围内发生地下岩溶塌陷，伴随轰隆响声和在 5km^2 范围内有感地震，12km 范围内地下水位下降，泉水干枯，测量资料证实，坑道突水引起地下水位下降的最大深度为 47m。

5. 湖北大冶大广山铁矿塌陷

大广山矿区覆盖第四系厚 10～25m，最厚达 40m，含水层为石灰岩、大理岩，为隐伏岩溶地区。1966—1975 年抽水井水位降深 2.6～26.95m 时无地面塌陷发生，降深 35m 及矿山施工排水降深 68.4～185.4m 时有地面塌陷发生。覆盖土层的塌陷多分布在浅部岩溶发育带。而岩溶发育受地质构造控制，在断层带及可溶性与非可溶性岩石接触带岩溶发育，并形成地下水富水带，因而抽水时覆盖土层塌陷有 76% 沿断层分布或发生在断层交会处以及岩性突变带上。该区塌陷坑平面一般为圆形，成群出现时呈不规则的曲线形，剖面为井状或坛状。据 70 余处塌陷资料统计，塌陷直径 3～5m 的占总数的 40%，直径 1～3m 的占总数的 21%，直径 5～7m 的占总数的 13%；塌陷深度 1～3m 的占总数的 34%，深度不大于 1m 的占 23%，深度 3～5m 的占 21%。塌陷均发生在水位降落漏斗范围内，其规模与数量随远离抽水井而递减。塌陷造成柯家沟河 5 次断流，矿山专用铁路路基塌陷 24m，铁道被塌断，4000 多 m^2 建筑物开裂或倒塌，农田受损，河水沿塌坑灌入矿坑，高压输电线被塌断，经济损失数百万元。

6. 贵州贵阳市乌当区石洞煤矿塌陷

据调查从 20 世纪 70 年代至今，因采矿、排水，使距矿井东 200～220m 的三棵树、田湾共出现大小地裂缝数十条，缝宽 1～50cm，长 2～45m；塌陷 12 个，一般直径 1～10m，深 1～2m，呈带状展布，断续延伸长数百米，破坏民房数十户，使 6 口水井、2 个池塘干枯，20hm^2 稻田只能旱作。

7. 贵州安顺市安大厂塌陷

安大厂位于一近东西向的岩溶槽谷中，靠近长江水系与珠江水系的分水岭地带。基岩为下三叠系安顺组灰岩及白云岩，产状平缓。1972 年 3 月 20 日至 1972 年 5 月底，由于安大厂 CK3 机井抽水，水位降深 8～10m，陆续产生塌陷 41 个，塌陷集中在主井附近的牛宝矿及北东方向的马槽井两处。前者塌坑 25 个，后者塌坑 16 个。其塌陷范围在抽水影响半径内，约 0.1km^2。塌陷多呈井状、坛状和漏斗状。其规模一般长 1～2m，宽 1m 左右，深 1～1.5m，最大的长 10m，宽 8m，深 1m，体积约 120m^3。塌陷影响铁路运输，使水稻田成旱地，经济损失数十万元。

8. 湖南娄底市恩口煤矿塌陷

恩口煤矿位于娄底市北面。该矿的塌陷数量大，为我国第一。矿区位于北东～南西对称的向斜构造内，走向长 19km，四周为低丘环绕的盆地，平均标高 300m。黏性土覆盖于低丘洼地之上，厚 1～5m，局部达 10m，河谷地段有砂砾石层。煤系地层为二叠系的龙潭组底部，在－150m高程以上岩溶发育，钻孔中线岩溶率达 35%，岩溶地下水丰富。该矿于 1971 年先后有 4 个矿井投产，开采高程为 150m、－27m、－67m 和－150m，疏干影响范围达 20 多 km。最大排水量 8165m^3/h，地下水位大幅度下降，井泉干枯。塌陷始于 1972 年 6 月 21 日，即井中放水试验后。1975 年采－150m 高程时塌陷加剧；1976 年冬一次塌陷 200 多处；1977—1979 年，塌陷发展至高峰，增至 5000 个。至 1986 年共有塌陷 6100 多个，在山口冲地段仅 0.1km^2 范围内就有塌陷 500 多处，塌陷毁坏农田 6.33hm^2、小水库 8 座、山塘 180 多口，导致河水倒灌进入矿坑，最大的灌入量达 8615m^3/h。因塌陷迫使迁房 1.83 万 m^2。至 1982 年总赔偿和治理费已达 980 万元，采用回填、加盖混凝土板、清除块石回填、铺砌与改造河床等措施进行治理，之后塌陷势头有所减弱。

9. 贵州贵阳市湘雅村塌陷

湘雅村塌陷位于贵阳市西南贵阳盆地西缘，地形低洼，南明河纵贯该区，下切 10m 左右，塌陷区上覆第四系松散土层，下伏基岩为下三叠系白云岩，溶洞发育，其表部有一层风化白云砂，此砂与土层接触处常有土洞发育。在 20 世纪 70 年代，由于开采地下水，曾发生过 3 次地面变形塌陷，即 1973 年铁桥西端出现 100m^2 地面下陷；1977 年 1—2 月接连产生 4 次塌陷，其中 1 号塌坑直径 6m，深约 10m，距铁路仅 10m；同年 7 月，铁路路基北坡又发生一次更大的塌陷，塌陷体积 1000m^3，使铁轨下沉 5cm，中断运输 7 天，迫使铁路改道，经济损失严重。

10. 湖北应城汤池地面塌陷

汤池地面塌陷位于京山、天门、应城 3 县交界处。汤池温泉已被广泛用于医疗卫生、科研、农业、养鱼、旅游等领域。温泉形成条件是：汤池西部山区为地下水的补给区；西河—皂市断裂和林家寨断裂为地下水深部循环加热区(热源)；而第三系地层则为地下热水的隔热盖层。在汤池，出露的大小泉眼有 10 多处，均集中分布于上述断裂的交会地段，形成三角形高温带，最高水温可达 70℃，向周边水温降低。原来热水自流量为 6000t/d，现在 7 个单位拥有水井 10 口，日抽水量 9000 余 t/d，最高达 11000t/d。由于过量开采地下热水，造成地下水位大幅度下降，加大水力坡变，流速增大，使岩溶充填物质潜蚀、淘空，从而导致地面塌陷。据资料，该地已发现地面塌陷 16 处，总面积 6800m^2，分布在 0.6km^2 的范围内，使房屋开裂破坏、路面下沉、桥梁毁坏、农田和水塘塌陷等，造成较大经济损失。地面塌陷形态为：一是大面积地缓慢下降，最大面积 3000m^2，一般为 200m^2，深度 2～3m，分布于应城县汤池招待所、党校抽水房以及其间的公路；二是呈圆形或椭圆形，并且是突然发生，一般塌陷直径 3～5m，大的可达 10 余 m，沿北西向呈串珠状分布于养鱼场至三池一线、156 医院和党校藕池中也有发生(详见表 6-3-1)。

表 6-3-1 汤池地面塌陷统计一览表

编号	位置	范围	塌陷时间
1	三池向西 50m 处	直径 4m，深 2m	1974 年 4 月
2	养鱼场公路南 100m	有 3 个坑，直径各 3m、深 2m	1975 年 4 月
3	水产所公路桥及院墙	公路桥毁坏，路面下沉，墙开裂	1979—1981 年 4 月
4	156 医院门诊部前	圆形，直径 8m，深 1.5m	1980 年 2 月
5	汤池招待所内	长 85m，宽 30m 范围	1980 年 1 月开始
6	县党校抽水房及门前公路	100m 长公路下沉，机房墙开裂	1980 年、1981 年 2—4 月
7	水产所西北角墙边	直径 3m，深 3m，突然下塌	1980 年 1 月
8	水产所公路边稻田内	圆形，直径 3m，深 1.5m	1980 年 4 月
9	三池西 30m	直径 8m，深 1m	1980 年 4 月
10	水产所院内鱼池	面积 $600m^2$，深 1～2m	1980 年 3 月
11	156 医院洗衣房内	圆形，直径 4.2m，深 1m	1980 年、1981 年 3 月各 1 次
12	农科所抽水机房	机座下沉，机房开裂多处	1980—1981 年 3 月
13	党校藕池内	直径 9m，深 1m	1982 年 3—4 月
14	党校南围墙外	直径 3m，深 1m	1981 年 4 月
15	水产所近公路鱼池内	面积 $200m^2$，下降 3m	1982 年 3 月
16	水产所桥西鱼池内	直径 20m，逐渐扩大，塌陷有声	1981 年 4 月、1982 年 2 月

注：据《湖北应城汤池地面塌陷的分布规律及形成条件》。

11. 湖北武汉市汉阳中南轧钢厂塌陷

中南轧钢厂地基深部为岩溶强烈发育的石炭至二叠系石灰岩。因附近一家纺织厂大量抽取石灰岩中岩溶地下水，致使上覆土层中的细颗粒物质被潜蚀流失，在地基中形成空洞，尽管厂区地基中砂砾石层和亚黏土层厚度达 26～28m，因其有空洞，强度大减，加之其上堆放了 600t 钢锭和 1500t 煤，在这强载荷作用下，于 1977 年 9 月 22—23 日先后产生了直径为 16～23m 的塌陷坑 3 个，致使钢锭、煤和一栋平房陷入坑内，并消失得无影无踪。其后至 10 月 9 日又发生 4 次塌陷，造成轧钢厂厂房、铁路专用线破坏而被迫停产。

12. 贵州贵阳市省博物馆塌陷

贵州省博物馆建于 1957 年，处于贵阳向斜东翼近轴部，基岩为中三叠系关岭组白云岩、白云质灰岩。1977—1978 年位于馆西南 135m 省煤管局建 2 口抽水井，抽水后引起馆外墙、门窗和柱子发生大面积开裂，地面产生大范围下陷。为了避免塌陷进一步恶化，上级决定煤管局停止抽取地下水，该馆东半部拆除重建，经济损失达 70 万元。

13. 云南昆明市翠湖公园塌陷

翠湖公园位于昆明市区内，湖水碧波荡漾，建筑优美协调，为昆明市最佳风景点之一。湖内为第四系黏土、淤泥质土、亚砂土、砂砾石等，下部有一层 1～3m 厚的泥炭层，总厚 2～8 米。基岩为中下石炭统的白云质灰岩，岩溶发育。抽取地下水量由 20 世纪 50 年代初的 $2000m^3/d$ 增至 1974 年的 $5000m^3/d$，致使 1975 年底湖水干涸，1976 年 5 月 22 日湖水源九龙泉断流。至 1983 年，附近共打井 28 口，加之人防工程排水量达 $3000m^3$，翠湖便形成长 2.7km、宽 2km、中心水位下降 14.05m 的降落漏斗。在

$3.01km^2$ 范围内，自 1975 年以来，共有塌陷坑 117 个，塌陷坑直径一般 2～4m，深 1～8m，地裂缝数百条。翠湖干涸，九龙泉原先的泉水涌出点变成落水洞，亭、榭、楼、桥开裂倒塌。农展馆、圆通寺、连云巷宾馆、公园等现代与古建筑群开裂、倾斜，花、草、树枯死，经济损失逾千万元。治理翠湖与圆通寺耗资 500 万元，每年还需抽水灌湖费 80 万元。如果原先不抽水，不破坏其平衡，则这一切都是可以避免的。

14. 云南昆明市马街岩溶塌陷

1982 年 8 月 17—18 日，该地区连降暴雨，降水量 90mm，18 日下午电力修造厂车队公路旁发生塌陷，当时陷坑直径 1m，深 1.5m，其后，由于大量地面水流灌入洞内，陷坑直径逐渐扩大至 8m，深 5m。昆明化工厂附近出现塌陷 6 处，单坑长 1.3～2.5m，宽 0.6～2.0m，深 1.1～3.0m。马街附近 $1.16km^2$ 范围内塌陷已造成直接经济损失 150 万元，该地段原泉水多，20 世纪 70 年代中期，先后有 16 口深井投入使用，日总采水量达 $7900m^3/d$。1979 年后，先是泉水相继断流，继而地下水位逐步下降，至 1987 年地下水位降至地面下 5.47～7.12m，地下水位大幅度下降，导致岩溶塌陷发生。

15. 湖南郴南岭隧道岩溶塌陷

南岭隧道位于郴州境内低山丘陵，海拔 300～500m，属长江水系和珠江水系分水岭地带。隧道全长 6.1km，埋深最浅地段仅 29～35m。隧道通过一个复式背斜，地层有下石炭统岩关组灰岩、页岩、大塘组灰岩、砂页岩及煤层。其进出口段正处于背斜的两翼，岩层为大塘组。施工中从下连溪进入生潮垄地段遇到突发性严重涌泥，岩溶规模巨大，成为“老虎口”。第一次突泥是在 1984 年 6 月 11 日，从开挖导洞的炮眼中突水带泥，喷发达 15m 远，中午放炮掘进，突然涌泥 $2500m^3$，淤塞导洞 170m，后于 6 月 14 日在山顶地表发现长 42m、宽 37m、深 1.8～3.5m 的塌陷坑；第二次突泥在 1984 年 11 月 22 日从炮眼中冒泥，11 月 26 日导洞放炮后发现凶猛的涌泥，仅数分钟涌泥就长达 167m，直至 27 日才停止。堵塞导洞 177m，流塑状涌泥达 $7986m^3$，淹没 2 台扒渣机、27 台风钻、1 台鼓风机，还有电器设备、风管、水管等。同时地表山顶原塌陷坑骤降，面积扩大至 $1401m^2$，陷坑深度最大为 15.87m。在 5 处地面有塌陷坑 65 个，使既有线下沉，断道 6 小时，整治注浆用料 32985.21t，耗资 244.3 万元。该地段历经 3 年 5 个月几经磨难才得以穿越，经济损失是巨大的。

16. 江西硬石岭车站塌陷

该塌陷位于皖赣铁路江西境内的贵溪县硬石岭车站。该地为一典型岩溶盆地，含水层为石炭系中上统黄龙、船山组(C_{2+3})和二叠系下统(P_1)灰岩，岩溶发育，钻孔溶洞率为 75%，综合线岩溶率为 16.5%，个别孔钻孔岩溶率高达 79.8%，钻孔内溶洞最大达 18m。盆地中地表覆盖层厚 3～45m，一般厚 18～20m，为黏性土夹碎石层，岩溶地下水具承压性。当地企业自 1983 年陆续建深 120～207m 的深井 8 口，供生产生活用水。当地天然补给地下水量每年仅 53.5 万 t，而 1988 年抽取地下水达 160 万 t，超采近百万吨，因而地下水位大幅度下降，达到基岩顶面以下，从而在覆盖层中产生塌陷(见表 6-3-2)。该地自 1984 年至 1989 年地面塌陷 116 处，塌陷分布面积 $1.86km^2$。1989 年塌陷波及铁路，仅 1—7 月铁路路基塌陷 5 次，累计中断行车 11 小时，总下沉量达 10.41m，迫使列车只能长期以 5～15km/h 的速度慢行通过，据上海铁路局估算间接经济损失近千万元。

表 6-3-2　　塌陷与地下水开采量关系表

年　份	1983	1984	1985	1986	1987	1988	1989
开采量万(t/a)	26.3	26.3	26.3	26.3	80.9	160.2	67.5
塌陷频度(次/a)	0	2	1	0	14	24	8
塌陷影响半径(m)					384	1236	1720

注：①1989 年统计到 7 月止；②塌陷影响半径指塌陷坑至 21 号井距离。

17. 重庆市中梁山、歌乐山塌陷

中梁山、歌乐山塌陷位于重庆市郊襄渝铁路西永站至梨树湾站之间，铁路隧道横穿中梁山北北东向背斜轴部，埋深 100 余 m，轴部地层有岩溶发育的灰岩。隧道贯通后，影响范围北侧 2.5km，南侧 2km，造成地区性岩溶地下水疏干，在隆脊岩溶谷地发生了 70 个以上的塌陷，塌陷点多数为圆形漏斗状，直径 8～16m，少数为椭圆形，长径 13～15m，短径 8～11m，塌陷深度一般为 2～6m，最深 9m。塌陷最大面积达 $400m^2$，深 13m，因而有房屋倒塌。造成 $5.47hm^2$ 农田失去灌溉水源，水池漏水，48 个井泉干枯断流，直接受灾的有 3 个乡 6 个村，8118 人和 4840 头大牲畜饮用水困难，对当地环境造成很大的破坏。1978 年已赔偿 97 万元，仍未很好解决。

18. 广西全州市邓家埠塌陷

全州位于湖南、广西两省区交界区。该地为古河床相堆积，有粉砂、亚砂土、砾石，厚度约 10m，富水性好，地下水位埋深 5～7m；下伏基岩为泥盆系上统佘田桥组灰岩、白云质灰岩，岩溶发育。1991 年初春雨过多，塌陷前该区又连降大雨，从而引发了于 1994 年 4 月 21 日上午 7 时发生的地面塌陷，一直延续到 4 月 23 日。出现塌陷坑 8 处，最大塌陷坑直径达 11m，深 4m，最小直径 0.5m。它们沿两条不同方向直线分布，均指向村中。同时在该村的稻田、橘园、晒谷坪、道路上均出现了一些长短不一、宽窄不等(一般宽 0.2～1m)的裂缝。

第四节　地面塌陷灾害的防治

对地面塌陷灾害的防治可分为预防措施和整治措施两个方面。

在预防措施方面，首先要做好勘察工作，对已发生塌陷和可能发生塌陷的地段，要采取绕避，要“躲得起”，在矿区不要在巷道的顶部兴建大型建筑；其次，在可能发生塌陷的地段要做好地表水的防排，以免地基渗透破坏。另外，对于岩溶塌陷要努力减轻或避免因抽水引起塌陷，这就要求：井位应尽量布置在地势稍高、地下水埋藏较深、土层较厚的地方；开孔层位尽量选在弱岩溶层上，并避开浅部岩溶发育段；控制水位降深，减小影响范围；切忌抽停频繁以及一开始就强降深大量抽水；在已有大量建筑物的地段应分散而不宜集中抽水。总之要避免破坏自然状态，维持自然平衡。

在整治措施方面，对已产生的塌陷则可采用开挖清除塌落的土石，清理岩溶通道，然后分层回填泥土块石夯实的方法，或用水泥灌浆封闭处理；对于地表水(溪沟)渗入段切实探查清楚，做好封堵；对于道路线路则应跨越塌陷的建筑。

附录　塌陷灾害年表及不同诱因塌陷灾害简表

地面塌陷在典籍中可见记及，但为数不多，且其成因复杂，不甚了了，只见有升有降，数值不确而形容其势，如“深不可测”、“某物不见踪影”，等等。现将150个地面塌陷灾害点资料按成因列表如下，从中可看出人类活动是地面塌灾害的最重要的因素。如开采矿山、修筑铁路、水库蓄水等均造成为数不少的地面塌陷灾害。就是在自然致塌的一些灾害点，也有不少是由于有人为活动所引起的，如应城汤池、汉阳轧钢厂等就是如此。从而使我们联想到，在开发利用自然资源时，应以保持原有的自然环境，切不可贸然破坏均衡。地面塌陷有累计变形阶段和突发变形阶段，前者时间可很长且变形不易察觉或被忽视，后者一个个塌陷坑也可逐由较长时间形成，因此有些灾例不便按年表排列。

地面塌陷灾害年表

序号	塌陷地点及名称	致塌原因	塌陷规模	塌陷情况及灾害损失
1	上海青浦	自然		公元前221—210年青浦由权县(秦时为长水县)始皇时遂沦为湖
2	江苏苏州	自然		公元前201年，阳澄湖秦时为阳城县后陷为湖
3	安徽巢湖	自然		公元前179—122年淮南子时为淮南历阳之都(今西和巢湖)，一夕反而成湖
4	四川西昌	自然		公元前140—88年，越嶲县东南十里，初武帝置邛都县，是夜四十里与城，一时俱陷为湖，土人谓之陷河，邛河纵广岸二十里，深百余丈
5	江苏吴县一带	自然		127年吴郡偕簿县之故治，城陷为柘湖，移于武原，顺帝时又陷为当湖，后汉永建二年又移县治
6	江西南昌	自然		923—935年(南唐)南昌新义里地陷长数十步，广者数丈，狭则七八尺
7	江西永新	自然		1452年(明景泰三年)七月永新珠坑村地陷十七所中
8	湖北咸宁	自然		1486年(明成化二十二年)六月咸宁地裂倾陷民房墙垣无数
9	江西安福	自然		1455年(明景泰六年)二月甲申，安福大雷雨，白羊陂羊塘地陷二，一深三丈，广十余丈，一深六尺，广一丈有奇
10	湖北荆门	自然		1537年(明嘉靖十六年)荆门白虎山脊忽雷起，陷成方井，四壁如削，深广三四丈

续表

序号	塌陷地点及名称	致塌原因	塌陷规模	塌陷情况及灾害损失
11	四川	自然		1501年(明弘治十四年)八月癸，四川可渡河巡检司地裂而陷，涌泉数十，冲坏桥梁、庄舍，压死人畜甚众
12	云南	自然		1572年(明隆庆六年)七月十六日，旧归化县白马勒村有牧童见田中水涌高丈许，雷声大震，惊告其主，往视之，田患成潭，有金鲤隐现其中，今饶灌溉之利
13	江西	自然		1636年(明崇祯九年)五月江西临江府南门，城墙陷地二十余丈
14	江西	自然		1644年(明崇祯十七年)冬十月初九日龙见，随五彩云拥护，陷横塘一亩，阔深十余丈
15	湖北	自然		1800年(清嘉庆五年)长乐白溢寨大堰中，有物浮水，深黑如犀；至夜雷雨大作，溪水暴涨；近红鱼溪大石崩陷，遂成百丈深潭，堰水顿竭；先是白溢寨与红鱼溪人相呼应，至是乃相隔甚远
16	江西	自然		1838年(清道光十八年)春二月，兴安地陷，深阔数丈，水涌如塘
17	重庆彭水	自然		1852年(清咸丰二年)四川庞滩董姓农家宅陷入地，是日巳刻，有声如雷，董宅内洪水坌涌，顷刻乃定，屋宇三十余间，家人及工匠百口皆陷没
18	江西安福	自然		1854年(清咸丰四年)五月安福地陷，广数丈，深不可测
19	湖南溆浦	自然		1864年(清同治三年)十月溆浦民张氏屋地陷入数丈，白虾无数从陷中涌出
20	云南邓川	自然		1875年(清光绪元年)八月邓川鸡足山后余金庵陷走下三里许
21	云南宜良	自然		1907年(清光绪三十三年)丁未元旦，城东南二十里三角塘忽渗漏出红水，久之塘底陷一洞深不可测；漏至三月水尽涸；秋八月大雨，水涨塘底石隙自合，水渐满如故
22	湖北襄阳	自然		1908年(清光绪三十四年)，襄阳狮子岩石洞陷深八九尺，广丈余，泉水枯竭
23	湖北武昌丁公街	自然		1931年8月塌陷导致江堤溃口，白沙洲淹没

续表

序号	塌陷地点及名称	致塌原因	塌陷规模	塌陷情况及灾害损失
24	湖北建始封竹铁厂	连续7天降雨	长30m，宽10m，深大于20m	1957年塌陷时发出巨响，比雷声低沉，3株巨大漆树陷入坑内，不见踪迹
25	浙江杭州海军疗养院	抽水	陷坑600m×100m	1971年成井时地面开裂、水位下降产生塌陷
26	湖北应城汤地	抽取地下水	直径10m，深3m	1974年开始至1982年以后房屋开裂破坏，路面下沉，桥梁毁坏
27	重庆市云阳养鹿乡	暴雨		1975年7月垮房147间，毁地5.9hm^2，108人受灾
28	湖北武汉中南轧钢厂	抽取地下水	直径16～23m、深10m的塌陷坑3个	1977年9月20—22日，1500t煤、600t钢坯和1栋平房陷入坑内，并消失不见，切断专用铁路，停产1个月
29	重庆巫山曲池乡	大雨		1979年9月大雨，垮房26间，毁地2hm^2
30	重庆开县胡家乡安祥村四组	自然		1982年7月暴雨，20hm^2土地陷落，乡政府等12个单位、16户农民住房、财产被埋地下
31	重庆巫山建平乡跳石金鸡洞			1883年雨季垮房近百间，毁地几十亩，死牲畜19头
32	湖北咸宁官埠桥湖北工具厂	采排地下水	最大直径10m，深15m	1986年4月坑直径一般1～4m，深1～2m，危及107国道
33	湖北武汉武昌陆家街	天然地下水活动	直径23m，深9.9m	1988年5月10日毁坏建筑物10间，树木电线杆陷入，附近工厂、学校、民宅发生开裂变形
34	广西全州邓家埠	自然	塌陷8处	1991年4月21—23日出现陷坑8处，最大塌陷坑直径11m，深4m
35	江西宜春市区	自然，施工不当		1998年10月9日影响范围3700m^2，陷埋房屋1栋，倒塌4栋，开裂7栋
36	湖北武汉洪山区烽火村	地下水活动	影响范围东西300m，南北约250m	2000年4月6日下午4时开始至8日上午共发生陷坑19个，10栋民房塌陷，50栋民房不同程度损坏，大面积农田毁坏，最大陷坑长63m，深5m，直接经济损失611万元
37	江西萍乡赤山镇枫桥小学	自然	直径10m，深约12m，面积78.5m^2	2001年2月2日稻田破坏，危及小学安全
38	湖北武汉武昌涂家沟	自然		市司法学校地面塌陷，经济损失200多万元
39	湖北武汉武昌白沙洲阮家巷	地下水活动	塌坑直径最大11m，深10余m	陷坑呈串珠状分布，周围50m范围内建筑物受影响
40	贵州习水秀洞	自然		塌陷形成长40m、宽8m的暗河天窗
41	贵州凯里高粱坡	自然		塌陷成长100m、宽40m、深5m的槽形坑

续表

序号	塌陷地点及名称	致塌原因	塌陷规模	塌陷情况及灾害损失
42	贵州清镇犁倭高坡			塌陷形成椭圆形坑，长轴直径 20m，短轴直径 15m，深 0.5m
43	湖南韶山		7 个	有塌陷 4 处，陷坑 7 个，最大塌陷洞直径 30m，最大面积 $500m^2$
44	湖南郴州花根冲	自然	30 个	塌陷区范围长 350m，宽 220m，最大塌陷洞长 15m，宽 4m，深 2.5m
45	湖南郴州白鹿洞	自然	15 个	塌陷面积 $0.3km^2$
46	湖南郴州北湖区	自然	20 个	分布面积达 $1km^2$
47	湖南郴州南湖区	自然	30 个	最大塌陷洞直径 44m，深 30m，面积达 $1520m^2$
48	湖南宁乡煤炭坝煤矿区	自然		在开采中出现塌陷坑 8 个，直径 110～540m，单个塌陷区面积最大达 $64000m^2$
49	浙江杭州西湖			浙江大学为控制一教学楼下沉耗资 12 万元
50	重庆开县玉峰乡周家岩			陷落耕地 $10.7hm^2$、塌房 55 间
51	四川兴文石海洞乡			形成长 650m、宽 490m、深 208m 的塌陷洼地

采矿塌陷简表

1	湖南水口山铅锌矿	排水，最大排水深 350m	850 个	1959 年 2 月至 1979 年的塌陷，土厚 0～20m，最大坑直径超过 50m 的 3 个，毁田 $0.35hm^2$，迁房 $6643m^2$，大量河水灌入；1966—1978 年已赔偿 43.5 万元，排水费 667 万元，后作帷幕
2	湖南宁乡煤炭坝煤矿	排水，最大排水深 257m	1000 个左右，影响面积 $40km^2$	1960—1983 年塌陷，中断公路交通 2 个月，最大坑直径 85m，年治理费 10 万元，最远距矿井 10km 以上，最大塌洞长 113m，宽 56m，深 12.5m
3	湖北铜蒙（录）山矿	排水，最大排水深 135.4m	258 个	1964—1984 年的塌陷，最远距矿坑 2.5km，毁桥、水渠、农田建筑物等，增大矿坑排水量 $3233m^3/d$
4	四川江北县江北煤矿	矿山突水	影响范围 $12km^2$	1966 年 8 月 27 日在洞深约 1000m 处洞掌子面突水，强度达 9 万 m^3/h，将洞内设备全部喷出，后发生大量塌陷
5	湖南洪源厂附近矿井	排水	314 个	1966—1972 年 4 月发生塌陷
6	湖南娄底斗笠山煤矿	排水，最大排水深 290m	2200 个	1967 年 7 月至 1983 年的塌陷，致 4 人死亡，毁田及房屋，排水量增大至 2.5 倍，影响长达 40km，治理费 500 多万元

续表

序号	塌陷地点及名称	致塌原因	塌陷规模	塌陷情况及灾害损失
7	湖南锡矿山南矿		9.6万m^2	1965—1971年地陷3次，最大一次冒落面积使井架烟囱歪斜
8	湖北大冶叶花香铜矿	排水，最大排深135.1m	154个	1970—1977年的塌陷，河水灌入，封井停产
9	湖南辰溪煤矿	排水，最大排水深338m	>200个	1971—1973年的塌陷，土层厚5～10m，排水量100t/h，塌陷影响宽度1.6～2.0km
10	江西桥头丘煤矿	排水，最大排水深240m	231个	1972—1979年的塌陷，毁坏农田，迁房22279m^2，坑道涌水量248m^3/h
11	江西云庄煤矿	排水，最大排水深60m	202个	1973年开始塌陷，坑道排水量660m^3/h，停工缓建，土厚2～30m
12	湖南恩斗格煤矿	排水	160个	1974年3月30日至1981年1月1日发生，面积达3.4万m^2
13	湖南水口山柏坊铜矿	坑道突水	32个	1975年12月28日发生塌陷，直径80m，可见深度30m，累计面积达0.8km^2
14	湖北松宜煤矿	排水，最大排水深超过130m	>100个	1978年8月开始塌陷，河水灌入量1080m^3/h，多次淹井，土厚2～4m
15	湖北大冶大广山铁矿		77个	1978年开始塌陷，地面河水5次断流，损失房屋4000m^2，铁路、公路破坏，桥变形；损失数百万元，停井缓建
16	湖南娄底桥头河煤矿	排水，最大排水深260m	530个	毁铁路路基、农田、水库3座，迁房4325m^2，增大矿坑涌水量2～3倍，影响长达30km
17	湖南易家桥煤矿	排水	100个	矿区为C_{2-3}灰岩
18	湖南湘潭杨家桥煤矿		400多个	采空塌陷
19	湖南涟邵煤矿	排水	7290个	在煤田3个矿区内发生塌陷
20	湖北双丘煤矿	排水	100个	在C_2灰岩中，坑道排水致塌
21	湖北程潮铁矿		10个	巷道突水时发生塌陷
22	湖北余华寺铁矿		10余个	巷道突水所致
23	湖北蒲圻双丘煤矿	矿山排水	100处，范围2km^2	经济损失800万元
24	江西花亭锰矿		89个	20世纪60年代至1972年的塌陷，公路中断，农田破坏，民房迁移，坑道泥砂增加，停工缓建
25	江西涌山煤矿	排水	189个	土厚5～7m，在T_1灰岩中，坑道排水致塌
26	江西鸣山煤矿	排水	109个	土厚约10m，在P_1、T_1的灰岩，泥灰岩与白云质灰岩中坑道排水致塌
27	江西乐华锰矿	排水	102个	巷道中排水致塌
28	江西丰城矿区	排水	1个	矿井排水于河床中塌陷，河水灌入坑道

续表

序号	塌陷地点及名称	致塌原因	塌陷规模	塌陷情况及灾害损失
29	江西丰城尚庄煤矿		180余个	塌陷影响范围8km
30	江苏南京硫铁矿	排水，最大排水深小于100m		塌陷最大直径60m，边缘距铁路堑顶5m，封井停采
31	安徽铜官山老矿井	排水	100个	在C_{2-3}、P灰岩中坑道排水致塌
32	安徽小街矿		106个	在P_1地层中，1955年以来发生塌陷，影响面积51万m^2
33	安徽新桥硫铁矿		141个	在P_1地层中，1973年以来发生塌陷，影响面积78万m^2
34	安徽新民硫铁矿		4个	在T_2地层中，1990年以来发生塌陷，影响面积2500万m^2
35	安徽曹山冲铁矿		7个	在T_1地层中，1989年以来发生塌陷，影响面积2万m^2
36	安徽大通煤矿		1个	在P_1地层中，1984年以来发生塌陷，影响面积200万m^2
37	贵州贵阳市石洞煤矿	采矿排水	12个	从20世纪70年代至今，出现塌陷12个，直径1～10m，深1～2m，破坏民房数十户，使6口水井2个池塘干枯，20hm^2稻田变旱地
38	贵州贵阳花流区郭家冲、冒沙煤矿	采矿排水	5个	塌坑直径2～10m，深2～5m，19户民房开裂，64个泉水点、10个水塘、1座小水库干枯，100hm^2农田被破坏
39	贵州遵义由于煤矿	排水	15个	排水量30L/s左右，在矿坑北约400m谷地中，出现了长700m、宽150m的塌陷带，矿坑排水停止，地面趋稳定
40	贵州水城大河边煤矿		8个	
41	湖北阳新枫林煤矿	排水	15个，范围0.5km^2	毁坏房屋、矿井，淹没达2个多月
42	湖北大冶滥泥畈煤矿	排水	陷坑20个，地面开裂25处	39家135间房屋开裂，煤矿主、斜井淹没，停产
43	湖北大冶青山河矿	矿山排水	塌陷300个以上，范围1km^2	青山河断流，农田变劣67hm^2以上，损失1000万元
44	湖北大冶彭和、大水、南湾	矿山排水	塌陷154个，范围1.2km^2	1个村庄搬迁，河水断流，矿坑多次淹没停产，损失5500万元
45	湖北松宜煤矿	开采排水	10余处	房屋开裂、地面沉降，泉水和民用井枯竭
46	四川叙永大树硫铁矿	采空		职工宿舍拉裂倒塌40家，险区内2000名职工需搬迁，需费用1000万元以上
47	安徽铜陵凤凰山铜矿	采空	12.9万m^2	塌陷深20～30m
48	安徽铜陵狮子山铜矿	采空	22.25万m^2	塌陷深20m
49	安徽铜陵铜官山铜矿	采空	19.8万m^2	塌陷深10～20m
50	安徽铜陵金口岭铜矿	采空	12.5万m^2	塌陷深10～20m
51	安徽铜陵立所煤矿	采空	50万m^2	塌陷深小于10m

续表

序号	塌陷地点及名称	致塌原因	塌陷规模	塌陷情况及灾害损失
52	安徽铜陵大通煤矿	采空	35 万 m^2	塌陷深小于 10m
53	安徽铜陵碎石岭煤矿	采空	12 万 m^2	塌陷深小于 10m
54	安徽马鞍山向山硫铁矿	采空	25 万 m^2	塌陷深小于 10m
55	湖南桃林铅锌矿	采空	27.3 万 m^2	塌陷深 33～40m
56	湖南湘澧盐矿	采空	7 万 m^2	塌陷深 1m，地裂缝长达 150m，宽 0.2～0.5m
57	四川芙蓉煤矿、砚石台煤矿、南桐煤矿	采空		塌陷地面形变范围与采空区大体一致
58	贵州安顺骄子山煤矿	采空	2700m^2	顶板陷落，产生 20 余个塌陷和裂缝
59	贵州开阳磷矿	采空	14 个	产生塌陷 14 个，直径一般 5～25m，深 3～10m
60	贵州桐梓铁山煤矿	采空		在开采煤矿 6km 长范围内，有 3km 出现塌陷
61	湖南红源厂	抽水采空		青山煤矿在附近建井采煤和排水造成俱乐部损毁
62	湖南沅江厂	采煤，井巷穿水	314 个	板桥煤矿南平巷采煤距该厂生活区 300m 突水，在生活区、生产区附近及河沟中产生塌陷及裂缝

水库蓄水塌陷简表

1	云南以礼河水槽子水库	蓄水	117 个	1958 年蓄水后发生塌陷渗漏量 1.8m^3/s，用回填、水泥板铺盖防渗
2	云南明朗水库	蓄水	76 个	蓄水深超过 17m，塌陷漏水严重，灌浆处理
3	云南压寨水库	蓄水	1	蓄水深 10m，塌陷后漏水严重
4	云南租舍水库	蓄水	1	蓄水深 6～8m，塌陷后漏水严重
5	云南青水河水库	蓄水	1	蓄水深 18m，塌陷后漏水严重
6	云南巧家红旗水库	蓄水	10 个	蓄水后静水压力产生塌陷，不能蓄水
7	贵州习水糖坊水库			1972 年坝基管涌、塌陷，造成大坝垮塌
8	贵州桐梓河坝水库			1974 年坝前塌洞，库水全部漏光
9	贵州镇远舒旗屯水库		6 个	蓄水后库缘发生塌陷，使工程半途而废
10	贵州普定火石坡水库	蓄水	3 次，漏水量达 20477m^3/d	蓄水后于 1972 年、1974 年、1979 年在同一位置产生塌陷，严重漏水，用混凝土隔离板封闭无效，不能蓄水
11	贵州凤岗朝阳水库	蓄水	21 个	1978 年蓄水后，多次塌陷库水渗漏至东华溪水库
12	贵州思南马畔塘水库	蓄水	100 个(40m^2 范围内)	在 T_1 灰岩中，土厚 0～6m，黏土夹碎石，洼地中蓄水致塌
13	贵州大洞口水库	蓄水	7	蓄水后，坝内外坡首先塌陷，随后在坝体中部产生 7 个塌陷漏斗，后抛渣石 3996m^3，被吸入地基或坝体内，下游枯水井冒水

续表

序号	塌陷地点及名称	致塌原因	塌陷规模	塌陷情况及灾害损失
14	湖北保康长坡水库		1	蓄水后塌陷漏水严重，多次处理无效，影响水库效益发挥
15	湖北平阳1号水库		20个	蓄水后，坝前库内出现塌陷坑，无法蓄水被迫在下游另建1个水库
16	湖北宜昌王家坝水库		1个塌陷坑，直径5m	1975年建库蓄水后，坝下四处翻水，大坝迎水坡面出现直径5m的陷坑，威胁坝体安全，处理耗资95万元，占总投资的80%
17	湖南凤凰樱桃坳水库		1个	堵暗河进口蓄水，高暗河进口溢洪时，使低暗河进口塌陷、漏水，形成冲暴塌陷
18	湖南新化南水龙水库		2个	蓄水后库底土层渗压破坏漏水
19	湖南零陵邓家冲水库		1个	1975年大雨后，库内气暴上冲，塌洞漏水，只能蓄水10万m^3
20	湖南茶陵东坑水库		1个	建成后坝基塌陷，引起坝体滑坡、开裂，不能蓄水
21	湖南凤凰龙溪河水库		2个以上	1983年6月塌陷，库水全部漏失
22	湖南永顺松柏水库		120个	在O_1灰岩中，引水致塌，分布范围长116m、宽109m、深约25m，中心500m^2范围相对低平
23	湖南小排吾水库			主要漏水塌陷坑沿大断层发育的暗河呈串珠状排列分布

修建铁路引起塌陷简表

1	襄渝铁路中梁山隧道	坑道排水	塌陷坑大于70个	隧道埋深100m，影响范围北侧2.5km，南侧2km，影响8118人、4840头牲畜、5.47hm^2农田的日常用水，48个井泉干枯，1978年已赔偿97万元
2	宜珙支线塘坝中桥	不明	4个陷坑	桥台墩建成后，发生塌陷，墩台斜倾20cm，直径60m范围内地面下沉开裂
3	成昆铁路K1063路堑地段	降雨入渗	52个陷坑	长240m路堑11年间共中断行车50多个小时，长期看守慢行，后做21个压浆井及地面封闭
4	成昆铁路碧鸡关隧道	抽水	开裂	距隧洞出口110m抽水，致使隧道拱圈边墙开裂出水
5	成昆铁路马龙鸡头村车站	降雨入渗	3个陷坑	在专用线出岔段站台路基开裂破坏
6	贵昆铁路云南沾益格以头路段	降雨入渗	5个陷坑	1985年7月6日晨，雨后塌陷，1611次列车颠覆，损坏枕木240根、线路长175m，中断行车20小时13分钟
7	贵昆铁路官渡区干海子路段(K533～534)	降雨入渗	4个陷坑	1979年9月1日轨下路基塌陷，2502次列车脱轨颠覆，断道12小时53分钟

续表

序号	塌陷地点及名称	致塌原因	塌陷规模	塌陷情况及灾害损失
8	贵昆铁路官渡区小哨—秧田冲路段	降雨入渗	直径较大 117 个，较小 300～400 个	沿线古塌陷较多现路堑积水，路堤阻水渗漏集中，后全段压浆旋喷、封闭等处理，20 世纪 90 年代近 10 年投资 600 万元治理塌陷
9	贵昆铁路 K606＋475 路段(官渡大板桥附近)	降雨入渗	1 个陷坑，直径为 6m，深度大于 4m	1976 年 7 月 7 日塌陷，与左侧落水洞相通，表水呈漩涡状向下排泄，中断行车 61 小时 40 分钟，修复投资 40 万元
10	川黔铁路李家湾车站	抽水	陷坑 11 个	不断增加抽水井，塌陷范围不断扩大，耕地疏干，房屋开裂，路基下沉
11	川黔线 K290＋970 路段	降雨入渗	1 个	1973 年及 1985 年 6 月 12 日降雨时塌陷，开挖做钢筋混凝土板跨过
12	川黔线息烽路段	降雨入渗	8 个	地表为溶蚀洼地，地表水排泄不畅，时有陷坑发生，并淹没公路与铁路
13	川黔铁路都拉营段	抽水	4 个	两次洗井抽水都发生塌陷，稻田疏干，路基变形
14	川黔铁路南明河段	抽水	1 个，直径 12m，可见深度 4.5m	中断行车 4 天，回填 $1500m^3$ 片石与土
15	湘黔铁路杨市路段	矿坑排水	1 个	1974 年 1 月 1 日在 K145＋510 左 20m 塌陷，发展渐至路基
16	湘黔铁路 K151＋152 路段	矿坑排水	34 个	1983—1984 年塌陷，桥台下沉开裂，路基下沉，水井干枯，农田失耕，河水渗漏，已整治
17	湘黔铁路怀化车站	降雨入渗	14 个	1973—1986 年间塌陷，在陷坑中有时可听到水声，1991 年新塌陷 1 处，后用铁轨枕板，但未整治
18	娄邵铁路 K75＋970 路段	降雨入渗	1 个	1982 年 2 月 10 日塌陷，扣轨慢行，后用钢筋混凝土板处理
19	枝柳铁路黄金坳路段	矿坑排水	9 个	1986 年 8 月起路基下沉塌陷，中断行车 1.5 小时，降速 25km/h
20	枝柳铁路吉首路段	积水入渗	2 个	K1094＋752、K1098 两处曾发生塌陷
21	京广铁路郴州许家洞车站	大爆破振动	2 个，直径 8～10m，深达 14m	附近改河爆破开挖，1980 年 6 月、1981 年 4 月发生塌陷，断道 5 小时及 2 小时多，旋喷注浆加固，深 22～60m
22	浙赣铁路江西分宜车站	抽水	84 个	1964—1988 年的塌陷，路基下沉，长期看守慢行，影响铁路 2.4km，损失 1000 万元
23	沪宁铁路南京岔路	抽水	7 个	1984 年 5 月至 1987 年 3 月 28 日塌陷，危及运输安全，已整治，注浆用料 1367.7t
24	贵州贵阳湘雅村		$1000m^3$	1977 年 7 月塌陷，铁路断道 7 天

续表

序号	塌陷地点及名称	致塌原因	塌陷规模	塌陷情况及灾害损失
25	贵昆铁路安顺安大厂		41 个	1972 年 3 月 20 日塌陷 $120m^3$，影响铁路运输，损失 50 万元
26	皖赣铁路硬石岭车站	抽水	116 个，影响范围 $3.72km^2$	1987 年以来共有 7 个生产井抽水致塌，房屋开裂，路基沉陷 5 处，井泉干涸，中断行车 12 小时 38 分钟，并设看守，损失 1300 万元，整治费用 500 万元

岩溶区气爆致塌简表

序号	塌陷地点及名称	致塌情况简述
1	湖南新化白仑岩地下河	长度 2.6km，流量 20～30L/s；1975 年 5 月大雨后半日，发生巨响，气流上冲，水柱高度 4.5m，延续 1 分钟；爆炸后呈 0.8～1.0m 裂缝，人可下至 6m；气爆点于暗河中段上部的水塘，水深 2.5m
2	湖南新化土茶园地下河	长 2.5km，流量 2.5～39L/s；1977 年 6 月初大雨后 1 日，山塘中 3 支水柱高 4～5m，有冒气声延续半小时，水塘干涸后呈现 4 个塌陷洞，气爆点于暗河下段上部的水塘中，水深 2～3m
3	湖南新化沙里坪地下河	长 7km，1976 年 6 月上旬发生巨响，一股气流上升，水柱高 6m，延续 1 分钟，爆炸后自行封闭，洞口面积 0.8～$1m^2$，爆炸点于暗河下段上部的水塘中，水深 1.5m
4	湖南安化恩游地下河	长 9km，流量 227L/s，1976 年 9 月冲爆前 1 分钟，香炉村鸡飞狗跳，猪乱窜，人奔跑；上冲水柱高 1m 多，10 分钟后平静，后见深 5m 塌陷洞，现成为该地下暗河溢流天窗，冲爆点于地下河下段上部的水塘中，水深 2m
5	湖南邵东九江岩地下河	长 9km，流量 2～$10m^3/s$，1976 年以高 8m 堵墙拦截地下河成地下水库，水深约 40m；1978 年 2—6 月于 2 月 28 日首次洪峰，在堵墙上游 80m 处的天窗发生气爆，溢流淹地逾 2 万 m^2，并使地下河改道
6	湖南凤凰樱桃坳水库	暗河长 0.78km，流量 $0.9m^3/s$；1970 年封闭地下河段天窗，落水洞 8 处成库，水深 100～10000m；1971—1973 年坍洞时冒水泡，后水柱高达 4～5m，伴有笛鸣声；用直径 150mm 钢管装于堵体上部，以通气减压，未再塌洞
7	湖南凤凰锡皮水库	地下河流量 0.7～$1m^3/s$，1970 年于下段堵天窗成库；1971 年雨季堵体发生爆炸粉碎，1.5km 内能听见，后成直径 1.8m、深 31m 的竖井与地下河相通；现关水闸时有风吹出，开闸时空气吸入
8	湖南凤凰余湖水库	堵天窗、落水洞 20 余个成库，雨季洪峰顶托起 4～5m 高水柱，伴有汽笛声；后在两个天窗处以自动启闭阀门处理，情况正常
9	湖南新化毛岭水库	在土茶园地下河的中上段，1972 年封闭冒气天窗成库，1973—1977 年每年雨季发生共 4 个塌陷洞，后以暗沟连通塌陷洞，上部用“烟筒”方式通气减压，情况正常
10	湖南新化胜天水库	堵暗河天窗及塌陷洞建库；1976 年 5—6 月雨季后两次发生地下闷雷声，并见到“地光”，水库未受到影响

注：据陈国亮《岩溶地面塌陷成因与分析》及《中国古代重大自然灾害和异常年表总集》。

第七章　地面沉降灾害

地面沉降是一种在相当大范围内发生地面下沉，地面高程累进损失的地质灾害。地面沉降在沿海地区导致加大海水入侵、倒灌、内涝的危害，堤坝下沉、河道淤积、桥涵孔径不足等使防洪、运输能力大减。无论沿海或内地，地面沉降还导致工业民用建筑物破坏、地下管道断裂、水准测量高程网失效等不良后果，其危害性不仅大，而且影响深远。

第一节　地面沉降类型及发育条件

一、地面沉降类型

由于形成原因比较复杂，使得类型较多，分类也各不相同。

(1)按沉降区岩性可分为基岩区地面沉降和第四系地层区地面沉降。

(2)按形成原因可分为自然地面沉降、自然—人为地面沉降和人为地面沉降。

(3)按诱发因素可分为抽水地面沉降、采油(矿)地面沉降和构造变动地面沉降。

在已知的实例中，汉代江西枭阳的逐渐消失是地面自然沉降所造成。2005 年有消息报道，巢湖的西部可能有古城沉没其中，有待进一步证实。而其他类型中，以抽取地下水的人为活动而造成地面沉降，在全国及长江流域已有多处，也是最多的地面沉降类型。

二、地面沉降发育条件

地面沉降的发生，破坏了早已生成和存在的自然平衡，它是在其独特的岩性、水文地质、新构造运动等内在条件和人为活动为主导的外在条件共同作用下而形成，通常由于其变形缓慢而具累计的特点，往往不易察觉，需通过精密水准测量才得以证实。

1. 岩性

主要是深厚的第四系分布区，且岩性颗粒细小，以粉细砂和粉土、黏土颗粒为主，有韵律结构，成岩固结作用不充分，有孔隙多易压缩的特点。在基岩区则为矿层埋藏浅，顶部岩层软弱易变形。

2. 水文地质

地下水位较高，有多层粉细砂组成的含水层，隔水层封闭不完整，较易串通，有的层位还具渗流运移，往往形成较大的影响半径。

3. 新构造运动

新生代以来，以垂直差异沉降的地区和有第三系以来活动的大(深)断裂展布的沉降区，都有产生大面地面沉降的构造背景。全国有名的西安地裂缝、地面沉降发生的条件之一，就具有这一特点。

4. 地貌

河流三角洲平原、湖积平底、滨海平原、河泛平原、河谷平原及山间盆地、高原准平原等地区，有厚度很大的半固结、成岩作用不完全的松散沉积层，地面沉降较易发生。如天津、宁波、湛江、太原、西安以及长江流域的上海、苏州等均是如此。

第二节 地面沉降的分布

长江流域地面沉降主要分布在长江下游，尤以镇江以下的长江三角洲及太湖平原为多。这些地区第四系沉积厚度大，数次海侵，具多层沉积韵律特征，含水层数多，介质颗粒细，很多地段有淤泥质软土层和渗流液化层，在城市建筑荷载大尤其是大量抽取地下水，水头急剧下降，致使黏土层释水压密、固结和含水砂层压缩变形和渗流液化变形，第四系土层累计性沉降。上海市地面沉降是1921年近代工业形成以后开始出现并逐步形成的。苏州、无锡、常州3市地面沉降20世纪60年代初就有显示，至80年代末期沉降中心累计最大沉降量达1000mm。3市地面沉降逐渐发展相互连接形成一面积超过1100km^{2}的沉降洼地。近几年地下水开采量剧增，3市外围城镇以及扬州、南通和浙江的嘉兴、杭州也都发生了地面沉降。

湖南的湘澧盐矿，用水溶法开采第三系盐层，埋深200～600m，顶板为泥岩，力学强度低，随着采盐进展，已形成7万m^{2}的沉降洼地。

云南昆明市近年由于抽采地下深层热水再加上浅层地下水开采量加大，也已出现了大面积的地面沉降。

湖南和湖北的洞庭—江汉平原，经测量也有地面沉降发生，沉降速度平均达5mm/a。

第三节 地面沉降灾害的危害

一、地面沉降灾害特点

1. 初始阶段不易察觉

由于地面沉降是一种大面积地面高程逐渐累降的损失，形变缓慢，以毫米、厘米计，因此，初始阶段人们难以肉眼察觉，待精密测量发现有异，但量小仍难以肯定或忽略不计。

2. 成灾地域性明显

在地下水位高，存在有未固结和固结不完全的大孔隙土(淤泥、泥炭等)或易渗透变形土层的河湖三角洲、滨海平原、内陆大型沉降盆地，在外力作用下，都较易发生地面沉降。在这些地区进行大流量、大降深地下水利用，均应顾及此后果。

3. 成灾后果严重

地面高程降低，给国民经济各个部门都会带来严重的损失。如桥涵高程不够，通行困难；防洪(浪)堤高程不够，可发生洪水(海浪)漫溢造成水灾；高程降低地面、地下排水困难……它们均在较大范围内发生，损失更为严重。

二、地面沉降灾害实例

地面沉降灾害，其过程较漫长，从如下一些实例，可知其成灾过程和成灾后果。

1. 上海市地面沉降

上海市位于长江河口三角洲平原滨海地段，第四系松散层厚达 300～400m、内含厚为 3～25m、压缩系数为 0.036～0.089Pa^{-1}的 3 个中～高、高压缩性土层。原地下水位埋深约 2m。1860 年开凿第一口深井，自 1921 年以后，逐渐扩大地下水的开采量，至 1958 年地下水位降至－34m。上海市地面沉降是 1921 年开始发现的，到 1948 年市区每年平均沉降 24mm。1949 年以后，随着沉降量的递增，沉降范围不断扩大，并以市区地下水集中开采区为中心形成区域性地面沉降漏斗，沉降面积达 400 余 km^2。其中尤以市区 1957—1961 年沉降量为最大，年平均沉降达 110mm。1961 年以后，沉降速度虽有缓和，但仍继续沉降，到 1965 年市区沉降量最大达 2629mm。

根据历年地面沉降速度和动态变化趋势，可将上海地面沉降划分为 5 个时期(见表 7-3-1)。

表 7-3-1　　上海市区及近邻区各时期地面沉降情况表

地面沉降时间	市区地面沉降特征			近郊区地面沉降特征	沉降量(mm)			沉降范围(km^2)	
起迄年份	沉降性质	东区沉降漏斗动态	西区沉降漏斗动态		平均总沉降量	年平均沉降量	最大总沉降量	大于500mm范围	年平均沉降范围
1921—1948 年	缓慢沉降时期	未测量	于黄浦区和静安区(南部)各形成总沉降量为 1136mm 和 1073mm 的沉降漏斗	未测量	640	24	1136	19.3	0.7
1949—1956 年	显著沉降时期	于杨浦区许昌路—平凉路出现总沉降为 477mm 的明显沉降漏斗	除于静安、普陀，长宁毗连地区形成明显的沉降漏斗外，并于徐家汇南市城厢地区出现局部沉降区	五角场出现总沉降量为 200～300mm 的沉降区，北新泾地区的最大总沉降量达 786mm	321	40	671	7.4	0.9
1957—1961 年	急剧沉降时期	原漏斗向外围扩展至东沟、吴淞和浦南地区，杨浦区福禄路平凉路沉降漏斗，最大总沉降量达 1022mm	原沉降漏斗急剧向四周外围扩展，漏斗中心最大沉降量达 1149mm，年平均沉降量达 200mm	东沟、吴淞江湾镇和浦南地区的沉降年平均在 100mm 左右，北新泾最大总沉降量达 1321mm	550	110	1149	66.1	13.2
1962—1965 年	缓和沉降时期	原沉降漏斗东移至东沟地区，最大总沉降量均在 300mm 内	原沉降漏斗消失，最大总沉降小于 300mm	仍继续沉降，高桥、吴淞地区年平均沉降 80～120mm，北新泾年平均沉降 60mm	236	59	493	0	0

续表

地面沉降时间		市区地面沉降特征		近郊区地面沉降特征	沉降量(mm)			沉降范围(km^2)	
起迄年份	沉降性质	东区沉降漏斗动态	西区沉降漏斗动态		平均总沉降量	年平均沉降量	最大总沉降量	大于500mm范围	年平均沉降范围
1966—1981年	控制沉降时期	原主要开采区均产生大面积回弹，最大总回弹量38mm	除北东到南西向的地面沉降带每年仍有2～3mm的沉降外，原沉降漏斗区均产生大面积回弹，最大总回弹量33 mm	近郊区地面仍继续下沉，最大总沉降量为100～130mm	0	0	78	0	0

上海市开采地下水，主要集中于纺织工业较集中的沪西普陀、静安、长宁区和沪东杨浦区，这两个工业区深井多，地下水开采量和地下水位降深值最大，相应的地面沉降量也最大。集中开采形成的地下水位降落漏斗与相应出现的地面沉降漏斗的地区分布亦基本相符。

通过勘察及对各层地下水位长期观测，揭示论证了大量开采地下水是引起上海地面沉降的主要原因。在此基础上，先后采取缩减地下水开采量、人工注水、地下水开采层次调整和计划采灌，综合利用地下水等“开源节流”措施，终于基本控制了上海市区的地面沉降。使上海市区从1966年至1981年的年平均沉降量不仅由过去100余mm减为零，而且使过去历年沉降量最大的集中开采地下水区出现了回弹，最大回弹量达38mm。

由于地面沉降，造成部分地区的地面高程已低于或接近海平面，上海市为此加高防洪墙，仅此在1959－1970年间就已耗资4亿多元。此外，还造成桥墩下沉、桥下净空减少、码头和仓库地坪下沉、地下管道坡度改变以及建筑物倾斜等问题，给城市建设、工业生产和人民生活带来许多危害和造成巨大损失。

2. 常州市地面沉降

常州市位于长江三角洲平原，新生代以来为地壳持续下降的凹陷中心。第四系松散层厚达190m，上更新统、全新统为河湖相夹海陆过渡相沉积，岩性为黏性土夹粉细砂，局部夹淤泥质黏土和泥炭。

地面沉降主要与地下水开采有关，常州市地下水开采主要集中在第二承压含水层，1957年前全市共有深井50余眼，漏斗中心水位埋深约15m；1964年深井增加至135眼，水位埋深约27m；1978年深井增到352眼，漏斗中心水位埋深已达50余m。至20世纪80年代初深井数已达400眼，漏斗范围已扩展到1500余km^2。据深井调查及水准测量，80年代初地面沉降范围面积达200km^2，测得2年半内最大沉降量为223.97mm（东方红印染厂）。据调查，约在1968年随着开采量增加，地面沉降也日趋发展，但第二承压含水层水位下降漏斗在1964年即已形成，说明地面沉降有几年滞后。常州市地下水开采有位置、时间、含水层三集中的特点，反映地面沉降上有2个特征：第一是沉降面积的分布形状与第二承压含水层区域下降漏斗形状几乎完全一致；第二是地面沉降中心与第二承压含水层区域开采下降漏斗中心基本吻合。地面沉降中心由5个小漏斗组成，其分布全部在水头埋深等值线50m以深地区，2年半内的沉降量均在160mm以上。至1990年累计最大沉降量达900mm，其时年沉降速度达40mm以上。沉降中心在青山桥、国棉一厂附近，市南郊常化是新出现的沉降中心。20世纪90年代初，沉降量大于800mm的沉降区面积达3km²。1991年洪涝灾害，沉降中心明显比其他地段严重，以示危害的潜在性和长期性。

3. 苏州市地面沉降

苏州市位于长江三角洲的中下部，第四系厚度很大。苏州市地面沉降20世纪60年代初就有显示，至80年代末期沉降中心累计最大沉降量达1180mm。苏州市70年代经济发展较快，大量开采第二、三层承压水，地下水位大幅度下降，地面沉降速度也随之加快，80年代平均沉降速度在主要沉降区达40～45mm/a，目前已形成北寺塔、南门及三元附近3个沉降中心。沉降量超过600mm的沉降区面积大于80km²。

4. 无锡市地面沉降

无锡市位于长江三角洲平原中部，20世纪60—70年代沉降速率较高，1963—1979年累计沉降总量为700mm，80年代由于控制地下水开采量(年均800万t)，并回灌地下水200万t/a，使沉降速度小于15～25mm/a，即沉降速度减小，沉降趋势减缓。至90年代初，600mm沉降区面积有59.5km²，比苏州、常州稍小，沉降中心沉降总量为1050mm。主要沉降地带分布在黄巷—梨花庄及吴桥—人民桥一带。

5. 枭阳县因平原沉降而撤废

公元纪年前，彭蠡湖主体在长江北岸，南岸除狭长湖汉外，则是广阔的枭阳平原。汉高帝六年(公元前201年)在枭阳平原上设枭阳县治，属豫章郡。王莽时期(9－27年)曾改枭阳县为豫章县。以后，由于彭蠡湖不断向南扩展以及湖盆下沉等原因，富饶的枭阳平原逐渐沦为五百里烟波浩渺的鄱阳湖，汉代繁荣的枭阳县也逐渐成为湖中孤岛，洪水季节来临时则淹没在波涛之中。在鄱阳湖逐渐形成发展的过程中，枭阳县已于宋永初二年(421年)撤废。

6. 嘉兴市地面沉降

嘉兴市位于长江三角洲平原的尾部。嘉兴市的地面沉降始于20世纪60年代，之后随着对第二承压含水层开采量增大，地下水位不断下降，地面沉降也逐渐加剧，到1989年嘉兴市沉降中心累计沉降量36mm，沉降范围168km²。不同阶段沉降动态见表7-3-2。

表7-3-2 嘉兴市地面沉降动态特征表

地点	时间	多年平均地下水位(m)	沉降中心			沉降范围(km²)
			沉降速度(mm/a)	阶段累计沉降量(mm)	累计沉降量(mm)	
嘉兴市	1964—1973	－20.0	9	79.2	79.2	
	1974—1983	－37.0	22.5	225	304.2	
	1984—1990	－44.0	41.9	293	597.2	168

至20世纪90年代初，嘉兴市第二承压含水层水位下降在－26m以下的降落漏斗区有13个，嘉兴和崇福两个最大，漏斗中心平均水位分别为－46.18m和－36.61m，

并已毗连成区域性降落漏斗。地面沉降灾害有现实和潜在两种，给农业生产和城市日常生活带来极大的危害。

7. 昆明市地面沉降

1968年以后，昆明市就相继发生过严重的地面开裂。20世纪90年代以来，地面沉降显示沉降速度增加，范围扩大加剧的趋势。区内已形成了小板桥—巫家坝—小街—海埂—河尾村约300km^{2}的沉降带，沉降中心的累计沉降量达227.5mm以上，平均沉降速度约20mm/a，近期达30.3mm/a，王棋营—小坝、黑林铺以及翠湖、五华山、交三桥、东风广场等主要城区也明显下沉。地下冷水的超采、新生界的沉积特征及土理特征、区域新构造运动等，固然是该区地面沉降的主要诱发因素，但从地面沉降中心或岩溶塌陷强烈发育地段与地下热水开采集中区在空间上重叠这一事实来看，规模日益扩大的热水开采活动，也应是岩溶塌陷和地面沉降的重要致灾因素。

第四节 地面沉降灾害的防治

事实证明，地面沉降与地下水开采紧密相关，因此每一个需要开采地下水的城镇，首先，要做好水文地质勘察工作，弄清地层结构、岩性，在地下水位以下是否存在或有多少易压缩地层，探明各含水层之间是连通或是封闭；其次，确定抽水层或开采顺序，达到“水要取，地不沉”的优化目的，坚决做到不过量开采地下水，不无序乱采；第三，合理布置井位，不使影响半径叠加，加大降深；第四，在技术上实施丰灌枯取，冬灌夏取，利用含水层进行水量调蓄、储能。

第八章 中下游重要崩岸灾害

崩岸是河湖岸坡因流水作用重力失稳而崩塌的简称，是在外动力作用下发生的一种常见的地质现象。崩岸属于河道的平面变形，是河流平面运动和变化的具体体现。崩岸在长江中下游河湖平原区较发育，且有的规模较大，以致造成生命财产的损失，很早就为各方人士所关注。明孙存《瓦子湾》诗曰："三月此湾两度过，江岸渐见倾颓多。岸上壁立更痕露，豆田半圮萦青沙。农人初将豆种播，去江余地犹十尺。而今苗没浸町畦，若至秋深何所极。桑田变迁固其常，江湍百年殊未央。膏腴不足填巨浸，贡赋宁免输虚仓。东消西长吾不计，但欲计亩蠲租税。吁嗟平地灾犹疑，愁杀江坍无左契"（据《监利堤防志》，瓦子湾在下荆江东港湖弯道附近）。诗中对崩岸发展之快和所带来危害作了生动的描写。

长江中下游干流河道 1800 余 km 长的河段内总体河势已初步控制，但两岸崩岸线仍有 1520km，占岸线总长的 42%，局部河段崩岸仍十分剧烈，其年崩速可达数十米至百余米。这些崩岸不仅直接威胁沿江大堤防洪安全，如在汛期溃决，则可能带来严重的甚至是毁灭性的灾害，还可造成河势变化，对城镇建设、航道、港口以及工农业生产发展等产生不利影响。"沙滩南壅北泓深，崩矬时闻碎我心。最险下游登马郝，年年糜费万千金"（《荆江大堤志》民国徐国彬作）。

第一节 崩岸类型和形成条件

一、崩岸类型

常见崩岸可分 3 种：一为弧形坐崩，二为条形倒崩，三为洗崩(浪蚀)。

弧形坐崩亦叫窝崩(窝状坍岸)，一般发生在沙层出露位置较低，黏性土覆盖层较厚，且受水力冲刷严重的河段。一般是当坡脚受水流淘刷，土体失去平衡时首先在滩岸上发生弧形裂缝，然后整块土体呈弧形下坐，河岸发生圆弧形滑动，整个岸线呈锯齿状。层数多者可达 10 余层。每层坐崩土体宽约 0.5～3m，长数米至 10 余 m 不等，最后形成崩窝，其弧度宽可达数十米，弧长可达百余米以上。高水位期发生较少，而退水期发生强度大，一些主要崩岸段大都属于窝崩，尤以弯道顶部和下部最为常见，弧形坐崩是河道平面变形和岸坡崩毁的主要形式。

条形倒崩(条状坍岸)多出现在沙层较高，黏性土较薄并较松散的河岸，多见于深泓近岸，但又平行于岸线不直接冲顶的河段，其崩塌过程是当水流将沙层淘空后，覆盖层土体失去支撑，一边下坠一边绕某一支点倒入江中，或沿裂缝面切开坠落江中，并发出巨大声响。崩后的岸壁陡峻，每次崩坍土体的长度和宽度一般比弧形坐崩小，外形多呈条形。但崩塌频率则比弧形坐崩大，且多在冲刷剧烈时发生，高水期崩塌强度也大。长江下游两种坍岸类型和水动力条件的关系见表8-1-1。

此外，在江面开阔河段还存在风浪洗崩，特别是河口段，受风浪洗刷而崩塌的较多。

表8-1-1　　长江下游崩岸成因、类型统计表

崩岸成因	崩岸类型	崩岸长度(km)	崩岸百分比(%)
横向环流	窝状坍岸为主	295.129	51.8
浪蚀	条状坍岸	166.1	29.2
深泓逼岸	条状坍岸为主	62.342	10.9
水流顶冲	窝状坍岸	35.35	6.3
地下水渗流	窝状和条状坍岸	10.5	1.8
合计		569.421	100

二、崩岸形成条件

崩岸的发生与发展过程，概括来说与边界条件和水流条件有关，前者为物质基础，后者为动力。其因素主要有河床水流动力条件、地下水渗流、构成河岸的岩(土)体结构、岸坡坡度、矶头(含人工矶头)作用等。

1. 水动力条件

水动力条件影响有如下几方面。

(1)弯道横向环流。弯道横向环流是产生崩岸的重要因素，中下游河道58%的崩岸因此而发生，特别是一些强烈崩岸段，绝大部分是由弯道凹处横向环流所带来的表面顶冲水流而引起的，如黄梅李英、宿松汇口、无为小江坝、邗江六圩、江都嘶马等。崩岸首先在弯道上段，其后随曲率增大而逐渐下移。这类崩岸较难治理。

(2)沙洲淤长、深泓逼岸。下游河道中，发育有众多的沙洲浅滩，将江泓分成汊道，如果江心洲深长，就会迫使深泓逼岸，致使岸坡崩塌。如九江的人民洲，逐渐淤长而使深泓逼岸右移达1～1.5km，造成九江永安堤破堤达7次之多。

(3)汊道水流汇合顶冲。在分汊河道的末端，河床平面由宽变窄，汊道水流在此汇合后，形成强大主流顶冲河岸，从而引起崩岸。如铜陵沙三汊水流汇合后，顶冲官庄圩，黑沙洲三汊水流汇合后顶冲繁昌的高安圩。由于汊河分布在弯曲段，且弯顶倒向左岸，分汊水流汇合后直接逼冲右岸，使右岸发生崩岸。

(4)主槽深泓逼岸。冲蚀使岸坡陡峻，并淘蚀下部土体，从而造成崩岸。九江市上下游河段的梁公堤、赤心堤、永安堤及市区防洪堤、彭湖堤等由于深泓逼岸，崩岸长达60km。

(5)潮汐风浪。在下游感潮河段和宽阔江面，由潮汐和风浪使水流因“风急浪高”而冲刷边岸，亦可引起崩岸。

2. 地下水渗流作用

洪水期江水高水位补给两岸地下水，退水(或枯水)期地下水补给江水，动水压力使岸坡向外变形，可促使崩岸发展，这也是许多崩岸发生在退水期的主因。洪湖的枯水位高达23m(吴淞高程)，而此处长江水位仅16m，也可引发此段河道崩岸加剧。

3. 岩(土)体结构

构成河岸岩土抗冲性的大小，是崩岸发展与否的内因。宜昌至枝城河段流经丘陵与高阶地，岸坡由白垩至第三系砾岩、砂岩和第四系更新统黏土、砾石层组成，其抗冲性大，故其河道自第四纪以来没有多大变迁。上荆江段岸坡为二元结构，但砂、砾石层出露位置较高，上部为黏土层，故崩岸较不发育。下荆江河段虽亦为二元结构，但下部为中细砂、中部有粉砂或淤泥、上部黏土层较薄。故崩岸较上荆江发育。其他中、下游河段，大部分由粉细砂和黏土类构成，如果由黏土、亚黏土组成岸坡，则其稳定性较好；如系由粉细砂构成，其崩岸率相对较高。据有关单位统计，将长江湖口至河口段的岩性与崩岸长度统计列入表 8-1-2。

表 8-1-2　　湖口至河口段各类坍岸长度统计表

河岸岩土类型	黏土质	亚黏土质	亚砂土质	粉细砂质	岩质	合计
河岸长度(km)	20	498	524	644.6	116.2	1802.8
坍岸长度(km)	0	79.8	60.4	299.4	0	439.6
坍岸率(%)	0	16	11.5	46.4	0	24.4

4. *岸坡形态*

河道岸坡的陡缓，对河床冲淤崩岸有一定的影响，也是冲淤的直接反映或结果。岸坡陡、深泓逼岸，则易发生崩岸。水下岸坡的陡缓，更是如此，江岸崩退是从坡脚的冲淘开始。据统计在城陵矶至江阴 460km 的崩岸中，80%以上发生于陡坡地段(见表 8-1-3)。实测资料显示，当岸坡陡于 1∶3 时会发生崩塌，而缓于 1∶4.3 时则江岸稳定。

表 8-1-3　　城陵矶至江阴段崩岸与坡度关系表

崩岸岸坡类型	陡坡	中等坡度	缓坡	合计
崩岸长度(km)	386.1	65.7	12.9	464.7
崩岸比例(%)	83.1	14.1	2.8	100

注：据《长江中下游河道特性及其演变》。

5. *矶头挑流*

矶头挑流也可改变主流轴线，不同程度地把主流挑向对岸，因此人工矶头是河道整治工程的一种，但必须恰当运用。安徽荻港附近黑沙洲河段，本来主流紧贴右岸下行，但受板子矶挑流作用，主流过渡左岸，并形成鹅头形汊道，从而使横向环流发育的小江坝发生了强烈崩岸。

第二节　崩岸分布

长江中下游(自宜昌至河口)的 1893km 河道，除宜昌至枝城崩岸较少，只有 4 处，其占河岸长为 4.2%外，其他河段约有 13%～37%河岸有崩岸现象，其中以下荆江、九江、安庆、铜陵、芜湖、马鞍山、南京、扬州、南通等地河段较为严重，有的地段真可谓“三十年河东，三十年河西”!

长江中下游崩岸分布，从总体上看是不均衡的，有如下一些特点：

(1)左岸比右岸崩塌强烈，以九江至河口(下游河段)两岸比较，崩岸长度左岸比右岸大近 3 倍(见表 8-2-1)。从崩岸发生点来看，左岸 32 处，右岸 16 处，亦有 2 倍之多。

表 8-2-1 中下游两岸崩岸统计表

河段	城陵矶—九江			九江—河口		
	岸线长度(km)	崩岸长度(km)	崩岸所占比例(%)	岸线长度(km)	崩岸长度(km)	崩岸所占比例(%)
北(左)岸	524.4	89.25	1.7	916.2	325.3	35.5
南(右)岸	482	60.57	12.6	887.4	114.3	12.9

注：据《长江流域综合利用规划》。

(2)崩岸强度下游比中游强烈，据长江水利委员会水文局 1983 年资料，长江干流宜昌至河口崩岸总长为 888.15km，其中宜昌至城陵矶段崩岸为 104.98km，约占中、下游崩岸的 11.8%，而九江至河口段却有崩岸 600 多 km，约为崩岸总长的 70%。

(3)下荆江比上荆江强烈(见表 8-2-2 和表 8-2-3)，下荆江多处裁弯后，河势变化大，在一段时间内，是中下游崩岸最剧烈的河段，局部如沙滩子 1972 年自然裁弯后，寡妇夹水流直冲金鱼沟岸线，最大崩退 3200m，最大年崩率达 500m/a。

表 8-2-2 荆江河段崩岸统计表

段别	岸别	1975 年河长(km)	1956 年		1980 年	
			崩岸长(km)	占河长比例(%)	崩岸长(km)	占河长比例(%)
上荆江	左(北)岸	167	22.2	13.3	19.2	11.5
	右(南)岸		20.6	12.3	7.2	4.3
下荆江	左(北)岸	170	83.8	49.3	51.6	30.4
	右(南)岸		52.6	30.9	24.7	14.5

注：据《长江中下游河道基本特征》。

表 8-2-3 下荆江历年崩岸统计表

年份 \ 项目 \ 河段		裁弯上游古长堤—河口河段	裁弯河段沙滩子—集成院	裁弯下游天星阁—观音洲河段	合计
1952—1965	崩岸长(m)	45050	91600	56300	192950
	最大崩宽(m)	6000	2050	1200	
	年崩宽(m)	136.2	48.4	45.2	
19652—1970	崩岸长(m)	37880	42450	40050	120380
	最大崩宽(m)	1870	1200	520	
	年崩宽(m)	204.4	63.6	62.1	
1970—1972	崩岸长(m)	32240	27690	15900	75830
	最大崩宽(m)	600	470	140	
	年崩宽(m)	134	115.0	33.8	
1972—1975	崩岸长(m)	31950	29990	37770	99710
	最大崩宽(m)	1100	1100	630	
	年崩宽(m)	148.4	166.2	85.7	
1975—1980	崩岸长(m)	22550	35990	32850	91390
	最大崩宽(m)	1300	1190	630	
	年崩宽(m)	131.0	116.0	70.9	
1980—1987	崩岸长(m)	22650	26580	39550	88780
	最大崩宽(m)	500	1300	470	
	年崩宽(m)	43.6	101.5	66.8	

注：据唐日长：《下荆江裁弯工程》，《长江志季刊》1992 年第 3 期。

(4)江心洲岸坡的崩岸，情况很复杂，有的江心洲长期稳定，有的江心洲却是“漂”来移去，有的则崩去无遗。现将一些河段塌没江心洲情况列入表 8-2-4。

表 8-2-4　塌没江心洲简表

洲名	位置	演变情况	塌没时间
枚回洲	湖北江陵	《水经注》中枚回洲为百里洲下一大洲，后变为溃淤流徙不常的小沙洲	
鹦鹉洲	湖北汉阳	公元 208 年祢衡作《鹦鹉赋》故名，魏晋以来洲近南岸，明洪武洲与北岸相接	明崇祯年间荡然无存
刘公洲	湖北汉阳	宋元祐八年(1093 年)在汉阳南江心	清同治前不复存在
黄龙洲	湖北阳新富池口外江中	宋乾道中涨出，洲长十余里，居民一千余家	元代初期一夕雷雨沉没
开沙	江苏丹徒长江中	长六十里，宽三十里，三国时已出现	明朝后逐渐塌没
藤料沙	江苏丹徒紧靠开沙下游	长五十里，宽三十里，明成化弘治年间，两沙之间有小沙埂连接，为捕鱼挖低沙埂	明朝后逐渐塌没
谈家洲	江苏丹徒西北六里江中	称为京口的外护，被冲去后，溜势直逼京口，坍塌崖岸，损坏街道民房甚多	清雍正十二年(1734 年)被江水冲去
永生洲	江苏泰兴周家桥附近江中	曾是岳飞抗金的长江根据地之一	清光绪时已成巨浸

注：据朱广福：《长江沙洲的成因、演变和治理》，《长江志季刊》1993 年第 3、4 期。

第三节　崩岸灾害的危害

一、崩岸灾害特点

1. 具多发性

由于各种边界条件的综合影响，有的地段深泓长期贴岸遭受冲刷，这样的地段崩岸溃口灾害一再发生。沙市下游的盐卡，曾发生 9 次溃口，郝穴有 4 次溃口，表明崩岸在同一地点的多发性。另外，在长江中下游，大洪水年份有众多崩岸点发生，这又是崩岸多发性的另一方面。由于某些地段有抢险堵堤的工程举措，这些应急工程质量不高，因而也可能是多次崩岸溃决灾害发生的原因。

2. 有准周期性

河流在自然条件下，有直—弯—截弯(直)和左、右摇摆的特性，似乎有一定的周期性，其时间长短不一，这样在有些地段，崩岸发生就有多发和少发相间而引发崩岸灾害频发和较少之分。裁弯后的沙洲段崩岸最多，由裁弯上口向下口渐移。

3. 与洪水作用的多面性

崩岸大多发生在洪水期，以嘶马弯道为例，57%的崩岸发生在 7—9 月的洪水期。此外还与洪量大小有关，在大洪水年崩岸的范围及强度明显增大。如果洪水大流量持续时间长，持续强冲刷作用，亦促使崩岸强度增加。

4. 具滞后性

很多崩岸不是发生在洪水最高水位时期，而是发生在洪水消退期，具一定的滞后性。这反映了崩岸易发生在厚层砂及粉细砂构成的渗透性较好的岸坡，尤其是坡度大于 45°的陡岸段。

5. 地貌明显性

崩岸多发在河道的凹岸，也是受横向环流和顶冲作用最强烈的地段。其实凹岸也是强崩岸形成的结果。随着河弯半径的减小，其水流顶冲点下移，崩岸也随之下移，而崩速逐渐减小。

二、重要崩岸灾害实例

崩岸的发生和发展对沿江堤防、航道稳定、港口和城镇建设以及工农业生产发展带来巨大影响和危害。崩岸引起堤防溃决而产生水灾，其后果更难以估量。后面所列实例，可供更多的参考和借鉴。

1. 湖北沙市盐卡崩岸

该崩岸位于沙市南上荆江左(北)岸，从盐卡到观音寺，为沙市河湾下段，古称黄潭堤、黄滩堤和黄陵。乾隆《江陵县志》称："黄潭堤坝当江流二百里之冲，一决则江陵、监利、荆门、潜江受其害，至险至要。"在1788年前，滩宽2～3km，1788年后主泓顶冲点逐年向下发展，经过100余年，滩宽崩为8～20m，经退挽还滩后，崩塌仍不断发生，现外滩宽一般仅10～20m。外滩狭窄，深泓紧贴岸脚，迎流顶冲。历史上南宋建炎二年(1128年)、明嘉靖四十五年(1566年)、明万历十九年(1591年)和清康熙十二年(1673年)、十九年(1680)、二十年(1681年)、二十一年(1682年)、三十四年(1695年)、三十五年(1696年)屡决于此。其南面附近的木城渊亦系乾隆五十四年(1789年)、嘉庆元年(1796年)两次溃口冲成。1959年4月15—27日连续发生严重裂矬险情5处。

2. 湖北沙市冲和观崩岸

该崩岸位于沙市南长江左(北)岸，地处郝穴河湾入口段。附近祁家渊为道光二十二年(1842年)五月溃口冲成。该段外滩狭窄，迎流顶冲，水深流急，岸坡陡立，民国时期一再发生崩岸。据记载：1915年滩脚崩至堤边，石矶崩塌；1922年将1917年修的条石驳岸及板石坦坡、石拱石坍塌10余处；1923年、1924年又各崩坏213m，板石矶上下腮被冲成窝，长500m；1934年汛期板石坦坡溜矬45m，滩岸崩塌长83m，退水时又下滑133m；1946年再次剧崩，长270m，宽30～40m，严重处已崩近堤坝面，几致溃口；1947年9月前1年所做柴埽又下滑沉陷，至次年1月矬深达9m，石坦石矶多有损坏。1949年汛期，岸坡再次剧烈崩塌，据当年8月12日《长江日报》报道："从6月18日至7月8日的20天中，外坡堤面崩下去18m之多，老堤全部崩完，余下的只是去年和前年新帮部分，宽约10m，并以0.8m/d的速度继续崩塌，有随时破口的危险。"1954年汛前，冲和观一段发生严重崩岸，崩长1000余m。据统计，该段(冲和观至祁家渊)1915—1949年的35年时间发生崩岸48次，1950—1959年的10年时间发生崩岸和坦坡下滑64次。至20世纪60年代，该段崩岸有所缓和。

3. 湖北江陵龙二渊至郝穴崩岸

该崩岸位于江陵上荆江郝穴河湾顶部左(北)岸，据《荆州万城堤图说》(光绪十三年版)："龙二渊堤即郝穴上堤……均临江险要之工，累年江水泛涨，对岸之新泥洲，上连新淤、白沙等洲，逐渐增长，逼流冲激，滩岸崩矬，堤身壁立。"该江段是上荆江的狭窄河段。堤外无滩，深泓紧逼岸边，属荆江大堤最重要的护岸险段之一，当然也是崩岸严重的险工地段，一般低水位距岸边40～70m范围内，水下坡脚发生崩塌，影响到近岸。该堤段于“清乾隆五十二年(1787年)奏修石岸”。后因溜矬于“道光十三年……将水脚挖开，密排木桩，夯筑结实，开放水沟，实以木炭”……至1920年堤外滩岸，矬深1.3～2.7m，长6.6m。1922年石工又溜矬20m。1931年1号箭堤崩矬长93m，宽4m，高7.7m。1931—1934年又连年出现冲溜崩矬险情。1970年土矶头削退。因下荆江裁弯，水位比降增大，冲刷加剧，1971年汛前汛后，有3处坦坡发生崩塌长800m。1979年该江段一次崩岸长达1045m。对此段崩岸多年来进行护岸用抛石护脚、砌石坦坡、潜堤造滩、堤内吹填，险情有所改善。

4. 湖北江陵柳口崩岸

该崩岸位于江陵上荆江郝穴河湾下段左(北)岸，该段江水流出郝穴卡口后，河宽骤增，致使江中沙洲浅滩纵横，是长江中游主要碍航河段之一。下荆江裁弯后，河势演变加剧，使崩岸险情相继发生。1977年石首人民大垸潭溇子一段岸滩发生剧烈崩岸。1978年9月20日柳口岸滩出现崩塌，崩势持续到次年2月，崩岸总长达1045m，最大崩宽达45m，最大陡坎高10m。据资料该江段自1977年至1980年，滩岸崩长约3000m，最大崩宽达100m，岸坎距堤脚130m。崩塌强度最大一次长200m，宽30～40m。后实施水下抛枕、削坦砌坦、抛石护岸，使贴岸主流外移，近岸渐淤浅。

5. 湖北石首河湾崩岸

该崩岸位于石首河湾下荆江左(北)岸。1965—1972年主流经夹河口向南过渡，沿五虎朝阳进入石首河湾。河湾南岸之天启垸，1970年后崩宽400多m，1978年、1979年再度发生崩岸。1972年向家洲嘴切滩，主流向北摆动约1km，顶冲点下移，致使原轮船码头被崩毁。1975—1979年向家洲东西两侧，又不断发生大幅度崩塌，狭颈宽度由2100m缩窄到850m。至1993年仅剩25m，1994年6月崩穿过流。北岸鱼尾洲1965—1970年崩长约12km，最大崩宽约1000m，年平均崩宽200m。1971年后开始实施“守点护线”护岸工程。1995年后鱼尾洲顶冲点下移，不断发生崩岸，1999年汛期约1km范围内连续出现崩窝，其中7月9日发生崩长200m、宽35m的大崩窝，局部崩至堤脚。

6. 湖北监利城南崩岸

该崩岸位于下荆江监利河湾左(北)岸。该处河段为分汊河道，近百年来，河泓南北摆动频繁，当主流逼岸，则发生崩岸。1926年一矶至二矶发生一次崩岸，危及堤身。1940年八老渊发生崩岸。1945年二矶至药师庙又相继崩塌，崩宽10～30m。1947年主流全部恢复至北泓，1949年上游碾子湾自然裁弯，引起下游冲淤变化强烈。1948年、1949年一矶头南侧被急流冲毁，陡崩长、宽各为40m。1963年一矶矶尖崩塌宽40m，长50m。1969年6月26日下游上车湾裁弯工程过流，1972年7月19日规划中的上游沙滩子发生自然裁弯，1975年汛后主泓开始恢复至北泓，1977年下段铺子湾崩岸加剧，崩岸长4000多m，退挽围堤崩去两段计长300多m，横岭、庙岭、新滩3个大队遭到崩灾威胁。1981年新洲垸铺子湾汛后，滩岸迅速崩塌，9月下旬下段沙嘴崩进50多m，崩长250m，横岭四队有4户住宅遭毁，宋家庄133.3hm^2农田难保，150户被逼搬迁，原护坡老河口渔场下河口崩进约100m，崩长300m，距堤身仅100m。1983年崩势又由上游向下游发展，1984年汛期新洲垸堤崩塌宽100～230m，使1980年前的守护段脱溜崩失500m。从1969年起小龟洲上河口至铺子湾共崩宽600～1500m。1975—

1985 年新洲垸崩失耕地 733.3hm^2，铺子湾一带 1984 年 10 月 1 日下搭脑崩去 100～200m。据统计该河段窑圻垴至徐家垱 1980—1984 年累计崩长 2km，崩宽 20～40m，距堤脚最近为 70m。该段历来是荆江三大河湾崩岸之一，故很早就实施了护岸工程。

7. 湖北监利熊家洲崩岸

该崩岸位于下荆江熊家洲河湾左(北)岸，是在尺八口 1909 年自然裁弯后在湾段内又发展起来的崩岸，上起姜介子下抵孙梁洲，共长 14.1km，现又呈弯曲形发展。1979 年原所筑的 3 个守护点脱溜。1970—1985 年崩岸宽分别为：姜介子 467m，上口(自然裁弯)294m、潘阳 898m、后洲 1430m，下口(自然裁弯出口)956m，共崩失耕地 1000hm^2，退挽 27 次，退挽堤长 12.93km，三洲联垸(原弯曲段内)共退挽 36 次，退挽堤长 38.8km。岸段年崩率达 132m/a，致使下游八姓洲狭颈缩窄由 1953 年的 1790m 至 1991 年的 400m。

8. 湖北监利观音洲(河湾)崩岸

该崩岸位于监利下荆江左(北)岸，观音洲是下荆江最后一个河湾，1852 年以后，观音洲河势向南稍微坐弯，其后 1909 年尺八口自然裁弯，此河湾就逐渐形成。此后河床北移，年年退挽。1929 年退挽月堤时，在河湾尾端云溪庙附近兴建矶头 1 座，1936 年脱溜，1952 年矶头孤立江中，后淤埋于南岸河滩中。自 1886 年至 1967 年共崩掉滩地 1.3km，观音洲农田大量崩决。1969 年开始护岸。弯道凹岸的不断崩退延及下游荆河脑凸岸边滩也大幅崩退，使得荆江与洞庭湖汇流点下移了 1～2km。

9. 湖北洪湖粮洲崩岸

该崩岸位于陆溪口汊道北汊之左(北)岸，全长 6.4km。河岸土质为二元结构，但上部为细砂层，下部为砂壤土，抗冲力弱，再加上凹岸顶冲，乃形成崩岸。其历年崩塌情况是：1952 年外滩崩完退堤还滩一次，1970 年在下首又退堤还滩一次。现在再无退路，只有固守，可见崩塌之严重。据统计，历年最大崩宽 100m，一般崩宽 50m，年崩率为 10～20m/a。崩塌一般出现在汛后枯水季节。

10. 湖北洪湖洪思矶崩岸

该崩岸位于嘉鱼北汊左(北)岸，崩岸长 5.8km。河岸土质上部为细砂层，下部为砂壤土，抗冲力弱，又处于主流贴岸的凹岸，因而造成崩塌。1916 年在此建有 3 个矶头，但由于矶头挑流产生强烈回流，使矶头之间形成弧形窝崩，田家口老堤外滩原宽 150m，至 1964 年仅余 60m，1947 年退挽田家口新堤，1948 年该堤被大水冲断造成严重灾害。1961 年又发生大窝崩，一次崩宽 30m，崩长 50m。同年 10 月又继续崩长 50m，崩宽 20m。1965 年 4 月一矶下腮老堤坡崩走宽 5～10m，长 20m。1985 年前后一、二矶头之间仍继续崩塌，其弧长已累计达 570m，崩宽已达 80 余 m；二、三矶头间累计崩长达 1700m，宽达 120m。一、三矶头上、下游 200m 范围内，崩势不断发展，为了确保安全，只得退挽做新堤，并进行抛护。

11. 湖北洪湖王家边崩岸

该崩岸位于嘉鱼江心洲白沙洲北汊之左(北)岸。汊河主泓微凹岸，崩岸长 7.7km，河岸土质吴淞高程 18m 以上为 1～2m 细沙层，以下为砂黏土，高程 18m 以下为黏土层，河岸可冲性大。该江段也是长江的一个老崩岸段，1925 年即发生过大崩。1927 年退挽一次，退挽后边滩达 800m。由于崩岸剧烈，至 1948 年时，外滩只剩下 20～30m。1951—

1970年先后退挽(堤)5次。崩塌方式是弧形窝崩，弧长30～50m，年崩宽10～30m。春季小崩，秋季大崩。20世纪80年代后期采取了抛护措施，但崩岸仍未完全遏止。

12. 湖北洪湖虾子沟崩岸

该崩岸位于簰洲镇上游长江左(北)岸，全长10.9km。河岸土质为砂质壤土，抗冲性极差，又处于簰洲和潘口两弯道过渡段，主流由对岸直冲本岸，迎流顶冲，形成崩岸。由于主泓摆动幅度大，因此崩岸长度甚长。虾子沟崩岸上起杨林，下接胡家沟，是历史上老崩岸段。仅1949年以后，就有3次退挽还滩。其崩势发展，1950年前后，杨林和胡家沟崩势甚严重，20世纪80年代转至虾子沟段。崩塌时间一般出现在枯水落水时节。据1972—1973年两年统计，该段最大崩塌宽度为50m，一般为10m，最大崩塌长度为120m，一般为25～30m。在80年代滩岸尚有百余米宽，但土质不好，容易崩至堤岸。

13. 湖南临湘崩岸

该崩岸位于湖北洪湖(新堤镇)对岸的长江右(南)岸长旺洲至大清江一带。由于心洲—南门洲的形成，主泓逼走南岸。崩岸长11.5km，据记载自1868年开始，先是小崩后大崩，先上段后下段，崩岸逐步发展。1934—1948年崩塌最烈，一共崩掉六百弓、义和垸、六义洲3个临江大垸，崩进2km，崩失耕地1867hm^2。1949年以后，虽不断在进行治理，但因1954年特大洪水强烈冲刷河岸，使崩塌仍甚激烈，据统计，1949—1959年，童家墩至西尾沟最大崩宽达270m，平均崩宽26m。其他地段一般崩宽为116m，最大崩宽220m。1962—1971年情况有所好转，全线平均崩宽仅67m，最大崩宽190m。1973—1985年内，由于抛护成功，崩岸基本停止，成为中游崩岸治理最好的河段之一。

14. 湖北嘉鱼潘家湾崩岸

该崩岸位于潘家湾弯道顶部，长江右(南)岸。崩岸长4.5km，河岸土质为二元结构，吴淞高程18m以上为砂壤土，以下为细砂层，抗冲力差，加之处于弯道顶部，迎流顶冲，故导致崩岸频发。其崩情为：自1949年以后，1963年崩塌宽度达30～40m，崩长达100m；1972年以后，崩岸向上游发展，年崩宽达10～20m。崩岸多发生在枯水退水季节，以弧形矬崩为主。该处在六朝时期(420—589年)处于顺直分汊河型岸边，至南宋由于主流北迁，形成簰洲湾弯道，才逐渐形成今日之势。

15. 湖北嘉鱼簰洲湾崩岸

该崩岸位于簰洲镇前即长江右(南)岸，崩岸长4.2km。河岸土质较差，上部是壤土，下部为青砂层，由于处于弯道凹岸，迎流顶冲造成崩岸。崩塌始于民国初年，且甚严重，最大崩宽达1000m，1949年以来，由于逐年抛护，崩势有所减退，但仍未终止，不得已于1954年和1968年两次退堤挽护。现在崩岸有向上游发展的趋势，上段年崩宽为20～30m，崩长为100～200m，最大崩窝在簰洲镇下游处，崩长200余m，崩宽50m。

16. 湖北黄梅李英崩岸

该崩岸位于广济龙坪弯道左汊弯顶的长江左(北)岸，崩岸长度9.4km。河岸土质吴淞高程11m以上为砂壤土，以下为细砂层，抗冲力极差。再加崩段河岸十分弯曲，环流强烈，崩情十分严重。崩岸历史较长，1880年以前，左汊已是主航道，在右岸低山岩石矶头挑流作用下，左岸不断崩退，从1921年至1988年各时期测图比较，可见其变化之快(见表 8-3-1)，1960 年起，黄梅县堤防管理段还在几个地点设立观测点，其崩塌速度观测数据列入表 8-3-2 及表 8-3-3。

表 8-3-1　　李英河段北岸滩岸横向变化比较表

地点 \ 外滩宽(m) \ 测绘时间 \ 测量单位	军令部湖北陆地测量局 1921 年	解放军总参测量局 1955 年航测 1963 年调绘	长办河道测量队 1981 年 7 月	长办河道测量队 1988 年 5 月
老洲圩瓦屋墩	1600	250	200	50
老洲圩老洲闸	3000	600	220	190
老洲圩张院	3330	650	420	275
团洲圩九股	2550	1150	300	200

注：据《黄广大堤志》。

表 8-3-2　　1960—1966 年滩岸横向变化统计表

崩塌地点	瓦屋墩	扁担洲	一号洲	养鱼场	老洲闸	黄洲
崩塌距离(m)	20	40	100	170	280	320

注：最大崩速 53m/a。

表 8-3-3　　1966—1969 年滩岸横向变化统计表

崩岸地点	一号洲	养鱼场	老洲闸	黄洲	鸭蛋洲
崩塌距离(m)	完全崩塌	120	200	240	340

注：最大崩速 113m/a，据《黄广大堤志》。

从以上资料可见弯顶段约崩退 3km，其中 1953 年到 1970 年共崩退 930m，弯顶向下游发展约 1.7km，1973 年 10 月在弯顶下游窝崩两处，弧长 150m，崩宽达 100m。1974 年退堤一次。崩塌方式以弧形窝崩为多，多发生在汛后，目前崩岸尚未停止。

17. 江西九江永安堤崩岸

该崩岸位于九江市城西长江右(南)岸。江堤滩岸变化大，江心洲、人民洲南缘不断淤长，使主泓不断南迁，直逼右岸，崩塌严重，1917 年至 1955 年退堤 13 次，总计退堤范围 1.41 万 m^2。1955 年始砌石固岸，抛石护坡。但堤外江滩冲失，从 1936 年至 1955 年江堤内退迁 8 次，累计内退千余米。1961 年秋水利部部长傅作义到此视察，批示拨款抛石护脚，崩势有所控制。1988 年 20 多艘机械采砂船在梁公堤、永安堤近岸 120～300m水域日夜挖砂，致使部分堤段出现崩塌，崩岸达 15 处，长达 1000 多 m。

18. 湖北黄梅刘佐宿松程营崩岸

该崩岸位于九江市张家洲北汊左(北)岸。随着张家洲(明永乐年间出水)的并合扩大，北汊逐步成弯道，崩岸由上游至下游，刘佐附近在清咸丰六年(1851 年)即开始崩塌。岸段有部分是古桑落洲旧地，《全唐诗》有唐末隐居庐山的胡玢所作《桑落洲》诗："莫问桑田事，且看桑落洲。数家新居处，昔日大江流。古岸崩欲尽，平沙涨未休。想应百年后，人世更悠悠。"写出了旧崩新淤变迁。从西汉后期(公元前 154 年)至明代永乐年(1403 年)，该沙洲出没演变达 6 次之多。程营一带为其残余。清嘉庆年间，左汊向微弯型发展，梅家坝、程营、丁家口、江口一带江岸，崩塌严重。据清光绪二年《黄梅县志》记载，"近年江岸崩塌，堤脚累移"。自道光十一年(1831

年）至同治九年（1870年）“新建长堤四次，补挽月堤七次，所移之地，俱落江心”。民国初年，崩塌重点在费家垸一带，以后逐年下移，所建矶头，未能控制崩势（据《黄广大堤志》）。

19. 江西彭泽马湖堤崩岸

马湖堤位于江西彭泽县城下游的金鸡岭和彭郎矶之间，全长4.47km，保护着县城5万多人口和1067hm^2耕地及年产值3亿多元的骨干企业。由于深泓自进江段急转，深贴右岸，据《中国地质灾害》，1950—1980年该段边岸侵退800m，江堤3次被毁而后退复筑。现堤为20世纪60年代所围筑。1973年和1988年两次崩岸逼使500余m堤线内迁数十米；1996年1月3日在下游段的1973年崩岸处下游约200m，发生崩岸，堤岸首次缺口长150余m，宽80m，崩岸一直延续到1月14日，长度发展到240m，宽90m；1996年1月8日，从彭泽县纸厂码头上下游长达960m的范围内又发生特大崩岸，堤岸崩塌缺口长达960m，宽约200m。崩岸已连成一线，全长约1200余m。崩岸毁防洪大堤1210m、电排站1座、耕地18hm^2，造纸厂取水泵房及输水管道、民房21户92间，造成死亡24人，重伤5人，损失牲畜130头，同时需迁建民房156户538间，直接经济损失共计4671万元。

对于崩岸成因，1996年1月地质矿产部向国务院的专项报告称“造成马湖村段堤岸破坏是多种因素综合作用的结果，其主导因素为深部潜伏岩溶塌陷所致”，“溶洞顶部岩层失稳，突然塌落，酿成灾害”。长江水利委员会遵照邹家华副总理批示于1996年2月10—12日派出以家国家勘察大师崔政权为首的专家组赴现场考察，他们认为：“马湖堤崩滑的根本原因是长江侧向侵蚀清除了原坡体外宽厚的砂砾石阻滑体，使易变形、易液化粉砂层临空，且坡度达1：2～1：3（其中高程5～15m间为1：1.5～1：2，局部为1：1.3），所以岸坡变形、失稳是必然要发生的，只是时间问题；岸坡失稳后的形态与崩滑体在河床中堆积格局说明，岸坡的失稳形式同粉砂质黏土层的临空程度与坡度相对应……两个崩滑体的主滑带大体对应粉质黏土（淤泥质）与下部粉砂层的界面附近，因为液化变形首先出现在渗透系数急变部位；长江水位自高水位持续下落，坡体渗流场调整仍在持续；物探成果没有发现可导致几十万立方米土体突然下陷的大型洞穴或岩溶槽谷。”因此，所谓“岩溶塌陷”造成马湖堤崩岸的理由是不成立的。

20. 安徽同马大堤六合圩窝崩

该崩岸位于长江官洲河段进口左岸。1989年12月3日11时，在117＋500米处突然发生大崩窝。目击者称，距水边约30m、堤脚60m的滩地上有2间屋子那么大的地方下塌，水柱冲出地面一人多高，洞口柳树倒入江中。当日16时测得窝崩顺水流方向，窝口长80m，窝中长140m，最大宽90m，系窝口小，肚子大。窝顶离堤脚有15m。到4日8时，窝顶崩到堤脚，5日崩至堤坡，6日崩至距堤顶仅7m，窝顶以上堤坡有很多纵向裂缝，崩窝内壁陡立，上部仍有少量泥土塌落，但崩势已渐缓和。10日测得窝崩最大长度210m，崩宽114m，窝中最深点－7.8m，窝口－10.8m，平均崩塌深度20m，塌失土体约40多万m^3。大崩窝的过程是由中间向两边，由外向里发展，崩窝速度快，强度大。

窝崩原因主要是上游吉羊矶挑流增强，主流顶冲，深泓、冲刷坑逼岸所致；其次是其土层结构较差，上层为亚黏土和亚砂土，下层为粗颗粒砂层，为崩岸易发地层结构；再次该河段江水下降幅度大，平均每天下降 0.116m，使地下水浸润线坡降变陡，地下水流渗透压力增大，促进窝崩的发生与发展。

21. 安徽无为安定街崩岸

安徽无为县无为大堤安定街由于地处长江弯道的凹岸，自青龙岗下至凤凰颈一段江岸崩塌剧烈，其中安定街一段退建次数最多，该段江岸据无为《江坝例》记载，1949 年前就退建 6 次，丢失土地数十里(指塌坍宽度)。有的资料记为崩退 11～12km。1948 年至 1953 年间，塌势在将军庙、真龙地、古家祠堂一带最剧，年崩塌 50～80m，1950 年安定街已倒入江中，该年进行了退建，塌势仍剧。1953 年又一次退建。1954 年特大洪水曾在此溃堤决口，使 500 万人受灾，古家祠堂崩去 200m，故当年又进行了长达 5132m 的退建工程。1955 年崩势下移至李家花园、洋灯一带，一年崩塌约 100m，1956 年在洋灯 35 天内崩掉 26m。为保护无为大堤安全，于 1956 年 8 月至 1957 年 3 月进行沉排护岸，计护岸长度 4800m，实用经费 507 万元。但至 1964 年深槽一般下切 6～7m，最大下切 11m，1964 年 10 月 12 日，沉排段发生严重崩塌，崩口长 190m，宽 80m，1977 年崩势下移刘家渡，当年刘家渡一次崩岸即达 150m，毁坏大量农田、房舍。

22. 安徽铜陵胥家坝崩岸

该崩岸位于铜陵县北汀洲河一带。该地河道变迁十分剧烈。胥坝原位于长江北岸。无为大堤于明永乐三年(1405 年)筑胥家坝，后崩于江。继筑周思沟坝、郑公坝也相圮。明万历十六年(1588 年)筑第一坝，至清乾隆二十九年(1764 年)筑第五坝，相继崩坝四道。“坝日退而欲杀江之怒，江欲进而必蚀坝之防，自一而二而三而四，今将徙而五矣。濡地有限而江患无穷”(《无为州志》)。这就是崩岸的写照。胥家坝遗迹今徙至长江南岸。江水不断啮北岸，使江道向北移 10 余 km。

23. 安徽无为崩岸

该崩岸位于铜陵至芜湖长江左(北)岸，该段长江有太阳洲、黑沙洲两个鹅头形弯道，古河道遗迹多，说明河床摆动大，冲刷崩岸剧烈。无为大堤就在这种变动中修筑、崩塌、再修筑而延伸历史。无为崩岸始于明代末叶，由于江岸崩削使有“家居无为州，发水不保收”之民谣，于是修筑江堤(坝)。实则筑圩肇端于三国，初兴于唐，修复于宋，明清以来逐渐而成为“无为大堤”。自明永乐三年(1045 年)筑“缘江圩岸”其后屡筑屡退(崩)，万历四十一年(1613 年)筑二坝，清同治九年(1870 年)三坝外崩塌入江，至宣统三年(1911 年)共筑(退)坝 85 次，其中明代 8 次，清代 64 次，年代失考 13 次。分朝代筑(退)坝分年度汇总列入表 8-3-4。

表 8-3-4　明清筑(退)坝分年度汇总表

朝代(年号)		筑(退)坝(次)	筑坝年度
明	永乐	1	1405
	正统	1	
	正德	1	(1)
	嘉靖	1	(1)
	万历	4	1581、1588、1613、1617

续表

朝代(年号)		筑(退)坝(次)	筑坝年度
清	顺治	1	1651
	康熙	5	1669、1690、1705、1716、1721
	乾隆	28	1742③、1743、1746、1747、1748③、1749⑦、1754、1760②、1765②、1771、1788③、1793②、1794
	嘉庆	2	1799、1802
	道光	9	1824、(3)、1832②、1835、1838、1849、1850
	咸丰	4	1851③
	同治	9	1862、1865、1870②、1873②、(3)
	光绪	5	1875②、1876、1879、(1)
	宣统	1	1911
年号失考		13	(13)

注：( )内数字为年度失考，○内数字为同年筑坝数。此表说明，单纯用退建办法治江，是消极治标之策。据杭洪秋《无为大堤历史演变和现状》,《长江志季刊》1990年第2期。

24. 安徽马鞍山江岸崩岸

该崩岸位于长江马鞍山市小黄洲南汊之右(南)岸。由于主泓顶冲，且冲刷部位上下变动。因而成了20世纪50—80年代河势变化最剧烈地区。1949年12月中旬，电厂上游的恒兴洲江岸发生崩塌，宽度10余m，江堤崩入江中，在老堤后60m处进行退建，新堤长1450m。1950年8月22日夜，新堤在2.5小时内发生长约200m、进宽150m的窝崩，江堤再次溃决，群情惶恐。1952年11月4日，该段新建江堤又崩去300m，坍塌范围发展为长700m、宽300m。1953年春在电厂上游1450m修建自江边到人头矶山脚850m长的隔堤，称为横埂，1954年7月15日在横埂上游270m处发生严重崩岸，3个半小时内江岸崩坍长450m(4—7月范围长550m、宽300m)。1955年冬开始实施护岸。但在施工期间1955—1956年，该段江岸仍继续发生崩塌。1958年又在其上游进行第二期护岸工程。但由于主流变化，崩岸向上游发展，1966年7月及12月，矶头上游的马港第二作业区出现崩塌，正在修建的码头建筑物倒入江中。1963年6月，3号丁坝坝根上腮发生崩塌，崩岸长170m，最大崩进120m，坝面上侧38m一段塌入江中。同年11月谢家洼港务局6号码头崩塌，上距马鞍山钢铁公司泵房(31号)仅250m。1976年11月10日晚，在人工矶头下约400m突然发生了严重崩岸，长达460m，最大崩进350m，长江干堤约450m塌入江中。窝崩下嘴距电厂仅540m，电厂安全和马鞍山市区防汛均受到严重威胁，其后有关单位作了多学科综合研究。

25. 江苏仪征瓜洲江岸崩塌

瓜洲在扬州市西南15km长江左(北)岸，与镇江市隔江相望。宋王安石诗“京口瓜洲一水间，钟山只隔数重山。春风又绿江南岸，明月何时照我还?”瓜洲因其形而得名，晋代出水，唐时与陆地相连(江心洲并岸)，宋时已成巨镇。是唐代以后由江入淮的咽喉要地。明成化九年(1473年)“仪征瓜洲一带河岸堰闸近年多有坍塌损坏”，说明此时崩岸已较严重。清代以后瓜洲崩岸更趋剧烈。康熙五十四年(1715年)六月，长江主流北徙，使花园港至瓜洲城南息浪庵石工码头坍塌大半，芦滩坍塌一百零二丈。雍正六年至八年(1728—1730年)主流直趋花园港一带，坍势直逼瓜洲城垣。乾隆二十九年(1764年)七月六日，康熙雍正时所筑的回澜大坝两头并后身裂缝，大崩塌崩进近300m，坍岸与瓜洲城护城河相连，离瓜洲城10～36m不等。八月离瓜洲城不远又塌去260m，坍势加剧。乾隆三十五年(1770年)江督提出让地于江和筑堤护岸相结合，将瓜洲城收进160m，靠岸筑土堤，碎石护底。乾隆四十一年(1776年)六月初十卯刻，瓜洲城外的查子港到殷家庄接连回澜坝江岸两头并后身坍入江中，崩进320m，宽130m。瓜洲城西南隅城脚坍去130m，城墙被迫内迁。乾隆五十七年(1792年)五月十八日，回澜坝江岸忽裂缝，坍长320m，将收进新筑城墙塌去45m，为复城观，城垣再次收进160～190m。道光三年(1823年)江水异涨，将瓜洲城外埽坝、纤堤蛰塌。道光七年(1827年)六月，回澜向下江口又遭塌陷，挑流坝坍入江中。城垣第三次收进，接筑土城。道光十七年(1837年)瓜洲聚宝门、南门、西门、便门相继塌陷，居民纷纷搬迁至城北四里铺。道光二十三年(1843年)瓜洲城北城门塌陷，拆南北水门以通舟楫。光绪十六年(1890年)东水关亦塌。光绪二十一年(1895年)瓜洲城全部塌入江中(见图8-3-1及图8-3-2)。前后经过180年。其后崩势仍继续向东(下游)发展。至宣统三年(1911年)瓜洲远离顶冲点，才告安宁，但此时瓜洲镇是原瓜洲城北的四里铺，是异地旧名而已。瓜洲江岸崩塌，前人所用护岸止塌办法较多，且其历时之长、时间之早、规模之大，在治塌历史上均属首位，其经验与教训可供借鉴。

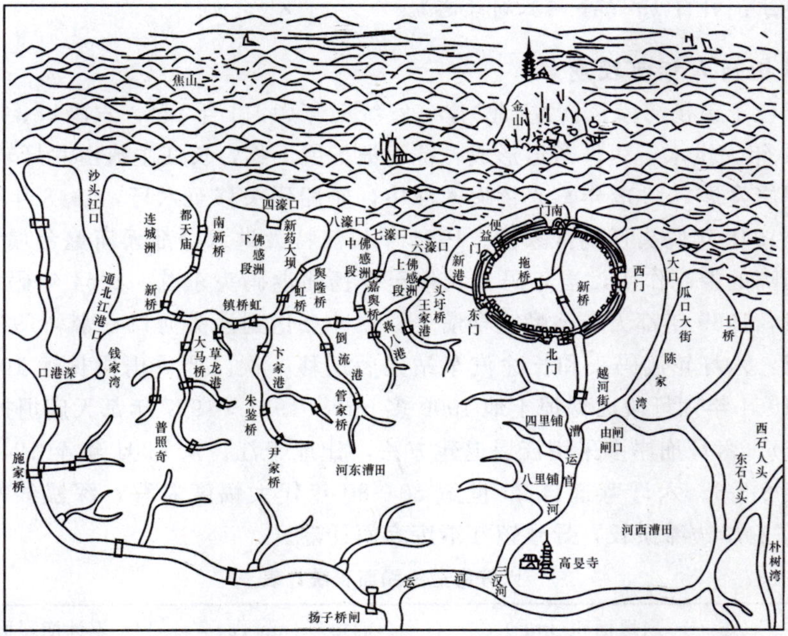

图8-3-1 瓜洲全境图

注：引自1927年《瓜洲续志》。

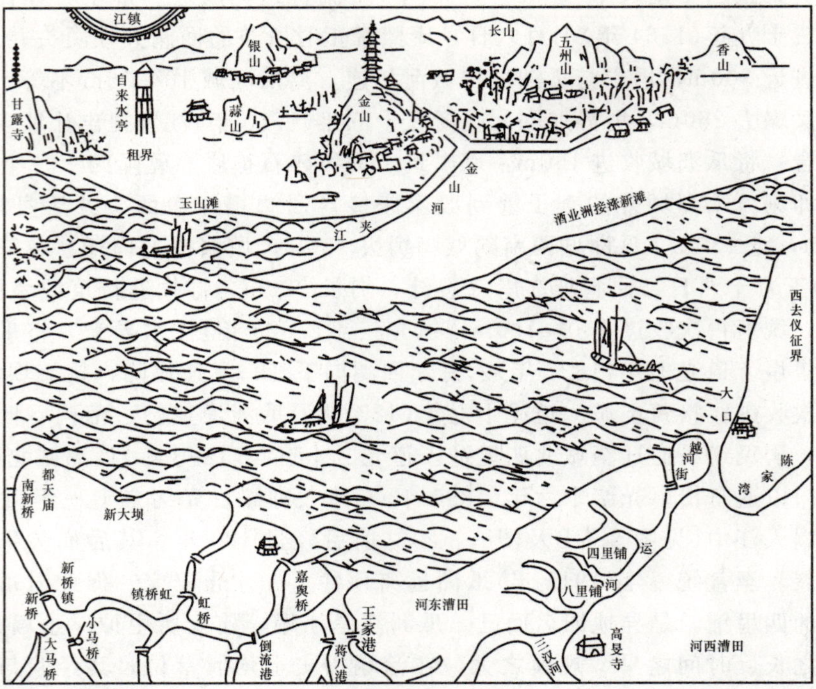

图 8-3-2　瓜洲全坍地图

注：引自 1927 年《瓜洲续志》。

26. 江苏扬州六圩河段崩岸

该崩岸位于镇扬河段长江左(北)岸。宣统三年(1911 年)起，六濠口、七濠口相继塌去。1931 年大洪水，六圩弯道形成，征润洲扩展下移，长江主流由六圩转弯向西南，六圩弯道崩岸发展，1935 年嘉兴桥塌入江中，轮船码头移至六圩，1943 年码头向东北移至虹桥，1949 年码头迁到常家桥。1954 年长江特大洪水，都天庙炮台塌入江中，但仍保持着凸嘴的控制作用，当年码头北移至今扬州港码头东首，1964 年码头迁至六圩京杭运河口，1969 年都天庙凸嘴完全崩失，顶冲点达到沙头河口一带，1973 年码头迁至汤巷迄今。六圩轮渡码头和长途汽车站先后迁移 7 次。严重坍段长达 10.75km。从 1911 年至 1954 年六圩段已塌掉土地 4000 多 hm^2。1951—1977 年都天庙坍掉 16.53km^2(见表 8-3-5)。六圩崩岸多采用江堤退建方法，让地于江。从 1901 年至 1947 年六圩退建情况见表 8-3-6。六圩弯道自 20 世纪 30—80 年代大幅度左移，深泓线平移距离达 4000 余 m。右岸边滩淤长，导致镇江港废弃而迁港。

表 8-3-5　　六圩弯道崩塌面积统计表

年·月	崩塌面积(km^2)	崩塌率(km^2/a)	累计崩塌面积(km^2)
1951	4.48	0.56	
1959			4.48
1962.9	2.00	0.67	6.48
1969.4	4.31	0.61	10.79
1971.8	2.53	0.27	13.32

续表

年·月	崩塌面积(km^2)	崩塌率(km^2/a)	累计崩塌面积(km^2)
1973.9	0.97	0.48	14.29
1974.10	1.35	1.35	15.64
1975.10	0.55	0.55	16.19
1976.10	0.33	0.33	16.52

表 8-3-6　　**1901—1949 年六圩江堤退建情况表**

地段	长(m)	高(m)	堤顶宽(m)	退建年份	备注
嘉兴桥—七濠尾	600	4	2.0	1901	士绅筹款，淮夫筑堤
地藏庵—八濠尾	200	4	2.5	1911	宗姓请水师营筑堤
上六圩—十五尾头	1000	4	2.5	1913	士绅筹款，淮夫筑堤
六圩—八圩尾	700	4	2.5	1917	士绅筹款，淮夫筑堤
丁字号尾头—九龙桥堤	750	4	2.5	1927	士绅筹款，淮夫筑堤
虹桥圄小圩—都天庙	3500	4	3.0	1933	征工挑筑
六寺四框—三尾桥	3000	4	2.5	1947	征工挑筑

注：据《扬州水利志》。

27. 江苏扬州嘶马崩岸

该崩岸位于江都附近长江左(北)岸。该河段崩岸始于清嘉庆元年(1796 年)，咸丰元年(1851 年)淮水盛涨，加剧了坍塌，光绪二十六年(1900 年)嘶马镇距江边有 1800m 左右，1922 年江北水利局调查沿江各支港及堤岸情况时报称“三江营以下江岸倒塌甚殊”。凹岸年复一年地崩塌，河道弯曲率逐渐变小，坍势发展更甚，崩岸范围西起三江营东至杨湾港东，长约 10 多 km。据统计 1950—1987 年共塌失耕地 778hm^2、柴滩地 412hm^2，拆迁村庄 91 个，居民 2862 户，房屋 7094 间，平均坍进 800m，桥梓阁坍进最大达 1400m。如自 1842 年以来，则最大坍进达 2.2km。1969 年大坍后，1970 年开始采用丁坝间断护岸方法，先后修建了 9 座丁坝和 1 座守嘴的护岸群体(还有沉排)，由于丁坝挑流，导致坝前、坝后外侧冲刷坑的严重发育，促进冲刷部位向纵深方向发展，20 世纪 80 年代以来出险次数增多，破坏日重。据统计，从 1970 年至 1985 年的 15 年中共发生险情 42 次，其中 1981—1985 年的 5 年中，出险 27 次，占出险总数的 64.3%，1981 年 8 月 17—21 日东 2 号坝坝根坍通，1983 年 8 月 13 日东 2 号坝坝身塌断，小桥口告急。1984 年嘶马河口附近发生“7·21”强崩，历时 63 小时，坍进 350m，最大冲深 25.4m，坍蚀土地 11.5 万 m^2，约 150 万 m^3 泥土塌入江中，直接损失 200 万元。其崩势之猛、历时之久、范围之广，均极为罕见。6 月 29 日及 11 月 1 日西 5 号坝两次崩塌，坍进 100 多 m，距外江堤仅 20m。1985 年 5 月 6 日西 5 号坝下边滩崩塌，坍口东西长 180m，坍进 140m，堤身塌通 24m，塌窝又向东发展至殷桥港口，坍长 160m，坍宽 80m。7 月 15 日东 2 号坝下侧又发生大崩塌，东西坍长 250m，坍进 150m，原主江堤溃决 250m，坍失土地 3.75 万 m^2(见表 8-3-7)。1987 年汛后，西 7 号坝又发生崩塌，塌失面积 7000m^2。水流直冲嘶马镇，湾顶深槽不断扩大，已建工程不能控制河势。

表 8-3-7　　**1959—1985 年嘶马崩岸统计表**

崩段	项目	1959 年	1966 年	1969 年	1976 年	1981 年	1985 年	1959—1985 年
全段	崩退(m)	144.0	67.0		129.0	28.6	23.1	391.7
	年平均(m)	21.6	22.3		18.4	5.7	5.8	14.76

续表

崩段	项目	1959年	1966年	1969年	1976年	1981年	1985年	1959—1985年
上	崩退(m)	84.0	29.0		65.0	38.0	6.0	222.0
	年平均(m)	12.0	9.7		9.3	7.6	1.5	8.02
中	崩退(m)	195.0	111.0		150.0	10.2	87.0	553.2
	年平均(m)	27.8	37.0		21.4	2.0	21.7	21.98
下	崩退(m)	154.0	61.0		172.0	58.0	55.0	500.0
	年平均(m)	22.0	20.3		24.6	11.6	13.7	18.44

注：据《扬州水利志》。

28. 江苏靖江江岸崩岸

该崩岸位于江阴对岸之长江左(北)岸，目前靖江城已远离长江。在清朝嘉庆年间，江岸崩塌曾引起仁宗皇帝3次御批。据咸丰《靖江县志》记载，“乾隆四十六年(1781年)靖江江岸坍塌严重，纵深十余里”，“嘉庆十八年(1813年)坍势加剧，又塌进三里许”。“县城南门外岸崖逐渐坍卸，业将附近之天后宫、武庙、文峰寺等地基冲损，距该县南城根仅四十三丈”。今横港以南土地几乎全部塌失。为此3次上奏朝廷筑塘保坍。仁宗皇帝对第三个奏本训示“遵行”，并亲笔硃批“依议办理，工部知道”，靖江保坍工程始得实施。以此逼主泓南移，1920年后，北岸又重新回淤，至1949年淤涨达9km之多。其后靖江江岸虽未大坍，但亦不稳定。1950年靖江县普查结果，自掘港至小桥港之间塌势较重，最剧烈处有3处：上头圩至八圩港长13200m；掘港上下游近600m；上天生港至小桥港长1700m。1973年靖江县水利局实测江岸线与1952年资料相比，下青龙港以下4.5km比较稳定，其他江岸坍失宽度一般在80m左右。比较严重的有4段：上头圩港至上四圩港、上六圩港至下三圩港、天生港至王小港、小桥港至芦家港，4段总长8.3km，堤外滩地已全部坍失。最严重岸段是下三圩至八圩港段，坍失宽度达100～180m，从1949年至1973年坍失土地143.3hm^2(见表8-3-8)。

表8-3-8　1949—1973年靖江坍岸情况表

坍段	长度(km)	年坍进(m)	坍情	坍岸原因	坍失地土(hm^2)
合计	16.4	—	—	—	143.3
新港—十圩港	7.8	10～30	洗坍	深泓逼岸	66.7
十圩—下三圩	7.6	10～30	洗坍、崩塌	深泓逼岸	66.7
西界河口	1.0	30	洗坍	深泓逼岸	10

注：①据董文虎《由仁宗皇帝亲自批办的靖江江岸止塌工程》，《长江志季刊》1998年第1期；②据《扬州水利志》。

29. 江苏南通江岸崩岸

该崩岸位于长江口江段的左(北)岸。由于泥沙堆积形成河口三角洲，在成陆过程中，江岸变形极大。据资料，南通江岸从7世纪以来发生了多次巨变：①7世纪如皋江岸后退，因江岸崩塌，于晋义熙七年(411年)设立的临江(如皋西南)、蒲涛(通州以西)两县被废，从建到废仅存约200年。②15世纪以来，通州东境江岸塌蚀严重，导致宋、元、明三代的海门县于1672年被撤销。海门县于五代后周显德五年(958年)设置，海门江岸崩塌延续330多年，塌势最剧烈的是明正统元年至明弘治十八年(1436—1505年)，共坍田一千二百六十二顷五十七亩，其时海门县四塌四迁。清康熙十一年(1672

年)江岸线退至通吕公路沿线，除吕四镇外，几乎全部塌去，仅存田三十九顷五十四亩，废县为乡并入通州，从猛坍到废县约 200 年。同时通州在明末清初坍势加剧，清顺治二年(1645 年)坍去一千二百七十顷三十九亩，到清康熙十年(1671 年)至十一年(1672 年)间，通州运河在余中段没入江中，康熙四十三年(1704 年)，会东运河也没入江中。③16 世纪以来，如皋南境江岸大坍，宋初如皋江岸即受冲蚀，以段山位置来看，宋代在长江北岸，南宋时已移到江中，到清末段山南边各沙与南岸相连，段山位于江南，此时如皋南部江岸已内蚀 10～15km。④18 世纪末叶以来通州西部江岸大坍。《天下郡国利病书·如皋县志》载："天生港原距如皋几十里，嘉靖时只六十里。"清同治末年(1860 年左右)通州从九十亩口至裤子港长约四十华里的江岸大量坍蚀平均年坍五千余亩，《南通县图志稿·工程志》载："前此江岸距城南最远者二十里矣，近者十余里，今者姚港距城仅八里，鸟道仅五里，最远的天生港亦不过十四五里。"崩塌最剧烈地段，平均每年后退 90m。1907—1935 年，天生港到狼山一线江岸，塌失十分剧烈，天生港老港坍入江中，天生港以东的三圩店、五号庙、义学镇、山港镇等全部塌入江中。1907 年 10 月 10 日南通知州勘察江岸曾谓："沙松水悍，日坍日削，不速治，州城不保。"1927 年新筑的 17、18 两座丁坝，沉浸江中。1930 年以后，狼山距江不足二里，马鞍山也濒临长江。

30. 湖北汉江蔡甸河段崩岸

该崩岸位于汉江蔡甸区柴林湾以上蔡甸河段。1992 年 2 月 5 日该河段在桩号 18+100 米处，滩岸发生大滑坡，滑坡长 230m，宽 70m，向外江滑动 17.7m，下错最大高度 4.15m，滑坡最大裂缝 0.4m 左右。致使一个工厂的 11 户居民房屋全部倒塌，工厂堆货场、码头遭到破坏，直接经济损失近百万元。其原因为：由于汉江水位低，岸坡外水下空虚及滩地渗水动水压力共同作用的结果。

第四节 崩岸灾害治理

矶、黑窑厂矶、观音矶。1852 年修建郝穴矶、渡船矶等 8 个矶头。到 19 世纪抛石矶头群渐具规模。迄今长江中下游护岸长度已 1200 余 km，占崩岸总长的约 80%，抛石量达 8000 万 m^3，对防洪、改善航道、控制河势发挥了综合效益。在长江流域，很早即开始防治崩岸，建设护岸工程，据历史记载在唐代就有武昌江岸的护岸。荆江大堤防治崩岸也可上溯到明成化初年(1465 年)沙市盐卡附近黄潭堤的砌石护岸工程。其后 1788 年在沙市以下修建杨林

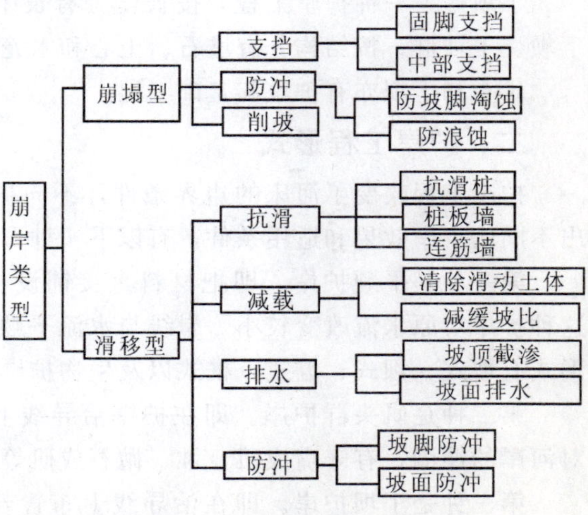

图 8-4-1 不同崩岸处理所采取措施

防崩护岸应针对不同的崩岸类型(是崩塌型的条崩，还是滑塌型的窝崩)，采取不同的治理措施(见图 8-4-1)。对于

条崩，处理的重点在于支挡和防冲，而对于窝崩，则在于抗滑和排水。更重要的是不应局限于各崩岸段的保滩护岸，这样可能造成“头痛医头，脚痛医脚”的被动局面，而是要考虑上下游、左右岸、弯道与弯道之间、汊道与汊道之间的相互影响，作出规划并拟订控制河势的护岸工程治导线，因为控制河势是护岸工程规划的根本问题。在实施护岸工程规划时，对于必须确保的重要堤防险段和发生险情的城市江岸，都要及时进行抢护，对于控制河势有决定作用的关键工程，应不失时机守护，而暂时不宜防守的江岸，应从全局出发，待岸线发展到一定阶段符合河势治导线要求再行守护。总之，护岸工程必须做到全面规划、统筹兼顾、控制河势、重点整治。

护岸工程设计，应合理确定守护部位，正确部署守护段，选用适当的工程形式和工程结构。

一、护岸单项工程及结构

按保护部位和使用材料可将护岸工程作如下分类(见表 8-4-1)。

表 8-4-1　防崩护岸工程结构分类表

保护部位	使用材料
护坡(枯水位以上)	生物护岸——草皮、防浪林
	干砌块石、浆砌块石、散抛块石
	预制混凝土块、模袋
	土工织物、垫底、土工织物加筋草皮
	铰链混凝土板
基础(枯水位以下)	抛石、抛枕、土工织物沉排(模袋混凝土、模袋砂)
	沉排、沉树、沉船、沉合金钢丝网石笼
	钢筋混凝土连续墙
	钢板桩、钢筋混凝土桩(预制桩)、混凝土桩(灌注桩)石桩、木桩

矶头是护岸采用的固点工程，按结构可分为浆砌斜坡式、干砌斜坡式和散抛斜坡式；按组合可分为单矶、双矶和组矶；按形式可分为弧形和人字形；按与水流交角可分为下挑和正交。

丁坝是另一种护岸工程，按长度分有长丁坝、短丁坝(小于 50m)；按数量分有单丁坝、丁坝群；按结构分有堆石、土心和木笼、钢筋混凝土沉箱式和栅栏式。

矶头和丁坝亦有护坡和基础工程。

二、护岸工程形式

护岸工程改变了河床的边界条件，不同护岸工程对水流的反作用不同，从而反映出不同的护岸效果和适用条件，有以下 4 种形式。

第一种是平顺护岸。即把材料直接铺设在岸坡上，以免岸坡受水流淘刷而崩塌。这种护岸对原水流改变较小，岸线与水流平顺相接。据《堤防工程设计规范》，其护岸形式有坡式、坝式、墙式、桩式以及生物护岸 5 种。

第二种是矶头群护岸。即在护岸治导线上布置若干矶头，以挑托水流，防止水流对河岸的冲淘，有守嘴成矶，堆、抛石成矶等形式。这种护岸对水流改变较大。

第三种是丁坝护岸。即在治导线上布置若干条丁坝，使主流远离岸线。这种护岸对水流改变极为强烈，短期内防崩效果显著，但要观测下腮回流状态。

第四种是矶头与平顺护岸相结合护岸。即在治导线上布置矶头组合，矶头之间又做平顺护岸，对水流的改变不大。

选择什么形式护岸要加强调查研究，因地制宜，并有利于“团结治水”，采取适当的工程形式(见图 8-4-2)，采用经济适用的构件和材料，以求实效。护岸工程形式选择时以下情况值得注意：①如对于重要城市及外滩较窄的重要堤段，采用平顺护岸较为适宜；②在崩速很大或施工力量不足的情况下，可以选取有利地形布置矶头，以较快减缓崩势；③在水深流急地段以及重要城市特险堤段和港区码头最好不采用丁坝护岸，因丁坝的稳定和加固均较困难，垮坝将带来更大损失；④在水流较缓的河口段，而崩岸主要受潮流往复作用时，以丁坝保滩较为适宜；⑤当崩岸主要受风浪影响时采取顺堤较妥；⑥在江面较窄、两岸工厂码头很多以及河宽窄的汊道中，为“团结治水”宜采用平顺护岸而不能采用丁坝以影响对岸。

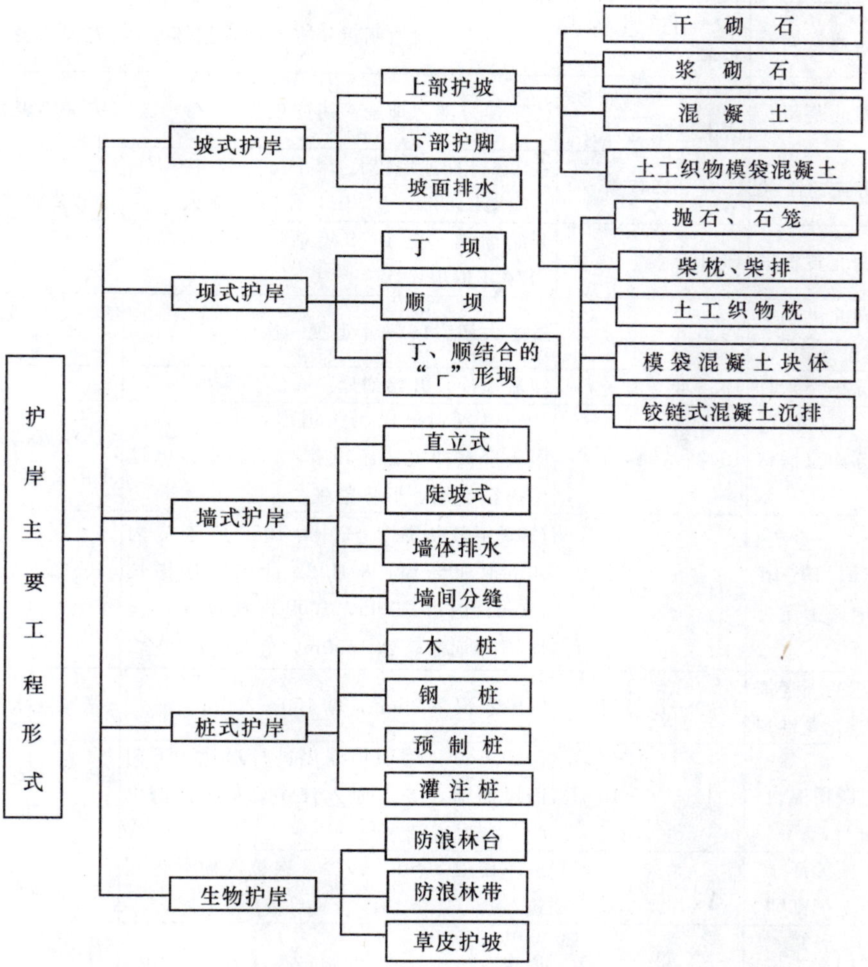

图 8-4-2 护岸的主要工程形式

经过多年的研究和实践，一般认为连续性平顺护岸是中下游护岸工程的最佳选择，已被广泛使用。武汉市在龙王庙、月亮湾都是采用平顺护岸形式。此外，还在一些地段，有选择地选用一些其他形式，也有不少成功范例。

附录　中下游重要崩岸年表

长江中下游崩岸，不仅是点状破坏，并可能造成溃堤而引发面状洪涝灾害，同时还有导致河势改变的长期潜在威胁，因此成为这些地域的重要灾害类型。如1980年10月26日南通港东南约300m处13m江堤被水流冲毁，10.7hm^2滩地遭没，造成重大损失。又据长江三角江洲平原地区不完全统计，由于江岸坍塌已损失农田3.3万多hm^2、乡镇40多个。过去很多水灾记载了灾害情况，记录历史也比较悠久，但对其前后崩岸则较少涉录，因此漏记定然不少。现将有关崩岸资料列年表如后。

长江中下游重要崩岸年表

序号	地　点	发生时间	灾害情况	参考文献
1	江苏仪征	1473年(明成化九年)	瓜洲一带河岸堰闸近年多有坍塌损坏	《灾害年表》
2	湖北蕲州	1640年8月(明崇祯十三年七月)	江岸逆月港忽地崩裂房屋俱损	《灾害年表》
3	江苏南京下关	1831—1947年	在116年间崩塌较大有5次，1947年3月4日崩塌长88m，宽14m，死伤40余人	《长江志通讯》1987年第2期
4	湖北黄梅	1921年	开始崩塌，至1974年总计崩长1000m，1974年退堤一次	
5	湖北洪湖王家边	1925年	发生大崩，1927年退挽一次	
6	江苏扬州六圩	1936年	迎流顶冲，开始崩岸	
7	江苏南京浦口	1948—1949年	1948年浦口三民码头坍塌，一、二、三码头全被冲毁；1949年一号码头以上江岸连续崩塌，形势紧张	《长江志通讯》1987年第2期
8	安徽马鞍山电厂上游	1949—1954年	1949年江堤崩入江中，1950年老堤内60m退建新堤，8月22日突然崩塌长150m，内进200m，江堤再次溃决；至1955年崩岸长达1550m，危及电厂安全	《长江志通讯》1987年第2期
9	江苏沙洲老海坝至九龙港段	1949—1951年	损毁农田212hm^2，塌150～200m	《张家港水利》
10	安徽裕溪口	1949年6—10月	1949年6月因旧堤崩塌进行退建，下旬旧堤崩溃，老街崩入江中，7月新堤出险，江岸继续崩塌	《长江志通讯》1987年第2期
11	江西彭泽子山至彭郎矶	1950—1980年	边岸侵退800m，江堤3次被毁而后退复筑	《中国地质灾害》
12	安徽无为安定街江岸	1950年	崩退11～12km，安定街倒入江中，1949年以前江堤退建6次	《中国地质灾害》、《长江志通讯》1987年第3期
13	江苏海门青龙港	1950—1954年	崩宽达1050m，平均年崩200～300m，最多年崩500m；青龙港镇崩入江中	《长江志通讯》1987年第2期

续表

序号	地 点	发生时间	灾害情况	参考文献
14	江苏沙洲老海坝至九龙港段	1952—1953年	损毁农田424hm^2，崩塌300～400m	《张家港水利》
15	江苏沙洲东段江岸	1953—1969年	损毁农田1133hm^2，崩塌600～1000m	《张家港水利》
16	安徽芜湖大拐新沟镇		1954年前后是左岸的繁荣集镇，现已坍入江中	《中国地质灾害》
17	江苏常阴沙新桥镇、栏门沙盘明镇	1954年7月	全部塌入长江	《沙洲县志》
18	江苏常熟、拦门沙天东镇	1956年7月	全部塌入长江	《沙洲县志》
19	江苏沙洲常阴沙老海坝、德安镇	1957年6月	相继塌入长江	《张家港水利》
20	江苏沙洲常阴沙南兴镇	1959年10月	塌入长江	《张家港水利》
21	安徽马鞍山第二建港作业区	1960年12月	沉入长江	《长江志季刊》1989第2期
22	江苏南通裤子港老江堤	1961年	全塌入长江	《长江志季利》1989年第2期
23	江苏沙洲双山沙码头	1962年1月15日	死亡13人，码头翻落	《沙洲县志》
24	江苏六合夹河段	1962年	最大崩宽达600m	《长江护岸工程(第六届)论文集》
25	江苏茅林口至古长堤	1965—1994年	累计崩宽达2690m	
26	江苏南京浦口机械化煤码头	1970年5月30日	死亡4人，码头停产	《南京水利》
27	江苏沙洲双山沙轮渡码头	1970年7月23日	死亡13人，3人受伤，码头倒塌	《沙洲县志》
28	江苏镇江煤用机械厂跑马厂	1971年	毁铸工车间	《镇江市志》
29	江苏沙洲12号丁坝	1972年5月16日	塌失	《张家港水利》
30	江苏扬中开沙	1972年6月21日	损坏农田1万hm^2，全部坍没	《扬中县志》
31	安徽马鞍山电厂	1976年10月11日	崩岸长460m，最大崩进350m，长江干堤约450m及25户住房塌入江中，下嘴距电厂仅540m	
32	安徽刘家渡	1977年11月	一次崩岸达150m，毁坏大量农田、房舍	《中国地质灾害》

续表

序号	地　点	发生时间	灾害情况	参考文献
33	江苏扬州	1977年以后	鱼家港至西还原一带坍岸年约80～100m	
34	江西峡江福民堤	1977年10月22日	死亡2人，3人受伤	《峡江水利》
35	江苏南通狼山乡桃园村	1980年10月26日	损坏农田11hm²，堤身塌长13m，直接经济损失100万元	《南通水利》
36	安徽马鞍山郑浦岸段	1981—1991年	抛石29万m³，直接经济损失506.6万元	《中国水利报》1993年9月
37	江苏镇江郊区征润洲村	1983—1985年	损坏农田167hm²，7次江岸崩塌	《镇江市志》
38	江西九江人民洲北岸汪家洲	1983年	崩窝长100m，宽30m，临近堤脚	
39	江苏江都嘶马镇	1984年7月21—23日(共63小时)	崩长330m，宽350m，坍方150多万m³，塌面积11.5万m²，倒损房屋1000间，船厂、水泥厂塌，半个嘶马镇塌入长江，直接经济损失200万元	《扬州市水利志》、《长江志季刊》1991年第2期
40	江苏南通桃园2号丁坝右侧	1986年8月7日	抛石3.7万t，治理费110万元	《南通水利》
41	湖北黄冈吕扬林	1989—1998年	共出现10多次窝崩最长达200余m，崩进40多m	
42	江苏南通姚港口西侧燃料码头区	1989年9月12日	塌3.5万m²(纵深100m)，抛石2.1万t，治理费47万元	《南通水利》
43	安徽望江同马大堤六合圩堤段	1989年12月3日	大窝崩口长234.5m，最大径深140m，窝顶切入堤坡，距堤仅7m，崩失土量60万m³	
44	湖北汉阳	1992年5月	汉江岸滑坡长230m，向外江滑动17.7m，11户民房倒塌，损失近百万元	
45	湖北石首北门口	1994年6月11日	崩岸长3km，最大崩宽400余m，最大崩速55m/h，危及江堤安全，1995年又崩	
46	湖北石首送江码头至石首港	1995年2—12月	崩岸长4km，最大崩宽350m	
47	江西彭泽马湖堤	1996年1月3—6日	毁防洪堤1210m，电排站1座、耕地18hm²、民房21户92间，死24人，伤5人，死牲畜130头，同时需迁民房156户538间，直接经济损失4671万元	《马湖堤崩滑原因调查报告》，长江水利委员会，1996年3月
48	江苏镇江人民滩	1996年1月13日	窝崩数小时坍失滩地20hm²，窝塘长620m，径深340m，塌失土方284万m³，护岸塌失长460m，直接经济损失数百万元	
49	湖南华容新沙洲	1996年	已护岸坡崩岸长达500余m，崩宽最大为43m，崩岸线距堤脚仅20m	

续表

序号	地　点	发生时间	灾害情况	参考文献
50	安徽大含港务站	1998年11月8日	外滩发生窝崩，长125m，径深32m，32棵柳树倒入江中，窝顶距堤脚仅46m	
51	湖北石首鱼尾洲	1999年7月9日	崩长200m，崩宽约35m，大崩窝局部已崩至堤脚	
52	安徽铜陵港九码头	2000年	崩长约130m，宽30余m	
53	湖北调关至八十丈	2001年2月15日	崩长110m，崩宽53m	
54	江苏扬州港东侧8号坝	2002年7月17日	块石护坡江堤塌入长江，宽大于80m，进深达20m	《长江日报》2002年7月22日
55	江西湖口至官洲江段	近百年	向左摆动1.7～2km	《中国地质灾害》
56	安徽安庆和芜湖大拐江段	近百年	左移4.5～7.5km	《中国地质灾害》
57	安徽安定至刘家渡		多年平均崩岸50～100m，1954年在此溃口，使500万人受灾	《中国地质灾害》

1998年汛期，长江中下游干流发生主要崩岸56处，现将规模较大者列入下表。

1998年长江中下游干流河道重大崩岸险情简表

崩岸地点	所属省市	所在河段	岸别	出险时间	险情简述
向家洲	湖北石首	下荆江	左岸	6—9月	崩长2km，崩宽40～70m，局部达100m，护岸工程破坏严重
北门口	湖北石首	下荆江	右岸	6—9月	6月13日发生两次崩岸，崩长130m，崩宽30～60m；10月14日大窝崩，当日崩宽100m，总崩长200m，崩宽110m
中洲子	湖北石首	下荆江	左岸	6—9月	大幅度崩岸长1000m，崩宽20～50m
铺子湾	湖北监利	下荆江	左岸	6—9月	顶冲点移至10+000米以下，崩岸发展，崩长1200m，崩宽50～60m
洪水湾	湖南岳阳	下荆江	右岸	9月	崩长1600m，崩宽5～10m
虾子沟	湖北洪湖	簰洲湾	左岸	6—10月	受水流顶冲，不断崩退，崩长300m
嘶马临江村	江苏江都	扬中	左岸	7月3日15时	坍口宽70m，坍进40m，坍头2800m²，造成205户居民搬迁
六圩小南圩	江苏邗江	镇扬	左岸	7月29日	深泓逼岸−10m线，逼进40多m，水下坍长120m
扬州四水厂	江苏邗江	镇扬	左岸	8月2日	坍岸长800m，0m等高线最大被退进20m，离堤肩最近处32m，堤外滩地仅10～13m

注：资料引自《一九九八年长江防汛总结》第四篇“防汛抢险及工程效益”。

第九章 水土流失灾害

水土流失是陆地表面由流水的作用造成的地表土壤和岩体风化碎屑物大量散失的一种累进性或渐变性的地质灾害。其恶果是人类生存环境、土地资源的破坏，并使整个生态环境处于愈演愈烈的恶性循环。广义的水土流失还包含崩塌、滑坡、泥石流等地质灾害，因此水土流失可以说是多种地质灾害的结果。

水土流失是自然现象，因此在地质历史时期就已发生。而长江流域的水土流失也不例外，但就对人类自身和文明建设造成灾害，从历史纪事来看，自夏周以来即已发生，当时有“禹之禁，春三月山林不登斧，以成草木之长”（《逸周书·大聚》）和“平治水土”（西周《名刑》），都是水土流失的对策。但因人口少，仅为局部地段。秦、汉、唐、宋时期水土流失有进一步发展，及至清代以来，人口剧增，开发从易到难、从平原深入崇山峻岭，植被遭受破坏，水土流失加剧。明清时代，在云南小江一带掠夺式的采铜，已有大片“童山”就是一例。1958 年“大炼钢铁”中，林木惨遭破坏，“元气”大伤，水土流失进一步加剧。在许多地方，居民频频遭受大自然的惩罚，惨痛经历不应忘记。党中央提出的可持续发展战略，将为治理水土流失提供长远的保证。

第一节 水土流失类型与发育条件

一、水土流失类型

水对土壤的侵蚀作用包括化学溶蚀和机械侵蚀两种基本方式。由于水土环境条件不同，因而流失类型也是复杂多样的。

1. 垂直侵蚀

土体水分的下渗和蒸发，均伴随着可溶性矿物和细微粒子在土体内垂直上下移动，称之为垂直侵蚀。

2. 面状侵蚀

暴雨、雨滴侵蚀和分散的地表径流从地表冲走表层的土粒称为面状侵蚀。它主要发生在没有植被的坡耕地上，可细分为以下几种。

(1)层状面蚀。面蚀发生初期，多为层状面蚀。裸露的松散土层，一遇暴雨，土壤表面直接受到击溅和浸润，当饱和后与径流同时形成，表层泥浆与径流一同流失。

(2)细沟状面蚀。任何情况下，微地形表面总是起伏不平的。当地表水汇聚后，“水往低处流”而形成小股水流，即坡面径流，其所过之处，形成许多小沟，有更多的土粒被冲走，这些小沟在耕作后可消失，故仍属面蚀。长江流域在暴雨时均可产生此类侵蚀。

(3)砂砾化面蚀。在土石山地上，当发生面蚀时，细土被带走而砂砾被留下，多次进行，最后只有沙砾而无细土粒，被迫无奈而停耕，在地层为在花岗岩和红色砾岩的江西兴国等地和川北砾岩丘陵，均可见到。

(4)鳞片状面蚀。在弃耕的荒坡和过度放牧的坡地，植被覆盖度小，暴雨时也会发生显著的面蚀并显鱼鳞片状分布。

3. 沟蚀

沟蚀是集中的地表径流(股流)冲蚀土壤及下部松散碎屑(母质)，切入地面形成沟壑的一种水土流失形式。它的影响面积不如面蚀大，但沟蚀对土壤的破坏程度则远较面蚀严重，且沟蚀是面蚀的进一步发展，它对耕地完整有较大的坡坏。沟蚀按其发展程度又可分为以下3种。

(1)浅沟侵蚀。一般深达0.5～1m，宽约1m，横断面呈平状，经发展切入“母质”层。

(2)中沟侵蚀。沟宽达2～10m。

(3)大沟侵蚀。沟宽达10m以上，沟床下切至少在1m以上，沟的断面呈狭长形。在长江流域的石灰岩山区如贵州、云南等省，沟蚀的结果使风化层全部流失，而只剩下光秃的石头(石漠化)，有的“风景”好但无耕地可种。

4. 其他侵蚀

其他类型的侵蚀有冻融侵蚀、重力侵蚀(崩滑类)、浪蚀和陷穴侵蚀(以黄土为主)等，其危害程度随规模而异。

二、水土流失发育条件

长江流域水土流失发育条件可分内部条件与外部条件，也即是内因与外因。外因是变化的条件，内因是变化的根据，外因通过内因而起作用。

1. 内部条件

内部条件有地层岩性、地质构造、地貌等，前几章已有述及。一般地说，一切有利于崩塌、滑波、泥石流(简称崩、滑、流)发育的因素都有利于水土流失的发育。

(1)地层岩性。水土流失与岩性关系十分密切，第四系松散堆(沉)积易于遭受侵蚀，如西昌盆地的昔格达组(Q_1)，崩、滑、流均很发育，当然水土流失也十分严重。出露很广的上三叠至上第三系“红层”，由于岩性较软弱，易于风化，在某些地方有“见风消”之称，川中“红盆”水土流失严重，与此有着关联。片状或块状变质岩，含亲水矿物及片状矿物较多，易发生水土流失，如湖北郧县和郧西、大别山、甘肃白龙江均为变质岩区，也是水土流失严重地区。花岗岩及玄武岩物理风化、化学风化均较强烈，形成很厚的风化壳，易发生水土流失。现将长江流域内重点水土流失地区的岩性列于表9-1-1。

表9-1-1　　长江流域重点水土流失地区与岩性关系表

地区	地貌类型	流失地区的主要岩土类型
江西修水	低山、丘陵	红色砂岩、变质砂岩、板岩、花岗岩
安徽岳西	低山、丘陵	花岗岩、片麻岩
云南彝良	高原	紫红色砂页岩、泥岩

续表

地区	地貌类型	流失地区的主要岩土类型
四川乐至	丘陵	红色泥岩
河南南召	低山、丘陵	花岗岩、片麻岩
甘肃礼县	低山	第四系黄土
白龙江中游	中、低山	千枚岩、黄土、石灰岩
四川内江	丘陵	紫红色页岩、紫色土
江西兴国	丘陵	花岗岩、紫红色砂页岩、红土
贵州毕节	中山	石灰岩、紫红色砂页岩、砂壤土

(2)地质构造。长江流域西部地区较东部地区(中、下游)地质活动强烈，断裂纵横，使岩石破碎，因而为水土流失创造了条件。活动断裂(尤以第四系以至全新世活动)还多为震源，在构造地震强烈活动区，往往是崩、滑、流发育区，也是水土流失强烈区。如1974年5月11日的云南大关北地震，在极震区造成地震—重力破坏，几乎所有山头均遭不同程度破坏，形成“遍体鳞伤”、“披麻带孝”的特殊景观；小江流域水土流失强烈与小江断裂和地震多发有密切联系。

(3)地形地貌。主要与地貌成因和坡度大小有关。强烈上升的构造剥蚀地貌往往是水土流失强烈的地区。如果山体高、坡度大、土体已趋不稳定，在雨水等作用下，可以快速启动，高速运动而水土流失。据四川遂宁、宣汉、岳池等地的野外观测资料，在地面坡度为5°～25°的范围内，土壤侵蚀量明显随坡度增加而增加，遂宁1985年观测25°坡耕地土壤侵蚀量为5°坡耕地的4.29倍。

2. 外部条件

外部条件有气象水文、人为活动等，它们对水土流失有触发和加剧的作用。

(1)气象水文。主要有大风、雨强、径流等。大风可吹蚀表层疏松细颗粒，而雨强和径流等主要是为灾害发生提供水量，不论是面蚀或沟蚀，流动的、足够的水均是不可少的。长江流域几个暴雨区如川西、湘西、鄂西南、大巴山、大别山等地都是水土流失强或极强的地区。

(2)人为活动。掠夺式的对自然的索取，是一种短视而有害的行为。如砍伐森林破坏植被、陡坡种植过度开垦、滥采滥挖矿产资源、滥开乱堆不科学利用土地，凡此种种，都可激发和加剧水土流失。在湖北郧西、郧县有的顺坡种植，川西有的山区还有刀耕火种过后撂荒，石灰岩地区乱砍乱耕等。据统计，四川从1951年至1981年，全省毁林开荒面积达187万多hm^2，全省森林覆盖率已从新中国成立初期的19%下降到13.3%，这都将引起水土流失。云南东川小江流域，100～200年前，林木蔽日，溪水清澈，后由于砍林烧炭炼铜，以致变成现今的“河谷满沙砾，秃山更不殊”；炼铜的收入全部用于环境恶化的治理也还差之甚远，得不偿失。应当注意的是，时至今日，为了一丁点小利而大肆破坏环境的事例，不是在减少而是在增多。虽然年年在治理，但水土流失面积仍在增加。

第二节　水土流失的分布

长江流域地域广阔，地貌复杂多变，岩性软硬多样，又多处于亚热带季风区，气候温和，雨量充沛，且多暴雨，为水土流失提供了物质基础和动力条件。随着人类活动的深化，人口增加，为生存而加大向自然索取的力度，更为水土流失带来深刻影响，穷山恶水、光山秃岭和石漠沙化层出不止。

一、水土流失的区域分布

长江流域各省、自治区、直辖市，都存在水土流失，但强度、面积各不相同。长江水利委员会于 1957 年和 1985 年曾进行过两次调查，其数据见表 9-2-1 和表 9-2-2。

表 9-2-1　　长江流域各省、自治区水土流失面积表(1957 年调查)

省(区)	土地面积(km^2)	水土流失面积(km^2)	水土流失面积占土地面积的比例(%)
甘肃	38369	30840	80.4
云南	109096	43198	39.6
贵州	115747	12816	11.1
陕西	72770	36017	49.5
四川	550643	94383	17.1
江西	163262	11000	6.7
湖北	186679	50120	26.8
湖南	206650	55880	27.0
河南	27370	12900	47.1
江苏	40243	1850	4.6
安徽	95586	13686	14.3
浙江	12225	350	2.9
广西	8283	750	9.1
总计	1626923	363790	22.4

注：据长江水利委员会水土保持局资料。

表 9-2-2　　长江流域各省、自治区水土流失面积与流失量表(1985 年调查)

省(区)	土地面积(km^2)	水土流失面积(km^2)	水土流失面积占土地面积的比例(%)	年土壤侵蚀量(万 t)
青海	158513	32170.9	20.3	2412.4
甘肃	38369	18152.26	47.31	7787.87
云南	109096	21525.6	19.73	8470.7
贵州	115747	23596	20.39	12668.69
陕西	7277	35616	48.94	13813.52
四川	550643	247000	44.86	102742
江西	163262	34178	20.93	16734.85
湖北	186679	61269	33.36	31931
湖南	206650	42925.8	20.77	14605.7
河南	27370	12510	45.71	2566.07
江苏	40234	5939	14.76	834.1
安徽	95586	25000	38.12	8869
浙江	12225	1036	8.47	99.59
广西	8283	988	11.93	315.25
福建	1048	90.57	8.64	19.12
合计	1786475	561997.13	31.49	223869.86

注：据长江水利委员会水土保持局资料。

两次调查均可发现，甘肃、陕西、河南的水土流失面积占土地面积的比例均大于40%，但数值均有变动，其他变动最大的当属四川、安徽。虽然两次调查采用的方法、标准、精度不一，但据此作粗略比较仍是可行的。现将两次调查成果作一比较列于表 9-2-3。

表 9-2-3　　长江流域各省、自治区水土流失两次调查比较

省(区)	土地面积(km^2)	水土流失增加或减少面积(km^2)	增加或减少(%)	备注
甘肃	38369	−12688	−33.09	
云南	104096	−21673	−19.9	
贵州	115747	+10783	+9.3	
陕西	72770	−401	−0.6	
四川	550643	+15267	+27.86	
江西	163262	+23178	+14.23	
湖北	186679	+11149	+6.56	
湖南	206650	−12954	−6.23	
河南	27370	−390	−1.39	
江苏	40234	+4089	+10.16	
安徽	95586	+11314	+23.82	
浙江	12225	+686	+5.57	
广西	8283	+238	+2.83	

从表 9-2-3 可见，全流域水土流失面积百分数由 22.4%上升到 31.49%。经过 28 年，水土流失面积上升了 10%，是相当惊人的。其间 1981 年长江流域规划办公室还曾组织专家对不同类型的 13 个水土流失重点县进行了调查，结果表明各地水土流失面积比 20 世纪 50 年代均有扩大，强度也有所加剧。其中郧西、岳西、修水、商县、礼县、于都 6 县水土流失面积较 50 年代增加 35.7%～75.5%。

在各省区，水土流失一般是较集中成片分布，这与其地质条件有很大的关系。

安徽省石台、宁国、东至一带水土流失强烈发育，岩性为红色碎屑岩和岩浆岩。

江西省水土流失以赣州地区分布最广，程度最烈；其次为抚州、上饶等，岩性以红色砂岩和花岗岩风化流失程度最烈。

湖南省水土流失程度以澧水流域最为严重，水土流失面积占流域面积的 25%；资水其次，水土流失面积占流域面积的 24.2%。

湖北省水土流失以大别山的广水、红安、罗田、英山及通城一带为最，它们均处于变质岩和岩浆岩分布区，风化剧烈。

四川省水土流失以石棉、西昌、金阳、会理、攀枝花一带(安宁河)和内江地区为最强烈，岩性以第四系昔格达组和碳酸盐岩及变质岩为主，而内江地区为紫红色页岩。

贵州省水土流失以毕节、赫章、威宁为最强烈；其次是大方，其水土流失面积占总面积的 66%，岩性为碳酸盐岩和碎屑岩。

金沙江及其支流地区是云南省水土流失最为强烈、危害最为严重的地区，在宾川、元谋等干热坝子由于“焚风效应”，树木极难成活，光山秃岭。而滇东北人口密度大，陡坡耕种特别突出，水土流失主要在坡耕地上，以面蚀而呈沟状侵蚀，再加上崩塌、滑坡、泥石流的强烈发育而形成强烈的水土流失。永善、巧家、德钦以崩塌、滑坡为

主，东川、宾川、昭通以泥石流为主，其岩性以碳酸盐岩和碎屑为主。

甘肃省南部的部分区域为浅变质、千枚岩、片岩、黄土，均属易遭受侵蚀的岩类，加之森林面积1949年后减少3.07万hm^2，林线升高1000m，使水土流失十分强烈。

二、水土流失的水系分布

长江流域各水系水土流失是不均衡发展的，以金沙江水土流失面积最大，以下依次为嘉陵江、汉江(见表9-2-4)。表中还示出水土流失面积占集水面积的比例，以沱江最大，为58.4%；嘉陵江次之，为57.8%；水土流失面积比例在30%以上的主要水系还有汉江、岷江和清江；金沙江攀枝花至宜宾段，是山崩、滑坡、泥石流沟的密集分布带，当然也造成了水土流失。长江流域各水系输沙模数分级面积统计见表9-2-5。

表9-2-4　长江流域各大水系水土流失面积与侵蚀量(1985年调查)表

水系	集水面积(km^2)	水土流失面积(km^2)	占土地面积(%)	年土壤侵蚀(万t)
金沙江	500000	135416	27.1	46629
岷江	133000	49171	37.0	19417
沱江	27860	16274	58.4	8116
嘉陵江	160000	92475	57.8	38036
乌江	71824	14595	20.3	8110
赤水河	13087	3856	29.5	2132
清江	16700	5570	33.4	0
汉江	156030	65495	42.0	0
洞庭湖水系	258233	52253	20.0	0
鄱阳湖水系	161960	34267	21.2	0

注：乌江与赤水河未统计四川省部分；据长江水利委员会水土保持局资料。

表9-2-5　长江流域各水系输沙模数分级面积统计表　　单位：km^2

水系	输沙模数($t/km^2\cdot a$)							
	总计	<100	100～200	200～500	500～1000	1000～2000	2000～3000	3000～4000
金沙江	499880	269395	44778	65750	49978	18103	33826	18050
嘉陵江	156142	—	23758	23479	55540	36017	9804	7544
岷江	135378	27623	35198	17407	38156	5364	11630	—
沱江	22283	—	—	16693	6590	—	—	—
乌江	83598	—	3052	38729	41817	—	—	—
赤水河	17224	—	—	12914	4310	—	—	—
上游干流区间	90559	—	—	38558	21381	30620	—	—
汉江	140340	1594	7652	39257	91927	—	—	—
洞庭湖	215148	1866	153201	34615	8466	—	—	—
中下游其他水系	37819	18866	12128	10388	13447	—	—	—
中下游干流区间	143787	143787	0	0	0	—	—	—
鄱阳湖	162225	78019	63879	19406	921	—	—	—
总计	1704383	541150	343556	317196	332533	90104	55260	25594

注：据《长江流域重大自然灾害及防治对策》。

结果显示，金沙江、嘉陵江、岷江均存在大于1000$t/km^2\cdot a$的地域，且其占侵蚀总面积的百分比达14%、39.4%和12.6%，而其他水系未见。在金沙江和嘉陵江还有输沙模数达3000～4000t/km^2·a的地域18050km^{2}和7544km^2，且占侵蚀总面积的3.6%和4.8%，再一次说明其水土流失之严重程度。

第三节　水土流失灾害的危害

水土流失一般是一个缓慢累积的过程，因此常常被人们所忽视，不自觉地陷入越穷越垦、越垦越穷的恶性循环之中，造成“人类破坏环境，环境报复人类”的态势。而且其危害是长期的，难以恢复和逆转的，主要有以下几方面。

一、毁坏土地资源，肥力下降，造成巨大经济损失

四川省到1981年水土流失面积已占其总面积的67.5%，每年流入长江的泥沙量达6.4亿多t，相当于全省耕地每年被剥去0.84cm厚的表层沃土，流失的N、P、K等养分折合化肥约为每年施用的化肥总量。

贵州省据1989年统计，全省水土流失面积7.6万km^2，占全省总面积的43.5%。水土流失严重的县已达33个，最严重的毕节地区水土流失面积已达13270km^2，约占该地区总面积的50%，全区裸岩和砂砾化土地面积已达15.4万hm^2，而且还以平均1330～2000hm^2/a的速度递增。全省每年通过河流外泄的泥沙量达7000万t至1亿吨，相当于3.07万多hm^{2}的表土流失，每年损失耕地0.7万hm^2。肥效损失也相当严重，每年平均损失N 12万t、P 5万t、K 30万t、有机质73万t。清镇县自1965年至1979年石化面积以平均500hm^2/a的速度增长。

云南省因水土流失、滑坡和泥石流堆积物掩埋覆盖，全省在1981—1990年期间，平均每年有近700hm^{2}农田沙石化，其中约有2000hm^{2}农田在短期内无法恢复耕种。按全省平均侵蚀模数849t/km^2·a和2元/t价格计算，这10年间因水土流失而造成的经济损失大约为67亿元，农田沙石化的经济损失约为15亿元。昭通地区耕作层厚度小于23cm的耕地已占全部耕地的94%。

甘肃陇南地区的白龙江中游、白水江中游、羊汤河下游及西汉水上游部分地区的侵蚀量达1万～6万t/km^2·a，超过黄土高原强度侵蚀区无定河及窟野河的1倍，成为中国最强侵蚀区，环境恶化，生存空间缩小。

江西省据1984年统计资料，水土流失面积由20世纪50年代的110.6hm^{2}增至1984年的354万hm^2，每年土壤侵蚀量达1.6亿t，流失N、P、K约130万t，其中以赣州地区程度最强烈，其他依次为抚州、上饶、吉安等地，生态环境遭受严重破坏。近10年来平均每年以数千万元巨款进行国土整治。在修水、兴国等强水土流失区只能采取“人退”，如宁都县东坝乡因水土流失，1985年已有5个自然村被迫背井离乡，尚有数个自然村几百户亟待搬迁。

湖南省水土流失面积在20世纪50年代初期，据不完全统计为1.3万km^2，至1984年，全省水土流失面积达3.94万km^2，已是初期的3倍之多。按土壤侵蚀模数轻度与强度两级划分，其中属强度流失面积为2.35万km^2，占总流失面积的56.7%。全省石化面积达3745km^2。

湖北省各地山区都存在水土流失问题，尤以鄂西山区和大别山区最为严重。流失

面积在 10 万 hm^2 以上的有 10 个县，郧西、郧县均超过 13.33 万 hm^2。

二、加剧河湖淤积

在水土流失严重地区，一些河流来沙量增加，金沙江下游干支流，据实测水沙资料分年代统计，各测站尤其是支流测站的沙量，均有明显增加。如黑水河宁南站 20 世纪 60 年代平均含沙量为 1.18kg/m^3，70 年代为 1.55kg/m^3，80 年代为 2.66kg/m^3。其他如龙川江小黄瓜园站，也与此类似。来沙增加表明水土流失加剧。

安徽省的青弋江、水阳江等河流，河床淤高 1～1.5m；大别山南麓的河流普遍淤积严重，太湖县弥河淤高 1.3m，造成千亩良田涝渍；长江左岸(北岸)湖泊，大多水位变浅，湖面缩小，湖体南移，处于萎缩阶段。

江西省的赣、抚、信、修、饶五大水系及赣江一级支流近 20 年河床普遍抬高 1.5～1.8m，赣江支流平江达 2m 多。由于梅江和黄陂河河床抬升，宁都县旧治因排水不畅已变成壕塘，赣州地区内由此形成冷侵田达 4 万多 hm^2，修水县近 7000hm^2。局部地段河床高出两岸农田 3.2m。据 1954—1984 年实测资料，鄱阳湖年淤积量为 1052 万 t，1954—1976 年 22 年间，湖面缩小了 1210km^2，损失湖容 40 多亿 m^3。

湖南省洞庭湖的淤积物主要来自长江上游，长江四口注入洞庭湖的泥沙量占进入洞庭湖泥沙总量的 80.2%，但四水的来沙量也达 20%，使湖底淤高，容量减少。湘、资、沅、澧四水干流河床普遍淤高 0.6m 左右。

四川省嘉陵江支流西河，有的河段已淤高 2m，华蓥市溪口河已成为地上“悬河”，高出两岸农田 1.5～2m。

重庆市开县境内 3 条大河河床普遍淤高 2m，奉节县境内的中小河床普遍比 20 世纪 50 年代抬高 1～2m，河道增宽 5～30m。

贵州省赫章县的六冲河含沙量最高达 62.7kg/m^3。1983 年三岔河含沙量最大达 47.7kg/m^3，超过黄河平均含沙量(36.9kg/m^3)，已达到令人吃惊的程度。

陇南白龙江武都段河床，20 世纪 40 年代每年抬升 4cm 左右，70 年代为 6～8cm，现在已达 12.3cm，已累计淤高 3.32m。西汉水部分河段 70 年代比 50 年代淤高 2m，不少已成“悬河”。

湖北省 13 条主要通航河流，从 1958—1978 年的 20 年，河床普遍淤高 1.5m 以上。竹山县官渡河，1959—1980 年的 21 年间，河床抬高 7.2m，平均每年抬高 34cm，西岸官渡镇已被迫迁往高处。

陕南几乎到处都能见到“悬河”存在，商州至丹凤县城“悬河”有 11 条之多，平利县老城因推移质淤积，河床被抬高 6～8m，老城已被泥沙埋没。汉江大安段河床 1982 年比 1976 年抬高 1.4m，比 1966 年抬高 2.4m。

云南省著名的泥石流高发区小江流域的淤积情况见表 9-3-1，河床平均每年淤 0.27m。

表 9-3-1　小江河段河床淤积情况

断面位置	淤积年代	淤积厚度(m)	年平均淤积厚度(m)
达德水文站	1955—1977 年	6.34	0.29
炭窑村上	1957—1981 年	5.74	0.25

续表

断面位置	淤积年代	淤积厚度(m)	年平均淤积厚度(m)
大桥河汇口	1957—1981年	5.81	2.25
炭窑村	1957—1981年	5.33	0.23
石膏矿	1962—1981年	4.32	0.24
板壁岩	1961—1981年	4.15	0.22
小江水文站	1961—1981年	3.86	0.20
青年村	1961—1981年	2.94	0.13

注：据赵希文《小江流域泥石流输沙及河床演变》。

三、淤毁水利工程，效益减小

皖江上游的毛尖工程，因淤积损失库容13.2%；浙江安吉大河口水库，库内地层为花岗闪长岩，自1966年蓄水至1990年淤积达30万m^3。

江西省调查全省9000多座水库，每年因泥沙淤积减少库容1047万m^3。赣县1958—1980年所建的43座小(二)型水库，淤积泥沙平均占库容的24%，其中9座淤满失效。兴国塘背水库1966年建成，15年后，兴利库容已淤54.3%。

贵州省毕节市倒天河水库20年泥沙淤积量达200多万m^3；乌江渡水库的淤积已占库容的1/2以上；威宁县冲子河水库1978年建成至1984年，淤积泥沙已占总库容的69.3%，年淤积率达9.9%；织金县火冲口和草冲口两座水库，建成当年被淤平。

据四川省对73079处水库、塘、河堰调查统计，年淤积总量达4619万m^3，年减少灌溉面积8000多hm^2，占有效灌溉面积的11.9%。南充地区20世纪80年代有大、小水利工程7147处，其中淤积严重的占22.2%，有75处工程因泥沙淤满而报废还耕。大渡河龚嘴水库13年累计淤积泥沙2.32亿m^3，占总库容的2/3，平均年淤积率达4.1%。

重庆市巫山县调查10座水库，10年内因淤积减少库容62.2%。云阳县新桥湾水库，边建边淤，工程被迫下马。

云南省楚雄州对48座中、小型水库调查，年淤积率为0.81%，全州每年因淤积减少有效库容近500万m^3。昭通市永丰水库等13座水库，平均每年减少库容近百万立方米。

湖南省全省258处中型水库，30%淤积严重，13座大型水库5座淤积严重，损失库容1.5亿m^3以上。

湖北省郧西县的马子岩水库，设计坝高21m，1975年建至17m时，一场大雨，将库区近千亩坡地的泥沙冲入库内，淤平坝顶，使工程报废。丹江口水库1960—1990年全库区淤积泥沙1437亿t。

四、航道变浅，航程缩短

江西省水上航道由1963年的6630km，减少到1979年的4937km，其中尚有1000余km航道船载吨位减半才能航行。

四川省有大小河流1300余条，通航河流有120余条，历史上通航里程1.25万km以上，形成天然水运网。近半个世纪特别是近30年以来，河流泥沙增加河床垫高，水量逐年减少，不少河流失去航运之利。嘉陵江河床比20世纪50年代淤高1～2m，在抗日战争时期，广元至重庆通航里程1006km，其中广元至南充654km，可通20～140匹马力机动船；南充至重庆352km，可通行240～300匹马力行机动船，这种状况一直延续到20世纪70年代中期。迄今南充以上航道，只有夏季丰水期方能通机动船，枯水期濒临断航，航程缩短500km。沱江20世纪70年代以前通航里程为516km，迄今内江市以上航道已基本废弃。60年代在嘉陵江中游简阳兴建猫猫寺水电站，左侧建有船闸，但未启用就遭泥砂淤埋，后又另辟航闸开挖上下游航道，结果又因航道淤塞而报废。沱江航程已比70年代中期缩短了近400km。以往金堂赵镇，简阳石桥镇、平泉镇，资阳临江镇、昆仑镇，资中银山镇等水运的繁荣景象已全部消失。岷江通航里程350km，自70年代中期以后，乐山至成都186km逐渐废弃，乐山至宜宾160余km尚可维持200～300匹马力机动船航行。

重庆市綦江河床20世纪70年代至80年代平均淤高2m，綦江火车站沱沱湾过去水深8～9m，现已淤为沙滩。万州地区在50年代末期可通航的河流有27条，通航里程1357km，至1979年全区通航河流仅15条，通航里程610km，比20年前减少740km。

第四节 水土流失的治理

水土流失灾害是可以通过防治而减轻的，1982年国务院发布的《水土保持工作条例》中指出："防治水土流失，保护和合理利用水土资源，是改变山区、丘陵区、风沙区面貌，治理江河，减少水、旱、风沙灾害，建立良好生态环境，发展农业生产的一项根本措施，是国土整治的重要内容。"水土保持工作的方针是"防治并重、治管结合、因地制宜、全面规划、综合治理、除害兴利"。在长江流域先后开展了"长治"工程、重点治理和小流域综合治理。在全国统一规划下重点治理葛洲坝库区和兴国县两片由财政部安排专项资金，小流域综合治理相继在16个省42条试点小流域开展工作，至2000年已验收的小流域有26条，以"坡改梯"为突破口发展农业及经济林、草，提高农业效益。

一、水土流失治理原则

1. 全面规划、突出重点

山、水、田、林、路统一规划，针对造成水土流失的主要条件，重点治理，例如由滑坡造成的水土流失，则重点放在滑坡的治理上，解决重点问题。

2. 对症下药、综合治理

即针对一个具体灾害点的特征、形成和发展趋势，制定适合该灾害点综合治理的方案，选择适宜的措施，达到综合治理，改善生态环境的目的。

3. 土木工程与生物工程相结合，以生物工程为主

生物工程具长期效应，并在一定程度上有治本的功效。土木工程促生物工程，生物工程护土木工程。

4. 因地制宜、经济合理

根据灾害点的社会自然环境、财力和技术条件，尽量选用当地材料，以降低成本。

5. **治理与经济发展和开发相结合**

根据适宜条件，沟上部水源区建蓄水池可灌溉、养殖；选择林木种类开发药材、果品及用材；治理沟谷开发稳产高产耕地，使生产发展，人民安居乐业。

6. **方法安全可靠、简便、易于实施**

在满足安全可靠的前提下，选择简便易行的措施和施工方法，群众易于掌握，更利于推行。

二、水土流失治理措施

制定正确的水土流土治理措施，首先要做好防治规划。一般来说，防治从小流域治理逐步推进，比较容易取得成效，并可滚动发展。在做规划之前要收集基础资料，分析水土流失的发展过程及引起和加剧水土流失的自然因素和人为因素，针对问题逐项提出防治措施，并做出推荐方案和主要方案、投资概算、实施方案、进度安排等，报有关(技术)部门审批实施。如果是工程措施还应有相应的设计图表。当前，水土保持工程有如下一些措施(见图 9-4-1)。应当指出，进行综合治理，发挥土木工程、生物工程、社会防治工程各自的优势，综合共同作用，其成效才能更大。

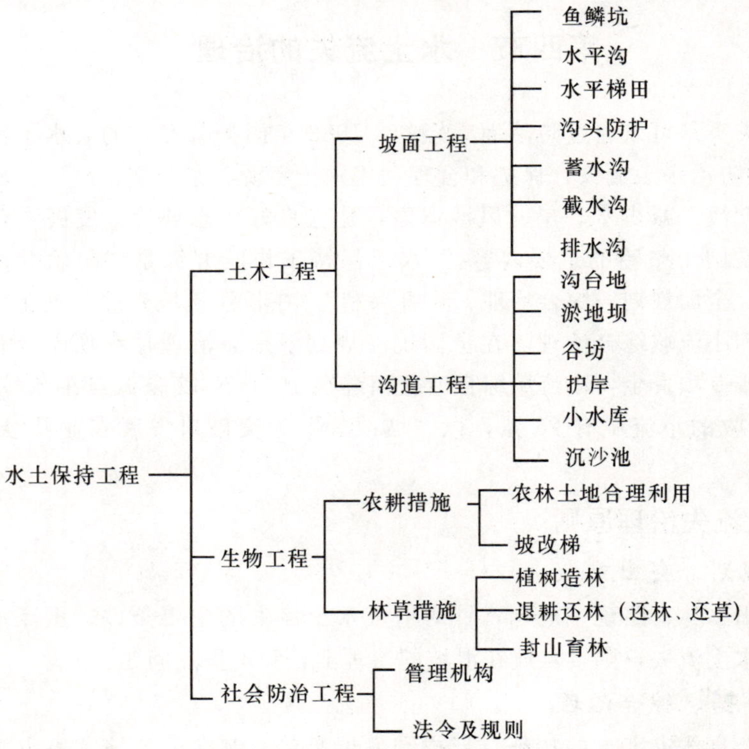

图 9-4-1　水土保持措施示意框图(据《中国山地灾害防治工程》)

三、治理典型事例

水土流失治理，多采用以小流域治理为单项工程，针对该小流域内的主要水土流失类型，抓主要矛盾，突出重点、综合规划，土木工程和生物工程相结合，已有较多成效。对大范围的综合治理除了大面积生物工程如飞播造林外，一般也分解成多个小流域进行，以达到治理一条小流域，就有具体的收效。

现将一些较成功的治理典型列表(表 9-4-1)如下。

表 9-4-1 部分水土流失治理典型概况表

治理项目名称	水土流失主要类型	治理措施	治理效果
四川九寨沟	泥石流	重点治理工程先行，防治灾害与风景自然保护相结合；对危害严重的7条泥石流沟修建拦沙坝、栅栏坝、谷坊26座，排导槽500多m，并采取植树和彻底封山，控制人口，农业转向	效果明显，风景区得到保护
四川南坪后山沟	滑坡、泥石流	封山育林，治理山坡和冲沟，固、拦、淤、排工程相结合，建拦沙坝49座、钢格栅坝4座，滑坡下部修挡土墙，用麻柳和杨树桩插埋设木栅拦114个，修截洪沟将径流排走	沟淘蚀基本控制，山坡逐步稳定，植被覆盖率由10%增加到80%，没再发生泥石流
四川西昌黑沙河	泥石流	上游建调洪水库，营造8km^{2}的水源林；中游河床修拦沙坝7座、谷坊5道、顺水坝7座，山坡营造水土保持林4km^2，坡耕地改梯地；下游修5.8km导流堤、人工河床，使滩地园田化	削减洪峰流量90%，坡面侵蚀和崩滑得到控制，成昆铁路、川滇公路得到畅通，荒滩成了田园
四川金川八步里沟	泥石流、滑坡	主沟以工程措施为主，次沟以生物措施为主；滑坡前缘沟床修7道拦沙坝减少纵坡比降，防止滑坡冲刷，并在滑坡上植树种草，加强地表水导排；生物措施治坡与治沟相结合	规划后实施
云南昆明东川老干沟	泥石流、滑坡	工程先导，拦排结合，水土分离，稳定滑坡，恢复植被；建拦沙坝2座、肋槛76道、谷坊8座、排导槽980m，造林182.2hm^2	滑坡稳定，沟道只出现挟沙洪水，公路畅通，人心安定
四川汉源狮子沟	滑坡泥、石流	修18m高浆砌块石拦沙坝，淤高形成阻滑体，稳定滑坡，回淤长度500m，稳定了沟床与岸坡，植树造林恢复植被	效果好，人心安定，生产发展
三峡库区太平溪	坡面产沙、山体崩滑	完成坡改梯70.4hm^2，经济林果368.7hm^2，造林补植694hm^2，覆盖率达67.31%，建谷坊47座、拦沙坝147座、排洪沟42条、塘堰7座	流域径流量减少19%～26%，入库泥沙减少45%～74%，土壤田间持水量提高26%～34%，效果好
陕西汉中黑草河	面蚀和沟蚀	坡改梯12hm^2，造林914hm^2，其中经济林44hm^2，种草封育管护264hm^2，治理面积达总面积的78%	径流减少35.7%，悬移质泥沙减少55%，平流增加28.9%
甘肃武都清水沟	黏性泥石流	汇流区坡面治理25°以上坡地植树种草，25°以下坡耕地进行“坡改梯”，新修水平梯田37.3hm^2，平台植花椒15.9hm^2、果园2.9hm^2、林42.2hm^2、草23.3hm^2；滑坡体上方修排洪沟4条、蓄水池2口，崩塌滑坡下部修挡墙，沟道中修拦沙坝	保护了武都县城及武略公路安全，增加了农业生产效益

续表

治理项目名称	水土流失主要类型	治理措施	治理效果
江西新建县东港小流域(红土区流失型)	水土流失主要在坡耕地荒山	坡改梯 190.2hm^2，经济林果木 193.3hm^2，薪炭林 156.8hm^2，用材林 69.1hm^2，沟道拦沙坝等土石方 53.29 万 m^3，治理程度达 88.4%	土壤侵蚀模数减少 4/5，林草覆盖率达 83%，坡耕地下降 72%，森林覆盖率提高至 27%
江西兴国塘背小流域(花岗岩区流失型)	坡面流失及沟道流失	25°以上坡面以竹节水平沟为主，15°～25°坡面以修反坡台地为主；坡脚修水田梯田或挖穴整地，选择适宜树种草种，发展乔、灌、草相结合立体植物群落；沟道筑拦沙坝谷坊	植被覆盖率由 10% 上升到 36.8%，治理程度达 80%，缓洪减沙达 70% 以上，改善生态环境，大幅提高生活水平
陕西安康白鱼河小流域(变质岩区流失型)	坡耕地流失为主	坡面工程为修水平梯田、塘等堰，坡面植种用材林、薪炭林、经济林，耕作采用等高垄作及等高穴播；沟道工程有小型水库、谷坊、拦沙引水坝、河道整治及基本农田建设，以改造坡耕地，建设基本农田为突破口	人均基本农田由 0.032hm^2 提高到 0.063hm^2，人均粮食由 345kg 提高到 473kg，人均纯收入由 97 元提高到 719 元
贵州省蒙铺河小流域(石灰岩区流失型)	坡面流失及沟蚀	加强植被建设，植苗造林、直播造林均选成活率高品种；林下种草、改造坡耕地、建设基本农田；治理的关键是退耕还林草，加速植被恢复以保证改低产田为稳产高产田	林草面积占宜林草面积的 83.2%，中度以上水土流失面积减少 78%，土壤侵蚀模数由 3117 $t/km^2 \cdot a$，下降到 851 $t/km^2 \cdot a$，完成饮水工程 51 处
四川州河三溪沟小流域(紫色页岩流失型)	坡面耕地面蚀	小于 25°坡耕地实行坡改梯，大于 25°坡耕地退耕还林草，小于 10°缓坡地采取保土耕作如等高耕作、沟垄种植、间作套种、合理密植、休闲地种绿肥；种树先整地，有抽槽、大穴、鱼鳞坑等，以前者效果最好	森林覆盖率由 29.6% 提高到 46.2%，人均基本农田由 0.048hm^2 提高到 0.08hm^2，人均产粮 550kg，土壤侵蚀模数由 2995$t/km^2 \cdot a$ 下降到 764$t/km^2 \cdot a$
甘肃成县苏元小流域(黄土覆盖与土石山丘流失型)	坡面侵蚀与沟蚀，土地利用率低，为 61.1%	建基本农田为突破口，形成山梁林草，平缓山坡梯地，山麓经济林果，沟道拦蓄工程，四旁林草开发	89% 的水土流失面积得到治理，土地利用率提高了 33%，达到 94%，人均收入由 206 元提高到 452 元

参考文献

1 段永侯等编著．中国地质灾害．北京：中国建筑出版社，1993

2 范宝俊主编．人类灾难纪典．北京：改革出版社，1998

3 罗元华等．地质灾害风险评估方法．北京：地质出版社，1998

4 水利部水利水电规划设计总院主编．水利水电工程地质手册．北京：水利电力出版社，1985

5 唐邦兴等编著．四川省自然灾害及减灾对策．成都：电子科技大学出版社，1995

6 长江水利委员会水土保持局．长江上游水土流失重点防治区滑坡泥石流预警系统防灾减灾策略及效益研究，1997.7

7 中国地震局．中国地震烈度区划图(1990)概论．北京：地震出版社，1996

8 马宗晋等编著．中国重大自然灾害及减灾对策(分论)．北京：科学出版社，1993

9 马宗晋等编著．中国重大自然灾害及减灾对策(年表)．北京：海洋出版社，1995

10 中国地震局震害防御司编．中国历史强震目录(公元前23世纪—公元1911年)．北京：地震出版社，1995

11 中国地震局震害御司编．中国近代地震目录(公元1912—1990年，Ms≥4.7)．北京：中国科学技术出版社，1999

12 郭增建等主编．地震对策．北京：地震出版社，1985

13 谢毓寿等主编．中国地震历史资料．第1～5卷．北京：科学出版社，1985

14 时振梁主编．中国地震考察(1、2卷)．北京：地震出版社，1990

15 张肇诚主编．中国震例．北京：地震出版社，1990

16 陈德基主编．中国水利百科全书．水利工程勘测分册．北京：中国水利水电出版社，2004

17 长江水利委员会．长江流域综合利用规划简要报告·工程地质，1990

18 长江水利委员会．长江志·自然灾害．北京：中国大百科全书出版社，2005

19 程谦恭．中国古代山崩地裂陷灾害年表．灾害学，1993(3)

20 宋正海主编．中国古代重大自然灾害和异常年表总集．广州：广东教育出版社，1992

21 成都山地灾害与环境研究所．山洪、流石流、滑坡灾害及防治．北京：科学出版社，1994

22 刘传正著．地质灾害防治工程理论与实践，1998

23 云南省地矿局第一、二水文地质工程地质大队．云南省地质灾害调查及对策研究报告，1990.10

24 长江水利委员会．长江三峡工程库区库举稳定及崩滑体专论，1996

25 长江水利委员会．金沙江干流综合规划工程地质勘察报告，2003.6

26 成都山地灾害与环境研究所．长江上游泥石流滑坡危险度区划研究总结报告，1992.12

27 长江勘测技术研究所．长江上游水土保持重点治理滑坡、泥石流发育程度与稳态区划研究，1994

28 四川省地质环境监测总站．四川省地质灾害调查研究报告(内部资料)，1997

29 云南省计委国土整治办公室等编著．云南滑坡泥石流灾害防治．昆明：云南大学出版社，2000

30 云南减灾年鉴编委员．云南减灾年鉴(1991—1995)、(1996—1997)，昆明：云南科学技术出版社，1997，1999

31 王景来，杨子汉编著．云南自然灾害与减灾对策．昆明：云南大学出版社，1998

32 梁淑芬等编著．湖北省自然灾害与防御对策．武汉：湖北科学技术出版社，1992

33 杜榕桓等编著．长江三峡工程库区滑坡与泥石流研究．成都：四川科学技术出版社，1990

34 滑坡文集编委会．滑坡文集(第五集、第八集、第九集、第十集、第十一集、第十二集、第十三集)．北京：中国铁道出版社

35 孙广忠等．中国典型滑坡．北京：科学出版社，1988

36 滑坡论文选集编委会．滑坡论文选集．成都：四川科学技术出版社，1989

37 乔建平主编．滑坡减灾理论与实践．北京：科学出版社，1997

38 长江水利委员会综合勘测局．长江三峡工程库区崩滑体档案(干流支流)，1996

39 王成华，陈自生等．滑坡研究与防治(1)．成都：四川科学技术出版社，1996

40 周魁一，郭涛．长江三峡地区大型岩崩与滑坡的历史现状初步考察，1984.9

41 万县地委政策研究室．万县地区五百年灾害研究(内部资料)，1991.7

42 惠振德．陕西省地质灾害简编年表．灾害学，1993(3)

43 云南省计委国土整治农业区划办公室等．云南滑坡泥石流灾害防治(1988—1999)．昆明：云南大学出版社，2000

44 唐邦兴，柳素清主编．四川省阿坝自治州泥石流及其防治．成都：成都科技大学出版社，1993

45 成都山地灾害及环境研究所．泥石流研究与防治．成都：四川科学技术出版社，1989

46 周必凡，罗德富编著．泥石流防治指南．北京：科学出版社，19991

47 成都山地灾害及环境研究所．泥石流．1～4集．重庆：科学文献出版社重庆分社，1981—1986，(北京:科学出版社,1995)

48 兰州冰川与冻土研究所主编．甘肃泥石流．北京：人民交通出版社，1982

49 陈德基主编．泥石流减灾理论与实践．北京：科学出版社，1997

50 杜榕桓等编著．云南小江泥石流综合考察与防治规划研究．重庆：科学技术文献出版社重庆分社，1982

51 陈循谦．小江泥石流灾害研究(内部资料)，1993

52 曾思伟等汇编．泥石流学术讨论会兰州会议文集．成都：四川科学技术出版社，1986

53 杜榕桓等．全国泥石流防治经验交流会会议文集．重庆：科学技术文献出版社重庆分社，1982

54 甘肃省滑坡泥石流研究会编．第四届全国泥石流学术讨论会论文集．兰州：甘肃文化出版社，1994

55 兰州大学．兰州大学学报(自然科学版)，1992，28(增刊)

56 国家防汛抗旱总指挥部办公室等著．山洪、泥石流滑坡灾害及防治．北京：科学出版社，1994

57 兰州大学地理系．白水江中下游地区泥石流研究及其在预警系统中的应用(内部资料)，1995

58 甘肃省计划委员会等．甘肃陇南滑坡泥石流整治规则，1991

59 陈国亮．岩溶地面塌陷成因与防治．北京：中国铁道出版社，1994

60 湖北省地矿局科技情报室．湖北地质科技情报 2、3 期合刊(内部资料)，1983

61 长江水利委员水文局．长江中下游河道基本特征，1983.10

62 监利县志编委会．监利县志．武汉：湖北人民出版社，1994

63 监利堤防志编委会．监利堤防志．武汉：湖北人民出版社，1991

64 九江市水利志编辑室．九江市水利志．北京：燕山出版社，2001

65 扬州水利史志编纂委员会．扬州水利志．北京：中华书局，1999

66 无为县志编纂委员会．无为县志．北京：社会科学文献出版社，1993

67 黄广大堤志编纂委员会．黄广大堤志，1993.4

68 荆江大堤志编纂委员会．荆江大堤志．南京：河海大学出版社，1989

69 长江水利委员会．长江马湖堤崩塌原因调查报告(内部资料)，1996.3

70 张伯年．长江城陵矶至九江段河道历史变迁．长江志季利，1988(2)

71 长江流域规划办公室．长江中下游护岸工程经验选编．北京：科学出版社．1978

72 陈雪英，毛振培主编．长江流域重大自然灾害及防治对策．武汉：湖北人民出版社，1999

73 长江勘测技术研究所．长江重要提防隐蔽工程典型护岸段塌滑机理及处理措施研究(未刊)，2001

74 长江水利委员会．长江志·水土保持．北京：中国大百科全书出版社，2006

75 长江水利委员会水土保持局．长江上游水土保持重点防治工程科学研究论文集．北京：水利电力出版社，1997

76 成都山地灾害与环境研究所等．中国山地灾害防治工程．成都：四川科学技术出版社，1997

图书在版编目(CIP)数据

长江流域地质灾害及防治/陈飞主编，长江岩土工程总公司(武汉)编.—武汉：长江出版社，2007.5

ISBN 978-7-80708-235-4

Ⅰ.长…　Ⅱ.①陈…②长…　Ⅲ.长江流域—地质灾害—防治　Ⅳ.P694

中国版本图书馆CIP数据核字(2007)第062694号

长江流域地质灾害及防治　　陈飞 主编　长江岩土工程总公司(武汉) 编

责任编辑：高伟

装帧设计：刘斯佳

出版发行：长江出版社

地　址：武汉市解放大道1863号　　邮　编：430010

E-mail: cjpub@vip.sina.com

电　话：(027)82927763(总编室)

(027)82926806(市场营销部)

经　销：各地新华书店

印　刷：武汉中远印务有限公司

规　格：787mm×1092mm　1/16　24.25印张　500千字

版　次：2007年7月第1版　2007年7月第1次印刷

ISBN 978-7-80708-235-4/TV・59

定　价：50.00元

1856年湖北咸丰大路坝地震崩塌堵河形成小南海

1960年四川松潘地震土墙普遍倒塌之情形

1996年云南丽江地震民居破坏情形

1933年四川迭溪地震形成的大(北面)、小(南面)海子(黄祖智摄)

三峡链子崖危岩体远景

三峡链子崖危岩体T0-T5裂隙

湖北远安盐池河崩塌堵河

三峡地区厚层砂岩陡壁崩塌

三峡野猫面崩塌体前缘

湖北巴东县城黄土坡滑坡

云南昭通盘河巨型高速高势能滑坡

湖北秭归新滩滑坡红外航片(滑前)

湖北秭归新滩滑坡红外航片(滑后)

金沙江乌东德下游金坪子
巨型滑坡(李会中摄)

重庆云阳鸡扒子滑坡和云阳旧城滑坡(红外航片)

湖北秭归千将坪滑坡

重庆云阳故陵镇巨型滑坡全景

云南巧家石膏地滑坡(由左往右)堵金沙江断流三天

湖南皂市水阳坪—邓家嘴滑坡全貌(处理前)

湖南皂市水阳坪—邓家嘴滑坡治理后全貌

云南小江泥石流及监测站

云南东川达德沟泥石流冲毁铁路(杨文科摄)

云南东川老干沟泥石流治理修筑的拦砂坝、排导槽及种植的林草

陕南宁陕金川一次水石流河床淤积拓宽数倍(高改萍摄)

云南巧家金沙江白泥沟泥石流

湖北武汉陆家街地陷建筑物受损

重庆奉节对岸山顶岩溶塌陷

重庆奉节宝塔坪赵家梁子建筑工地塌陷

重庆奉节古塌陷形成的小寨天坑

江西彭泽马湖堤崩岸

江西彭泽马湖堤崩岸后以抛石护岸处理

湖北粑铺大堤牵引式滑移型崩岸

汉江汉阳堤防段发生的严重崩岸

安徽铜陵港第9号码头因崩岸产生的裂缝

江西花岗岩区水土流失地貌

丹江口库区变质岩坡耕地面蚀(高改萍摄)

石灰岩区水土流失地貌

坡改梯营养袋造林（赵俊华摄）

紫色砂岩水土流失地貌

灰岩区耕地退耕还林